献给我的父母

当代科学前沿论丛

量子多体理论

——从声子的起源到光子和电子的起源

文小刚　著　　胡滨　译

高等教育出版社·北京

内容简介

传统的凝聚态理论由两个主题统领。第一个主题是能带理论和费米液体理论，第二个主题是相和相变的对称性破缺理论。近来，一个新的主题正崭露头角，这第三个主题与分数化、拓扑 / 量子序、弦网凝聚有关，也和新的物质态以及其中显现的规范玻色子和费米子相关。这些在新主题下的新概念甚至会影响人们对光子和电子起源的认识。

本书系统地介绍了新的主题和有关的新概念，还系统地介绍了凝聚态理论中现代场论和路径积分方法。通过一些简单的系统，本书涵盖了相当广泛的物理概念和各种计算方法，旨在帮助学生尽快掌握现代凝聚态理论的前沿知识。本书还展现了作者的许多新思想。

本书适用于现代理论物理方向的研究生和有关的教师、科研人员。本书每一章节后面都有少量习题，有助于读者理解和掌握本书内容。

图书在版编目（CIP）数据

量子多体理论：从声子的起源到光子和电子的起源 / 文小刚著；胡滨泽.—北京：高等教育出版社，2004.12（2023.9 重印）

ISBN 978-7-04-014012-5

Ⅰ. 量… Ⅱ. ①文…②胡… Ⅲ. 凝聚态 - 物理学 Ⅳ. O469

中国版本图书馆 CIP 数据核字（2004）第 066786 号

策划编辑 张小萍　责任编辑 郑轩辕 李冰祥　封面设计 刘晓翔　责任绘图 杜晓丹
版式设计 范晓红　责任校对 杨雪莲　责任印制 田 甜

出版发行 高等教育出版社
社 址 北京市西城区德外大街4号
邮政编码 100120
印 刷 涿州市京南印刷厂
开 本 787mm×1092mm 1/16
印 张 27.25
字 数 660 000
购书热线 010-58581118
咨询电话 400-810-0598
网 址 http://www.hep.edu.cn
http://www.hep.com.cn
网上订购 http://www.landraco.com
http://www.landraco.com.cn
版 次 2004 年 12 月第 1 版
印 次 2023 年 9 月第 5 次印刷
定 价 79.00 元

物 料 号 14012-00

《当代科学前沿论丛》专家委员会

（按姓氏笔画为序）

出版者的话

人类创造了科学技术，科学技术推动了人类的文明进程.两者的互动影响，今天已达到了前所未有的程度：人类的经济发展和社会进步的需要，为科学技术迅猛的创新，提供了强大的动力；科学技术的发展，在急剧地改变着人类的思维方式、学习方式、工作方式、生活方式、娱乐方式。科学技术已成为强大的社会生产力和巨大的社会资本。现在，每个国家，每个地区，甚至每个单位，都把科学技术创新、科学技术转化为生产力作为头等大事，抢占科学技术制高点，以此来提高自己的综合实力。

新中国成立50多年特别是改革开放20多年来，随着经济的蓬勃发展，科学技术得到了长足的进步，两弹一星、载人飞船、生物工程、信息技术等正在大步追赶国际先进水平。科学技术转化成的强大生产力，对国民经济发展和社会进步，对增强综合国力产生了重大的影响。

改革开放以来，在中国共产党的“科教兴国”方针的鼓舞下，举国上下，尊重科技，学习科技，普及科技，创新科技，应用科技，发展科技，已蔚然成风。科技结硕果、神州尽彩虹的绚丽画面，正展示于世人面前。自16世纪中叶中国科学技术失去世界领先地位后所形成的中西科学技术的差距，现在正在缩小。重振中华科学技术雄风的序幕已经拉开。

为了能使我国的科学技术水平在不久的将来赶上并达到世界先进水平，我们不仅要自己进行科学技术创新，也要学习世界上一切国家的先进科学技术；不仅要靠国内的科技工作者发展我国的科学技术，还要借助海外学者特别是华人学者的力量。在这种思想的指导下，我们萌生了组织海外学者编写科技前沿丛书的想法。这一想法在海内外学者中引起了强烈的反响：在他们中，有的出谋献策，有的出资开会，有的撰稿，有的审稿，有的愿把稿酬作为基金，……海内外学者的诚言乐行，极大地感染着我们，鼓舞着我们；这一想法得到了教育部陈至立部长和分管我社的周远清副部长的肯定和支持，这增加了我们开展此项工作的决心和信心。根据各方面意见，经过反复研究，最后将丛书定名为《当代科学前沿论丛》。《论丛》是我们献给祖国母亲的21世纪的圣礼，企盼我国能在21世纪夺回三四百年前失去的科学技术领先的地位。《论丛》如能在推动我国科学技术进步和“科教兴国”中有所作用，将是我们的最大欣慰。为了做好本《论丛》的出版工作，我们邀请了国内一些著名科学家和在海外工作的部分优秀学者组成《论丛》的专家委员会，帮助筹划、组织和评议《论丛》的出版，随着学科的发展，专家委员会的成员可能会有所变化，我们向一切关心和支持《论丛》出版工作的人士，表示衷心的感谢。由于缺乏经验，《论丛》出版后，编辑出版方面的不足，在所难免，诚望各方指正。

高等教育出版社
2000年6月

前　言

凝聚态物质 (即固体和液体) 的量子理论过去主要有两个主题. 第一个主题是能带理论和微扰理论, 它或多或少基于朗道的费米液体理论. 第二个主题是朗道对称破缺理论和重正化群理论. 凝聚态理论是一个非常成功的理论, 人们用它了解了几乎所有形式物质的性质.

第一个主题的一项成果是半导体理论, 它奠定了各种电子器件的理论基础, 带来了当今高科技的飞速发展. 第二个主题也毫不逊色, 我们从中了解了物质的态以及各种态之间的相变, 它是支撑液晶显示、磁材料记录等技术的理论基础.

由于凝聚态理论如此成功, 人们开始滋长大功告成的心态, 似乎感觉到凝聚态理论即将结束. 然而, 本书却试图呈现出一幅不同的图像: 我们所看到的不过是它刚刚开始, 一个全新的世界有待我们去发现和探索.

人们第一次看到新世界的蛛丝马迹是由于发现了分数量子霍尔效应 [Tsui *et al.* (1982)], 另一次是发现了高温超导体 [Bednorz and Mueller (1986)], 这两种现象都完全超出了前面提到的两个主题的范畴之外. 近 20 年来, 在分数量子霍尔效应和高温超导方面迅速而振奋人心的发展带来了许多新的思想和新的概念. 我们目睹凝聚态系统多体理论中一个新的主题正在脱颖而出. 对凝聚态物理来说, 这是一个令人激动的时刻. 凝聚态物理的新境界甚至会影响人们对自然界中一些基本问题的认识.

正是在这样的背景下, 我写出了这本书[1]. 本书的前半部分介绍了两个老的主题, 它们被称为传统凝聚态理论[2]. 新出现的主题可以称为现代凝聚态理论, 本书的第二部分带读者对其做了一番窥视, 它涉及的材料非常新颖, 有些不过是数月之前出现的新结果, 目前这个理论仍然在迅速发展.

读完本书, 我希望读者的感觉不是完满, 而是渺茫. 凝聚态理论的提出已经有 100 年之久, 尽管我们从中受益良多, 但对丰富的自然世界仍知之甚少. 然而, 我希望读者不是感到失望, 而是被不完备的理论所激励. 凝聚态理论趣味盎然而令人激动的时刻仍在我们的前头, 而不是已在我们的后头. 我还希望读者获得这样一份信心: 没有什么问题不能回答, 没有什么秘密不能破解. 尽管世界奥秘无穷, 但人们还是掌握了很多曾被认为是深不可测的知识. 我们也认识了很多自然界的基本问题, 当初这些问题基本到似乎不可能有答案 —— 人脑的想象力也是没有

[1]当我 1996 年开始本书的写作时, 本来只准备介绍量子多体理论中的一些崭新而令人兴奋的进展, 那时这些新进展是否会成为凝聚态理论中一项新的主题还不明朗. 经过了最近的更多发展, 我本人相信一个新的主题正从凝聚态理论中演生. 但是这个理论仍处于早期的发展阶段, 只有时间才能告诉我们新的主题是否能真正成立.

[2]也有人称第一主题为传统凝聚态理论, 称第二主题为现代凝聚态理论.

极限的[3].

在 1996 年至 2002 年间我在麻省理工学院讲授多体物理课程, 本书同期成型. 它的读者应是对现代理论物理感兴趣的研究生. 本书的第一部分 (第二章至第五章) 涵盖传统的多体物理, 包括路径积分、线性响应、摩擦的量子理论、相互作用的玻色系统和费米系统的平均场理论、对称破缺和长程有序、重正化群、正交突变、费米液体理论以及非线性 σ 模型. 第二部分 (第六章至第十章) 则讲述现代多体物理的课题, 包括分数量子霍尔理论、分数统计、流代数和玻色化、量子规范理论、拓扑序与量子序、弦网凝聚、演生的规范玻色子和费米子、量子自旋液体的平均场理论以及 2D/3D 的严格可解模型.

本书所用的大多数方法基于量子场论和路径积分, 而且低能有效理论在很多讨论中扮演了主要角色. 即使在第一部分, 我也试图以更加现代的手法来处理一些老问题, 借以强调传统的凝聚态物理中一些比较现代的问题. 第二部分内容非常新颖, 大约半数都来自最近几年的研究工作, 其中部分源于我本人的研究论文和综述文章 (当然也有部分研究论文源于本书).

本书的写作着力于物理图像, 着力于开拓思路. 不是寻求以简洁的数学形式表述内容, 而是通过计算和结果揭示内容的物理图像. 不是隐藏各种片面的假设, 而是将它们暴露出来. 书中还揭示 (而不是掩盖) 了一些常用方法导出的错误结果, 借此强调这些方法的局限性.

本书没有包罗各种系统和现象, 只谈到了几个简单系统. 尽管这些系统简单, 我们却借助它们讨论了大量凝聚态物理中的物理思想、概念和方法.

本书的另一个特点是我试图挑战并揭示在多体物理以及更加一般的理论物理中的一些基本理念和图像, 诸如 "什么是费米子"、"什么是规范玻色子"、相变和对称破缺的理念、"序是否总由序参量描述" 等等. 在此我们不认为任何结论是理所当然的. 我希望这些讨论激发读者看穿包裹许多物理思想的漂亮数学公式, 体会到某些物理概念的丑处和任意性.

随着数学公式写得越来越漂亮, 人们越来越容易被公式所迷惑和羁绊, 成为公式的 "奴隶". 我们把世间万物都看作是粒子的集合时, 曾经做过牛顿定律的 "奴隶". 发现量子理论以后[4], 我们又变成量子场论的 "奴隶". 目前, 人们想用量子场论解释一切, 就是我们的教育也不鼓励我们超出量子场论去看问题.

但是, 为了使物理发生革命性的进步, 我们不能容许自己的想象力被公式所束缚, 我们不能容许由公式来划定我们想象力的疆域. 数学公式不过是一种工具或一种语言, 帮助我们描述和沟通我们的想象. 有的时候, 当我们有了一种新的理念或新的思想, 可能会发现自己无法表达, 无论怎样都词不达意, 因为描述新理念或新思想的合适的数学方法或合适的语言还没有发明出来. 的确, 真正新颖的物理思想和想象力通常都需要新的数学公式来描述. 谈及至此, 我想到了一个部落的故事. 这个部落只有四个计数的词汇: 一、二、三和很多. 想象一下部落成员有了两个苹果加两个苹果和三个苹果加三个苹果的想法, 他向其他成员解释他的想法会有多么困难. 这也应该是我们有一个真正的新思想时的感觉. 尽管本书大量使用量子场论, 但我希望

[3]我时常在想, 谁将成为最后的 "赢家", 是丰富的自然世界, 还是人类无限的想象力?

[4]经典粒子的概念在量子理论中被打碎, 详见 2.2 节的讨论.

读者在掩卷时领悟到的是量子场论不是所有, 丰富的自然世界不会受到量子场论的束缚.

对类似书籍感兴趣的读者, 我推荐 A. Zee 的量子场论, 这是一本引人入胜的新书 [Zee (2003)]. 我还推荐 N. Nagaosa 关于多体物理的两本书 [Nagaosa (1999a,b)], 其中含有关于本书所考虑的某些系统的更加详细的讨论.

我是在"文化大革命"中接受中小学教育的. 在那期间, 我父母的同事刘健、王世荣、刘正业、朱厚昌等, 对我有很深的影响. 是他们对科学和生活的热爱引导我走上科学研究这条路. 我借此机会对他们表示感谢. 北京大学物理系的胡滨老师把本书的英文稿译成了中文, 她流畅的翻译使本书增色不少. 高等教育出版社的张小萍、郑轩辕为本书的编辑和校正做了大量的工作. 对于他们辛勤的劳动和认真的工作我深表谢意. 最后我还要感谢清华大学高等研究中心的祁晓亮、顾正澄、叶飞、李涛、蒋永进、杨帆、涂涛、苏跃华, 他们对本书提出了很多有益的建议.

文小刚
Lexington, MA
2003

目　录

Contents

第一章　引言

要点:

- 量变引起质变
- "基本"粒子的起源
- 物理定律之"美"的起源

1.1　凝聚态物理与高能物理

量变引起质变 在像固体和液体这样的多粒子系统中, 这一思想已经得到无数次证实. 支配一个少粒子系统的物理原理与支配一个多粒子系统的物理原理可以大不相同. 从多粒子的关联中, 会产生出新的物理概念、物理定律和物理原理.

凝聚态物理的起点不过是决定多粒子 (如电子和核子) 运动的薛定谔方程. 薛定谔方程在数学上是完备的, 原则上我们可以通过解相应的薛定谔方程了解任何凝聚态物质系统, 但是, 所需计算量非常巨大. 在 20 世纪 80 年代, 一个 32M 内存的工作站可以计算一个含有 11 个相互作用电子的系统. 20 年过去了, 计算能力提高了 100 倍, 我们现在可以计算一个含有 13 个相互作用电子的系统. 而计算一个有 10^{23} 个相互作用电子的典型系统所需的计算能力是人脑难以想象的, 一台由宇宙的所有原子制造的传统计算机连这种宏观系统的一个量子态矢量也储存不下. 我们看到, 尽管几乎每一个物理学工作者都有一个信念, 即薛定谔方程能够决定系统的全部特性, 但一个相互作用的多体系统是一个极为复杂的系统, 我们不可能从薛定谔方程实际计算出其精确的性质. 由于不能直接使用薛定谔方程, 我们在面对一个凝聚态物质系统时只能从头开始, 把这个凝聚态物质系统当成一个黑箱, 就像对待神秘而深邃的宇宙一样. 我们只好为这样的系统猜测一个理论, 而不是由薛定谔方程推导出一个理论; 只好不顾对薛定谔方程的信心, 而试图去寻找一个直接联系着不同实验观察的低能理论. 我们还不能假设这个描述低能激发的理论与描述组成凝聚态的电子与核子的理论有任何相似之处.

这种思维与高能物理中的思维十分相似. 的确, 研究强关联的凝聚态物质系统和研究高能物理有着根深蒂固的相似性, 两种情况都是试图发现和猜测联系各种实验事实的理论. (事实上, 联系各种实验观察事实几乎就是物理理论的定义.) 它们的主要区别在于高能物理只研究我们的真空这一种 "材料", 而凝聚态物理需要研究各种各样的 "材料", 而这些 "材料" 中还可能具有真空中所不具有的现象 (诸如分数统计、非阿贝尔统计, 以及各种规范理论).

1.2 "基本" 粒子的起源和物理定律之 "美" 的起源

历史上, 在对自然的探索过程中, 我们一直被 "真空就是空的" 这样一个基本 (但不正确) 假设所误导, 我们曾经 (不正确地) 假设真空中的物质总是可以划分为更小的部分. 在高能物理中, 我们一直在把物质分为小而又小的部分, 并试图去发现最小的 "基本" 粒子 —— 宇宙的基本构建元件. 我们一直相信支配 "基本" 粒子的物理定律一定是简单的, 自然界丰富多彩的现象都来自这些简单的物理定律.

然而, 凝聚态系统却给出了一幅非同寻常的图像. 在高能 (或高温) 及短距离下, 一个多体系统的性质是由构成此系统的原子或分子之间的相互作用来决定的, 这种相互作用可能非常复杂并很特定. 随着温度的降低, 根据原子之间的相互作用, 系统会形成晶体结构或超流态. 在晶体或超流体中, 惟一的低能激发是原子的集体运动, 这种激发就是声波. 在量子理论中, 所有波都对应于粒子, 与声波相对应的粒子称为声子[1]. 因此低温下, 一个由新的粒子 —— 声子支配的新 "世界" 出现了, 声子的世界是一个 "简单而完美" 的世界, 它与原来的原子或分子的系统极为不同. 我们把这种 "新世界" 从 "旧世界" 中诞生之现象称为 "演生"(emergence) 现象.

我们来解释一下声子的世界 "简单而完美" 的含义, 为简单起见, 这里只讨论超流体. 尽管气体中原子之间的相互作用很复杂并很特定, 低能下新出现的声子的性质却是简单而且普适的. 例如, 无论原子之间相互作用的形式如何, 所有声子的速度都与能量无关.

尽管原子之间有强烈的相互作用, 声子在互相经过时的相互作用却很小. 除了声子以外, 超流体还有另外一种激发称为旋子. 旋子之间可以通过交换声子相互作用, 导致正比于 $1/r^4$ 的偶极相互作用. 由此可见不仅声子是演生的 (emergent), 甚至支配声子和旋子的低能物理定律也是演生的. 新演生的物理定律 (诸如偶极相互作用定律和非相互作用声子定律) 是简单而完美的.

我认为 $1/r^4$ 偶极相互作用定律是完美的, 因为它不是 $1/r^3$ 或者 $1/r^{4.13}$, 也不是什么其他的无数种选择, 而是精确的 $1/r^4$, 因此去了解它为什么一定是 $1/r^4$ 是极具魅力的. 类似地, $1/r^2$ 的库仑作用也是完美而奇妙的. 我们将在本书前半部分的超流体章节解释偶极相互作用定律的演生, 在本书的后半部分解释库仑定律的演生.

[1]晶体有三种声子, 而超流体只有一种声子.

如果宇宙本身是一个超流体而形成超流体的原子还没有被发现, 那我们就只知道低能声子, 极有可能将声子看作是基本粒子, 将旋子之间的 $1/r^4$ 偶极相互作用看作是自然界的基本定律, 很难想象这些声子和 $1/r^4$ 偶极相互作用来自由完全不同的一组定律所支配的原子/分子.

我们看到在凝聚态物质系统中, 支配 “基元” 的物理定律常常是特定而非普适的, 并且很蹩脚, 而支配低能和长程集体激发的物理定律却是普适和完美的. 这些集体激发的行为与粒子相像. 因此, 为了寻求凝聚态物理和高能物理间的相似性, 我们应该将这些低能集体激发当作高能物理中的 “基本” 粒子 (诸如光子和电子). 但是在凝聚态物理中, 集体激发不是基本的. 如果我们在小尺度上仔细观察这些集体激发, 我们看到的不是简单的基本粒子, 而是复杂的、非普适的多原子体系. 支配集体激发物理定律的简洁与完美不是来自于原子之间相互作用的简洁性, 而是来自于这些物理定律必须保证集体激发要能在低能下存在. 一般来说, 集体激发之间的相互作用会给这些激发一个很大的能隙, 使它们不会出现在低能能谱之中. 允许无能隙 (或几乎无能隙) 集体激发存在的相互作用 (或物理定律) 一定非常特殊并且 “完美”. 我认为这就是物理定律 “美” 的起源.

如果我们相信在凝聚态物理和高能物理之间有深层的联系, 我们就不能假设 “基本” 粒子是宇宙的 “构建元件”. 在高能物理中的所有所谓的 “基本” 粒子只是低能集体激发 (注意这些集体激发可以是玻色性或费米性的). 普朗克尺度[2]下的基本理论可能是复杂、蹩脚、非普适的. 我们研究的物理定律是用来描述低能集体激发的. 这些物理定律的完美来自于这些定律保证了低能集体激发的存在, 诸如电子、夸克等, 具有远远小于普朗克尺度的质量.

这样的观点并不是盲目的猜测, 我们可以在一个立方晶格上建造一个蹩脚的玻色 $SU(N)$ 自旋模型, 它的低能有效理论是一个具有类电子和类光子集体激发的 QED [Wen (2002a)]. 看到费米子和规范玻色子作为集体激发出现在纯玻色子模型之中, 是相当令人惊奇的.

在此我必须要强调, 上述对高能物理的观点与人们所普遍相信的观点相悖. 一般认为, 完美、合理的基本理论只在短程和高能的情形才会出现. 我的观点受到凝聚态物理的强烈影响, 凝聚态物理的经验告诉我, “完美” 和 “合理” 就藏在附近. 完美的物理定律只在能量大大低于普朗克尺度时出现, 这些定律的 “完美” 和 “合理” 正是源于它们所描述的物理能量远低于普朗克尺度.

某些对凝聚态物理和高能物理都有所了解的人也许会不同意上述图像, 因为我们的真空似乎与我们所知的液体和固体大不相同. 例如我们的真空包含狄拉克费米子和规范玻色子, 而固体和液体似乎不包含这些激发. 这样就引出一个问题: 费米子和规范玻色子从何而来, 光和费米子的起源究竟是什么呢?

我们知道, 没有质量 (或没有能隙) 的粒子在自然界是非常少见的, 如果它们存在, 就得有存在的道理. 但是没有质量的光子和几乎没有质量的费米子 (如电子) 存在的道理又是什么呢? (电子质量只有自然质量尺度 —— 普朗克质量的 10^{22} 分之一, 在这里可以被认为是零.) 凝聚态物理能否解答这些问题?

[2]普朗克尺度是普朗克质量 $M_{\rm P}=\sqrt{\frac{\hbar}{G}}$, 普朗克长度 $l_{\rm P}=\frac{\hbar}{M_{\rm P}C}$ 和普朗克能量 $E_{\rm P}=M_{\rm P}C^2$ 的概称.

1.3 凝聚态物理的两块基石

传统的多体理论建筑在两块基石之上, 即朗道费米液体理论和朗道对称破缺理论 [Landau (1937); Ginzburg and Landau (1950)]. 费米液体理论是围绕某种特殊基态的微扰理论. 这种基态由填充单个粒子的能级而获得. 金属、半导体、磁铁、超导体和超流体都可用这类基态来描写. 朗道的对称破缺理论指出, 不同的相之所以不同是因为它们具有不同的对称性, 相变不过是对称性的转变 (见图 1.1). 朗道的对称破缺理论描述了几乎所有的已知相, 诸如固态相、铁磁相和反铁磁相、超流体相等, 以及它们之间所有的相变.

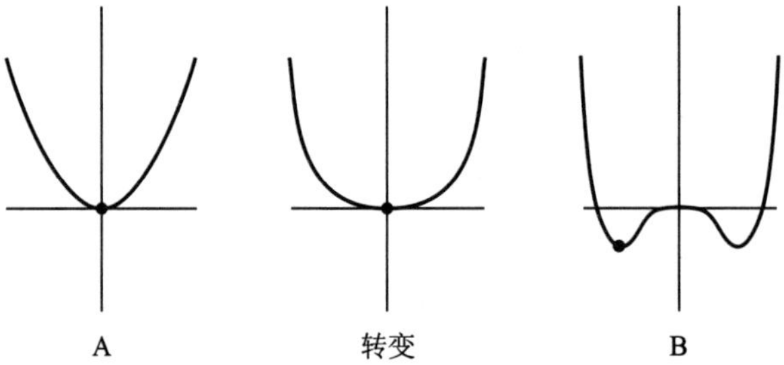

图 1.1 A 与 B 两相有着不同的对称性, 由 A 到 B 的转变打破了 $x \to -x$ 的对称性.

撇开光和费米子的起源, 让我们首先考虑声子的起源这个比较简单的问题. 使用朗道的对称破缺理论, 我们可以了解无能隙声子的起源. 在朗道的对称破缺理论中, 如果系统的基态具有一种称为连续对称自发破缺的特性, 这个基态就可以具有无能隙激发 [Nambu (1960); Goldstone (1961)]. 无能隙声子存在于固体, 是因为固体破坏了连续的平移对称, 由于固体破坏了在 x、y 和 z 方向上的三种平移对称, 也就正好出现了三种无能隙声子. 因此我们可以说, 无能隙声子的起源是平移对称在固体中的破缺.

我们对无能隙激发 —— 声子的了解根植于我们对物质的相的了解, 这是一个很有意思也很深刻的观念. 由于我们知道光是一种无质量的激发, 我们也许会想到光与声子一样也是一种来自对称破缺的 Nambu-Goldstone 激发. 但是实验告诉我们, 像光这样的规范玻色子是与 3 + 1D 的 Nambu-Goldstone 激发很不相同的.

20 世纪 70 年代后期, 我们觉得至少在原则上从朗道的对称破缺理论了解了所有与相和相变有关的物理. 在这个理论中, 得到无能隙激发的惟一途径是连续对称的自发破缺, 它将导致标量无能隙玻色激发. 从对称破缺似乎无法得到无能隙规范玻色子和无能隙费米子. 这也许就是人们认为真空 (含有无质量的规范玻色子和近乎无能隙的费米子) 与凝聚态物质系统 (只含有无能隙标量玻色集体激发) 很不相同的原因. 任何序似乎都不能产生无质量的光和无质量的费米子. 正因为如此, 我们将光和费米子归类到与声子不同的范畴中, 认为它们是基本的, 并人为地把它们引进到我们描述自然的理论之中.

但是, 如果我们真的相信光和费米子就像声子一样, 有它存在的理由, 那这个理由就只能是真空保护光和费米子的无质量性的某种序. (这里我们已经假定光和费米子不是由我们放进空的真空中去的, 我们的真空更像 “海洋”, 光和费米子是与某些 “水” 的运动形式相对应的集体激发.) 现在的问题是, 什么样的序可以产生光和费米子, 并保护它们的无质量性. 从这一观点来看, 光和费米子本身的存在就显示了我们对物质的态的了解是不完全的, 我们应该加深和扩展对于物质的态的了解. 物质可能还会具有新的序和新的态. 这些新序将演生出光和费米子, 并保护它们的无质量性.

1.4 拓扑序与量子序

我们对于新序的了解始于未曾预料之处 —— 分数量子霍尔 (简称 FQH) 系统. 1982 年 FQH 态 [Tsui *et al.* (1982); Laughlin (1983)] 的发现为凝聚态物理揭开了新的篇章. 其他领域的试验成果, 诸如高温超导、介观系统、准 1-D 系统, 也为凝聚态物理的新发展注入了能量. 自 20 世纪 80 年代以来, 强关联电子系统一直是理论凝聚态物理中非常活跃的领域.

FQH 态和其他强关联系统真正的新颖之处在于我们失去了传统多体理论中的两块基石. 由于量子霍尔系统和高温超导体这些系统的强相互作用和强关联, 朗道费米液体理论已不再适用. 更加令人惊奇的是, FQH 系统在温度为零时含有许多对称性相同而又本质不同的相, 这些相不能由对称性加以区分, 也不能由朗道对称破缺理论描述. 我们忽然发现, 传统的多体理论在新问题面前已经束手无策. 为了在强关联系统领域里取得理论上的进步, 人们期待着引进新的数学方法和新的物理概念, 它们都得超越费米液体理论和朗道对称破缺原则.

在强关联系统领域, 高能粒子理论方面和凝聚态理论方面的进展是相辅相成的. 我们见到许多场论方法, 诸如非线性 σ 模型、规范理论、玻色化、流代数等等, 已经被引入到强关联系统的研究当中, 为这一领域带来了急速的发展. 除费米液体理论和朗道对称破缺理论以外, 我们开始拥有一些新理论. 本书试图涵盖这些凝聚态理论方面的新进展.

新进展之一是量子序/拓扑序的引进. 由于 FQH 态不能由朗道的对称破缺理论描述, 人们提出 FQH 态含有一种新的序 —— 拓扑序 [Wen (1995)]. 拓扑序之所以新是因为它不能由对称破缺、长程关联及局部序参量所描述. 我们不能用描绘一般序的任何方法来描绘拓扑序. 但是, 拓扑序不是一个空泛的概念, 因为它可以用一系列新的方法来描绘, 诸如基态的多重简并 [Haldane and Rezayi (1985)]、准粒子统计特性 [Arovas *et al.* (1984)] 和边界态 [Halperin (1982); Wen (1992)]. 我们发现一些系统的基态简并度在任何微扰下都是不变的. 这样的基态简并度, 作为一个普适特性, 可以用来定义新的态和新的序. 事实上拓扑序 [Wen and Niu (1990)] 就是由这种基态简并度来定义的. 这样的拓扑简并度还被建议用来进行容错的量子计算 [Kitaev (2003)].

拓扑序的概念可以加以推广而得到量子序 [Wen (2002c)]. 量子序用来描述无能隙量子态中一种新的序. 了解量子序的一个方法是看它在序的综合分类图表中的位置 (见图 1.2). 首先, 不同的序可以分为两大类: 对称破缺序和非对称破缺序. 对称破缺序可以由局域序参量描述. 它被认

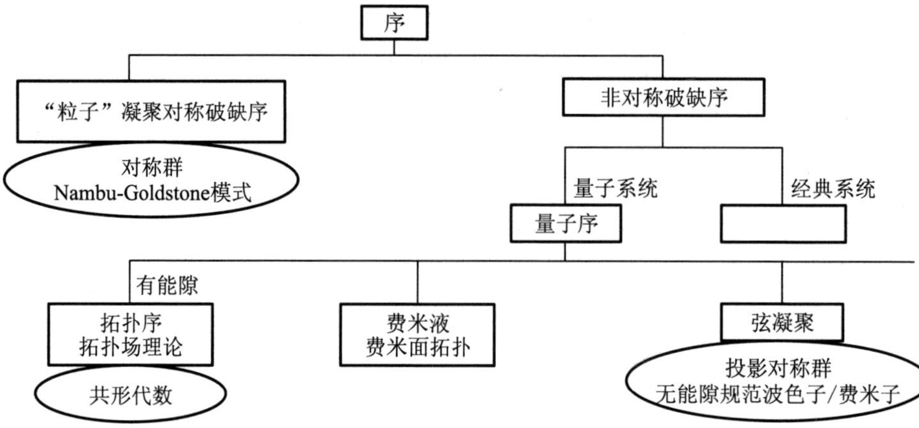

图 1.2 物质不同序的分类.

为可以含有广义粒子凝聚. 所有的对称破缺序都可以用朗道的对称破缺理论来理解. 非对称破缺序不能用对称破缺描述, 也不能用相关的局域序参量和长程关联描述, 因此是一种新的序. 如果一个量子系统 (处于零温度的态) 含有一个非对称破缺序, 这个系统就被认为含有一个非平凡的量子序. 其实量子序就是量子系统中的非对称破缺序.

量子序还可以进一步分为许多种类, 如果一个量子态是有能隙的, 则相应的量子序就称为拓扑序. 拓扑序态的低能有效理论就是拓扑场论 [Witten (1989)]. 第二种量子序出现在费米液体中 (或称自由费米子系统), 费米液体中的不同量子序由费米面的拓扑来分类 [Lifshitz (1960)]. 第三种量子序产生于弦网凝聚 [Levin and Wen (2003)], 这一类量子序与“粒子”凝聚的对称破缺序有某些相似之处.

我们知道, 不同的对称破缺序可以按对称群分类. 我们可以使用群论将三维的所有晶体序分为 230 类. 对称还导致和保护无能隙的 Nambu-Goldstone 玻色子. 类似地, 不同的弦网凝聚 (以及相应的量子序) 可以用一种称为投影对称群 (简称 PSG) 的数学结构来分类 [Wen (2002c)]. 使用 PSG, 我们可以划分出 100 多种不同的二维自旋液体. 它们全部具有相同的对称性. 和对称群一样, PSG 还可以导致和保护无能隙激发. 但与对称群不同的是 PSG 导致和保护无能隙规范玻色子和费米子 [Wen (2002c,a); Wen and Zee (2002)]. 这样一来, 我们可以说光和费米子有一个统一的起源: 弦网凝聚.

1.5 光和费米子的起源

过去我们相信, 为了使我们的理论涵盖光和费米子, 就得人为地引进一个 $U(1)$ 规范场和反对易费米场, 因为那时我们还不知道集体激发也可导致规范玻色子和费米子. 然而, 由于 1988 年以来强关联系统上的进展, 我们现在知道了怎样构建演生规范玻色子和费米子的局域玻色系统 [Baskaran and Anderson (1988); Affleck and Marston (1988); Kotliar and Liu (1988); Rokhsar and Kivelson (1988);

Fradkin and Kivelson (1990); Wen *et al.* (1989); Read and Sachdev (1991); Wen (1991a); Kitaev (2003)]. 由这些范例, 我们发现有量子序的态会自然而然地演生规范玻色子和费米子. 这些量子序的态含有弦网凝聚, 其中规范玻色子就是凝聚弦网的涨落, 而费米子就是凝聚弦的末端.

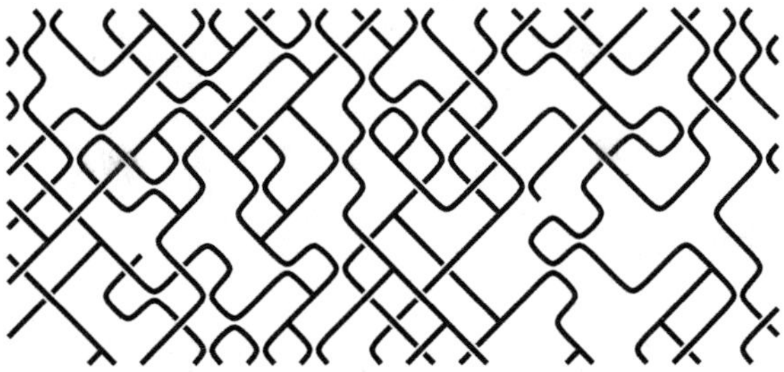

图 1.3 我们的真空可能就是一个充满弦网的态, 弦网的涨落产生了规范玻色子, 弦的末端对应于电子、夸克等等.

上面的图像引出一个问题: 自然界中的光和费米子是来自 $U(1) \times SU(2) \times SU(3)$ 标准模型中的基本 $U(1)$ 规范场和反对易费米场, 还是来自真空中的一个特殊的量子序? 显然, 假设光和费米子来自真空中的一个量子序更为自然. 从弦网凝聚、量子序和无质量规范/费米激发的联系上, 使人非常想对有关光和费米子的某些基本问题提出以下可能的答案:

光和费米子是什么?
光是凝聚弦网的一个涨落, 费米子是凝聚弦的末端. 凝聚弦网可以有任意大小的尺寸.

光和费米子来自何处?
光和费米子来自充满真空的弦样物体的集体激发. 这些弦会形成网状结构而被称为弦网. (见图 1.3)

光和费米子为什么存在?
光和费米子的存在是因为真空选择了一个具有弦网凝聚的态.

假如我们的真空选择 "粒子" 凝聚, 在低能时就只会有 Nambu-Goldstone 玻色子, 这样的世界肯定会令人乏味. 弦网凝聚及其所产生的光和费米子带来了一个精彩得多的宇宙, 这种精彩至少导致有足够智慧的生物去研究光和费米子的起源.

1.6 新颖比正确更重要

要点:

- 道可道, 非常道. 名可名, 非常名. 无名天地之始. 有名万物之母. —— 老子在这段引言中, 我希望让读者感悟到, 在理论凝聚态物理中, 我们以前走过哪些路, 现在到达何处, 以后将走向何方. 我并不打算在这里总结已普遍为人们所接受的观点, 而是试图表达我个人在凝聚态物理和高能物理的许多基本问题上有意夸张的观点. 这些观点和所描述的物理图像也许不正确, 但我希望它们具有启发性. 根据物理学历史上的经验, 我们敢保证现有的物理理论没有一个是正确的, 问题是要找到现在的理论错在哪里, 又该如何去修正. 在此我们需要想象和启发.

1.7 评论: 基本粒子概念的演变

要点:

- 随着时间的推进, 基本粒子的地位从万物的基元下降为仅仅可能是某玻色子模型的集体激发

地球曾被看作是宇宙的中心, 今天它的地位退缩为仅仅是宇宙中无数个行星中的一个. 基本粒子的概念看来也会面临相似的命运.

在人类文明的早期, 人们已经意识到事物可以划分为更小的部分. 中国哲学家的理论是事物无限可分, 因此不存在基本粒子. 希腊哲学家则不认为划分可以无限地进行下去, 因此世界上会存在着最终不可再分的粒子 —— 所有物质的基元. 这可能就是基本粒子的最初概念, 这些最终的粒子当时被称为**原子**, 人类科学的一个重要部分一直集中在发现这些原子上.

1900 年前后, 化学家们发现所有物质都由几十种不同的粒子所组成, 人们迫不及待地把它们命名为原子. 发现电子以后, 人们才知道基本粒子比原子更小. 现在很多人相信光子、电子、夸克还有一些其他的粒子是基本粒子, 这些粒子由称为 $U(1) \times SU(2) \times SU(3)$ 标准模型的场论描述.

尽管 $U(1) \times SU(2) \times SU(3)$ 标准模型是一个非常成功的理论, 但大多数高能物理学家相信它不是一切物质的终极理论. $U(1) \times SU(2) \times SU(3)$ 标准模型可能是从更深层结构演生的一种有效理论, 问题是标准模型会从哪一种结构演生?

第一种设想是大统一理论, 它将 $U(1) \times SU(2) \times SU(3)$ 规范群提升为 $SU(5)$ 甚至更大的规范群, 还把 $U(1) \times SU(2) \times SU(3)$ 标准模型中的粒子按照非常漂亮并且更加简单的结构分组. 但是, 我不认为在大统一理论中光子、电子和其他基本粒子是演生的. 在大统一理论中, 规范结构和费米统计是基本的, 规范结构和费米统计只能源于矢量规范场和反对易费米子场. 为了有光子、电子和其他基本粒子, 我们必须人为地引进相应的规范场和费米子场. 因此在大统一理论中, 规范玻色子和费米子是人为地放进来的, 它们不是从更简单的结构中产生的.

第二种设想是超弦理论, 某种超弦模型会导致有效的 $U(1) \times SU(2) \times SU(3)$ 标准模型加上许多附加的 (近似) 无质量激发. 规范玻色子和引力子是演生出来的, 因为超弦理论本身不含规范场. 但是费米统计不是演生的, 电子和夸克来自 1+1D 世界面上的反对易费米子场. 由此可见在超弦理论中, 规范玻色子和规范结构不是基本的, 但是费米统计和费米子仍是基本的.

近来, 人们意识到可能还会有第三种可能性 —— 弦网凝聚. Banks *et al.* (1977) 和 Foerster *et al.* (1980) 首先指出光可以作为局域玻色子模型的低能集体激发出现, [Levin and Wen (2003)] 指出甚至 3D 费米子也可以

做为凝聚弦的末端从局域玻色子模型产生. 将这两个结果结合起来, 我们发现光子、电子、夸克和胶子 (更准确地说是 $U(1) \times SU(2) \times SU(3)$ 标准模型的 QED 和 QCD 部分) 都可以从局域玻色子模型产生出来 [Wen (2002a)], 只要这个玻色子模型具有弦网凝聚. (弦网凝聚是多体玻色系统中一种新的序.) 这种设想很有吸引力, 因为这样一来规范玻色子和费米子就会有统一的起源. 在弦网凝聚的图像中, 规范结构和费米统计都不是基本的, 所有基本粒子都是演生出来的.

但是第三种设想也有问题: 由于手征费米子问题没有解决, 我们还不知道怎样产生标准模型的 $SU(2)$ 部分. 自然界中有四大深奥秘密: (a) 费米统计; (b) 规范结构; (c) 手征费米子; (d) 引力. 弦网凝聚只给出了前两个秘密的答案. 看哪个读者能解开后两个秘密.

第二章　单粒子系统与路径积分

在这一章里, 我们以单粒子系统作为具体的例子, 介绍半经典图像和路径积分方法. 我们还将应用路径积分方法研究摩擦力和简单量子电路等.

2.1　半经典图像和路径积分

要点:

- 半经典图像和路径积分方法使我们能够将量子行为形象化, 并对量子系统有一个总体认识
- 传播函数的概念

我们在思考一个物理问题或试图认识一种现象时, 想象一幅图像来呈现各种错综复杂的联系是非常重要的. 这种构图在我们考虑一个经典系统时会比较容易, 因为经典系统的图像与我们日常生活所见相当接近. 但是, 当我们考虑一个量子系统时, 这种构图就困难了, 这是因为量子世界与我们每天所见大相径庭, 具有位置和速度的粒子的概念在量子世界中根本就不存在.

路径积分方法是使用经典世界的图像去描述量子世界一种尝试, 换句话说, 它是连接经典世界 (经验和图像) 和量子世界 (事实和真相) 的一座桥梁. 在路径积分方法的帮助之下, 我们能通过相应的经典系统的图像 "看" 到量子行为.

2.1.1　粒子的传播函数

考虑一个一维粒子

$$H = \frac{1}{2m}p^2 + V(x), \tag{2.1.1}$$

其时间演化算符

$$U(t_b,t_a)=e^{-i\hbar^{-1}(t_b-t_a)H}=e^{-i(t_b-t_a)H} \tag{2.1.2}$$

完全决定了系统的行为和特性. 我们在整个这一小节里假设 $t_b>t_a$, 并在全书中设定 $\hbar=1$.

利用坐标基矢, U 的矩阵元可表示为

$$iG(x_b,t_b,x_a,t_a)\equiv\langle x_b|U(t_b,t_a)|x_a\rangle. \tag{2.1.3}$$

它代表一个粒子从时空点 (t_a,x_a) 传播到时空点 (t_b,x_b) 的几率振幅. $G(x_b,t_b,x_a,t_a)$ 称为传播函数, 它是对单粒子量子系统的一个完全的描述.

显然传播函数 G 满足薛定谔方程

$$i\partial_t G(x,t,x_a,t_a)=HG(x,t,x_a,t_a), \tag{2.1.4}$$

其初始条件为

$$G(x,t_a,x_a,t_a)=-i\delta(x-x_a). \tag{2.1.5}$$

解此薛定谔方程, 可得到自由粒子的传播函数

$$G(x_b,x_a,t)=-i\left(\frac{m}{2\pi it}\right)^{1/2}\exp\left[\frac{im(x_b-x_a)^2}{2t}\right], \tag{2.1.6}$$

其中 $t=t_b-t_a$.

我们还可以使用能量本征态 $|n\rangle$(能量为 ϵ_n) 来展开 U, 传播函数在新的基矢上有比较简单的形式

$$G_E(n_b,t_b,n_a,t_a)\equiv-i\langle n_b|U(t_b,t_a)|n_a\rangle=-ie^{-i\epsilon_n(t_b-t_a)}\delta_{n_b,n_a}. \tag{2.1.7}$$

在频率空间中, 我们有

$$G_E(n_b,n_a,\omega)\equiv\int_0^\infty dt\ G_E(n_b,n_a,t)|_{t=t_b-t_a}e^{it\omega-0^+t}=\frac{1}{\omega-\epsilon_{n_a}+i0^+}\delta_{n_b,n_a}. \tag{2.1.8}$$

它在每一个能量本征值处有一个简单极点, 这里 0^+ 是一个无穷小正数, 其作用是使积分收敛. 坐标空间中的传播函数在频率空间中有类似的极点结构:

$$\begin{aligned}G(x_b,x_a,t)&=\sum_n\langle x_b|n\rangle\langle n|x_a\rangle G_E(n,n,t)=\sum_n\langle x_b|n\rangle\langle n|x_a\rangle(-i)e^{-i\epsilon_n t},\\ G(x_b,x_a,\omega)&=\sum_n\frac{\langle x_b|n\rangle\langle n|x_a\rangle}{\omega-\epsilon_n+i0^+}.\end{aligned} \tag{2.1.9}$$

我们看到, 通过分析 $G(x_b,x_a,\omega)$ 的极点结构, 可以得到能量本征值的分布.

为了从频率空间的传播函数重新得到时间空间的传播函数, 我们需作下面的积分

$$G_E(n_b,n_a,t)=\int\frac{d\omega}{2\pi}\frac{1}{\omega-\epsilon_{n_a}+i0^+}\delta_{n_b,n_a}e^{-it\omega}. \tag{2.1.10}$$

这个积分可用回路积分来计算. 为使沿回路的积分有限, 如果 $t>0$, 回路需选在下半复 ω 平面; 如果 $t<0$, 回路则需选在上半复 ω 平面. 因为 0^+ 使极点略低于复 ω 平面的实轴, 我们发现

$$G_E(n_b,n_a,t)=-ie^{-i\epsilon_n(t_b-t_a)}\delta_{n_b,n_a}\Theta(t), \tag{2.1.11}$$

其中

$$\Theta(t)=\begin{cases}1, & t>0,\\ 0, & t<0.\end{cases} \tag{2.1.12}$$

习题

2.1.1 证明在频率空间中,

$$G(x_b,x_a,\omega)=\sum_n\frac{\psi_n(x_b)\psi_n^\dagger(x_a)}{\omega-\epsilon_n},$$

其中 ψ_n 是能量本征函数. 谐振子的传播函数是

$$G(x_b,t,x_a,0)=-i\left(\frac{m\omega_0}{2\pi i\sin(t\omega_0)}\right)^{1/2}\exp\left\{\frac{im\omega_0}{2\pi\sin(t\omega_0)}[(x_b^2+x_a^2)\cos(\omega_0t)-2x_bx_a]\right\}. \tag{2.1.13}$$

讨论并说明频率空间传播函数 $G(0,0,\omega)$ 的极点结构. (提示: 将 $G(0,0,t)$ 展开为 $\sum C_ne^{-it\epsilon_n}$.)

2.1.2 计算三维自由粒子在波矢频率空间中的传播函数 $G_E(k_b,k_a,\omega)$.

2.1.2 传播函数的路径积分表示

时间演化算符 U 满足

$$U(t_b,t_a)=U(t_b,t)U(t,t_a), \tag{2.1.14}$$

这意味着传播函数满足

$$iG(x_b,t_b,x_a,t_a)=\int dx\ iG(x_b,t_b,x,t)iG(x,t,x_a,t_a). \tag{2.1.15}$$

让我们把时间区间划分为 N 个相等的小段, 每段长 $\Delta t=(t_b-t_a)/N$. 使用公式 (2.1.15) $N-1$ 次, 得到

$$\begin{aligned}iG(x_b,t_b,x_a,t_a)=&\int dx_1\cdots dx_{N-1}\prod_{j=1}^N iG(x_j,t_j,x_{j-1},t_{j-1})\\ =&A^N\int dx_1\cdots dx_{N-1}\exp\left[i\sum\Delta tL(t_j,\frac{x_j+x_{j-1}}{2},\frac{x_j-x_{j-1}}{\Delta t})\right]\\ \equiv&\int\mathcal{D}x(t)\ e^{i\int dt\ L(t,x,\dot{x})},\end{aligned} \tag{2.1.16}$$

其中 $(t_0, x_0) = (t_a, x_a)$, $(t_N, x_N) = (t_b, x_b)$, 并且

$$i\Delta t L(t_i, \frac{x_i + x_{i-1}}{2}, \frac{x_i - x_{i-1}}{\Delta t}) = \ln[iG(x_i, t_i, x_{i-1}, t_{i-1})/A]. \tag{2.1.17}$$

再适当选择 A, 使得 (2.1.17) 中 L 的定义在 $\Delta t \to 0$ 极限下有意义, 在这样的假设下, (2.1.16) 成为传播函数的路径积分表示.

在路径积分表示中, 每一段路径被赋予一个振幅 $e^{i\int dt\, L}$, 传播函数因此就成为连接 x_a 和 x_b 路径的所有振幅的和 (图 2.1). 这样一个求和是一个无限维积分, (2.1.16) 给出了计算这种无限维积分的一种方法.

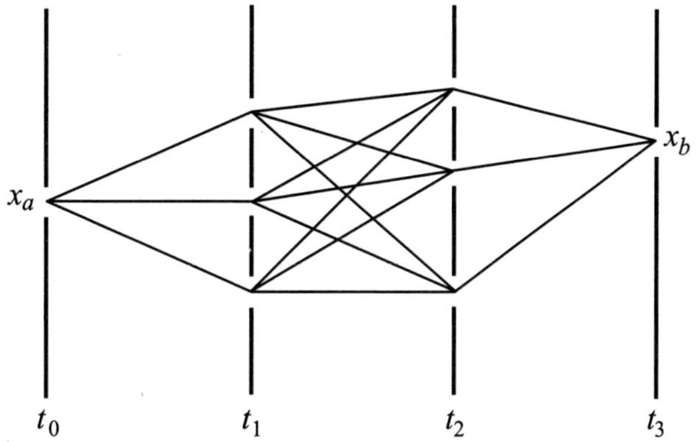

图 2.1 总振幅是连接 x_a 和 x_b 路径的所有振幅的迭加.

现在让我们计算单粒子系统的 $L(t, x, \dot{x})$. 对于自由粒子系统, 我们可以使用 (2.1.6) 计算 $L(t, x, \dot{x})$. 下面, 我们将计算一个由 $H = \frac{p^2}{2m} + V(x)$ 所描述的更加一般的单粒子系统的 L. 对于小量 Δt,

$$\exp\left\{-i[\frac{p^2}{2m} + V(x)]\Delta t\right\} = \exp\left(-i\frac{p^2}{2m}\Delta t\right)\exp\left[-iV(x)\Delta t\right] + O(\Delta t^2), \tag{2.1.18}$$

因此

$$\begin{aligned} iG(x_{i-1}, t_{i-1}, x_i, t_i) =& \langle x_i|\exp\left(-i\frac{p^2}{2m}\Delta t\right)\exp\left[-iV(x)\Delta t\right]|x_{i-1}\rangle + O(\Delta t^2) \\ =& \langle x_i|\exp\left(-i\frac{p^2}{2m}\Delta t\right)|x_{i-1}\rangle\exp\left[-iV(x_{i-1})\Delta t\right] + O(\Delta t^2). \end{aligned} \tag{2.1.19}$$

代入 $\int |p\rangle dp\,\langle p| = 1$ 并使用 $\langle p|x\rangle = (2\pi)^{-1/2}\exp(-ipx)$, 我们发现

$$iG(x_{i-1}, t_{i-1}, x_i, t_i) = \frac{1}{2\pi}\int dp_i\ \exp\left\{i[p_i\frac{x_i - x_{i-1}}{\Delta t} - \frac{p_i^2}{2m} - V(x_i)]\Delta t\right\} + O(\Delta t^2) \tag{2.1.20}$$

$$\begin{aligned} =& \left(\frac{m}{2\pi i\Delta t}\right)^{1/2}\exp\left\{i[\frac{m}{2}\ \frac{(x_i - x_{i-1})^2}{\Delta t^2} - V(\frac{x_i + x_{i-1}}{2})]\Delta t\right\} \\ &+ O(\Delta t^2) + O(\Delta t\Delta x). \end{aligned} \tag{2.1.21}$$

从 (2.1.17), 我们看到

$$L(x,\dot{x}) = \frac{m}{2}\dot{x}^2 - V(x), \tag{2.1.22}$$
$$A \equiv \left(\frac{m}{2\pi i\Delta t}\right)^{1/2}.$$

因此传播函数的路径积分表示为

$$\begin{aligned} iG(x_b,t_b,x_a,t_a) &= \int dx_1\cdots dx_{N-1}\prod_{j=1}^{N} iG(x_j,t_j,x_{j-1},t_{j-1}) \\ &= \left(\frac{m}{2\pi i\Delta t}\right)^{N/2}\int dx_1\cdots dx_{N-1}\ e^{i\int dt\ [\frac{m}{2}\dot{x}^2 - V(x)]}. \end{aligned} \tag{2.1.23}$$

上面所计算的 $L(x,\dot{x})$ 就是经典系统相应的拉格朗日量. 因此原则上我们一旦知道了一个 (由拉格朗日量描述的) 经典系统, 就可以使用相同的拉格朗日量, 通过路径积分得到相应的量子系统.

我们还可以将 (2.1.20) 代入 (2.1.16) 得到

$$\begin{aligned} iG(x_b,t_b,x_a,t_a) &= \left(\frac{1}{2\pi}\right)^{N}\int dx_1\cdots dx_{N-1}dp_1\cdots dp_N\cdot\exp\left\{i\sum_{i=1}^{N}[p_i\frac{x_i - x_{i-1}}{\Delta t} - \frac{p_i^2}{2m} - V(x_i)]\right\} \\ &\equiv \int \mathcal{D}x(t)\mathcal{D}p(t)\ e^{i\int dt\ [p\dot{x} - H(x,p)]}. \end{aligned} \tag{2.1.24}$$

这是在相空间的一个路径积分, $H(x,p)$ 是经典哈密顿量. 如果我们定义相空间的测度为

$$\mathcal{D}x(t)\mathcal{D}p(t) \equiv \prod_{1}^{N-1} dx_i \prod_{1}^{N}\frac{dp_i}{2\pi}, \tag{2.1.25}$$

则哈密顿量 H 与经典情况相同, 可注意上述相空间测度中有 N 个 dp 积分而只有 $N-1$ 个 dx 积分. 由于在路径积分公式中不出现繁琐的系数 A [见 (2.1.22)], 相空间的路径积分显得比坐标空间的路径积分更加基本.

我们知道, 在拉格朗日量上加一个总时间导数项 $L \to L + df(x)/dt$ 对经典动力学没有影响, 但对传播函数有影响, 虽然这个影响并不重要.

$$G(x_b,t_b,x_a,t_a) \to G(x_b,t_b,x_a,t_a)e^{i[f(x_b)-f(x_a)]} \tag{2.1.26}$$

习题

2.1.3 相干态路径积分

考虑一个谐振子 $H = \omega\hat{a}^\dagger\hat{a}$, 一个由复数 a 所标记的相干态 $|a\rangle$ 是 $\hat{a}$ 的一个本征态: $\hat{a}|a\rangle = a|a\rangle$. 我们可以定义一个相干态传播函数

$$iG(a_b,t_b,a_a,t_a) = \langle a_b|U(t_b,t_a)|a_a\rangle. \tag{2.1.27}$$

利用相干态的完全性

$$\int \frac{d^2a}{\pi}|a\rangle\langle a| = 1 \tag{2.1.28}$$

(其中 $d^2a = d\mathrm{Re}\, a\ d\mathrm{Im}\, a$) 和内积

$$\langle a|a'\rangle = e^{-|a|^2/2}e^{-|a'|^2/2}e^{a^*a'}, \tag{2.1.29}$$

证明 G 的路径积分表示为

$$iG(a_b,t_b,a_a,t_a) = \int \pi^{-N+1}\mathcal{D}^2[a(t)]\ e^{i\int_{t_a}^{t_b} dt\ [i\frac{1}{2}(a^\dagger\dot{a}-a\dot{a}^\dagger)-\omega a^\dagger a]}, \tag{2.1.30}$$

其中 $\mathcal{D}^2[a(t)] = \prod_{j=1}^{N-1} d^2a_j$. 证明在相干态路径积分中的拉格朗日量

$$L = i\frac{1}{2}(a^\dagger\dot{a} - a\dot{a}^\dagger) - \omega a^\dagger a \tag{2.1.31}$$

就是相空间路径积分中的拉格朗日量

$$L = p\dot{x} - H, \tag{2.1.32}$$

二者可能相差一个时间导数项.

2.1.3 配分函数的路径积分表示

当我们考虑有限温度下量子系统的统计时, 配分函数非常有用. 单粒子系统 (2.1.1) 的配分函数为

$$Z(\beta) = \mathrm{Tr}(e^{-\beta H}) = \int dx\ \mathcal{G}(x,x,\beta), \tag{2.1.33}$$

其中 $\beta = 1/T$ 是温度的倒数, 并且

$$\mathcal{G}(x_b,x_a,\beta) \equiv \langle x_b|e^{-\beta H}|x_a\rangle. \tag{2.1.34}$$

$\mathcal{G}(x_b,x_a,\beta)$ 可以被认为是沿虚时间的传播函数. 重复上一小节的计算, 我们得到 $\mathcal{G}$ 的路径积分表示:

$$\mathcal{G}(x_b,x_a,\tau) = A_\tau^N \int \mathcal{D}x(\tau)\ e^{-\int_0^\tau\ [\frac{m}{2}\left(\frac{dx}{d\tau}\right)^2+V(x)]d\tau'}, \tag{2.1.35}$$

$$A_\tau \equiv \left(\frac{m}{2\pi\Delta\tau}\right)^{1/2}, \tag{2.1.36}$$

相应相空间的路径积分为

$$\mathcal{G}(x_b,x_a,\tau) = \int \mathcal{D}x(\tau)\mathcal{D}p(\tau)\ e^{-\int_0^\tau\ [\frac{p^2}{2m}+V(x)-ip\frac{dx}{d\tau}]d\tau'}. \tag{2.1.37}$$

配分函数现在可以写为

$$Z(\beta) = \int \mathcal{D}x(\tau)\mathcal{D}p(\tau)\ e^{-\oint[\frac{p^2}{2m}+V(x)-ip\frac{dx}{d\tau}]d\tau'} \tag{2.1.38}$$

$$= A_\tau^N \int \mathcal{D}x(\tau)\ e^{-\oint[\frac{m}{2}\left(\frac{dx}{d\tau}\right)^2+V(x)]d\tau'}, \tag{2.1.39}$$

其中 $x(0)=x(\beta)$, $p(0)=p(\beta)$, $\mathcal{D}x(\tau)=\prod_1^N dx_j$ 和 $\mathcal{D}x(\tau)\mathcal{D}p(\tau)=\prod_1^N dx_j dp_j/2\pi$. 因此我们可以把虚时间方向看成是闭合的, 这样配分函数就成为围绕虚时间的闭合回路的加权和.

(2.1.35) 和 (2.1.37) 的路径积分常被称为虚时路径积分, 这是因为当 θ 从 0 连续变化至 $\pi/2$ 时, 它们可以通过解析延拓

$$\tau \to e^{i\theta}t \to it \tag{2.1.40}$$

而变为实时路径积分 (2.1.16) 和 (2.1.24). 将虚时路径积分中的 τ 代换为 $e^{i\theta}t$, 得到

$$\mathcal{G}(x_b,x_a,te^{i\theta})=\left(\frac{m}{2\pi e^{i\theta}\Delta t}\right)^{N/2}\int \mathcal{D}x(t)\ e^{-\int_0^t[\frac{m}{2}\left(\frac{dx}{dt}\right)^2e^{-i\theta}+V(x)e^{i\theta}]dt'}. \tag{2.1.41}$$

可以看到, 如果 $-\pi/2<\theta<\pi/2$, 积分就总是收敛的.

经过解析延拓, 实时传播函数和虚时传播函数的关系为

$$\mathcal{G}(x_b,x_a,\tau)|_{\tau=it}=iG(x_b,x_a,t), \tag{2.1.42}$$

解析延拓常常可以使我们通过计算相应的虚时传播函数得到实时传播函数, 而虚时传播函数的计算常常比较简单.

习题

2.1.4　导出虚时传播函数 (2.1.35) 和 (2.1.37) 的路径积分表示.

2.1.4　计算路径积分

要点:

- 当量子涨落不强时, 稳定路径和稳定路径周围的二次涨落主导路径积分

以上我们推导了量子传播函数的路径积分表示, 这里我们要直接计算路径积分, 并验证路径积分确实能重新得到量子传播函数. 这一计算还使我们对路径积分和量子传播函数获得一些直观的了解.

我们考虑典型路径作用量远大于 $\hbar=1$ 的半经典极限. 在这个极限下, 随着积分路径的变化, 相位 e^{iS} 迅速改变, 来自不同路径的贡献相互抵消. 但是在满足

$$S[x_c(t)+\delta x(t)]=S[x_c(t)]+O[(\delta x)^2] \tag{2.1.43}$$

的稳定路径 $x_c(t)$ 的附近, 由于所有路径的相位相同, 形成增强的干涉, 因此稳定的路径及其邻近的路径对半经典极限的路径积分有主要贡献. 我们还注意到稳定的路径就是作用量为 $S[x(t)]$ 的经典路径. 因此, 路径积分方法使我们能清楚地看到经典运动和量子传播函数之间的关系. 它还使我们能估算出量子涨落的量级, 更准确地说, 稳定路径 $x_c(t)$ 周围满足

$$|S[x_c(t)+\delta x(t)]-S[x_c(t)]|\sim\pi/2 \tag{2.1.44}$$

的涨落 $\delta x(t)$ 对传播函数有很大的贡献, 因此代表一个典型的量子涨落.

首先让我们计算一个自由粒子的路径积分 (2.1.16), 在这种情况下 (2.1.16) 变为

$$iG(x_b,t_b,x_a,t_a)=\left(\frac{m}{2\pi i\Delta t}\right)^{N/2}\int dx_1\cdots dx_{N-1}\prod_{i=1}^{N}\exp\left\{i[\frac{m}{2}\ \frac{(x_i-x_{i-1})^2}{\Delta t^2}]\Delta t\right\}. \tag{2.1.45}$$

自由粒子的经典路径 (或称稳定路径) 为

$$x_c(t)=x_a+\frac{x_b-x_a}{t_b-t_a}(t-t_a), \tag{2.1.46}$$

其经典作用量是

$$S_c(x_b,t_b,x_a,t_a)=\frac{m(x_b-x_a)^2}{2(t_b-t_a)}. \tag{2.1.47}$$

引进经典路径周围的涨落

$$\delta x_j=x_j-x_c(t_j),\qquad t_j=t_a+j\Delta t, \tag{2.1.48}$$

路径积分 (2.1.45) 可以重新写成

$$\begin{aligned}iG(x_b,t_b,x_a,t_a)&=\left(\frac{m}{2\pi i\Delta t}\right)^{N/2}e^{iS_c}\int dx_1\cdots dx_{N-1}\ \exp\left(i\sum_{j,k=1,N-1}\delta x_j M_{jk}\delta x_k\right)\\&=\left(\frac{m}{2\pi i\Delta t}\right)^{N/2}\sqrt{\frac{\pi^{N-1}}{\mathrm{Det}(-iM)}}e^{iS_c},\end{aligned} \tag{2.1.49}$$

其中 M 为 $N-1$ 行 $N-1$ 列的矩阵

$$M=\frac{m}{2\Delta t}\begin{pmatrix}2&-1&0&\cdots\\-1&2&-1&\cdots\\0&-1&2&\cdots\\\cdots&\cdots&\cdots&\cdots\end{pmatrix}. \tag{2.1.50}$$

在以上的推导中我们使用了下面这个重要的高斯积分公式

$$\int dx_1\cdots dx_{N-1}\ \exp\left(i\sum_{j,k=1,N-1}\delta x_j M_{jk}\delta x_k\right)=\frac{\sqrt{\pi}^{N-1}}{\sqrt{\mathrm{Det}(-iM)}}. \tag{2.1.51}$$

我们看到, 由经典作用量 e^{iS_c} 乘上一个由高斯积分得到的系数 (或相应的行列式) 即得到传播函数, 这个系数由经典路径周围的量子涨落 δx 决定.

又注意到, 只有 e^{iS_c} 与 x_a 和 x_b 相关, 其他项则由 $t_b-t_a\equiv t$ 完全决定. 因此

$$G(x_b,t_b,x_a,t_a)=A(t_b-t_a)e^{iS_c(x_b,t_b,x_a,t_a)}. \tag{2.1.52}$$

由归一化条件

$$\int dx_b\ G(x_b,t_b,x_a,t_a)G^*(x_b,t_b,x'_a,t_a)=\delta(x_a-x'_a), \tag{2.1.53}$$

我们发现

$$A(t)=\left(\frac{m}{2\pi it}\right)^{1/2}e^{i\phi}. \tag{2.1.54}$$

如果设相位 $\phi=0$, 上式就与标准结果相符.

为了直接计算 $A(t)$, 需要计算 $\operatorname{Det} M$. 下面我们将讨论计算行列式的一些技巧. 首先考虑下面的 $N\times N$ 矩阵

$$M_N=\begin{pmatrix}2\operatorname{ch}u & -1 & 0 & \cdots\\ -1 & 2\operatorname{ch}u & -1 & \cdots\\ 0 & -1 & 2\operatorname{ch}u & \cdots\\ \cdots & \cdots & \cdots & \cdots\end{pmatrix}, \tag{2.1.55}$$

不难证明

$$\begin{aligned}&\operatorname{Det} M_N=2\operatorname{ch}u\operatorname{Det} M_{N-1}-\operatorname{Det} M_{N-2},\\ &\operatorname{Det} M_1=2\operatorname{ch}u,\\ &\operatorname{Det} M_2=4\operatorname{ch}^2 u-1.\end{aligned} \tag{2.1.56}$$

上面的差分方程可以用 $\operatorname{Det} M_N=ae^{nu}+be^{-nu}$ 解出. 我们得到

$$\operatorname{Det} M_N=\frac{\operatorname{sh}[(N+1)u]}{\operatorname{sh}u}. \tag{2.1.57}$$

当 $u=0$, 上式变为

$$\operatorname{Det} M_N=N+1, \tag{2.1.58}$$

它表明 $\operatorname{Det} M=\left(\frac{m}{2\Delta t}\right)^{N-1}N$. 综上我们得到

$$G(x_b,t_b,x_a,t_a)=\left(\frac{m}{2\pi it}\right)^{1/2}e^{iS_c(x_b,t_b,x_a,t_a)}. \tag{2.1.59}$$

这正是一个自由粒子的量子传播函数.

传播函数具有 $iG(x_b,t_b,x_a,t_a)=A(t_b-t_a)e^{iS_c}$ 的形式是因为作用量对于 x 和 $\dot{x}$ 是二次的. 最普遍的二次作用量的形式是

$$L=\frac{1}{2}m\dot{x}^2-bx-\frac{1}{2}m\omega^2x^2, \tag{2.1.60}$$

这时 G 还可由 (2.1.52) 得到, 其中

$$A(t)=-i\left(\frac{m}{2\pi i\Delta t}\right)^{N/2}\int\mathcal{D}[x(t')]\ \exp\left[i\int_0^t dt'\ \left(\frac{1}{2}m\delta\dot{x}^2-\frac{1}{2}m\omega^2\delta x^2\right)\right], \tag{2.1.61}$$

以及 $\delta x(0)=\delta x(t)=0$. 上述路径积分可以使用 $\operatorname{Det} M_N$ 的公式计算, 从而得到

$$iA(t)=\left[\frac{m\omega}{2\pi i\sin(t\omega)}\right]^{1/2}. \tag{2.1.62}$$

习题

2.1.5 考虑一个一维粒子受到常力 f [势能 $V(x)=-fx$] 的作用, 证明传播函数为

$$iG(x_b,t,x_a,0)=\left(\frac{m}{2\pi it}\right)^{1/2}\exp\left\{i\left[\frac{m(x_b-x_a)^2}{2t}+\frac{1}{2}ft(x_b+x_a)-\frac{f^2t^3}{24m}\right]\right\}. \tag{2.1.63}$$

2.1.6 证明谐振子的传播函数的形式为

$$G(x_b,t,x_a,0)=A(t)\exp\left\{\frac{im\omega_0}{2\sin(t\omega_0)}[(x_b^2+x_a^2)\cos(\omega_0t)-2x_bx_a]\right\}, \tag{2.1.64}$$

使用归一化条件或路径积分证明

$$A(t)=\left[\frac{m\omega_0}{2\pi i\sin(t\omega_0)}\right]^{1/2}e^{i\phi(t)}. \tag{2.1.65}$$

2.1.7 使用虚时路径积分计算一个自由粒子在虚时间下的传播函数. 采用适当的解析延拓获得实时传播函数.

2.1.8 使用虚时路径积分计算一个谐振子在虚时间下的传播函数 $\mathcal{G}(0,0,\tau)$. 从 $\mathcal{G}(0,0,\tau)$ 在极限 $\tau\to\infty$ 下的衰减得到基态能量.

2.2 线性响应和关联函数

对于实验工作者来说, 每一个物理系统都是一个黑箱. 为了探索物理系统的特性, 实验工作者的方法是, 给系统一个微扰, 再看它如何响应. 用这个办法我们了解了一个氢原子的内部结构, 尽管没有人能够看到它. 就像敲击一个音叉后听其余音一样, 人们在撞击这个原子 (即用光束、电子束或原子束激发它) 后, 观察激发原子的发射光谱. 由于大多数微扰都很微弱, 实验工作者常常观察的是与微扰成正比的线性响应. 测量线性响应的实验有很多种, 如弹性、磁化率、电导率等的测量, 中子散射、核磁共振、X 射线衍射也是测量系统的线性响应. 因此, 为了得到完整的理论, 从理论上计算各种线性响应非常重要, 其结果常常也最容易经实验验证. 本节我们将考虑一个非常简单的系统的线性响应, 并通过这种研究得到线性响应的一般理论.

上面的讨论会产生一个哲学问题: 什么是真实? 如果一个物理世界中可以测量的只有线性响应, 那在这个世界线性响应就代表着所有的真实, 物理理论就将是线性响应的理论. 在我们的世界里, 我们可以测量的事物当然不只是线性响应, 但是似乎可测量的也不比线性相应多多少, 我们可以测量的其实只是关联函数. 这使我们不禁很想用关联函数来定义世界上的物理理论, 关联函数可能就代表着我们世界的真实.

这一点之所以重要是因为物理理论中的很多概念并不代表真实. 一旦新的理论发展起来, 这些概念就可能改变. 例如, 具有位置和速度的点粒子是牛顿经典理论的基本概念, 其理论大厦的建筑砖块. 我们过去相信所有事物都由粒子组成, 粒子是真实的基础. 我们现在相信粒子不代表真实, 相反线性希尔伯特空间中的量子态代表真实. 但是, 量子态不是我们可以直接测量的事物, 有朝一日超越量子理论的新理论发展出来, 谁也不能保证量子态概念不会有粒子概念相同的命运. (希望读者同意我的观点: 现有的物理理论无一根本正确并代表终极真理.)

物理学是一门测量的科学，不幸的是物理理论常常包含许多不代表真实的内容（例如牛顿经典力学中粒子的概念）．同一真实可能用完全不同的理论去描述，甚至可能基于根本不同的概念．因此透过理论中的形式和非真实概念的烟幕，密切注视真实（如关联函数和可观测量）是非常重要的．把这一思路推向极端，我们可以认为量子态和量子算符也不代表真实．它们只不过是用于计算可以为实验所测量的关联函数的数学工具．

2.2.1 线性响应和关联函数

要点：

- 线性响应（例如极化率）可以通过一类关联函数 —— 响应函数来计算

让我们考虑谐振子

$$H=\frac{p^2}{2m}+\frac{1}{2}m\omega_0^2x^2 \tag{2.2.1}$$

以及它的极化这个简单的物理问题．一个电场 $\mathcal{E}$ 与偶极子算符 x 相耦合（假设 $e=1$）：

$$H_x=-\mathcal{E}x, \tag{2.2.2}$$

所感应的偶极矩为

$$d=\langle\psi|x|\psi\rangle. \tag{2.2.3}$$

根据一级微扰理论

$$|\psi\rangle=|0\rangle+\sum_{n=1,2,\cdots}|n\rangle\frac{\langle n|H_x|0\rangle}{E_0-E_n}, \tag{2.2.4}$$

我们有

$$d=-2\mathcal{E}\sum_{n=1,2,\cdots}\frac{\langle 0|x|n\rangle\langle n|x|0\rangle}{E_0-E_n}. \tag{2.2.5}$$

引进偶极子算符的关联函数（假设 $t>0$）

$$iG_x(t)\equiv\frac{\langle 0|U(\infty,t)xU(t,0)xU(0,-\infty)|0\rangle}{\langle 0|U(\infty,-\infty)|0\rangle}, \tag{2.2.6}$$

上面的结果可以写成更加紧凑和更加普遍的形式．我们发现极化率 $\chi=d/\mathcal{E}$ 可以用关联函数来表示

$$\chi=-2\int_0^\infty dt\ G_x(t)e^{-0^+t}. \tag{2.2.7}$$

上面只考虑了电偶极子对电场的线性响应，其实所有其他的线性响应也有类似的结构，线性响应的系数可以从适当算符的关联函数计算出来．例如，从电流算符的关联函数可以算出电导率．

我们可以用路径积分方法计算关联函数 G_x．观察公式 (2.2.6)，我们首先注意到 (2.2.6) 中时间演化算符 $U(t_b,t_a)$ 可以用路径积分表示，但是在计算 G_x 之前我们还需要知道基态 $|0\rangle$．下面我们将讨论一个能够不用 $|0\rangle$ 来计算 G_x 的技巧．首先将 (2.2.6) 扩展到复数时间，引进一个修正演化算符

$$U^\theta(t_b,t_a)\equiv e^{-i(t_b-t_a)He^{-i\theta}}, \tag{2.2.8}$$

θ 是一个正的小量 (我们已经假定 $t_b-t_a>0$). 注意当 t_b-t_a 较大时, 只有基态$|0\rangle$对 $\langle\psi|U^\theta(t_b,t_a)|\psi\rangle$ 有贡献, 其中 $|\psi\rangle$ 是一个任意态. 因此算符 $U^\theta(t_b,t_a)$ 成为到基态的一个投影算符, 所以我们可以将 G_x 写为

$$iG_x(t_b,t_a)\equiv\frac{\langle\psi|U^\theta(\infty,t_b)xU^\theta(t_b,t_a)xU^\theta(t_a,-\infty)|\psi\rangle}{\langle\psi|U^\theta(\infty,-\infty)|\psi\rangle}. \tag{2.2.9}$$

如果我们选择 $|\psi\rangle=\delta(x)$, (2.2.9) 可以容易地用路径积分表示

$$\begin{aligned}iG_x(t_b,t_a)\equiv&\frac{\int\mathcal{D}[x(t)]\ x(t_b)x(t_a)e^{i\int_{-\infty}^{+\infty}dt\ L}}{\int\mathcal{D}[x(t)]\ e^{i\int_{-\infty}^{+\infty}dt\ L}}\\ \equiv&\langle x(t_b)x(t_a)\rangle\,,\end{aligned} \tag{2.2.10}$$

其中在边界处有 $x(\pm\infty)=0$, 并且假设时间 t 含有一个虚部小量 $t\to te^{-i\theta}$. 我们注意到, 在关联函数的计算中, 传播函数的路径积分表示中繁琐的系数没有了, 这使路径积分的计算大大简化.

这里要指出, 在路径积分 (2.2.10) 中定义的关联函数 G_x 就是所谓的时序关联函数, 因为对于 $t_b>t_a$, 它等于

$$-i\frac{\langle0|U(\infty,t_b)xU(t_b,t_a)xU(t_a,-\infty)|0\rangle}{\langle0|U(\infty,-\infty)|0\rangle}; \tag{2.2.11}$$

而当 $t_b<t_a$, 它等于

$$-i\frac{\langle0|U(\infty,t_a)xU(t_a,t_b)xU(t_b,-\infty)|0\rangle}{\langle0|U(\infty,-\infty)|0\rangle}. \tag{2.2.12}$$

引进含时算符 $x(t)=U^\dagger(t,-\infty)xU(t,-\infty)$, 时序关联函数可以写成更加紧凑的形式

$$-i\langle0|T[x(t_1)x(t_2)]|0\rangle=\begin{cases}-i\langle0|x(t_1)x(t_2)|0\rangle, & t_1>t_2,\\ -i\langle0|x(t_2)x(t_1)|0\rangle, & t_2>t_1.\end{cases} \tag{2.2.13}$$

为了明确地计算出 G_x, 让我们引进一个生成泛函

$$Z[E(t)]\equiv\int\mathcal{D}[x(t)]\ e^{i\int_{-\infty}^{+\infty}dt\ [L+E(t)x]}, \tag{2.2.14}$$

$Z[E(t)]$ 可以看作是在随时间变化的电场 $E(t)$ 中的路径积分. 因为

$$\int dt\ L=-\int dt\ \frac{1}{2}x[m(d/dt)^2+m\omega_0^2]x$$

中 $x(t)$ 是二次的, 使用

$$\int dx_i\ e^{-\frac{1}{2}x_iM_{ij}x_j+J_ix_i}=(2\pi)^{N/2}e^{\frac{1}{2}J_i(M^{-1})_{ij}J_j}, \tag{2.2.15}$$

这个路径积分是一个高斯积分. 代入时间的虚部小量 $t\to te^{-i\theta}$ 和 $\theta=0^+$, 我们得到

$$\begin{aligned}Z[E(t)]=&\text{常数}\cdot e^{i\int dt\ \frac{1}{2}e^{-i\theta}E(t)[m(d/dt)^2e^{2i\theta}+m\omega_0^2]^{-1}E(t)}\\ =&\text{常数}\cdot e^{i\int dtdt'\ \frac{1}{2}E(t)K(t,t')E(t')},\end{aligned} \tag{2.2.16}$$

这里 $K(t,t')$ 是 $m(d/dt)^2e^{2i\theta}+m\omega_0^2$ 的逆, 它满足

$$e^{-i\theta}[m(d/dt)^2e^{2i\theta}+m\omega_0^2]K(t,t')=\delta(t-t'), \tag{2.2.17}$$

两边展开

$$Z[E(t)]/Z[0]=e^{i\int dtdt'\ \frac{1}{2}E(t)K(t,t')E(t')}, \tag{2.2.18}$$

的两边, 取到能量的二次项, 我们看到

$$iK(t,t')=-iG_x(t,t'). \tag{2.2.19}$$

相同的结果也可以从泛函导数得到

$$iK(t,t')=\frac{\delta^2}{\delta E(t)\delta E(t')}\{Z[E(t)]/Z[0]\}=\langle[ix(t)][ix(t')]\rangle=-iG_x(t,t'). \tag{2.2.20}$$

注意对于 $0<\theta\leqslant\pi/2$, (2.2.17) 有一个解:

$$K(t,t')=\frac{i}{2m\omega_0}e^{-ie^{-i\theta}|t-t'|\omega_0}, \tag{2.2.21}$$

它在 $t-t'\to\pm\infty$ 时是收敛的. 当 $\theta\to0^+$, 得到

$$G_x(t)=-K(t)=-i\frac{1}{2m\omega_0}e^{-i|t|\omega_0(1-i0^+)}. \tag{2.2.22}$$

在频率空间,

$$G_x(\omega)=\int dt\ G_x(t,0)e^{i\omega t}=\frac{1}{m(\omega^2-\omega_0^2+i0^+)}, \tag{2.2.23}$$

并且极化率 $\chi=-G_x(\omega=0)$.

注意在频率空间有

$$e^{i\int dt\ \frac{1}{2}e^{-i\theta}E(m(d/dt)^2e^{2i\theta}+m\omega_0^2)^{-1}E}=e^{i\int\frac{d\omega}{2\pi}\ \frac{1}{2}e^{-i\theta}E_{-\omega}(-m\omega^2e^{2i\theta}+m\omega_0^2)^{-1}E_\omega}, \tag{2.2.24}$$

并使用公式

$$\frac{Z[E(t)]}{Z[0]}=\left\langle e^{i\int dt\ E(t)x(t)}\right\rangle=e^{\frac{1}{2}\int dtdt'\ E(t)\langle[ix(t)][ix(t')]\rangle E(t')}=e^{-\int\frac{d\omega}{2\pi}\ \frac{1}{2}E_{-\omega}iG_x(\omega)E_\omega} \tag{2.2.25}$$

就可以直接得到公式 (2.2.23). 这是计算 $G_x(\omega)$ 最快捷的方法. 归纳起来,

$G_x(\omega)$ 就是出现在作用量 $S=\frac{1}{2}\int dt\ x(t)(-m\frac{d^2}{dt^2}-m\omega_0^2)x(t)$ 中的算符 $-m\frac{d^2}{dt^2}-m\omega_0^2$ 的逆.

前面冗长的计算仅仅使我们得到 $G_x(\omega)$ 中的 $i0^+$ 项.

通常我们记

$$Z[E(t)]/Z[0]=e^{iS_{\text{eff}}} \tag{2.2.26}$$

其中 S_{eff}(称为有效作用量) 为

$$S_{\text{eff}} = \int dt \; \frac{1}{2} e^{-i\theta} E(t)[m(d/dt)^2 e^{2i\theta} + m\omega_0^2]^{-1} E(t)$$
$$= -\int \frac{d\omega}{2\pi} \; \frac{1}{2} E_{-\omega} G_x(\omega) E_\omega. \tag{2.2.27}$$

当 $E(t) =$ 常数时, 有效作用量 $S_{\text{eff}} = -(t_2 - t_1)e^2 G_x(\omega = 0)/2$ 的物理意义为: $S_{\text{eff}} = -($ 时间 $\times$ 基态能量). 因此基态能量为 $\mathcal{E}_0 = E^2 G_x/2|_{\omega=0}$, 感应偶极矩为 $d = \partial\mathcal{E}_0/\partial E = -EG_x(\omega)|_{\omega=0}$. 极化率 χ 为

$$\chi = -G_x(\omega)|_{\omega=0}. \tag{2.2.28}$$

我们还注意到在频率空间, 偶极矩与电场耦合的形式为 $\Delta S = \int \frac{d\omega}{2\pi} E_{-\omega} x_\omega$, 因此由含时电场 $E(t)$ 感生的偶极矩为 (在频率空间)

$$d_\omega \equiv \langle x_\omega \rangle_{E \neq 0} = -2\pi i \frac{\delta Z[E]/\delta E_{-\omega}}{Z[E]} = 2\pi \frac{\delta S_{\text{eff}}}{\delta E_{-\omega}} = -G_x(\omega) E_\omega, \tag{2.2.29}$$

我们发现有限频率的极化率 $\chi(\omega)$ 为

$$\chi(\omega) = -G_x(\omega), \tag{2.2.30}$$

对于振荡电场 $E(t) = E_\omega \cos(\omega t)$, 感应偶极矩为 $d(t) = \text{Re}[\chi(\omega) E_\omega e^{-i\omega t}]$. 上面的结果也能容易地从经典物理的计算中得到. (注意结果中不含 $\hbar$.)

我们在 2.4.3 小节中将看到, $\text{Im}\,\chi(\omega)\omega$ 代表在频率 ω 下的摩擦系数. 因为 $\text{Im}\, G(\omega)$ 总是负的, 我们发现如果 $\omega > 0$, 则 $\text{Im}\,\chi(\omega)\omega > 0$; 如果 $\omega < 0$, 则 $\text{Im}\,\chi(\omega)\omega < 0$. $\omega < 0$ 的负摩擦系数是没有物理意义的不正确结果, 因此 (2.2.30) 不完全正确.

为了发现以上的计算错误, 我们注意到在上述计算中我们混淆了路径积分平均值 $\langle x \rangle$ 和量子力学平均值 $\langle \psi(t)|x|\psi(t) \rangle$. 为了使上述计算成立, 我们需要假设在电场下两个平均值是相同的, 即

$$\langle 0|U^\dagger(t, -\infty) x U(t, -\infty)|0\rangle = \frac{\langle 0|U(\infty, t) x U(t, -\infty)|0\rangle}{\langle 0|U(\infty, -\infty)|0\rangle}. \tag{2.2.31}$$

这一假设并不总是正确的. 让我们考虑这样一种情形, 慢慢开启和关闭电场以使基态 $|0\rangle$ 在从 $t = -\infty$ 至 $t = \infty$ 的演化中回到同一个基态:

$$|0\rangle = e^{i\theta} U(\infty, -\infty)|0\rangle, \tag{2.2.32}$$

在这种情形下,

$$\langle 0|U^\dagger(t, -\infty) = \langle 0|U(-\infty, \infty) U(\infty, t) = e^{i\theta} \langle 0|U(\infty, t). \tag{2.2.33}$$

现在我们看到, 在 (2.2.32) 条件下 (2.2.31) 确实是正确的. 但是如果 $E(t)$ 快速改变, 将振子不断向更高的激发态激发, (2.2.32) 就不再正确, 甚至在耗散情况下 $\langle 0|U(\infty, -\infty)|0\rangle$ 还可能消失.

为了进一步了解路径积分的结果, 并了解对时间依赖的响应中出现的、相应于复数极化率 χ 的耗散效应, 下面我们使用标准的量子力学研究线性响应. 考虑一个受到含时微扰 $O_1(t)$ 的系统 H_0

$$H = H_0 + f(t)O_1. \tag{2.2.34}$$

我们假定微扰在一个有限时间开始, 并且 $f(-\infty) = 0$. 假定在 $t = t_{-\infty} = -\infty$, 我们从本征态 $|\psi_n\rangle$ 开始, 在一个有限时间, 并取到 O_1 的第一级, 我们得到

$$\begin{aligned}\delta|\psi_n(t)\rangle &= -i\int_{-\infty}^{t} dt'\ f(t')e^{-iH_0(t-t')}O_1 e^{-iH_0(t'-t_{-\infty})}|\psi_n\rangle \\ &= -i\int_{-\infty}^{t} dt'\ f(t')e^{-iH_0(t-t_{-\infty})}O_1(t')|\psi_n\rangle,\end{aligned} \tag{2.2.35}$$

其中 $O_1(t) = e^{iH_0(t-t_{-\infty})}O_1 e^{-iH_0(t-t_{-\infty})}$. 为了得到由微扰 $f(t)O_1$ 所产生的物理量 O_2 的改变, 我们计算

$$\begin{aligned}\delta\langle\psi_n(t)|O_2|\psi_n(t)\rangle &= -i\int_{-\infty}^{t} dt'\ f(t')\langle\psi_n|[O_2(t), O_1(t')]|\psi_n\rangle \\ &= \int_{-\infty}^{\infty} dt'\ D(t,t')f(t'),\end{aligned} \tag{2.2.36}$$

其中 $D(t,t')$ 是定义为

$$D(t,t') = -i\Theta(t-t')\langle\psi_n|[O_2(t), O_1(t')]|\psi_n\rangle \tag{2.2.37}$$

的响应函数, 其中

$$\Theta(t) = \begin{cases} 1, & t > 0, \\ 0, & t < 0. \end{cases} \tag{2.2.38}$$

温度为零时, 我们应该取 $|\psi_n\rangle$ 为基态, 得到零温度响应函数

$$D(t-t') = \langle\psi_0|[O_2(t), O_1(t')]|\psi_0\rangle; \tag{2.2.39}$$

温度有限时, 我们可以代入玻尔兹曼分布得到有限温度的响应函数

$$D^{\beta}(t-t') = \sum_n -i\Theta(t-t')\langle\psi_n|[O_2(t), O_1(t')]|\psi_n\rangle\frac{e^{-\epsilon_n/T}}{Z}. \tag{2.2.40}$$

我们再一次看到线性响应可以被相应的关联函数描述. 在频率空间中和有限温度下, 我们有

$$\langle O_2\rangle_\omega = D^{\beta}_{\omega} f_\omega, \tag{2.2.41}$$

因此

$$D^{\beta}_{\omega} = \int dt\ D^{\beta}(t)e^{it\omega} \tag{2.2.42}$$

可以认为是广义的有限频率极化率.

现在让我们用可由路径积分计算的时序关联函数来表达响应函数,在零温度响应函数(2.2.37)中, $O_2(t)O_1(t')$ 项具有正确的时间顺序, 但是 $O_1(t')O_2(t)$ 却具有错误的时间顺序. 注意

$$\langle\psi_0|O_1(t')O_2(t)|\psi_0\rangle = \left[\langle\psi_0|O_2^\dagger(t)O_1^\dagger(t')|\psi_0\rangle\right]^* = [\langle\psi_0|O_2(t)O_1(t')|\psi_0\rangle]^*, \tag{2.2.43}$$

因此可用时序关联函数

$$D(t,t') = 2\Theta(t-t')\mathrm{Im}\langle\psi_0|O_2(t)O_1(t')|\psi_0\rangle = 2\Theta(t-t')\mathrm{Re}G(t-t'), \tag{2.2.44}$$

其中

$$iG(t) = \langle\psi_0|T(O_2(t)O_1(0))|\psi_0\rangle. \tag{2.2.45}$$

如果我们引入时序的有限温度关联函数

$$iG^\beta(t) = \sum_n \langle\psi_n|T[O_2(t)O_1(0)]|\psi_n\rangle\frac{e^{-\epsilon_n\beta}}{Z}, \tag{2.2.46}$$

(2.2.44) 可以推广到有限温度:

$$D^\beta(t,t') = 2\Theta(t-t')\mathrm{Re}G^\beta(t-t'). \tag{2.2.47}$$

现在我们计算谐振子零温度响应函数 D_ω. 使用

$$iG_x(t) = \langle x(t)x(0)\rangle = (2m\omega_0)^{-1}e^{-i|t|\omega_0},$$

我们发现

$$\begin{aligned}D_\omega =&(2m\omega_0)^{-1}\int_0^\infty dt\ (-i)(e^{-it\omega_0}-e^{it\omega_0})e^{-it(-\omega-i0^+)}\\ =&-(2m\omega_0)^{-1}\left(\frac{1}{\omega_0-\omega-i0^+}-\frac{1}{-\omega_0-\omega-i0^+}\right)\\ =&\frac{1}{m}\frac{1}{\omega^2-\omega_0^2+i\mathrm{sgn}\,\omega 0^+},\end{aligned} \tag{2.2.48}$$

其中 $\mathrm{sgn}\,\omega$ 是 ω 的符号. 除了虚部在 $\omega<0$ 时符号相反以外, D_ω 差不多等于 $G_x(\omega)$:

$$\mathrm{Re}\,D_\omega = \mathrm{Re}\,G_x(\omega), \qquad \mathrm{Im}\,D_\omega = \mathrm{sgn}\,\omega\mathrm{Im}\,G_x(\omega). \tag{2.2.49}$$

上述响应函数和时序关联函数之间的关系实际上对于任何哈密顿量算符都是正确的, 但是只是在零温时正确. 我们看到对于以前的结果 χ, 公式 (2.2.30) 只有当 $G_x(\omega)$ 是实数并且无耗散时才是正确的. 有耗散时极化率为

$$\chi_\omega = -D_\omega = -\mathrm{Re}\,G_x(\omega) + i\mathrm{sgn}\,\omega\mathrm{Im}\,G_x(\omega), \tag{2.2.50}$$

这使得我们可以从只给出 G_x 的路径积分计算物理极化率.

习题

2.2.1

(a) 证明公式 (2.2.7).

(b) 使用量子力学直接计算出谐振子的 G_x 和 χ, 将结果与路径积分计算的 (2.2.22) 相比较.

2.2.2　使用相干态路径积分和生成泛函 $Z[\eta(t),\bar{\eta}(t)]/Z[0,0]$, 其中

$$Z[\eta(t),\bar{\eta}(t)]=\int\mathcal{D}^2[a(t)]e^{i\int dt\ [i\frac{1}{2}(a^*\frac{d}{dt}a-a\frac{d}{dt}a^*)-\omega_0a^*a-\bar{\eta}a-\eta a^*]},\tag{2.2.51}$$

计算实空间和频率空间的关联函数 $iG(t)=\langle a(t)a^*(0)\rangle$. (提示: 使用复时间 $t\to te^{-i0^+}$.) 将结果与在 $t>0$ 和 $t<0$ 相应的时序关联函数 $\langle 0|T[\hat{a}(t)\hat{a}^\dagger(0)]|0\rangle$ 相比较, 同时注意 $t\to 0^\pm$ 的极限.

现在我们要使用路径积分计算 $\langle 0|\hat{a}^\dagger\hat{a}|0\rangle$ 和 $\langle 0|\hat{a}\hat{a}^\dagger|0\rangle$. 问题是两个算符在路径积分中都变成 a^*a. 怎样借助上面计算的思路解决这个问题? 描述怎样用路径积分计算关联函数 $\langle 0|(\hat{a}\hat{a}^\dagger)_{t_1}(\hat{a}\hat{a}^\dagger)_{t_2}|0\rangle$.

2.2.3　考虑一个谐振子, 使用经典物理或其他方法计算有限频率的电导 $\sigma(\omega)$ [定义为 $j(\omega)=\sigma(\omega)E_\omega$]. (可以加一个小摩擦力, 以便得到耗散项.) 在频率空间中计算 (时序) 电流关联函数 $iG_j(t)=\langle j(t)j(0)\rangle$, 其中电流算符 $j=e\dot{x}$. 证明对于 $\omega>0$, $\sigma(\omega)$ 的形式为

$$\sigma(\omega)=C\frac{G_j(\omega)}{\omega},\tag{2.2.52}$$

并且得到系数 C. 证明只有当 $\omega=\omega_0$ 时 $\sigma(\omega)$ 的实部不为零. (提示: 保持 G_j 中的 $i0^+$ 项.) 在这一频率下, 振子可以吸收能量跳到更高能级. 我们看到, 为了得到一个有限的实直流电导, 需要无能隙激发.

2.2.2　有效理论

要点:

- 有效理论是一个非常重要的概念, 如果你只想记住场论中一样东西, 请记住有效理论

我们知道, 电偶极矩会与电场 $\mathcal{E}$ 耦合, 为了确定这种耦合怎样影响电场的动力学性质, 我们考虑一个 CL 电路 (见图 2.2). 在没有偶极矩的情况下, 电容中电场的动力学性质由作用量 $S_0(\mathcal{E})=\int dt\ \frac{1}{2g}(\dot{\mathcal{E}}^2-\omega_{CL}^2\mathcal{E}^2)$ 描述, 其中 ω_{CL} 是 CL 电路的振荡频率. 而耦合系统则由

$$Z=\int\mathcal{D}x\mathcal{D}\mathcal{E}\ e^{iS_0(\mathcal{E})+i\int dt[L(x,\dot{x})+ex\mathcal{E}]}$$

描述, 其中 $L(x,\dot{x})$ 描述了偶极子的动力学性质, $ex\mathcal{E}$ 描述了偶极子和电场之间的耦合.

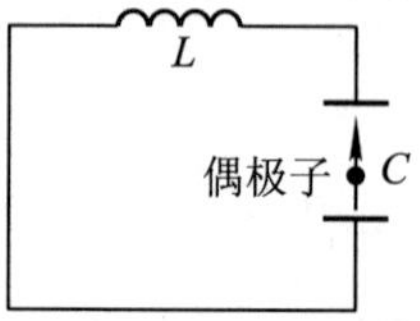

图 2.2　电容里有一个偶极子的 CL 线路.

如果我们对 $x(t)$ 积分, 就得到只含 $\mathcal{E}(t)$ 的路径积分

$$Z = \int \mathcal{D}\mathcal{E}\ e^{iS_0(\mathcal{E})+iS_I(\mathcal{E})},$$
$$e^{iS_I} = \frac{Z[\mathcal{E}]}{Z[0]}, \qquad Z[\mathcal{E}] = \int \mathcal{D}x\ e^{i\int dt(\frac{m}{2}\dot{x}^2 - \frac{m\omega_0^2}{2}x^2 + ex\mathcal{E})}.$$

由此看到耦合系统电场的动力学性质由新作用量 $S_{\text{eff}} = S_0 + S_I$ 描述, 该作用量称为有效作用量. 经过高斯积分以后, 得到

$$\begin{aligned} S_I &= \int dt\ \frac{1}{2m}\mathcal{E}(t)\left[(\frac{d}{dt})^2 + \omega_0^2\right]^{-1}\mathcal{E}(t) \\ &= -\int \frac{d\omega}{2\pi}\ \frac{1}{2}\mathcal{E}_{-\omega}e^2 G_x(\omega)\mathcal{E}_\omega, \end{aligned}$$

上式给出电场的有效拉格朗日量:

$$L_{\text{eff}} = \frac{1}{2g}(\dot{\mathcal{E}}^2 - \omega_{CL}^2\mathcal{E}^2) + \frac{e^2}{2m}\mathcal{E}\left[(\frac{d}{dt})^2 + \omega_0^2\right]^{-1}\mathcal{E}.$$

从有效拉格朗日量我们得到运动方程

$$\left[(\partial_t^2 + \omega_0^2)(-\partial_t^2 - \omega_{CL}^2) + \frac{e^2 g}{m}\right]\mathcal{E} = 0,$$

它决定了耦合系统电场的动力学性质. 由此可见耦合系统的电场会以两个频率振荡

$$\omega = \sqrt{\frac{1}{2}(\omega_0^2 + \omega_{CL}^2) \pm \frac{1}{2}\sqrt{(\omega_0^2 - \omega_{CL}^2)^2 + 4\frac{e^2 g}{m}}},$$

这两个频率从 ω_{CL} 和 ω_0 平移得到.

当 $\omega_0 \gg \omega_{CL}$ 时, 在低频下, 有效拉格朗日量可简化为

$$L_{\text{eff}} = \frac{1}{2g^*}\left[\dot{\mathcal{E}}^2 - (\omega_{CL}^*)^2\mathcal{E}^2\right],$$

这一低频有效拉格朗日量与原来的拉格朗日量形式相同. 只是 g 与 ω_{CL} 得到新的值

$$g^* = g + O(\omega_0^{-4}), \qquad \omega_{CL}^* = \omega_{CL} - \frac{ge^2}{2m\omega_0^2\omega_{CL}} + O(\omega_0^{-4}).$$

习题

2.2.4 耦合谐振子的低能有效理论

考虑一个有两个耦合谐振子的系统:

$$Z = \int DxDXe^{i\int dtL(x,X)}, \tag{2.2.53}$$

其中

$$L(x,X)=\frac{1}{2}m\dot{x}^2-\frac{1}{2}m\omega^2x^2+\frac{1}{2}M\dot{X}^2-\frac{1}{2}M\Omega^2X^2-gxX, \tag{2.2.54}$$

这里我们假定 $\Omega \gg \omega$, $g\sim m\omega^2$ 和 $m\sim M$. 这种情况下 X 是一个在 $X=0$ 周围振荡的高能自由度. 通过对 X 积分得出描述软自由度 x 的低能有效理论 $L_{\text{eff}}(x)$. (需要包括至少前面 $1/\Omega$ 级修正.) 然后从中得出有效质量 m^* 和有效弹性系数 $m^*(\omega^*)^2$.

2.2.3 关联函数之间的关系

要点:

- 响应函数与时序关联函数是紧密相关的. 响应函数给出极化率正确的实部和虚部, 而时序关联函数只给出极化率正确的实部
- 响应函数、时序关联函数和有限温度的谱函数都可以通过适当的解析延拓从有限温度虚时关联函数计算出来

我们已经介绍了几种关联函数, 特别是我们还发现响应函数直接与线性响应实验中测量的各种极化率有关. 这里我们将讨论这些关联函数之间的关系, 学习怎样计算有限温度下的响应函数.

但是首先让我们来研究算符 O_1 和 O_2 的有限温度关联函数

$$iG^\beta(t)=\langle T[O_2(t)O_1(0)]\rangle \quad 和 \quad \mathcal{G}^\beta(\tau)=\langle T_\tau[O_2(\tau)O_1(0)]\rangle$$

在实时间和虚时间下的关系. 为了得到以后要用到的更加一般的结果, 先推广关于 $G^\beta(t)$ 和 $\mathcal{G}^\beta(\tau)$ 的定义:

$$\begin{aligned}iG^\beta(t)|_{t>0}=&\langle O_2(t)O_1(0)\rangle,\\ iG^\beta(t)|_{t<0}=&\eta\langle O_1(0)O_2(t)\rangle,\end{aligned} \tag{2.2.55}$$

$$\begin{aligned}\mathcal{G}^\beta(\tau)|_{\tau>0}=&\langle O_2(\tau)O_1(0)\rangle,\\ \mathcal{G}^\beta(\tau)|_{\tau<0}=&\eta\langle O_1(0)O_2(\tau)\rangle,\end{aligned} \tag{2.2.56}$$

其中 $\eta=\pm$. 当 $\eta=+$ 时, 关联函数称为玻色性的, 当 $\eta=-$ 时, 称为费米性的. 注意此处我们不假定 $O_{1,2}=O_{1,2}^\dagger$. 使用

$$\begin{aligned}\langle\psi_n|O_2(t)O_1(0)|\psi_n\rangle=&\frac{\langle\psi_n|O_2U(t,0)O_1|\psi_n\rangle}{\langle\psi_n|U(t,0)|\psi_n\rangle}\\ =&\sum_m\langle\psi_n|O_2|\psi_m\rangle\langle\psi_m|O_1|\psi_n\rangle e^{-i(\epsilon_m-\epsilon_n)t},\end{aligned} \tag{2.2.57}$$

我们得到 $G^\beta(t)$ 的谱表示

$$iG^\beta(t)|_{t>0} =\sum_{m,n}\langle\psi_n|O_2|\psi_m\rangle\langle\psi_m|O_1|\psi_n\rangle\frac{e^{-\epsilon_n\beta-i(\epsilon_m-\epsilon_n)t}}{Z},$$
$$iG^\beta(t)|_{t<0} =\eta\sum_{m,n}\langle\psi_n|O_1|\psi_m\rangle\langle\psi_m|O_2|\psi_n\rangle\frac{e^{-\epsilon_n\beta+i(\epsilon_m-\epsilon_n)t}}{Z}. \tag{2.2.58}$$

如果我们引进以下的有限温度谱函数:

$$A_+^\beta(\nu) =\sum_{m,n}\delta[\nu-(\epsilon_m-\epsilon_n)]\langle\psi_n|O_2|\psi_m\rangle\langle\psi_m|O_1|\psi_n\rangle\frac{e^{-\epsilon_n\beta}}{Z},$$
$$A_-^\beta(\nu) =\sum_{m,n}\delta[\nu+(\epsilon_m-\epsilon_n)]\langle\psi_n|O_1|\psi_m\rangle\langle\psi_m|O_2|\psi_n\rangle\frac{e^{-\epsilon_n\beta}}{Z}, \tag{2.2.59}$$

就可以把 G^β 重写成

$$iG^\beta(t)|_{t>0} =\int d\nu A_+^\beta(\nu)e^{-i\nu t},$$
$$iG^\beta(t)|_{t<0} =\eta\int d\nu A_-^\beta(\nu)e^{-i\nu t}. \tag{2.2.60}$$

我们注意到, 有限温度谱函数还可以写做

$$A_+^\beta(\omega) =\sum_{m,n}\langle\psi_n|O_2|\psi_m\rangle\langle\psi_m|O_1|\psi_n\rangle\frac{e^{-\epsilon_n\beta}}{Z}\delta\left[\omega-(\epsilon_m-\epsilon_n)\right]$$
$$=e^{\beta\omega/2}\sum_{m,n}\langle\psi_n|O_2|\psi_m\rangle\langle\psi_m|O_1|\psi_n\rangle\frac{e^{-(\epsilon_m+\epsilon_n)\beta/2}}{Z}\delta\left[\omega-(\epsilon_m-\epsilon_n)\right],$$
$$A_-^\beta(\omega) =\sum_{m,n}\langle\psi_n|O_1|\psi_m\rangle\langle\psi_m|O_2|\psi_n\rangle\frac{e^{-\epsilon_n\beta}}{Z}\delta\left[\omega+(\epsilon_m-\epsilon_n)\right]$$
$$=e^{-\beta\omega/2}\sum_{m,n}\langle\psi_n|O_1|\psi_m\rangle\langle\psi_m|O_2|\psi_n\rangle\frac{e^{-(\epsilon_m+\epsilon_n)\beta/2}}{Z}\delta\left[\omega+(\epsilon_m-\epsilon_n)\right]$$
$$=e^{-\beta\omega/2}\sum_{m,n}\langle\psi_n|O_2|\psi_m\rangle\langle\psi_m|O_1|\psi_n\rangle\frac{e^{-(\epsilon_m+\epsilon_n)\beta/2}}{Z}\delta\left[\omega-(\epsilon_m-\epsilon_n)\right], \tag{2.2.61}$$

在上式的最后一行我们已经互换了 m 和 n. 这种形式使我们看到在有限温度下 A_+^β 和 A_-^β 的一个非常简单的关系:

$$A_+^\beta(\omega)=e^{\beta\omega}A_-^\beta(\omega) \tag{2.2.62}$$

我们还注意到 $\omega\lesssim -T$ 时 A_+^β 几乎消失, $\omega\gtrsim T$ 时 A_-^β 几乎消失. 在温度为零时

$$A_+(\omega<0)=0,\quad A_-(\omega>0)=0. \tag{2.2.63}$$

为了能理解 G^β 在频率空间的谱函数 A_-^β, 我们需要引进

$$G_+^\beta(t) = \Theta(t)G^\beta(t), \quad G_-^\beta(t) = \Theta(-t)G^\beta(t). \tag{2.2.64}$$

在频率空间中我们有

$$\begin{aligned} G_+^\beta(\omega) =& \sum_{m,n} \frac{\langle\psi_n|O_2|\psi_m\rangle\langle\psi_m|O_1|\psi_n\rangle}{\omega - (\epsilon_m - \epsilon_n) + i0^+} \frac{e^{-\epsilon_n\beta}}{Z}, \\ G_-^\beta(\omega) =& \eta\sum_{m,n} \frac{\langle\psi_n|O_1|\psi_m\rangle\langle\psi_m|O_2|\psi_n\rangle}{-\omega - (\epsilon_m - \epsilon_n) + i0^+} \frac{e^{-\epsilon_n\beta}}{Z}. \end{aligned} \tag{2.2.65}$$

我们发现

$$\begin{aligned} G_+^\beta(\omega) =& \int d\nu \frac{A_+^\beta(\nu)}{\omega - \nu + i0^+} \\ G_-^\beta(\omega) =& -\eta \int d\nu \frac{A_-^\beta(\nu)}{\omega - \nu - i0^+} \end{aligned} \tag{2.2.66}$$

并且 $G^\beta(\omega) = G_+^\beta(\omega) + G_-^\beta(\omega)$.

将响应函数 $D^\beta(t)$ 推广为

$$D^\beta(t-t') = \sum_n -i\Theta(t-t')\langle\psi_n|O_2(t)O_1(t') - \eta O_1(t')O_2(t)|\psi_n\rangle \frac{e^{-\epsilon_n/T}}{Z}, \tag{2.2.67}$$

它有下面的谱展开

$$\begin{aligned} D^\beta(\omega) =& \sum_{m,n} \frac{\langle\psi_n|O_2|\psi_m\rangle\langle\psi_m|O_1|\psi_n\rangle}{\omega - (\epsilon_m - \epsilon_n) + i0^+} \frac{e^{-\epsilon_n\beta}}{Z} \\ &+ \eta\sum_{m,n} \frac{\langle\psi_n|O_1|\psi_m\rangle\langle\psi_m|O_2|\psi_n\rangle}{-\omega - (\epsilon_m - \epsilon_n) - i0^+} \frac{e^{-\epsilon_n\beta}}{Z}. \end{aligned} \tag{2.2.68}$$

我们发现

$$D^\beta(\omega) = \int d\nu \frac{A_+^\beta(\nu)}{\omega - \nu + i0^+} - \eta \int d\nu \frac{A_-^\beta(\nu)}{\omega - \nu + i0^+} \tag{2.2.69}$$

我们看到, 从谱函数 $A_\pm^\beta$ 可以决定时序关联函数 G^β 和响应函数 D^β.

从路径积分计算谱函数的一个办法是使用虚时时序关联函数

$$\mathcal{G}^\beta(\tau_2, \tau_1) = Z^{-1}\mathrm{Tr}\left\{T_\tau[O_2(\tau_2)O_1(\tau_1)]e^{-\beta H}\right\},$$

其中 $0<\tau_{1,2}<\beta$. $\mathcal{G}^\beta(\tau_2,\tau_1)$ 还可以写做

$$\mathcal{G}^\beta(\tau_2,\tau_1)=\begin{cases}\dfrac{\mathrm{Tr}[e^{-(\beta-\tau_2)H}O_2e^{-(\tau_2-\tau_1)H}O_1e^{-\tau_1H}]}{\mathrm{Tr}(e^{-\beta H})}, & \tau_2>\tau_1,\\ \eta\dfrac{\mathrm{Tr}[e^{-(\beta-\tau_1)H}O_1e^{-(\tau_1-\tau_2)H}O_2e^{-\tau_2H}]}{\mathrm{Tr}(e^{-\beta H})}, & \tau_1>\tau_2.\end{cases}\tag{2.2.70}$$

利用它我们可以证明

$$\mathcal{G}^\beta(\tau_2,\tau_1)=\mathcal{G}^\beta(\tau_2-\tau_1,0)\equiv\mathcal{G}^\beta(\tau_2-\tau_1),\quad \mathcal{G}^\beta(\tau)=\eta\mathcal{G}^\beta(\tau+\beta),\tag{2.2.71}$$

$\mathcal{G}^\beta(\tau)$ 也有一个谱表示. 对于 $0<\tau<\beta$,

$$\mathcal{G}^\beta(\tau)=\begin{cases}\sum\limits_{m,n}\langle\psi_n|O_2|\psi_m\rangle\langle\psi_m|O_1|\psi_n\rangle\dfrac{e^{-\epsilon_n\beta-(\epsilon_m-\epsilon_n)\tau}}{Z}, & \tau>0,\\ \eta\sum\limits_{m,n}\langle\psi_n|O_1|\psi_m\rangle\langle\psi_m|O_2|\psi_n\rangle\dfrac{e^{-\epsilon_n\beta+(\epsilon_m-\epsilon_n)\tau}}{Z}, & \tau<0.\end{cases}\tag{2.2.72}$$

我们看到 G^β 和 $\mathcal{G}^\beta$ 的关系为

$$iG^\beta(t)=\mathcal{G}^\beta(it+\mathrm{sgn}\,t0^+)\tag{2.2.73}$$

即使在有限温度, 实时格林函数也可以由虚时格林函数计算出来.

由于 $\mathcal{G}^\beta(\tau)$ 是 (反) 周期的, 其频率是离散的: $\eta=+$ 时, $\omega_l=2\pi T\times$ 整数; $\eta=-$ 时, $\omega_l=2\pi T\times$(整数 $+1/2$). 在频率空间中我们有

$$\begin{aligned}\mathcal{G}^\beta(\omega_l)&=\int_0^\beta d\tau\ \mathcal{G}^\beta(\tau)e^{i\omega_l\tau}\\&=\begin{cases}-\sum\limits_{m,n}\dfrac{\langle\psi_n|O_2|\psi_m\rangle\langle\psi_m|O_1|\psi_n\rangle}{i\omega_l-\epsilon_m+\epsilon_n}\dfrac{e^{-\epsilon_n\beta}-\eta e^{-\epsilon_m\beta}}{Z}, & \omega_l\neq0\\ -\sum\limits_{m\neq n}\dfrac{\langle\psi_n|O_2|\psi_m\rangle\langle\psi_m|O_1|\psi_n\rangle}{-\epsilon_m+\epsilon_n}\dfrac{e^{-\epsilon_n\beta}-e^{-\epsilon_m\beta}}{Z} & \\ +\sum\limits_n\langle\psi_n|O_2|\psi_n\rangle\langle\psi_n|O_1|\psi_n\rangle\dfrac{\beta e^{-\epsilon_n\beta}}{Z}, & \omega_l=0\end{cases}\\&=-\sum_{m\neq n}\frac{\langle\psi_n|O_2|\psi_m\rangle\langle\psi_m|O_1|\psi_n\rangle}{i\omega_l-\epsilon_m+\epsilon_n+T\delta}\frac{e^{-\epsilon_n\beta}-(\eta+\delta)e^{-\epsilon_m\beta}}{Z}\\&=-\sum_{m,n}\left[\frac{\langle\psi_n|O_2|\psi_m\rangle\langle\psi_m|O_1|\psi_n\rangle}{i\omega_l-(\epsilon_m-\epsilon_n)+T\delta}+(\eta+\delta)\frac{\langle\psi_n|O_1|\psi_m\rangle\langle\psi_m|O_2|\psi_n\rangle}{-i\omega_l-(\epsilon_m-\epsilon_n)-T\delta}\right]\frac{e^{-\epsilon_n\beta}}{Z},\end{aligned}\tag{2.2.74}$$

其中 δ 是一个复数小量. 我们注意到, 只有在 $\eta=1$, $m=n$, $\omega_l=0$ 时 δ 才有作用. 如果我们假设 $\delta\ll 0^+$ 并在解析延拓之后设 $\delta=0$, 则会发现

$$
\begin{aligned}
&\frac{1}{2i}[\mathcal{G}^\beta(i\omega_l\to\omega+i0^+)-\mathcal{G}^\beta(i\omega_l\to\omega-i0^+)]\\
=&-\left(e^{\beta\omega/2}-\eta e^{-\beta\omega/2}\right)\sum_{m,n}\langle\psi_n|O_2|\psi_m\rangle\langle\psi_m|O_1|\psi_n\rangle\\
&\times\frac{e^{-(\epsilon_m+\epsilon_n)\beta/2}}{Z}(-\pi)\delta\left[\omega-(\epsilon_m-\epsilon_n)\right].
\end{aligned}\tag{2.2.75}
$$

最后比较 (2.2.75) 和 (2.2.61), 可以用 $\mathcal{G}^\beta(\omega_l)$ 表示 $A^\beta_{+,-}$:

$$
\begin{aligned}
A^\beta_+(\omega)=&[1+\eta n_\eta(\omega)]\pi^{-1}\frac{1}{2i}[\mathcal{G}^\beta(i\omega_l\to\omega+i0^+)-\mathcal{G}^\beta(i\omega_l\to\omega-i0^+)]\\
A^\beta_-(\omega)=&n_\eta(\omega)\pi^{-1}\frac{1}{2i}[\mathcal{G}^\beta(i\omega_l\to\omega+i0^+)-\mathcal{G}^\beta(i\omega_l\to\omega-i0^+)]
\end{aligned}\tag{2.2.76}
$$

其中 $n_+(\omega)=n_B(\omega)=1/(e^{\beta\omega}-1)$ 和 $n_-(\omega)=n_F(\omega)=1/(e^{\beta\omega}+1)$ 分别是玻色子和费米子占据数, 这使得我们可以从 $\mathcal{G}^\beta$ 决定 G^β 和 D^β. 尤其是从 (2.2.68), 我们看到 $D^\beta(\omega)$ 和 $\mathcal{G}^\beta(\omega_l)$ 有着非常简单的关系:

$$
D(\omega)=-\mathcal{G}^\beta(\omega_l)|_{i\omega_l\to\omega+i0^+}\tag{2.2.77}
$$

这里假设了 $\delta\ll 0^+$. 经过上面的解析延拓, 我们发现 δ 没有作用, 故将其略去.

很有意思的是, $\mathcal{G}^\beta(\tau)$ 的傅里叶变换和解析延拓不对易. 如果我们先做解析延拓, 会得到时序关联函数 $G^\beta(t)$, 如果先做傅里叶变换, 则得到响应函数 $D^\beta(\omega)$. 也许有人会提议使用实际上更加自然的解析延拓 $i\omega_n\to\omega(1+i0^+)$, 但是从谱表示可以看到, 新的解析延拓仍然不能将 $\mathcal{G}^\beta(\omega_n)$ 变换为 $G^\beta(\omega)$. 不过在零温下我们确实有

$$
G(\omega)=-\mathcal{G}(\omega)|_{i\omega\to\omega(1+i0^+)}\tag{2.2.78}
$$

以上所有结果都是在一个非常普遍的情形下得到的, 其中 $O_{1,2}$ 甚至可以不是厄米的. 当 $O_1=O_1^\dagger$ 和 $O_2=O_2^\dagger$ 时, 结果会更加简单. 对于 $T=0$:

$$
D(t)=2\Theta(t)\mathrm{Re}\,G(t),\qquad iG(t)=\mathcal{G}(it+\mathrm{sgn}\,t0^+)\tag{2.2.79}
$$

$$
D(\omega)=\mathrm{Re}\,G(\omega)+i\mathrm{sgn}\,\omega\mathrm{Im}\,G(\omega),\qquad D(\omega)=-\mathcal{G}(\omega)|_{i\omega\to\omega+i0^+}\tag{2.2.80}
$$

对于 $T\neq 0$:

$$D^\beta(t) = 2\Theta(t)\mathrm{Re}\,G^\beta(t), \qquad iG^\beta(t) = \mathcal{G}^\beta(it + \mathrm{sgn}\,t0^+) \tag{2.2.81}$$

$$D^\beta(\omega) = G_+^\beta(\omega) + \left(G_+^\beta(-\omega)\right)^*, \qquad D^\beta(\omega) = -\mathcal{G}^\beta(\omega_l)|_{i\omega_l\to\omega+i0^+} \tag{2.2.82}$$

$D^\beta(\omega)$ 和 $G^\beta(\omega)$ 之间没有简单关系.

当 $O_1 = O_2^\dagger$, $A_\pm^\beta$ 是正实数, 并且 $\frac{1}{2i}[\mathcal{G}^\beta(i\omega_l \to \omega + i0^+) - \mathcal{G}^\beta(i\omega_l \to \omega - i0^+)] = \mathrm{Im}\,\mathcal{G}^\beta(i\omega_l \to \omega + i0^+)$. 我们有

$$\begin{aligned} A_+^\beta(\omega) =& [1 + \eta n_\eta(\omega)]\pi^{-1}\mathrm{Im}\,\mathcal{G}^\beta(i\omega_l \to \omega + i0^+) \\ =& -[1 + \eta n_\eta(\omega)]\pi^{-1}\mathrm{Im}\,D^\beta(\omega) \\ =& -\frac{1}{1 + \eta e^{-\beta\omega}}\pi^{-1}\mathrm{Im}\,G^\beta(\omega) \end{aligned} \tag{2.2.83}$$

我们看到谱函数 $A_\pm^\beta$ 可以从 G^β, D^β 或 $\mathcal{G}^\beta$ 中的任何一个得到, 而它反过来又决定其他的关联函数.

作为一个例子, 我们来计算振子问题中的有限温度极化率. 在频率空间中虚时路径积分的形式是

$$\begin{aligned} Z =& \int \mathcal{D}[x(\tau)]\ e^{-\int_0^\beta d\tau\ (\frac{m}{2}\dot{x}^2 + \frac{m\omega_0^2}{2}x^2)} \\ =& \int \mathcal{D}[x_\omega]\ e^{-\frac{1}{2}\sum_{\omega_n=-\infty}^{\infty} x_{-\omega_n}(m\omega_n^2 + m\omega_0^2)x_{\omega_n}}, \end{aligned} \tag{2.2.84}$$

其中 $x_{\omega_n} = \int_0^\beta d\tau\ x(\tau)\beta^{-1/2}e^{i\tau\omega_n}$. 我们发现

$$\mathcal{G}_x^\beta(\omega_n) = \langle x_{\omega_n} x_{-\omega_n}\rangle = \frac{m^{-1}}{\omega_n^2 + \omega_0^2}, \tag{2.2.85}$$

则有限温度极化率为

$$\chi(\omega) = -D(\omega) = \mathcal{G}_x^\beta[-i(\omega + i0^+)] = \frac{m^{-1}}{\omega_0^2 - \omega^2 - i\mathrm{sgn}\,\omega 0^+}. \tag{2.2.86}$$

不出所料, 它与温度无关.

习题

2.2.5 使用谱表示证明公式 (2.2.78).

2.2.6 从 $\mathcal{G}^\beta(\tau)$ 的定义证明 (2.2.74).

2.2.7 证明公式 (2.2.85). 计算有限温度下的 $\langle x^2\rangle = \mathcal{G}_x^\beta(\tau)|_{\tau=0}$, 检验 $T \to 0$ 和 $T \to \infty$ 的极限.

提示: 可以使用下面的技巧: (这一技巧常常用于有限温度的计算中)

$$\oint_{C_1} \frac{dz}{2\pi i} \frac{1}{(-iz)^2+\omega_0^2} \frac{1}{e^{\beta z}-1} = T\sum_{n=-\infty}^{\infty} \frac{1}{\omega_n^2+\omega_0^2},$$
$$\oint_{C_2} \frac{dz}{2\pi i} \frac{1}{(-iz)^2+\omega_0^2} \frac{1}{e^{\beta z}-1} = 0, \tag{2.2.87}$$

其中 C_1 是一个围绕虚 z 轴的回路, C_2 是一个围绕 $z=0$ 的无限圆回路. (见图 2.3)

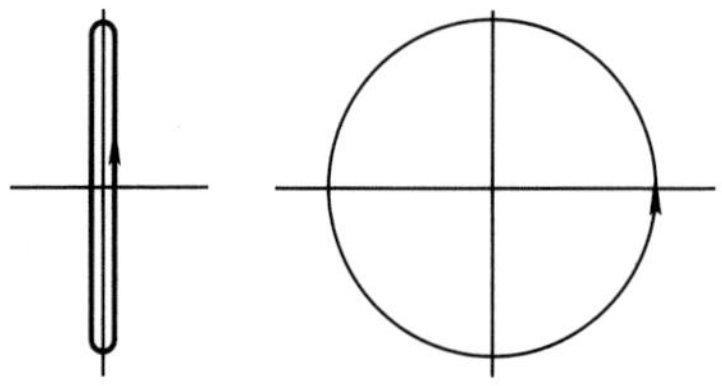

图 2.3 回路 C_1 和 C_2.

2.3 量子自旋的路径积分公式和贝里相

要点:

- 贝里相来自一个量子体系的相干态表象. 贝里相是一个由相干态之间交叠 (内积) 决定的几何相, 不由哈密顿量决定
- 贝里相代表了对所有相干态取一个共同相位的一个阻挫
- 贝里相可以影响一个系统的动力学特性, 它能够改变运动方程

考虑一个由哈密顿量

$$H = \boldsymbol{B}\cdot\boldsymbol{S} \tag{2.3.1}$$

描述的自旋 $S=1/2$ 系统. 为了得到路径积分公式, 我们从满足 $\boldsymbol{n}\cdot\boldsymbol{S}|\boldsymbol{n}\rangle = S|\boldsymbol{n}\rangle$ 的相干态 $|\boldsymbol{n}\rangle$ ($|\boldsymbol{n}|=1$) 开始:

$$|\boldsymbol{n}\rangle = |z\rangle = \begin{pmatrix} z_1 \\ z_2 \end{pmatrix}, \tag{2.3.2}$$
$$\boldsymbol{n} = z^\dagger \boldsymbol{\sigma} z, \qquad |z_1|^2+|z_2|^2=1,$$

其中 $\boldsymbol{\sigma}$ 是泡利矩阵. 关系式 $\boldsymbol{n}=z^\dagger\boldsymbol{\sigma}z$ 也称一个矢量的旋量表示. 注意对于给定的矢量 $\boldsymbol{n}$, 旋量 z 的总相位是不确定的, 即 z 和 $e^{i\theta}z$ 都给出相同的 $\boldsymbol{n}$. 但是我们可以取定一个相位使得

$$z = \begin{pmatrix} e^{-i\phi}\cos\frac{\theta}{2} \\ \sin\frac{\theta}{2} \end{pmatrix}, \tag{2.3.3}$$

其中 (θ,ϕ) 是 $\boldsymbol{n}$ 的球面角. 相干态 $|\boldsymbol{n}\rangle$ 是完备的:

$$\int \frac{d^2\boldsymbol{n}}{2\pi}\ |\boldsymbol{n}\rangle\langle\boldsymbol{n}| = 1 \tag{2.3.4}$$

(系数 $1/2\pi$ 可以由方程两边取迹并注意 $\mathrm{Tr}(|\boldsymbol{n}\rangle\langle\boldsymbol{n}|)=1$ 而得到), 内积为

$$\langle\boldsymbol{n}_b|\boldsymbol{n}_a\rangle = z_b^\dagger z_a. \tag{2.3.5}$$

在时间间隔 $[0,t]$ 插入多个 (2.3.4), 得到传播函数的路径积分表示为 (见习题2.3.1)

$$\begin{aligned} iG(\boldsymbol{n}_2,\boldsymbol{n}_1,t) =&\langle\boldsymbol{n}_2|U(t,0)|\boldsymbol{n}_1\rangle = \int \mathcal{D}^2\left[\frac{\boldsymbol{n}(t)}{2\pi}\right]\ e^{iS[\boldsymbol{n}(t)]}, \\ S[\boldsymbol{n}(t)] =& \int dt\ (iz^\dagger\dot{z} - \boldsymbol{B}\cdot\boldsymbol{n}S). \end{aligned} \tag{2.3.6}$$

注意作用量即使在 $\boldsymbol{B}=0$ 时亦不为零. 这一点很奇怪, 因为当 $\boldsymbol{B}=0$ 时, 自旋既没有动能也没有势能, 似乎自旋的作用量应该是零. 从 (2.3.6) 我们看到情况并非如此, 额外的相位项 $\int dt\ iz^\dagger\dot{z}$ 是一个纯量子效应, 称为贝里相. 它的出现是因为我们要将 $\boldsymbol{n}$(标记非正交相干态) 当作诸如 x(标记正交态) 这样的经典变量来处理 (注意出现在相干态路径积分中的 $a^*\dot{a}$ 项也是贝里相).

贝里相的出现与自旋的零能量是不矛盾的, 因为如果自旋具有有限能量 E, 作用量就会包含一个与时间成正比的项: $S=-TE$, 贝里相是 T^0 阶项, 与能量项不同.

让我们从另一个角度来看贝里相. 考虑一个在不变磁场 $\boldsymbol{B}=-B\boldsymbol{n}$ 中的自旋, 基态的演化为

$$\langle\boldsymbol{n}|e^{-i\int_0^T dt\ \boldsymbol{B}\cdot\boldsymbol{S}}|\boldsymbol{n}\rangle = e^{-iE_0T}, \tag{2.3.7}$$

其中 E_0 是基态能量. 现在假设 $\boldsymbol{B}$ 的方向随时间缓慢改变. 因为基态能量 (在任何给定时间) 不改变, 我们也许会猜测

$$\langle\boldsymbol{n}|T[e^{-i\int_0^T dt\ \boldsymbol{B}(t)\cdot\boldsymbol{S}}]|\boldsymbol{n}\rangle = e^{-iE_0T}; \tag{2.3.8}$$

但在 $[0,T]$ 之间插入多个等式 (2.3.4), 实际上得到

$$\langle\boldsymbol{n}|T[e^{-i\int_0^T dt\ \boldsymbol{B}(t)\cdot\boldsymbol{S}}]|\boldsymbol{n}\rangle = e^{-iE_0T}e^{i\int_0^T dt\ iz^\dagger\dot{z}}, \tag{2.3.9}$$

这里就多了一个贝里相.

贝里相具有许多特别的性质. 从 $B=0$ 的路径积分表示, 我们看到与路径 $\boldsymbol{n}(t)$ 有关的贝里相为

$$\begin{aligned} e^{i\theta_B} =& \lim_{N\to\infty}\langle\boldsymbol{n}(T)|\boldsymbol{n}(T-\Delta t)\rangle\cdots\langle\boldsymbol{n}(2\Delta t)|\boldsymbol{n}(\Delta t)\rangle\langle\boldsymbol{n}(\Delta t)|\boldsymbol{n}(0)\rangle \\ =& e^{i\int_0^T dt\ iz^\dagger\dot{z}}, \end{aligned} \tag{2.3.10}$$

这一表达式告诉我们, 开放路径的贝里相是不确定的, 因为描述自旋在 $\boldsymbol{n}$ 方向上的态 $|\boldsymbol{n}\rangle$ 可以具有任意相, 这样的相没有物理意义. 如果我们改变态的相位: $|\boldsymbol{n}(t)\rangle \to e^{i\phi(t)}|\boldsymbol{n}(t)\rangle$, 贝里相也会改变: $\theta_B \to \theta_B + \phi(0) - \phi(T)$. 换句话说, 一个给定的路径 $\boldsymbol{n}(t)$ 可以有不同的旋量表示 $z(t)$, 这些不同的旋量表示就带来不同的贝里相.

上面的讨论似乎在说, 贝里相是没有物理意义的, 就像自旋态 $|\boldsymbol{n}\rangle$ 的相位一样, 贝里相似乎来自我们对不同自旋态的相位的任意选择. 所以如果我们可以为所有自旋态选择一个 "共同的" 相位, 那就不会有贝里相.

现在让我们为沿路径 $\boldsymbol{n}(t)$ 的自旋态 $|\boldsymbol{n}(t)\rangle$ 找一个共同的相位, 我们先为在路径开始处的自旋态 $|\boldsymbol{n}(0)\rangle$ 取一个相位, 然后为下一点的自旋态 $|\boldsymbol{n}(\Delta t)\rangle$ 找一个 "相同的相位". 这里的问题是当 $\boldsymbol{n}(0)$ 和 $\boldsymbol{n}(\Delta t)$ 不同时, "相同的相位" 是什么意思. 由于 $\boldsymbol{n}(0)$ 和 $\boldsymbol{n}(\Delta t)$ 近乎平行, $|\boldsymbol{n}(0)\rangle$ 和 $|\boldsymbol{n}(\Delta t)\rangle$ 几乎是相同的态, 意味着 $|\langle\boldsymbol{n}(0)|\boldsymbol{n}(\Delta t)\rangle| \approx 1$. 因此我们可以定义如果 $\langle\boldsymbol{n}(0)|\boldsymbol{n}(\Delta t)\rangle$ 是正实数, $|\boldsymbol{n}(0)\rangle$ 和 $|\boldsymbol{n}(\Delta t)\rangle$ 有同样的相位. 如果我们以这种方式为沿路径 $\boldsymbol{n}(t)$ 的所有态取相位, 则我们就定义了沿路径的 "平行传递"(见图 2.4). 从 (2.3.10) 可以看到, 如果我们为路径上的所有自旋态选择这样一个共同的相位, 贝里相就会消失.

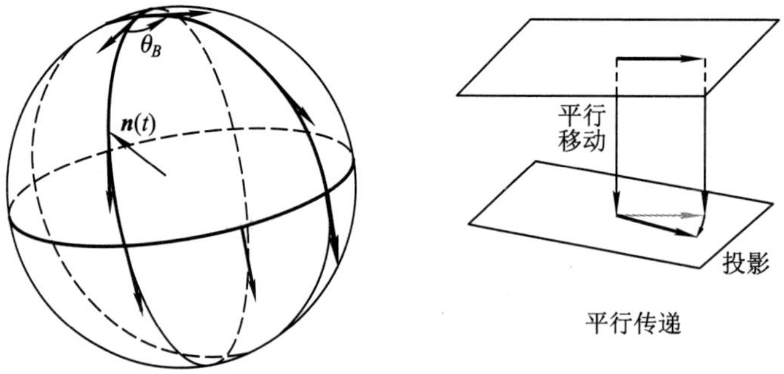

图 2.4 自旋 1 态 $|\boldsymbol{n}(t)\rangle$ 的相位平行传递有一个几何图像, $|\boldsymbol{n}(t)\rangle$ 的相可以用一个在单位球上点 $|\boldsymbol{n}(t)\rangle$ 处的切面上的单位 2D 矢量表示. 在这一表示中平行传递可以分解成两个几何操作: (a) 2D 矢量在 3D 空间的平行移动; (b) 向倾斜的切面的投影. 一个 2D 切矢量围绕闭合回路的平行传递将使矢量旋转, 旋转角就是自旋 1 态的贝里相. (在一个小回路上的旋转角除以回路所围绕的面积就是球面的曲率, 根据爱因斯坦的广义相对论, 空间的曲率 = 引力.)

但是对于一个闭合路径, 就不一定能为沿路径的所有态找到一个共同的相位. 这是因为在路径末端态 $|\boldsymbol{n}(T)\rangle$ 的相位是固定的, 它已经由在路径起点态 $|\boldsymbol{n}(0)\rangle$ 的相的平行传递所决定. 对于闭合路径, $|\boldsymbol{n}(T)\rangle$ 和 $|\boldsymbol{n}(0)\rangle$ 代表着同一个自旋态, 但是它们根据平行传递所选择的相位却可能不一样, 所差的就是闭合路径的贝里相. 由于选择自旋态的不同相位 $|\boldsymbol{n}(t)\rangle \to e^{i\phi(t)}|\boldsymbol{n}(t)\rangle$, 会改变贝里相 $\theta_B \to \theta_B + \phi(0) - \phi(T)$, 从中我们看出由于 $e^{i\phi(0)} = e^{i\phi(T)}$, 一个 $\boldsymbol{n}(0) = \boldsymbol{n}(T)$ 的闭合路径的贝里相是确定的 (最多相差 2π 的倍数). 因此, 讨论一个闭合路径的贝里相, 或者有

着相同起终点的两条路经的贝里相的差, 是有意义的.

我们看到, 如果可以为所有态定义一个共同相位, 贝里相就能消失. 一个非零的贝里相意味着不可能为回路上的所有态选择一个共同相位. 贝里相的值代表定义这样的共同相位所遇到的阻挫的量. 平行传递和平行传递中的阻挫的概念是非常重要的. 电磁场和重力场都是广义的贝里相, 描述的就是平行传递中的阻挫, 不过它们针对的是更加广义的矢量, 而不是前面所讨论的 2D 矢量 (一个复数).

也许有人会想, 既然一个闭合路径的贝里相由路径 $\boldsymbol{n}(t)$ 直接确定, 我们是否可以不引进复杂的旋量 $z(t)$, 直接用 $\boldsymbol{n}(t)$ 表示贝里相? 在习题 2.3.2 中我们将看到由于一个 2π 的不确定性, 这是不可能的.

现在我们看到, 在自旋路径积分 (2.3.6) 中, 如果 $\boldsymbol{n}_1 \neq \boldsymbol{n}_2$, 我们就不能确定路径的相位. 如果我们选择了一个旋量表示, 比如 (2.3.3), 路径积分虽然会有确定的相位, 但是如果我们选择了不同的旋量表示, 路径积分就会有不同的相位. 不过不同路径的相位差和闭合路径的相位是确定的, 与旋量选择无关.

两条路径 $\boldsymbol{n}_1(t)$ 和 $\boldsymbol{n}_2(t)$ 只要在单位球上有相同的轨迹, 就会有相同的贝里相, 在这个意义上贝里相是一个几何相. 如果 $\boldsymbol{n}_1(t)$ 和 $\boldsymbol{n}_2(s)$ 有相同的轨迹, 则 t 和 s 之间会有直接的关系 $t = t(s)$, 使得 $\boldsymbol{n}_1(t(s)) = \boldsymbol{n}_2(s)$. 取一个固定的旋量表示 $\boldsymbol{n}$, 我们有 $z_1(t(s)) = z_2(s)$, 不难证明两条路经的贝里相相同:

$$\oint dt\ z_1^\dagger \frac{d}{dt} z_1 = \oint ds\ z_2^\dagger \frac{d}{ds} z_2. \tag{2.3.11}$$

如果单位球上的轨迹 $\boldsymbol{n}(t)$ 张出立体角 Ω, 该路径的贝里相为

$$\theta_B = \frac{\Omega}{2}, \tag{2.3.12}$$

这使得我们可以仅用 $\boldsymbol{n}$ 来表示闭合回路的自旋作用量 $S[\boldsymbol{n}(t)]$,

$$S[\boldsymbol{n}(t)] = -\oint dt\ \boldsymbol{B} \cdot \boldsymbol{n} S + \int_D dt_1 dt_2\ S\boldsymbol{n} \cdot (\frac{d\boldsymbol{n}}{dt_1} \times \frac{d\boldsymbol{n}}{dt_2}), \tag{2.3.13}$$

其中 D 是在单位球上以回路 $\boldsymbol{n}(t)$ 为边界的区域, (t_1, t_2) 是区域内的坐标 (见图 2.5).

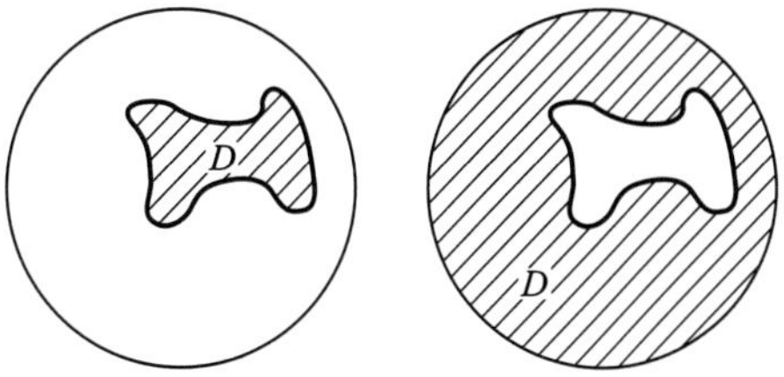

图 2.5 单位球上的一条回路以及所包围的区域 D. 注意 D 不是惟一的.

路径积分表示 (2.3.6) 可以推广到一个自旋 S 系统, 相干态 ($\boldsymbol{n} \cdot \boldsymbol{S}$ 具有最大本征值 S 的本征态) $|\boldsymbol{n}\rangle$ 可以表示为 $2S$ 个上面讨论过的自旋 1/2 相干态的直积

$$|\boldsymbol{n}\rangle = |z\rangle \otimes |z\rangle \otimes \cdots \otimes |z\rangle, \tag{2.3.14}$$

它的贝里相是 $2S$ 乘以自旋 1/2 的贝里相

$$\theta_B = \oint dt\ 2Siz^\dagger \dot{z} = S\Omega. \tag{2.3.15}$$

路径积分表示现在成为

$$iG(n_2, n_1, t) = \langle n_2|U(t,0)|n_1\rangle = \int \mathcal{D}[\frac{\boldsymbol{n}(t)}{2\pi}]\ e^{i\int dt\ (2Siz^\dagger \dot{z} - \boldsymbol{B}\cdot\boldsymbol{n}S)}. \tag{2.3.16}$$

让我们将

$$S[\boldsymbol{n}(t)] = \int dt\ (2Siz^\dagger \dot{z} - \boldsymbol{B}\cdot\boldsymbol{n}S) \tag{2.3.17}$$

当作是一个经典作用量, 并且考虑由这样的作用量支配的经典自旋运动. 为了得到经典的运动方程, 比较 $S[\boldsymbol{n}(t)]$ 和 $S[\boldsymbol{n}(t)+\delta\boldsymbol{n}(t)]$(注意两条路径 $\boldsymbol{n}(t)$ 和 $\boldsymbol{n}(t)+\delta\boldsymbol{n}(t)$ 有相同的起终点), 由贝里相的几何解释 (2.3.15), 有

$$S[\boldsymbol{n}(t)+\delta\boldsymbol{n}(t)] - S[\boldsymbol{n}(t)] = \int dt\ [S\boldsymbol{n}\cdot(\dot{\boldsymbol{n}}\times\delta\boldsymbol{n}) - \boldsymbol{B}\cdot\delta\boldsymbol{n}S], \tag{2.3.18}$$

由此得出运动方程

$$\boldsymbol{n}\times\dot{\boldsymbol{n}} = \boldsymbol{B} - \boldsymbol{n}(\boldsymbol{n}\cdot\boldsymbol{B}), \tag{2.3.19}$$

(注意 $\delta\boldsymbol{n}$ 总与 $\boldsymbol{n}$ 垂直) 即

$$\dot{\boldsymbol{s}} = \boldsymbol{B}\times\boldsymbol{s}, \tag{2.3.20}$$

其中 $\boldsymbol{s} = S\boldsymbol{n}$ 对应于经典的自旋矢量. 这是一个速度 (而不是加速度) 与力成正比的奇怪的运动方程, 更奇怪的是速度方向与力垂直. 但是这恰恰是正确的自旋运动方程. 我们看到贝里相对于获得正确的自旋运动方程是至关重要的.

习题

2.3.1 推导公式 (2.3.6).

2.3.2 使用自旋表达式 (2.3.3) 对固定的 θ 值计算一条闭合路径 $\phi = 0 \to 2\pi$ 的贝里相. θ 固定, 用不同的旋量表示

$$z = \begin{pmatrix} \cos\frac{\theta}{2} \\ e^{-i\phi}\sin\frac{\theta}{2} \end{pmatrix} \tag{2.3.21}$$

计算相同路径的贝里相.

由此例我们看到, 根据不同的旋量表示, 贝里相有一个 2π 的不确定性, 因此贝里相 θ_B 不能直接由路径 $\boldsymbol{n}$ 表示. 这就是我们必须引进旋量表示来表示贝里相的原因. 但是 $e^{i\theta_B}$ 是确定的并且只取决于路径 $\boldsymbol{n}(t)$, 这已经满足了我们有一个确定路径积分的需要.

2.3.3

(a) 对一个小的闭合路径 $(\theta,\phi)\to(\theta+d\theta,\phi)\to(\theta+d\theta,\phi+d\phi)\to(\theta,\phi+d\phi)\to(\theta,\phi)$, 证明公式 (2.3.12).

(b) 对一般的大的闭合路径, 证明公式 (2.3.12).

2.3.4 对于在球上的自旋和粒子, 假设 $\boldsymbol{B}=0$, 证明自旋作用量 (2.3.17) 可以写作

$$S[\boldsymbol{n}(t)]=\int dt\ (A_\theta\dot{\theta}+A_\phi\dot{\phi}); \tag{2.3.22}$$

写出 A_θ 和 A_ϕ.

以上作用量可认为是下式的作用量

$$S_p[\boldsymbol{n}(t)]=\int dt\ (A_\theta\dot{\theta}+A_\phi\dot{\phi}+\frac{1}{2}m\dot{\boldsymbol{n}}^2) \tag{2.3.23}$$

在 $m\to 0$ 的极限. S_p 描述的是一个在单位球上运动的质量为 m 的粒子, 该粒子还受到磁场 (A_ϕ, A_θ) 的作用, 证明 (A_ϕ, A_θ) 给出的是一个均匀磁场, 证明球上的全部磁通量为 $2S$.

我们知道在均匀磁场中的粒子具有朗道能级结构, 在相同能级上的所有态有相同的能量. 朗道能级由常数能隙 $\hbar\omega_c$ 分开, 当 $m\to 0$ 时, $\omega_c\to\infty$, 因此在 $m\to 0$ 的极限下, 只有在第一朗道能级上的态出现在低能希尔伯特空间. 如果均匀磁场的总磁通量是 N_ϕ, 证明粒子在球上第一朗道能级上态的数目是 N_ϕ.

2.3.5 自旋波

考虑一条自旋 S 的量子自旋链

$$H=\sum_i J\boldsymbol{S}_i\boldsymbol{S}_{i+1}. \tag{2.3.24}$$

对于 $J<0$, 经典基态是一个

$$\boldsymbol{S}_i=S\hat{z} \tag{2.3.25}$$

的铁磁态; 对于 $J>0$, 经典基态是一个

$$\boldsymbol{S}_i=S\hat{z}(-)^i \tag{2.3.26}$$

的反铁磁态.

(a) 写出自旋链的作用量.

(b) 导出铁磁基态附近小涨落的运动方程 $\delta\boldsymbol{S}_i=\boldsymbol{S}_i-S\hat{z}$. 将该运动方程变换到频率和动量空间并写出色散关系. 证明 k 很小时 $\omega\propto k^2$.

(c) 导出反铁磁基态附近小涨落的运动方程 $\delta\boldsymbol{S}_i=\boldsymbol{S}_i-S\hat{z}(-)^i$, 写出色散关系. 证明 k 接近 π 时 $\omega\propto|k-\pi|$.

有趣的是, 尽管铁磁哈密顿量和铁磁基态可以通过 $\boldsymbol{S}_i\to(-)^i\boldsymbol{S}_i$ 映射为反铁磁哈密顿量和反铁磁基态, 铁磁态和反铁磁态上自旋波的色散关系却很不一样. 而实际上在经典统计物理中, 铁磁态和反铁磁态有着相同的热力学特性, 正是贝里相使它们在量子层次上大不相同.

2.4 路径积分公式的应用

2.4.1 透过势垒的隧穿

要点:

- 隧穿和瞬子

现在我们来研究在双势阱里的隧穿问题 (图 2.6). 如果没有隧穿, 粒子在势能最低点附近涨落, 可以用频率为 ω_0 的谐振子描述. 由这些涨落得到下面的传播函数

$$\begin{aligned}\langle x_0|e^{-TH}|x_0\rangle =&e^{-T\omega_0/2},\\ \langle -x_0|e^{-TH}|-x_0\rangle =&e^{-T\omega_0/2},\\ \langle x_0|e^{-TH}|-x_0\rangle =&0.\end{aligned} \tag{2.4.1}$$

但是上述结果由于隧穿而不十分正确. 有隧穿时, 粒子能在两个极小值之间往返穿梭, 传播函数因此获得一些附加的贡献.

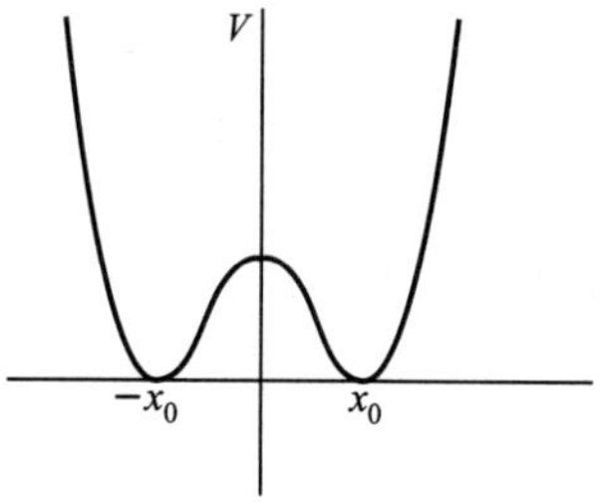

图 2.6 双势阱.

为了讨论隧穿, 我们使用虚时路径积分和鞍点近似. 除了连接 x_0 至 x_0 和 $-x_0$ 至 $-x_0$ 的两条明显的稳定路径 $x(t)=x_0$ 和 $x(t)=-x_0$ 以外, 还有另一条稳定路径连接 x_0 至 $-x_0$, 这条路径使作用量 $\int d\tau\ [\frac{1}{2}m\dot{x}^2+V'(x)]$ 最小. 它满足

$$m\frac{d^2x}{d\tau^2}=V(x). \tag{2.4.2}$$

这是势场 $-V(x)$[图 2.7(a)] 的牛顿方程, 其解如图 2.7(b) 所示. 可以看到在 $\pm x_0$ 之间的转换发生在很短的瞬间, 这样的一个事件称为一个瞬子. 图 2.7(b) 中的路径不是 x_0 和 $-x_0$ 之间惟一的稳定路径, 图 2.8 中的多瞬子路径也是一条稳定路径. 同样, 多瞬子路径也会在连接 x_0 至 x_0 和 $-x_0$ 至 $-x_0$ 的其他稳定路径上出现.

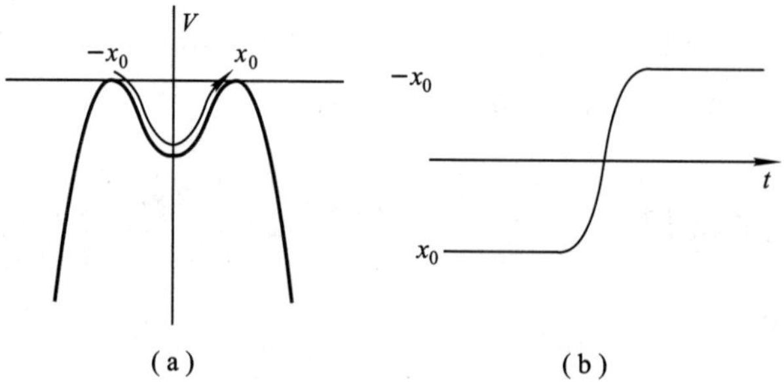

图 2.7 一个单瞬子解.

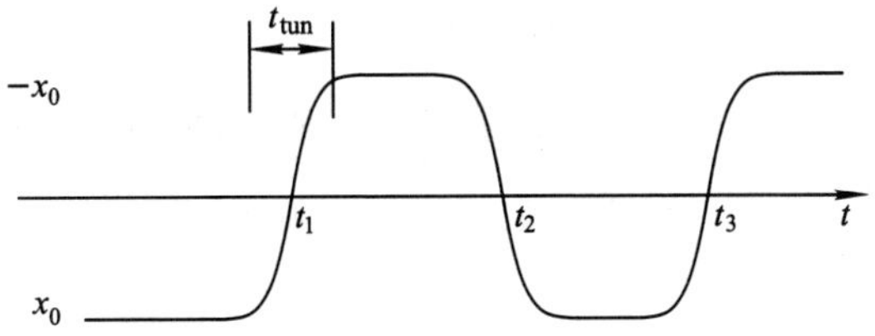

图 2.8 一种多瞬子组态 —— 瞬子气.

为了计算传播函数, 需要包括所有稳定路径的贡献. 对于从 x_0 至 x_0 的传播函数, 我们有

$$\begin{aligned}&\langle x_0|e^{-TH}|x_0\rangle\\=&e^{-T\omega_0/2}\sum_{n=\text{even}}\int_0^T d\tau_n\int_0^{\tau_n}d\tau_{n-1}\cdots\int_0^{\tau_2}d\tau_1\ \left(Ke^{-S_0}\right)^n\\=&e^{-T\omega_0/2}\sum_{n=\text{even}}\frac{T^n}{n!}\left(Ke^{-S_0}\right)^n=\text{ch}(TKe^{-S_0}),\end{aligned}\tag{2.4.3}$$

其中 S_0 是瞬子的最小作用量, K 来自单独瞬子附近涨落的路径积分. K 应该有频率的量纲, 其数值基本上是粒子撞击势垒的频率. 同样我们还有

$$\begin{aligned}&\langle x_0|e^{-TH}|-x_0\rangle\\=&e^{-T\omega_0/2}\sum_{n=\text{odd}}\int_0^T d\tau_n\int_0^{\tau_n}d\tau_{n-1}\cdots\int_0^{\tau_2}d\tau_1\ \left(Ke^{-S_0}\right)^n\\=&e^{-T\omega_0/2}\sum_{n=\text{odd}}\frac{T^n}{n!}\left(Ke^{-S_0}\right)^n=\text{sh}(TKe^{-S_0}),\end{aligned}\tag{2.4.4}$$

因此

$$\langle\psi_\pm|e^{-TH}|\psi_\pm\rangle=e^{-T\omega_0/2}[\text{ch}(TKe^{-S_0})\pm\text{sh}(TKe^{-S_0})]=e^{-T(\frac{\omega_0}{2}\pm Ke^{-S_0})},\tag{2.4.5}$$

其中 $|\psi_\pm\rangle=(|x_0\rangle\pm|-x_0\rangle)/\sqrt{2}$. 我们看到, $|\psi_\pm\rangle$ 是能量为 $E=\frac{\omega_0}{2}\pm Ke^{-S_0}$ 的能量本征态.

为了计算 S_0, 注意到由能量守恒有 $\dot{x}=\sqrt{2V(x)/m}$, 因此

$$S_0=\int_{-\infty}^{+\infty}d\tau\ [\frac{1}{2}m\dot{x}^2+V(x)]=\int_{-x_0}^{+x_0}dx\ \sqrt{2mV(x)}.\tag{2.4.6}$$

代回 $\hbar$, 我们仅得到 WKB 结果 $\Delta E=2Ke^{-\hbar^{-1}\int_{-x_0}^{+x_0}dx\ \sqrt{2mV(x)}}$. 但是路径积分也告诉我们新的东西 —— 隧穿时间 t_{tun}, 这是与单个瞬子大小有关的时间尺度, 它使我们对粒子穿透势垒的时间有了一幅非常直观的图像.

习题

2.4.1 假设双势阱为

$$V(x)=\frac{g}{4}(x^2-x_0^2)^2\tag{2.4.7}$$

(a) 估计 S_0 和隧穿时间 t_{tun}(就是瞬子的大小).

(b) 假设 $K \sim \sqrt{gx_0^2/m}$(为靠近一个最低点的振动频率), 估计在时间方向上的瞬子 (平均) 密度.

(c) 如果 i) $S_0 \gg 1$ 且 ii) 瞬子不重迭, 半经典图像就可以很好地描述隧穿, g 和 x_0 取什么样的数值可以满足以上两个条件?

2.4.2 亚稳态的命运

要点:

- 亚稳态的衰变也是一种瞬子效应

考虑一个位于图 2.9 所给势场 $V(x)$ 中的粒子, 粒子的初始位置是 x_0, 我们来计算粒子跑到 x_1 左边的衰变速率. 为此我们先计算 $\langle x_0|e^{-TH}|x_0\rangle$. 如果只考虑 x_0 附近的小涨落, $V(x)$ 可以近似为 $V(x)=\frac{1}{2}m\omega_0^2(x-x_0)^2$, 并且当 T 很大时, $\langle x_0|e^{-TH}|x_0\rangle = e^{-T\omega_0/2}$. 解析延拓到实时间, 我们看到 $\langle x_0|e^{-iTH}|x_0\rangle = e^{-iT\omega_0/2}$, 并且没有衰减. 因此衰变是由瞬子描述的隧穿引起的.

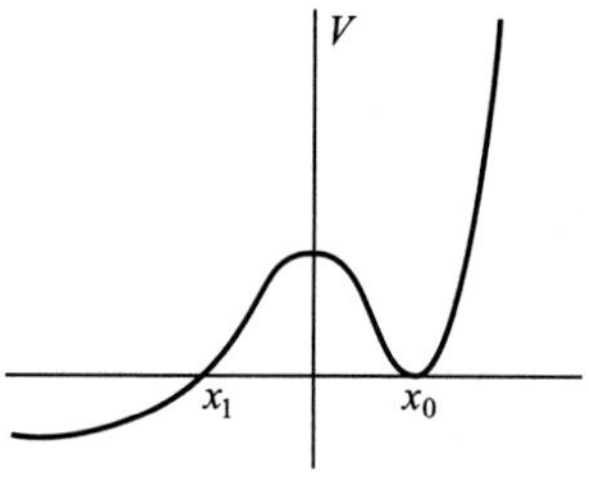

图 2.9 一种具有亚稳态的势.

虚时拉格朗日量 $L=\frac{1}{2}m\dot{x}^2+V(x)$ 有一个连接 x_0 至 x_0 的非平凡稳定路径 $x_c(t)$, 从势场 $-V(x)$(图 2.10) 中的经典运动可以看出这条稳定路径的存在. 这条稳定路径被称为回弹瞬子.

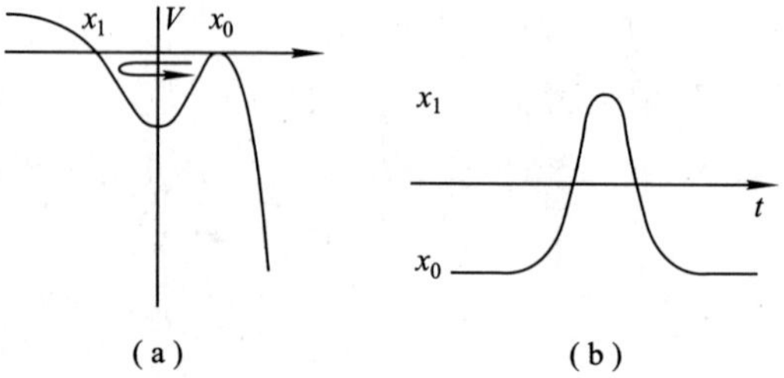

图 2.10 单回弹解.

加入回弹瞬子并重复 2.4.1 节中的推导, 得到

$$
\begin{aligned}
\langle x_0|e^{-TH}|x_0\rangle =&e^{-T\omega_0/2}\sum_n\int_0^T d\tau_n\int_0^{\tau_n} d\tau_{n-1}\cdots\int_0^{\tau_2} d\tau_1\ \left(Ke^{-S_0}\right)^n \\
=&e^{-T(\frac{\omega_0}{2}-Ke^{-S_0})},
\end{aligned}
\tag{2.4.8}
$$

其中 S_0 是回弹瞬子的作用量, K 是回弹瞬子附近的涨落带来的系数. 初看起来似乎回弹瞬子只对基态能量 $\frac{\omega_0}{2}$ 有一个小修正 $\Delta E=-Ke^{-S_0}$, 也看不到任何衰变. 实际上系数 K 是虚数, 在实时间中 $\langle x_0|e^{-iTH}|x_0\rangle=e^{-iT\frac{\omega_0}{2}-T|K|e^{-S_0}}$, 回弹瞬子恰好描述了 $|x_0\rangle$ 态的衰变.

为了理解为什么 K 是虚数, 需要讨论怎样计算 K. 这里的讨论同样也适用在 2.4.1 节中所讨论的隧穿幅.

从我们在 (2.4.8) 中加入回弹瞬子的方法, 我们看到 Ke^{-S_0} 是 $x_c(t)$ 和 $x=x_0$ 附近两条路径积分的比值:

$$
Ke^{-S_0}=\frac{\int_{x_c}\mathcal{D}(\delta x)\ e^{-S}}{\int_{x=x_0}\mathcal{D}(\delta x)\ e^{-S}},
\tag{2.4.9}
$$

对于小涨落, 拉格朗日量可以展开到二次项, 在 x_c 附近有

$$
S=S_0+\int d\tau\ \delta x\frac{1}{2}\left\{-m\frac{d^2}{d\tau^2}+V''[x_c(\tau)]\right\}\delta x;
\tag{2.4.10}
$$

在 $x=x_0$ 附近有

$$
S=\int d\tau\ \delta x\frac{1}{2}[-m\frac{d^2}{d\tau^2}+V''(x_0)]\delta x.
\tag{2.4.11}
$$

因此

$$
\begin{aligned}
K=&\frac{\int_{x_c}\mathcal{D}(\delta x)\ e^{-\int d\tau\ \frac{1}{2}\delta x\{-m\frac{d^2}{d\tau^2}+V''[x_c(\tau)]\}\delta x}}{\int_{x=x_0}\mathcal{D}(\delta x)\ e^{-\int d\tau\ \frac{1}{2}\delta x[-m\frac{d^2}{d\tau^2}+V''(x_0)]\delta x}} \\
=&\left\{\frac{\mathrm{Det}[-m\frac{d^2}{d\tau^2}+V''(x_0)]}{\mathrm{Det}[-m\frac{d^2}{d\tau^2}+V''(x_c)]}\right\}^{1/2}.
\end{aligned}
\tag{2.4.12}
$$

但是 (2.4.12) 没有意义, 因为算符 $-m\frac{d^2}{d\tau^2}+V''(x_c)$ 有一个零本征值. 这是因为回弹瞬子 $x_c(\tau)$ 和平移后的瞬子 $x_c(\tau)+\eta x_c'(\tau)=x_c(\tau+\eta)$ 都是稳定的路径并有相同的作用量, 涨落

$$
\delta x(\tau)=\eta x_c'(\tau)
\tag{2.4.13}
$$

不影响作用量. 结果是

$$
\left[-m\frac{d^2}{d\tau^2}+V''(x_c)\right]x_c'(\tau)=0.
\tag{2.4.14}
$$

但是零模式对应于回弹瞬子的位置, 已经在 (2.4.8) 中积掉, 因此 (2.4.9) 不太正确. 实际上

$$
\int d\tau_1\ Ke^{-S_0}=\frac{\int_{x_c}\mathcal{D}(\delta x)\ e^{-S}}{\int_{x=x_0}\mathcal{D}(\delta x)\ e^{-S}}.
\tag{2.4.15}
$$

为了计算 (2.4.15), 我们需要更仔细地定义路径积分. 设 $x_n(\tau)$ 为算符 $-m\frac{d^2}{d\tau^2}+V''(x_c)$ 的第 n 个归一本征态, 则 δx 可以写作 $\delta x(\tau)=\sum c_n x_n(\tau)$, 其中 $x_1(\tau)$ 是零模式, 我们再定义一个截断的 "配分函数"

$$\begin{aligned}Z_N(x_c)\equiv &A_N\int\prod_1^N\frac{dc_n}{\sqrt{2\pi}}\ e^{-\int d\tau\ \frac{1}{2}\delta x\{-m\frac{d^2}{d\tau^2}+V''[x_c(\tau)]\}\delta x}\\ =&A_N\left\{\mathrm{Det}_N\left[-m\frac{d^2}{d\tau^2}+V''(x_c)\right]\right\}^{-1/2},\end{aligned}\tag{2.4.16}$$

其中 Det_N 仅包括前 N 个本征值的乘积. 真正的 "配分函数" Z 是 Z_N 在 $N\to\infty$ 的极限. 由于零模式 x_1, 上述结果需要修正, 我们分离零模式并得到

$$Z_N(x_c)=A_N\int\frac{dc_1}{\sqrt{2\pi}}\left\{\mathrm{Det}'_N\left[-m\frac{d^2}{d\tau^2}+V''(x_c)\right]\right\}^{-1/2},\tag{2.4.17}$$

其中 Det'_N 不包括零本征值.

因为

$$S_0=\int d\tau\ \left[\frac{1}{2}m\dot{x}_c^2+V(x_c)\right]=\int d\tau\ m\dot{x}_c^2,\tag{2.4.18}$$

归一化后零模式的形式为

$$x_1(\tau)=\frac{x'_c(\tau)}{\sqrt{S_0/m}}.\tag{2.4.19}$$

由回弹瞬子形式 $\delta x(\tau)=c_1x_1(\tau)=\delta\tau x'_c(\tau)$, 我们得到 $\delta\tau=c_1/\sqrt{S_0/m}$. 将 dc_1 换为 $d\tau$, 得到

$$Z_N(x_c)=A_N\int d\tau\ \sqrt{\frac{S_0}{2\pi m}}\left\{\mathrm{Det}'_N\left[-m\frac{d^2}{d\tau^2}+V''(x_c)\right]\right\}^{-1/2}.\tag{2.4.20}$$

类似地还可以为 $x=x_0$ 附近的路径积分引进 $Z_N(x_0)$

$$Z_N(x_0)=A_N\left\{\mathrm{Det}_N\left[-m\frac{d^2}{d\tau^2}+V''(x_0)\right]\right\}^{-1/2},\tag{2.4.21}$$

这样就有

$$\int d\tau\ K=\lim_{N\to\infty}\frac{Z_N(x_c)}{Z_N(x_0)},\tag{2.4.22}$$

也就得到

$$K=\sqrt{\frac{S_0}{2\pi m}}\left\{\frac{\mathrm{Det}[-m\frac{d^2}{d\tau^2}+V''(x_0)]}{\mathrm{Det}'[-m\frac{d^2}{d\tau^2}+V''(x_c)]}\right\}^{1/2}=\sqrt{\frac{S_0}{2\pi}}\left\{\frac{\mathrm{Det}[-\frac{d^2}{d\tau^2}+m^{-1}V''(x_0)]}{\mathrm{Det}'[-\frac{d^2}{d\tau^2}+m^{-1}V''(x_c)]}\right\}^{1/2},\tag{2.4.23}$$

其中我们利用了 Det 比 Det′ 多含有一个本征值的事实. 这一事实还告诉我们 K 的量纲是 τ^{-1}.

$-\frac{d^2}{d\tau^2}+m^{-1}V''(x_0)$ 的所有本征值都是正值, 算符 $-\frac{d^2}{d\tau^2}+m^{-1}V''(x_c)$ 含有一个零模式 x'_c, 此零模式有一个节点. 因此 $-\frac{d^2}{d\tau^2}+m^{-1}V''(x_c)$ 有一个并仅有一个负本征值. 这使得 K 成为虚数.

相同的公式 (2.4.23) 还可用在 2.4.1 节中所讨论的隧穿问题. 但是零模式 x'_c 在这种情况下没有节点, 而且 $-\frac{d^2}{d\tau^2}+m^{-1}V''(x_c)$ 没有负本征值. 因此对于隧穿问题 K 是实数.

我们已经提到系数 K 是由稳定路径附近的涨落引起的. 从以上的计算我们看到, 如果仅包含小涨落, K 可以用算符的行列式表示. Coleman (1985) 曾经讨论过多种计算行列式比的方法, 这里就不再赘述.

也许大家已经意识到, 使用 WKB 方法就可以很容易地得到以上结果. 路径积分的方法很复杂, 为什么还要花时间去讨论它呢? 我们之所以讨论的动机是 (a) 它是一个典型的路径积分计算, 展示了计算的步骤和细节. (b) 更重要的是, 同样的方法可以用于场论中的隧穿问题及亚稳态的衰变.

习题

2.4.2 亚稳态衰变问题最简单的场论模型是

$$S=\int dtd^d\boldsymbol{x}\ \left\{\frac{1}{2}[(\partial_t m)^2-v^2(\partial_{\boldsymbol{x}}m)^2]-\frac{g}{4}(m^2-m_0^2)^2-Bm\right\}, \tag{2.4.24}$$

其中 $m(t,\boldsymbol{x})$ 是实场, 可以认为是磁矩密度. 选择单位使速度 $v=1$, 则当磁场 B 为零时, 系统有 $m=\pm m_0$ 两个简并基态, 它们是势 $V(m)=\frac{g}{4}(m^2-m_0^2)^2+Bm$ 的两个最低点.

(a) 证明对于小量 B, 系统有一个基态 $m=m_+$ 和一个亚稳态 $m=m_-$, 但是当 B 超过了临界值 B_c, 亚稳态就不再存在. 给出 B_c 的值.

(b) 写出虚时间的作用量. Coleman 曾证明上面的场论模型总有一个形式为

$$m=f(\sqrt{(\tau-\tau_0)^2+(\boldsymbol{x}-\boldsymbol{x}_0)^2})+m_-,\qquad f(\infty)=0 \tag{2.4.25}$$

的回弹瞬子解 (一条稳定路径), 其中 $(\tau_0,\boldsymbol{x}_0)$ 是发生回弹瞬子的位置.

(c) 假设没有回弹瞬子时 $\langle m_-|e^{-TH}|m_-\rangle=e^{-TE_0}$, 加入回弹瞬子后得到

$$\langle m_-|e^{-TH}|m_-\rangle=e^{-TE_0}\sum_n\frac{1}{n!}\int\prod_{i=1}^n d\tau_i d^d\boldsymbol{x}_i\ K^n e^{-nS_0}, \tag{2.4.26}$$

其中 S_0 是回弹瞬子的作用量, $(\tau_i,\boldsymbol{x}_i)$ 是回弹瞬子的位置. (注意在确定回弹瞬子位置的参数里同时有时间和空间.) 如果 K 是虚数, 亚稳态 $|m_-\rangle$ 的衰变率是什么? 单位体积的衰变率是什么?

(d) 假设 $B=B_c/2$, 估算 S_0 的值. [提示: 重取 $(\tau,\boldsymbol{x})$ 和 m 的单位, 改写 $S=$ 常数 $\cdot S'$, 使得 S' 的所有系数的数量级都为 1 的数量级.](使用这个办法还可以估计回弹瞬子在空间 – 时间中的尺度.)

(e) 假设 $B=B_c/2$, 估算 K 的值. (提示: 考虑 $S\to aS$ 的变换对 K 的影响.) 讨论 g 和 m_0 应怎样取值, 以使半经典隧穿图像能很好地描述亚稳态衰变.

2.4.3 摩擦的量子理论

要点:

- 量子系统中的耗散 (摩擦) 可以用与热浴 (谐振子集) 的耦合来模拟

粒子所受的摩擦是由与环境的耦合引起的, 它会把能量丢失给环境. 这里我们用谐振子集来模拟一个可重现有限摩擦系数的环境, 以期了解粒子在有摩擦力时的量子运动.

我们的模型由下述拉格朗日量描述:

$$L = \frac{1}{2}m\dot{x}^2 - \sum_i g_i h_i \dot{x} + L_{\mathrm{os}}, \tag{2.4.27}$$

$$L_{\mathrm{os}} = \sum_i \left(\frac{1}{2}\dot{h}_i^2 - \frac{1}{2}\Omega_i^2 h_i^2\right), \tag{2.4.28}$$

其中 g_i 是粒子与振子之间的耦合常量. 振子只与 $\dot{x}$ 相耦合, 维持粒子平移不变性. 由于 L 对于 h_i 是二次的, 我们可以在路径积分中对 h_i 作高斯积分:

$$\begin{aligned} Z =& 常数 \cdot \int \mathcal{D}x(t)\mathcal{D}h_i(t)\ e^{i\int dt\ L} \\ =& 常数 \cdot \int \mathcal{D}x(t)\ e^{i\int dt\ [\frac{1}{2}m\dot{x}^2 + \frac{1}{2}\dot{x}\sum_i g_i^2(\Omega_i^2 + \frac{d^2}{dt^2})^{-1}\dot{x}]} \\ =& 常数 \cdot \int \mathcal{D}x(t)\ e^{i\int dt\ \frac{1}{2}m\dot{x}^2 - i\int dtdt'\ \frac{1}{2}\dot{x}(t)G_{\mathrm{os}}(t-t')\dot{x}(t')}, \end{aligned} \tag{2.4.29}$$

其中

$$G_{\mathrm{os}}(t-t') = \sum_i g_i^2(-i)\langle h_i(t)h_i(0)\rangle = -\sum_i g_i^2(\Omega_i^2 + \frac{d^2}{dt^2})^{-1} = -i\sum_i \frac{g_i^2}{2\Omega_i}e^{-i|t-t'|\Omega_i}. \tag{2.4.30}$$

如果振子有连续的分布, 上式可以写为

$$G_{\mathrm{os}}(t-t') = -i\int_0^\infty d\Omega\ n(\Omega)\frac{g(\Omega)^2}{2\Omega}e^{-i|t-t'|\Omega}, \tag{2.4.31}$$

其中 $n(\Omega)$ 称为振子的态密度.

如果振子具有有限能隙, 仅当 $\Omega > \Omega_{\min}$ 时才有 $n(\Omega) \neq 0$. 这时 $G(t)$ 为指数衰减 $G(t) \leqslant e^{-t\Omega_0}$. 对于平滑路径, 有

$$-\int dtdt'\ \frac{1}{2}\dot{x}(t)G_{\mathrm{os}}(t-t')\dot{x}(t') = \int dt\ \frac{1}{2}\Delta m\dot{x}(t)^2, \tag{2.4.32}$$

其中

$$\Delta m = -\int dt\ G_{\mathrm{os}}(t) = -G_{\mathrm{os}}(\omega=0) = \int_0^\infty d\Omega\ n(\Omega)\frac{g^2(\Omega)}{\Omega^2}. \tag{2.4.33}$$

在这种情况下粒子的行为与一个具有有效质量 $m^* = m + \Delta m$ 的自由粒子 (无摩擦力) 一样.

如果粒子受到力 $f(t)$, 在频率空间总有效作用量的形式为

$$\begin{aligned} S_{\mathrm{eff}} =& \int dt\ \left[\frac{1}{2}m\dot{x}^2 + xf(t)\right] - \int dtdt'\ \frac{1}{2}\dot{x}(t)G_{\mathrm{os}}(t-t')\dot{x}(t') \\ =& \int \frac{d\omega}{2\pi}\left\{\frac{1}{2}[m - G_{\mathrm{os}}(\omega)]\omega^2 x_{-\omega}x_\omega + x_{-\omega}f_\omega\right\}, \end{aligned} \tag{2.4.34}$$

从经典运动方程

$$-[m - G_{\rm os}(\omega)]\omega^2 x_\omega = f_\omega \tag{2.4.35}$$

(这里我们使用了 $G_{\rm os}(\omega) = G_{\rm os}(-\omega)$), 可以看到有效质量与频率有关 $m^*(\omega) = m - G_{\rm os}(\omega)$, 同时也看到当 $\omega > \Omega_{\rm min}$ 时, 由

$$G_{\rm os}(\omega) = \int_0^\infty d\Omega\ n(\Omega)g^2(\Omega)\frac{1}{\omega^2 - \Omega^2 + i0^+} \tag{2.4.36}$$

给出的 $G_{\rm os}(\omega)$ 有一个虚部. 在这个情况下, 运动方程 (2.4.35) 可看作为有摩擦力 $m^*\ddot{x} = f - \gamma\dot{x}$ 的运动方程:

$$-m^*\omega^2 x_\omega = f_\omega - (-i\omega)x_\omega\gamma, \tag{2.4.37}$$

我们得到摩擦系数 γ 为

$$\gamma(\omega) = -{\rm Im}\, G_{\rm os}(\omega)\omega. \tag{2.4.38}$$

我们注意到这种直接计算有一个问题, 对于 $\omega > 0$, 摩擦系数 $\gamma(\omega) > 0$ 是正确的; 而对于 $\omega < 0$, $\gamma(\omega) < 0$ 似乎没有任何意义. 但是我们注意到在 (2.4.29) 和 (2.4.34) 中的有效作用量有时间反演 $t \to -t$ 不变性, 因此如果 $\omega > 0$ 的解对应于衰变过程, 那么 $\omega < 0$ 的解就对应于衰变过程的反演.

为了真正描述摩擦力, 我们需要找到一个没有时间反演不变的数学形式. 为此很有必要注意到, 在有摩擦力的情形下 $t = -\infty$ 的基态 $|0_-\rangle$ 与在 $t = \infty$ 的基态 $|0_+\rangle$ 非常不同, 因为当粒子慢下来时, 谐振子会被不断地激发到更高的态, 这使得路径积分 $Z = \langle 0|U(\infty, -\infty)|0\rangle$ 不是一个好的起点, 因为它为零. 因此这里我们需要为非平衡系统构造一个路径积分表示. 闭时路径积分, 或称 Schwinger-Keldysh 理论 [Schwinger (1961); Keldysh (1965); Rammmer and Smith (1986)], 是解决这种问题的一个方法. Schwinger-Keldysh 理论采用的是新的路径积分 $Z_{\rm close} = \langle 0|U(-\infty, \infty)(U(\infty, -\infty)|0\rangle$, 积分从 $t = -\infty$ 至 $t = +\infty$, 然后又回到 $t = -\infty$.

我们所用的双时路径积分只能描述一个耗散系统的平衡特性, 诸如有摩擦力或耗散时基态附近的涨落, 它不能描述非平衡特性, 诸如速度因摩擦力而逐渐下降, 因为其中涉及 $t = \pm\infty$ 的 $|0_-\rangle$ 和 $|0_+\rangle$ 不同的态.

这里我们遇到类似于在 2.2 节中的问题, 那里所计算的极化率虚部也是与耗散有关, 我们是通过把序关联函数换成响应函数而解决问题的. 这里的问题也可以用同样的方法 (更准确地说通过人为调整) 来解决. 如果将*运动方程*(不是双时路径积分) 中的 $G_{\rm os}(\omega)$ 换为 $D_{\rm os}(\omega)$(注意 $D_{\rm os}(t) = 2\Theta(t){\rm Re}\, G_{\rm os}(t)$), 摩擦系数 γ 即为

$$\gamma(\omega) = -{\rm Im}\, D_{\rm os}(\omega)\omega, \tag{2.4.39}$$

它对于 $\omega > 0$ 和 $\omega < 0$ 都是正值.

在以上的限制下, 我们可以说双时路径积分可以描述有摩擦力的系统. 对于 $\omega > 0$, 摩擦系数由 $\gamma(\omega)$ 给出.

当 $n(\Omega)g^2(\Omega) \propto$ 常数, Ω 为小量时, 摩擦系数 $\gamma(\omega)$ 在零频率为有限值

$$\gamma(0) = \frac{\pi}{2}n(0)g^2(0). \tag{2.4.40}$$

直接计算不难验证, 当 ω 为小量时, $G_{\text{os}}(\omega)$ 的实部也为有限值或为零, 因此质量修正 Δm 是有限值. 这种情况下双时路径积分在低能时描述了为我们所熟悉的具有有限摩擦力 $m^*\ddot{x} = f - \gamma\dot{x}$ 的经典系统.

我们还注意到, 当 $\alpha < 1$ 且 $\alpha \neq 0$, $n(\Omega)g^2(\Omega) \propto \Omega^\alpha$ 时, 总有效质量将发散, 表明粒子不能传播.

上述双时路径积分可以容易地扩展到势场中的粒子, 下面我们将讨论有耗散 (即有摩擦力) 的双势阱 (图 2.6) 中的粒子. 这样的系统显示了一种新现象, 低能的耗散达到一定强度就会将粒子约束在一个势阱里.

在虚时路径积分中, 隧穿用瞬子气来描述, n 个瞬子的配分方程为

$$Z_n = \frac{1}{n!}\int d\tau_1 \cdots d\tau_n\ A^n e^{-nS_0}, \tag{2.4.41}$$

有耗散时则有

$$Z_n = \int d\tau_1 \cdots d\tau_n\ A^n e^{-nS_0 - \frac{1}{2}\int d\tau d\tau'\ \dot{x}(\tau)\mathcal{G}_{\text{os}}(\tau-\tau')\dot{x}(\tau')}, \tag{2.4.42}$$

其中

$$\mathcal{G}_{\text{os}}(\tau - \tau') = \sum_i g_i^2 \langle h_i(\tau)h_i(\tau')\rangle = \int_0^\infty d\Omega\ n(\Omega)\frac{g(\Omega)^2}{2\Omega}e^{-\sqrt{(\tau-\tau')^2}\Omega} \tag{2.4.43}$$

是虚时间的传播函数. 注意对于在 t_j 的一个单一瞬子, $\dot{x}(t)$ 是一个在 t_j 的峰值函数, 取近似

$$\dot{x}(t) = 2q_j x_0 \delta(t - t_j), \tag{2.4.44}$$

其中 "电荷"$q_j = \pm 1$ 取决于隧穿是从 $-x_0$ 至 x_0 还是从 x_0 至 $-x_0$. 因此 Z_n 可以重新写为

$$Z_n = \int d\tau_1 \cdots d\tau_n\ A^n e^{-nS_0 - \sum_{j>k} 4x_0^2 q_j q_k \mathcal{G}_{\text{os}}(\tau_j - \tau_k)}, \tag{2.4.45}$$

其中

$$\mathcal{G}_{\text{os}}(\tau) = -\frac{\gamma}{\pi}\ln|\tau| + \text{常数}. \tag{2.4.46}$$

如果摩擦系数 $\gamma = \gamma(\omega)|_{\omega=0}$ 在零频率是有限值, 我们看到 (2.4.45) 不过就是一个一维库仑气的配分函数.

库仑气有两个相. (a) 等离子相: 相互作用弱使得带正负电荷的粒子可以自由运动; (b) 库仑相: 相互作用强使得带正负电荷的粒子结合成电荷中性的分子. 在库仑相中, 外来的试验电荷仍然受到长程库仑相互作用.

划分等离子相和库仑相的临界相互作用强度可以由下面的方法得到: 考虑两个电荷为 ± 1 的瞬子, 配分函数为

$$Z_2 = \text{常数} \cdot \int d\tau_1 d\tau_2\ |\tau_1 - \tau_2|^{-\alpha}, \tag{2.4.47}$$

其中 $\alpha = 4x_0^2\gamma/\pi$. 当相互作用强度 (即摩擦系数) 达到临界值时, 上述积分没有量纲, 即 $\alpha = 2$ (将在 3.3.10 小节中进行详细解释). 临界的相互作用强度 (即临界摩擦系数) 是

$$\gamma_c = \frac{\pi\hbar}{2x_0^2}, \tag{2.4.48}$$

此处我们恢复了 $\hbar$. 对于强摩擦力 $\gamma > \gamma_c$, 瞬子和反瞬子总是结合在一起, 粒子不能隧穿到另一个势阱.

习题

2.4.3 有效质量

(a) 设对于 $\Omega < \Omega_0$, $n(\Omega)g^2(\Omega) = N_0$; 对于 $\Omega > \Omega_0$, $n(\Omega)g^2(\Omega) = 0$, 这时 $\gamma(0) \neq 0$. 证明尽管当 $\omega \to 0$ 时 $\mathrm{Im}\, G_{\mathrm{os}}(\omega) \to \infty$, 仍有 $\Delta m < \infty$. 证明公式 (2.4.40) [提示: $\mathrm{Im}\frac{1}{x-i0^+} = \pi\delta(x)$].

(b) 设对于小量 Ω, $n(\Omega)g^2(\Omega) \propto \Omega^\alpha$, α 在什么数值下可使有效质量的修正 Δm 发散?

(c) 考虑两种情况, (i) $n(\Omega)g^2(\Omega) = N_0 e^{-\Omega/\Omega_0}$ 和 (ii) $n(\Omega)g^2(\Omega) = N_0 e^{-(\Omega/\Omega_0)^2}$, 哪种情况有发散的有效质量?

2.4.4 *RCL*电路的量子理论

RCL 电路是一种简单电路, 我们已经知道如何经典地描述它. 由于所有事物应该都可以用量子理论描述, 人们自然要问: 怎样用量子力学描述一个 *RCL* 电路?

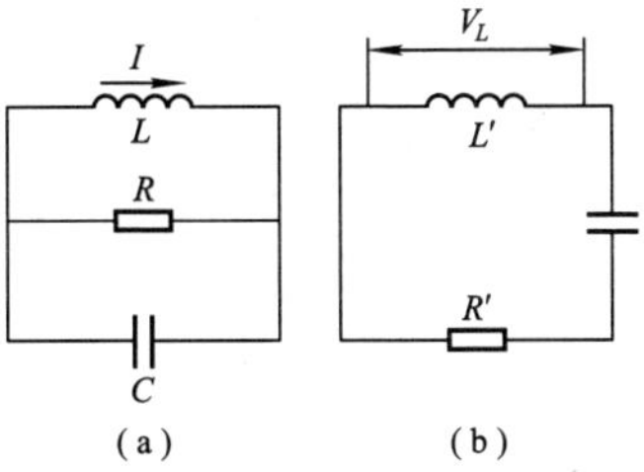

图 2.11 两种 *RCL* 电路.

让我们首先考虑一个理想的电容 C, 电容的态由它的电荷 q 描述. 如果忽略电荷的量子化, q 是一个实数; 如果包括电荷量子化, 则 $q = e\times$ 整数.

理想电容的量子理论很简单, 其希尔伯特空间由 $\{|q\rangle\}$ 展开, 哈密顿量是 $H = \frac{\hat{q}^2}{2C}$, 其中电荷算符 $\hat{q}$ 定义为 $\hat{q}|q\rangle = q|q\rangle$. 因此忽略电荷量子化后, 一个量子电容相当于在一条线上的自由粒子, 其 "动量" 为 q; 考虑电荷量子化后, 则相当于在一个半径为 $1/e$ 的圆上的自由粒子. 哈密顿量 $H = \frac{\hat{q}^2}{2C}$ 的形式告诉我们粒子的质量就是 C.

经典的 CL 电路由下面一组方程描述:

$$\begin{aligned} V =& \frac{q}{C} = L\frac{dI}{dt}, \\ I =& -\frac{dq}{dt}, \end{aligned} \tag{2.4.49}$$

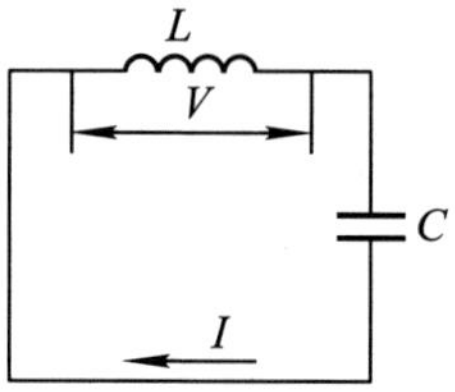

图 2.12 CL 电路.

因此我们有

$$C\frac{d^2x}{dt^2} = -\frac{x}{L}, \tag{2.4.50}$$

其中 $x \equiv LI$. 上式就是一个坐标为 x、质量为 C、弹簧常数为 $1/L$ 的谐振子的运动方程, 注意 $q = C\dot{x}$ 是 "动量". 因此量子 CL 电路由哈密顿量

$$H = \frac{1}{2C}\hat{q}^2 + \frac{1}{2L}\hat{x}^2 \tag{2.4.51}$$

描述, 并有 $[\hat{q}, \hat{x}] = i$. 注意我们可以将 $\hat{I} \equiv \hat{x}/L$ 看作是电流算符. 上述系统的拉格朗日量为

$$L_{CL} = \frac{C}{2}\dot{x}^2 - \frac{1}{2L}x^2. \tag{2.4.52}$$

如果我们考虑电荷量子化, 则 x 将在一个圆上运动, x 与 $x + \frac{2\pi}{e}$ 代表同一个点. 我们可以用 $\frac{1}{L}\frac{1}{e^2}[1 - \cos(ex)]$ 取代 "势场" 项 $\frac{1}{2L}x^2$ 使其周期化, 因此含电荷量子化的拉格朗日量变成

$$L_{CL} = \frac{C}{2}\dot{x}^2 - \frac{1}{L}\frac{1}{e^2}[1 - \cos(ex)]. \tag{2.4.53}$$

我们也可以将 q 看作是坐标, $-x$ 是它的相应 "动量", 这时哈密顿量 (2.4.51) 导出与 (2.4.52) 对偶的拉格朗日量

$$L^d_{CL} = \frac{L}{2}\dot{q}^2 - \frac{1}{2C}q^2, \tag{2.4.54}$$

它描述了没有电荷量子化的 CL 系统. 如果包括电荷量子化, q 只能取分离值 $e\times$ 整数.

再将图 2.11(a) 增加一个电阻, 经典的运动方程变为

$$\begin{aligned} V =& \frac{q}{C} = L\frac{dI}{dt}, \\ I =& -\frac{dq}{dt} - V/R, \end{aligned} \tag{2.4.55}$$

又可写为

$$C\frac{d^2x}{dt^2} = -\frac{x}{L} - \frac{1}{R}\frac{dx}{dt}, \tag{2.4.56}$$

其中 $x \equiv LI$. 这是一个有耗散的系统.

为了在量子理论里包括耗散, 可将 CL 电路与振子集耦合在一起:

$$Z = 常数 \cdot \int \mathcal{D}x(t)\mathcal{D}h_i(t)\ e^{i\int dt\ \left[L_{CL}+\sum_i \frac{1}{2}\dot{h}_i^2 - \frac{1}{2}(\Omega_i h_i + g_i x)^2\right]}. \tag{2.4.57}$$

注意我们的系统在 $L \to \infty$ 极限下, 仍然有 $x \to x+$ 常数的对称性, 上述耦合代表了另外一种包括摩擦力的方法, 与以前讨论的形式不同 (见 (2.4.27)). 积掉 h_i, 得到

$$Z = 常数 \cdot \int \mathcal{D}x(t)\ e^{i\int dt\ \frac{1}{2}C\dot{x}^2 - \frac{1}{2L}x^2 + i\int dtdt'\ \frac{1}{4}G_{\text{os}}(t-t')\left[x(t)-x(t')\right]^2}, \tag{2.4.58}$$

其中

$$\begin{aligned} G_{\text{os}}(t-t') &= \sum_i \Omega_i^2 g_i^2 (-i)\ \langle h_i(t)h_i(0)\rangle \\ &= -\sum_i g_i^2 \Omega_i^2 \left(\Omega_i^2 + \frac{d^2}{dt^2}\right)^{-1} \\ &= -i\sum_i \frac{g_i^2 \Omega_i}{2} e^{-i|t-t'|\Omega_i}. \end{aligned} \tag{2.4.59}$$

对于连续分布, 我们有

$$G_{\text{os}}(t-t') = -i\int_0^\infty d\Omega\ n(\Omega)\frac{\Omega g^2(\Omega)}{2} e^{-i|t-t'|\Omega}, \tag{2.4.60}$$

上述双时作用量导出下面的运动方程

$$-\omega^2 C x_\omega = -\frac{x_\omega}{L} - [G_{\text{os}}(\omega) - G_{\text{os}}(0)]x_\omega. \tag{2.4.61}$$

如果对于小量 ω 或长时间 t, 我们有 $G_{\text{os}}(\omega) = -i|\omega|/R$ 或者 $G_{\text{os}}(t) = -\frac{i}{\pi R}\frac{1}{t^2}$, 那么我们可从上面的运动方程得到 RCL 电路对于 $\omega > 0$ 的运动方程 (2.4.56). 为此对于小量 Ω, 我们要求

$$n(\Omega)g^2(\Omega) = \frac{2}{\pi R}. \tag{2.4.62}$$

作用量

$$S_{RCL} = \int dt\ \frac{1}{2}C\dot{x}^2 - \frac{1}{2L}x^2 + \int dtdt'\ \frac{1}{4}G_{\text{os}}(t-t')\left[x(t)-x(t')\right]^2 \tag{2.4.63}$$

描述一个无电荷量子化的 RCL 系统. 若包含电荷量子化, 只需将 x 周期化:

$$\begin{aligned} S_{RCL} = &\int dt\ \left\{\frac{C}{2}\dot{x}^2 - \frac{1}{2L}\frac{1}{e^2}[1-\cos(ex)]\right\} \\ &+ \int dtdt'\ \frac{1}{e^2}\sin^2\left\{\frac{e}{2}[x(t)-x(t')]\right\} G_{\text{os}}(t-t'). \end{aligned} \tag{2.4.64}$$

注意以上的双时作用量只能用于计算平衡态的特性. 下面我们计算电容电压 $V = \dot{x}$ 在平衡态下的量子涨落 (无电荷量子化). 电压的涨落表现为噪声功率谱. 为了定义噪声功率谱, 我们首先考虑经典的涨落电压 $V(t)$, 总功率 (含所有频率) 定义为

$$\begin{aligned} P^V_{\text{tot}} \equiv & \int_0^{t_\infty} dt |V(t)|^2 / t_\infty \\ =& 2\int_0^{i} nfty \frac{d\omega}{2\pi} V_{-\omega} V_\omega / t_\infty, \end{aligned} \tag{2.4.65}$$

其中 $V_\omega = \int_0^{t_\infty} dt V(t) e^{i\omega t}$ 并且 $t_\infty \to \infty$. 因此我们可以将 $V_{-\omega}V_\omega/t_\infty$ 也看成是噪声功率谱. 取 $V_{-\omega}V_\omega/t_\infty$ 的量子平均则可以得到量子噪声功率谱:

$$\begin{aligned} P^V(\omega) =& 2\langle V_{-\omega} V_\omega \rangle / t_\infty \\ =& \int_0^{t_\infty} dt_1 dt_2 [\langle V(t_1)V(t_2)\rangle + \langle V(t_2)V(t_1)\rangle] e^{i\omega(t_1-t_2)} / t_\infty \\ =& \int_0^{t_\infty} dt_1 dt_2 \{\langle T[V(t_1)V(t_2)]\rangle + \langle T[V(t_1)V(t_2)]\rangle^*\} e^{i\omega(t_1-t_2)} / t_\infty \\ =& \int_0^{t_\infty} dt_1 dt_2 \{\langle T[V(t_1)V(t_2)]\rangle + \langle T[V(t_2)V(t_1)]\rangle^*\} e^{i\omega(t_1-t_2)} / t_\infty \\ =& 2\text{Re} \int_{-\infty}^{+\infty} dt \, \langle T[V(t)V(0)]\rangle \, e^{i\omega t} \\ =& -2\text{Im}\, G^V_\omega. \end{aligned} \tag{2.4.66}$$

对小量 ω, x 的时序关联函数 $G(t) = -i\langle x(t)x(0)\rangle$ 为 (在 ω 空间)

$$G_\omega = \frac{1}{C\omega^2 - L^{-1} + iR^{-1}|\omega|}, \tag{2.4.67}$$

因此电压 V 的时序关联函数是

$$G^V_\omega = \hbar \frac{\omega^2}{C\omega^2 - L^{-1} + iR^{-1}|\omega|}. \tag{2.4.68}$$

取 $-G^V_\omega$ 的虚部, 零点电压涨落 (即在 $T = 0$ 的量子涨落) 的噪声功率谱为:

$$P^V_0(\omega) = \frac{2\hbar R|\omega|}{(RC\omega - \frac{R}{L\omega})^2 + 1}. \tag{2.4.69}$$

(注意 $P(\omega)$ 的上述表示只适用于小量 ω.)

现在我们计算有限温度的噪声. 注意到 $P^V(\omega) = -2\text{Im}\, G^V_\omega = 2\pi(A^V_+(\omega) + A^V_-(\omega)) = 2\pi(1 + e^{-\beta\omega})A^V_+(\omega)$, 其中 $A^V_\pm$ 是 G^V 的有限温度谱函数. 为了计算 $A^V_\pm$, 先要计算虚时关联函数

$\mathcal{G}^{V\beta}(\omega_n)$, 并使用 (2.2.83) 由 $\mathcal{G}^{V\beta}(\omega_n)$ 计算 $A^V_\pm$. 从虚时配分函数

$$\begin{aligned}
Z =& 常数 \cdot \int \mathcal{D}x(t)\mathcal{D}h_i(t)\ e^{-\int d\tau\ \left[\frac{C}{2}\dot{x}^2+\frac{1}{2L}x^2+\sum_i \frac{1}{2}\dot{h}_i^2+\frac{1}{2}(\Omega_i h_i+g_i x)^2\right]} \\
=& 常数 \cdot \int \mathcal{D}x_\omega \mathcal{D}h_{i,\omega}\ e^{-\int \frac{d\omega}{2\pi}\triangle} \\
=& 常数 \cdot \int \mathcal{D}x_\omega\ e^{-\int \frac{d\omega}{2\pi}\ \left[(\frac{C\omega^2}{2}+\frac{1}{2L})x_{-\omega}x_\omega+\frac{1}{2}\sum_i \frac{g_i^2\omega^2}{\Omega_i^2+\omega^2}x_{-\omega}x_\omega\right]} \\
=& 常数 \cdot \int \mathcal{D}x_\omega\ e^{-\int \frac{d\omega}{2\pi}\ \frac{1}{2}\left[C\omega^2+\frac{1}{L}+\int_0^\infty d\Omega n(\Omega)\frac{\omega^2 g^2(\Omega)}{\Omega^2+\omega^2}\right]x_{-\omega}x_\omega},
\end{aligned} \tag{2.4.70}$$

其中

$$\triangle = \left(\frac{C\omega^2}{2}+\frac{1}{2L}\right)x_{-\omega}x_\omega + \sum_i \left[\frac{\omega^2}{2}h_{i,-\omega}h_{i,\omega}+\frac{1}{2}(\Omega_i h_{i,-\omega}+g_i x_{-\omega})(\Omega_i h_{i,\omega}+g_i x_\omega)\right].$$

我们看到

$$\begin{aligned}
\mathcal{G}^\beta(\omega_n) =& \left[C\omega_n^2+\frac{1}{L}+\int_0^\infty d\Omega n(\Omega)\frac{\omega_n^2 g^2(\Omega)}{\Omega^2+\omega_n^2}\right]^{-1} \\
=& \left(C\omega_n^2+\frac{1}{L}+\int_0^\infty d\Omega \frac{2}{\pi R}\frac{\omega_n^2}{\Omega^2+\omega_n^2}\right)^{-1} \\
=& \frac{1}{C\omega_n^2+\frac{1}{L}+\frac{\sqrt{\omega_n^2}}{R}},
\end{aligned} \tag{2.4.71}$$

从而得到

$$\begin{aligned}
\pi A_+^\beta(\omega) =& [1+n_B(\omega)]\mathrm{Im}\,\mathcal{G}^\beta(i\omega_n \to \omega + i0^+) \\
=& [1+n_B(\omega)]\mathrm{Im}\,\frac{1}{-C\omega^2+\frac{1}{L}-i\frac{\omega}{R}} \\
=& [1+n_B(\omega)]\frac{R\omega^{-1}}{(RC\omega-\frac{R}{L\omega})^2+1}.
\end{aligned} \tag{2.4.72}$$

注意 $A^V_\pm(\omega)=\omega^2 A_\pm(\omega)$. 在有限温度下的电压噪声谱就是

$$\begin{aligned}
P^V(\omega) =& (1+e^{-\beta\omega})[1+n_B(\omega)]\frac{2R\omega}{(RC\omega-\frac{R}{L\omega})^2+1} \\
=& \frac{1}{\mathrm{th}(\hbar\beta\omega/2)}\frac{2\hbar R\omega}{(RC\omega-\frac{R}{L\omega})^2+1}.
\end{aligned} \tag{2.4.73}$$

当 $\hbar\omega \ll T$, 我们有

$$P_c^V(\omega) = \frac{4TR}{(RC\omega-\frac{R}{L\omega})^2+1}, \tag{2.4.74}$$

这就是 RCL 系统的经典噪声谱. 当 $L=\infty$ 和 $C=0$ 时, 上式变为纯电阻电路的噪声谱 $P_c^V(\omega)=4TR$.

有意思的是, 有限温度的噪声谱与零温度的噪声谱密切相关:

$$P^V(\omega) = \frac{1}{\operatorname{th}(\hbar|\omega|/2T)} P_0^V(\omega), \tag{2.4.75}$$

$P^V(\omega)$ 还可以由经典噪声谱 $P_c^V(\omega)$ 得到

$$P^V(\omega) = \frac{\hbar\omega}{2T\operatorname{th}(\hbar\omega/2T)} P_c^V(\omega). \tag{2.4.76}$$

上面两式是普遍关系, 适用于所有的谐振子系统 (见习题2.4.5).

习题

2.4.4 考虑一个振子 $H = \frac{p^2}{2m} + \frac{1}{2}m\omega_0^2 x^2$, 算符 $O = x$ 的涨落强度表示为 $\langle x^2 \rangle$. 由于 O 随单一频率 ω_0 涨落, O 的噪声谱由 $P(\omega) = \langle x^2 \rangle \delta(\omega - \omega_0)$ 给出. 现在考虑多个振子 $H = \sum_i \frac{p_i^2}{2m} + \frac{1}{2}m\omega_i^2 x_i^2$ 及算符 $O = \sum_i C_i x_i$, 证明 O 的噪声谱 $P(\omega)$ 与 $\operatorname{Im} G(\omega)$ 有关, 其中 G 是 O 的时序关联函数, 写出这一关系.

2.4.5 直接考虑一个任意值 g_i 和 Ω_i 的耦合振子的系统 [见 (2.4.58)], 证明 (2.4.75). (提示: 考虑一个振子在 $T = 0$ 和 $T \neq 0$ 的 $\langle x^2 \rangle$.)

2.4.5 耗散与涨落之间的关系

要点:

- 耗散和涨落总是相伴出现, 并可相互由对方决定

考虑一个受摩擦力的粒子

$$m\ddot{x} = -Kx - \gamma\dot{x} + f(t), \tag{2.4.77}$$

其中 f 是一个外力. 根据以上运动方程, 如果粒子在某处被释放, 并且 $f = 0$, 经过长时间后粒子会最终停在 $x = 0$. 但是, 耗散 — 涨落定理告诉我们, 上述图像不对, 粒子不会只停在 $x = 0$. 摩擦力的存在意味着涨落的存在, 粒子会在 $x = 0$ 附近涨落, 这种涨落可以由 x 的功率谱描述.

为了计算功率谱, 我们注意到运动方程 (2.4.77) 决定了 x 对在哈密顿量中 $-f(t)x$ 微扰的响应:

$$\begin{aligned} x(t) =& \int dt'\ D(t-t')[-f(t')] \equiv -Df, \\ D =& \frac{1}{-m\frac{d^2}{d^2t} - \gamma\frac{d}{dt} - K}, \end{aligned} \tag{2.4.78}$$

其中 D 是 x 的响应函数. 从 $\operatorname{Im} D$ 与 $\operatorname{Im} G$ 的关系: $\operatorname{Im} G(\omega) = [\operatorname{th}(\beta\omega/2)]^{-1} \operatorname{Im} D$, 我们发现 x 涨落的功率谱为 [见 (2.4.66)]

$$\begin{aligned} P(\omega) =& -2\,[\operatorname{th}(\beta\omega/2)]^{-1} \operatorname{Im} D \\ =& \frac{1}{\operatorname{th}(\omega\hbar/2T)} \frac{2\gamma\omega\hbar}{(m\omega^2 - K)^2 + \gamma^2\omega^2}, \end{aligned} \tag{2.4.79}$$

速度涨落的功率谱为

$$P^v(\omega) = \frac{1}{\text{th}(\omega\hbar/2T)} \frac{2\gamma\omega\hbar}{(m\omega - \frac{K}{\omega})^2 + \gamma^2}, \tag{2.4.80}$$

我们看到, 涨落可以直接由带耗散的运动方程决定.

我们注意到, 上述运动方程与 RCL 电路的方程 (2.4.56) 一致, 只是用 (m, k, γ) 替代了 (C, L^{-1}, R^{-1}). 因此上一小节计算的关联函数可以应用到现在的问题中, 还能得到与上面一样的功率谱.

显然, (2.4.77) 不含任何涨落, 因此是不正确的. 为了得到描述耗散系统的更加正确的运动方程, 我们需要增加产生涨落的项. 为此一个方法是让力 $f(t)$ 项有一个随时间的随机涨落. 现在有两个问题, 首先, 一个随机的力项能否模拟涨落? 如果回答是肯定的, 那么怎样选取产生正确涨落的随机力的几率分布? 为了解决这个问题, 就需要计算 (2.4.77) 随机解的平均关联函数 $\langle x(t)x(0)\rangle$, 然后选择一个适当的 $f(t)$ 的分布再现功率谱 (2.4.79).

我们注意到

$$\langle x(t_b)x(t_a)\rangle = \int D[f(t)]D[x(t)]x(t_b)x(t_a)P[f(t)]\delta[x(t) - x^f(t)], \tag{2.4.81}$$

这里

$$x^f = \mathcal{K}^{-1}f, \quad \mathcal{K} = m\frac{d^2}{dt^2} + \gamma\frac{d}{dt} + K \tag{2.4.82}$$

是 (2.4.77) 的解, $P[f(t)]$ 是 $f(t)$ 的几率分布, 而且 $\mathcal{K} = -D^{-1}$. 由于算符 $\mathcal{K}$ 不依赖于 f, 我们有

$$\delta[x(t) - x^f(t)] \propto \delta[\mathcal{K}x(t) - f(t)], \tag{2.4.83}$$

因此

$$\begin{aligned}\langle x(t_b)x(t_a)\rangle =& \frac{\int \mathcal{D}[f(t)]\mathcal{D}[x(t)]\ x(t_b)x(t_a)P[f(t)]\delta[\mathcal{K}x(t) - f(t)]}{\int \mathcal{D}[f(t)]\mathcal{D}[x(t)]\ P[f(t)]\delta[\mathcal{K}x(t) - f(t)]} \\ =& \frac{\int \mathcal{D}[f(t)]\mathcal{D}[x(t)]\mathcal{D}[\lambda(t)]\ x(t_b)x(t_a)P[f(t)]e^{i\int \lambda[\mathcal{K}x - f]}}{\int \mathcal{D}[f(t)]\mathcal{D}[x(t)]\mathcal{D}[\lambda(t)]\ P[f(t)]e^{i\int \lambda[\mathcal{K}x - f]}},\end{aligned} \tag{2.4.84}$$

这是一个十分有意思的结果. 我们曾经看到路径积分可以描述哈密顿量 —— 量子系统中的线性算符, 它还能描述经典和量子统计系统中的热力学性质, 现在我们又看到路径积分甚至可以描述一个随机微分方程.

现在让我们假设随机项为高斯分布,

$$P[f(t)] \propto e^{-\frac{1}{2}\int f\mathcal{V}f}, \tag{2.4.85}$$

其中 $\int f\mathcal{V}f \equiv \int dtdt'\ f(t)\mathcal{V}(t,t')f(t')$. 我们可以依次积掉 f 和 λ, 得到:

$$\begin{aligned}\langle x(t_b)x(t_a)\rangle =&\frac{\int \mathcal{D}[x(t)]\mathcal{D}[\lambda(t)]\ x(t_b)x(t_a)e^{\int i\lambda\mathcal{K}x-\frac{1}{2}\lambda\mathcal{V}^{-1}\lambda}}{\int \mathcal{D}[x(t)]\mathcal{D}[\lambda(t)]\ e^{\int i\lambda\mathcal{K}x-\frac{1}{2}\lambda\mathcal{V}^{-1}\lambda}}\\ =&\frac{\int \mathcal{D}[x(t)]\ x(t_b)x(t_a)e^{-\int \frac{1}{2}x\mathcal{K}^T\mathcal{V}\mathcal{K}x}}{\int \mathcal{D}[x(t)]\ e^{-\int \frac{1}{2}x\mathcal{K}^T\mathcal{V}\mathcal{K}x}}\\ =&(\mathcal{K}^T\mathcal{V}\mathcal{K})^{-1}(t_b-t_a).\end{aligned} \tag{2.4.86}$$

算符 $\mathcal{K}^T\mathcal{V}\mathcal{K}(t)$ 的倒数满足 $\mathcal{K}^T\mathcal{V}\mathcal{K}(t)(\mathcal{K}^T\mathcal{V}\mathcal{K})^{-1}(t-t')=\delta(t-t')$. 注意到 $\langle x(t_b)x(t_a)\rangle=\langle x(t_a)x(t_b)\rangle$, 其傅里叶变换是实数并等于 x 涨落的功率谱的一半 [见 (2.4.66)]. 因此为了再现 x 涨落, 我们要求

$$\mathcal{K}^T\mathcal{V}\mathcal{K}=\frac{\mathrm{th}(\omega\hbar/2T)[(-m\omega^2+K)^2+\omega^2\gamma^2]}{\gamma\omega\hbar} \tag{2.4.87}$$

或 (在频率空间)

$$\mathcal{V}=\frac{\mathrm{th}(\omega\hbar/2T)}{\gamma\omega\hbar}. \tag{2.4.88}$$

我们看到, 即使是量子噪声也可以用随机经典方程模拟. 特别是我们注意到, 随机力一项只依赖于温度 T 和摩擦系数 γ. 较高的温度或较大的摩擦力将导致较强的随机力. 经典噪声 (在 $\hbar\to 0$ 极限下) 可以用有下面几率分布的随机力来模拟

$$P[f(t)]\propto e^{-\frac{1}{2}\int dt f\mathcal{V}f},\quad \mathcal{V}=\frac{1}{2\gamma T}, \tag{2.4.89}$$

此几率分布没有时间上的关联. [即 $f(t)$ 和 $f(t')$ 涨落独立.]

习题

2.4.6　布朗运动

一个质量为 m 的粒子受到由 γ 描述的摩擦力的作用, 如果我们在 $x=0$ 释放粒子, 经过时间 t, 它可以游荡多远?[即计算 $\bar{x}(t)=\sqrt{\langle x^2\rangle}$.]

写出 (或估算) 一个悬浮在水中的塑料球 1 min 后的 $\bar{x}$ 数值, 球的直径是 1 cm. 再对水中的花粉做重复计算, 假设花粉与上面塑料球一样, 但尺寸只有球的 1/10 000. 水的黏度在 20°C 时是 10^{-3} Pa · s.

第三章　相互作用的玻色子系统

3.1　自由玻色子系统和二次量子化

要点:

- *二次量子化是量子系统的算符描述. 在二次量子化中, 多体系统可以用场论表述*

一次量子化是用波函数对量子系统的一种描述, 二次量子化是用算符对量子系统的另一种描述. 在二次量子化中, 我们不需要明确写出波函数. 例如, 对于谐振子的算符描述, 基态用算符 $\hat{a}|0\rangle = 0$ 定义.

我们考虑一个含有 N 个全同玻色子的自由 d 维玻色子系统 (在体积为 $\mathcal{V} = L^d$ 的箱中). 在一次量子化中, 系统的波函数是 N 个变量的对称函数. 这些 N 玻色子态组成了用 $\mathcal{H}_N$ 表示的希尔伯特空间. 为了得到玻色子的二次量子化描述, 并避免写出复杂的 N 变量对称函数, 我们将所有不同数量玻色子的希尔伯特空间放在一起

$$\mathcal{H} = \mathcal{H}_0 \oplus \mathcal{H}_1 \oplus \mathcal{H}_2 \oplus \cdots \oplus \mathcal{H}_N \oplus \cdots \tag{3.1.1}$$

全希尔伯特空间 $\mathcal{H}$ 有下面的基矢

$$|n_{\boldsymbol{k}_1}\ n_{\boldsymbol{k}_2}\ \cdots\rangle, \tag{3.1.2}$$

其中 $n_{\boldsymbol{k}} = 0, 1, 2, \cdots$ 是一个单粒子动量本征态 $|\boldsymbol{k}\rangle$ 中玻色子的数目. 态 $|n_{\boldsymbol{k}_1}\ n_{\boldsymbol{k}_2}\ \cdots\rangle$ 的总能量是

$$E = \sum_{\boldsymbol{k}} \frac{\boldsymbol{k}^2}{2m} n_{\boldsymbol{k}}. \tag{3.1.3}$$

玻色子希尔伯特空间 $\mathcal{H}$ 还可以看作是一个多谐振子希尔伯特空间. 这些谐振子由矢量 $\boldsymbol{k} \equiv (k_x, k_y, \cdots) = \frac{2\pi}{L}(n_x, n_y, \cdots)$ 标记, $n_{\boldsymbol{k}}$ 就是标记谐振子 $\boldsymbol{k}$ 能级的整数. 从玻色子的总能量我们

看到这些振子都是独立的, 并且振子 $\boldsymbol{k}$ 由下面的哈密顿量

$$H_{\boldsymbol{k}} = \epsilon_{\boldsymbol{k}} a_{\boldsymbol{k}}^{\dagger} a_{\boldsymbol{k}}, \qquad \epsilon_{\boldsymbol{k}} = \frac{\boldsymbol{k}^2}{2m} \tag{3.1.4}$$

描述. 因此在二次量子化中, 自由玻色子系统是由一组谐振子集描述的, 它的哈密顿量是

$$H = \sum_{\boldsymbol{k}} \epsilon_{\boldsymbol{k}} a_{\boldsymbol{k}}^{\dagger} a_{\boldsymbol{k}}, \tag{3.1.5}$$

总玻色子数算符是

$$\hat{N} = \sum_{\boldsymbol{k}} a_{\boldsymbol{k}}^{\dagger} a_{\boldsymbol{k}}, \tag{3.1.6}$$

振子的基态

$$a_{\boldsymbol{k}}|0\rangle = 0 \tag{3.1.7}$$

是一个没有玻色子的态, 而一个第 i 个玻色子携带动量 $\boldsymbol{k}_i$ 的 N 玻色子态由 N 个 $a_{\boldsymbol{k}}^{\dagger}$ 算符所产生

$$|\boldsymbol{k}_1\ \boldsymbol{k}_2\ \cdots \boldsymbol{k}_N\rangle = C(\boldsymbol{k}_1, \cdots, \boldsymbol{k}_N) a_{\boldsymbol{k}_1}^{\dagger} \cdots a_{\boldsymbol{k}_N}^{\dagger}|0\rangle, \tag{3.1.8}$$

其中 $C(\boldsymbol{k}_1, \cdots, \boldsymbol{k}_N)$ 是归一化系数. 只有在所有的 $\boldsymbol{k}_i$ 互不相同时才有 $C(\boldsymbol{k}_1, \cdots, \boldsymbol{k}_N) = 1$. 注意 $a_{\boldsymbol{k}}^{\dagger}$ $(a_{\boldsymbol{k}})$ 一个一个地增加 (减少) 玻色子数, 因此 $a_{\boldsymbol{k}}^{\dagger}$ 称为玻色子的产生算符, 而 $a_{\boldsymbol{k}}$ 称为湮没算符. 产生算符和湮没算符不出现在玻色子系统的一次量子化描述中, 因为在那里我们只考虑玻色子数固定的态.

对无限系统, 我们可以引进

$$a(\boldsymbol{x}) = \sum_{\boldsymbol{k}} a_{\boldsymbol{k}} \mathcal{V}^{-1/2} e^{i\boldsymbol{k}\boldsymbol{x}}, \tag{3.1.9}$$

或者

$$a(\boldsymbol{x}) = \int \frac{d^d \boldsymbol{k}}{(2\pi)^d}\ a_{\boldsymbol{k}} e^{i\boldsymbol{k}\boldsymbol{x}}, \tag{3.1.10}$$

可以看出, $a^{\dagger}(\boldsymbol{x})$ 在 $\boldsymbol{x}$ 处产生一个玻色子. 态 $|\boldsymbol{k}_1\ \boldsymbol{k}_2\ \cdots \boldsymbol{k}_N\rangle$ 的波函数可以如下计算:

$$\psi(\boldsymbol{x}_1, \cdots, \boldsymbol{x}_N) = \langle \boldsymbol{x}_1 \cdots \boldsymbol{x}_N | \boldsymbol{k}_1 \cdots \boldsymbol{k}_N \rangle, \qquad |\boldsymbol{x}_1 \cdots \boldsymbol{x}_N\rangle = a^{\dagger}(\boldsymbol{x}_1) \cdots a^{\dagger}(\boldsymbol{x}_N)|0\rangle. \tag{3.1.11}$$

实空间中的哈密顿量可写为:

$$H = \int d^d \boldsymbol{x}\ a^{\dagger}(\boldsymbol{x}) \left(-\frac{1}{2m}\frac{d^2}{d\boldsymbol{x}^2}\right) a(\boldsymbol{x}), \tag{3.1.12}$$

算符 $a^{\dagger}(\boldsymbol{x})a(\boldsymbol{x})$ 计量 $\boldsymbol{x}$ 处的玻色子数, 因此玻色子密度算符是

$$\rho(\boldsymbol{x}) = a^{\dagger}(\boldsymbol{x})a(\boldsymbol{x}). \tag{3.1.13}$$

有了哈密顿量以及其他相应物理量的算符, 通过算符关联函数的计算, 我们就可以得到玻色系统的物理特性.

由振子描述我们可以计算玻色子系统的所有关联函数. 特别地, 对于 $t>0$,

$$iG(\boldsymbol{x}_f-\boldsymbol{x}_i,t)=\langle a(\boldsymbol{x}_f)e^{-itH}a^\dagger(\boldsymbol{x}_i)\rangle=\langle a(\boldsymbol{x}_f,t)a^\dagger(\boldsymbol{x}_i,0)\rangle \tag{3.1.14}$$

就是在 2.1.1 节中讨论过的自由粒子的传播函数, 而

$$iG(\boldsymbol{k},t)=\left\langle a_{-\boldsymbol{k}}e^{-itH}a_{\boldsymbol{k}}^\dagger\right\rangle=e^{-i\epsilon_{\boldsymbol{k}}t} \tag{3.1.15}$$

是动量空间中相应的传播函数.

为了计算如 ρ-ρ 关联这样含有多个玻色子算符物理量的关联函数, 我们需要使用 Wick 定理. Wick 定理对于进行正规编序和计算关联函数非常重要.

Wick 定理 设 O_i 是 a_k 和 $a_k^\dagger$ 的一个线性组合: $O_i=\int dk\ [u_i(k)a_k+v_i(k)a_k^\dagger]$. (注意对于自由玻色子系统, $a(t)=U^\dagger(t,0)aU(t,0)$ 就是这样的算符.) 记 $W=\prod_{i=1}^N O_i$, $W_{i_1,i_2}=\prod_{i=1,i\neq i_1,i\neq i_2}^N O_i$ 等等. 若 $:W:$ 是算符 W 的正规有序形式 (即将所有 $a_k^\dagger$ 放在 a_k 的左边), 并且 $|0\rangle$ 是被 a_k 湮没的态 (即对于所有 k, 有 $a_k|0\rangle=0$), 则 Wick 定理断言:

$$\begin{aligned}W=&:W:+\sum_{(i_1,j_1)}:W_{i_1,j_1}:\langle 0|O_{i_1}O_{j_1}|0\rangle\\&+\sum_{\substack{(i_1,j_1),(i_2,j_2)\\(i_1,j_1)\neq(i_2,j_2)}}:W_{i_1,j_1,i_2,j_2}:\langle 0|O_{i_1}O_{j_1}|0\rangle\langle 0|O_{i_2}O_{j_2}|0\rangle+\cdots\end{aligned} \tag{3.1.16}$$

其中 (i_1,j_1) 是 $i_1<j_1$ 的有序对.

作为 Wick 定理的一个应用, 我们考虑一个关联函数 $\langle 0|A_1A_2A_3A_4|0\rangle$, 其中 A_i 是 a 和 $a^\dagger$ 的线性组合. 因为 $\langle 0|:A_i-A_j:|0\rangle=0$, 我们从 Wick 定理得到

$$\begin{aligned}&\langle 0|A_1A_2A_3A_4|0\rangle\\=&+\langle 0|A_1A_2|0\rangle\langle 0|A_3A_4|0\rangle+\langle 0|A_1A_3|0\rangle\langle 0|A_2A_4|0\rangle+\langle 0|A_1A_4|0\rangle\langle 0|A_2A_3|0\rangle,\end{aligned} \tag{3.1.17}$$

我们看到四算符关联函数可表为双算符关联函数.

习题

3.1.1

(a) 对算符 $O=aaa^\dagger a^\dagger$ 进行正规编序, 并证明 Wick 定理产生出正确结果.

(b) 使用 Wick 定理计算 $\langle 0|aa^\dagger aa^\dagger|0\rangle$.

3.1.2 考虑一个有 N 个玻色子的一维自由玻色子系统, $|\Phi_0\rangle$ 是基态,

(a) 对于 $N=0$ 和有限的 N, 计算编时传播函数

$$iG(x,t)=\langle\Phi_0|T[a(x,t)a^\dagger(0,0)]|\Phi_0\rangle, \tag{3.1.18}$$

其中 $a(x,t) = e^{iHt}a(x)e^{-iHt}$. 证明 $iG(x,0^+) - iG(x,0^-) = [a(x), a^\dagger(0)] = \delta(x)$, 并证明对于有限 N, 在 $x \to \infty$ 极限下 $iG(x,t) \neq 0$. 这表明基态有非对角长程序. 只有玻色子凝聚态才有非对角长程序.

(b) 计算编时密度关联函数

$$\langle \Phi_0 | T(\rho(x,t)\rho(0,0)) | \Phi_0 \rangle, \tag{3.1.19}$$

证明 $a(x,t)$ 是 a_k 和 $a_k^\dagger$ 的线性组合, 可以应用 Wick 定理. (提示: 可以单独处理 a_0 算符.)

3.2 超流体的平均场理论

要点:

- 平均场理论由忽略某些算符的量子涨落并将其用 $c-$ 数取代而得到 (这个 $c-$ 数通常就是算符的平均值)
- 平均场基态可以看作是变分波函数. 由平均场理论得到的激发谱可能有定性的错误, 使用平均场谱之前应该先通过其他方法判断其正确性

在温度为零时, 自由 N 玻色子系统处于其基态

$$|\Phi_0\rangle = (N!)^{-1/2}(a_0^\dagger)^N|0\rangle, \tag{3.2.1}$$

这时所有玻色子均在 $\boldsymbol{k} = 0$ 态, 这个态称为玻色子凝聚态. 自由玻色子系统的玻色子凝聚态具有许多特殊的性质, 但这些性质只适用于无相互作用的玻色子. 为了了解真正的玻色子系统的零温度态, 我们需要研究由下列哈密顿量

$$H = \sum_{\boldsymbol{k}} (\epsilon_{\boldsymbol{k}} - \mu) a_{\boldsymbol{k}}^\dagger a_{\boldsymbol{k}} + \int d^d\boldsymbol{x} d^d\boldsymbol{x}' \ \frac{1}{2}\rho(\boldsymbol{x})V(\boldsymbol{x}-\boldsymbol{x}')\rho(\boldsymbol{x}') \tag{3.2.2}$$

描述的相互作用的玻色子系统, 其中 $V(\boldsymbol{x})$ 是密度 — 密度相互作用, μ 是化学势. μ 的取值使系统平均有 N 个玻色子. 在动量空间, 我们有

$$\begin{aligned}
H =& \sum_{\boldsymbol{k}} (\epsilon_{\boldsymbol{k}} - \mu) a_{\boldsymbol{k}}^\dagger a_{\boldsymbol{k}} + \mathcal{V} \sum_{\boldsymbol{q}} \frac{1}{2} \rho_{-\boldsymbol{q}} V_{\boldsymbol{q}} \rho_{\boldsymbol{q}} \\
=& \sum_{\boldsymbol{k}} (\epsilon_{\boldsymbol{k}} - \mu) a_{\boldsymbol{k}}^\dagger a_{\boldsymbol{k}} + \mathcal{V}^{-1} \frac{1}{2} \sum_{\boldsymbol{k},\boldsymbol{k}',\boldsymbol{q}} (a_{\boldsymbol{k}'-\boldsymbol{q}}^\dagger a_{\boldsymbol{k}'}) V_{\boldsymbol{q}} (a_{\boldsymbol{k}+\boldsymbol{q}}^\dagger a_{\boldsymbol{k}}) \qquad (3.2.3) \\
=& \sum_{\boldsymbol{k}} [\epsilon_{\boldsymbol{k}} - \mu + V(0)] a_{\boldsymbol{k}}^\dagger a_{\boldsymbol{k}} + \mathcal{V}^{-1} \frac{1}{2} \sum_{\boldsymbol{k},\boldsymbol{k}',\boldsymbol{q}} V_{\boldsymbol{q}} a_{\boldsymbol{k}'-\boldsymbol{q}}^\dagger a_{\boldsymbol{k}+\boldsymbol{q}}^\dagger a_{\boldsymbol{k}'} a_{\boldsymbol{k}}, \qquad (3.2.4)
\end{aligned}$$

其中

$$a_{\boldsymbol{k}} = \int d\boldsymbol{x}\ a(x)\mathcal{V}^{-1/2}e^{i\boldsymbol{k}\boldsymbol{x}}, \quad \rho_{\boldsymbol{k}} = \int d\boldsymbol{x}\ \rho(x)e^{i\boldsymbol{k}\boldsymbol{x}}, \quad V_{\boldsymbol{k}} = \int d\boldsymbol{x}\ V(x)e^{i\boldsymbol{k}\boldsymbol{x}}. \tag{3.2.5}$$

在 (3.2.4) 的最后一行, 我们将相互作用项写成了正规有序的形式, 即 $a^\dagger$ 总出现在 a 的左边. 下面我们将把 $V(0)$ 吸收在 μ 之内并去掉 $V(0)$. 相互作用哈密顿量不是 $a_{\boldsymbol{k}}$ 的二次式, 非常难解.

下面我们用平均场的方法找出一个近似的基态. 平均场理论的基本思想是找出那些量子涨落较弱的算符, 并以相应的经典数值取代. 这种代换有希望将原始的哈密顿量简化成二次型哈密顿量.

基于我们对自由玻色子基态的认识, 可以假设在相互作用的玻色子系统基态中, 有宏观数的粒子占据 $\boldsymbol{k}=0$ 的状态:

$$\langle\varPhi_0|a_0^\dagger a_0|\varPhi_0\rangle = N_0, \tag{3.2.6}$$

而其他态的粒子占据数 $n_{\boldsymbol{k}}=\langle\varPhi_0|a_{\boldsymbol{k}}^\dagger a_{\boldsymbol{k}}|\varPhi_0\rangle$ 是一个小量. 我们还注意到

$$\begin{aligned}\langle\varPhi_0|a_0^\dagger a_0 a_0^\dagger a_0|\varPhi_0\rangle &= N_0^2,\\ \langle\varPhi_0|a_0^\dagger a_0^\dagger a_0 a_0|\varPhi_0\rangle &= N_0(N_0-1)\approx N_0^2,\end{aligned} \tag{3.2.7}$$

因此在 N_0^2 的量级上, a_0 和 $a_0^\dagger$ 是对易的, 其行为像一个经典数, 这就是我们说算符 a_0 的量子涨落弱的意思所在. 这种情况下我们可以用 a_0 的经典值取代 a_0,

$$a_0 = a_0^\dagger = \sqrt{N_0}, \tag{3.2.8}$$

于是相互作用哈密顿量可以写为

$$\begin{aligned}H_{\text{mean}} =& \sum_{\boldsymbol{k}}(\epsilon_{\boldsymbol{k}}-\mu)a_{\boldsymbol{k}}^\dagger a_{\boldsymbol{k}} + \frac{\mathcal{V}}{2}\rho_0^2 V_0\\ &+\frac{\rho_0}{2}\sum_{\boldsymbol{k}\neq 0}\left[2a_{\boldsymbol{k}}^\dagger a_{\boldsymbol{k}}V_0 + a_{\boldsymbol{k}}^\dagger a_{\boldsymbol{k}}(V_{\boldsymbol{k}}+V_{-\boldsymbol{k}}) + V_{-\boldsymbol{k}}a_{-\boldsymbol{k}}a_{\boldsymbol{k}} + V_{\boldsymbol{k}}a_{-\boldsymbol{k}}^\dagger a_{\boldsymbol{k}}^\dagger\right]\\ &+O[(a_{\boldsymbol{k}\neq 0})^3]\\ =& \sum_{\boldsymbol{k}}(\epsilon_{\boldsymbol{k}}-\mu_{\boldsymbol{k}}')a_{\boldsymbol{k}}^\dagger a_{\boldsymbol{k}} - \frac{1}{2}\rho_0^2 V_0 + \rho_0\frac{1}{2}\sum_{\boldsymbol{k}\neq 0}\left(V_{-\boldsymbol{k}}a_{-\boldsymbol{k}}a_{\boldsymbol{k}} + V_{\boldsymbol{k}}a_{-\boldsymbol{k}}^\dagger a_{\boldsymbol{k}}^\dagger\right),\end{aligned} \tag{3.2.9}$$

其中 $\mu_{\boldsymbol{k}}'=\mu-\rho_0 V_0-\frac{1}{2}\rho_0(V_{\boldsymbol{k}}+V_{-\boldsymbol{k}})$, $\rho_0=N_0/\mathcal{V}$, 并且略去了 $(a_{\boldsymbol{k}\neq 0})^3$ 及更高阶项. 在经过以下两次近似之后: (a) 用经典数替代 a_0(这在 $N\to\infty$ 极限下是准确的); (b) 去掉 a_k^3 项 (这在 $V\to 0$ 或 $\rho\to 0$ 极限下是准确的), 我们得到了一个二次的平均场哈密顿量.

显然所有 N 个玻色子都占据 $\boldsymbol{k}=0$ 态的态不再是相互作用玻色子系统的基态. 为了得到新的 (平均场) 基态, 对于 $\boldsymbol{k}\neq 0$, 引进

$$\alpha_{\boldsymbol{k}} = u_{\boldsymbol{k}}a_{\boldsymbol{k}} + v_{\boldsymbol{k}}a_{-\boldsymbol{k}}^\dagger, \tag{3.2.10}$$

选取 $u_{\boldsymbol{k}}$ 和 $v_{\boldsymbol{k}}$ 使得 H_{mean} 的形式为 $\sum_{\boldsymbol{k}}\alpha_{\boldsymbol{k}}^\dagger\alpha_{\boldsymbol{k}}E_{\boldsymbol{k}}+$ 常数, 并且 $\alpha_{\boldsymbol{k}}$ 和 $\alpha_{\boldsymbol{k}}^\dagger$ 有标准的玻色子对易关系

$$[\alpha_{\boldsymbol{k}},\alpha_{\boldsymbol{k}'}^\dagger] = \delta_{\boldsymbol{k},\boldsymbol{k}'}, \tag{3.2.11}$$

这后面一个条件要求 $|u_{\boldsymbol{k}}^2| - |v_{\boldsymbol{k}}|^2 = 1$. 可以证明, 选取

$$E_{\boldsymbol{k}} = \sqrt{(\epsilon_{\boldsymbol{k}} - \mu'_{\boldsymbol{k}})^2 - \rho_0^2|V_{\boldsymbol{k}}|^2}, \tag{3.2.12}$$

$$u_{\boldsymbol{k}} = \sqrt{\frac{\epsilon_{\boldsymbol{k}} - \mu'_{\boldsymbol{k}}}{2E_{\boldsymbol{k}}} + \frac{1}{2}}, \tag{3.2.13}$$

$$v_{\boldsymbol{k}} = \frac{V_{\boldsymbol{k}}}{|V_{\boldsymbol{k}}|}\sqrt{\frac{\epsilon_{\boldsymbol{k}} - \mu'_{\boldsymbol{k}}}{2E_{\boldsymbol{k}}} - \frac{1}{2}}, \tag{3.2.14}$$

能满足上述要求. 我们得到

$$\sum_{\boldsymbol{k}\neq 0}\left[(\epsilon_{\boldsymbol{k}} - \mu'_{\boldsymbol{k}})a_{\boldsymbol{k}}^\dagger a_{\boldsymbol{k}} + \frac{1}{2}\rho_0 V_{-\boldsymbol{k}} a_{-\boldsymbol{k}} a_{\boldsymbol{k}} + \frac{1}{2}\rho_0 V_{\boldsymbol{k}} a_{-\boldsymbol{k}}^\dagger a_{\boldsymbol{k}}^\dagger\right] = \sum_{\boldsymbol{k}\neq 0} E_{\boldsymbol{k}} \alpha_{\boldsymbol{k}}^\dagger \alpha_{\boldsymbol{k}} - \sum_{\boldsymbol{k}\neq 0} E_{\boldsymbol{k}}|v_{\boldsymbol{k}}|^2. \tag{3.2.15}$$

现在代回 $\boldsymbol{k} = 0$ 部分, 平均场哈密顿量可表为

$$H_{\text{mean}} = \sum_{\boldsymbol{k}\neq 0} E_{\boldsymbol{k}} \alpha_{\boldsymbol{k}}^\dagger \alpha_{\boldsymbol{k}} + \Omega_g, \tag{3.2.16}$$

$$\Omega_g = -\sum_{\boldsymbol{k}\neq 0}\frac{1}{2}(\epsilon_{\boldsymbol{k}} - \mu'_{\boldsymbol{k}} - E_{\boldsymbol{k}}) + \mathcal{V}[(\epsilon_0 - \mu)\rho_0 + \frac{1}{2}\rho_0^2 V_0], \tag{3.2.17}$$

平均场基态为

$$\alpha_{\boldsymbol{k}}|\Phi_{\text{mean}}\rangle = 0, \tag{3.2.18}$$

而 Ω_g 是平均场基态能量. 在平均场理论中, 基态以上的激发由一组谐振子 $\{\alpha_{\boldsymbol{k}}\}$ 描述, 这些谐振子对应于玻色子液体中的波. 波的色散关系由 $E_{\boldsymbol{k}}$ 给出.

N_0 和 μ 这两个参数仍有待确定. 激发谱

$$E_{\boldsymbol{k}} = \sqrt{[\epsilon_k - \mu + \rho_0 V_0 + \frac{1}{2}\rho_0(V_{\boldsymbol{k}} + V_{-\boldsymbol{k}})]^2 - (\rho_0 V_k)^2} \tag{3.2.19}$$

非常敏感地决定于 μ. 如果 $\mu = \rho_0 V_0$, 则 $E_0 = 0$, 并且激发是无能隙的 (这里假定 $\epsilon_0 = 0$). 如果 $\mu < \rho_0 V_0$, 则激发具有有限能隙. 如果 $\mu > \rho_0 V_0$, E_0 是虚数, 表示平均场基态不稳定.

首先, N_0 的值是使 Ω_g 取极小的值 (固定 μ)

$$\frac{\partial \Omega_g}{\partial N_0} = 0, \tag{3.2.20}$$

得到 N_0 后, 利用

$$a_{\boldsymbol{k}} = u_{\boldsymbol{k}}^* \alpha_{\boldsymbol{k}} - v_{\boldsymbol{k}}^* \alpha_{-\boldsymbol{k}}^\dagger, \tag{3.2.21}$$

我们得到

$$N = \langle \Phi_{\text{mean}}|\sum_{\boldsymbol{k}} a_{\boldsymbol{k}}^\dagger a_{\boldsymbol{k}}|\Phi_{\text{mean}}\rangle = N_0 + \sum_{\boldsymbol{k}}|v_{\boldsymbol{k}}|^2, \tag{3.2.22}$$

它使我们可从总的玻色子数目 N 而得到 μ 的值.

让我们在低密度或低耦合的极限下进行以上计算, 保留至 $V_{\boldsymbol{k}}$ 的线性项 [注意 $\epsilon_{\boldsymbol{k}}-\mu'_{\boldsymbol{k}}-E_{\boldsymbol{k}}=O(V_{\boldsymbol{k}}^2)$], 则有

$$\Omega_g=\mathcal{V}[(\epsilon_0-\mu)\rho_0+\frac{1}{2}\rho_0^2V_0]. \tag{3.2.23}$$

我们看到, 要使 Ω_g 极小, 对于 $\mu<0$, 须 $N_0=0$; 对于 $\mu>0$, 须 $N_0=V_0/\mu$. 一旦知道了 N_0, 总玻色子数可以通过 (3.2.22) 计算. 当玻色子密度不为零时, 我们得到 $\mu=\rho_0V_0>0$, 并且激发谱

$$E_{\boldsymbol{k}}=\sqrt{\epsilon_{\boldsymbol{k}}^2+2\epsilon_{\boldsymbol{k}}\rho_0\mathrm{Re}\,V_{\boldsymbol{k}}-\rho_0^2(|V_{\boldsymbol{k}}|^2-\mathrm{Re}\,V_{\boldsymbol{k}}^2)} \tag{3.2.24}$$

是无能隙的. 对于小量 $\boldsymbol{k}$, $E_{\boldsymbol{k}}$ 是线性的:

$$E_{\boldsymbol{k}}=v|\boldsymbol{k}|,\qquad v^2=\frac{\rho_0V_0}{m}-\frac{\rho_0^2}{2}\frac{d^2|V_{\boldsymbol{k}}|^2-\mathrm{Re}\,V_{\boldsymbol{k}}^2}{d\boldsymbol{k}^2}. \tag{3.2.25}$$

这一结果非常合理, 因为由 $\alpha_{\boldsymbol{k}}^\dagger$ 产生的激发应该对应于玻色子流体中的波 (Nambu-Goldstone 模), 这种激发总是无能隙的且具有线性色散关系.

如果就此打住, 一切都很美好. 我们可以说拥有了用于相互作用玻色子系统基态和激发的平均场理论, 由该理论得出了合理的结果. 但是, 如果我们想做得更好, 情况可能就要变糟. 在平均场理论中, 能隙的消失是源于这样一个 "奇迹": μ 和 ρ_0V_0 严格相等, 从而消去了在 $E_{\boldsymbol{k}}$ 中的常数项. 如果我们保留 Ω_g 中 $V_{\boldsymbol{k}}$ 的高阶项, 更加精确的 μ 就不一定等于 ρ_0V_0, 这种情况下就会有能隙不等于零的不合理结果. 自然地, 当我们计入 Ω_g 的高阶项时, 我们同时也应该计入 E_k 的高阶项, 使得抵消仍然可能存在, 从而得到零能隙.

然而, 有一件事是清楚的, 即平均场理论并不保证零能隙. 为了得到零能隙, 就得靠仔细的计算以求奇迹出现. 但是从物理的观点, 无能隙激发的存在是一个普遍的原理, 与玻色子系统的细节无关. 所以平均场理论没有抓住无能隙激发后面隐含的原理. 这个问题不只限于玻色子系统, 所有平均场理论普遍地存在这个问题, 即没有揭示出原有理论的某些普遍原理. 我们要记住这一点, 并在使用平均场理论研究激发谱时多加小心.

习题

3.2.1 这里我们要从忽略的 $(a_k)^3$ 和 $(a_k)^4$ 项中找出对 E_k 和 Ω_g 更高阶的修正.

(a) 用 $\sqrt{N_0}$ 替代 a_0, 写出准确的哈密顿量. [即保留 (3.2) 中所有的高阶项.]

(b) 为了得到 $E_{\boldsymbol{k}}$ 和 Ω_g 的第一阶修正, 先在上面得到的高阶项上乘以一个系数 g. 设

$$\alpha_{\boldsymbol{k}}=u_{\boldsymbol{k}}a_{\boldsymbol{k}}+v_{\boldsymbol{k}}a_{-\boldsymbol{k}}^\dagger, \tag{3.2.26}$$

用 α_k 和 $\alpha_k^\dagger$ 重新表示上面得到的 H, 将 H 写成 α_k 的正规有序形式. 这里只需要保留至 α_k^2 阶的项, 并且要用到 Wick 定理.

(c) 若 u_k 和 v_k 由 (3.2.13) 和 (3.2.14) 给出, 验证如果 $g=0$, 则 $\alpha_k\alpha_{-k}$ 和 $\alpha_k\alpha_{-k}$ 两项消失. 写出至 g 的线性项的 u_k 和 v_k, 其使 $\alpha_k\alpha_{-k}$ 和 $\alpha_k\alpha_{-k}$ 两项消失.

(d) 写出至 g 线性项的准粒子色散 E_k 和平均场基态能量 Ω_g.

3.2.2 证明在一维情况, 如果我们假设 $\rho_0 > 0$, 则总玻色子密度 $\rho = N/\mathcal{V}$ 将无限大. 这表明相互作用玻色子即使在零温度也不能在一维上凝聚. (注意非相互作用玻色子在零温度可以在一维上凝聚.)

3.2.3 自旋链的平均场理论

考虑一条自旋链

$$H = J\sum_i \boldsymbol{S}_i\boldsymbol{S}_{i+1}, \tag{3.2.27}$$

其中 $J < 0$, 并且 $\boldsymbol{S}$ 是自旋为 S 的自旋算符. 当 $S \gg 0$, $\boldsymbol{S}_i$ 的量子涨落微弱, 可以用 $\boldsymbol{S}$ 的平均值 $\boldsymbol{s} = \langle\boldsymbol{S}_i\rangle$(即假设它与 i 无关) 替代 $\boldsymbol{S}$, 并得到平均场的哈密顿量.

(a) 写出平均场的哈密顿量, 并求出平均场基态.

(b) 利用平均场的哈密顿量, 通过计算 $\langle\boldsymbol{S}_i\rangle$ 决定 $\boldsymbol{s}$ 的值.

(c) 利用平均场近似求出基态能量.

(d) 求平均场基态上激发的能量.

我们看到, 在这里平均场理论完全不能重构无能隙的自旋波激发, 2.4 节中讨论的路径积分方法及其经典近似可以得出好得多的结果.

3.3 相互作用玻色子系统的路径积分方法

3.3.1 相互作用玻色子系统的路径积分表示

在 3.1 节中已经提到, 一个自由玻色子系统可以由一组相互独立的谐振子描述, 其哈密顿量为

$$H_0 = \sum_{\boldsymbol{k}}(\epsilon_{\boldsymbol{k}} - \mu)a^\dagger_{\boldsymbol{k}}a_{\boldsymbol{k}}, \tag{3.3.1}$$

这些振子 (和自由玻色子系统) 可以用 (相干态) 路径积分表示

$$\int \mathcal{D}^2[a_{\boldsymbol{k}}(t)]\ e^{i\int dt\ \sum_{\boldsymbol{k}}[i\frac{1}{2}(a^*_{\boldsymbol{k}}\dot{a}_{\boldsymbol{k}} - a_{\boldsymbol{k}}\dot{a}^*_{\boldsymbol{k}}) - (\epsilon_{\boldsymbol{k}}-\mu)a^*_{\boldsymbol{k}}a_{\boldsymbol{k}}]}. \tag{3.3.2}$$

在实空间有

$$\begin{aligned}\int \mathcal{D}^2[a(\boldsymbol{x},t)]\cdot \exp\Big\{i\int d^d\boldsymbol{x}dt\ \Big[i\frac{1}{2}(a^*(\boldsymbol{x},t)\partial_t a(\boldsymbol{x},t) - a(\boldsymbol{x},t)\partial_t a^*(\boldsymbol{x},t))\\ - \frac{1}{2m}\partial_{\boldsymbol{x}}a^*(\boldsymbol{x},t)\partial_{\boldsymbol{x}}a(\boldsymbol{x},t) - \mu a^*(\boldsymbol{x},t)a(\boldsymbol{x},t)\Big]\Big\},\end{aligned} \tag{3.3.3}$$

在哈密顿量和路径积分中增加一项

$$\int d^d\boldsymbol{x}d^d\boldsymbol{y}\ \frac{1}{2}a^*(\boldsymbol{x},t)a(\boldsymbol{x},t)V(\boldsymbol{x}-\boldsymbol{y})a^*(\boldsymbol{y},t)a(\boldsymbol{y},t), \tag{3.3.4}$$

就可以很容易地将相互作用包括进来. 这里我们先考虑一种简单的相互作用 $V(\boldsymbol{x}) = V_0\delta(\boldsymbol{x})$, 其傅里叶分量是 $V_{\boldsymbol{k}} = V_0$, 则相互作用玻色子系统的路径积分的形式为

$$\int \mathcal{D}^2[\varphi(\boldsymbol{x},t)] \cdot \exp\left(i \int d^d\boldsymbol{x}dt \left\{ i\frac{1}{2}[\varphi^*(\boldsymbol{x},t)\partial_t\varphi(\boldsymbol{x},t) - \varphi(\boldsymbol{x},t)\partial_t\varphi^*(\boldsymbol{x},t)] \right.\right.$$
$$\left.\left. -\frac{1}{2m}\partial_{\boldsymbol{x}}\varphi^*(\boldsymbol{x},t)\partial_{\boldsymbol{x}}\varphi(\boldsymbol{x},t) + \mu|\varphi(\boldsymbol{x},t)|^2 - \frac{V_0}{2}|\varphi(\boldsymbol{x},t)|^4 \right\}\right), \tag{3.3.5}$$

其中根据惯例, 我们已将 $a(\boldsymbol{x},t)$ 重新称为 $\varphi(\boldsymbol{x},t)$.

得到了路径积分表示之后, 我们就可以把量子的相互作用玻色子系统当作一个由作用量

$$S = \int d^d\boldsymbol{x}dt \left[i\frac{1}{2}(\varphi^*\partial_t\varphi - \varphi\partial_t\varphi^*) - \frac{1}{2m}\partial_{\boldsymbol{x}}\varphi^*\partial_{\boldsymbol{x}}\varphi + \mu|\varphi|^2 - \frac{V_0}{2}|\varphi|^4 \right] \tag{3.3.6}$$

描述的经典场论来处理. 这里我们采用的是一种半经典近似 (而不是 3.2 节中所进行的平均场近似), 这一近似的第一项对应于经典理论. 经典系统的能量 (更准确地说是热势) 是

$$\Omega = \int d^d\boldsymbol{x} \left[\frac{1}{2m}\partial_{\boldsymbol{x}}\varphi^*\partial_{\boldsymbol{x}}\varphi + \mu|\varphi|^2 + \frac{V_0}{2}|\varphi|^4 \right]. \tag{3.3.7}$$

3.3.2 相变和自发对称破缺

要点:

- 连续相变、自发对称破缺和长程有序总是紧密相关. 这是关于相和相变的朗道对称破缺理论的核心

经典基态是平移不变的, 并由一个复常数 φ_0 刻画: $\varphi(\boldsymbol{x},t) = \varphi_0$. 经典基态的能量密度 (更加准确地说是热势密度) 是

$$\frac{\Omega_0}{\mathcal{V}} = -\mu|\varphi_0|^2 + \frac{V_0}{2}|\varphi_0|^4. \tag{3.3.8}$$

取能量最小值, 我们看到对于 $\mu < 0$, 基态由 $\varphi_0 = 0$ 刻画, 对应于没有玻色子的态. 而对于 $\mu > 0$, 基态简并, 由 $\varphi = \sqrt{\frac{\mu}{V_0}}e^{i\theta}$ 刻画, θ 可取任意值. 这种态的玻色子密度是 $\rho = \frac{\mu}{V_0}$. 热势是 μ 的函数, 写为

$$\Omega_0(\mu) = \begin{cases} 0, & \mu < 0, \\ \frac{\mu^2}{V_0}, & \mu > 0. \end{cases} \tag{3.3.9}$$

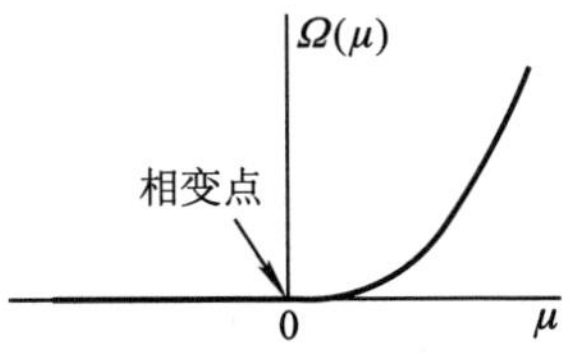

图 3.1 热势 $\Omega(\mu)$ 二阶微商的不连续性表示了二级相变.

我们看到在 $\mu=0$ 有一个二级相变, 因为 $\Omega_0''(\mu)$ 在该点 (见图 3.1) 有一个跳跃. 这种相变称为超流相变.

我们看到这里的哈密顿量或拉格朗日量在如下 $U(1)$ 变换

$$\varphi \to e^{i\theta}\varphi \tag{3.3.10}$$

下是不变的, 这一点与体系所处的相无关. 但是, 超流相的 (经典) 基态 ($\mu>0$) 不遵守 $U(1)$ 对称, 即它们在 $U(1)$ 变换 (3.3.10) 下不是不变的. 这种基态对称性低于哈密顿量对称性的现象称为自发对称破缺. 可以看到超流相变与自发对称破缺有关. 显然在对称破缺相中基态是简并的.

超流相变显示了一个深刻的原理: 由热势 Ω 的非解析点所刻画的连续相变与态的对称性改变有关, 对称性的改变可以导致 Ω 的非解析行为. 这是相和相变的朗道对称破缺理论的核心 [Landau (1937)]. (3.3.7) 正是 Ginzburg-Landau 理论中的热势 (或者说自由能, 如果把 φ 看作是普通的序参量的话)[Ginzburg and Landau (1950)]. 实际上, 大多数连续相变都由某种自发对称破缺来刻画.

自发对称破缺可以用一个序参量刻画. 序参量可以选取为一个在对称变换下具有非平凡变换性质算符的期望值. 例如, 对于超流相变, 我们可以选择 $\langle\varphi\rangle$ 作为序参量. 由于在 $U(1)$ 变换下它有这样的变换特性 —— $\langle\varphi\rangle \to e^{i\theta}\langle\varphi\rangle$, 我们看到在对称相中 $\langle\varphi\rangle=0$, 而在对称破缺相中 $\langle\varphi\rangle=\varphi_0\neq 0$.

在对称破缺相中, 如果我们知道 φ 场在一点的相位, 就可以知道它在其他任何一点的相位. 这种特性称为长程有序. φ 场的长程关联可以作如下数学表达:

$$\left\langle \varphi(t,\boldsymbol{x})^\dagger \varphi(0,0)\right\rangle|_{(t,\boldsymbol{x})\to\infty} = |\varphi_0|^2 \neq 0. \tag{3.3.11}$$

如果 φ 场中的相是随机的, 一点与另一点之间没有关联, 上述关联函数就为零. 当然这里我们只考虑没有量子涨落的经典基态. 这种情况下我们看到非零序参量和 φ 算符的长程有序是密切相关的. 对称破缺相可以由一个非零序参量或一个长程关联刻画. 后面我们将讨论包含量子涨落的情况, 并观察量子涨落如何影响序参量和长程有序.

习题

3.3.1 从作用量 (3.3.6) 推导经典运动方程. 仅考虑基态附近的小涨落, 导出对称相 ($\mu<0$) 和对称破缺相 ($\mu>0$) 的线性运动方程. 证明对称基态附近的涨落具有有限能隙, 而对称破缺基态附近的涨落包含一个零能隙的模式. 这一模式有线性色散 $\omega \propto k$.

3.3.3 低能集体激发和低能有效理论

为了研究经典基态上的激发, 我们考虑经典基态附近的小涨落:

$$\varphi = \varphi_0 + \delta\varphi, \tag{3.3.12}$$

$\delta\varphi$ 的动力学性质由同一作用量 (3.3.6) 控制, 但是现在我们可以假设 $\delta\varphi$ 是小量, 并只保留到 $\delta\varphi$ 的二阶项. 对于对称相 $\varphi_0 = 0$,

$$S = \int d^d\boldsymbol{x}dt \left\{ i\frac{1}{2}[\varphi^*(\boldsymbol{x},t)\partial_t\varphi(\boldsymbol{x},t) - \varphi(\boldsymbol{x},t)\partial_t\varphi^*(\boldsymbol{x},t)] \right. \\ \left. - \frac{1}{2m}\partial_{\boldsymbol{x}}\varphi^*(\boldsymbol{x},t)\partial_{\boldsymbol{x}}\varphi(\boldsymbol{x},t) + \mu\varphi^*(\boldsymbol{x},t)\varphi(\boldsymbol{x},t) \right\}. \tag{3.3.13}$$

对于对称破缺相, 记

$$\varphi = (1+\phi)\varphi_0 e^{i\theta}, \tag{3.3.14}$$

会更加方便, 其中 ϕ 是实数. 这时二次型的作用量可以写为

$$S = \int d^d\boldsymbol{x}dt \left[-\varphi_0^2\partial_t\theta - \frac{1}{2m}\varphi_0^2(\partial_{\boldsymbol{x}}\theta)^2 - 2\varphi_0^2\phi\partial_t\theta - \frac{1}{2m}\varphi_0^2(\partial_{\boldsymbol{x}}\phi)^2 - (-\mu\varphi_0^2 + 3V_0\varphi_0^4)\phi^2 \right] \tag{3.3.15}$$

在对称相中, 运动方程是

$$[i\partial_t - \frac{1}{2m}(-i\partial_{\boldsymbol{x}})^2 + \mu]\varphi = 0, \tag{3.3.16}$$

它导出下面的激发

$$\omega = \frac{1}{2m}k^2 - \mu \tag{3.3.17}$$

的色散. 我们看到, 该激发具有有限能隙 $\Delta = -\mu$(注意 $\mu < 0$), 正好是增加一个玻色子所需的能量, 而由 (3.3.17) 所描述的激发恰恰对应于一个自由玻色子.

为了理解在对称破缺相的低能激发, 我们要推导一个只含低能激发模式的低能有效理论. 注意到只有 ϕ 涨落能感受到势的作用, 低能激发应该对应于简并基态间的涨落, 并由 θ 场所描述. 基于此, 我们可能会想到设 $\phi = 0$, 并得到如下 θ 的低能有效作用量

$$S = \int d^d\boldsymbol{x}dt \left[-\varphi_0^2\partial_t\theta - \frac{1}{2m}\varphi_0^2(\partial_{\boldsymbol{x}}\theta)^2 \right]. \tag{3.3.18}$$

但是这一有效作用量并不正确, 我们还需要更加小心地消除 ϕ 场.

这里我们面临多体物理中的一个典型问题. 我们有两个场, 一个描述缓慢的低能涨落, 另一个描述快速的高能涨落. 如果我们只关心低能物理, 应该怎样去除另一个场, 而得到一个简单的低能有效理论?

得到慢场低能有效理论的一个办法就是在路径积分中将快场积掉. 这一点在这里很容易做到, 因为作用量 (3.3.15) 是二次项. 做高斯积分后得到

$$Z = \int \mathcal{D}[\theta(\boldsymbol{x},t)]\mathcal{D}[\phi(\boldsymbol{x},t)] e^{i\int d^d\boldsymbol{x}dt\ [-\frac{1}{2m}\varphi_0^2(\partial_{\boldsymbol{x}}\theta)^2 - 2\varphi_0^2\phi\partial_t\theta - \frac{1}{2m}\varphi_0^2(\partial_{\boldsymbol{x}}\phi)^2 - (-\mu\varphi_0^2+3V_0\varphi_0^4)\phi^2]} \\ = \int \mathcal{D}[\theta(\boldsymbol{x},t)]\ e^{i\int d^d\boldsymbol{x}dt\ [-\frac{1}{2m}\varphi_0^2(\partial_{\boldsymbol{x}}\theta)^2 + \partial_t\theta \frac{\varphi_0^4}{-\mu\varphi_0^2+3V_0\varphi_0^4-\frac{\varphi_0^2}{2m}(\partial_{\boldsymbol{x}})^2}\partial_t\theta]} \\ \approx \int \mathcal{D}[\theta(\boldsymbol{x},t)]\ e^{i\int d^d\boldsymbol{x}dt\ [-\frac{1}{2m}\rho_0(\partial_{\boldsymbol{x}}\theta)^2 + \frac{1}{2V_0}(\partial_t\theta)^2]}, \tag{3.3.19}$$

其中 $\rho_0 = \varphi_0^2 = \frac{\mu}{V_0}$. 在最后一行我们已经假定 θ 场在空间变化缓慢而舍去了 $\frac{1}{2m}(\partial_{\boldsymbol{x}})^2$ 项, 还舍去了在作用量中关于时间的全微分项. 我们得到 θ 的一个简单低能有效作用量

$$S_{\text{eff}} = \int d^d\boldsymbol{x}dt \left[\frac{1}{2V_0}(\partial_t\theta)^2 - \frac{\rho_0}{2m}(\partial_{\boldsymbol{x}}\theta)^2\right], \tag{3.3.20}$$

注意 θ 场实际存在于一个圆上, θ 和 $\theta + 2\pi$ 描述的是同一点. 为了更加精确, 可以引进 $z = e^{i\theta}$, 将上式重新写为

$$S_{\text{eff}} = \int d^d\boldsymbol{x}dt \left(\frac{1}{2V_0}|\partial_t z|^2 - \frac{\rho_0}{2m}|\partial_{\boldsymbol{x}} z|^2\right) \tag{3.3.21}$$

(3.3.20) 或 (3.3.21) 描述的模型称为 XY 模型. 由运动方程

$$\left(-\frac{1}{2V_0}\partial_t^2 + \frac{\rho_0}{2m}\partial_{\boldsymbol{x}}^2\right)\theta = 0 \tag{3.3.22}$$

得到低能激发的色散

$$\omega = vk, \quad v^2 = \frac{\rho_0 V_0}{2m}, \tag{3.3.23}$$

这与平均场的结果 (3.2.25) 完全一致. 我们再一次看到, 玻色子之间的相互作用使低能激发产生了线性色散.

很多情况下, 仅仅了解低能有效理论是不够的, 知道原理论中的场 (或者算符) 怎样被低能有效理论中的场 (或算符) 表示也很重要. 下面我们将利用密度算符做一个例子, 揭示怎样用有效理论中的场表示原理论中的物理算符 (场). 首先我们在原拉格朗日量中添一项与密度耦合的源项 $-A_0\rho = -A_0\varphi^*\varphi$, 然后进行相同的计算得到有效理论. 有效理论会增加一项 (A_0 的线性项)$-A_0(\rho_0 - \frac{\partial_t\theta}{V_0})$, 因此有效理论的密度算符表示为

$$\rho = \rho_0 - \frac{\partial_t\theta}{V_0}. \tag{3.3.24}$$

要提到的一点是路径积分中的测度应该是 $\mathcal{D}^2[\varphi(\boldsymbol{x},t)]$, 将其改写为 $\mathcal{D}[\theta(\boldsymbol{x},t)]\mathcal{D}[\phi(\boldsymbol{x},t)]$ 时, 一般来说, 要产生一个雅可比行列式. 这里我们已经消去了雅可比行列式.

习题

3.3.2 还有另一种得到 θ 的低能有效理论的方式. 解 ϕ 场的运动方程, 用 $\partial_t\theta$、$\partial_{\boldsymbol{x}}\theta$ 等表示 ϕ, 然后将 ϕ 代回到作用量, 得到只含有 θ 的有效作用量. 证明这个方法产生相同的 XY 模型作用量 (3.3.20). 如果将 ϕ 代入密度算符, 就会重新得到 (3.3.24). 使用密度算符的这一表达式, 计算在动量 — 频率空间的超流密度 — 密度关联函数.

3.3.3 解 θ 场的运动方程, 就可以尝试用 ϕ 场表达低能 θ 场. 将 θ 代回到作用量产生一个只含 ϕ 场的作用量. 讨论所产生的作用量, 为什么为了得到低能有效作用量我们要消除 ϕ 场, 而不是 θ 场?

3.3.4 波也是粒子

要点:

- 一种新的粒子 —— 准粒子在超流态中演生. 准粒子是玻色性的, 没有相互作用. 准粒子也具有线性色散

我们曾经把 θ 在平均场基态附近的涨落 (或对称相中的 $\delta\varphi$) 看作是波, 由于量子物理中的波粒二象性, 波也可以看作是粒子, 这些粒子称为准粒子. 下面我们将量子化低能有效理论, 得到准粒子的量子理论, 结果这个量子理论是一个玻色子理论, 告诉我们准粒子就是全同玻色子.

首先写出 $\boldsymbol{k}$ 空间中的低能有效拉格朗日量 (3.3.20)

$$L_{\text{eff}} = \sum_{\boldsymbol{k}} \left(\frac{A_{\boldsymbol{k}}}{2} \dot{\theta}_{-\boldsymbol{k}} \dot{\theta}_{\boldsymbol{k}} - \frac{B_{\boldsymbol{k}}}{2} \theta_{-\boldsymbol{k}} \theta_{\boldsymbol{k}} \right), \tag{3.3.25}$$

其中

$$A_{\boldsymbol{k}} = V_0^{-1}, \quad B_{\boldsymbol{k}} = \frac{\rho_0 \boldsymbol{k}^2}{m}, \quad \theta_{\boldsymbol{k}} = \mathcal{V}^{-1/2} \int d^d\boldsymbol{x}\ \theta(\boldsymbol{x}) e^{-i\boldsymbol{k}\cdot\boldsymbol{x}}, \tag{3.3.26}$$

$\mathcal{V}$ 是系统的总体积, 以上的作用量描述了多个去耦的谐振子.

为了得到描述量子化理论的量子哈密顿量, 我们首先计算经典哈密顿量. $\theta_{\boldsymbol{k}}$ 的正则动量是

$$\pi_{\boldsymbol{k}} = \frac{\partial L_{\text{eff}}}{\partial \dot{\theta}_{\boldsymbol{k}}} = A_{\boldsymbol{k}} \dot{\theta}_{-\boldsymbol{k}},$$

经典哈密顿量 $H = \sum_{\boldsymbol{k}} \pi_{\boldsymbol{k}} \dot{\theta}_{\boldsymbol{k}} - L_{\text{eff}}$ 是

$$H = \sum_{\boldsymbol{k}} \left(\frac{1}{2A_{\boldsymbol{k}}} \pi_{-\boldsymbol{k}} \pi_{\boldsymbol{k}} + \frac{B_{\boldsymbol{k}}}{2} \theta_{-\boldsymbol{k}} \theta_{\boldsymbol{k}} \right).$$

只要将 $\pi_{\boldsymbol{k}}$ 和 $\theta_{\boldsymbol{k}}$ 看作是满足正则对易关系

$$[\theta_{\boldsymbol{k}}, \pi_{\boldsymbol{k}'}] = i\delta_{\boldsymbol{k}\boldsymbol{k}'}$$

的算符, 就可以得到量子哈密顿量. 引进

$$\alpha_{\boldsymbol{k}} = u_{\boldsymbol{k}} \theta_{\boldsymbol{k}} + i v_{\boldsymbol{k}} \pi_{-\boldsymbol{k}}, \qquad u_{\boldsymbol{k}} = \frac{1}{\sqrt{2}} (A_{\boldsymbol{k}} B_{\boldsymbol{k}})^{1/4}, \qquad v_{\boldsymbol{k}} = \frac{1}{\sqrt{2}} (A_{\boldsymbol{k}} B_{\boldsymbol{k}})^{-1/4}, \tag{3.3.27}$$

可知 $\alpha_{\boldsymbol{k}}$ 满足振子的降算符代数

$$[\alpha_{\boldsymbol{k}}, \alpha_{\boldsymbol{k}'}^\dagger] = \delta_{\boldsymbol{k}\boldsymbol{k}'}, \qquad [\alpha_{\boldsymbol{k}}, \alpha_{\boldsymbol{k}'}] = 0.$$

用升降算符 $(\alpha_{\boldsymbol{k}}, \alpha_{\boldsymbol{k}}^\dagger)$ 表示, 哈密顿量为振子的标准形式

$$H = \sum_{\boldsymbol{k}} \epsilon_{\boldsymbol{k}} \alpha_{\boldsymbol{k}}^\dagger \alpha_{\boldsymbol{k}} + \text{常数}, \qquad \epsilon_{\boldsymbol{k}} = \sqrt{\frac{B_{\boldsymbol{k}}}{A_{\boldsymbol{k}}}} = \sqrt{\frac{V_0 \rho_0}{m}} |\boldsymbol{k}| = v|\boldsymbol{k}|, \tag{3.3.28}$$

这就是每个玻色子能量为 $\epsilon_{\boldsymbol{k}} = v|\boldsymbol{k}|$ 的自由玻色子的哈密顿量.

由此可见 θ 的集体涨落产生了线性色散的玻色准粒子, 因为 θ 的涨落对应于超流体中的密度波, 我们也可以说密度波变成了量子理论中离散的准粒子. 这幅图像也适合于更加一般的情况, 实际上量子基态的任何波状涨落在量子化后都对应于离散的准粒子[1], 固体中的声波变成哈密顿量 (3.3.28) 描述的声子. 由于这个原因, 我们也称超流体中的准粒子为声子, 声子速度 (或密度波速度)$v = \sqrt{\frac{V_0\rho_0}{m}}$ 与平均场结果 (3.2.25) 吻合.

我们要强调, 玻色准粒子 —— 声子与形成超流体的原有玻色子极为不同, 原有玻色子具有二次色散 $\epsilon_{\boldsymbol{k}} = \boldsymbol{k}^2/2m$, 而声子具有线性色散 $\epsilon_{\boldsymbol{k}} = v|\boldsymbol{k}|$, 原有玻色子间存在相互作用, 而声子是自由的. 实际上声子对应于许多原有玻色子的集体运动.

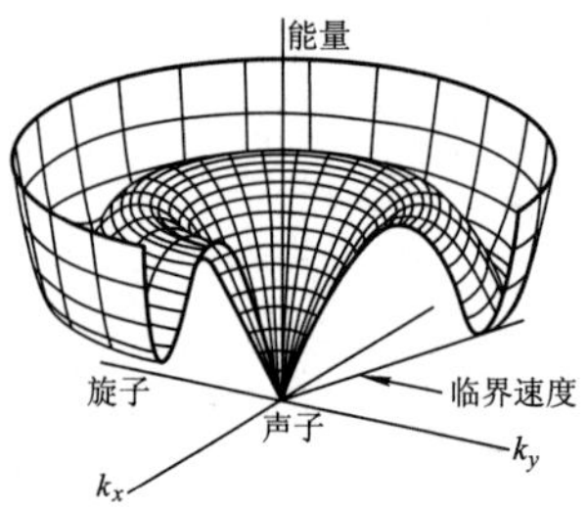

图 3.2 声子激发靠近 $\boldsymbol{k} = 0$, 旋子激发靠近有限 $\boldsymbol{k}$ 的局域最小值, 图中同时标出了超流流动的临界速度 (见 3.4.3 节).

我们要指出, 真正超流体中激发谱的形式如图 3.2 所示. $\boldsymbol{k} = 0$ 附近的激发是声子, 有限 $\boldsymbol{k}$ 最小值附近的激发称为旋子, 我们注意到旋子在特定的 $\boldsymbol{k}$ 点群速度为零.

3.3.5 超流体的玩具宇宙

要点:

- 如果我们将超流体看作是一个玩具宇宙, 则声子就是玩具宇宙中的无质量 "基本粒子"
- 旋子 (涡旋环) 可以通过交换声子相互作用, 导致了两个旋子之间的 $1/r^4$ 偶极相互作用

为了正确评价我们的宇宙和宇宙间的基本粒子, 让我们想象一个由超流体构成的玩具宇宙. 假设组成超流体的玻色子极小, 玩具宇宙中的居民都无法看到, 那么对玩具宇宙的居民来说, 这个宇宙是个什么样子?

玩具宇宙含有无质量激发[2]—— 声子, 对于玩具宇宙中的居民来说,声子就是一种粒子状的激发. 因为没有人能够看见构成超流体的玻色子, 也没有人知道声子来自何处, 因此玩具宇宙中的居民称声子为 "基本粒子".

由此可见玩具宇宙与我们的宇宙很相似, 我们的宇宙也有无质量激发 —— 光子, 我们也称光子为 "基本粒子". 光子和声子一样, 相互之间没有相互作用, 但是, 光子是电荷之间 $1/r^2$ 库仑作用的原因, 声子是否也会

[1]空气中的声波不对应任何离散准粒子, 因为声波不是任何量子基态的涨落, 因此也不对应任何基态以上的激发.

[2]一个质量为 m 的相对论粒子的色散为 $\epsilon_{\boldsymbol{k}} = \sqrt{m^2c^4 + c^2\boldsymbol{k}^2}$, 其中 c 是光速, 声子的色散 $\epsilon_{\boldsymbol{k}} = v|\boldsymbol{k}|$ 可以看作是 $\sqrt{m^2c^4 + c^2\boldsymbol{k}^2}$ 的无质量极限, 其中声子速度 v 扮演了光速的角色.

在它们的“荷”之间产生类似的相互作用?

以上问题的答案是肯定的, 但是首先我们需要解释什么是声子的“荷”. 我们知道电荷产生守恒通量——电场, 类似地, 声子的“荷”也产生守恒通量, 但是对于声子而言, 通量是超流体中玻色子的通量. 根据定义, 一个正的“声荷”是玻色子的源, 玻色子在此处以特定的匀速产生; 一个负的“声荷”是玻色子的漏, 玻色子在此处以特定的匀速湮没.

为了理解声荷之间的相互作用, 我们改变 θ 来找如下能量的极小值:

$$\int d^3x \frac{\rho_0}{2m}(\partial_x\theta)^2.$$

这里, 我们要求 θ 满足如下的束缚条件:

$$\partial_x \cdot \boldsymbol{j} - J^0 = 0.$$

这里 $J^0(\boldsymbol{x},t) = \sum_i q_i\delta(\boldsymbol{x} - \boldsymbol{x}_i(t))$ 是在 $\boldsymbol{x}_i$ 聚集的声荷密度, q_i 是第 i 个声荷的值, $q_i > 0$ 对应于源, $q_i < 0$ 对应于汇. 通过求得的能量极小, 我们发现静态声荷 (即源和汇) 之间的相互作用与库仑定律非常相似, 作用力正比于 q_1q_2/r^2, 同性荷相斥, 异性荷相吸.

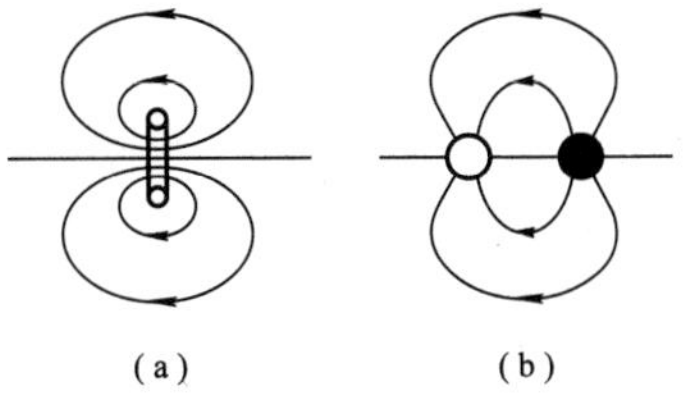

图 3.3 在 (a) 旋子 (涡旋环) 和 (b) 声荷偶极子附近的玻色流形式.

在真正的超流体中, 玻色子是守恒的, 因此源和汇以及声荷都是不允许的. 惟一允许的激发是低能声子和高能旋子 (见图 3.2). 我们要指出, 旋子可以看作是涡旋线组成的小环[3], 玻色子在旋子附近的流动形式可以看作是做多极展开时多个声荷产生的流动形式. 玻色子数守恒要求多极展开中的总声荷为零, 涡旋环的对称性只允许多极展开中的有限偶极矩 (见图 3.3), 旋子的偶极矩一般不为零, 因此旋子之间具有 $1/r^4$ 偶极相互作用.

归纳起来, 玩具宇宙含有具有偶极矩的粒子. 这些粒子之间的长程偶极相互作用由交换无质量声子形成.

3.3.6 自发对称破缺和无能隙激发

要点:

- 普适性的概念
- 连续对称的自发破缺总会造成无能隙玻色激发

我们要强调在超流体中, 无相互作用、无能隙且具有线性色散关系以及满足玻色统计这三个声子的性质具有普适性, 与玻色子之间相互作用的细节无关. 前面我们假设玻色子的相互作

[3] 2+1D 超流体中涡旋的定义见 3.3.10 节, 这个定义可以推广到任意维.

用是 δ 函数, 如果玻色子具有更一般的相互作用:

$$L_{\text{int}} = -\int d\boldsymbol{x}d\boldsymbol{x}' \ \frac{1}{2}|\varphi(\boldsymbol{x})|^2 V(\boldsymbol{x}-\boldsymbol{x}')|\varphi(\boldsymbol{x}')|^2,$$

只要相互作用 $V(\boldsymbol{x}-\boldsymbol{x}')$ 是短程的, 这些普适性质仍然保持不变. 因为准粒子的无能隙性与初始拉格朗日量细节无关, 应该有一个一般原理来解释这一普适性质. 我们发现超流相中的无能隙激发的存在与拉格朗日量的 $U(1)$ 对称性和基态的自发对称破缺密切相关, 下面我们将解释这中间的关系.

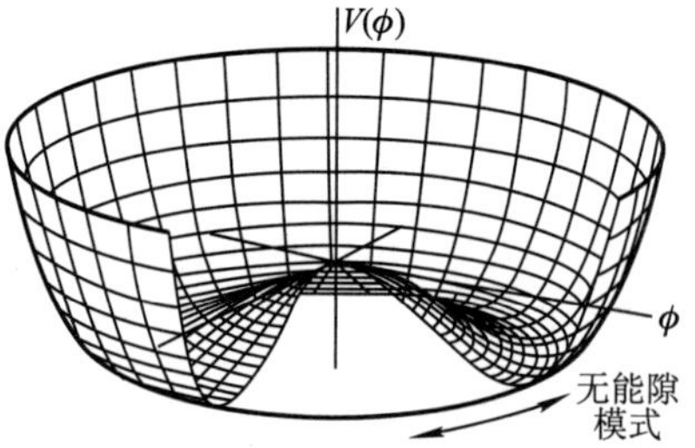

图 3.4 无能隙 Nambu-Goldstone 激发是简并基态之间的涨落.

拉格朗日量 (3.3.6) 具有 $U(1)$ 对称性, 因为它在 $U(1)$ 变换 $\varphi \to e^{i\eta}\varphi$ 下是不变的. 如果我们明显地破坏对称性 (即使得拉格朗日量不遵守对称性), 则低能模式将获得一个有限能隙. 例如, 如果我们在拉格朗日量中增加一项 $C\mathrm{Re}\,\varphi$, 明显地破坏 $U(1)$ 对称性, XY 模型中就会出现形如 $\cos\theta$ 的一项, 这一势能项会打开一个能隙 φ. 超流态自发地破坏了 $U(1)$ 对称性: 拉格朗日量有 $U(1)$ 对称; 但由 $\varphi=$ 常数 描写的基态不具有 $U(1)$ 对称. Nambu 和 Goldstone 已经证明了一条一般定理: 如果连续对称在一个相中被自发地破坏, 该相就一定含有无能隙激发 [Nambu (1960); Goldstone (1961)]. 这种无能隙激发通常称为 Nambu-Goldstone 模式. 直观上如果连续对称被自发地破坏, 则基态必须是简并的, 因为哈密顿量具有对称性而基态不具有对称性. 而且, 破坏连续的对称会产生由连续变量 θ_i 来描写的简并基态. 这些简并基态之间的涨落对应于无能隙激发, 而这些无能隙激发可由 $\theta_i(\boldsymbol{x},t)$ 场描述 (见图 3.4). 只要推导出 $\theta_i(\boldsymbol{x},t)$ 场的低能有效作用量, 就能描述无能隙模式的动力学性质. 这样的低能有效理论称为非线性 σ 模型, 以后我们还会看到更多的非线性 σ 模型的例子.

3.3.7 对有限系统中的自发对称破缺的理解

要点:

- 量子涨落能够恢复对称性. 一个有限系统的真正基态永远不会破坏 $U(1)$ 对称性. 但是对于大系统, 可以由许多近乎简并的基态组成一个近似的对称破缺基态
- 对于一个无限系统, 由序参量 $\varphi_0 e^{i\theta}$ 刻画的态构成其本身的"宇宙", 它需要无限长时间才能变到另一个由不同序参量刻画的态

在 3.3.3 节, 我们使用了一个序参量 $\langle\varphi(x)\rangle$ 来刻画自发的 $U(1)$ 对称破缺. 量子理论中的 $U(1)$ 对称由算符 $W = e^{-i\hat{N}\theta}$ 产生, 其中 $\hat{N}$ 是总玻色子数算符. 不难验证

$$Wa(x)W^\dagger = e^{i\theta}a(x). \tag{3.3.29}$$

因为 $[H, W] = 0$, 一个有限系统的基态 $|\varPhi_0\rangle$ 总是 W 的本征态. 因此序参量 $\langle\varPhi_0|a(x)|\varPhi_0\rangle = \langle\varPhi_0|\varphi(x)|\varPhi_0\rangle = 0$, 这意味着一个有限系统的基态永远不会破坏 $U(1)$ 对称. 与此相吻合的另一个事实是, 一个有限系统永远不会有真正的超流相变.

自发的 $U(1)$ 对称破缺和超流相变的概念, 对于无限系统来说, 是在数学上正确而严格的, 而对于大系统来说, 只是在物理上正确而 "严格" 的. 现在让我们探求这些概念的极限情况, 以及它们在小系统失效的原因.

根据前面的半经典计算, 即使对于有限系统, 也会有相变和破坏 $U(1)$ 对称的简并基态 (实际上以前的所有计算都是针对体积为 $\mathcal{V}$ 的有限系统的). 在有限系统发现 $U(1)$ 对称破缺的原因是我们把 φ 场的常数部分 φ_0 当作经典变量, 下面我们将看到, 如果把 φ_0 当作量子变量, 量子涨落就会恢复有限系统的 $U(1)$ 对称性.

我们知道低能物理受 XY 模型支配, 在此我们只对均匀涨落感兴趣, 因此在 (3.3.20) 中设 $\theta(x,t) = \theta_0(t)$ 并得到

$$L = \mathcal{V}\left[\frac{1}{V_0}(\partial_t\theta_0)^2 - \rho_0\partial_t\theta_0 + \mu\rho_0 - \frac{1}{2}V_0\rho_0^2\right], \tag{3.3.30}$$

其中关于时间的全微分项和常数项已经放回去了. 我们看到, (3.3.30) 描述了参数为 $\theta_0 \in [0, 2\pi]$ 的圆上的一个粒子的简单系统, 粒子的质量为 $M = 2\mathcal{V}/V_0$, 动量为

$$p = \partial_{\dot{\theta}_0}L = M\dot{\theta}_0 - \frac{\mu\mathcal{V}}{V_0}, \tag{3.3.31}$$

其中利用了 $\mu = \rho_0 V_0$. 哈密顿量是

$$H = p\dot{\theta}_0 - L = \frac{p^2}{2M} + \frac{Np}{M}. \tag{3.3.32}$$

如果我们用经典的方法对待 θ_0, 则所有描述粒子在不同 θ_0 的态 $|\theta_0\rangle$ 都是简并的, 并且破坏了 $U(1)$ 对称性. 但是包括量子涨落之后, 简并就会解除, 基态成为 $|\theta_0\rangle$ 的叠加:

$$|\varPhi_0\rangle = \int d\theta_0\ e^{-i\frac{\mu\mathcal{V}}{V_0}\theta_0}|\theta_0\rangle. \tag{3.3.33}$$

为得到上述结果, 注意到动量 p 量子化为一个整数. 动量 $p = -n$ 的态具有能量

$$E_n = \frac{n^2}{2M} - \frac{\mu\mathcal{V}n}{V_0 M} = \frac{V_0 n^2}{2\mathcal{V}} - \mu n, \tag{3.3.34}$$

我们看到, $n = \frac{\mu\mathcal{V}}{V_0}$ 的态有最小的能量并且对应于真正的基态. 可以证明序参量显然为零:

$$\langle\varPhi_0|\varphi_0 e^{i\theta_0}|\varPhi_0\rangle = 0. \tag{3.3.35}$$

我们的简化系统还具有由动量算符 $W_p = e^{ip\theta}$ 产生的 $U(1)$ 对称, 由于

$$W_p(\varphi_0 e^{i\theta_0})W_p^\dagger = e^{i\theta}(\varphi_0 e^{i\theta}), \tag{3.3.36}$$

W_p 产生与 $W = e^{-i\hat{N}\theta}$ 相同的 $U(1)$ 变换 (见式 (3.3.29)), 因此负动量算符 $-p$ 可以等同于总玻色子数算符 $\hat{N}$. 这一等同与 (3.3.34) 中我们关于 E_n 的结果是吻合的, n 不是别的, 就是玻色子数. 我们还看到对称破缺基态的相 θ_0 和粒子数 N 相互共轭, 而且在量子世界, 它们之间有如下测不准关系

$$[\hat{N}, \theta_0] = i, \quad \Delta N \Delta\theta_0 \sim 1/2. \tag{3.3.37}$$

因此有固定粒子数的有限系统不能具有确定的相 θ_0, 为了得到对称破缺态, 就必须允许粒子数随意涨落. 如果增加或消除一个玻色子都要用去一定能量, 则系统就不能处于 $U(1)$ 对称破缺相. 运用这一思想, 让我们考虑一个有强排斥的格点玻色子系统

$$H = \sum_{<ij>} t_{ij} a_i^\dagger a_j + \sum_i U a_i^\dagger a_i, \quad U \gg t_{ij}, \tag{3.3.38}$$

如果玻色子密度刚好为每个格点有一个整数的玻色子数, 系统就不能处于超流相, 因为在这一密度, 增加或消除一个玻色子都要用去有限的能量.

尽管量子涨落解除了有限系统的简并并恢复了 $U(1)$ 对称, 大系统中的低能态还是近乎简并的. 能隙只有 $V_0/\mathcal{V}$ 的量级, 随着 $\mathcal{V} \to \infty$ 而趋于 0. (注意这个能隙比由 $2\pi v/L$ 给出的声波的能隙要小得多, 这里 L 是系统的线性尺度.) 如果能隙低于所有人们感兴趣的能量范围 (例如低于可以测量的能量分辨率), 就可以认为这些低能态实际上是简并的. 这种情况下有限系统可以认为具有 $U(1)$ 对称破缺. 在本节后面的一道习题中我们会看到, 如果一个态的相位是 θ_0, 在系统很大时, 就需要非常长的时间才能改变为其他值. 因此在一个较短的时间段里, 我们可以把相位 θ 看作是一个刻画对称破缺基态的常数.

在 3.3.2 节的后面, 我们讨论过没有任何量子涨落的经典基态的序参量和长程有序, 本节我们又讨论了一种特殊的量子涨落 —— φ 的均匀相位涨落. 我们看到对于有限系统, 即使在 $\mu > 0$, 这种涨落也破坏了序参量. 但是我们也清楚地看到 $\mu > 0$ 下的长程有序不会被均匀相位涨落破坏. 显然这里长程有序指的只是相位在系统自身尺度上的关联, 这是系统所允许的最大可能的距离. 这就告诉我们: 如果我们想通过数值手段检测一个有限系统是否具有 $U(1)$ 对称破缺, 那最好检测该系统是否存在长程有序. 下一节我们将考虑其他更加普遍的量子涨落的效果.

习题

3.3.4 考虑零温度下 1cm^3 的 He_4 超流, 现有相位为 $\langle\theta_0\rangle = 0$ 的 "基" 态, 假设相位的展宽是 $\sqrt{\langle\theta_0^2\rangle} = \pi/10$, 要多久相位展宽会达到 2π, 致使基态的相位不再确定?(提示: 需要猜测一下在 He_4 中的声波速度, 以便估计 V_0, 它恰好是压缩率的倒数.)

3.3.8 低维超流相

要点:

- 与声波相关的量子涨落 (Nambu-Goldstone 模式) 可以破坏低维的长程有序和超流相
- 量子临界点的量子涨落效果和上临界维的概念

在 3.3.2 节的最后, 我们说明了在对称破缺相中存在着长程有序. 但是那里的计算很不可靠, 因为只考虑经典基态, 没有允许随位置的相位涨落. 这里我们将研究与位置有关的相位涨落的效果, 关注什么情况下与位置有关的相位涨落不会破坏长程关联.

首先让我们考虑零温度下的玻色子系统, 计算 $\langle\varphi^\dagger(t,\boldsymbol{x})\varphi(0,0)\rangle$. 由于我们只关心低能涨落, 可采用有效的 XY 模型 (3.3.20). 在路径积分方法里关联函数可以写为

$$\left\langle\varphi(t,\boldsymbol{x})^\dagger\varphi(0,0)\right\rangle = |\varphi_0|^2\left\langle e^{-i\theta(t,\boldsymbol{x})}e^{i\theta(0,0)}\right\rangle = \frac{\int\mathcal{D}[\theta]\ e^{-i\theta(t,\boldsymbol{x})}e^{i\theta(0,0)}e^{iS}}{\int\mathcal{D}[\theta]\ e^{iS}}, \tag{3.3.39}$$

引入

$$Z[f(t,\boldsymbol{x})] = \int\mathcal{D}[\theta]\ e^{iS}e^{i\int dt d\boldsymbol{x}\ f(t,\boldsymbol{x})\theta(t,\boldsymbol{x})}, \tag{3.3.40}$$

可以看到

$$\left\langle e^{-i\theta(t_0,\boldsymbol{x}_0)}e^{i\theta(0,0)}\right\rangle = \frac{Z[-\delta(t-t_0,\boldsymbol{x}-\boldsymbol{x}_0)+\delta(t,\boldsymbol{x})]}{Z[0]}. \tag{3.3.41}$$

利用高斯积分不难计算 $Z[f(t,\boldsymbol{x})]/Z[0]$:

$$\frac{Z[f(t,\boldsymbol{x})]}{Z[0]} = e^{\frac{1}{2}\langle(-i\int dt d\boldsymbol{x}\ f\theta)^2\rangle} = e^{-i\frac{1}{2}\int dt_1 d\boldsymbol{x}_1 dt_2 d\boldsymbol{x}_2 f(t_1,\boldsymbol{x}_1)G_\theta(t_1-t_2,\boldsymbol{x}_1-\boldsymbol{x}_2)f(t_2,\boldsymbol{x}_2)}, \tag{3.3.42}$$

其中

$$iG_\theta(t,\boldsymbol{x}) = \langle T[\theta(t,\boldsymbol{x})\theta(0,0)]\rangle \tag{3.3.43}$$

是 θ 场的关联函数. 则

$$\left\langle e^{-i\theta(t,\boldsymbol{x})}e^{i\theta(0,0)}\right\rangle = e^{iG_\theta(t,\boldsymbol{x})}e^{-iG_\theta(0,0)} \propto e^{\langle(-i\theta(t,\boldsymbol{x}))(i\theta(0,0))\rangle}, \tag{3.3.44}$$

XY 模型可以重写为

$$L = \frac{\chi}{2}\left[(\partial_t\theta)^2 - v^2(\partial_{\boldsymbol{x}}\theta)^2\right], \tag{3.3.45}$$

$\chi = 1/V_0$ 是超流体的压缩率. k-ω 空间中的关联函数为

$$G_\theta(\omega,\boldsymbol{k}) = \frac{\chi^{-1}}{\omega^2 - v^2\boldsymbol{k}^2 + i0^+}. \tag{3.3.46}$$

我们先计算 1+1 维中的 $G_\theta(t,\boldsymbol{x})$:

$$\begin{aligned}G_\theta(t,x)=&\int\frac{dkd\omega}{(2\pi)^2}\,G_\theta(\omega,k)e^{i(-\omega t+kx)}\\=&\chi^{-1}\int\frac{dkd\omega}{(2\pi)^2}\,\frac{1}{2v|k|}\left(\frac{1}{\omega-v|k|+i0^+}-\frac{1}{\omega+v|k|-i0^+}\right)e^{i(\omega t-kx)}\\=&\begin{cases}\chi^{-1}\displaystyle\int\frac{dk}{(2\pi)^2}\,\frac{-i\pi}{v|k|}e^{i(-v|k|t+kx)}, & t>0\\ \chi^{-1}\displaystyle\int\frac{dk}{(2\pi)^2}\,\frac{-i\pi}{v|k|}e^{i(+v|k|t+kx)}, & t<0\end{cases}\\=&\chi^{-1}\int\frac{dk}{(2\pi)^2}\,\frac{-i\pi}{v|k|}e^{i(-v|kt|+kx)}.\end{aligned}\tag{3.3.47}$$

对于有限系统, k 量子化为 $k=\frac{2\pi}{L}\times$ 整数, 并有

$$\begin{aligned}G_\theta(t,x)=&\chi^{-1}L^{-1}\sum_k\frac{-i}{2v|k|}e^{i(-v|kt|+kx)}\\=&\frac{i}{4\pi v\chi}\left[\ln(1-e^{2\pi i\frac{-v|t|+x}{L}-0^+})+\ln(1-e^{2\pi i\frac{-v|t|-x}{L}-0^+})\right],\end{aligned}\tag{3.3.48}$$

两个对数项来自对 $k>0$ 和 $k<0$ 求和, 舍去了 $k=0$ 项. 如果 $v|t|,x\ll L$,

$$G_\theta(t,x)=\frac{i}{4\pi v\chi}\ln 4\pi^2\frac{x^2-v^2t^2+i0^+}{L^2},\tag{3.3.49}$$

我们看到在 1+1D 中

$$\begin{aligned}\left\langle e^{-i\theta(t,x)}e^{i\theta(0,0)}\right\rangle=&e^{-iG_\theta(0,0)}\left[\frac{L^2}{4\pi^2(x^2-v^2t^2+i0^+)}\right]^{1/4\pi v\chi}\\=&e^{-iG_\theta(0,0)}e^{-i\frac{\pi}{4\pi v\chi}\Theta(v^2t^2-x^2)}\left(\frac{L^2}{4\pi^2|x^2-v^2t^2|}\right)^{1/4\pi v\chi}.\end{aligned}\tag{3.3.50}$$

由 (3.3.49) 得到 $G_\theta(0,0)=-i\infty$, 似乎就有 $\langle e^{-i\theta(t,x)}e^{i\theta(0,0)}\rangle=0$. 我们注意到 XY 模型只是一个低能有效理论, 在短距离不成立. $G_\theta(0,0)$ 的发散应该被短距离尺度 l 截断, 因此用 $G_\theta(0,l)$ 替代 $G_\theta(0,0)$, 得到

$$\begin{aligned}\left\langle e^{-i\theta(t,x)}e^{i\theta(0,0)}\right\rangle=&\left(\frac{l^2}{x^2-v^2t^2+i0^+}\right)^{1/4\pi v\chi}\\=&e^{-i\frac{\pi}{4\pi v\chi}\Theta(v^2t^2-x^2)}\left(\frac{l^2}{|x^2-v^2t^2|}\right)^{1/4\pi v\chi}.\end{aligned}\tag{3.3.51}$$

以上的结果告诉我们, 量子涨落破坏 1+1D 中的长程有序, 因此没有对称破缺. 但是破坏是不完全的, φ 场仍然有关联代数衰减的 "准长程" 有序, 这导致这样的相图: 对于 $\mu<0$ 和 $\mu>0$, 玻色子基态不破坏 $U(1)$ 对称; 但是对于 $\mu<0$, 玻色子场中只有短程关联; 在 $\mu>0$ 时, 短程关联加强为一个代数衰减的 "准长程" 关联.

另外重要的一点是, 关联 $\langle e^{-i\theta(t,x)}e^{i\theta(0,0)}\rangle$ 取决于短距离截断尺度 l, 这是一个相当典型的情况. 为了得到低能 XY 模型, 我们撇开了原理论在短距离高能范围的许多信息和结构, 而很多算符的定义正是取决于这些短距离结构. 例如, 一些算符是场在相同空间点的乘积, 但在低能有效理论中, 正是这个 "相同空间点" 的概念丢失了, 或至少是变得模糊了. 因此我们不应该期望将所有关联函数用有效理论的参量表示. 上例中我们看到关联 $\langle e^{-i\theta(t,x)}e^{i\theta(0,0)}\rangle$ 确实与该理论中的短距离结构有关, 但是所有这些复杂的短距离结构都集中到一个单一的参量 l 上.

为了在 2+1D 中计算 G_θ, 先计算虚时间关联

$$\mathcal{G}_\theta(x_i)=\langle\theta(x_i)\theta(0)\rangle, \tag{3.3.52}$$

这里 $x_{1,2}$ 是空间坐标, x_3 是虚时间. 为简便设 $v=1$, XY 模型的配分函数由下式给出

$$Z=\int\mathcal{D}[\theta]\ e^{-\int d^3x_i\ \frac{\chi}{2}(\partial_i\theta)^2}. \tag{3.3.53}$$

我们看到

$$\mathcal{G}_\theta(k_i)=\frac{\chi^{-1}}{k_i^2}, \tag{3.3.54}$$

利用 $\partial_i^2 r^{-1}=4\pi\delta(x_i)$, 其中 $r^2=x_i^2$, 得到 $\int\frac{d^3k}{(2\pi)^3}\ \frac{1}{k_i^2}e^{ik_ix_i}=\frac{1}{4\pi r}$. 因此

$$\mathcal{G}_\theta(x_i)=\int\frac{d^3k}{(2\pi)^3}\ \mathcal{G}_\theta(k_i)e^{ik_ix_i}=\frac{1}{4\pi\chi r}. \tag{3.3.55}$$

由 iG_θ 和 $\mathcal{G}_\theta$ 的定义, 得到

$$iG_\theta(t,x_1,x_2)=\mathcal{G}_\theta(x_1,x_2,e^{i\pi/2}t)=\frac{1}{4\pi\chi}\frac{1}{\sqrt{\boldsymbol{x}^2-t^2}}; \tag{3.3.56}$$

但是对于 $|t|>|\boldsymbol{x}|$, 传播函数是不明确的: $iG_\theta(t,x_1,x_2)=\pm i\frac{1}{4\pi\chi}\frac{1}{\sqrt{|\boldsymbol{x}^2-t^2|}}$. 为了确定 $\pm$ 号, 我们需要更仔细地进行解析延拓. 假定 $|t|\gg|\boldsymbol{x}|$, 从图 3.5 看到

$$iG_\theta(t,x_1,x_2)=\frac{1}{4\pi v\chi}\frac{1}{\sqrt{|\boldsymbol{x}^2-vt^2|}}e^{-i\frac{\pi}{2}\Theta(v|t|-|\boldsymbol{x}|)}, \tag{3.3.57}$$

其中我们已经代回速度.

任何情况下当 $|t|$ 和 $|\boldsymbol{x}|$ 趋于 ∞ 时, 有 $iG(\boldsymbol{x},t)\to 0$, 因此在长距离情形, $\langle e^{-i\theta(t,x)}e^{i\theta(0,0)}\rangle\to e^{-iG_\theta(0,0)}$, 但是数值与经典情况 (那里等于 1) 不同. 引进短距离截断 l, 我们看到

$$\left\langle e^{-i\theta(t,x)}e^{i\theta(0,0)}\right\rangle\to e^{-\frac{1}{4\pi v\chi l}}=\left\langle e^{-i\theta(t,x)}\right\rangle\left\langle e^{i\theta(0,0)}\right\rangle, \tag{3.3.58}$$

所以, 相涨落不会破坏在 2+1 和更高维的长程有序, 只是减少了序参量的值.

上面我们讨论了经典基态的量子涨落效应. 我们发现在 1+1D 量子涨落有很大影响, 因为它总破坏长程有序. 破坏长程有序的量子涨落来自长波长和低频率, 涨落的存在与我们如何调节理论中的参量无关, 例如截断尺度等. 在 2+1D 以及更高维, 长波长和低频率涨落没有发散

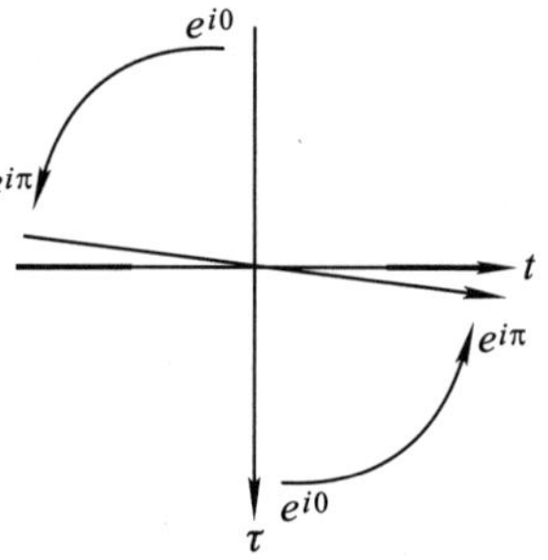

图 3.5 复 τ 平面, e^{i0} 和 $e^{i\pi}$ 是 $\boldsymbol{x}^2+\tau^2$ 的相.

效果, 而且通常量子涨落并不破坏长程有序. 但序参量的大小依赖于截断尺度. 短距离涨落能定量地修改经典结果. 这里有一个问题, 什么时候这些定量修改是小量? 什么时候经典近似可以定量地描述系统的物理特性?

从序参量 (3.3.58) 的结果我们看到, 如果截断尺度 $l \gg (v\chi)^{-1}$, 涨落修正就小. 为了得到截断尺度, 注意到我们曾舍去了 (3.3.19) 中的 $\frac{\varphi_0^2}{2m}\partial_{\boldsymbol{x}}^2$ 项, 因为假定 θ 的涨落是光滑的. 但是在短距离范围, 当 $\frac{\varphi_0^2}{2m}\partial_{\boldsymbol{x}}^2$ 与其他项 $2V_0\varphi_0^4$ 可比时, 就不能忽略梯度项. 这时 XY 模型不再正确. 这样一个转换尺度

$$\xi = (4mV_0\varphi_0^2)^{-1/2} \tag{3.3.59}$$

称为相干长度. 如果我们改变 ϕ 场或某点的玻色子密度, 这一改变将传播一段距离 ξ. 设截断尺度 $l=\xi$, 则约化因子为

$$e^{-\frac{1}{4\pi v\chi l}} = e^{-\frac{mV_0}{\sqrt{2}\pi}}. \tag{3.3.60}$$

我们需要把上式写成更有意义的形式, 注意 $E_{\text{int}} \equiv \frac{1}{2}V_0\varphi_0^2$ 有能量的量纲, 代表每个粒子的相互作用能. 在 2+1D, $E_{\text{qua}} \equiv \rho_0/m$ 也有能量的量纲. E_{qua} 可看为一个温度尺度. 在此温度下玻色子波函数开始交叠, 我们需要把玻色子当作量子系统. 这样就可以重写约化因子为

$$e^{-\frac{1}{4\pi v\chi l}} = e^{-\frac{\sqrt{2}E_{\text{int}}}{E_{\text{qua}}}}. \tag{3.3.61}$$

可以看到在弱相互作用极限下, 涨落修正很小, 所得经典结果也很好.

但是上述结果不完整, 因为我们只考虑了二阶近似下短距离涨落的效果, 还没有考虑来自高阶项的非线性效果. 为了更加系统地研究涨落的效果, 可以对玻色子作用量进行量纲分析

$$S = \int d^d\boldsymbol{x}dt \left[i\frac{1}{2}(\varphi^*\partial_t\varphi - \varphi\partial_t\varphi^*) - \frac{1}{2m}\partial_{\boldsymbol{x}}\varphi^*\partial_{\boldsymbol{x}}\varphi - \frac{V_0}{2}|\varphi|^2(|\varphi|^2-2\rho_0) \right], \tag{3.3.62}$$

这里我们选择了 $\mu = V_0\rho_0$. 我们可以重新定义 t, $\boldsymbol{x}$ 和 φ 的标度, 将作用量写成 $S=\tilde{S}/g$ 的形式, 其中 $\tilde{S}$ 中的所有系数都是量级为 1 的数. 我们如下标度变换可以达到目的

$$x = \xi\tilde{x}, \quad t = (V_0\rho_0)^{-1}\tilde{t}, \quad \varphi = \sqrt{\rho_0}\tilde{\varphi}, \tag{3.3.63}$$

则

$$S = g^{-1} \int d^d\tilde{\boldsymbol{x}} d\tilde{t} \left[i\frac{1}{2}(\tilde{\varphi}^* \partial_t \tilde{\varphi} - \tilde{\varphi}\partial_t \tilde{\varphi}^*) - 2\partial_{\boldsymbol{x}} \tilde{\varphi}^* \partial_{\boldsymbol{x}} \tilde{\varphi} - \frac{1}{2}|\tilde{\varphi}|^2(|\tilde{\varphi}|^2 - 2) \right]; \tag{3.3.64}$$

而

$$g = N_\xi^{-1}, \quad N_\xi = \rho_0 \xi^d, \tag{3.3.65}$$

这里 N_ξ 是体积 ξ^d 中的粒子数. 还可以将 g 写为

$$g = \sqrt{\rho_0^{d-2}(4mV_0)^d}. \tag{3.3.66}$$

显然这样在路径积分

$$\int \mathcal{D}^2[\tilde{\varphi}] e^{i\frac{\tilde{S}}{g}}. \tag{3.3.67}$$

中如果 g 是小量, 则 "势" 就陡, 势最低点附近的涨落就小, 这种情况的半经典近似就好. 实际上半经典近似对应于关于 g 的展开. 在 2+1D 中, $g = 4mV_0$ 正好符合从短距离涨落得到的条件 (3.3.60).

当 g 是大量时, 涨落可能会大到使经典图像甚至在定性上都不再正确. 事实上, 我们相信当 $g \gg 1$ 时, 短距离涨落可以通过形成晶体 (它具有不同的对称破缺和不同的长程有序) 等方式破坏长程有序并恢复基态的 $U(1)$ 对称. 这与在 1+1D 中所发生的长距离涨落对于任意 g 都破坏长程有序的情况不同.

根据经典理论, 玻色子系统在 $\mu = 0$ 会发生量子相变. 相变是连续的并由量子临界点描述. 在经典理论范围内, 我们可以计算所有的临界指数, 例如在色散关系 $\omega \propto k^z$ 中的动力学指数 z 是 $z = 2$, 在 $\langle \varphi \rangle = \varphi_0 \propto \mu^\nu$ 中的指数 ν 是 $\nu = 1/2$. 问题在于经典理论是否可以正确地描述量子临界点. 从 (3.3.66) 我们看到, 如果 $d > 2$, 则离临界点 ($\rho_0 \to 0$) 越近, g 越小, 半经典近似就越好. 因此, 对于 $d > 2$, 经典理论正确地描述了量子临界点. 但是对于 $d < 2$, g 当接近临界点时要发散, 在这种情况我们必须计入量子涨落, 以得到正确的临界指数. 这一过渡空间维数 $d_c = 2$ 称为临界点的上临界维数.

习题

3.3.5 考虑一个具有长程相互作用的玻色子系统

$$\frac{1}{2}\int d^d\boldsymbol{x} d^d\boldsymbol{x}' \ |\varphi(\boldsymbol{x})|^2 V(\boldsymbol{x} - \boldsymbol{x}')|\varphi(\boldsymbol{x}')|^2. \tag{3.3.68}$$

其中 $V(r) = V_d r^{\epsilon - d}$, 如果 $\epsilon < 0$, 相互作用实际上就是短程的, 此处假设 $\epsilon > 0$.

(a) 导出修正的 XY 模型.

(b) 找出临界空间维数 d_l, 在此维数之下相位涨落 θ 总要破坏长程有序. 这里我们把维数当作连续的实数, 对于短程相互作用我们已知 $d_l = 1$.

(c) 重复本节最后的讨论, 找出 g(它决定量子涨落何时为小量) 和上临界维 d_c(在这一维数之上经典理论正确地描述了量子临界点).

3.3.6 在 1+1D 中的有限温度关联

(a) 假定一维空间是一个直径为 L 的有限圆, 计算虚时关联函数

$$\mathcal{G}(x,\tau)=\left\langle e^{i\theta(x,\tau)}e^{-i\theta(0,0)}\right\rangle. \tag{3.3.69}$$

(b) 假定 1D 空间是一条无限长的线, 计算有限温度的虚时关联函数 $\mathcal{G}^{\beta}(x,\tau)$. [提示: 可以互换 x 和 τ, 并使用 (a) 的结果.]

(c) 假定 1D 空间是一条无限长的线, 计算有限温度的实时 (时序) 相关函数 $G^{\beta}(x,t)$. 证明

$$G^{\beta}(0,t)\propto e^{-i\frac{\pi}{4\pi v\chi}}\left[\frac{\pi T}{\mathrm{sh}(\pi T|t|)}\right]^{1/2\pi v\chi}. \tag{3.3.70}$$

3.3.9 有限温度的超流相

这一节我们将研究相互作用玻色子系统及其在有限温度的超流相. 我们从虚时路径积分开始

$$Z=\int\mathcal{D}^2[\varphi(\boldsymbol{x},\tau)]\ e^{-\int_0^{\beta}d^d\boldsymbol{x}d\tau\ [\frac{1}{2}(\varphi^*\partial_\tau\varphi-\varphi\partial_\tau\varphi^*)+\frac{1}{2m}\partial_{\boldsymbol{x}}\varphi^*\partial_{\boldsymbol{x}}\varphi-\mu|\varphi|^2+\frac{V_0}{2}|\varphi|^4]}, \tag{3.3.71}$$

该式代表系统的配分函数. 注意贝里相一项在虚时路径积分中一直是虚数.

为了将上式的配分函数简化为我们熟悉的统计模型, 先引进

$$\varphi_{\omega_n}=\beta^{-1}\int_0^{\beta}d\tau\ \varphi e^{i\tau\omega_n}, \tag{3.3.72}$$

进入离散频率空间, 然后积掉所有的有限频率模式:

$$Z=\int\mathcal{D}^2[\varphi_c(\boldsymbol{x})]\ e^{-S_{\mathrm{eff}}}, \tag{3.3.73}$$

其中 $\varphi_c(\boldsymbol{x})$ 是零频率模式. 这个步骤有些困难, 产生的有效作用量 S_{eff} 可能会很复杂, 甚至还会包含如 $\int d^d\boldsymbol{x}d^d\boldsymbol{x}'\ |\varphi_c(\boldsymbol{x})|^2K(\boldsymbol{x}-\boldsymbol{x}')|\varphi_c(\boldsymbol{x}')|^2$ 这样的非局域项. 但是在有限频率情形, 原作用量包含一项 $i|\varphi_c(\boldsymbol{x})|^2\omega_n$, 使得 φ_n 的传播函数具有 $1/(i\omega_n+ck^2)$ 的形式. 传播函数是指数衰减的短程量, 因此非零模式的涨落只能传递短程相互作用, 因此 $K(\boldsymbol{x}-\boldsymbol{x}')$ 应该随距离指数衰减. 这里我们有了一个新的长度尺度 l_T, 在此尺度之上有效作用量 S_{eff} 可以看作是一个局域作用量, 这一长度尺度大小可以估计为 $l_T\sim v/T$. 尽管 S_{eff} 可能非常复杂, 但一个局域作用量因其对称性却只能取一定的形式. 在大于 l_T 的长距离上, 我们可以做梯度展开

$$S_{\mathrm{eff}}=\beta\int d^d\boldsymbol{x}\ \left[\frac{1}{2m^*}|\partial_{\boldsymbol{x}}\varphi_c|^2+V(|\varphi_c|,T)+\cdots\right], \tag{3.3.74}$$

"$\cdots$" 代表高阶导数项. 有效势随温度变化, 当 $\mu<0$, V 总在 $\varphi_c=0$ 有一个单一的最小点, 代表对称态. 当 $\mu>0$ 并且温度很低时, V 的极小值点 $\varphi_c=\varphi_0e^{i\theta}$ 形成一个圆, 代表对称破缺态. 但是超过临界温度 T_c, V 又会变成只在 $\varphi_c=0$ 有一个单一的最小点. 因此随温度变化的 V 描述了超流相变.

在超流相, 长程上只有相涨落重要. 设 $\varphi_c(\boldsymbol{x}) = \varphi_0 e^{i\theta(\boldsymbol{x})}$, 得到一个 XY 模型

$$S_{\text{eff}} = \int d^d\boldsymbol{x}\ \frac{\eta}{2}(\partial_{\boldsymbol{x}}\theta)^2, \tag{3.3.75}$$

其中

$$\eta = \frac{\varphi_0^2}{mT}. \tag{3.3.76}$$

我们看到, $T\eta$ 的值决定着相位扭曲 $\partial_{\boldsymbol{x}}\theta \neq 0$ 所需要的能量, 因此 $T\eta$ 称为 XY 模型的相位刚性.

显然上述关于对称破缺的讨论基于忽略了 φ 和 θ 的涨落的经典图像. (现在那些涨落对应于热涨落.) 我们可以再一次提问, 包括热涨落以后是否仍然可以保持对称破缺态. 和上一节一样, 我们可以使用 XY 模型来解决问题. 我们看到, 对于 $d > 2$, 热涨落不会总是破坏长程有序; 对于 $d < 2$, 热涨落总是破坏长程有序并将其变为短程有序, 这是因为对于 $d < 2$, θ 关联以 $|\boldsymbol{x}|$ 的幂次形式发散:

$$\begin{aligned}\langle\theta(\boldsymbol{x})\theta(0)\rangle - \langle\theta(l)\theta(0)\rangle =& C_d\eta^{-1}(L^{2-d} - |\boldsymbol{x}|^{2-d}) - C_d\eta^{-1}(L^{2-d} - l^{2-d})\\ =& - C_d\eta^{-1}|\boldsymbol{x}|^{2-d},\end{aligned} \tag{3.3.77}$$

其中我们使用了傅里叶变换

$$\int d^d\boldsymbol{k}\ \frac{e^{i\boldsymbol{k}\boldsymbol{x}}}{\eta|\boldsymbol{k}|^2} = C_d\eta^{-1}(L^{2-d} - |\boldsymbol{x}|^{2-d}), \tag{3.3.78}$$

因此

$$\left\langle e^{i\theta(\boldsymbol{x})}e^{-i\theta(0)}\right\rangle = e^{-\frac{1}{2}\langle(\theta(\boldsymbol{x})-\theta(0))^2} = e^{\langle\theta(\boldsymbol{x})\theta(0)\rangle - \langle\theta(l)\theta(0)\rangle} = e^{-C_d\eta^{-1}|\boldsymbol{x}|^{2-d}}. \tag{3.3.79}$$

$(\eta/C_d)^{\frac{1}{2-d}}$ 给出了衰减长度. 对于 $d = 2$, θ- 关联对数发散这时我们得到了一个代数长程有序:

$$\left\langle e^{i\theta(\boldsymbol{x})}e^{-i\theta(0)}\right\rangle \sim |\boldsymbol{x}|^{1/2\pi\eta}. \tag{3.3.80}$$

3.3.10 Kosterlitz-Thouless 相变

以上的 $d = 2$ 结果不完全正确. 当 η 低于临界值 η_c(或当温度高于临界温度 T_{KT}) 时, 代数长程有序不能保持, 只有短程关联 [Kosterlitz and Thouless (1973)]. 为了理解这一现象, 就要考虑到涡旋涨落. 涡旋的构型为

$$\varphi_c = f(r)e^{i\phi}, \quad f(0) = 0, \quad f(\infty) = \varphi_0, \tag{3.3.81}$$

其中 $x = r\cos\phi$, $y = r\sin\phi$. 可以证明 $|\partial_{\boldsymbol{x}}\theta| = 1/r$, 因此一个单涡旋的作用量是

$$S_v = \int d^2\boldsymbol{r}\ \frac{1}{2}\eta\frac{1}{r^2} + S_c = \int \pi d(r^2)\ \frac{1}{2}\eta\frac{1}{r^2} + S_c = h\ln\frac{L}{l} + S_c, \tag{3.3.82}$$

其中

$$h=\eta\pi, \tag{3.3.83}$$

而 l 是短距离截断标度, S_c 是涡旋核心的作用量 (即来自涡旋核心的贡献).

相距为 r 的涡旋和反涡旋之间的相互作用是 $2h\ln\frac{r}{l}$. 这里的问题同 2.4.1 节和 2.4.3 节所讨论的瞬子气问题非常相似. 带涡旋的总配分函数的形式为

$$Z=Z_0\sum_n\frac{1}{n!n!}\int\prod_{i=1}^{2n}d^2\boldsymbol{r}_i\ e^{-2nS_c}e^{\sum_{i<j}^{2n}2hq_iq_j\ln\frac{r_{ij}}{l}}, \tag{3.3.84}$$

其中 Z_0 是没有涡旋的配分函数. 和式中各项代表位于 $\boldsymbol{r}_1,\cdots,\boldsymbol{r}_n$ 的 n 个涡旋和位于 $\boldsymbol{r}_{n+1},\cdots,\boldsymbol{r}_{2n}$ 的 n 个反涡旋的贡献. $q_i=\pm$ 取决于第 i 个涡旋是一个涡旋还是一个反涡旋, r_{ij} 是第 i 个和第 j 个 (反) 涡旋之间的距离. 与 2.4.3 节结尾处一样, 上述和式描述库仑气, 它有两个相.

为了了解涡旋的效应, 先估计一下 n 个涡旋和 n 个反涡旋的配分函数 $Z=e^{-S_{\text{eff}}}$:

$$S_{\text{eff}}\sim 2n\ln n+n\left(2h\ln\frac{l_n}{l}+2S_c\right)-2n\ln\frac{L^2}{l^2}=L^2\frac{2}{l_n^2}(h-2)\ln\frac{l_ne^{S_c/(h-2)}}{l}, \tag{3.3.85}$$

其中 L 是系统的尺度, $l_n=L/\sqrt{n}$ 是涡旋之间的平均距离, 它总大于截断尺度, 即 $l_n>l$. (3.3.85) 的第一项来自 $1/(n!)^2$, 第二项是 $2n$ 个涡旋的作用量, 每一个涡旋占据尺度为 l_n 的一块区域. 作用量包含两部分的贡献: 涡旋相互作用 $2h\ln\frac{l_n}{l}$ 和涡旋核心作用量 $2S_c$. 第三项来自涡旋位置的积分 (也就是熵). 涡旋气的行为由涡旋作用量与熵之间的竞争所控制, 前者会使涡旋减少, 后者会使涡旋增多.

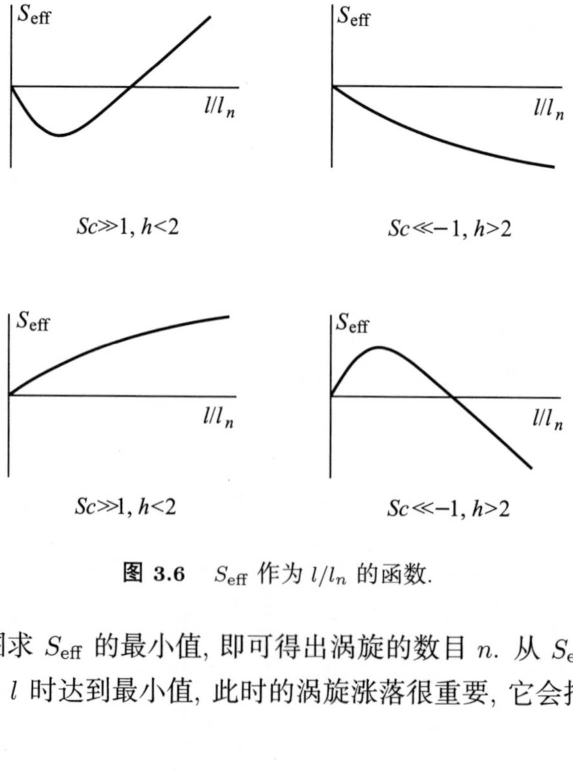

图 3.6 S_{eff} 作为 l/l_n 的函数.

只需在 $l_n>l$ 范围求 S_{eff} 的最小值, 即可得出涡旋的数目 n. 从 S_{eff} 的行为我们看到, 当 $S_c\ll-1$, S_{eff} 在 $l_n\sim l$ 时达到最小值, 此时的涡旋涨落很重要, 它会把 (3.3.80) 中的代数长

程有序改变成一个短程有序

$$\left\langle e^{i\theta(\boldsymbol{x})} e^{-i\theta(0)} \right\rangle \sim e^{-|\boldsymbol{x}|/\xi}, \tag{3.3.86}$$

而关联长度是 $\xi \sim l_n \sim l$. 当 $S_c \gg 1$ 和 $h = \pi\eta < 2$ 时, S_{eff} 的最小值在 $l_n \sim e^{S_c/(2-h)} l$ 处取得, 涡旋密度仍有限, 也会把代数长程有序改变成短程有序. 关联长度是

$$\xi \sim l_n \sim l e^{S_c/(2-h)}. \tag{3.3.87}$$

当 $S_c \gg 1$ 和 $h = \pi\eta > 2$ 时, S_{eff} 的最小值在 $l_n = \infty$ 处取得, 并且涡旋密度等于零. 此时涡旋涨落在长距离不重要, 代数长程有序经过涡旋涨落仍能维持不变.

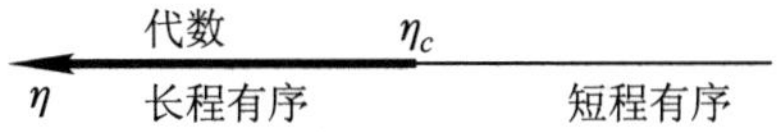

图 3.7 2D XY 模型的相图.

由以上讨论我们看到, 在 $S_c \gg 1$ 极限下, 2D 玻色子系统在 η 改变时发生有限温度相变, 相变的临界 η 是 $\eta_c = 2/\pi$. 相图 3.7 总结了在 $S_c \gg 1$ 极限下的结果. 在 η_c 的相变就是著名的 Kosterlitz-Thouless 相变 (简称 KT 相变). 由 η 与 T 之间的关系 (3.3.76), 得到临界温度为

$$T_{\text{KT}} = \frac{\pi\varphi_0}{2m}. \tag{3.3.88}$$

应该指出, KT 相变不改变任何对称性, 是关于相和相变的朗道对称破缺理论的一个反例.

利用 $h = \pi\eta = \pi\varphi_0^2/mT$, (3.3.87) 在 T_{KT} 附近可以重新写做

$$\xi(T) \sim l e^{E_\xi/(T-T_{\text{KT}})}, \tag{3.3.89}$$

其中 E_ξ 是某种能量尺度. 应该指出, 在 $T \to T_{\text{KT}}$ 时, (3.3.89) 并不正确, 原因是错误地假定了相位刚性 η 不受涡旋存在的影响. 实际上涡旋气将修改 η 和 h 的有效值, 因为涡旋偶极子可以被相位扭曲 $\partial_{\boldsymbol{x}}\theta$ 极化, 释放出一些张力并减小有效相位刚性. 使用有效值 h^*, (3.3.87) 应该重新写成

$$\xi \sim l_n \sim l e^{S_c/(2-h^*)}. \tag{3.3.90}$$

它随温度的变化要比 $h(T)$ 复杂, 但是如果定义 $h^*(T_{\text{KT}}) = 2$, 根据重正化群计算 (见 3.3.12 节), 得到

$$2 - h^*(T_{\text{KT}}) \propto (T - T_{\text{KT}})^{1/2}, \tag{3.3.91}$$

因而得到

$$\xi(T) \sim l e^{\left[E_\xi/(T-T_{\text{KT}})\right]^{1/2}}. \tag{3.3.92}$$

习题

3.3.7 当温度超过临界温度 T_c, 经典理论 (3.3.74) 描述了连续相变和在 T_c 的临界点.

(a) 重复 3.3.8 节结束处的讨论 (即把 S_{eff} 写成 $g^{-1}\tilde{S}$ 的形式), 观察何时经典理论能够正确地描述临界点, 何时临界点由涨落控制, 也就是找到上临界点 d_c. 注意在 T_c 附近, 可将 S_{eff} 近似为

$$S_{\text{eff}} = \beta \int d^d\boldsymbol{x} \, \left[\frac{1}{2m^*}|\partial_{\boldsymbol{x}}\varphi_c|^2 + a(T-T_c)|\varphi_c|^2 + b|\varphi_c|^4\right]. \tag{3.3.93}$$

因为序参量 φ_c 在 $T = T_c$ 靠近临界点 (或称相变点) 时是小量.

(b) 这里我们可以引进不可忽和可忽微扰的概念. 我们知道超过上临界维数时经典理论正确地描述了相变的临界点, 向有效作用量 S_{eff} 加一个微扰 $\beta\int d^d\boldsymbol{x}\ c|\varphi|^\sigma$, 如果微扰是重要的并修改了临界指数, 我们就说它是不可忽微扰; 如果微扰的效果在临界点附近几乎消失, 我们就说它是可忽微扰. 利用 3.3.8 节末处找到的尺度变换, 观察微扰 $\beta\int d^d\boldsymbol{x}\ c|\varphi|^\sigma$ 怎样修改尺度变换后的作用量 $\tilde{S}$. 决定对于何种范围的 σ, 微扰是不可忽的; 何种范围的 σ, 微扰是可忽的.

3.3.11 不可忽微扰与可忽微扰

在前面 KT 相变的讨论中, 我们注意到当 $e^{-S_c} \ll 1$ 时, 涡旋涨落仅仅是一个 “小微扰”. 但是如果 $h < 2$, 无论 e^{-S_c} 如何小, 涡旋涨落总要破坏 $\left\langle e^{i\theta(x)}e^{-i\theta(0)}\right\rangle$ 的代数长程关联. 因此当 $h < 2$ 时, 包括涡旋涨落的微扰就称为不可忽微扰; 当 $h > 2$ 时, 微扰就称为可忽微扰; 当 $h = 2$ 时, 微扰称为临界微扰. 下面我们要利用更一般的形成讨论不可忽/可忽/临界微扰.

考虑一个由作用量

$$S = S_0 + \int d^dx aO(x) \tag{3.3.94}$$

描述的理论, 其中 aO 是一个微扰, 假定 $\langle O\rangle = 0$ 并且

$$\langle O(x)O(0)\rangle = \frac{1}{|x|^{2h}}, \tag{3.3.95}$$

h 称为算符 O 的标度维数 ($1/x$ 的标度维数是 1). 在二级微扰下, 配分函数是

$$Z = Z_0 \int d^dxd^dy\ a^2 \langle O(x)O(y)\rangle\,, \tag{3.3.96}$$

其中 Z_0 是零级配分函数. 我们看到二级微扰对有效作用量的改变是

$$\Delta S_{\text{eff}} = -\ln Z + \ln Z_0 = -2\ln g + 2h\ln L - 2d\ln L. \tag{3.3.97}$$

注意当 $h < d$ 和 $L > \xi = a^{-1/(d-h)}$ 时, $\Delta S_{\text{eff}} < 0$, 因此系统会倾向于有两个 $O(x)$ 介入, 当 $L \gg \xi$, 系统要对每一个体积 ξ^d 有两个 $O(x)$ 介入. 可以看到, 如果我们感兴趣的是关联函数在大于 ξ 的尺度下的行为, 微扰就总是重要的. 我们的结论是如果 $O(x)$ 的标度维数小于 d, 微扰 $\int d^dx\ O(x)$ 就是不可忽的, 这里 $O(x)$ 称为不可忽算符. 如果 $O(x)$ 的标度维数大于 (或等于)

d, 则 $O(x)$ 称为可忽 (临界) 算符. 记住它的一个简便方法是注意当 $\int d^d x\ O(x)$ 的维数小于零时, 微扰 $\int d^d x\ O(x)$ 是不可忽的.

习题

3.3.8 有效作用量

$$S_{\text{eff}} = \beta \int d^d \boldsymbol{x}\ \frac{1}{2m^*} |\partial_{\boldsymbol{x}} \varphi|^2 \tag{3.3.98}$$

描述了一个临界点.

(a) 计算 $\varphi, |\varphi|^2, \varphi^2$ 和 $|\varphi|^4$ 的标度维数.

(b) 证明空间维数在 d_0 以下, 微扰 $\int d^d \boldsymbol{x}\ b|\varphi|^4$ 成为不可忽微扰.

(c) 写出 d_0 的值并解释为什么 d_0 等于

$$S_{\text{eff}} = \beta \int d^d \boldsymbol{x}\ \left[\frac{1}{2m^*} |\partial_{\boldsymbol{x}} \varphi|^2 + a(T - T_c)|\varphi|^2 + b|\varphi|^4 \right] \tag{3.3.99}$$

的上临界维数 d_c.

3.3.12 重正化群

让我们将上述结果应用于模型

$$S = \int d^2 \boldsymbol{x}\ \left[\frac{\eta}{2} (\partial_{\boldsymbol{x}} \theta)^2 - g \cos \theta \right], \tag{3.3.100}$$

这里作用量是能量除以温度: $S = \beta E$. 从 (3.3.80), 我们看到 $e^{i\theta}$ 的标度维数是 $[e^{i\theta}] = 1/4\pi\eta$, 因此当 $1/4\pi\eta < 2$ 时, g- 项是不可忽的; 当 $1/4\pi\eta > 2$ 时, g- 项是可忽的. 这个结果是合理的, 当 η 是小量时, θ 的涨落强, 使得 g- 项平均为零, 效果很小, 因此微扰 $-g\cos\theta$ 是可忽的. 当 η 是大量时, θ 的涨落弱, 可以在 $\theta = 0$ 附近展开 θ 得到

$$S = \int d^2 \boldsymbol{x}\ \frac{1}{2} \left[\eta (\partial \boldsymbol{x} \theta)^2 + g\theta^2 \right], \tag{3.3.101}$$

我们看到 g- 项将 θ 的对数长程关联改变为短程关联, 彻底改变了系统的长程行为

$$\langle \theta(\boldsymbol{x}) \theta(0) \rangle \sim e^{-|\boldsymbol{x}|/\xi}, \quad \xi \sim \sqrt{\eta/g}. \tag{3.3.102}$$

上述图像定性地正确, 但定量上还不正确. 当我们将 η 从高于 $1/2\pi$ 改变为低于 $1/2\pi$, θ 的关联长度会突然从有限值 $\sqrt{\eta/g}$ 跳到无穷. 比较合理的行为应该是当 η 从 $1/2\pi$ 以上 $\to 1/2\pi$ 时, $\xi \to \infty$. 为了得到这后一结果, 需要使用重正化群 (简称 RG) 方法.

为了了解 g- 项的重要性, 我们应该知道 $e^{i\theta}$ 算符的大小. 解决这个问题的一个方法是计算关联函数 $\langle e^{i\theta(\boldsymbol{x})} e^{-i\theta(0)} \rangle \sim (l/|\boldsymbol{x}|)^{-1/2\pi\eta}$. 令人很诧异的是算符 $e^{i\theta}$ 的大小 (以及重要性) 只有我们确定了模型的短距离截断尺度 l 以后才能决定. 这解释了为什么只有在指定短距离截断之后

模型 (3.3.100) 及其涨落的行为才是确定的. 为了强调这一点, 让我们把对 l 的依赖性写得更加明确, 将拉格朗日量写为

$$S=\int d^2\boldsymbol{x}\ \left[\frac{\eta_l}{2}(\partial_{\boldsymbol{x}}\theta_l)^2-g_l\cos\,\theta_l\right],\tag{3.3.103}$$

短距离截断由要求 θ_l 场不含任何波长短于 l 的涨落而引进:

$$\theta_l(\boldsymbol{x})=\int_{|\boldsymbol{k}|<2\pi/l}\theta_{\boldsymbol{k}}e^{i\boldsymbol{x}\cdot\boldsymbol{k}}.\tag{3.3.104}$$

在 RG 方法中, 对波长在 l 和 λ $(\lambda>l)$ 之间的涨落积分, 得到截断为 λ 的模型. 首先记

$$\theta_l=\theta_\lambda+\delta\theta,\tag{3.3.105}$$

其中 $\delta\theta$ 只含有波长在 l 和 λ 之间的涨落. 因为短波长涨落 $\delta\theta$ 被 $\eta(\partial_{\boldsymbol{x}}\delta\theta)^2$ 所抑制, $\delta\theta$ 一定很小, 将作用量展开至 $\delta\theta$ 的二阶项:

$$\begin{aligned}S=&\int d^2\boldsymbol{x}\ \left[\frac{\eta_l}{2}(\partial_{\boldsymbol{x}}\theta_\lambda)^2-g_l\cos\,\theta_\lambda+\frac{\eta_l}{2}(\partial_{\boldsymbol{x}}\delta\theta)^2\right]\\&+\int d^2\boldsymbol{x}\ \left[-g_l\sin\,\theta_\lambda\delta\theta+\frac{1}{2}g_l\cos\,\theta_\lambda(\delta\theta)^2\right],\end{aligned}\tag{3.3.106}$$

将 θ_λ 当作一个光滑的背景场, 积掉 $\delta\theta$(此法称为背景场 RG 方法), 得到有效作用量:

$$\begin{aligned}S=&\int d^2\boldsymbol{x}\ \left[\frac{\eta_l}{2}(\partial_{\boldsymbol{x}}\theta_\lambda)^2-g_l\cos\,\theta_\lambda+\frac{1}{2}g_l\cos\,\theta_\lambda K(0)\right]\\&-\int d^2\boldsymbol{x}d^2\boldsymbol{y}\ \frac{1}{2}g_l^2\sin\,\theta_\lambda(\boldsymbol{x})K(\boldsymbol{x}-\boldsymbol{y})\sin\,\theta_\lambda(\boldsymbol{y}),\end{aligned}\tag{3.3.107}$$

其中 $K(\boldsymbol{x})=\langle\delta\theta(\boldsymbol{x})\delta\theta(0)\rangle$. 注意到最后一项可以写为

$$\begin{aligned}&\int d^2\boldsymbol{x}d^2\boldsymbol{y}\ \frac{1}{4}g_l^2[\sin\,\theta_\lambda(\boldsymbol{x})-\sin\,\theta_\lambda(\boldsymbol{y})]^2K(\boldsymbol{x}-\boldsymbol{y})\\&\quad-\int d^2\boldsymbol{x}\ \frac{1}{2}g_l^2\sin^2\theta_\lambda(\boldsymbol{x})\bar{K}\\=&\int d^2\boldsymbol{x}d^2\boldsymbol{y}\ \frac{1}{8}g_l^2\cos^2\theta_\lambda(\boldsymbol{x})[\partial_{\boldsymbol{x}}\theta_\lambda(\boldsymbol{x})]^2(\boldsymbol{x}-\boldsymbol{y})^2K(\boldsymbol{x}-\boldsymbol{y})\\&\quad-\int d^2\boldsymbol{x}\ \frac{1}{2}g_l^2\sin^2\theta_\lambda(\boldsymbol{x})\bar{K},\end{aligned}\tag{3.3.108}$$

其中 $\bar{K}=\int d^2\boldsymbol{x}\ K(\boldsymbol{x})$. 我们看到产生了 $\cos(2\theta_\lambda)$, $(\partial_{\boldsymbol{x}}\theta_\lambda)^2$, $\cos(2\theta_\lambda)(\partial_{\boldsymbol{x}}\theta_\lambda)^2$, $(\partial_{\boldsymbol{x}}\theta_\lambda)^4$ 等项, RG 流可以产生许多初始作用量中没有的项, 实际上任何不破坏对称性的局域项都可以产生. 让我们暂时保留初始作用量中已有的 $(\partial_{\boldsymbol{x}}\theta_\lambda)^2$ 和 $\cos\,\theta_\lambda$ 两项, 这样我们模型的作用量变为

$$S=\int d^2\boldsymbol{x}\ \left[\frac{\eta_\lambda}{2}(\partial_{\boldsymbol{x}}\theta_\lambda)^2-g_\lambda\cos\,\theta_\lambda\right],\tag{3.3.109}$$

其中 λ 是新的截断. 在截断 λ 处的耦合常数为 [假设 $(\lambda-l)/l \ll 1$]

$$
\begin{aligned}
g_\lambda =& g_l\left[1-\frac{1}{2}K(0)\right], \quad \eta_\lambda=\eta_l+\frac{1}{8}g_l^2K_2,\\
K(0)=&\int_{2\pi/\lambda<|\boldsymbol{k}|<2\pi/l}\frac{d^2\boldsymbol{k}}{(2\pi)^2}\frac{1}{\eta_l|\boldsymbol{k}|^2}=\frac{1}{2\pi\eta_l}\ln\frac{\lambda}{l},\\
K_2\equiv&\int d^2\boldsymbol{x}\ |\boldsymbol{x}|^2K(\boldsymbol{x})=\int_{2\pi/\lambda<|\boldsymbol{k}|<2\pi/l}d^2\boldsymbol{x}\frac{d^2\boldsymbol{k}}{(2\pi)^2}\frac{\boldsymbol{x}^2e^{i\boldsymbol{k}\cdot\boldsymbol{x}-0^+|\boldsymbol{x}|}}{\eta_l\boldsymbol{k}^2}\\
=&\frac{\lambda-l}{l}\frac{3l^4}{16\pi^5\eta_l}\int d\theta\frac{1}{(\cos\theta+i0^+)^4}=\frac{\lambda-l}{l}\frac{3l^4}{2\pi^4\eta_l}.
\end{aligned}
\tag{3.3.110}
$$

取 $b=\ln\lambda$, 则耦合常数的改变由下列微分方程所描述:

$$
\begin{aligned}
\frac{dg_\lambda}{db}=&-\frac{1}{4\pi\eta_l}g_\lambda,\\
\frac{d\eta_\lambda}{db}=&\frac{3g_\lambda^2\lambda^4}{16\pi^4\eta_\lambda}.
\end{aligned}
\tag{3.3.111}
$$

我们可以引进无量纲耦合常数 $\bar{\eta}_\lambda=\eta_\lambda\lambda^0$ 和 $\bar{g}_\lambda=g_\lambda\lambda^2$, 微分方程重新写为

$$
\begin{aligned}
\frac{d\bar{g}_\lambda}{db}=&\left(2-\frac{1}{4\pi\bar{\eta}_\lambda}\right)\bar{g}_\lambda,\\
\frac{d\bar{\eta}_\lambda}{db}=&\frac{3\bar{g}_\lambda^2}{16\pi^4\bar{\eta}_\lambda},
\end{aligned}
\tag{3.3.112}
$$

上式称为 RG 方程.

我们看到, 如果 $2-\frac{1}{4\pi\bar{\eta}_l}>0$, 当 $\lambda\to\infty$ 时, $\bar{g}_\lambda\to\infty$. 即当 $e^{i\theta}$ 不可忽时, $g\cos\theta$ 项在长距离变得越来越重要; 如果 $e^{i\theta}$ 可忽, $\bar{g}_\lambda\to 0$, 这种情形下对于较大的 λ, $\bar{\eta}_l$ 停止流动, $\bar{g}_\lambda$ 以固定的速度流到零. 更加普遍的 RG 流如图 3.8 所示.

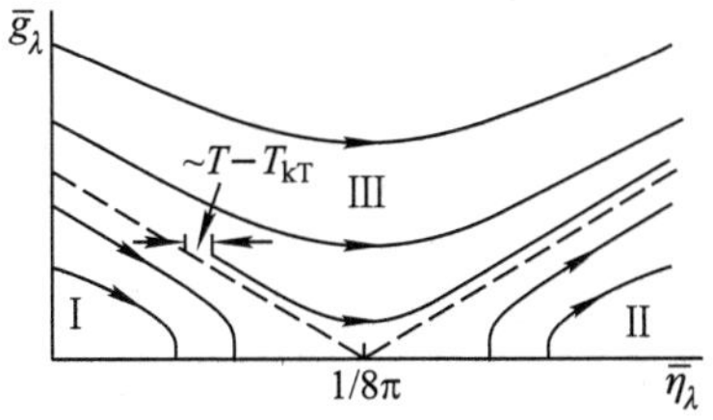

图 3.8 $\bar{g}_\lambda$ 和 $\bar{\eta}_\lambda$ 的 RG 流.

让我们先忽略流 $\bar{\eta}_\lambda$, 研究下面的 RG 方程

$$
\begin{aligned}
\frac{d\bar{g}_\lambda}{db}=&\left(2-\frac{1}{4\pi\bar{\eta}_\lambda}\right)\bar{g}_\lambda,\\
\frac{d\bar{\eta}_\lambda}{db}=&0,
\end{aligned}
\tag{3.3.113}
$$

流 $(\bar{g}_\lambda, \bar{\eta}_\lambda)$ 如图 3.9 所示. 我们从 RG 方程得到

$$\bar{g}_\lambda = \bar{g}_l e^{(2-\frac{1}{4\pi\eta_l})\ln(\lambda/l)} = \bar{g}_l(\lambda/l)^{2-h}, \tag{3.3.114}$$

其中 $h = \frac{1}{4\pi\eta_l}$ 是 $\cos\theta$ 的标度维数. 当 $\cos\theta$ 不可忽时, 一个很小的 $\bar{g}_l$ 只要流动长到一定程度以后就可以变得任意地大. 特别是当 $\lambda = l\bar{g}_l^{-1/(2-h)}$ 时, $\bar{g}_\lambda = 1$. 在这一点, RG 方程 (3.3.112) 已不再成立, 因为没有包含 $\bar{g}_\lambda$ 的高阶项.

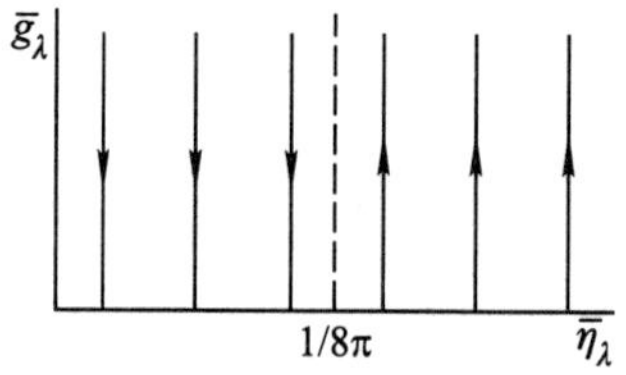

图 3.9 由 (3.3.113) 决定的 $\bar{g}_\lambda$ 和 $\bar{\eta}_\lambda$ 的 RG 流.

当 $\bar{g}_\lambda = 1$, 重正化有效理论 (3.3.109) 中的每一项用 λ 为单位来度量时量级都是 1. 因此如果我们相信较大的 $\bar{g}_\lambda$ 的量级为 1 时 θ_λ 具有短程关联, 则关联长度 ξ 用 λ 量度时量级必须是 1. 这样我们得到

$$\xi = l\bar{g}_l^{-1/(2-h)} \tag{3.3.115}$$

考虑到上一节的微扰 O 对应于 $O = l^{-h}\cos\theta$, 这个结果正与上一节得到的普遍结果 $\xi = a^{-1/(d-h)}$ 相吻合. [(3.3.95) 决定了 O 的归一化.] 因此 $a = gl^h$. 用温度表述的话, 上面的结果导出 $\xi \propto e^{E_\xi/(T-T_{\mathrm{KT}})}$.

如果模型中不含边缘算符, 上面的讨论就是正确和普遍的. 这种情况下 h 可以看作是一个常数. 但是对于 XY 模型, 算符 $(\partial_{\boldsymbol{x}}\theta)^2$ 的维数严格等于 2, 完全是一个边缘算符. 结果 η 是一个临界耦合常数, 从而 h 可以在 RG 流中改变取值. 这就导致了由 (3.3.112) 和图 3.8 所描述的 RG 流. 我们注意到, 在靠近相变点 $\bar{\eta}_\infty = 1/8\pi$ 或 $T = T_{\mathrm{KT}}$ 处, 图 3.8 中描述的 RG 流与图 3.9 中有巨大的差别, 所以 $\xi \propto e^{E_\xi/(T-T_{\mathrm{KT}})}$ 只适用于图 3.9 中的 RG 流, 却不适用于图 3.8 中的 RG 流.

为了了解图 3.8 中 RG 流的 ξ 在 T_{KT} 附近的行为, 将 RG 方程 (3.3.112) 对于小量 $\delta\bar{\eta}_\lambda \equiv \bar{\eta}_\lambda - \frac{1}{8\pi}$ 展开:

$$\begin{aligned}\frac{d\bar{g}_\lambda}{db} &= 16\pi\delta\bar{\eta}_\lambda\bar{g}_\lambda,\\ \frac{d\delta\bar{\eta}_\lambda}{db} &= \frac{3\bar{g}_\lambda^2}{2\pi^3},\end{aligned} \tag{3.3.116}$$

得到

$$\frac{d\delta\bar{\eta}_\lambda}{d\bar{g}_\lambda} = \frac{3}{32\pi^4}\frac{\bar{g}_\lambda}{\delta\bar{\eta}_\lambda}. \tag{3.3.117}$$

由该微分方程导出 $(\delta\bar{\eta}_\lambda)^2 = \frac{3}{32\pi^4}\bar{g}_\lambda^2 + C$. 根据常数项 C 的符号不同, 解有三种类型 (见图 3.8). 第一类和第二类解为:

$$\delta\bar{\eta}_\lambda = \mathrm{sgn}(\delta\bar{\eta}_\infty)\sqrt{\frac{3}{32\pi^4}\bar{g}_\lambda^2 + \delta\bar{\eta}_\infty^2}, \tag{3.3.118}$$

其中 $C = \delta\bar{\eta}_\infty^2 > 0$. 第三类解的形式为:

$$\bar{g}_\lambda = \sqrt{\frac{32\pi^4}{3}\delta\bar{\eta}_\lambda^2 + \bar{g}_{\min}^2}, \tag{3.3.119}$$

对应于 $C < 0$.

将 (3.3.119) 代入 (3.3.116) 的第二个方程, 得到

$$\frac{d\delta\bar{\eta}_\lambda}{\frac{32\pi^4}{3}\delta\bar{\eta}_\lambda^2 + \bar{g}_{\min}^2} = d\ln\lambda. \tag{3.3.120}$$

上式两边从 $\lambda = l$ 至 $\lambda = \xi$ 积分, 得到

$$\int_{\delta\bar{\eta}_l}^{\delta\bar{\eta}_\xi} \frac{d\delta\bar{\eta}_\lambda}{\frac{32\pi^4}{3}\delta\bar{\eta}_\lambda^2 + \bar{g}_{\min}^2} = \ln\frac{\xi}{l}. \tag{3.3.121}$$

我们知道, 在相关长度 ξ 处, $\bar{g}_\xi \sim 1$, (3.3.119) 告诉我们, $\delta\bar{\eta}_\xi$ 的量级也是 1. (3.3.119) 和 (3.3.121) 建立了 $\delta\bar{\eta}_l$ 和 $\bar{g}_l$ 与 ξ 的关系, 由此我们可以确定 ξ 随 $T - T_{\mathrm{KT}}$ 的变化.

让我们首先固定 g_l, 调整 T 使得 $\delta\bar{\eta}_l = \frac{\varphi_0^2}{mT} - \frac{1}{8\pi}$ 等于 $-\sqrt{\frac{3}{32\pi^4}}\bar{g}_l$. 从 (3.3.119) 我们看到 $\bar{g}_{\min} = 0$, (3.3.121) 式左边的积分发散, 意味着 $\xi = \infty$, 这样一个温度就是 KT 相变温度 T_{KT}. 所以

$$T_{\mathrm{KT}} = \frac{8\pi\varphi_0^2}{m(1 - \sqrt{6/\pi^2}g_l l^2)}, \tag{3.3.122}$$

如果 T 略高于 T_{KT}, 就有

$$\bar{g}_{\min}^2 = 2\sqrt{\frac{32\pi^4}{3}}\bar{g}_l\frac{\varphi_0^2}{mT_{\mathrm{KT}}^2}(T - T_{\mathrm{KT}}), \tag{3.3.123}$$

因为 $\bar{g}_{\min}$ 远小于 $|\delta\bar{\eta}_l|$ 和 $\delta\bar{\eta}_\xi$, (3.3.121) 可写成

$$\sqrt{\frac{3}{32\pi^2}}\frac{1}{\bar{g}_{\min}} = \ln\frac{\xi}{l}, \tag{3.3.124}$$

得到

$$\xi = le^{\left[E_\xi/(T-T_{\mathrm{KT}})\right]^{1/2}}, \quad E_\xi = \left(\frac{3}{32\pi^2}\right)^{3/2}\frac{mT_{\mathrm{KT}}^2}{2\pi\varphi_0^2 g_l l^2}. \tag{3.3.125}$$

现在让我们再讨论一下由 RG 流产生但在上述计算中被忽略的其他项. 结果是这些项都可忽. 如果这些项在 RG 流开始时是小量, 经过一个长的流动后它们会变得更小, 这就是我们可以忽略这些项的理由. 当然, 如果这些项在开始时是较大的量, 它们就会改变一切, 那么我们导出的 RG 方程从一开始就可能是不对的.

习题

3.3.9 "耦合函数" 的重正化

考虑一个模型

$$S = \int d^2\boldsymbol{x} \left[\frac{\eta}{2}(\partial_{\boldsymbol{x}}\theta)^2 + V(\theta)\right], \tag{3.3.126}$$

其中 $V(\theta)$ 是一个周期函数 $V(\theta+2\pi)=V(\theta)$, 写出 "耦合函数"V 的流的 RG 方程. 因为已经假定 V 是小量, 可以忽略 η 的流. 如果从一个非常小的 V 开始, 讨论经长的流动后 V 的形式.

3.3.10 模型 (3.3.100) 描述了在磁场 B_x 中一个 2D XY 自旋系统, 其中 $S_x=\cos\theta$, $S_y=\sin\theta$, $S_z=0$ 并且 $B_x=g$. 假定 $\cos\theta$ 是不可忽的, 利用 RG 理论写出由小磁场感应的 S_x 的值. 再假定 $\cos\theta$ 是可忽的, 由小磁场诱导的 S_x 的值又是什么?[提示: 从我们对 g- 项的讨论中得出算符 $\cos\theta_l$ 在 RG 流下的变化; 或者找出作为外加磁场函数的平均能量, 并由此得到感应自旋. S_x 的计算只需准确到 $O(1)$ 的系数.]

3.3.13 在量子玻色子超流体中的零温度 KT 相变

在 1+1D 和温度为零时, 量子玻色子超流也由低能的 XY 模型 (3.3.20) 描述. 如果取 $v=1$, 虚时间的量子 XY 模型等同于上一节所研究的 2D XY 模型, 虚时间 XY 模型中的涡旋对应于可以改变量子系统动力学性质的隧穿过程. 根据 3.3.9 节得到的结果, 似乎当

$$\chi v < 2/\pi \tag{3.3.127}$$

时, 瞬子将破坏长程有序并使所有关联在空间和时间方向上均变成短程的, 这表示瞬子会为所有激发打开一个能隙. 这一结论显然是错误的, 自由空间中的玻色子系统总是可压缩的, 它至少会包含来自密度波的一个无能隙模式.

上述论证的错误有些微妙, 为了了解错误所在, 我们需要首先讨论玻色子超流之上的激发谱. 玻色子超流有两类低能激发, 第一类对应于声波的局域激发, 第二类对应于总玻色子数和伽利略推动的全局激发. 我们以自由玻色子系统为例来解释这两类激发. 自由玻色子系统的基态由 $|k_1,\cdots,k_N\rangle = |0,\cdots,0\rangle$ 给出, 局域激发由某些 k 变为非零值得到. 在低能下, $\sum_i |k_i| \ll \sqrt{\rho}$. 全局激发由增加 (或减少)$k=0$ 态的玻色子或把所有 k_i 移动一个相同量而得到, 其中后者称为伽利略推动. 对于相互作用的玻色子系统, 伽利略推动可以通过将玻色子的边界条件从 0 扭转至 2π 或 $2\pi\times$ 整数而实现, 即将常数 $\varphi(x)=\varphi_0$ 改变至 $\varphi(x)=e^{i2\pi nx/L}\varphi_0$.

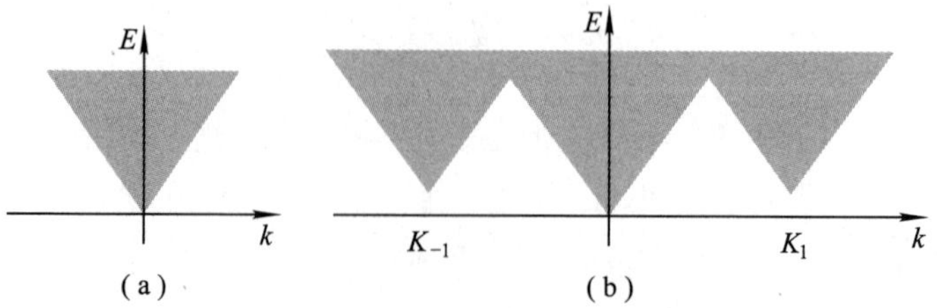

图 3.10 1+1D 相互作用玻色子的能级.

让我们考虑一个处于超流态的相互作用 N 玻色子系统的能级. 低能和小动量激发由声波给出, 这些激发的能级如图 3.10(a) 所示, 伽利略推动只涉及质心运动的, 最小的伽利略推动对应于将所有的 k_i 平移 $2\pi/L$, 其中 L 是系统的线性尺度. 这样的伽利略推动产生动量为 $K_1 = 2\pi N/L = 2\pi\rho$、能量为 $E_1 = K_1^2/2mN$ 的激发. 我们看到伽利略推动能量很低但动量很大, 因此不能由声波产生. 由 $2\pi n/L$ 平移产生的更加普遍的伽利略推动其动量为 $K_n = 2\pi nN/L = 2\pi n\rho$, 能量为 $E_n = K_n^2/2mN$. 因此相互作用的 N 玻色子系统的低能能级如图 3.10(b) 所示, $k = K_n$ 附近的能级由第 n 个伽利略推动和声波共同给出.

现在的问题是描述超流的低能 XY 模型

$$L_{XY} = \frac{\chi}{2}\dot{\theta}^2 - \frac{\rho}{2m}(\partial_x\theta)^2 \tag{3.3.128}$$

能否重现上述谱? 展开

$$\theta(x,t) = \theta_0(t) + n\frac{2\pi x}{L} + \sum_{k\neq 0}\theta_k L^{-1/2}e^{ikx}, \tag{3.3.129}$$

第二项表示的是当 x 从 $x=0$ 变化至 $x=L$ 时 $e^{i\theta(x)}$ 围绕原点的. 作用量可以重新写为

$$S_{XY} = \frac{\chi L}{2}\dot{\theta}_0^2 - \frac{K_n^2}{2mN} + \sum_{k>0}(\chi\dot{\theta}_k^\dagger\dot{\theta}_k - \frac{\rho k^2}{2m}\theta_k^\dagger\theta_k). \tag{3.3.130}$$

我们看到 (θ_k, θ_{-k}) 描述了一个对应于声模式的两维谐振子. 从 3.3.7 节我们看到, $\dot{\theta}_0$ 描述了这里忽略掉的玻色子数涨落. 很清楚卷绕项 $n\frac{2\pi x}{L}$ 描述的是伽利略推动, 这是因为伽利略推动将玻色子场的边界条件从 $\varphi(L) = \varphi(0)$ 扭转至 $\varphi(L) = e^{i2\pi n}\varphi(0)$, 将 $\theta(x) = 0$ 改变为 $\theta(x) = 2\pi nx/L$. 这种 θ- 场卷绕和伽利略推动之间的关系也与卷绕产生的能量 $\frac{K_n^2}{2mN}$ 相吻合.

1+1D 超流中位于 (x,t) 的涡旋对应于算符 $O_v(x,t)$. 上面的分析表明, 算符 $O_v(x,t)$ 将 $k=0$ 附近的态映射到 $k = 2\pi\rho$ 附近的态, 这是因为涡旋使 $\theta(x) = 0$ 改变为 $\theta(x) = \frac{2\pi x}{L}$, 因此涡旋产生伽利略推动. 在虚时间下, 有涡旋的配分函数应为

$$Z = Z_0\sum_n \frac{1}{n!n!}\int\prod_{i=1}^{2n} d^2\boldsymbol{r}_i\ K^{2n}e^{i2\pi\rho\sum_j q_j x_j}e^{\sum_{i<j}^{2n} q_i q_j 2\pi\eta\ln\frac{|x_i - x_j|}{l}}, \tag{3.3.131}$$

其中 Z_0 是没有涡旋的配分函数. 附加相位项 $e^{i2\pi\rho\sum_j q_j x_j}$ 反映了涡旋携带的大动量. 由于这一项, 涡旋和反涡旋必须结对运动, 使相位抵消, 以便具有大的贡献. 因此相位项使涡旋和反涡旋成为禁闭的激发, 从而使 "库仑" 气没有等离子相. 所以对于任意 χ 和 v 值, 甚至包括了涡旋之后, 玻色子系统都处于超流相. (这里有一个仍未解决的问题: 我们怎样从原来的玻色子作用量推导出相位这一项? 原来的玻色子作用量包含一个贝里相的项, 估计相位项应来自贝里相.)

但是如果我们增加一个弱周期势场, 其周期等于平均玻色子间距: $a = 1/\rho$, 则相位项将与周期势发生干涉, 平均起来成为一个常数. 这时发生在 $\chi v = 2/\pi$ 的 KT 相变仍能存在. 1+1D 相互作用玻色子在弱周期势场中的相图如图 3.11 所示. 对于 $\chi v > 2/\pi$, 玻色子组成一个具有

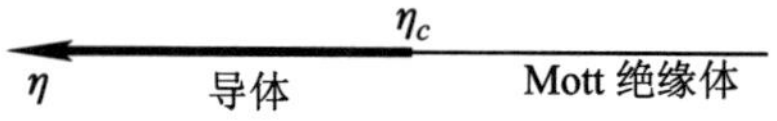

图 3.11 在弱周期势场中 1+1D 相互作用玻色子的相图, 这里 $\eta = \chi v$, $\eta_c = 2/\pi$.

代数长程有序和无能隙声模式的传导态; 对于 $\chi v < 2/\pi$, 所有激发都具有有限能隙, 玻色子组成绝缘体. 因为绝缘特性是由相互作用而不是能带引起的, 这种绝缘体称为 Mott 绝缘体. 大势场极限的 Mott 绝缘体很容易理解. 在该极限下, 基态上每一个势阱里有一个玻色子, 因为玻色子之间有排斥, 将玻色子移到另一个势阱要消耗一定的能量. (见图 3.12)

图 3.12 在强周期势场中 1+1D 相互作用玻色子的 Mott 绝缘体.

以上对于涡旋的了解还使我们可以计算低能大动量的密度关联. 我们考虑密度关联函数的谱展开

$$\begin{aligned}\langle\rho(t,x)\rho(0,0)\rangle &= \frac{\langle 0|\rho(x)U(t,0)\rho(0)|0\rangle}{\langle 0|U(t,0)|0\rangle}\\ &= \sum_{n,k}\langle 0|\rho(x)|n,k\rangle\langle n,k|\rho(0)|0\rangle e^{ikx-i\epsilon_{n,k}t},\end{aligned} \tag{3.3.132}$$

其中态 $|n,k\rangle$ 具有能量 $\epsilon_{n,k}$ 和动量 k, 我们还假设了基态 $|0\rangle$ 具有零能量. 由于低能态只出现在 K_i 附近, 在低能时就可以对以上求和进行重组

$$\langle\rho(t,x)\rho(0,0)\rangle = \sum_{n,|\delta k|\ll K_1,i}\langle 0|\rho(x)|n,\delta k,i\rangle\langle n,\delta k,i|\rho(0)|0\rangle e^{i(\delta k+K_i)x-i\epsilon_{n,\delta k,i}t}, \tag{3.3.133}$$

其中态 $|n,\delta k,i\rangle$ 具有能量 $\epsilon_{n,\delta k,i}$ 和动量 $\delta k+K_i$. 可以看到在诸如 $k\sim K_i$ 这样的大动量时, 密度关联由矩阵元素 $\langle n,\delta k,i|\rho(0)|0\rangle$ 产生. 涡旋算符 O_v^i (如果 $i<0$, $O_v^i\equiv(O_v^\dagger)^{-i}$) 将 $k=0$ 附近的低能态映射到 $k=K_i$ 附近的低能态, 故在此我们大胆假设:

$$\langle n,\delta k,i|\rho(t,x)|0\rangle = C_i\langle n,\delta k,i|O_v^i(t,x)|0\rangle, \tag{3.3.134}$$

低能密度算符现在可以推广为

$$\rho(t,x) = \rho_0 - \chi\dot\theta(t,x) + \sum_n C_n O_v^n. \tag{3.3.135}$$

$\rho(t,x)=\rho_0-\chi\dot\theta(t,x)$ 的旧结果只描述了低能长波长的密度涨落, 新的结果则描述了低能所有波

长的密度涨落. 我们得到关联函数为

$$
\begin{aligned}
&\langle\rho(t,x)\rho(0,0)\rangle\\
=&\rho_0^2-\frac{\chi v}{4\pi}\left[\frac{1}{(x-vt)^2}+\frac{1}{(x+vt)^2}\right]+\sum_n C_{-n}C_n e^{iK_nx}\left(\frac{l^2}{x^2-v^2t^2}\right)^{n^2\pi\chi v}\\
=&\rho_0^2-\frac{\chi v}{4\pi}\left[\frac{1}{(x-vt)^2}+\frac{1}{(x+vt)^2}\right]+\sum_n C_{-n}C_n e^{iK_nx}\left[\frac{l^2e^{-i\pi\Theta(v^2t^2-x^2)}}{|x^2-v^2t^2|}\right]^{n^2\pi\chi v},
\end{aligned}
\tag{3.3.136}
$$

其中 l 是短距离截断. 注意虚时间下的关联 $\langle O_v^\dagger(x,t)O_v(0,0)\rangle$ 由 e^{-V} 给出, 其中 V 是涡旋和反涡旋对之间的势. 通过解析延拓还可以得到实时关联.

习题

3.3.11 证明 (3.3.136).

3.3.12 有限动量下的极化率

(a) 假设玻色子处于弱势场 $V(x)$ 中, 势场引起密度变为 $\delta\rho$, 用动量 — 频率空间的密度关联函数表示有限动量极化率 $\chi(k)$, 其中 $\chi(k)$ 由 $\delta\rho=\chi(k)V_k$ 定义.

(b) 确定使极化率 $\chi(K_n)$ 发散的 χ 和 v 的值. (提示: 可以先做虚时间的计算.)

(c) 如果施加一个周期为 $a=\rho^{-1}/n$(n 是一个整数) 的弱周期势场, χ 和 v, 取何值时玻色子组成 Mott 绝缘体?

3.4 超流性和超导性

3.4.1 与规范场耦合和守恒电流

要点:

- 具有全局 $U(1)$ 对称性的理论包含守恒电流
- 具有全局 $U(1)$ 对称性的理论可以与 $U(1)$ 规范场耦合, 电磁规范场是一个 $U(1)$ 规范场

超流 (或对称破缺) 现象不只在相互作用玻色子系统发生, 它还出现在相互作用费米子 (例如电子) 系统中, 电子在低温也会结对. 两个结对的电子的行为就如同电荷为 $2e$ 的玻色子, 这些电荷为 $2e$ 的玻色子可以组成超流态, 本节我们将考虑带电荷的玻色子系统.

带电荷的玻色子系统与电磁规范场耦合, 问题是怎样使拉格朗日量含有这种耦合? 我们知道玻色子的拉格朗日量

$$
L(\varphi)=i\frac{1}{2}(\varphi^*\partial_t\varphi-\varphi\partial_t\varphi^*)-\frac{1}{2m}\partial_{\boldsymbol{x}}\varphi^*\partial_{\boldsymbol{x}}\varphi+\mu|\varphi|^2-\frac{V_0}{2}|\varphi|^4,
\tag{3.4.1}
$$

在一个全局 $U(1)$ 变换

$$
\varphi\to e^{if}\varphi
\tag{3.4.2}
$$

下是不变的, 有 $L(e^{if}\varphi)=L(\varphi)$. 但是它在局部 $U(1)$ 变换

$$\varphi(\boldsymbol{x},t)\to e^{if(\boldsymbol{x},t)}\varphi(\boldsymbol{x},t) \tag{3.4.3}$$

下不是不变的. 我们有

$$L[e^{if(\boldsymbol{x},t)}\varphi]=i\frac{1}{2}[\varphi^*(\partial_0+i\partial_0 f)\varphi-\varphi(\partial_0-i\partial_0 f)\varphi^*]-\frac{1}{2m}|(\partial_i+i\partial_i f)\varphi|^2+\mu|\varphi|^2-\frac{V_0}{2}|\varphi|^4, \tag{3.4.4}$$

其中下标 0 表示时间方向, 下标 $i=1,\cdots,d$ 表示空间方向. 我们使用希腊字母 μ、ν 等表示空间 — 时间方向, 例如 x^μ 表示空间 — 时间坐标. 玻色子和电磁规范场之间的耦合就可以简单地通过用 eA_μ 替换 $\partial_\mu f$ 而得到 (下面我们设 $e=1$):

$$L(\varphi,A_\mu)=i\frac{1}{2}[\varphi^*(\partial_0+iA_0)\varphi-\varphi(\partial_0-iA_0)\varphi^*]-\frac{1}{2m}|(\partial_i+iA_i)\varphi|^2+\mu|\varphi|^2-\frac{V_0}{2}|\varphi|^4, \tag{3.4.5}$$

得到的拉格朗日量具有很好的特性 —— 规范不变:

$$\varphi\to e^{if(\boldsymbol{x},t)}\varphi,$$

$$A_\mu\to A_\mu-\partial_\mu f, \tag{3.4.6}$$

$$L(\varphi,A_\mu)\to L(\varphi,A_\mu). \tag{3.4.7}$$

以上的构造并不涉及很多物理概念, 仅仅是得到规范不变的拉格朗日量的一个技巧. 用别的方法, 我们还可以得到不同的规范不变的拉格朗日量, 比如用 $eA_\mu+g\partial_\nu F_{\nu\mu}$ 替代 $\partial_\mu f$, 其中 $F_{\mu\nu}=\partial_\mu A_\nu-\partial_\nu A_\mu$ 是 A_μ 的场强, 注意 $F_{\nu\mu}$ 在规范变换之下是不变的. 但是 $\partial_\mu f\to A_\mu$ 的替换产生了最简单的拉格朗日量, 称为最小耦合.

我们知道具有全局 $U(1)$ 对称的模型具有守恒的电流, 借助于规范场可以很容易证明这一点. 规范作用量是规范不变的

$$S(\varphi,A_\mu)=S[e^{if(\boldsymbol{x},t)}\varphi,A_\mu-\partial_\mu f]. \tag{3.4.8}$$

设 $\varphi_c(\boldsymbol{x},t)$ 是经典运动方程的解, 则

$$S[e^{if(\boldsymbol{x},t)}\varphi_c,A_\mu]=S(\varphi_c,A_\mu)+O(f^2), \tag{3.4.9}$$

因此

$$\begin{aligned}S(\varphi_c,A_\mu)=&S(\varphi_c,A_\mu-\partial_\mu f)+O(f^2)\\=&S(\varphi_c,A_\mu)+\int d^d\boldsymbol{x}dt\ \partial_\mu f J^\mu(\varphi_c,A_\mu)+O(f^2),\end{aligned} \tag{3.4.10}$$

其中 J^μ 是电流

$$J^\mu(\varphi,A_\mu)\equiv-\partial_{A_\mu}L(\varphi,A_\mu). \tag{3.4.11}$$

我们看到如果 $\varphi(\boldsymbol{x},t)$ 满足经典运动方程, 则电流 $J^\mu(\varphi_c, A_\mu)$ 是守恒的:

$$\partial_\mu J^\mu(\varphi_c, A_\mu) = \partial_t \rho + \partial_i J^i = 0, \tag{3.4.12}$$

其中 $\rho = J^0$ 是密度, J^i 是电流. 显然上面的结果对于零 A_μ 场也是正确的, 即有 $\partial_\mu J^\mu(\varphi_c) = 0$, 也即中性系统电流守恒.

对于玻色子系统, 守恒电流为

$$\begin{aligned} J^0 =& \rho = \varphi^* \varphi, \\ J^i =& -\frac{i}{2m}[\varphi^*(\partial_i \varphi) - (\partial_i \varphi^*)\varphi] + A_i |\varphi|^2 \\ =& \frac{1}{2m}[\varphi^*(\hat{p}_i \varphi) - (\hat{p}_i \varphi^*)\varphi] + A_i \rho. \end{aligned} \tag{3.4.13}$$

有意思的是, 玻色子系统中的电流依赖于规范势.

习题

3.4.1 考虑与规范场耦合的格点玻色子系统:

$$L = i\frac{1}{2}\sum_i \{\varphi_i^*[\partial_0 + iA_0(i)]\varphi_i - \varphi_i[\partial_0 - iA_0(i)]\varphi_i^*\} + \sum_{\langle ij\rangle}(t_{ij}\varphi_j^*\varphi_i e^{-ia_{ij}} + h.c.), \tag{3.4.14}$$

其中求和是对于所有的对 $\langle ij\rangle$, 并且 a_{ij} 是规范场 $a_{ij} = \int_i^j d\boldsymbol{x}\cdot A$.

(a) 证明 L 在格点规范变换

$$\varphi_i \to e^{if_i(t)}\varphi_i, \quad A_0(i) \to A_0(i) - \partial_0 f_i, \quad a_{ij} \to a_{ij} - f_j + f_i \tag{3.4.15}$$

下是不变的.

(b) 写出 $\varphi_i(t)$ 的运动方程.

(c) 计算密度的时间导数 $\partial_0 \varphi_i^* \varphi_i$. 证明可以引进格点连接上的电流 J_{ij}, 并得到格点电流守恒关系

$$\partial_0 \varphi_i^* \varphi_i + \sum_j J_{ij} = 0. \tag{3.4.16}$$

(d) 证明 J_{ij} 可以表示为 $-\frac{\partial L}{\partial a_{ij}}$.

3.4.2 电流关联函数和电磁场响应

要点:

- 电流关联受电流守恒条件的制约. 许多重要的物理量, 诸如压缩率和电导率, 都由电流关联所决定
- 为了得到正确的响应, 以正确的顺序取 $\boldsymbol{k} \to 0$ 和 $\omega \to 0$ 极限是重要的

现在我们计算系统对外加规范势的响应, 先看规范势 A_μ 能够产生多少电流 J^μ. 引进 j^μ:

$$j^0=\rho,\quad j^i=-\frac{i}{2m}[\varphi^*(\partial_i\varphi)-(\partial_i\varphi^*)\varphi], \tag{3.4.17}$$

拉格朗日量的形式是

$$L(\varphi,A_\mu)=L(\varphi)-A_0j^0-A_ij^i-\frac{1}{2m}(A^i)^2\rho. \tag{3.4.18}$$

使用线性响应理论计算 $\langle j^\mu(\boldsymbol{x},t)\rangle$ 至 A_μ 的第一级, 得到

$$\langle J^\mu(\boldsymbol{x},t)\rangle=\langle j^\mu(\boldsymbol{x},t)\rangle+(1-\delta^{\mu0})A^\mu\rho=\int d^d\boldsymbol{x}dt\ \Pi^{\mu\nu}(\boldsymbol{x},t;\boldsymbol{x}',t')A_\nu(\boldsymbol{x}',t'), \tag{3.4.19}$$

其中响应函数

$$\begin{aligned}
\Pi^{00}(\boldsymbol{x},t;\boldsymbol{x}',t')=&-i\Theta(t-t')\left\langle[\rho(\boldsymbol{x},t),\rho(\boldsymbol{x}',t')]\right\rangle,\\
\Pi^{0i}(\boldsymbol{x},t;\boldsymbol{x}',t')=&-i\Theta(t-t')\left\langle[\rho(\boldsymbol{x},t),j^i(\boldsymbol{x}',t')]\right\rangle,\\
\Pi^{i0}(\boldsymbol{x},t;\boldsymbol{x}',t')=&-i\Theta(t-t')\left\langle[j^i(\boldsymbol{x},t),\rho(\boldsymbol{x}',t')]\right\rangle,\\
\Pi^{ij}(\boldsymbol{x},t;\boldsymbol{x}',t')=&-i\Theta(t-t')\left\langle[j^i(\boldsymbol{x},t),j^j(\boldsymbol{x}',t')]\right\rangle+\delta^{ij}\delta(\boldsymbol{x}-\boldsymbol{x}')\delta(t-t')\frac{\langle\rho\rangle}{m}.
\end{aligned} \tag{3.4.20}$$

由于流算符自身的 A_i 依赖, 我们得到一个额外的接触项 $\delta^{ij}\delta(\boldsymbol{x}-\boldsymbol{x}')\delta(t-t')\frac{\langle\rho\rangle}{m}$. 如果引进关联函数

$$\pi^{\mu\nu}(\boldsymbol{x},t;\boldsymbol{x}',t')=-i\Theta(t-t')\left\langle[j^\mu(\boldsymbol{x},t),j^\nu(\boldsymbol{x}',t')]\right\rangle, \tag{3.4.21}$$

则

$$\Pi^{\mu\nu}=\pi^{\mu\nu}+\delta^{\mu\nu}(1-\delta^{0\mu})(1-\delta^{0\nu})\delta(\boldsymbol{x}-\boldsymbol{x}')\delta(t-t')\langle\rho\rangle. \tag{3.4.22}$$

上面的结果适用于零温度和有限温度. 在有限温度 T 下, 可以按 2.2 节的方法, 先计算虚时间的 $\pi^{\mu\nu}$, 再通过解析延拓得到实时间响应函数.

$$[\Pi^{\mu\nu}(\boldsymbol{x},t;\boldsymbol{x}',t')]^\dagger=\Pi^{\nu\mu}(\boldsymbol{x}',t';\boldsymbol{x},t), \tag{3.4.23}$$

或者在 ω-k 空间,

$$\left[\Pi^{\mu\nu}_{(k_\lambda)}\right]^\dagger=\Pi^{\nu\mu}_{(-k_\lambda)}, \tag{3.4.24}$$

其中 $k_0=\omega$.

由于电流守恒, $\Pi^{\mu\nu}$ 的分量不是互相独立的, 在 ω-k 空间就有

$$k_\mu\Pi^{\mu\nu}_{(k_\lambda)}=0, \tag{3.4.25}$$

则 Π^{ij} 就可以决定全部 $\Pi^{\mu\nu}$

$$\begin{aligned}
\Pi^{0i}_{(k_\lambda)}=&[\Pi^{i0}_{(-k_\lambda)}]^\dagger=-\frac{k_j}{\omega}\Pi^{ji}_{(k_\lambda)},\\
\Pi^{00}_{(k_\lambda)}=&-\frac{k_j}{\omega}\Pi^{0j}_{(k_\lambda)}=\frac{k_ik_j}{\omega^2}\Pi^{ij}_{(k_\lambda)}.
\end{aligned} \tag{3.4.26}$$

对于旋转不变系统还可以进一步将 Π^{ij} 和 π^{ij} 分解为纵向分量 $\Pi^{||}_{(k_\lambda)}$ 和横向分量 $\Pi^{\perp}_{(k_\lambda)}$:

$$\begin{aligned}\Pi^{ij}_{(k_\lambda)} &= \frac{k_i k_j}{\boldsymbol{k}^2}\Pi^{||}_{(k_\lambda)} + (\delta_{ij} - \frac{k_i k_j}{\boldsymbol{k}^2})\Pi^{\perp}_{(k_\lambda)},\\ \pi^{ij}_{(k_\lambda)} &= \frac{k_i k_j}{\boldsymbol{k}^2}\pi^{||}_{(k_\lambda)} + (\delta_{ij} - \frac{k_i k_j}{\boldsymbol{k}^2})\pi^{\perp}_{(k_\lambda)}.\end{aligned} \tag{3.4.27}$$

(3.4.26) 就可以改写为

$$\Pi^{0i}_{(k_\lambda)} = -k_i \Pi^{||}_{(k_\lambda)}, \qquad \Pi^{00}_{(k_\lambda)} = \frac{\boldsymbol{k}^2}{\omega^2}\Pi^{||}_{(k_\lambda)}; \tag{3.4.28}$$

而 (3.4.22) 为

$$\Pi^{||}_{(k_\lambda)} = \pi^{||}_{(k_\lambda)} + \frac{\langle\rho\rangle}{m}, \qquad \Pi^{\perp}_{(k_\lambda)} = \pi^{\perp}_{(k_\lambda)} + \frac{\langle\rho\rangle}{m}. \tag{3.4.29}$$

响应函数 $\Pi^{\mu\nu}$ 关系到很多重要的物理量. 以金属为例, 在 $\omega \to 0$ 极限下,

$$\delta\rho(\boldsymbol{k}) = \Pi^{00}_{(0,\boldsymbol{k})} A_0(\boldsymbol{k}), \tag{3.4.30}$$

注意 $A_0(\boldsymbol{x})$ 就是外来势, $-\Pi^{00}_{(0,\boldsymbol{k})}$ 就是压缩率 (波矢为 $\boldsymbol{k}$):

$$\chi(\boldsymbol{k}) = -\Pi^{00}_{(0,\boldsymbol{k})}. \tag{3.4.31}$$

通常我们认为 $\Pi^{00}_{(0,\boldsymbol{k})}$ 对于所有 $\boldsymbol{k}$ 都是有限的, 因此对于小量 ω, 在 $\omega \ll \boldsymbol{k}$ 极限下 (注意我们先取 $\omega \to 0$),

$$\Pi^{||}_{(k_\lambda)} = -\chi(\boldsymbol{k})\frac{\omega^2}{\boldsymbol{k}^2}. \tag{3.4.32}$$

从 (3.4.29) 可以看到, 在 $\omega \to 0$ 极限下, $\pi^{||}_{(k_\lambda)}$ 必须严格消去 $\frac{\langle\rho\rangle}{m}$, 才能使 $\Pi^{||}_{(k_\lambda)}$ 以 ω^2 的速度趋于零.

再取 $\boldsymbol{k}$ 先趋于零, 在 $|\boldsymbol{k}| \ll \omega$ 极限下, $i\omega A_{i,(\omega,\boldsymbol{k})}$ 是一个近乎均匀的电场, 这样的电场可以产生方向为 A_i、波矢为 $\boldsymbol{k}$ 的电流:

$$J^i(\omega) = \lim_{\boldsymbol{k}\to 0} \frac{\Pi^{ij}}{-i\omega}(-i\omega)A_{j,(\omega,\boldsymbol{k})}. \tag{3.4.33}$$

从 (3.4.27), 我们看到这一极限的存在要求 $\Pi^{||}_{(k_\lambda)}$ 和 $\Pi^{\perp}_{(k_\lambda)}$ 在 $\omega \gg |\boldsymbol{k}|$ 极限下相等. 如果处于这种情况, 则可得到电导率

$$\sigma(\omega) = \frac{\Pi^{||}_{(\omega,0)}}{-i\omega} = \frac{\Pi^{\perp}_{(\omega,0)}}{-i\omega}, \tag{3.4.34}$$

电导率的实部

$$\mathrm{Re}\,\sigma(\omega) = -\mathrm{Im}\,\frac{\Pi^{||}_{(\omega,0)}}{\omega} = -\mathrm{Im}\,\frac{\Pi^{\perp}_{(\omega,0)}}{\omega}. \tag{3.4.35}$$

对应于耗散, 电导率的虚部则给出介电常数

$$\epsilon(\omega) = -\frac{\mathrm{Im}\,\sigma(\omega)}{\omega} = \mathrm{Re}\,\frac{\Pi^{||}_{(\omega,0)}}{\omega^2} = \mathrm{Re}\,\frac{\Pi^{\perp}_{(\omega,0)}}{\omega^2}. \tag{3.4.36}$$

这样在 $\omega \gg |\boldsymbol{k}|$ 极限下就有

$$\Pi^{||}_{(\omega,0)} = \Pi^{\perp}_{(\omega,0)} = i\omega \mathrm{Re}\,\sigma(\omega) + \omega^2\epsilon(\omega). \tag{3.4.37}$$

注意到极化矢量 $\boldsymbol{P}$ 满足 $\partial_{\boldsymbol{x}} \cdot \boldsymbol{P} = -\delta\rho$ 或 (假设 $A_i = 0$)

$$\begin{aligned} ik_iP^i &= -\delta\rho = -\Pi^{00}A_0 \\ &= -\frac{\boldsymbol{k}^2}{\omega^2}\Pi^{||}_{(k_\lambda)}A_0 \\ &= i\frac{\Pi^{||}_{(k_\lambda)}}{\omega^2}k_iE_i, \end{aligned} \tag{3.4.38}$$

因此

$$P^i = \frac{\Pi^{||}_{(k_\lambda)}}{\omega^2}E_i, \tag{3.4.39}$$

这样我们再一次看到 $\frac{\Pi^{||}_{(k_\lambda)}}{\omega^2}$ 是介电常数.

我们已经考虑了 $\Pi^{||}$ 和 $\Pi^{\perp}$ 的 $\omega \gg |\boldsymbol{k}|$ 极限以及 $\Pi^{||}$ 的 $\omega \ll |\boldsymbol{k}|$ 极限, $\Pi^{\perp}$ 的 $\omega \ll |\boldsymbol{k}|$ 极限又怎样呢? 一个十分自然的猜想是它对应于磁化率. 磁矩密度 $\boldsymbol{M}$ 满足 $\partial_{\boldsymbol{x}} \times \boldsymbol{M} = -\boldsymbol{j}$, 就有 (假设 $A_0 = 0$)

$$\begin{aligned} i\epsilon^{ijk}k_jM_k &= -j^i = -\Pi^{ij}A_j = -(\delta^{ij}\boldsymbol{k}^2 - k^ik^j)A_j\frac{\Pi^{\perp}_{(k_\lambda)}}{\boldsymbol{k}^2} \\ &= +\epsilon^{ij'k'}k_{j'}\epsilon^{k'i'j}k_{i'}A_j\frac{\Pi^{\perp}_{(k_\lambda)}}{\boldsymbol{k}^2} = -i\epsilon^{ijk}k_jB_k\frac{\Pi^{\perp}_{(k_\lambda)}}{\boldsymbol{k}^2}, \end{aligned} \tag{3.4.40}$$

因此

$$M_i = -\frac{\Pi^{\perp}_{(k_\lambda)}}{\boldsymbol{k}^2}B_i, \tag{3.4.41}$$

且 $-\frac{\Pi^{\perp}_{(k_\lambda)}}{\boldsymbol{k}^2}$ 是磁化率.

现在我们计算玻色子超流的 $\Pi^{\mu\nu}$. 由包含规范场的玻色子拉格朗日量 (3.4.5), 通过对振幅涨落的积分我们得到含有规范场的 XY 模型. 计至 $(\partial_\mu f, A_\mu)$ 的二阶项, 我们有

$$L = \frac{\chi}{2}\left[(\partial_0\theta + A_0)^2 - v^2(\partial_i\theta + A_i)^2\right]. \tag{3.4.42}$$

因为

$$j^0 = -\chi\partial_0\theta, \qquad j^i = \chi v^2\partial_i\theta, \tag{3.4.43}$$

因此

$$\begin{aligned} \pi^{00} &= \chi^2(-i\omega)(i\omega)\left\langle\theta_{(\omega,\boldsymbol{k})}\theta_{(-\omega,-\boldsymbol{k})}\right\rangle = \chi\frac{\omega^2}{\omega^2 - v^2\boldsymbol{k}^2 + i0^+\mathrm{sgn}\,\omega} \\ \pi^{0i} &= \pi^{i0} = \chi^2(-i\omega)(-ik_i)\left\langle\theta_{(\omega,\boldsymbol{k})}\theta_{(-\omega,-\boldsymbol{k})}\right\rangle = -\chi v^2\frac{\omega k_i}{\omega^2 - v^2\boldsymbol{k}^2 + i0^+\mathrm{sgn}\,\omega} \\ \pi^{ij} &= \chi^2(ik_i)(-ik_j)\left\langle\theta_{(\omega,\boldsymbol{k})}\theta_{(-\omega,-\boldsymbol{k})}\right\rangle = \chi v^4\frac{k_ik_j}{\omega^2 - v^2\boldsymbol{k}^2 + i0^+\mathrm{sgn}\,\omega}. \end{aligned} \tag{3.4.44}$$

注意选择 $i0^+\mathrm{sgn}\,\omega$ 给出响应函数. 所有的 $\Pi^{\mu\nu}$ 为

$$\begin{aligned}\Pi^{00} =&\chi\left(\frac{\omega^2}{\omega^2-v^2\boldsymbol{k}^2+i0^+\mathrm{sgn}\,\omega}-1\right)\\ \Pi^{0i} =&\Pi^{i0}=-\chi v^2\frac{\omega k_i}{\omega^2-v^2\boldsymbol{k}^2+i0^+\mathrm{sgn}\,\omega}\\ \Pi^{ij} =&\chi v^2\left(\delta_{ij}+v^2\frac{k_ik_j}{\omega^2-v^2\boldsymbol{k}^2+i0^+\mathrm{sgn}\,\omega}\right)\end{aligned}\tag{3.4.45}$$

和

$$\begin{aligned}\Pi^{||} =&\chi v^2\left(\frac{v^2k^2}{\omega^2-v^2\boldsymbol{k}^2+i0^+\mathrm{sgn}\,\omega}+1\right),\\ \Pi^{\perp} =&\chi v^2.\end{aligned}\tag{3.4.46}$$

压缩率 $-\Pi^{00}_{(0,\boldsymbol{k})}$ 有限并等于 χ. 当 $\boldsymbol{k}\to 0$ 时磁化率 $-\Pi^{\perp}/c\boldsymbol{k}^2$ 发散. 对于有限频率, 电导率的实部

$$\mathrm{Re}\,\sigma(\omega)=\mathrm{Im}\,\frac{\Pi^{||}_{(\omega,0)}}{\omega}=\mathrm{Im}\,\frac{\chi v^2}{\omega-i0^+}=\pi\frac{\rho}{m}\delta(\omega)\tag{3.4.47}$$

是零. 如果我们选择库仑规范 $\partial_{\boldsymbol{x}}\cdot\boldsymbol{A}=0$, 可以得到电流与规范势之间的简单关系

$$\boldsymbol{J}=\frac{\rho}{m}\boldsymbol{A},\tag{3.4.48}$$

这就是著名的伦敦方程, 它与许多超导体的异常特性有关, 诸如持续电流、Meisner 效应等等.

3.4.3 超流性与有限温度效应

要点:

- 激发减少超流流动, 但是不能完全抑制超流, 因而造成超流性
- 超流流动只能被涡旋隧穿所抑制
- 超流流动的临界速度

现在我们可以讨论相互作用玻色子对称破缺相的超流特性了. 我们先考虑在自由空间的玻色子系统, 玻色子系统在伽利略变换下是不变的. 我们假设在对称破缺基态上的激发谱为 $\epsilon(\boldsymbol{k})$, 并忽略激发之间的相互作用, 后一点假设在低温弱激发的情况下是成立的.

假设温度为 T, 玻色子处于超流相. 超流静止时能量为 E_0, 动量为 $\boldsymbol{P}_0=0$. 如果给超流一个伽利略推动, 超流就有能量 $\tilde{E}=E_0+\frac{1}{2}Nm\boldsymbol{v}^2$ 和动量 $\tilde{\boldsymbol{P}}=Nm\boldsymbol{v}$, 其中 $\boldsymbol{v}$ 是伽利略推动的速度, N 是总玻色子数. 推动后的超流在共同运动的参考系中处于平衡态, 但在实验室参考系里不处于平衡态.

考虑 (静止) 基态和一个单独激发 $(\epsilon,\boldsymbol{k})$, 系统的总能量和总动量分别是 $E_{\mathrm{ground}}+\epsilon$ 和 $\boldsymbol{P}=\boldsymbol{k}$. 如果我们以速度 $\boldsymbol{v}$ 推动系统, 则系统的总能量和总动量分别就是 $E=E_{\mathrm{ground}}+\epsilon+\frac{1}{2}Nm\boldsymbol{v}^2+\boldsymbol{v}\cdot\boldsymbol{k}$

和 $\boldsymbol{P}=\boldsymbol{k}+Nm\boldsymbol{v}$, 与推动后基态的能量和动量 $E=E_{\text{ground}}+\frac{1}{2}Nm\boldsymbol{v}^2$ 和 $\boldsymbol{P}=Nm\boldsymbol{v}$ 做比较, 我们看到推动后基态之上的新的激发谱为

$$\epsilon_{\boldsymbol{v}}(\boldsymbol{k})=\epsilon(\boldsymbol{k})+\boldsymbol{v}\cdot\boldsymbol{k}. \tag{3.4.49}$$

推动后的超流中, 在动量 $\boldsymbol{k}$ 的激发态的占有数由 $n_B[\epsilon(\boldsymbol{k})]$ 给出, 其中

$$n_B(\epsilon)=\frac{1}{e^{\epsilon/T}-1}; \tag{3.4.50}$$

而在平衡态, 激发应有占有数 $n_B[\epsilon_{\boldsymbol{v}}(\boldsymbol{k})]$. 我们看到, 推动后的超流不是平衡态. 推动后的超流的能量和动量可以写做

$$\begin{aligned}\tilde{E}=&E_{\text{ground}}+\sum_{\boldsymbol{k}}\epsilon(\boldsymbol{k})n_B[\epsilon(\boldsymbol{k})]+\frac{1}{2}Nm\boldsymbol{v}^2,\\ \tilde{\boldsymbol{P}}=&\sum_{\boldsymbol{k}}\boldsymbol{k}n_B[\epsilon(\boldsymbol{k})]+Nm\boldsymbol{v}=Nm\boldsymbol{v}.\end{aligned} \tag{3.4.51}$$

如果让一个推动后的超流通过激发重新分布而趋于在实验室参考系中的平衡态, 能量和动量就将改变为

$$\begin{aligned}E_{\boldsymbol{v}}=&E_{\text{ground}}+\sum_{\boldsymbol{k}}\epsilon_{\boldsymbol{v}}(\boldsymbol{k})n_B[\epsilon_{\boldsymbol{v}}(\boldsymbol{k})]+\frac{1}{2}Nm\boldsymbol{v}^2,\\ \boldsymbol{P}_{\boldsymbol{v}}=&\sum_{\boldsymbol{k}}\boldsymbol{k}n_B[\epsilon_{\boldsymbol{v}}(\boldsymbol{k})]+Nm\boldsymbol{v}.\end{aligned} \tag{3.4.52}$$

对于小量 $\boldsymbol{v}$ 上式可以重新写成

$$\begin{aligned}E_{\boldsymbol{v}}=&E_0+\frac{1}{2}[Nm-\mathcal{V}(\rho_n m+\delta\rho_n m)]\boldsymbol{v}^2,\\ \boldsymbol{P}_{\boldsymbol{v}}=&(Nm-\mathcal{V}\rho_n m)\boldsymbol{v},\end{aligned} \tag{3.4.53}$$

其中

$$\rho_n=-\frac{1}{md}\int\frac{d^d\boldsymbol{k}}{(2\pi)^d}\boldsymbol{k}^2 n_B'[\epsilon(\boldsymbol{k})], \tag{3.4.54}$$

$$\delta\rho_n=-\frac{1}{md}\int\frac{d^d\boldsymbol{k}}{(2\pi)^d}\boldsymbol{k}^2\frac{d}{d\epsilon(\boldsymbol{k})}\left\{\epsilon(\boldsymbol{k})n_B'[\epsilon(\boldsymbol{k})]\right\}. \tag{3.4.55}$$

$\boldsymbol{P}_{\boldsymbol{v}}$ 的结果很容易得到, 为了得到 $E_{\boldsymbol{v}}$, 注意到

$$\begin{aligned}E_{\boldsymbol{v}}=&E_{\text{ground}}+\sum_{\boldsymbol{k}}\epsilon(\boldsymbol{k})n_B[\epsilon(\boldsymbol{k})]+\sum_{\boldsymbol{k}}(\boldsymbol{v}\cdot\boldsymbol{k})^2\{n_B'[\epsilon(\boldsymbol{k})]+\frac{1}{2}\epsilon(\boldsymbol{k})n_B''[\epsilon(\boldsymbol{k})]\}+\frac{1}{2}Nm\boldsymbol{v}^2\\ =&E_0-\frac{1}{2}\mathcal{V}m\rho_n\boldsymbol{v}^2+\frac{1}{2d}\boldsymbol{v}^2\sum_{\boldsymbol{k}}\boldsymbol{k}^2\frac{d}{d\epsilon(\boldsymbol{k})}\left\{\epsilon(\boldsymbol{k})n_B'[\epsilon(\boldsymbol{k})]\right\}+\frac{1}{2}Nm\boldsymbol{v}^2.\end{aligned}$$

(3.4.56)

如果对于小动量 $\boldsymbol{k}$, $\epsilon(\boldsymbol{k}) \propto |\boldsymbol{k}|$, 则在低温下, $\rho_n \propto T^{d+1}$.

这里我们看到对称破缺相平衡态的一个惊人特性: 在使激发态趋于平衡态后, 系统的总动量 $\boldsymbol{P_v}$ 不会趋于零, 在平衡态中玻色子也会一直运动. 正由于这个特性, 对称破缺相被称为超流相. 为了更好地理解这一现象, 我们回忆起在对称破缺相的玻色子场可以写为

$$\varphi = \varphi_0 + \delta\varphi, \tag{3.4.57}$$

其中 φ_0 描述的是凝聚, $\delta\varphi$ 是凝聚体上面的激发. 让我们假设玻色子在一个具有周期性边界条件的边长为 L 的箱中, 当我们推动系统时, 会将玻色子边界条件从 $\varphi(L) = \varphi(0)$ 扭转至 $\varphi(L) = e^{imvL}\varphi(0)$, 因此推动使 φ 改变为 $e^{imvx}\varphi$. 在推动后的超流中, 凝聚体受到扭转 $\varphi_0 \to e^{imvx}\varphi_0$. 在周期性边界条件, mvL 量子化为 $2\pi\times$ 整数. 由于 $|\varphi_0|$ 取固定值, 显然除非有由涡漩产生的不连续性, 否则无法解除凝聚体的扭曲. 解除这一扭曲将迫使 φ_0 变成零, 而这要消耗很大的能量. 因此解除扭曲是有限能量壁垒的隧穿过程. 根据这一图像, 我们看到尽管运动的超流具有较高的能量, 如果忽略涡漩隧穿过程, 它就不能驰豫回基态. 我们还了解到超流不可能真的永远流动, 涡漩隧穿会使流动趋于零, 但是这个过程需要很长很长的时间.

但是对于基态上的激发的情况就大为不同了, $\delta\varphi$ 在零附近涨落, 很容易扭转和改变它的相位, 因此涨落 (或激发) 可以很容易通过与环境的相互作用趋于平衡态.

以上讨论暗示了一个二流体图像, 玻色子超流含有两种分量: 与凝聚有关的超流体分量和与激发有关的正常流体分量. 当玻色子超流分量流经一段管道时, 只有超流分量可无任何摩擦地流过, 如果摩擦力很大, 正常流分量就流不过去. (在稳恒态, 沿管道方向不存在压力, 正常流分量根本不流动.) 显然超流速度能很大, 如果 $\boldsymbol{v}$ 太大, 在实验室参考系 $\epsilon_{\boldsymbol{v}}(\boldsymbol{k})$ 中的激发能会变成负值, 表示无摩擦流动的不稳定性. 因此临界速度为

$$v_c = \min[\epsilon(\boldsymbol{k})/|\boldsymbol{k}|]. \tag{3.4.58}$$

有意思的是, 即使在温度为零时, 自由玻色子系统的临界速度也为 $v_c = 0$. 尽管自由玻色子系统在温度为零时长程有序, 但由于 $v_c = 0$, 它不是超流体.

让我们更加仔细地考察二流体图像. 注意 $m\boldsymbol{v}$ 决定了凝聚的扭转, 因此在超流分量中的每个玻色子携带的动量是 $m\boldsymbol{v}$, 而 $\boldsymbol{P_v}/m\boldsymbol{v}$ 就给出了在超流分量中的玻色子数. 则超流分量密度为

$$\rho_s = \frac{\boldsymbol{P_v}}{\mathcal{V}m\boldsymbol{v}} = \rho - \rho_n, \tag{3.4.59}$$

而 ρ_n 可以看作是正常流分量密度. 从 (3.4.54) 我们看到在零温度 $\rho_s = \rho$, 尽管在 $\boldsymbol{k} = 0$ 态的玻色子数目少于 N.

超流分量的质量密度定义为

$$\rho_s^{\text{mass}} = \frac{\boldsymbol{P_v}}{\mathcal{V}\boldsymbol{v}}. \tag{3.4.60}$$

值得注意的是, 有限温度造成的超流质量密度修正 $\delta\rho_s^{\text{mass}} = m\rho_n$ 完全由 $\boldsymbol{A} = 0$ 的激发谱 $\epsilon(\boldsymbol{k})$ 决定. 一旦知道了 $\epsilon(\boldsymbol{k})$, 我们就可以计算 $\delta\rho_s^{\text{mass}}$.

如果玻色子带电荷并与电磁规范场 A_μ 耦合, 则在零规范势 $(\boldsymbol{A}=0, e^{im\boldsymbol{v}\cdot\boldsymbol{x}}\varphi_0)$ 下的扭曲凝聚体就规范等价于在非零规范势 $(\boldsymbol{A}=m\boldsymbol{v}, \varphi_0)$ 下的无扭曲的凝聚体. 这种情形下 (3.4.53) 可以解释为施加常数规范势 $\boldsymbol{A}=m\boldsymbol{v}$ 产生有限动量 $\boldsymbol{P}_{\boldsymbol{v}}$, 由于伽利略不变性动量密度 $\boldsymbol{P}_{\boldsymbol{v}}/\mathcal{V}$ 与电流密度 $\boldsymbol{j}=\boldsymbol{P}_{\boldsymbol{v}}/m\mathcal{V}$ 成正比, 因此 (3.4.53) 可以重新写为

$$\boldsymbol{j}=\frac{\rho_s}{m}\boldsymbol{A}, \tag{3.4.61}$$

这也正是伦敦方程. 我们看到在有限温度下伦敦方程的系数是 $\frac{\rho_s}{m}$, 其温度依赖关系可用 (3.4.54) 计算.

习题

3.4.2 没有伽利略不变性的超流

尽管上述讨论集中于伽利略不变超流, 以上得到的大部分结果还适用于没有伽利略不变性超流.

(a) 导出常数规范势 $\boldsymbol{A}$ 下玻色子系统的 XY 模型, 假设凝聚体 $\varphi=$ 常量. 写出低能模式的色散 $\epsilon_{\boldsymbol{A}}(\boldsymbol{k})$, 将结果与上面得到的 $\epsilon_{\boldsymbol{v}}(\boldsymbol{k})$ 做比较.

(b) 重复以上计算, 但在玻色子拉格朗日量中增加一项 $\frac{c}{2}|\dot{\varphi}|^2$, 破坏伽利略不变性.

(c) 导出上述伽利略非不变系统的伦敦方程. [提示: 可以先导出零温度的伦敦方程, 然后考虑在有限 T 的激发将会怎样修正电流, 注意在动量为 $\boldsymbol{k}$ 的激发的电流由 $\frac{\partial}{\partial \boldsymbol{A}}\epsilon_{\boldsymbol{A}}(\boldsymbol{k})$ 给出.]

3.4.4 隧穿和约瑟芬效应

我们已经看到玻色子在超流相的格林函数在不同维下是很不同的, 本节我们将讨论两个超流体或超导体之间的隧穿, 并且将看到可以通过隧穿实验测量玻色子格林函数的特性.

考虑两个由 H_R 和 H_L 描述并由隧穿算符 I 耦合的玻色子系统

$$H=H_R+H_L+\Gamma I+\Gamma I^\dagger, \tag{3.4.62}$$

其中

$$I=\varphi_L\varphi_R^\dagger, \tag{3.4.63}$$

而 Γ 描述了隧穿振幅. 在有电磁规范场的时候, 总哈密顿量需要重新写为

$$H=H_R+H_L+\Gamma e^{-ia}I+\Gamma e^{+ia}I^\dagger, \tag{3.4.64}$$

其中 $a=\int_L^R \boldsymbol{A}d\boldsymbol{x}$ 是跨越隧道结的矢势积分. 隧穿电流算符为

$$j_T=\frac{\partial}{\partial a}H=-i\Gamma(Ie^{-ia}-I^\dagger e^{+ia}). \tag{3.4.65}$$

如果 $\langle j_T\rangle>0$, 电流从 L 流到 R, 在 $A_0=0$ 规范下, 两个系统的电压差 $V=V_L-V_R$ 可以通过令

$$a(t)=\int_L^R \boldsymbol{A}d\boldsymbol{x}=-Vt \tag{3.4.66}$$

引入, $A_0=0$ 规范的优点是 $H_{R,L}$ 不受外加电压的影响.

由以上的准备, 就不难写出隧穿电流的表达式

$$\begin{aligned}\langle j_T\rangle(t)=&-i\Gamma\int^t dt'\ \left\langle[j_T(t),e^{-ia(t')}I(t')+h.c.]\right\rangle+\langle j_T\rangle_0(t)\\=&-\Gamma^2\int^t dt'\ e^{-ia(t)+ia(t')}\left\langle[I(t),I^\dagger(t')]\right\rangle\\&+e^{-ia(t)-ia(t')}\langle[I(t),I(t')]\rangle+h.c.+\langle j_T\rangle_0(t),\end{aligned}\tag{3.4.67}$$

其中 $\langle j_T\rangle_0(t)$ 是没有隧穿项时的平均值.

如果两个玻色子系统都处于超流或超导相, 则主要贡献来自 $\langle j_T\rangle_0(t)$:

$$\langle j_T\rangle(t)=2\Gamma|\varphi_R\varphi_L|\sin[\theta-a(t)],\tag{3.4.68}$$

其中 θ 是两边凝聚体 φ_R 和 φ_L 的相位差. 我们看到, 即使在零电压 $a(t)=0$, 如果 $\theta\neq0$, 隧穿电流可以是有限值:

$$\langle j_T\rangle=I_c\sin\theta,\tag{3.4.69}$$

其中 I_c 是最大隧穿电流 (称为临界隧穿电流)

$$I_c=2\Gamma|\varphi_R\varphi_L|.\tag{3.4.70}$$

如果其中一个玻色子系统处于正常相 (包括代数衰减相), 则 $\langle j_T\rangle_0(t)=0$ 并 $\langle[I(t),I(t')]\rangle=0$, 我们有

$$\langle j_T\rangle(t)=-\Gamma^2\int^t dt'\ \left[e^{-ia(t)+ia(t')}\left\langle[I(t),I^\dagger(t')]\right\rangle+h.c.\right].\tag{3.4.71}$$

由于 $\left\langle[I(t),I^\dagger(t')]\right\rangle$ 是没有隧穿时的关联, 可以表示为结两边格林函数的乘积, 例如

$$\left\langle I(t)I^\dagger(t')\right\rangle=\left\langle\varphi_L(t)\varphi_L^\dagger(t')\right\rangle\left\langle\varphi_R^\dagger(t)\varphi_R(t')\right\rangle.\tag{3.4.72}$$

在 1+1D, 时序格林函数有代数衰变

$$\left\langle\varphi_{L,R}(t)\varphi_{L,R}^\dagger(t')\right\rangle\sim e^{-i\eta_{L,R}\pi/2}|t-t'|^{-\eta_{L,R}},\tag{3.4.73}$$

因此

$$\begin{aligned}\left\langle[I(t),I^\dagger(t')]\right\rangle=&\left\langle\varphi_R^\dagger(t)\varphi_R(t')\right\rangle\left\langle\varphi_L(t)\varphi_L^\dagger(t')\right\rangle-\left\langle\varphi_R(t')\varphi_R^\dagger(t)\right\rangle\left\langle\varphi_L^\dagger(t')\varphi_L(t)\right\rangle\\=&e^{-i(\eta_R+\eta_L)\pi/2}\left(\frac{l}{v|t-t'|}\right)^{\eta_R+\eta_L}-h.c.\\=&-2i\sin\frac{(\eta_R+\eta_L)\pi}{2}\left(\frac{l}{v|t-t'|}\right)^{\eta_R+\eta_L},\end{aligned}\tag{3.4.74}$$

这里我们使用了 $\left\langle\varphi_{L,R}(t)\varphi^\dagger_{L,R}(t')\right\rangle=\left\langle\varphi^\dagger_{L,R}(t)\varphi_{L,R}(t')\right\rangle$ 和 $\left\langle\varphi^\dagger_{L,R}(t')\varphi_{L,R}(t)\right\rangle=\left\langle\varphi^\dagger_{L,R}(t)\varphi_{L,R}(t')\right\rangle^*$. 这样隧穿电流的形式为

$$\langle j_T\rangle = 2\sin\frac{(\eta_R+\eta_L)\pi}{2}\left(\frac{l}{v}\right)^{\eta_R+\eta_L}\Gamma^2\int^t dt'\ \left[ie^{iV(t-t')}(t-t')^{-\eta_R-\eta_L}\frac{1}{|t-t'|^{\eta_R+\eta_L}}+h.c.\right]. \tag{3.4.75}$$

使用

$$\begin{aligned}\int_{-\infty}^0 dt\ e^{iVt}|t|^{-a}=&\int_0^{+\infty} dt\ e^{-iVt}t^{-a}\\ =&\Big|_{t\to -i\tau\mathrm{sgn}\,V} - i\mathrm{sgn}\,V e^{ia\pi\mathrm{sgn}\,V/2}\int_0^{+\infty} d\tau\ e^{-|V|\tau}\tau^{-a}\\ =&-i\mathrm{sgn}\,Ve^{ia\pi\mathrm{sgn}\,V/2}|V|^{a-1}\Gamma(1-a),\end{aligned} \tag{3.4.76}$$

我们得到非线性 I-V 曲线

$$\begin{aligned}\langle j_T\rangle =&4\sin\frac{(\eta_R+\eta_L)\pi}{2}\left(\frac{l}{v}\right)^{\eta_R+\eta_L}\Gamma^2\mathrm{sgn}\,V\cos\frac{(\eta_R+\eta_L)\pi}{2}|V|^{\eta_R+\eta_L-1}\Gamma[1-(\eta_R+\eta_L)]\\ =&2\left(\frac{l}{v}\right)^{\eta_R+\eta_L}\Gamma^2\frac{\pi}{\Gamma(\eta_R+\eta_L)}|V|^{\eta_R+\eta_L-1}\mathrm{sgn}\,V,\end{aligned} \tag{3.4.77}$$

其中使用了 $\Gamma(a)\Gamma(1-a)=\frac{\pi}{\sin(\pi a)}$. 我们看到代数衰减的幂指数 $\eta_R+\eta_L$ 可以用隧穿实验测量.

习题

3.4.3 写出在有限温度时的隧穿 I-V 曲线的表达式, 证明在 $V=0$ 的微分电导有下面的温度变化关系

$$\frac{dI}{dV}\propto T^{\eta_R+\eta_L-2}. \tag{3.4.78}$$

3.4.5 Anderson-Higgs 机制和在有限温度的自由能

要点:

- Anderson-Higgs 机制使无能隙 Nambu-Goldstone 模式和无能隙规范模式结合成有有限能隙的模式
- 虚时路径积分中自由能的计算

在前面的讨论中, 我们一直将电磁规范场 A_μ 作为一个固定的、不随电荷及电流变化的背景场处理. 本节我们将把 A_μ 作为一个具有量子涨落的动力学场来处理.

玻色子和规范场的量子理论可以用路径积分定义

$$Z=\mathcal{V}_g^{-1}\int\mathcal{D}(\varphi)\mathcal{D}(A_\mu)\ e^{i\int d^d\boldsymbol{x}dt\ L(\varphi,eA_\mu)+\frac{1}{8\pi}(\boldsymbol{E}^2-\boldsymbol{B}^2)}, \tag{3.4.79}$$

其中我们已经补上了电荷 e. 取光速 $c=1$, $L(\varphi, eA_\mu)$ 是由 (3.4.5) 给出的包含规范场的玻色子拉格朗日量. 注意由于规范不变性, 路径积分形式上无限. 这里我们将路径积分除以规范体积 $\mathcal{V}_g$, 使路径积分在形式上有限.

我们首先考虑由

$$L = L(\varphi, eA_\mu) + \frac{1}{8\pi}(\boldsymbol{E}^2 - \boldsymbol{B}^2) \tag{3.4.80}$$

所描述的经典理论. 在对称破缺相 $|\varphi(x,t)| \neq 0$, 可以通过规范变换取 $\varphi(\boldsymbol{x},t)$ 为实数, $\varphi(\boldsymbol{x},t) = |\varphi(\boldsymbol{x},t)| = \phi(\boldsymbol{x},t)$, 这个过程称为固定规范或选择规范. 规范固定以后, 不同的 (φ, A_μ) 对将描述不同的物理结构. 在 $\varphi(x,t) =$ 实数的规范, 我们有

$$L = -eA_0\phi^2 - \frac{1}{2m}(\partial_i\phi)^2 - \frac{\phi^2}{2m}(eA_i)^2 - V(\phi) + \frac{1}{8\pi}(\boldsymbol{E}^2 - \boldsymbol{B}^2), \tag{3.4.81}$$

积掉小涨落 $\phi = \varphi_0 + \delta\phi$, 得到低能有效理论

$$L_{\text{eff}} = \frac{1}{2V_0}(eA_0)^2 - \frac{\rho}{2m}(eA_i)^2 + \frac{1}{8\pi}(\boldsymbol{E}^2 - \boldsymbol{B}^2), \tag{3.4.82}$$

上式还可以通过在规范的 XY 模型中设 $\theta = 0$ 得到. 注意

$$\frac{1}{8\pi}\boldsymbol{E}^2 = \frac{1}{8\pi}(\partial_0 A_i)^2 + \frac{1}{8\pi}(\partial_i A_0)^2 - \frac{1}{4\pi}\partial_i A_0 \partial_0 A_i \tag{3.4.83}$$

而 A_0 不包含时间导数项, 因此 A_0 没有动力学, 我们将其积掉

$$L_{\text{eff}} = \partial_0 A_j \left[\frac{1}{8\pi}\delta_{ij} + \frac{1}{2}\ \frac{V_0}{(4\pi)^2 e^2}\partial_j\partial_i\right]\partial_0 A_i - \frac{\rho e^2}{2m}A_i^2 - \frac{1}{8\pi}\boldsymbol{B}^2. \tag{3.4.84}$$

引入横向和纵向分量

$$A_i = \hat{k}_i A^{||} + \hat{n}_a A_a^{\perp}, \tag{3.4.85}$$

其中 $\hat{k}$, $\hat{n}_1$ 和 $\hat{n}_2$ 构成局部正交基, 这样就可以将 L_{eff} 重写为

$$\begin{aligned} L_{\text{eff}} =& \frac{1}{8\pi}\left[(\partial_0 A_a^{\perp})^2 - (\partial_i A_a^{\perp})^2\right] - \frac{e^2\rho}{2m}(A_a^{\perp})^2 \\ &+ \frac{1}{8\pi}\partial_0 A^{||}\left[1 + \frac{V_0}{4\pi e^2}(\partial_i)^2\right]\partial_0 A^{||} - \frac{e^2\rho}{2m}(A^{||})^2. \end{aligned} \tag{3.4.86}$$

我们得到两支有能隙的模式, 其能隙为

$$\Delta = e\sqrt{\frac{4\pi\rho}{m}}. \tag{3.4.87}$$

与规范场耦合除去了无能隙的 Nambu-Goldstone 模式, 这种现象称为 Anderson-Higgs 机制. 用 $-i\Delta$ 替代 $\partial_i^2\partial_0^2$ 项中的 ∂_0, L_{eff} 可以进一步简化为:

$$\begin{aligned} L_{\text{eff}} =& \frac{1}{8\pi}\left[(\partial_0 A_a^{\perp})^2 - (\partial_i A_a^{\perp})^2\right] - \frac{e^2\rho}{2m}(A_a^{\perp})^2 \\ &+ \frac{1}{8\pi}\left[(\partial_0 A^{||})^2 - v^2(\partial_i A^{||})^2\right] - \frac{e^2\rho}{2m}(A^{||})^2. \end{aligned} \tag{3.4.88}$$

(注意 $v^2 = V_0\rho/m$ 是 XY 模型的速度.) 由 L_{eff} 开始我们可以研究带电荷超流的所有经典电磁特性.

下面我们将使用路径积分计算规范超流的自由能, 这可以使我们 (通过路径积分) 了解量子理论中的 Anderson-Higgs 机制. 我们将证实低能下只有两个模式, 而且 A_0 模式不贡献熵.

我们从谐振子的自由能开始

$$F = -T\ln Z, \qquad Z = \int \mathcal{D}[x]\ e^{-\int_0^\beta \frac{1}{2}m(\dot{x}^2+\Omega^2x^2)}. \tag{3.4.89}$$

在频率空间有

$$\int_0^\beta \frac{1}{2}m(\dot{x}^2+\Omega^2x^2) = \sum_n \frac{1}{2}mx_{-\omega_n}(\omega_n^2+\Omega^2)x_{\omega_n}, \tag{3.4.90}$$

因此

$$Z = A(\beta,N,m)\prod_{n=-N}^{N}[m(\omega_n^2+\Omega^2)]^{-1/2}, \tag{3.4.91}$$

其中 $A(\beta,N,m)$ 是定义路径积分测度的一个系数. 问题的麻烦之处在于 $A(\beta,N,m)$ 随物理量 T 和 m 变化, 对自由能有非平凡的贡献. 为了得到 $A(\beta,N,m)$, 我们首先把 Z 写为:

$$Z = A'(N)\prod_{n=-N}^{N}[m(\omega_n^2+\Omega^2)]^{-1/2}(mT^2)^{1/2} = A'(N)\prod_{n=-N}^{N}(4\pi^2n^2+\Omega^2T^{-2})^{-1/2}, \tag{3.4.92}$$

其中 A' 没有量纲, 只取决于 N. 然后用一个无量纲因子 $\prod_{n=-N}^{N}4\pi^2n^2$ 修改 A', 将 Z 写为

$$\begin{aligned} Z =&\tilde{A}(N)\frac{T}{\Omega}\prod_{n=1}^{N}(1+\frac{\Omega^2}{\omega_n^2})^{-1} \\ =&\tilde{A}(N)T\left[\frac{\text{Det}'(-\partial_\tau^2)}{\text{Det}(-\partial_\tau^2+\Omega^2)}\right]^{1/2}, \end{aligned} \tag{3.4.93}$$

其中 Det′ 是非零本征值的乘积. 因为 $\tilde{A}(N)$ 不随任何物理量改变, 我们可以安全地将其消去或将其取值为任意常数. 使用

$$\prod_{n=1}^{+\infty}(1+\frac{z^2}{\pi^2n^2}) = \frac{\text{sh}\, z}{z}, \tag{3.4.94}$$

我们发现

$$Z = \tilde{A}\frac{T}{\Omega}\ \frac{\frac{\Omega}{2T}}{\text{sh}\,\frac{\Omega}{2T}} = \frac{\tilde{A}}{2}e^{-\frac{\Omega}{2T}}\ \frac{1}{1-e^{-\frac{\Omega}{T}}}, \tag{3.4.95}$$

如果选择 $\tilde{A}=2$, 就可以严格地再现谐振子的自由能. 因此谐振子的自由能为

$$\begin{aligned} F =&T\left[\ln\frac{\Omega}{2T}+\sum_{n=1}^{+\infty}\ln(\frac{\omega_n^2+\Omega^2}{\omega_n^2})-\ln\tilde{A}\right] \\ =&T\ln(1-e^{-\frac{\Omega}{T}})+\frac{\Omega}{2}. \end{aligned} \tag{3.4.96}$$

上述结果可以写成更加普遍的形式, 一般的高斯路径积分形式为

$$Z=\int\mathcal{D}[x]\;e^{-\frac{1}{2}\int x\mathcal{K}^\beta x}=A\frac{1}{\sqrt{\mathrm{Det}(\mathcal{K}^\beta)}},\tag{3.4.97}$$

假设在高频率算符 $\mathcal{K}^\beta$ 写为

$$\mathcal{K}^\beta=-M_{ij}\partial_\tau^2,\tag{3.4.98}$$

则归一化因子 A 将依赖于 M_{ij} 的本征值. 因此为了使 Z 无量纲和有限, 我们可以选择 A 为 $A=(2T)^m\sqrt{\mathrm{Det}'(-M\partial_\tau^2)}$, 其中 m 是 M_{ij} 的秩. 配分函数现在可写为

$$Z=(2T)^m\frac{\sqrt{\mathrm{Det}'(-M\partial_\tau^2)}}{\sqrt{\mathrm{Det}(\mathcal{K}^\beta)}},\tag{3.4.99}$$

同时自由能为 (为简便假设 M 是一行一列矩阵)

$$F=-T\ln(2T)+T\sum_{n=1}^{+\infty}\ln\left[\frac{\mathcal{K}^\beta(\omega_n)}{M\omega_n^2}\right].\tag{3.4.100}$$

我们看到自由能可以从有限温度的虚时关联 $\mathcal{D}^\beta=1/\mathcal{K}^\beta$ 计算出来.

现在我们用有限温度的实时响应函数 $K^\beta(\omega)=-\mathcal{K}^\beta(-i\omega)$ 表示自由能, 不难计算自由能 F 与谐振子的自由能 F_{os} 之间的差别, 从 (3.4.99) 我们看到

$$F-F_{\mathrm{os}}=\frac{1}{2}T\sum_{n=-\infty}^{+\infty}\ln\left[\frac{\mathcal{K}^\beta(\omega_n)}{M(\omega_n^2+\Omega^2)}\right].\tag{3.4.101}$$

使用一个技巧

$$T\sum_{n=-\infty}^{+\infty}\ln\left[\frac{\mathcal{K}^\beta(\omega_n)}{M(\omega_n^2+\Omega^2)}\right]=\oint_{C_1}\frac{dz}{2\pi i}\;\ln\left\{\frac{\mathcal{K}^\beta(-iz)}{M[(-iz)^2+\Omega^2]}\right\}\frac{1}{e^{\beta z}-1},\tag{3.4.102}$$

其中回路 C_1 围绕虚轴 (见图 2.3), 我们发现

$$\begin{aligned}
&F-F_{\mathrm{os}}\\
=&\frac{1}{2}\int_{C_++C_-}\frac{d\omega}{2i\pi}\ln\left[\frac{K^\beta(\omega)}{M(\omega^2-\Omega^2)}\right]\frac{1}{e^{\beta\omega}-1}\\
=&\int_0^\infty\frac{d\omega}{2\pi}\;\mathrm{Im}\;\ln\left\{\frac{K^\beta(\omega+i0^+)}{M[(\omega+i0^+)^2-\Omega^2]}\right\}\frac{1}{e^{\beta\omega}-1}\\
&-\int_{-\infty}^0\frac{d\omega}{2\pi}\;\mathrm{Im}\;\ln\left\{\frac{K^\beta(\omega-i0^+)}{M[(\omega-i0^+)^2-\Omega^2]}\right\}\frac{1}{e^{\beta\omega}-1}\\
=&\int_0^\infty\frac{d\omega}{2\pi}\;\mathrm{Im}\;\ln\left\{\frac{K^\beta(\omega+i0^+)}{M[(\omega+i0^+)^2-\Omega^2]}\right\}\left(\frac{1}{e^{\beta\omega}-1}-\frac{1}{e^{-\beta\omega}-1}\right)\\
=&\int_0^\infty\frac{d\omega}{\pi}\;\left\{\mathrm{Im}\;\ln[-K^\beta(\omega+i0^+)]\frac{1}{e^{\beta\omega}-1}+\frac{1}{2}\mathrm{Im}\;\ln[K^\beta(\omega+i0^+)]\right\}\\
&-\int_0^\infty\frac{d\omega}{\pi}\;\left\{\mathrm{Im}\ln M[-(\omega+i0^+)^2+\Omega^2]\frac{1}{e^{\beta\omega}-1}+\frac{1}{2}\mathrm{Im}\;\ln M[(\omega+i0^+)^2-\Omega^2]\right\},
\end{aligned}\tag{3.4.103}$$

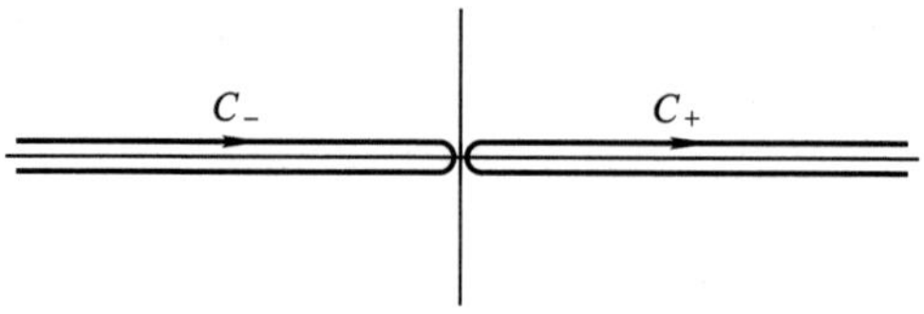

图 3.13 在复 ω 平面中的回路 C_+ 和 C_-.

其中已经用到了 $K^\beta(\omega) = K^\beta(-\omega)$. 回路 C_+ and C_- 围绕正负实轴 (见图 3.13).

注意对于 $\omega > 0$, $\text{Im}\ \ln M[-(\omega + i0^+)^2 + \Omega^2] = -\pi\Theta(\omega - \Omega)$, $\text{Im}\ \ln M[(\omega + i0^+)^2 - \Omega^2] = \pi\Theta(\Omega - \omega)$, 因此

$$
\begin{aligned}
&\int_0^\infty \frac{d\omega}{\pi} \left\{\text{Im}\ \ln M[-(\omega + i0^+)^2 + \Omega^2]\frac{1}{e^{\beta\omega} - 1} + \frac{1}{2}\text{Im}\ \ln M[(\omega + i0^+)^2 - \Omega^2]\right\} \\
=&T\ln(1 - e^{-\beta\Omega}) + \frac{\Omega}{2}
\end{aligned} \tag{3.4.104}
$$

就是振子的自由能. 我们最后发现

$$
F = \int_0^\infty \frac{d\omega}{\pi} \left\{\text{Im}\ \ln[-K^\beta(\omega + i0^+)]\frac{1}{e^{\beta\omega} - 1} + \frac{1}{2}\text{Im}\ \ln[K^\beta(\omega + i0^+)]\right\}, \tag{3.4.105}
$$

第二项是由量子涨落而产生的基态能, 第一项是热激发的贡献. 我们看到只要知道了实时响应函数 $D^\beta(\omega + i0^+) = 1/K^\beta(\omega + i0^+)$, 无需另做归一化就能直接计算自由能, 因为 $\text{Im}\ \ln[-K^\beta(\omega + i0^+)]$ 只依赖于响应函数 $D^\beta(\omega + i0^+)$ 实部与虚部的比值.

现在计算规范超流的自由能. 从规范的 XY 模型开始

$$
\begin{aligned}
Z =&\mathcal{V}_g^{-1} \int \mathcal{D}[\theta]\mathcal{D}[A_\mu]\ e^{-\int_0^\beta d^d\boldsymbol{x}d\tau\ L}, \\
L =&\frac{\chi}{2}(\partial_0\theta + eA_0)^2 + \frac{\chi v^2}{2}(\partial_i\theta + eA_i)^2 + \frac{1}{8\pi}(\boldsymbol{E}^2 + \boldsymbol{B}^2),
\end{aligned} \tag{3.4.106}
$$

选择 $A_0 = 0$ 规范, 有

$$
\begin{aligned}
Z =& \int \mathcal{D}[\theta]\mathcal{D}[A_i]\ e^{-\int_0^\beta d^d\boldsymbol{x}dt\ L}, \\
L =&\frac{\chi}{2}(\partial_0\theta)^2 + \frac{\chi v^2}{2}(\partial_i\theta + eA_i)^2 + \frac{1}{8\pi}\left[(\partial_0 A_i)^2 + A_i(-\partial_{\boldsymbol{x}}^2\delta_{ij} + \partial_i\partial_j)A_j\right].
\end{aligned} \tag{3.4.107}
$$

先积掉 θ 场得到

$$
\begin{aligned}
Z =&e^{-\beta F_\theta} \int \mathcal{D}[A_i]\ e^{-\int_0^\beta d^d\boldsymbol{x}d\tau\ L_{\text{eff}}}, \\
L_{\text{eff}} =&\frac{1}{2}e^2 A_i\Pi^{ij}A_j + \frac{1}{8\pi}\left[(\partial_0 A_i)^2 + A_i(-\partial_{\boldsymbol{x}}^2\delta_{ij} + \partial_i\partial_j)A_j\right], \\
\Pi^{ij} =&\chi v^2\left(\delta_{ij} - v^2\frac{k_i k_j}{\omega_n^2 + v^2\boldsymbol{k}^2}\right),
\end{aligned} \tag{3.4.108}
$$

其中 F_θ 是 XY 模型的自由能

$$F_\theta = \sum_{\boldsymbol{k}} \int_0^\infty \frac{d\omega}{\pi} \left\{ \mathrm{Im}\ \ln[-(\omega+i0^+)^2 + v^2\boldsymbol{k}^2] \frac{1}{e^{\beta\omega}-1} + \frac{1}{2}\mathrm{Im}\ \ln[(\omega+i0^+)^2 - v^2\boldsymbol{k}^2] \right\}. \quad (3.4.109)$$

为了计算有效规范理论 L_{eff} 的自由能, 可以像 (3.4.85) 一样引进横向和纵向分量, 这样 L_{eff} 就可以写为

$$\begin{aligned} L_{\text{eff}} =& \frac{1}{8\pi}\left[(\partial_0 A_a^\perp)^2 + (\partial_i A_a^\perp)^2\right] + \frac{e^2\chi v^2}{2}(A_a^\perp)^2 \frac{1}{8\pi}(\partial_0 A^{||})^2 + \frac{e^2\chi v^2}{2} A^{||}\left(-\frac{v^2\partial_{\boldsymbol{x}}^2}{\partial_0^2 + v^2\partial_{\boldsymbol{x}}^2} + 1\right) A^{||} \\ =& \frac{1}{8\pi}\left[(\partial_0 A_a^\perp)^2 + (\partial_i A_a^\perp)^2\right] + \frac{e^2\chi v^2}{2}(A_a^\perp)^2 \frac{1}{2} A^{||}(-\partial_0^2) \frac{\frac{1}{4\pi}(-\partial_0^2 - v^2\partial_{\boldsymbol{x}}^2) + e^2\chi v^2}{-\partial_0^2 - v^2\partial_{\boldsymbol{x}}^2} A^{||}. \quad (3.4.110) \end{aligned}$$

我们看到 $A_a^\perp$ 模式对自由能的贡献于一个

$$\mathcal{K}^\beta = \frac{1}{4\pi}(-\partial_0^2 - \partial_{\boldsymbol{x}}^2) + e^2\chi v^2 \quad (3.4.111)$$

的模式对自由能的贡献相等. 由于自由能与 K^β 的对数有关, 所以来自 $A^{||}$ 的自由能是一个

$$\mathcal{K}^\beta = \frac{1}{4\pi}(-\partial_0^2 - v^2\partial_{\boldsymbol{x}}^2) + e^2\chi v^2 \quad (3.4.112)$$

的模式的自由能减去一个 $\mathcal{K}^\beta = -\partial_0^2 - v^2\partial_{\boldsymbol{x}}^2$ 的模式的自由能. 这后一项自由能就是 F_θ, 因此无能隙模式 θ 的自由能被抵消, 来自有限能隙横向和纵向模式的总自由能由 (3.4.111) 和 (3.4.112) 描述, 这是 Anderson-Higgs 机制的量子描述. 能隙 $\Delta = e\sqrt{4\pi\chi v^2}$ 以及横向与纵向模式的色散严格符合经典理论的结果 (3.4.88).

上述讨论中, 我们忽略了 $\mathcal{K}^\beta = -\partial_0^2$ 的自由能, 从路径积分可以看到这项自由能是发散的

$$Z = e^{-\beta F} = \int \mathcal{D}[A^{||}] e^{-\int_0^\beta d^d\boldsymbol{x} d\tau \frac{1}{2}(\partial_0 A^{||})^2}, \quad (3.4.113)$$

而且显然发散来自 $\omega_n = 0$ 模式. 其它 $\omega_n \neq 0$ 模式因归一化因子而消去, 其贡献也为零 [见 (3.4.93) 中 $\Omega \to 0$ 极限]. 当 $\omega_n = 0$, $A^{||}$ 是一个纯规范模, 它对应于不含时的规范变换 $A_i \to A_i + \partial_i f(x)$. 这种规范变换不影响规范固定条件 $A_0 = 0$, 因此固定 $A_0 = 0$ 并没有除去所有规范自由度. 这是发散的根源, 它与不含时规范变换的规范体积发散相对应. 我们可以设置 $A^{||}$ 的 $\omega_n = 0$ 模式为零, 固定这一额外的规范自由度, 这样 $\mathcal{K}^\beta = -\partial_0^2$ 对自由能就没有贡献了.

习题

3.4.4 本节我们研究了与规范场耦合的玻色子系统并计算了它的自由能, 现在我们可以计算二维与规范场耦合的费米子系统的自由能, 这样的系统出现在高 T_c 超导理论和填充分数 1/2 量子霍尔态的理论中. 如果先对费米子积分, 就得到下面的配分函数

$$Z = e^{-F_0} \int \mathcal{D}[A^\perp] e^{-\int_0^\beta d^2\boldsymbol{x} d\tau\ L_{\text{eff}}},$$

其中

$$L_{\text{eff}} = \frac{1}{2} A^{\perp} \mathcal{K}^{\beta} A^{\perp},$$

并且 F_0 是自由费米子的自由能. 这里我们只考虑了规范场的横向部分, 与 (3.4.106) 比较, 这里的规范场没有相对于 (3.4.106) 中 $E^2 + B^2$ 的自己的能量项, 核 $\mathcal{K}^{\beta}$ 由自由费米子的电流响应函数 $\Pi^{\perp}$ 给出, 其计算将在第四章中给出. 对小 $(\omega, \boldsymbol{k})$ 以及 $\omega \ll \frac{\sqrt{\rho}}{m} k$ 极限, 将有

$$\mathcal{K}^{\beta}(\omega_n, \boldsymbol{k}) = \sqrt{\frac{\rho}{\pi}} \frac{|\omega_n|}{k} + \frac{k^2}{24\pi m},$$

其中 ρ 是密度, m 是费米子的质量.

(a) 证明在实时间下,

$$K^{\beta}(\omega + i0^+, \boldsymbol{k}) = i\sqrt{\frac{\rho}{\pi}} \frac{\omega}{k} - \frac{k^2}{24\pi m}.$$

(提示: $|\omega| = \sqrt{\omega^2}$.)

(b) 计算低温情形 $A^{\perp}$ 对自由能的贡献. (提示: 对于小量 T, 自由能的形式是 $F \propto T^{\alpha}+$ 常数.)

(c) 计算规范费米子系统的总比热. (可以从文献摘抄自由费米子的比热.) (提示: $C = T\frac{\partial S}{\partial T}$ 并且 $S = -\frac{\partial F}{\partial T}$.) 讨论所得结果.

3.5 热势的微扰计算

本节我们将讨论如何系统地计算相互作用玻色子系统的热势. 为简单起见假设玻色子场是实的, 一个复玻色子场可以按分量作为两个实玻色子场来处理. 下面的讨论可以很容易地推广到多分量的玻色子场. 我们先从有限温度下的虚时路径积分开始, 计算热势的第一步是找到经典解 φ_c 并在其附近展开作用量 S:

$$S(\varphi) = S(\varphi_c) + \int_0^{\beta} dx_{\mu} dy_{\mu}\, \frac{1}{2} \delta\varphi(x_{\mu}) \mathcal{K}^{\beta}(x_{\mu} - y_{\mu}) \delta\varphi(y_{\mu}) + \int_0^{\beta} dx_{\mu} V(\delta\varphi), \tag{3.5.1}$$

其中

$$V(\delta\varphi) = g_3 \delta\varphi^3 + g_4 \delta\varphi^4 + \cdots \tag{3.5.2}$$

如果忽略高阶项 $V(\delta\varphi)$, 就得到一个自由系统, 其热势 Ω_0 可以用 3.4.5 讨论过的高斯积分计算出来. 为了计算相互作用系统的热势, 注意到

$$\begin{aligned} Z &= A \int \mathcal{D}[\varphi]\, e^{-S} \\ &= e^{-S(\varphi_c)} e^{-\beta\Omega_0} \frac{\int \mathcal{D}[\delta\varphi]\, e^{-S_0 - \int dx_{\mu} V(\delta\varphi)}}{\int \mathcal{D}[\delta\varphi]\, e^{-S_0}} \\ &= e^{-S(\varphi_c)} e^{-\beta\Omega_0} \left\{ 1 - \left\langle \int dx_{\mu}\, V(\delta\varphi) \right\rangle_0 + \cdots + \frac{(-)^n}{n!} \left\langle \left[\int dx_{\mu}\, V(\delta\varphi) \right]^n \right\rangle_0 + \cdots \right\}, \end{aligned} \tag{3.5.3}$$

其中 $\langle \cdots \rangle_0$ 表示加权 e^{-S_0} 平均, S_0 是作用量的二阶部分

$$S_0 = \int_0^{\beta} dx_{\mu} dy_{\mu}\, \frac{1}{2} \delta\varphi(x_{\mu}) \mathcal{K}^{\beta}(x_{\mu} - y_{\mu}) \delta\varphi(y_{\mu}). \tag{3.5.4}$$

如果有几个经典解 (即稳定路径)$\varphi_c^{(a)}$ 存在, 就应该将它们都包括在内:

$$Z=\sum_a e^{-S[\varphi_c^{(a)}]}e^{-\beta\Omega_0^{(a)}}\frac{\int\mathcal{D}[\delta\varphi]\ e^{-S_0^{(a)}-\int dx_\mu V^{(a)}(\delta\varphi)}}{\int\mathcal{D}[\delta\varphi]\ e^{-S_0^{(a)}}}. \tag{3.5.5}$$

我们看到, 为了计算总热势, 就必须计算多点关联

$$\left\langle\prod_{i=1}^n\delta\varphi(i)\right\rangle_0, \tag{3.5.6}$$

$n=2$ 时它就是玻色子场的格林函数

$$\langle\delta\varphi(1)\delta\varphi(2)\rangle_0=\mathcal{G}^\beta(1,2), \tag{3.5.7}$$

其中 1, 2 代表坐标及第一个和第二个玻色子场可能的分量指标. 作为算符, $\mathcal{G}^\beta(1,2)$ 是 $\mathcal{K}^\beta(1,2)$ 的逆. 引进生成泛函

$$Z[j]=\frac{\int\mathcal{D}[\delta\varphi]\ e^{-S_0-\int dx_\mu j\delta\varphi}}{\int\mathcal{D}[\delta\varphi]\ e^{-S_0}}=e^{\frac{1}{2}\int j(1)\mathcal{G}^\beta(1,2)j(2)}, \tag{3.5.8}$$

有 (n 为偶数时)

$$\begin{aligned}\left\langle\prod_{i=1}^n\delta\varphi(i)\right\rangle_0&=\frac{\delta^n}{\delta j(1)\cdots\delta j(n)}Z[j]\,|_{j=0}\\&=\frac{1}{2^{n/2}(n/2)!}\ \frac{\delta^n}{\delta j(1)\cdots\delta j(n)}\left(\int j\mathcal{G}^\beta j\right)^{n/2}\\&=\left(\mathcal{G}^\beta(1,2)\mathcal{G}^\beta(3,4)\cdots\mathcal{G}^\beta(n-1,n)\right)+\text{所有不同的置换}\end{aligned} \tag{3.5.9}$$

我们所证明的就是 Wick 定理.

使用 Wick 定理可以发现, 像 $\langle\int V(\delta\varphi)\int V(\delta\varphi)\rangle_0$ 这样的平均值含有许多项

$$\begin{aligned}\left\langle\int V(\delta\varphi)\int V(\delta\varphi)\right\rangle_0=&g_4^2\left\langle\int\delta\varphi^4\int\delta\varphi^4\right\rangle_0+\cdots\\=&4!g_4^2\left[\int\mathcal{G}^\beta(1,2)^4\right]+6^2g_4^2\left[\int\mathcal{G}^\beta(1,2)^2\mathcal{G}^\beta(1,1)\mathcal{G}^\beta(2,2)\right]\\&+g_4^2\left[3\int\mathcal{G}^\beta(1,1)^2\right]\left[3\int\mathcal{G}^\beta(2,2)^2\right]+\cdots\end{aligned} \tag{3.5.10}$$

式中的项可由图 3.14 中的费曼图表示. 方括号中的每一项对应于一个连通图, 图 3.14(a)、图 3.14(b) 和图 3.14(c) 三幅费曼图对应于 (3.5.10) 中的三项. 得到所有平均之后, 取对数可以得到由相互作用产生的对热势的修正

$$\delta\Omega=-T\ln\left\{1-\left\langle\int dx_\mu\ V(\delta\varphi)\right\rangle_0+\cdots+\frac{(-)^n}{n!}\left\langle\left[\int dx_\mu\ V(\delta\varphi)\right]^n\right\rangle_0+\cdots\right\}. \tag{3.5.11}$$

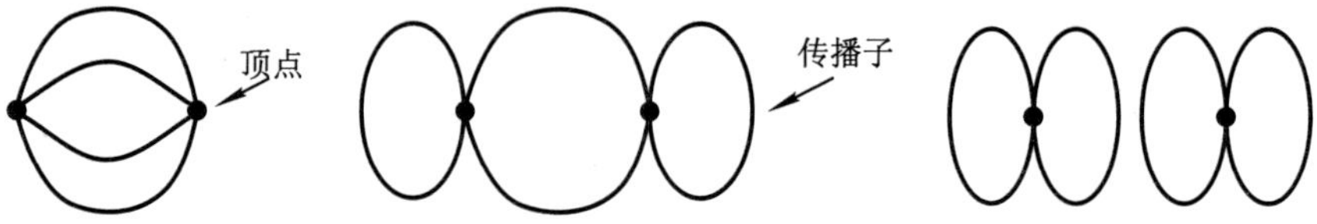

(a) (b) (c)

图 3.14 对应于式 (3.5.10) 中三项的三种费曼图 (a)、(b) 和 (c), (a) 和 (b) 是连通图, (c) 是含有两个连通图的非连通图.

有一个可以简化上面的计算的相连集团定理, 根据该定理, $\delta\Omega$ 由所有连通图的和给出:

$$\delta\Omega = -T\left(1 - \left\langle \int dx_\mu \, V(\delta\varphi) \right\rangle_{0c} + \cdots + \frac{(-)^n}{n!} \left\langle \left[\int dx_\mu \, V(\delta\varphi)\right]^n \right\rangle_{0c} + \cdots \right), \tag{3.5.12}$$

其中 $\langle [\int dx_\mu \, V(\delta\varphi)]^n \rangle_{0c}$ 由 $\langle [\int dx_\mu \, V(\delta\varphi)]^n \rangle_0$ 消去来自非连通图的所有贡献得出.

我们使用复制技巧推导这一定理, 因为这样做既简便又能介绍这一有用的方法. 该技巧的基本思想是计算经 n 次复制后系统的配分函数 Z^n:

$$\left(\frac{Z}{Z_0}\right)^n = \frac{\int \mathcal{D}[\delta\varphi_\alpha] \, e^{-\sum_{\alpha=1}^{n}[S_0(\delta\varphi_\alpha) + \int dx_\mu V(\delta\varphi_\alpha)]}}{\int \mathcal{D}[\delta\varphi_\alpha] \, e^{-\sum_{\alpha=1}^{n} S_0(\delta\varphi_\alpha)}}. \tag{3.5.13}$$

现在 $\left(\frac{Z}{Z_0}\right)^n$ 可以通过微扰展开计算. 在每一幅费曼图中, 每一个传播函数携带一个指标 α, 所有进入和离开同一个相互作用顶角的传播函数具有同一指标. 因为我们从 1 至 n 对 α 求和, 显然每一个连通图正比于 n, 每一个非连通图正比于 n^{N_c}, 其中 N_c 是非连通图中连通图的数目. 因此

$$\begin{aligned} \left(\frac{Z}{Z_0}\right)^n &= e^{n \ln \frac{Z}{Z_0}} = 1 + n \ln \frac{Z}{Z_0} + \sum_{m=2}^{\infty} \frac{(n\frac{Z}{Z_0})^m}{m!} \\ &= 1 + n \sum (\text{所有连通图}) + O(n^2), \end{aligned} \tag{3.5.14}$$

这样我们证明了相连集团定理.

习题

3.5.1 考虑一个非谐振子

$$L = \frac{1}{2} m\dot{x}^2 - \frac{1}{2} m\omega_0^2 x^2 - g x^3, \tag{3.5.15}$$

计算系统至 g^2 阶的有限温度的自由能. (提示: 在 τ- 空间计算可以容易一些.)

注意在微扰理论中上述非谐振子是一个表现良好的系统, 其不稳定性来自反弹. 证明基态的衰变率在小 g 极限下具有 $\omega_0 e^{-\# m^3\omega_0^5/g^2}$ 的量级. 这样的项不会出现在基态 $x = 0$ 附近的微扰计算中, 但是反弹作为另一条稳定的路径对自由能确有贡献. 证明来自反弹的贡献以非微扰项的形式出现, 正比于 $e^{-\# m^3\omega_0^5/g^2}$.

第四章　自由费米系统

费米系统是凝聚态物理中最重要的系统之一. 金属、半导体、磁体、超导体等都是费米系统, 它们的性质主要由电子的费米统计所控制. 本章我们将研究自由多费米系统的一些性质.

4.1　多费米系统

4.1.1　什么是费米子?

要点:

- 费米子由泡利不相容原理和只存在跃迁项的哈密顿量刻画, 后者在两个相同的费米子互换时, 产生 π 相移
- 费米子是一个奇怪的东西, 因为它们是非局域的
- 费米子可以由反对易算符描述

长期以来, 我们自以为很了解费米子. 如果读者读完随后几节, 发现自己并没有真正理解什么是费米子, 那我的目的就达到了. 在后面第十章中, 我们将给出费米子是什么的一个答案, 这里我们只是用传统的手法介绍费米子, 揭示在传统的图像中, 费米子是多么地奇特和不自然.

我们首先从晶格上的无自旋费米系统说起. 由于泡利不相容原理, 晶格费米系统的希尔伯特空间可以用基矢 $\{|n_{i_1}, n_{i_2}, \cdots\rangle\}$ 展开, 其中 $n_i = 0, 1$ 是在格点 $\boldsymbol{i}$ 的费米子数. 为了对自由费米系统进行二次量子化描述, 我们为每一个格点 $\boldsymbol{i}$ 引进湮没算符 $\sigma_{\boldsymbol{i}}^-$ 和生成算符 $\sigma_{\boldsymbol{i}}^+$. 它们具有以下的矩阵形式

$$\sigma_{\boldsymbol{i}}^- = \begin{pmatrix} 0 & 0 \\ 1 & 0 \end{pmatrix} = \frac{1}{2}(\sigma^x - i\sigma^y), \qquad \sigma_{\boldsymbol{i}}^+ = \begin{pmatrix} 0 & 1 \\ 0 & 0 \end{pmatrix} = \frac{1}{2}(\sigma^x + i\sigma^y),$$

其中 $\sigma^{x,y,z}$ 是泡利矩阵. 湮没算符 σ^- 将单费米子态 $|1\rangle = \begin{pmatrix} 1 \\ 0 \end{pmatrix}$ 改变为无费米子态 $|0\rangle = \begin{pmatrix} 0 \\ 1 \end{pmatrix}$. 由于 $\sigma_{\boldsymbol{i}}^{\pm}$ 产生或湮没费米子, 我们暂时称它们为 "费米子" 算符.

利用 "费米子" 算符 $\sigma_{\boldsymbol{i}}^{\pm}$, 我们可以写出一个费米系统的哈密顿量

$$H_b = \sum_{\langle \boldsymbol{ij} \rangle} (t_{\boldsymbol{ij}} \sigma_{\boldsymbol{i}}^+ \sigma_{\boldsymbol{j}}^- + h.c.).$$

尽管 H_b 在数学上是一个作用于费米希尔伯特空间 $\{|n_{\boldsymbol{i}_1}, n_{\boldsymbol{i}_2}, \cdots\rangle\}$ 中的厄米算符, 但是这个由 H_b 描述的系统并不是费米系统, 它实际上是一个硬核玻色系统, 或自旋 1/2 系统. 这是因为 $\sigma_{\boldsymbol{i}}^-$ 可以互相对易, 而且我们的费米希尔伯特空间完全可以看作是一个硬核玻色子希尔伯特空间, 其中 $|0\rangle$ 是无玻色子态, $|1\rangle$ 是单玻色子态. 费米希尔伯特空间还可以看作是一个自旋 1/2 的希尔伯特空间, 其中 $|0\rangle$ 是自旋向下态, $|1\rangle$ 是自旋向上态. 其实我们应该称 $\sigma_{\boldsymbol{i}}^-$ 为玻色子算符.

费米希尔伯特空间中的自然局域哈密顿量描述的居然不是费米系统, 真令人惊奇. 由此引发了一个有趣的问题: 一个多粒子系统怎样才能成为费米系统? 显然仅有泡利不相容原理是不够的. 问题的另一条线索来自哈密顿量. 一个费米系统不仅要有满足泡利不相容原理的费米希尔伯特空间, 还要有具备非常特别的性质的哈密顿量. 费米系统其实是由一个高度非局域的哈密顿量

$$H_f = \sum_{\langle \boldsymbol{ij} \rangle} [t_{\boldsymbol{ij}}(\{\sigma_{\boldsymbol{i}'}^z\}) \sigma_{\boldsymbol{i}}^+ \sigma_{\boldsymbol{j}}^- + h.c.]$$

描述的, 其中 $t_{\boldsymbol{ij}}$ 是 $\sigma_{\boldsymbol{i}}^z$ 算符的函数, 它包括多个 $\sigma_{\boldsymbol{i}}^z$ 算符的乘积. 对于一个 d 维 N_s 个晶格, $\sigma_{\boldsymbol{i}}^z$ 的数目是 N_s^{d-1} 的量级. 如果不是因为自然界提供给我们这样的非局域系统, 心智正常的物理工作者是不会对这样的系统感兴趣的[1]. 既然自然界中确实存在这种非局域系统, 我们就必须加以研究, 但是该怎样着手呢?

非常幸运的是, 自然界中的非局域费米系统具有某些特殊性质, 使得我们可以简化它们. 为了写出简化的哈密顿量, 我们先按一定的方式给所有格点排序: $(\boldsymbol{i}_1, \boldsymbol{i}_2, \cdots, \boldsymbol{i}_a, \cdots)$, 然后引进另一种费米子算符

$$c_{\boldsymbol{i}_a} = \sigma_{\boldsymbol{i}_a}^- \prod_{b<a} \sigma_{\boldsymbol{i}_b}^z. \tag{4.1.1}$$

如果对格点的排序方式恰当的话, 可以用 $c_{\boldsymbol{i}}$ 将 H_f 写成一种简单的形式

$$H_f = \sum_{\langle \boldsymbol{ij} \rangle} (t_{\boldsymbol{ij}} c_{\boldsymbol{i}}^\dagger c_{\boldsymbol{j}} + h.c.),$$

其中 $t_{\boldsymbol{ij}}$ 与 $\sigma_{\boldsymbol{i}}^z = 2c_{\boldsymbol{i}}^\dagger c_{\boldsymbol{i}} - 1$ 无关. 可以证明

$$\begin{aligned} \{c_{\boldsymbol{i}}, c_{\boldsymbol{j}}\} &= \{c_{\boldsymbol{i}}^\dagger, c_{\boldsymbol{j}}^\dagger\} = 0, \\ \{c_{\boldsymbol{i}}, c_{\boldsymbol{j}}^\dagger\} &= \delta_{\boldsymbol{ij}}, \end{aligned} \tag{4.1.2}$$

[1]这里所研究的纯费米系统严格地说, 在自然界中是不存在的 (按我的观点). 所以当我在这里说到费米系统存在于自然界, 其实指的是它存在于物理论文和教科书.

其中 $\{A,B\}\equiv AB+BA$. 玻色子算符 $\sigma^{x,y,z}$ 和费米子算符 c_i 之间的映射称为约当 – 维格纳变换 [Jordan and Wigner (1928)] .

我们一般不问费米子来自何处, 只将 (4.1.2) 和 (4.1.1) 作为自由费米系统的定义. 如果一定要问费米子来自何处, 并且认为玻色子比费米子更基本[2] , 则上述讨论表明: 费米子是非局域激发. 事实上, 因为费米子不能单独产生, 自然世界中费米子的行为确实很像非局域激发. 自然世界似乎很在意我们宇宙的费米子总数, 并确保这个数目是一个偶数. 局域激发不可能产生这样的非局域物体. 在第十章我们将看到费米子可被认为是凝聚弦网的末端.

利用反对易代数 (4.1.2), 可以严格地解出哈密顿量 (4.1.1). 为简单起见, 假设系统具有平移对称性. 这种情况下 $t_{\boldsymbol{ij}}$ 只与 $\boldsymbol{i}-\boldsymbol{j}$ 的差有关: $t_{\boldsymbol{ij}}=t_{\boldsymbol{i}-\boldsymbol{j}}$. 引进 $c_{\boldsymbol{k}}=\sum_{\boldsymbol{i}}N_s^{-1/2}e^{-i\boldsymbol{k}\cdot\boldsymbol{i}}c_{\boldsymbol{i}}$, 其中 N_s 是格点的总数, 我们得到

$$\begin{aligned} H_f =&\sum_{\boldsymbol{k}}\epsilon_{\boldsymbol{k}}c_{\boldsymbol{k}}^\dagger c_{\boldsymbol{k}}, & \epsilon_{\boldsymbol{k}} =&\sum_{\boldsymbol{i}}t_{\boldsymbol{i}}e^{i\boldsymbol{k}\cdot\boldsymbol{i}},\\ \{c_{\boldsymbol{k}},c_{\boldsymbol{k}'}\} =&\{c_{\boldsymbol{k}}^\dagger,c_{\boldsymbol{k}'}^\dagger\}=0, & \{c_{\boldsymbol{k}},c_{\boldsymbol{k}'}^\dagger\} =&\delta_{\boldsymbol{kk}'}. \end{aligned} \tag{4.1.3}$$

可以证明, 满足 $c_{\boldsymbol{k}}|0\rangle=0$ 的态 $|0\rangle$ 是 H_f 的本征值为零的本征态. 利用反对易关系, 我们发现态 $|\{n_{\boldsymbol{k}}\}\rangle\equiv\prod_{\boldsymbol{k}}(c_{\boldsymbol{k}}^\dagger)^{n_{\boldsymbol{k}}}|0\rangle$, $n_{\boldsymbol{k}}=0,1$ 也是本征态, 其能量 $E=\sum_{\boldsymbol{k}}n_{\boldsymbol{k}}\epsilon_{\boldsymbol{k}}$, $n_{\boldsymbol{k}}$ 是在动量 $\boldsymbol{k}$ 的占有数. 上述形式本征态给出 H_f 的全部本征态.

值得注意的是, 通过一个代数方法, 不具体写出本征矢量就能得到 H_f 的全部本征态. 像对易的玻色子代数和反对易的费米子代数这样可以得到严格解的代数系统并不常见. 曾经在很长一段时间里, 这是一维以外惟一有严格解的两个代数系统. 找到一维以外严格可解的代数系统对于我们理解相互作用系统十分重要. 第十章还会讨论到一些近来新发现的一维以外的可解代数系统 [Kitaev (2003); Wen (2003); Levin and Wen (2003)]. 这些代数系统导出了一维以外的严格可解的相互作用模型.

如果包含化学势 μ, 自由费米系统的哈密顿量就可以写为

$$H=\sum_{\boldsymbol{k}}(\epsilon_{\boldsymbol{k}}-\mu)c_{\boldsymbol{k}}^\dagger c_{\boldsymbol{k}}=\sum_{\boldsymbol{k}}\xi_{\boldsymbol{k}}c_{\boldsymbol{k}}^\dagger c_{\boldsymbol{k}},\qquad \xi_{\boldsymbol{k}}\equiv\epsilon_{\boldsymbol{k}}-\mu. \tag{4.1.4}$$

H 的基态是这样的 $|\Psi_0\rangle$ 态: 所有 $\xi_{\boldsymbol{k}}<0$ 的 $\boldsymbol{k}$ 态都被占据、所有 $\xi_{\boldsymbol{k}}>0$ 的 $\boldsymbol{k}$ 态都为空, 且 $|\Psi_0\rangle$ 由以下代数关系所定义

$$\begin{aligned} c_{\boldsymbol{k}}|\Psi_0\rangle =&0, & \xi_{\boldsymbol{k}}>0,\\ c_{\boldsymbol{k}}^\dagger|\Psi_0\rangle =&0, & \xi_{\boldsymbol{k}}<0. \end{aligned}$$

如图 4.1 所示, 占有数 $n_{\boldsymbol{k}}=c_{\boldsymbol{k}}^\dagger c_{\boldsymbol{k}}$ 在费米面有一个跃迁.

[2]玻色系统的定义请参见 10.1 节.

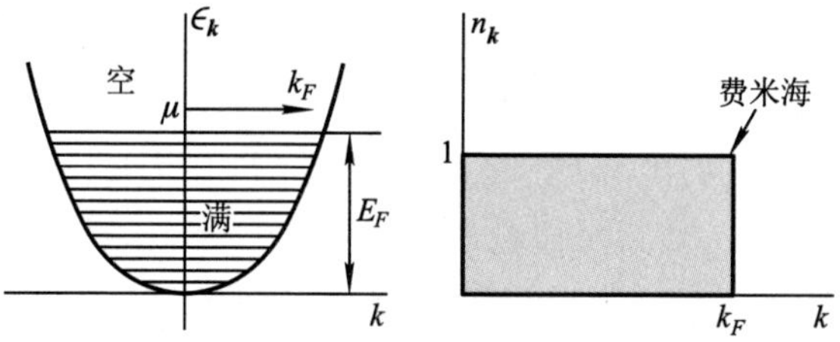

图 4.1 自由费米系统的基态是一个费米海, E_F 称为费米能量, $\boldsymbol{k}_F$ 称为费米动量. 占有数 $n_{\boldsymbol{k}} = n_F(\xi_{\boldsymbol{k}})$ 在费米动量 $\boldsymbol{k}_F$ 上是不连续的.

习题

4.1.1 约当 – 维格纳变换

由 (4.1.1) 证明 (4.1.2) .

4.1.2 1D 超导体谱

一个 1D 超导体由下列自由费米子哈密顿量

$$H = \sum_i (tc_i^\dagger c_{i+1} + \eta c_i^\dagger c_{i+1}^\dagger + h.c.) \tag{4.1.5}$$

描述.

(a) 证明在动量空间中, 如果 $|u_k|^2 + |v_k|^2 = 1$, 算符

$$\lambda_k = u_k c_k + v_k c_{-k}^\dagger$$

满足费米子反对易关系 $\{\lambda_k, \lambda_{k'}\} = \{\lambda_k^\dagger, \lambda_{k'}^\dagger\} = 0$ 和 $\{\lambda_k, \lambda_{k'}^\dagger\} = \delta_{kk'}$.

(b) 证明通过选择适当的 u_k 和 v_k, 可以将 H 重新写为

$$H = E_g + \sum_k E_k \lambda_k^\dagger \lambda_k.$$

(c) 写出准粒子激发谱 $E_{\boldsymbol{k}}$ 和基态能量 E_g.

4.1.3 利用约当 – 维格纳变换, 解 1D 自旋 1/2 的玻色系统

考虑一个 1D 自旋 1/2 的系统 (即硬核玻色系统)

$$H = \sum_i \left(J_x \sigma_i^x \sigma_{i+1}^x + J_y \sigma_i^y \sigma_{i+1}^y + B\sigma_i^z \right).$$

(a) 利用约当 – 维格纳变换 (结合 1D 晶格的自然排序), 将上述相互作用自旋 1/2 的系统 (即硬核玻色系统) 映射到一个自由费米系统.

(b) 假设 $J_x = J_y = J$ 且 $B \neq 0$. 当我们将 J 的值由 $-\infty$ 改变为 $+\infty$ 时, 系统会经历几次相变, 写出对于这些相变 J 的临界值. 对于每一次相变和每一个临界值, 画出总能量 — 动量空间中系统具有激发态的区域. 图中必须要包括各种动量的低能激发态, 不需要包括高能激发态. (提示: 根据我们对于 1D 相互作用玻色系统的认识, 首先考虑和猜测谱的形状.)

(c) 假设 $J_x = \alpha J_y = J$, $0 < \alpha < 1$, $B \neq 0$, 当我们将 J 的值由 $-\infty$ 改变为 $+\infty$, 系统会经历几次相变, 写出对于这些相变 J 的临界值. 对于每一次相变和每一个临界值, 画出总能量 — 动量空间中系统具有激发态的区域. 图中必须要包括各种动量的低能激发态.

(d) 讨论为什么以上两种情况 $J_x = J_y$ 和 $J_x \neq J_y$ 会有性质上的不同.

4.1.2 马约拉纳 (Majorana) 费米子

自由费米子哈密顿量 (4.1.4), 特别是超导哈密顿量 (4.1.5) , 也可以使用马约拉纳费米子算符来解. 马约拉纳费米子算符就是复费米子算符 $c_{\boldsymbol{i}}$ 的实部和虚部:

$$\lambda_{\boldsymbol{i}}^1 = \frac{c_{\boldsymbol{i}} + c_{\boldsymbol{i}}^\dagger}{\sqrt{2}}, \qquad \lambda_{\boldsymbol{i}}^2 = \frac{c_{\boldsymbol{i}} - c_{\boldsymbol{i}}^\dagger}{i\sqrt{2}},$$

我们看到 $\lambda_{\boldsymbol{i}}^a$ 满足

$$\{\lambda_{\boldsymbol{i}}^a, \lambda_{\boldsymbol{j}}^b\} = \delta_{ab}\delta_{\boldsymbol{ij}}, \qquad (\lambda_{\boldsymbol{i}}^a)^\dagger = \lambda_{\boldsymbol{i}}^a.$$

利用 $c_{\boldsymbol{k}} = (\lambda_{\boldsymbol{k}}^1 + i\lambda_{\boldsymbol{k}}^2)/\sqrt{2}$ 和 $(\lambda_{\boldsymbol{k}}^a)^\dagger = \lambda_{-\boldsymbol{k}}^a$, 我们发现哈密顿量 $H = \sum_{\boldsymbol{k}} \xi_{\boldsymbol{k}} c_{\boldsymbol{k}}^\dagger c_{\boldsymbol{k}}$ 可以重新写为

$$\begin{aligned} H =& \sum_{\boldsymbol{k}>0} (\lambda_{\boldsymbol{k}}^a)^\dagger M_{ab}(\boldsymbol{k}) \lambda_{\boldsymbol{k}}^b, \\ M =& \frac{1}{2}\begin{pmatrix} \xi_{\boldsymbol{k}} & i\xi_{\boldsymbol{k}} \\ -i\xi_{\boldsymbol{k}} & \xi_{\boldsymbol{k}} \end{pmatrix} - \frac{1}{2}\begin{pmatrix} \xi_{-\boldsymbol{k}} & -i\xi_{-\boldsymbol{k}} \\ i\xi_{-\boldsymbol{k}} & \xi_{-\boldsymbol{k}} \end{pmatrix}, \end{aligned} \tag{4.1.6}$$

其中 $\boldsymbol{k} > 0$, 表示 $\boldsymbol{k}_x > 0$. 由于

$$\{\lambda_{\boldsymbol{k}}^a, (\lambda_{\boldsymbol{k}'}^b)^\dagger\} = \delta_{ab}\delta_{\boldsymbol{k},\boldsymbol{k}'},$$

使用 $SU(2)$ 变换 $\lambda_{\boldsymbol{k}} \to W_{\boldsymbol{k}}\lambda_{\boldsymbol{k}}$ 对角化 $M(\boldsymbol{k})$, 可以解马约拉纳费米子哈密顿量 (4.1.6), 并且费米子谱由 $M(\boldsymbol{k})$ 的本征值给出. 对于我们这里的情况, $M(\boldsymbol{k})$ 的本征值是 $\frac{1}{2}(\xi_{\boldsymbol{k}} - \xi_{-\boldsymbol{k}}) \pm \frac{1}{2}(\xi_{\boldsymbol{k}} + \xi_{-\boldsymbol{k}})$, 因此费米子谱在 $\boldsymbol{k} > 0$ 的范围是 $\xi_{\boldsymbol{k}}$ 和 $-\xi_{-\boldsymbol{k}}$. 这样一个单体费米子的色散, 尽管形式上不同于从复费米子得到的单体费米子色散, 但是推导出的多体本征态和多体激发态的能量与从复费米子色散推导出的相同. 例如图 4.2 中的三粒子激发, 在复费米子图像和马约拉纳费米子图像中都有相同的能量 $|\xi_1| + |\xi_2| + |\xi_3|$. 我们注意到, 在 $\boldsymbol{k} > 0$ 范围有 $N_s/2$ 个不同的 $\boldsymbol{k}$ 值, 因此 N_s 个格点上的两个马约拉纳算符只给出 N_s 个不同的单费米子态.

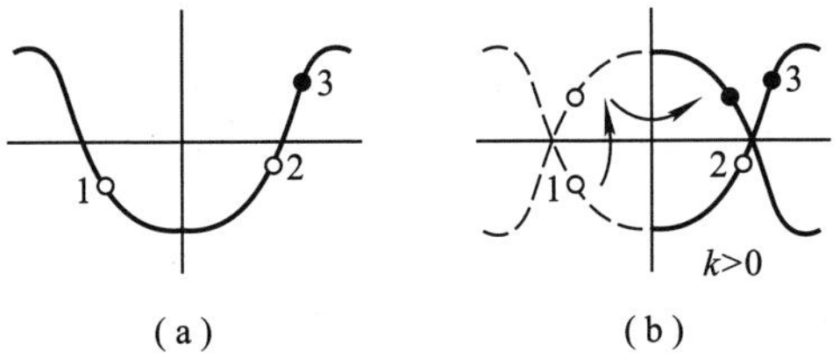

图 4.2 (a) 复费米系统的单费米子谱; (b) 相应马约拉纳费米系统的单费米子谱. 左边复费米系统的粒子 — 空穴激发对应于右边马约拉纳费米系统的粒子 — 空穴激发.

习题

4.1.4

(a) 写出下面 1D 马约拉纳费米系统

$$H = \sum_i (t\lambda_i \lambda_{i+1} + h.c.)$$

的费米子谱.

(b) 计算其低温比热, 将结果与下列复费米系统

$$H = \sum_i (tc_i^\dagger c_{i+1} + h.c.)$$

的低温比热相比较. (提示: 马约拉纳费米系统的希尔伯特空间由动量空间中的 λ_k 代数所定义.)

4.1.5 用马约拉纳费米子写出 1D 超导体 (4.1.5) 的费米子谱, 将结果与习题 4.1.2 中的结果相比较.

4.1.3 跃迁算符的统计代数

一般情况下, 一个玻色系统定义为由对易算符描述的系统, 一个费米系统定义为由反对易算符描述的系统, 但是这个定义太形式化了. 为了从物理上理解玻色系统与费米系统之间的差异, 可以考虑下面的多体跃迁系统. 希尔伯特空间由 0 粒子态 $|0\rangle$、1 粒子态 $|\boldsymbol{i}_1\rangle$、2 粒子态 $|\boldsymbol{i}_1, \boldsymbol{i}_2\rangle$ 等等组成, 其中 $\boldsymbol{i}_n$ 标记晶格中的格点. 作为一种全同粒子系统, 态 $|\boldsymbol{i}_1, \boldsymbol{i}_2, \cdots\rangle$ 与指标 $\boldsymbol{i}_1, \boldsymbol{i}_2, \cdots$ 的次序无关, 例如 $|\boldsymbol{i}_1, \boldsymbol{i}_2\rangle = |\boldsymbol{i}_2, \boldsymbol{i}_1\rangle$. 这里没有被重复占据的格点, 我们可假定如果 $\boldsymbol{i}_m = \boldsymbol{i}_n$, $|\boldsymbol{i}_1, \boldsymbol{i}_2, \cdots\rangle = 0$.

跃迁算符 $\hat{t}_{\boldsymbol{ij}}$ 的定义如下: 当 $\hat{t}_{\boldsymbol{ij}}$ 作用在态 $|\boldsymbol{i}_1, \boldsymbol{i}_2, \cdots\rangle$ 上时, 如果在格点 $\boldsymbol{j}$ 有一个粒子, 但在格点 $\boldsymbol{i}$ 没有粒子, 则 $\hat{t}_{\boldsymbol{ij}}$ 将格点 $\boldsymbol{j}$ 上的粒子移动到格点 $\boldsymbol{i}$, 并对生成的态乘一个复振幅 $t(\boldsymbol{i}, \boldsymbol{j}; \boldsymbol{i}_1, \boldsymbol{i}_2, \cdots)$(注意该振幅取决于所有粒子的位置, 可能不是局域量); 否则跃迁算符 $\hat{t}_{\boldsymbol{ij}}$ 就湮没这个态. 系统的哈密顿量是

$$H = \sum_{\langle \boldsymbol{ij} \rangle} \hat{t}_{\boldsymbol{ij}},$$

其中求和 $\sum_{\langle \boldsymbol{ij} \rangle}$ 遍历由某些 $\langle \boldsymbol{ij} \rangle$ 对组成的集合, 比如最近邻的对. 为了使上述哈密顿量表示一个局域系统, 我们要求, 如果 $\boldsymbol{i}$, $\boldsymbol{j}$, $\boldsymbol{k}$, $\boldsymbol{l}$ 都不相同,

$$[\hat{t}_{\boldsymbol{ij}}, \hat{t}_{\boldsymbol{kl}}] = 0.$$

现在问题变成, 上述跃迁哈密顿量描述的是一个硬核玻色系统还是一个费米系统.

多体跃迁系统是玻色系统还是费米系统 (甚或是其他统计系统) 与希尔伯特空间没有关系. 正如我们在 4.1.1 节中所见, 多体态虽然用对称指标 (比如 $|\boldsymbol{i}_1, \boldsymbol{i}_2\rangle = |\boldsymbol{i}_2, \boldsymbol{i}_1\rangle$) 标记, 但并不意味着多体系统就是玻色系统. 系统的统计由哈密顿量 H 决定.

显然, 当跃迁振幅 $t(\boldsymbol{i},\boldsymbol{j};\boldsymbol{i}_1,\boldsymbol{i}_2,\cdots)$ 仅仅取决于 $\boldsymbol{i}$ 和 $\boldsymbol{j}$, 即 $t(\boldsymbol{i},\boldsymbol{j};\boldsymbol{i}_1,\boldsymbol{i}_2,\cdots)=t(\boldsymbol{i},\boldsymbol{j})$ 时, 多体跃迁哈密顿量将描述一个硬核玻色系统. 问题是在什么条件下, 多体跃迁哈密顿量描述的是费米系统?

这个问题的解决请参见 Levin and Wen (2003). 我们发现多体跃迁哈密顿量描述一个费米系统, 当且仅当跃迁算符满足

$$\hat{t}_{\boldsymbol{lk}}\hat{t}_{\boldsymbol{il}}\hat{t}_{\boldsymbol{lj}}=-\hat{t}_{\boldsymbol{lj}}\hat{t}_{\boldsymbol{il}}\hat{t}_{\boldsymbol{lk}}, \tag{4.1.7}$$

其中 $\hat{t}_{\boldsymbol{lj}}$, $\hat{t}_{\boldsymbol{il}}$, $\hat{t}_{\boldsymbol{lk}}$ 为 $\boldsymbol{i}$, $\boldsymbol{j}$, $\boldsymbol{k}$, $\boldsymbol{l}$ 互不相同的任意三个跃迁算符. (注意该代数具有 $\hat{t}_1\hat{t}_2\hat{t}_3=-\hat{t}_3\hat{t}_2\hat{t}_1$ 的结构.)

考虑两个粒子在 $\boldsymbol{i}$ 和 $\boldsymbol{j}$, 而其他粒子都离得很远的一个态 $|\boldsymbol{i},\boldsymbol{j},\cdots\rangle$. 将一组 5 个跃迁算符 $\{\hat{t}_{\boldsymbol{jl}},\hat{t}_{\boldsymbol{lk}},\hat{t}_{\boldsymbol{il}},\hat{t}_{\boldsymbol{lj}},\hat{t}_{\boldsymbol{ki}}\}$ 作用在这个态 $|\boldsymbol{i},\boldsymbol{j},\cdots\rangle$ 上, 但是采取不同的顺序 (见图 4.3)

$$\begin{aligned}\hat{t}_{\boldsymbol{jl}}\hat{t}_{\boldsymbol{lk}}\hat{t}_{\boldsymbol{il}}\hat{t}_{\boldsymbol{lj}}\hat{t}_{\boldsymbol{ki}}|\boldsymbol{i},\boldsymbol{j},\cdots\rangle &=C_1|\boldsymbol{i},\boldsymbol{j},\cdots\rangle,\\ \hat{t}_{\boldsymbol{jl}}\hat{t}_{\boldsymbol{lj}}\hat{t}_{\boldsymbol{il}}\hat{t}_{\boldsymbol{lk}}\hat{t}_{\boldsymbol{ki}}|\boldsymbol{i},\boldsymbol{j},\cdots\rangle &=C_2|\boldsymbol{i},\boldsymbol{j},\cdots\rangle,\end{aligned}$$

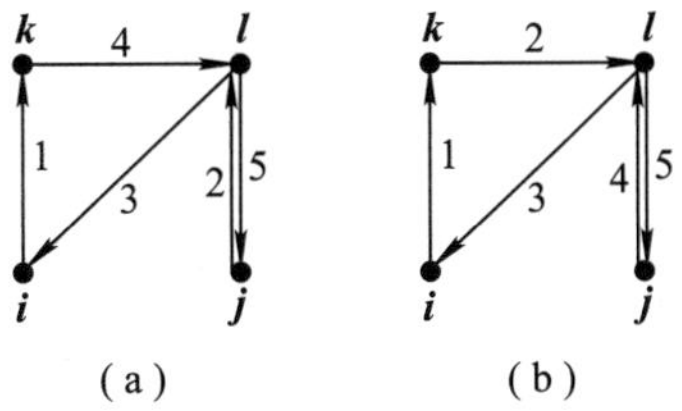

图 4.3 (a) 第一种排列 5 次跃迁的方法使两个粒子对换; (b) 第二种排列 5 次同样跃迁的方法不使粒子互换.

其中我们已经假定在格点 $\boldsymbol{k}$ 和 $\boldsymbol{l}$ 没有粒子. 我们注意到, 经过 5 次跃迁之后, 我们又回到原来的态 $|\boldsymbol{i},\boldsymbol{j},\cdots\rangle$. 只是原来的态上增加了一个附加相位 $C_{1,2}$. 但是, 如图 4.3 所示, 第一种排列 5 种跃迁的方式 [图 4.3(a)] 互换在 $\boldsymbol{i}$ 和 $\boldsymbol{j}$ 的粒子, 而第二种方式 [图 4.3(b)] 不会互换两处的粒子. 由于两种跃迁方案采用的是同样的 5 种跃迁, C_1 和 C_2 之间的差别就来自两个粒子的交换, 因此为了用多体跃迁哈密顿量描述费米系统, 要求 $C_1=-C_2$. 注意两种方案中的第一跳和最后一跳相同, 要 $C_1=-C_2$ 当且仅当跃迁算符满足 (4.1.7). 事实上如果不使用反对易代数, (4.1.7) 可以作为费米统计的另一种定义.

应该指出在 2D 晶格, 费米子跃迁代数可以推广到更加广义的跃迁算符的统计代数

$$\hat{t}_{\boldsymbol{ji}}\hat{t}_{\boldsymbol{ik}}\hat{t}_{\boldsymbol{li}}=e^{i\theta}\hat{t}_{\boldsymbol{li}}\hat{t}_{\boldsymbol{ik}}\hat{t}_{\boldsymbol{ji}}, \tag{4.1.8}$$

这种情况下, 多体跃迁哈密顿量描述的是一个统计角为 θ 的任意子系统.

习题

4.1.6 证明费米子跃迁算符 $\hat{t}_{ij} = c_i^\dagger c_j$ 满足费米子跃迁代数.

4.1.7 我们知道算符 $\hat{W}_{ij} = \hat{t}_{il}\hat{t}_{lm}\cdots\hat{t}_{nj}$ 在 i 产生 1 个粒子, 在 j 湮没 1 个粒子, 这样就可以写为 $\hat{W}_{ij} = C_i^+ C_j^-$. 证明如果跃迁算符 $\hat{t}_{ij}$ 满足费米子跃迁代数 (4.1.7), 则即使 i 和 j 相隔很远, $C_i^\pm$ 和 $C_j^\pm$ 也不能对易. 但是, 如果 $C_i^\pm$ 和 $C_j^\pm$ 反对易 $(i \neq j)$, 则可以满足费米子跃迁代数 (4.1.7).

4.2 自由费米子格林函数

要点:

- 格林函数在长时间后的代数衰减与整个费米面上的无能隙激发有关, 在长距离上的代数衰减与动量空间的尖锐特征 (不连续性) 有关
- 电子格林函数可以由隧穿实验测量
- 电子格林函数的谱函数

本节我们将讨论单体关联函数, 在下一节讨论二体关联函数. 单体关联函数对于了解隧穿和光电子发射实验是很重要的, 二体关联函数则更加重要, 它与各种输运、散射、线性响应实验都有关系. 这两节还包含了一些详细的计算, 讨论的目的主要是介绍数学形式. 对于 $d = 1, 2, 3$ 维, 列出了许多具体结果, 我希望这些结果可以作为参考, 也可以作为各种相关问题的实例.

4.2.1 时序关联函数

要点:

- 费米子算符的行为就像时序平均下的反对易数

考虑一个由 (4.1.4) 描述的自由费米系统. 在海森堡描述中, 含时费米子算符是

$$c_{\boldsymbol{k}}(t) = U^\dagger(t, -\infty) c_{\boldsymbol{k}} U(t, -\infty), \qquad U(t_1, t_2) = e^{-i\int_{t_2}^{t_1} dt H},$$

费米传播子 (格林函数) 定义为时序平均

$$\begin{aligned} iG(t_1 - t_2, \boldsymbol{k}_1)\delta_{\boldsymbol{k}_1,\boldsymbol{k}_2} =& \langle 0|T[c_{\boldsymbol{k}_1}(t_1) c^\dagger_{\boldsymbol{k}_2}(t_2)]|0\rangle \\ =& \begin{cases} +\langle 0|c_{\boldsymbol{k}_1}(t_1) c^\dagger_{\boldsymbol{k}_2}(t_2)|0\rangle, & t_1 > t_2, \\ -\langle 0|c^\dagger_{\boldsymbol{k}_2}(t_2) c_{\boldsymbol{k}_1}(t_1)|0\rangle, & t_1 < t_2, \end{cases} \qquad T = 0, \end{aligned} \tag{4.2.1}$$

$$\begin{aligned} iG^\beta(t_1 - t_2, \boldsymbol{k}_1)\delta_{\boldsymbol{k}_1,\boldsymbol{k}_2} =& \frac{\mathrm{Tr}\{T[c_{\boldsymbol{k}_1}(t_1) c^\dagger_{\boldsymbol{k}_2}(t_2)]e^{-\beta H}\}}{Z^{-1}} \\ =& \begin{cases} +Z^{-1}\mathrm{Tr}[c_{\boldsymbol{k}_1}(t_1) c^\dagger_{\boldsymbol{k}_2}(t_2) e^{-\beta H}], & t_1 > t_2, \\ -Z^{-1}\mathrm{Tr}[c^\dagger_{\boldsymbol{k}_2}(t_2) c_{\boldsymbol{k}_1}(t_1) e^{-\beta H}], & t_1 < t_2, \end{cases} \qquad T > 0. \end{aligned} \tag{4.2.2}$$

注意定义中的负号, 并且根据定义

$$\langle T\left[c^{\dagger}(t)c(t')\right]\rangle = -\langle T\left[c(t')c^{\dagger}(t)\right]\rangle,$$

可知在 $\boldsymbol{k}$ 态的费米子占有数

$$n_F(\xi_{\boldsymbol{k}}) = \frac{1}{e^{\beta\xi_{\boldsymbol{k}}}+1}.$$

我们可以计算在动量空间的 G 和 G^{β}

$$\begin{aligned} iG(t,\boldsymbol{k}) &= +\Theta(t)\Theta(\xi_{\boldsymbol{k}})e^{-it\xi_{\boldsymbol{k}}} - \Theta(-t)\Theta(-\xi_{\boldsymbol{k}})e^{-i(-t)(-\xi_{\boldsymbol{k}})}\Big|_{T=0}, \\ iG^{\beta}(t,\boldsymbol{k}) &= +\Theta(t)[1-n_F(\xi_{\boldsymbol{k}})]e^{-it\xi_{\boldsymbol{k}}} - \Theta(-t)n_F(\xi_{\boldsymbol{k}})e^{-it\xi_{\boldsymbol{k}}}\Big|_{T>0}, \end{aligned}$$

在 ω-$\boldsymbol{k}$ 空间, $G(\omega,\boldsymbol{k}) = \int dt\, G(t,\boldsymbol{k})e^{i\omega t}$ 和 $G^{\beta}(\omega,\boldsymbol{k}) = \int dt\, G^{\beta}(t,\boldsymbol{k})e^{i\omega t}$ 具有更简单的形式

$$G(\omega,\boldsymbol{k}) = \frac{1}{\omega-\xi_{\boldsymbol{k}}+i0^+\operatorname{sgn}\omega}, \qquad T=0, \tag{4.2.3}$$

$$G^{\beta}(\omega,\boldsymbol{k}) = \frac{1-n_F(\xi_{\boldsymbol{k}})}{\omega-\xi_{\boldsymbol{k}}+i0^+} + \frac{n_F(\xi_{\boldsymbol{k}})}{\omega-\xi_{\boldsymbol{k}}-i0^+}, \qquad T>0, \tag{4.2.4}$$

我们看到 $G(\omega,\boldsymbol{k})$ 在单粒子能量 $\omega=\xi_{\boldsymbol{k}}$ 处有一个留数为 1 的极点.

我们现在来考虑有限温度下的虚时格林函数, 在海森堡描述中的含时算符是

$$c_{\boldsymbol{k}}(\tau) = e^{H\tau}c_{\boldsymbol{k}}e^{-H\tau},$$

根据定义 $(0<\tau_1,\ \tau_2<\beta)$

$$\mathcal{G}^{\beta}(\tau_1,\tau_2,\boldsymbol{k}_1)\delta_{\boldsymbol{k}_1,\boldsymbol{k}_2} = \begin{cases} +\dfrac{\mathrm{Tr}[e^{-\beta H}c_{\boldsymbol{k}_1}(\tau_1)c^{\dagger}_{\boldsymbol{k}_2}(\tau_2)]}{\mathrm{Tr}(e^{-\beta H})}, & \tau_1>\tau_2, \\ -\dfrac{\mathrm{Tr}[e^{-\beta H}c_{\boldsymbol{k}_2}(\tau_2)c^{\dagger}_{\boldsymbol{k}_1}(\tau_1)]}{\mathrm{Tr}(e^{-\beta H})}, & \tau_1<\tau_2, \end{cases} \tag{4.2.5}$$

可以证明 (见习题**4.2.1**)

$$\begin{aligned} \mathcal{G}^{\beta}(\tau_1,\tau_2,\boldsymbol{k}) &= \mathcal{G}^{\beta}(\tau_1-\tau_2,0,\boldsymbol{k}) \equiv \mathcal{G}^{\beta}(\tau_1-\tau_2,\boldsymbol{k}), \\ \mathcal{G}^{\beta}(\tau,\boldsymbol{k}) &= -\mathcal{G}^{\beta}(\tau+\beta,\boldsymbol{k}), \end{aligned} \tag{4.2.6}$$

因此费米子格林函数在闭合的虚时方向是反周期的. 对于自由费米子

$$\mathcal{G}^{\beta}(\tau,\boldsymbol{k}) = \Theta(\tau)[1-n_F(\xi_{\boldsymbol{k}})]e^{-\tau\xi_{\boldsymbol{k}}} - \Theta(-\tau)n_F(\xi_{\boldsymbol{k}})e^{-\tau\xi_{\boldsymbol{k}}}, \tag{4.2.7}$$

在 ω-$\boldsymbol{k}$ 空间

$$\mathcal{G}^{\beta}(\omega_{\gamma},\boldsymbol{k}) \equiv \int_0^{\beta} d\tau \mathcal{G}^{\beta}(\tau,\boldsymbol{k})e^{i\omega_{\gamma}\tau} = \frac{1}{-i\omega_{\gamma}+\xi_{\boldsymbol{k}}}, \tag{4.2.8}$$

其中 $\omega_{\gamma}=2\pi\gamma T$ 且 $\gamma=\frac{1}{2}+$整数.

在 ω-$\boldsymbol{k}$ 空间的时序格林函数可以写成在 ω-$\boldsymbol{k}$ 空间的费米子算符的时序平均. 对于虚时, 我们引进

$$c_{(\omega_\gamma,\boldsymbol{k})}=\int_0^\beta d\tau\ c_{\boldsymbol{k}}(\tau)\beta^{-1/2}e^{i\omega_\gamma\tau},$$

略经推导, 可以得到

$$\begin{aligned}\left\langle T[c_{(\omega_\gamma,\boldsymbol{k})}c^\dagger_{(\omega'_\gamma,\boldsymbol{k})}]\right\rangle \equiv&\beta^{-1}\int_0^\beta d\tau d\tau'\ e^{i\omega_\gamma\tau-i\omega'_\gamma\tau'}\left\langle T\left[c_{\boldsymbol{k}}(\tau)c^\dagger_{\boldsymbol{k}}(\tau')\right]\right\rangle\\ =&\mathcal{G}^\beta(\omega_\gamma,\boldsymbol{k})\delta_{\omega_\gamma-\omega'_\gamma},\end{aligned}\tag{4.2.9}$$

由于 $\langle T(c^\dagger_{\boldsymbol{k}}(\tau)c_{\boldsymbol{k}}(\tau'))\rangle=-\langle T(c_{\boldsymbol{k}}(\tau')c^\dagger_{\boldsymbol{k}}(\tau))\rangle$, 我们得到 $\langle T(c^\dagger_{(\omega_\gamma,\boldsymbol{k})}c_{(\omega_\gamma,\boldsymbol{k})})\rangle=-\langle T(c_{(\omega_\gamma,\boldsymbol{k})}c^\dagger_{(\omega_\gamma,\boldsymbol{k})})\rangle$. 对于实时也可以证明,

$$\left\langle T[c_{(\omega,\boldsymbol{k})}c^\dagger_{(\omega',\boldsymbol{k})}]\right\rangle=-\left\langle T[c^\dagger_{(\omega,\boldsymbol{k})}c_{(\omega',\boldsymbol{k})}]\right\rangle=iG^\beta(\omega,\boldsymbol{k})(2\pi)^{-1}\delta(\omega-\omega'),$$

这使得我们可以在 ω-$\boldsymbol{k}$ 空间直接计算时序关联. 我们还注意到, 在时序平均中, c 和 $c^\dagger$ 的行为就像反对易数.

上面我们讨论了两个算符的时序关联. 怎样计算多个算符的时序关联? 对费米子我们有 Wick 定理: 令 O_i 为 c 和 $c^\dagger$ 的线性组合, 对于 $W=O_1O_2\cdots O_n$, 有

$$\begin{aligned}W=&:W:+(-)^{j_1-i_1-1}\sum_{(i_1,j_1)}:W_{i_1,j_1}:\langle 0|O_{i_1}O_{j_1}|0\rangle\\ &\pm\sum_{\substack{(i_1,j_1),(i_2,j_2)\\(i_1,j_1)\neq(i_2,j_2)}}:W_{i_1,j_1,i_2,j_2}:\langle 0|O_{i_1}O_{j_1}|0\rangle\langle 0|O_{i_2}O_{j_2}|0\rangle+\cdots\end{aligned}\tag{4.2.10}$$

其中 (i_1,j_1) 是 $i_1<j_1$ 的有序对, 同时 $\pm$ 取决于 O_{j_1} 到 O_{i_1} 右边和 O_{j_2} 到 O_{i_2} 右边所需要的置换次数是奇数还是偶数. 由于根据定义, $\langle 0|:W:|0\rangle=0$, 我们得到

$$\langle 0|O_1O_2\cdots O_n|0\rangle=\sum(-)^P\langle 0|O_{i_1}O_{i_2}|0\rangle\cdots\langle 0|O_{i_{n-1}}O_{i_n}|0\rangle,$$

其中 $\sum$ 是对将 $1,2,\cdots,n$ 组成有序对 (i_1,i_2), $(i_3,i_4),\cdots$ (即 $i_1<i_2$, $i_3<i_4,\cdots$) 的所有可能方式的求和. 如果 $1,2,\cdots,n$ 和 $i_1,i_2,\cdots,i_n$ 相差偶数次置换, $(-)^P=1$; 如果 $1,2,\cdots,n$ 和 $i_1,i_2,\cdots,i_n$ 相差奇数次置换, $(-)^P=-1$. 例如,

$$\begin{aligned}&\langle 0|O_1O_2O_3O_4|0\rangle\\ =&\langle 0|O_1O_2|0\rangle\langle 0|O_3O_4|0\rangle-\langle 0|O_1O_3|0\rangle\langle 0|O_2O_4|0\rangle+\langle 0|O_1O_4|0\rangle\langle 0|O_2O_3|0\rangle,\end{aligned}$$

应用到时序关联时, 则有

$$\langle 0|T(O_1O_2\cdots O_n)|0\rangle=\sum(-)^P\langle 0|T(O_{i_1}O_{i_2})|0\rangle\cdots\langle 0|T(O_{i_{n-1}}O_{i_n})|0\rangle.$$

通过 Wick 定理, 我们可以用两个算符的关联表示多个算符的关联. Wick 定理还意味着, 即使在多个 c 和 $c^\dagger$ 算符的时序平均中, 对于实时和虚时, c 和 $c^\dagger$ 的行为都与反对易数相像. 利用这一点, 我们可以构建费米系统的路径积分公式 (见 5.5.1 节).

习题

4.2.1 证明 (4.2.6) 和 (4.2.8).

4.2.2 由 (4.2.5) 证明 (4.2.7).

4.2.3 证明 (4.2.9).

4.2.4 证明 Wick 定理适用于以下两种情况: $W = c_{k_1} c^\dagger_{k_2} c_{k_3} c^\dagger_{k_4}$ 和 $W = c_{k_1} c_{k_2} c^\dagger_{k_3} c^\dagger_{k_4}$.

4.2.2 等空间格林函数和隧穿

要点:

- 格林函数长时间下的代数衰减与整个费米面上的无能隙激发有关

实时空中的格林函数是 $iG(t, \boldsymbol{x}_1, \boldsymbol{x}_2) = \langle T[c(t, \boldsymbol{x}_1)c(0, \boldsymbol{x}_2)]\rangle$, 对于平移不变的系统 (比如自由费米系统), 格林函数仅与 $\boldsymbol{x}_1 - \boldsymbol{x}_2$ 有关: $G(t, \boldsymbol{x}_1, \boldsymbol{x}_2) = G(t, \boldsymbol{x}_1 - \boldsymbol{x}_2)$. 对于自由费米系统, 我们有 $G(t, \boldsymbol{x}) = \int \frac{d^d\boldsymbol{k}}{(2\pi)^d} G(t, \boldsymbol{k}) e^{i\boldsymbol{k}\cdot\boldsymbol{x}}$. 当 $\boldsymbol{x} = 0$ 时 (或当在 $\langle T[c(\boldsymbol{x}_1, t_1)c^\dagger(\boldsymbol{x}_2, t_2)]\rangle$ 中的费米子算符位于等空间点 $\boldsymbol{x}_1 = \boldsymbol{x}_2$ 时), 则有

$$iG(t, 0) = \int \frac{d^d\boldsymbol{k}}{(2\pi)^d} \left[\Theta(t)\Theta(\xi_{\boldsymbol{k}})e^{-it\xi_{\boldsymbol{k}}} - \Theta(-t)\Theta(-\xi_{\boldsymbol{k}})e^{-it\xi_{\boldsymbol{k}}}\right].$$

引进态密度 (单位体积单位能量上态的数目)

$$N(\epsilon) = \int \frac{d^d\boldsymbol{k}}{(2\pi)^d}\, \delta(\epsilon_{\boldsymbol{k}} - \epsilon),$$

其中

$$\begin{aligned} N(\epsilon) =& \sqrt{\frac{m}{2\pi^2\epsilon}}, && d = 1,\\ N(\epsilon) =& \frac{m}{2\pi}, && d = 2,\\ N(\epsilon) =& \frac{m\sqrt{2m\epsilon}}{2\pi^2}, && d = 3. \end{aligned} \tag{4.2.11}$$

在 $T = 0$ 并且 t 值很大时, 只有临近 $\epsilon = E_F$ 的 $N(\epsilon)$ 是重要的, 因此我们可以假设 $N(\epsilon) = N(E_F)$ 是一个常数, 通过代换 $\int d^d\boldsymbol{k}/(2\pi)^d = \int d\xi N(\xi + E_F)$, 对于大值 t, 我们得到

$$G(t, 0) = -\frac{N(E_F)}{t - i0^+ \mathrm{sgn}\, t}.$$

代数长时关联是占据态密度不连续性的结果. 如果态密度依 $N(\epsilon) \propto |\epsilon - E_F|^g$ 消失 (见图 4.4), 长时关联将衰减得更快 (假设 $g > 0$)

$$G(t,0) \propto -i\mathrm{sgn}\, t e^{-i\frac{\pi}{2}(1+g)} \frac{1}{|t|^{1+g}}.$$

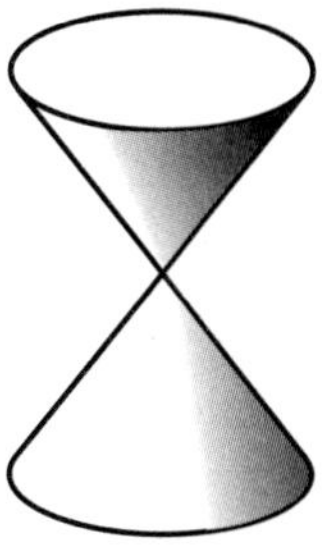

图 4.4 随着 $N(\xi) \propto |\xi|^{d-1}$, 靠近 "费米点" 的态密度逐渐消失.

费米子格林函数只有在实验中能够测量出来才有意义. 为了明白怎样在实验中测量费米子格林函数, 可以考虑态密度为 $N_{R,L}(\xi) \propto |\xi|^{g_{R,L}}$ (对于一般金属, $g_{R,L} = 0$) 的两块金属之间的隧穿. 假设隧穿哈密顿量是

$$H_T = \Gamma(e^{iVt} c_R^\dagger c_L + h.c.),$$

则从左至右的隧穿流为 [见 (3.4.71)]

$$\begin{aligned}
\langle j_T \rangle (t) =& -\Gamma^2 \int^t dt' \; \left[e^{iV(t-t')} \left\langle [I(t), I^\dagger(t')] \right\rangle + h.c. \right] \\
=& [-i\Gamma^2 D^\beta(V) + h.c.] = 2\Gamma^2 \mathrm{Im}\, D^\beta(V),
\end{aligned}$$

其中 $I(t) = c_R^\dagger(t,0) c_L(t,0)$ 是隧穿算符. 隧穿算符 $I(t) = c_R^\dagger(t,0) c_L(t,0)$ 之间的关联是 (假设 $t > 0$ 和 $T = 0$)

$$\begin{aligned}
\left\langle I(t) I^\dagger(0) \right\rangle =& \left\langle c_L(t,0) c_L^\dagger(0,0) \right\rangle \left\langle c_R^\dagger(t,0) c_R(0,0) \right\rangle \\
=& -G_L(t,0)(-)G_R(-t,0) \\
\propto& e^{-i\frac{\pi}{2}(2+g_R+g_L)} \frac{1}{t^{2+g_R+g_L}}.
\end{aligned}$$

可以看到隧穿实验测量的是等空间格林函数在结两边的乘积. 上述关联与两个 1+1D 相互作用玻色系统之间隧穿算符关联的形式相同. 重复在 3.4.4 节中的计算, 我们得到的隧穿流是

$$I \propto V^{1+g_R+g_L} = V \times V^{g_R} \times V^{g_L}.$$

当 $g_L = g_R = 0$ 时很容易看到, 可以隧穿的态的数目与 V 成正比 (见图 4.5), 并且 $I \propto V$. 当 g_L 和 g_R 不为零时, 可以隧穿的态将受到相应的抑制, 加在隧穿流上的抑制因子为 $V^{g_R} \times V^{g_L}$.

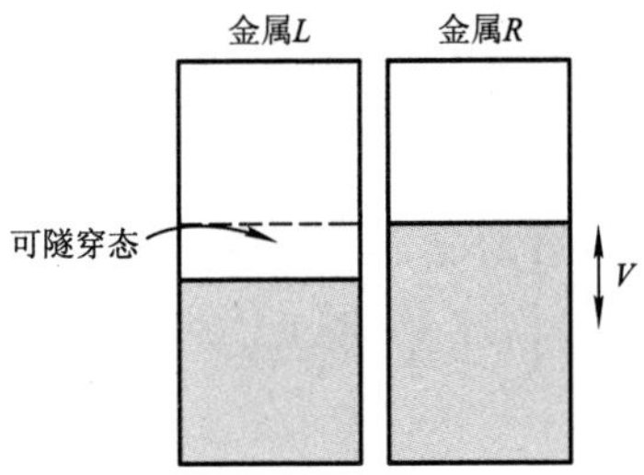

图 4.5 可以隧穿的态的数目与 V 成正比.

这里要强调一下, 隧穿直接测量的是费米子格林函数. 尽管上面只讨论了自由费米系统, 但这些结果同样适用于相互作用的费米子. 设想如果相互作用改变了费米子格林函数的长时衰减指数 g, 这样的改变就可以在隧穿实验中测量出来.

习题

4.2.5 写出在薛定谔图像中 $T=0$ 的时序格林函数的表达式 [见 (4.2.1)]. 修改所得表达式, 使其不含 H 的基态.

4.2.3 费米子谱函数

要点:

- 费米子格林函数的谱函数
- 隧穿实验可以测量费米子格林函数 (更准确地说是费米子谱函数的交叠)

对于相互作用的电子, $G_{L,R}(t,0)$ 会更加复杂. 为了理解两个相互作用费米系统之间的隧穿, 引进费米子格林函数的谱表示是很有用的:

$$iG^{\beta}(t,0)=\begin{cases}\int d\omega\ A^0_+(\omega)e^{-i\omega t}, & t>0,\\ \eta\int d\omega\ A^0_-(\omega)e^{-i\omega t}, & t<0,\end{cases}$$

其中 $A^0_{+,-}(\omega)$ 是谱函数:

$$A^0_+(\nu)=\sum_{m,n}\delta[\nu-(\epsilon_m-\epsilon_n)]\langle\psi_n|c(\boldsymbol{x})|\psi_m\rangle\langle\psi_m|c^\dagger(\boldsymbol{x})|\psi_n\rangle\frac{e^{-\epsilon_n\beta}}{Z},$$

$$A^0_-(\nu)=\sum_{m,n}\delta[\nu+(\epsilon_m-\epsilon_n)]\langle\psi_n|c^\dagger(\boldsymbol{x})|\psi_m\rangle\langle\psi_m|c(\boldsymbol{x})|\psi_n\rangle\frac{e^{-\epsilon_n\beta}}{Z},$$

并且对于费米子算符, $\eta=-1$(如果引进的是玻色子格林函数的谱表示, 则 $\eta=1$). 我们还可以引进动量空间的谱函数

$$iG^{\beta}(t,\boldsymbol{k})=\begin{cases}\int d\omega\ A_{+}(\omega,\boldsymbol{k})e^{-i\omega t} & t>0,\\ \eta\int d\omega\ A_{-}(\omega,\boldsymbol{k})e^{-i\omega t} & t<0,\end{cases}$$

其中

$$\begin{aligned}A_{+}(\nu,\boldsymbol{k})&=\sum_{m,n}\delta[\nu-(\epsilon_m-\epsilon_n)]\langle\psi_n|c_{\boldsymbol{k}}|\psi_m\rangle\langle\psi_m|c_{\boldsymbol{k}}^{\dagger}|\psi_n\rangle\frac{e^{-\epsilon_n\beta}}{Z},\\ A_{-}(\nu,\boldsymbol{k})&=\sum_{m,n}\delta[\nu+(\epsilon_m-\epsilon_n)]\langle\psi_n|c_{\boldsymbol{k}}^{\dagger}|\psi_m\rangle\langle\psi_m|c_{\boldsymbol{k}}|\psi_n\rangle\frac{e^{-\epsilon_n\beta}}{Z},\end{aligned}$$

可以看到

$$A^0_{+,-}(\omega)=\mathcal{V}^{-1}\sum_{\boldsymbol{k}}A_{+,-}(\omega,\boldsymbol{k}).$$

由定义还可以看到 $A^0_{+,-}$ 和 $A_{+,-}$ 是正实数. 在 ω-$\boldsymbol{k}$ 空间, 就有

$$\begin{aligned}G^{\beta}_{+}(\omega,\boldsymbol{k})&\equiv\int dt\ \Theta(t)G^{\beta}(t,\boldsymbol{k})e^{i\omega t}=\int d\nu\frac{A_{+}(\nu,\boldsymbol{k})}{\omega-\nu+i0^{+}},\\ G^{\beta}_{-}(\omega,\boldsymbol{k})&\equiv\int dt\ \Theta(-t)G^{\beta}(t,\boldsymbol{k})e^{i\omega t}=-\eta\int d\nu\frac{A_{-}(\nu,\boldsymbol{k})}{\omega-\nu-i0^{+}},\end{aligned}\tag{4.2.12}$$

动量空间中的谱函数 $A_{+,-}(\nu,\boldsymbol{k})$ 可以完全决定格林函数.

响应函数 $\langle[I(t),I^{\dagger}(0)]\rangle$ 可以用左右两边金属的谱函数表示, 对于 $t>0$,

$$\begin{aligned}&\langle[I(t),I^{\dagger}(0)]\rangle\\ =&\left\langle c_L(t,0)c_L^{\dagger}(0,0)\right\rangle\left\langle c_R^{\dagger}(t,0)c_R(0,0)\right\rangle-\left\langle c_L^{\dagger}(0,0)c_L(t,0)\right\rangle\left\langle c_R(0,0)c_R^{\dagger}(t,0)\right\rangle\\ =&[iG_L(t)][-iG_R(-t)]-[-iG_L(-t)]^{*}[iG_R(t)]^{*}\\ =&-\int d\omega_L d\omega_R\ \left[A^0_{L+}(\omega_L)A^0_{R-}(\omega_R)-A^0_{L-}(\omega_L)A^0_{R+}(\omega_R)\right]e^{i(\omega_R-\omega_L)t},\end{aligned}$$

因此在 ω- 空间的响应函数 $iD^{\beta}(t)=\Theta(t)[I(t),I^{\dagger}(0)]$ 为

$$\begin{aligned}D^{\beta}(\omega)&=\int dt\ D^{\beta}(t)e^{i\omega t}\\ &=\int d\omega_L d\omega_R\ \frac{A^0_{L+}(\omega_L)A^0_{R-}(\omega_R)-A^0_{L-}(\omega_L)A^0_{R+}(\omega_R)}{\omega-\omega_L+\omega_R+i0^{+}},\end{aligned}$$

从左至右的隧穿流由虚部决定:

$$\begin{aligned}\langle j_T\rangle(t)=&2\Gamma^2\mathrm{Im}\,D^{\beta}(V)\\ =&2\pi\Gamma^2\int d\nu\ \left[A^0_{L-}(\nu)A^0_{R+}(\nu-V)-A^0_{L+}(\nu)A^0_{R-}(\nu-V)\right].\end{aligned}\tag{4.2.13}$$

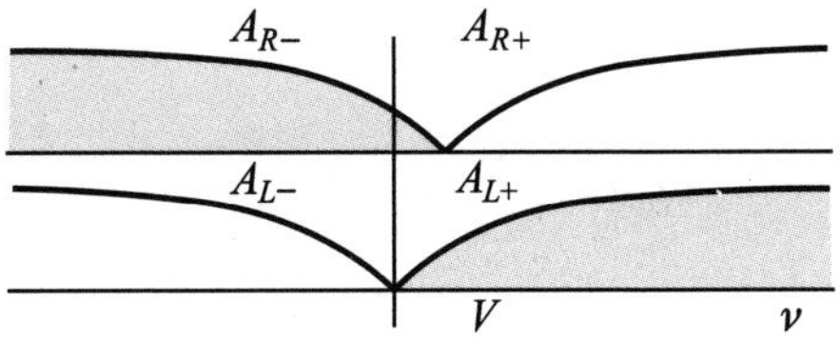

图 4.6 谱函数及其交叠.

当温度为零时, $A_+(\omega)$ 只有当 $\omega > 0$ 时非零; $A_-(\omega)$ 只有当 $\omega < 0$ 时非零. 因此, 根据 V 的符号, 两项中只有一项有贡献 (见图 4.6). 这个贡献是隧穿结两边的谱函数的交叠积分.

对于自由费米子, 由虚时格林函数 (4.2.8) 得到 (见 (2.2.76))

$$A_-(\omega, \boldsymbol{k}) = n_F(\xi_{\boldsymbol{k}})\delta(\omega - \xi_{\boldsymbol{k}}), \qquad A_+(\omega, \boldsymbol{k}) = [1 - n_F(\xi_{\boldsymbol{k}})]\delta(\omega - \xi_{\boldsymbol{k}}).$$

[将上式代入 (4.2.12), 可以发现有限温度的自由电子格林函数 (4.2.4).]通过对 $\boldsymbol{k}$ 积分, 得到

$$A^0_-(\omega) = n_F(\omega)N(\omega + E_F), \qquad A^0_+(\omega) = [1 - n_F(\omega)]N(\omega + E_F), \tag{4.2.14}$$

隧穿流为

$$\begin{aligned}\langle j_T\rangle(t) =& 2\pi\Gamma^2 \int d\nu \Big\{(1 - n_F(\nu))N_L(\nu + E_F)n_F(\nu - V)N_R(\nu - V + E_F) \\ &- n_F(\nu)N_L(\nu + E_F)[1 - n_F(\nu - V)]N_R(\nu - V + E_F)\Big\} \\ \approx& 2\pi\Gamma^2 N_L(E_F)N_R(E_F) \int d\nu \ \ [n_F(\nu - V) - n_F(\nu)].\end{aligned}$$

这是一个非常简单的结果, 也可以使用二级微扰理论直接得到.

习题

4.2.6 在 $(t, x) \to \infty$ 极限 (t/x 任意) 下, 计算 $d = 1$ 维实时空中的时序费米子格林函数, 在 $t/x \to 0$ 和 $t/x \to \infty$ 极限下检查所得到的结果.

4.2.7 $d = 1$ 维上的两个相同自由费米系统在 $x = 0$ 和 $x = a$ 两点上连接, 隧穿哈密顿量是

$$H_T = \Gamma\left\{[c_L(0)c_R(0)^\dagger + c_L(a)c_R(a)^\dagger] + h.c.\right\}.$$

使用上题的结果将隧穿电导表示成 a 的函数.

4.2.8 对于有限温度, 证明谱的和定理

$$\int d\omega \ \ [A_+(\omega, \boldsymbol{k}) + A_-(\omega, \boldsymbol{k})] = 1.$$

(提示: 使用 $\{c_{\boldsymbol{k}}, c^\dagger_{\boldsymbol{k}}\} = 1$.)

4.2.9 平行二维电子系统之间的隧穿 [Eisenstein et al. (1991)]

考虑两个相同的二维费米系统, 它们由垂直区域的隧穿结连接起来, 该结保持二维动量守恒 [见图 4.7(a)]. 隧穿哈密顿量的形式为

$$H_T = A\sum_{\boldsymbol{k}}(c_{L\boldsymbol{k}}c^\dagger_{R\boldsymbol{k}} + h.c.),$$

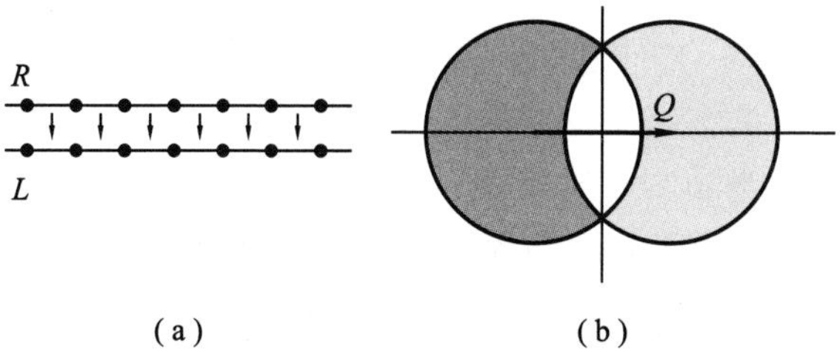

图 4.7 (a) 垂直区域的隧穿结; (b) 两块平移的费米面

如果没有平行于 2D 层面的磁场, 两层面上的费米子有相同的色散关系 $\epsilon_{\boldsymbol{k}}$; 如果存在平行于 2D 层面的磁场 B, 两层面上的费米子的动量会有相对移动 [见图 4.7(b)], 两层面上的色散关系就变为

$$\epsilon_{R\boldsymbol{k}} = \epsilon_{\boldsymbol{k}-\frac{1}{2}\boldsymbol{Q}}, \qquad \epsilon_{L\boldsymbol{k}} = \epsilon_{\boldsymbol{k}+\frac{1}{2}\boldsymbol{Q}},$$

其中 $Q \propto B$ 和 $\boldsymbol{Q}\cdot\boldsymbol{B} = 0$.

(a) 证明对于自由费米子, 在 $B = 0$ 和电压 $V \neq 0$ 时有限温度隧穿流为零.

(b) 假设由于相互作用, 费米子谱函数的形式是

$$A_+(\omega,\boldsymbol{k}) = [1 - n_F(\omega)]\frac{\pi^{-1}\Gamma}{(\omega-\xi_{\boldsymbol{k}})^2+\Gamma^2}, \qquad A_-(\omega,\boldsymbol{k}) = n_F(\omega)\frac{\pi^{-1}\Gamma}{(\omega-\xi_{\boldsymbol{k}})^2+\Gamma^2},$$

其中 $\Gamma \ll E_F$ 是衰减率 (注意上述 $A_\pm$ 满足 (2.2.62)). 写出温度很低时 ($T \ll E_F$) 的隧穿流的表达式.

(c) 对于 $B = 0$, 在 $T \to 0$ 和 $T \gg \Gamma$ 极限下, 温度与隧穿电导的关系是什么? 估计在 $T = 0$ 时每单位面积的隧穿电导.

(d) 假设对于 $B = 0$, 零温度下的隧穿电导是 σ_0; 利用 σ_0, 估计对于有限 Q 的隧穿电导 σ_Q. 当 Q 接近 0 或者接近 $2\boldsymbol{k}_F$ 时, σ_Q 的行为分别如何?

4.2.4 等时格林函数和费米面的形状

要点:

- 长程代数衰减与动量空间中费米子占有数的尖锐特征 (不连续性) 有关

我们再来讨论等时格林函数, 等时关联仅由基态波函数决定. 从 $G^\beta(0^+,\boldsymbol{x})$ 与 $G^\beta(-0^+,\boldsymbol{x})$ 的定义也很容易看到, 它们的不同之处在于反对易子的平均 (如果算符是玻色子, 则是对易子的平均)

$$G^\beta(0^+,\boldsymbol{x}) - G^\beta(-0^+,\boldsymbol{x}) = \langle\{c(\boldsymbol{x}), c^\dagger(0)\}\rangle = \delta(\boldsymbol{x}),$$

这里我们可以选择一个方向 $\hat{\boldsymbol{x}}$, 并研究大 x 时 $G(\pm 0^+, x\hat{\boldsymbol{x}})$ 的行为.

在 $T=0$, $G(-0^+,\boldsymbol{x})$ 可以写为

$$iG(-0^+,\boldsymbol{x}) = -\int \frac{d^d\boldsymbol{k}}{(2\pi)^d}\, n_F(\xi_{\boldsymbol{k}})e^{i\boldsymbol{k}\cdot\boldsymbol{x}} = -\int_{-\infty}^{+\infty} dk\ \tilde{N}(k,\hat{\boldsymbol{x}})e^{ik|\boldsymbol{x}|},$$

其中

$$\tilde{N}(k,\hat{\boldsymbol{x}}) = \int \frac{d^d\boldsymbol{k}}{(2\pi)^d}\ \Theta(-\xi_{\boldsymbol{k}})\delta(k-\boldsymbol{k}\cdot\hat{\boldsymbol{x}})$$

可以看作是动量空间中的占据态的态密度.

从图 4.8(a), 我们看到, 一般 $\tilde{N}(k,\hat{\boldsymbol{x}})$ 在 $k=\boldsymbol{k}_F(\hat{\boldsymbol{x}})\cdot\hat{\boldsymbol{x}}$ 和 $k=\boldsymbol{k}_F(-\hat{\boldsymbol{x}})\cdot\hat{\boldsymbol{x}}$ 有两个奇点:

$$\tilde{N}(k,\hat{\boldsymbol{x}}) = c_+\Theta(\boldsymbol{k}_F(\hat{\boldsymbol{x}})\cdot\hat{\boldsymbol{x}}-k)|\boldsymbol{k}_F(\hat{\boldsymbol{x}})\cdot\hat{\boldsymbol{x}}-k|^{(d-1)/2} + c_-\Theta(-\boldsymbol{k}_F(-\hat{\boldsymbol{x}})\cdot\hat{\boldsymbol{x}}+k)|-\boldsymbol{k}_F(-\hat{\boldsymbol{x}})\cdot\hat{\boldsymbol{x}}+k|^{(d-1)/2}.$$

[例如, 在一维 $\tilde{N}(k,\hat{\boldsymbol{x}})$ 有两个不连续的阶跃.] 这两个奇点导致了代数长程等时关联:

$$iG(-0^+,\boldsymbol{x})|_{\boldsymbol{x}\to\infty} \sim \left[c_+e^{i\boldsymbol{k}_F(\hat{\boldsymbol{x}})\cdot\boldsymbol{x}}e^{-i\frac{\pi(d+1)}{4}} + c_-e^{i\boldsymbol{k}_F(-\hat{\boldsymbol{x}})\cdot\boldsymbol{x}}e^{i\frac{\pi(d+1)}{4}}\right]\frac{1}{|\boldsymbol{x}|^{(d+1)/2}}.$$

对于球费米面

$$iG(-0^+,\boldsymbol{x})|_{\boldsymbol{x}\to\infty} \sim \cos\left[k_F|\boldsymbol{x}| - \frac{\pi(d+1)}{4}\right]\frac{1}{|\boldsymbol{x}|^{(d+1)/2}},$$

如果费米面含有一块平坦的区域 [见图 4.8(b)], $\tilde{N}(k,\hat{\boldsymbol{x}})$ 将在相应的方向有一个不连续的阶跃. 在这个方向 $G(-0^+,\boldsymbol{x})$ 代数衰减较慢, 衰减指数与 1D 系统的指数相同:

$$iG(-0^+,\boldsymbol{x})|_{\boldsymbol{x}\to\infty} \sim -ie^{i\boldsymbol{k}_F(\hat{\boldsymbol{x}})\cdot x}\frac{1}{|\boldsymbol{x}|}.$$

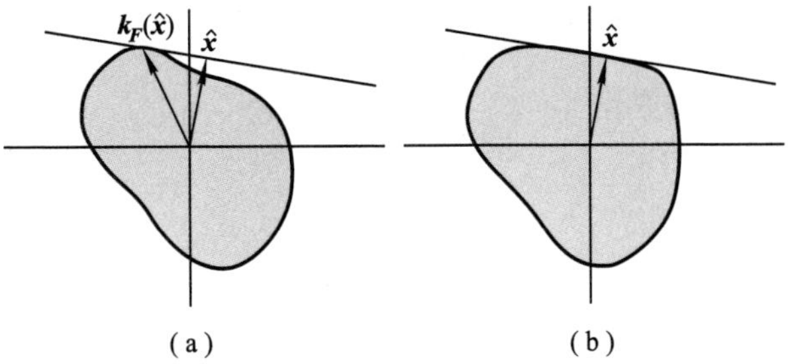

图 4.8 费米面的形状和在 $\tilde{N}(k,\hat{\boldsymbol{x}})$ 的奇点.

4.3 二体关联函数和线性响应

要点:

- 我们可以从二体关联函数计算线性响应, 这一点使得我们可以计算许多可测量
- 二体关联函数揭示了自由费米子基态许多潜在的不稳定性

二体关联函数是最重要的关联, 大多数在实验中测量的量都与二体关联有直接的关系, 这些量包括电导、热导、中子和光的散射截面、弹性常量、介电常量和磁化率等等.

4.3.1　密度 — 密度关联函数

我们首先考虑密度关联函数

$$iP^{00}(t,\boldsymbol{x}) = \langle T[\rho(t,\boldsymbol{x})\rho(0)]\rangle ,$$

其中

$$\rho(t,\boldsymbol{x}) = c^\dagger(t,\boldsymbol{x})c(t,\boldsymbol{x}).$$

密度关联函数与压缩率、中子与光的散射都有关. 为了计算 $P^{00}(t,\boldsymbol{x})$, 可以使用自由费米子算符的 Wick 定理

$$\begin{aligned} iP^{00}(t,\boldsymbol{x}) =& \left\langle T[c^\dagger(t+0^+,\boldsymbol{x})c(t,\boldsymbol{x})c^\dagger(0^+)c(0)]\right\rangle \\ =& \rho_0^2 - iG(-t,-\boldsymbol{x})iG(t,\boldsymbol{x}). \end{aligned}$$

使用以前计算的费米子格林函数, 我们发现在 $t=0$ 极限下, 对于球型费米面有

$$iP^{00}(0,\boldsymbol{x}) = \rho_0^2 + C\left\{1-\sin\left[2k_F|\boldsymbol{x}| - \frac{\pi(d+1)}{2}\right]\right\}\frac{1}{|\boldsymbol{x}|^{(d+1)}}.$$

当 $\boldsymbol{x}||\boldsymbol{Q}$, 对于图 4.9 中嵌套的费米面, 有

$$iP^{00}(0,\boldsymbol{x}) = \rho_0^2 + C[1+\sin(Q|\boldsymbol{x}|)]\frac{1}{|\boldsymbol{x}|^2}.$$

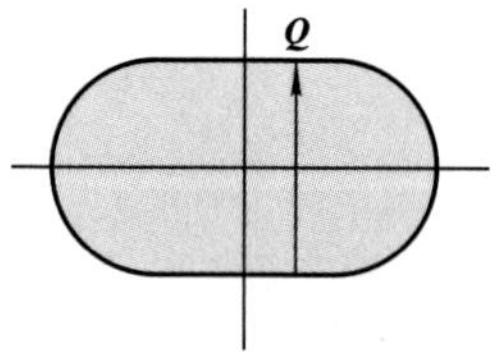

图 4.9　具有嵌套波矢 $\boldsymbol{Q}$ 的嵌套费米面.

我们知道在一个晶体中, 密度关联一直振荡, 没有任何衰减: $iP^{00}(0,\boldsymbol{x}) = \rho_0^2 + C[1+\sin(Q|\boldsymbol{x}|)]$, 这个振荡部分代表了有序晶体中的长程序. 我们看到自由费米子的基态不含有晶格的长程序, 但具有 "代数长程" 序, 尤其是对于嵌套的费米面 (见图 4.10). 从这一点来说, 嵌套的自由费米系统正处于变成晶体的边缘. 在本章的后面会看到, 只要打开一个小的相互作用, "代数长程" 序就可以提升为长程序.

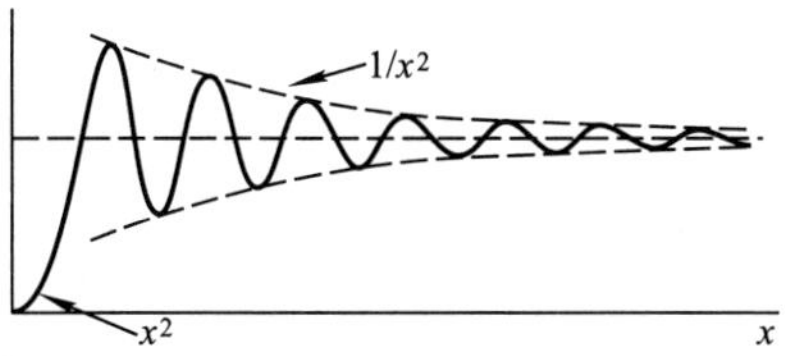

图 4.10 嵌套费米面在密度关联 $iP^{00}(0,\boldsymbol{x})$ 的 "代数长程" 序.

为了得到自由费米子的线性响应, 我们需要计算密度响应函数 Π^{00}. 在 t-$\boldsymbol{k}$ 空间, 可以利用 Wick 定理写出密度响应函数

$$
\begin{aligned}
i\Pi^{00}(t,\boldsymbol{k}) =&\Theta(t)\mathcal{V}^{-1}\left\langle [\sum_{\boldsymbol{q}}(c^{\dagger}_{\boldsymbol{q}}c_{\boldsymbol{q}+\boldsymbol{k}})(t),\sum_{\boldsymbol{q}'}(c^{\dagger}_{\boldsymbol{q}'}c_{\boldsymbol{q}'-\boldsymbol{k}})(0)]\right\rangle \\
=&\Theta(t)\mathcal{V}^{-1}\sum_{\boldsymbol{q}}[1-n_F(\xi_{\boldsymbol{q}+\boldsymbol{k}})]n_F(\xi_{\boldsymbol{q}})e^{-it(\xi_{\boldsymbol{q}+\boldsymbol{k}}-\xi_{\boldsymbol{q}})} \\
&-\Theta(t)\mathcal{V}^{-1}\sum_{\boldsymbol{q}}[1-n_F(\xi_{\boldsymbol{q}})]n_F(\xi_{\boldsymbol{q}+\boldsymbol{k}})e^{+it(\xi_{\boldsymbol{q}}-\xi_{\boldsymbol{q}+\boldsymbol{k}})}.
\end{aligned}
$$

其平均只有当 $\boldsymbol{q}'=\boldsymbol{q}+\boldsymbol{k}$ 时非零. 第一项中, 在 $\boldsymbol{q}+\boldsymbol{k}$ 产生 1 个费米子, 并在 $\boldsymbol{q}$ 湮没 1 个费米子, 这导致因子 $[1-n_F(\xi_{\boldsymbol{q}+\boldsymbol{k}})]n_F(\xi_{\boldsymbol{q}})$ 的出现. 第二项也有类似的结构, 在 $\boldsymbol{q}$ 产生 1 个费米子, 又在 $\boldsymbol{q}+\boldsymbol{k}$ 湮没 1 个费米子. 在 ω-$\boldsymbol{k}$ 空间

$$
\Pi^{00}(\omega,\boldsymbol{k}) =\mathcal{V}^{-1}\sum_{\boldsymbol{q}}\left\{\frac{[1-n_F(\xi_{\boldsymbol{q}+\boldsymbol{k}})]n_F(\xi_{\boldsymbol{q}})}{\omega-\xi_{\boldsymbol{q}+\boldsymbol{k}}+\xi_{\boldsymbol{q}}+i0^+}-\frac{[1-n_F(\xi_{\boldsymbol{q}})]n_F(\xi_{\boldsymbol{q}+\boldsymbol{k}})}{\omega+\xi_{\boldsymbol{q}}-\xi_{\boldsymbol{q}+\boldsymbol{k}}+i0^+}\right\}
$$

只有在 $(\omega,\boldsymbol{k})$ 对应于粒子 — 空穴激发的能量和动量时, $\Pi^{00}(\omega,\boldsymbol{k})$ 的虚部非零 (见图 4.11). 这种特征出现在所有二体关联函数中, 其中包括流关联和自旋关联.

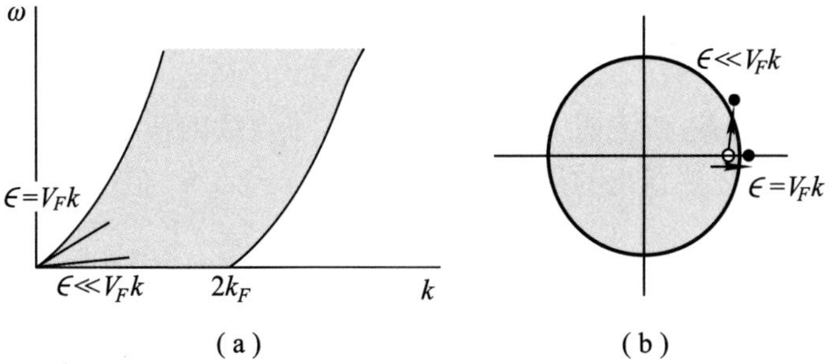

图 4.11 阴影区域代表粒子 — 空穴激发的能量和动量 $(d>1)$. $\mathrm{Im}\,\Pi^{00}(\omega,\boldsymbol{k})$ 只在阴影区域非零, 在 $(\omega,\boldsymbol{k})=(0,0)$ 边缘有斜率 v_F, 如 (b) 所示.

在极限 $|\boldsymbol{k}|\ll k_F$ 且 T 有限时, 有

$$
\Pi^{00}(\omega,\boldsymbol{k})=-\int\frac{d^d\boldsymbol{q}}{(2\pi)^d}\frac{\partial n_F}{\partial\xi}\frac{\boldsymbol{k}\cdot\boldsymbol{v}}{\omega-\boldsymbol{k}\cdot\boldsymbol{v}+i0^+}.
$$

其中 $\boldsymbol{v}=\boldsymbol{q}/m$. 在 $T\to 0$ 极限下, $\frac{\partial n_F}{\partial \xi}=-\delta(\xi_{\boldsymbol{k}})$, 积分变为在费米面上的积分. 让我们首先考虑 $\Pi^{00}(\omega,\boldsymbol{k})$ 的虚部:

$$\operatorname{Im}\Pi^{00}(\omega,\boldsymbol{k})=-\frac{\omega}{v_F k}\frac{k_F^{d-1}}{(2\pi)^d v_F}\int d\Omega\pi\delta(\frac{\omega}{v_F k}-\cos\theta),$$

我们发现

$$\begin{aligned}\operatorname{Im}\Pi^{00}(\omega,\boldsymbol{k})=&-\frac{\omega}{v_F k}\frac{k_F^2}{4\pi v_F}\Theta(v_F k-|\omega|), && d=3,\\ \operatorname{Im}\Pi^{00}(\omega,\boldsymbol{k})=&-\frac{\omega}{v_F k}\frac{k_F}{2\pi v_F}\frac{1}{\sqrt{1-\left(\frac{\omega}{v_F k}\right)^2}}\Theta(v_F k-|\omega|), && d=2.\end{aligned}$$

为了得到其实部, 我们注意到 $\Pi^{00}(\omega,\boldsymbol{k})$ 是形式为 $1/(\omega-\epsilon+i0^+)$ 的函数的求和:

$$\Pi^{00}(\omega,\boldsymbol{k})=\int d\epsilon\frac{\operatorname{sgn}\epsilon A(\epsilon,\boldsymbol{k})}{\omega-\epsilon+i0^+},$$

其中 $A(\epsilon,\boldsymbol{k})$ 是 $\Pi^{00}(\omega,\boldsymbol{k})$ 的谱函数, 这个谱函数与 $\Pi^{00}(\omega,\boldsymbol{k})$ 的虚部有直接的联系:

$$\operatorname{Im}\Pi^{00}(\omega,\boldsymbol{k})=-\operatorname{sgn}\omega\pi A(\omega,\boldsymbol{k}).$$

因此可以从虚部 $\operatorname{Im}\Pi^{00}(\omega,\boldsymbol{k})$ 计算实部, 我们得到

$$\begin{aligned}\Pi^{00}(\omega,\boldsymbol{k})=&-\frac{k_F m}{2\pi^2}\left[1-\frac{\omega}{2v_F k}\ln\left|\frac{\omega+v_F k}{\omega-v_F k}\right|+i\frac{\pi\omega}{2v_F k}\Theta(v_F k-|\omega|)\right], && d=3,\\ \Pi^{00}(\omega,\boldsymbol{k})=&-\frac{m}{2\pi}\left[1-\frac{\omega\Theta(|\omega|-v_F k)}{\sqrt{\omega^2-v_F^2k^2}}+i\frac{\omega\Theta(v_F k-|\omega|)}{\sqrt{v_F^2k^2-\omega^2}}\right], && d=2,\\ \Pi^{00}(\omega,\boldsymbol{k})=&\frac{1}{\pi}\frac{v_F k^2}{(\omega+i0^+)^2-v_F^2k^2}, && d=1.\end{aligned}\tag{4.3.1}$$

可以注意到, 当 $\operatorname{Im}\Pi^{00}(\omega,\boldsymbol{k})$ 在诸如 ω_0 的地方有一个不连续的跃迁时, $\operatorname{Re}\Pi^{00}(\omega,\boldsymbol{k})$ 就会在同一地方以对数发散. 另外还要指出的是, 时序关联函数 $P^{00}(\omega,\boldsymbol{k})$ 也可由同样的公式给出, 只是虚部多出一个因子 $\operatorname{sgn}\omega$.

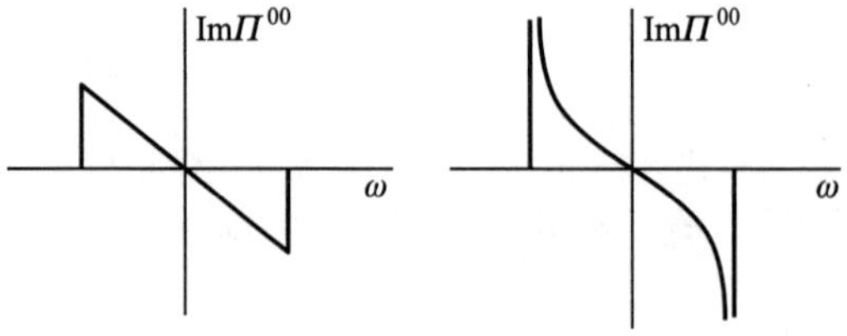

(a) (b)

图 4.12 k 为固定小量时的 $\operatorname{Im}\Pi^{00}$, (a) $d=3$ 维; (b) $d=2$ 维.

自由费米子的压缩系数决定了势的变化引起多大程度上密度的变化. 这一点由 (在有限波矢 $\boldsymbol{k}$)$\chi(\boldsymbol{k}) = -\Pi^{00}(0, \boldsymbol{k})$ 给出, 并在 $\boldsymbol{k}$ 很小时与 $\boldsymbol{k}$ 无关. 不出所料, 由 (4.2.11), 压缩性由费米能上的态密度给出:

$$\chi(\boldsymbol{k}) = N(E_F).$$

从

$$\sigma(\omega) = -\lim_{\boldsymbol{k}\to 0} \operatorname{Im} \frac{\omega}{k^2} \Pi^{00}(\omega, \boldsymbol{k}),$$

还可以看到, 除了在 $\omega = 0$ 以外, 光导为零, 即 $\sigma(\omega) = 0$, 这也是在我们预料之中的. 如果没有任何相互作用, 一个均匀振荡电场不会激发出任何粒子 — 空穴激发, 也就不会引起任何耗散. 当 $\omega \ll v_F k$, Π^{00} 对所有 $d > 1$ 维都有类似的形式

$$\Pi^{00}(\omega, \boldsymbol{k}) = -N(E_F)\left(1 + iC_d \frac{\omega}{v_F k}\right),$$

其中 $d = 2$ 时, $C_2 = 1$; $d = 3$ 时, $C_3 = \pi/2$. 我们看到当 $\boldsymbol{k} \neq 0$ 时, 振荡电场会引起耗散, 电导的形式在 $\omega \ll v_F k$ 极限是

$$\sigma(\omega, \boldsymbol{k}) = N(E_F) C_d \frac{\omega^2}{v_F k^3}.$$

一般情况下, ω 较小时, $\Pi^{00}(\omega, \boldsymbol{k})$ 是 $\boldsymbol{k}$ 的光滑函数, 只有在靠近 $\boldsymbol{k} = 0$ 和 $|\boldsymbol{k}| = 2k_F$ 两处 (对于球费米面) 除外. 我们已经研究了 $\boldsymbol{k} = 0$ 附近 $\Pi^{00}(\omega, \boldsymbol{k})$ 的奇异行为, 下面我们来讨论 $\Pi^{00}(\omega, \boldsymbol{k})$ 在 $|\boldsymbol{k}| = 2k_F$ 附近的行为. 考虑在 $T = 0$ 极限下,

$$\Pi^{00}(\omega, \boldsymbol{k}) = \int \frac{d^2\boldsymbol{q}}{(2\pi)^d} \left[\frac{n_F(\xi_{\boldsymbol{q}-\frac{\boldsymbol{k}}{2}}) - n_F(\xi_{\boldsymbol{q}+\frac{\boldsymbol{k}}{2}})}{\omega - (\xi_{\boldsymbol{q}+\frac{\boldsymbol{k}}{2}} - \xi_{\boldsymbol{q}-\frac{\boldsymbol{k}}{2}}) + i0^+}\right],$$

如图 4.13、4.14、4.15, 在浅影区域中 $n_F(\xi_{\boldsymbol{q}-\frac{\boldsymbol{k}}{2}}) - n_F(\xi_{\boldsymbol{q}+\frac{\boldsymbol{k}}{2}}) = 1$, 在深影区域中 $n_F(\xi_{\boldsymbol{q}-\frac{\boldsymbol{k}}{2}}) - n_F(\xi_{\boldsymbol{q}+\frac{\boldsymbol{k}}{2}}) = -1$. 另外, 在 y 轴右面, $\xi_{\boldsymbol{q}+\frac{\boldsymbol{k}}{2}} - \xi_{\boldsymbol{q}-\frac{\boldsymbol{k}}{2}} > 0$, 在 y 轴左面, $\xi_{\boldsymbol{q}+\frac{\boldsymbol{k}}{2}} - \xi_{\boldsymbol{q}-\frac{\boldsymbol{k}}{2}} < 0$, 虚线表示 $\omega = \xi_{\boldsymbol{q}+\frac{\boldsymbol{k}}{2}} - \xi_{\boldsymbol{q}-\frac{\boldsymbol{k}}{2}}$, 虚线和阴影之间的相交部分决定了 $\operatorname{Im}\Pi^{00}(\omega, \boldsymbol{k})$ 的值. 由图 4.13 和 4.14, 不难看出对于小量 ω, 当 $\boldsymbol{k}| > 2k_F$ 时, $\operatorname{Im}\Pi^{00}(\omega, \boldsymbol{k}) = 0$; 当 $\boldsymbol{k}| < 2k_F$ 时, $\operatorname{Im}\Pi^{00}(\omega, \boldsymbol{k}) \propto -\omega$; 当 $|\boldsymbol{k}| = 2k_F$ 时, $\operatorname{Im}\Pi^{00}(\omega, \boldsymbol{k}) \propto -\operatorname{sgn}\omega|\omega|^{(d-1)/2}$. 这些结果都表示, $\operatorname{Re}\Pi^{00}(0, \boldsymbol{k})$ 的实部在 $k = 2k_F$ 附近是有限的.

然而对于嵌套费米面, 如果 $\boldsymbol{k}$ 等于嵌套矢量 $\boldsymbol{Q}$, $\operatorname{Im}\Pi^{00}(\omega, \boldsymbol{Q})$ 在 $\omega = 0$ 有一个非连续跃迁 (见图 4.15), 导致压缩率在嵌套矢量 $\boldsymbol{Q}$ 有对数发散:

$$\chi(\boldsymbol{Q}) \sim N(E_F) \ln \frac{E_F}{\omega}\bigg|_{\omega\to 0},$$

在有限温度下, 在 $\omega = 0$ 处的非连续跃迁会被 T 抹去, T 也截断了对数发散:

$$\chi(\boldsymbol{Q}) \sim N(E_F) \ln \frac{E_F}{T}. \tag{4.3.2}$$

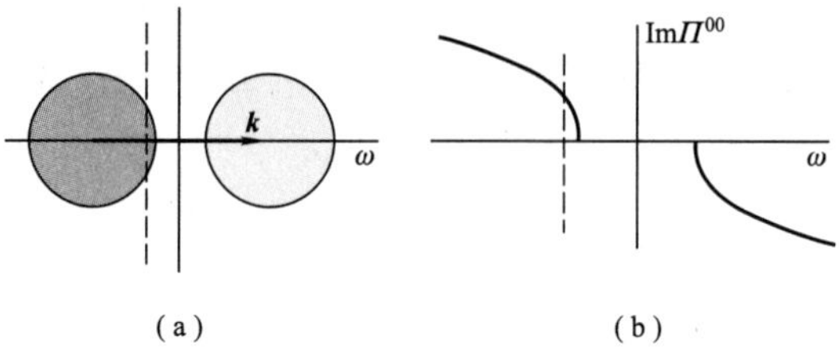

图 4.13 $|\boldsymbol{k}| > 2\boldsymbol{k}_F$ 的 $\mathrm{Im}\,\Pi^{00}$.

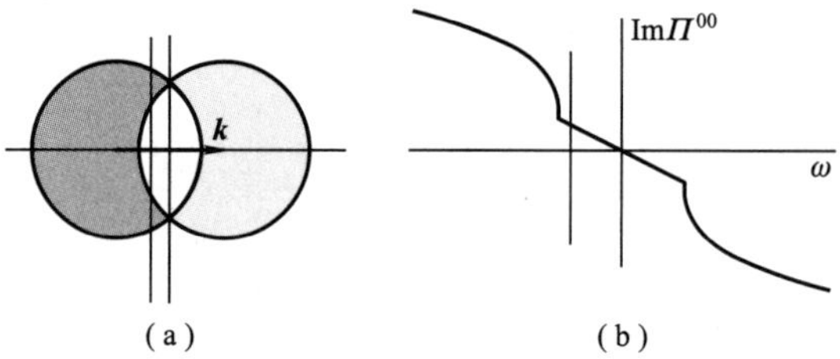

图 4.14 $|\boldsymbol{k}| < 2\boldsymbol{k}_F$ 的 $\mathrm{Im}\,\Pi^{00}$.

由等时密度关联函数我们已经看到, 嵌套费米面的基态在嵌套波矢量 $\boldsymbol{Q}$ 处含有一个 "代数长程" 晶序. 由零频率密度关联函数在此我们又看到, 施加一个波矢 $\boldsymbol{Q}$ 的小周期势会引起很大的密度波. 这是又一个与晶体相似的特性, 一个无限小的周期势场固定住晶体, 并产生有限的密度波. 以后我们还会看到, 由于嵌套费米面与晶序如此接近, 开启一个无限小的相互作用实际上会引起自发对称破缺, 并将费米液态改变为晶体态 [更准确地称为电荷密度波 (简称 CDW) 态].

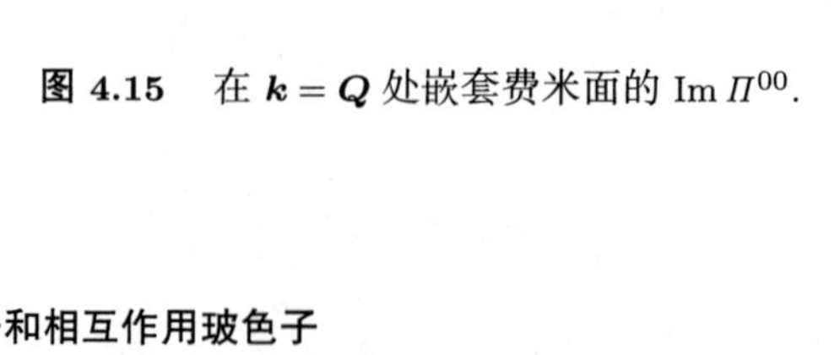

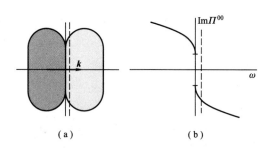

图 4.15 在 $\boldsymbol{k} = \boldsymbol{Q}$ 处嵌套费米面的 $\mathrm{Im}\,\Pi^{00}$.

习题

4.3.1 1D 自由费米子和相互作用玻色子

在 1D 自由费米系统中, 对于大值 (x, t), 计算 $T = 0$ 的时序密度关联 $\langle T\rho(x,t)\rho(0)\rangle$. (提示: 利用习题 4.2.6 的结果). 这个结果应该是一维相互作用玻色子密度关联的 (3.3.136) 特例, 确定 (3.3.136) 中 χ, v, K_n, C_n 的值, 使其重构自由费米子的时序密度关联.

4.3.2 对于二维自由费米系统, 计算小量 (ω, k) 的零温度虚时时序密度关联 $\mathcal{P}^{00}(\omega, k)$, 通过解析延拓得到实频率的 Π^{00}.

4.3.2 流算符

要点:

- 一般色散粒子的流算符需要技巧并难以预测

为了计算流响应函数 π^{ij} 和 Π^{ij}, 首先需要知道什么是流算符 $\boldsymbol{j}$. 我们可以从密度算符的时间导数 $d\rho/dt = d[c^\dagger(\boldsymbol{x},t)c(\boldsymbol{x},t)]/dt$ 开始, 并从守恒律 $d\rho/dt + \boldsymbol{\partial}\cdot\boldsymbol{j} = 0$ 得到 $\boldsymbol{j}$. 假设费米系统由

$$H = \sum_{\langle \boldsymbol{ij}\rangle}(t_{\boldsymbol{ij}}c_{\boldsymbol{i}}^\dagger c_{\boldsymbol{j}} + h.c.)$$

描述, 则

$$i\partial_t c_{\boldsymbol{i}} = \sum_{\boldsymbol{j}}(t_{\boldsymbol{ij}} + t_{\boldsymbol{ji}}^*)c_{\boldsymbol{j}},$$

并且

$$\begin{aligned}\partial_t\rho =& \sum_{\boldsymbol{j}} j_{\boldsymbol{ij}},\\ j_{\boldsymbol{ij}} =& -ic_{\boldsymbol{i}}^\dagger(t_{\boldsymbol{ij}} + t_{\boldsymbol{ji}}^*)c_{\boldsymbol{j}} + ic_{\boldsymbol{j}}^\dagger(t_{\boldsymbol{ij}}^* + t_{\boldsymbol{ji}})c_{\boldsymbol{i}}.\end{aligned}$$

这个结果告诉我们, 晶格上的流算符由 $j_{\boldsymbol{ij}}$ 给出, 它描述了每单位时间从格点 $\boldsymbol{j}$ 流到格点 $\boldsymbol{i}$ 的粒子数. 这与我们想要寻找的算符大不相同. 我们寻找的流算符 $\boldsymbol{j}(\boldsymbol{x})$ 是一个矢量, 只与一个 (而不是两个) 坐标有关. 这样的流算符对格点模型来说是根本不存在的, 然而如果 $\boldsymbol{A}$ 是 $\boldsymbol{x}$ 的光滑函数, 则 $\boldsymbol{A}$ 与流之间的耦合就只能看到流的光滑部分. 在这个极限下, 甚至对于格点模型, 也可以找到这样的类矢量流算符.

这个技巧要从规范哈密顿量开始. 让我们首先考虑一个连续模型

$$H = \int d^d\boldsymbol{x}\ c^\dagger(\boldsymbol{x})\epsilon(-i\partial_{\boldsymbol{x}})c(\boldsymbol{x}),$$

其中 $\epsilon(\boldsymbol{k})$ 是费米子的能谱. 规范哈密顿量是

$$H = \int d^d\boldsymbol{x}\ c^\dagger(\boldsymbol{x})\epsilon[-i\partial_{\boldsymbol{x}} + \boldsymbol{A}(\boldsymbol{x})]c(\boldsymbol{x}), \tag{4.3.3}$$

总流算符 $\boldsymbol{J}$ 可以通过

$$J^i(\boldsymbol{x}) = \frac{\delta H}{\delta A_i(\boldsymbol{x})} \tag{4.3.4}$$

得到. 用这种方法得到的流算符满足流守恒定律 (见习题4.3.3). 对于二次色散 $\epsilon(\boldsymbol{k}) = \boldsymbol{k}^2/2m$ 我们有

$$\boldsymbol{J} = \frac{1}{2m}\left\{c^\dagger(\boldsymbol{x})(-i\partial_{\boldsymbol{x}})c(\boldsymbol{x}) - [i\partial_{\boldsymbol{x}}c^\dagger(\boldsymbol{x})]c(\boldsymbol{x})\right\} + \frac{1}{m}\boldsymbol{A}(\boldsymbol{x})c^\dagger(\boldsymbol{x})c(\boldsymbol{x}), \tag{4.3.5}$$

第一项的形式是 $m^{-1}\boldsymbol{k}\rho$, 第二项只有在 $\boldsymbol{A}\neq 0$ 时才出现, 其形式是 $m^{-1}\boldsymbol{A}\rho$. 由于 $m^{-1}(\boldsymbol{k}+\boldsymbol{A})=\boldsymbol{v}$ 是速度, 流的形式 $\boldsymbol{v}\rho$ 正如我们所料.

对于更加一般的色散, 因为 $\partial_{\boldsymbol{x}}$ 和 $\boldsymbol{A}(\boldsymbol{x})$ 不对易, 流可能就会相当复杂. 例如, 对于 $\epsilon(k)=\gamma k^n$ 的 1D 系统, 我们得到如下复杂的形式

$$J=\gamma\sum_{m=0}^{n-1}\left[(i\partial_x+A)^m c^\dagger\right]\left[(-i\partial_x+A)^{n-1-m}c\right],$$

但是在小 $\boldsymbol{q}$ 极限下, 我们可以忽略 $\partial\boldsymbol{A}$ 项, 将 $\partial_{\boldsymbol{x}}$ 和 $\boldsymbol{A}(\boldsymbol{x})$ 当作对易量. 在这个极限下, 有

$$\begin{aligned}J^i=&\frac{1}{2m}\left\{c^\dagger(\boldsymbol{x})v^i(-i\partial_{\boldsymbol{x}})c(\boldsymbol{x})+[v^i(i\partial_{\boldsymbol{x}})c^\dagger(\boldsymbol{x})]c(\boldsymbol{x})\right\}\\&+\frac{1}{2}A_j(\boldsymbol{x})\left[c^\dagger(\boldsymbol{x})K^{ij}(-i\partial_{\boldsymbol{x}})c(\boldsymbol{x})+[K^{ij}(i\partial_{\boldsymbol{x}})c^\dagger(\boldsymbol{x})]c(\boldsymbol{x})\right]+O(\boldsymbol{A}^2),\end{aligned}\tag{4.3.6}$$

其中

$$v^i(\boldsymbol{k})=\frac{\partial\epsilon(\boldsymbol{k})}{\partial k_i},\qquad K^{ij}(\boldsymbol{k})=\frac{\partial^2\epsilon(\boldsymbol{k})}{\partial k_i\partial k_j}.$$

在动量空间, (4.3.6) 可以重新写为

$$J^i_{\boldsymbol{q}}(t)=\sum_{\boldsymbol{k}}c^\dagger_{\boldsymbol{k}}c_{\boldsymbol{k}+\boldsymbol{q}}\frac{v^i(\boldsymbol{k})+v^i(\boldsymbol{k}+\boldsymbol{q})}{2}+\mathcal{V}^{-1}\sum_{\boldsymbol{k}\boldsymbol{k}'}c^\dagger_{\boldsymbol{k}}c_{\boldsymbol{k}+\boldsymbol{k}'}\boldsymbol{A}^j_{\boldsymbol{q}-\boldsymbol{k}'}\frac{K^{ij}(\boldsymbol{k})+K^{ij}(\boldsymbol{k}+\boldsymbol{k}')}{2},\tag{4.3.7}$$

其中 $c(\boldsymbol{x},t)=\sum_{\boldsymbol{k}}\mathcal{V}^{-1/2}c_{\boldsymbol{k}}(t)e^{i\boldsymbol{k}\cdot\boldsymbol{x}}$, $\boldsymbol{A}(\boldsymbol{x},t)=\mathcal{V}^{-1}\sum_{\boldsymbol{k}}\boldsymbol{A}_{\boldsymbol{k}}(t)e^{i\boldsymbol{k}\cdot\boldsymbol{x}}$, $\boldsymbol{J}(\boldsymbol{x},t)=\mathcal{V}^{-1}\sum_{\boldsymbol{k}}\boldsymbol{J}_{\boldsymbol{k}}(t)e^{i\boldsymbol{k}\cdot\boldsymbol{x}}$. 当 $\boldsymbol{A}=0$, 流算符变成

$$j^i_{\boldsymbol{q}}(t)=\sum_{\boldsymbol{k}}c^\dagger_{\boldsymbol{k}}(t)c_{\boldsymbol{k}+\boldsymbol{q}}(t)\frac{v^i(\boldsymbol{k})+v^i(\boldsymbol{k}+\boldsymbol{q})}{2}.\tag{4.3.8}$$

要强调的是, 上述结果只在小量 $\boldsymbol{q}$ 极限下成立. 于是流算符还可以写为

$$j^i_{\boldsymbol{q}}(t)=\sum_{\boldsymbol{k}}c^\dagger_{\boldsymbol{k}}c_{\boldsymbol{k}+\boldsymbol{q}}v^i(\boldsymbol{k}+\frac{1}{2}\boldsymbol{q}),$$

这个结果精确至 $O(\boldsymbol{q})$ 意义下与 (4.3.8) 吻合. 如果我们把 $\sum_{\boldsymbol{k}}$ 看作是在布里渊区的求和, 则 (4.3.7) 或 (4.3.8) 就可以 (近似地) 看作是格点模型的流算符.

习题

4.3.3 规范不变性和流守恒

(a) 证明规范哈密顿量 (4.3.3) 在规范变换 $c(\boldsymbol{x})\to e^{-i\phi(\boldsymbol{x})}c(\boldsymbol{x})$ 和 $\boldsymbol{A}(\boldsymbol{x})\to\boldsymbol{A}(\boldsymbol{x})+\partial_x\phi(\boldsymbol{x})$ 下不变.

(b) 利用一维的规范哈密顿量 (4.3.3) 计算 $\partial_t(c^\dagger c)$, 并证明 (4.3.4) 中的流定义满足 $\partial_t\rho+\partial_x J=0$.

4.3.4 写出二维中色散为 $\epsilon_{\boldsymbol{k}}=\frac{\boldsymbol{k}^2}{2m}+\gamma\boldsymbol{k}^4$ 的自由费米系统的流算符 $\boldsymbol{J}$.

4.3.3 流关联函数

使用式 (4.3.8), 我们现在可以计算流响应函数 $i\pi^{ij} = \langle [j^i, j^j] \rangle$ 的第一部分 (见 (3.4.22)). 要记住密度响应函数包含 $(\boldsymbol{q}, \boldsymbol{q}+\boldsymbol{k})$ 和 $(\boldsymbol{q}+\boldsymbol{k}, \boldsymbol{q})$ 两处粒子 — 空穴的贡献. 我们计算流响应函数时, 也有相同的两个贡献, 不过这两个贡献前面都增加了各自的加权因子 $\frac{1}{2}[v^i(\boldsymbol{q}) + v^i(\boldsymbol{q}+\boldsymbol{k})]\frac{1}{2}[v^j(\boldsymbol{q}) + v^j(\boldsymbol{q}+\boldsymbol{k})]$. 因此

$$\pi^{ij}(\omega, \boldsymbol{k}) = \int \frac{d}{(2\pi)^d} \frac{[n_F(\xi_{\boldsymbol{q}}) - n_F(\xi_{\boldsymbol{q}+\boldsymbol{k}})][v^i(\boldsymbol{q}) + v^i(\boldsymbol{q}+\boldsymbol{k})][v^j(\boldsymbol{q}) + v^j(\boldsymbol{q}+\boldsymbol{k})]}{4[\omega - (\xi_{\boldsymbol{q}+\boldsymbol{k}} - \xi_{\boldsymbol{q}}) + i0^+]},$$

$\boldsymbol{k} \ll k_F$ 极限下,

$$\pi^{ij}(\omega, \boldsymbol{k}) = -\int \frac{d}{(2\pi)^d} \frac{\partial n_F}{\partial \xi} \frac{\boldsymbol{k}\cdot\boldsymbol{v}(\boldsymbol{q})[v^i(\boldsymbol{q}) + v^i(\boldsymbol{q}+\boldsymbol{k})][v^j(\boldsymbol{q}) + v^j(\boldsymbol{q}+\boldsymbol{k})]}{4[\omega - \boldsymbol{k}\cdot\boldsymbol{v}(\boldsymbol{q}) + i0^+]}.$$

首先限制在 $\epsilon = \frac{\boldsymbol{k}^2}{2m}$, $T = 0$ 和 $d = 2$ 的情况. 我们已经计算了 Π^{00}, 因此也就知道了 $\Pi^{||}$, 为了计算 $\Pi^{\perp}$, 假设 $\boldsymbol{k} = (k, 0)$, 则 $\pi^{\perp}(\omega, k) = \pi^{22}(k\hat{\boldsymbol{x}}, \omega)$, 有 (参见附录 4.3.6.1)

$$\pi^{\perp}(\omega, k) = -\frac{\rho}{m} + 2\frac{\rho}{m}\begin{cases} \frac{\omega^2}{v_F^2k^2} - i\frac{\omega}{v_Fk}\sqrt{1 - \frac{\omega^2}{v_F^2k^2}}, & |\frac{\omega}{v_Fk}| < 1, \\ \frac{\omega^2}{v_F^2k^2} - |\frac{\omega}{v_Fk}|\sqrt{\frac{\omega^2}{v_F^2k^2} - 1}, & |\frac{\omega}{v_Fk}| > 1; \end{cases}$$

对于二次色散 $\epsilon = \frac{\boldsymbol{k}^2}{2m}$, 流在 $\boldsymbol{A} \neq 0$ 时的形式为 (4.3.5) , 表示 $\Pi^{\mu\nu}$ 和 $\pi^{\mu\nu}$ 的关系是 (3.4.22). 我们得到

$$\Pi^{\perp}(\omega, k) = \pi^{\perp}(\omega, k) + \frac{\rho}{m} = 2\frac{\rho}{m}\begin{cases} \frac{\omega^2}{v_F^2k^2} - i\frac{\omega}{v_Fk}\sqrt{1 - \frac{\omega^2}{v_F^2k^2}}, & |\frac{\omega}{v_Fk}| < 1, \\ \frac{\omega^2}{v_F^2k^2} - |\frac{\omega}{v_Fk}|\sqrt{\frac{\omega^2}{v_F^2k^2} - 1}, & |\frac{\omega}{v_Fk}| > 1, \end{cases} \tag{4.3.9}$$

其中使用了 $\rho = k_F^2/4\pi$. 我们注意到, 接触项 $\frac{\rho}{m}$ 正好抵消了 $\pi^{\perp}$ 中的常数项, (大松一口气!) 如果不这样抵消, 自由费米系统就会和超导体的行为一样了.

在 $d = 3$, 我们得到 (参见附录 4.3.6.2)

$$\Pi^{\perp}(\omega, k) = \frac{k_F^3}{8\pi^2 m}\left\{2\frac{\omega^2}{v_F^2k^2} - \frac{\omega}{v_Fk}(1 - \frac{\omega^2}{v_F^2k^2})\left[\ln\frac{|\omega - v_Fk|}{|\omega + v_Fk|} + i\pi\Theta(v_Fk - |\omega|)\right]\right\}. \tag{4.3.10}$$

4.3.4 轨道抗磁磁化率

由式 (4.3.9) 和 (4.3.10), 我们注意到 $\Pi^{\perp}(0, \boldsymbol{k}) = 0$, 似乎意味着自由费米子的磁化率为零. 这是不对的, 因为 $\Pi^{\perp}(\omega, \boldsymbol{k})$ 只是在 $k/k_F \ll 1$ 极限下计算的, 对磁化率有贡献的高阶项 $(k/k_F)^2$ 被舍去了.

为了获得在诸如 $d = 2$ 的均匀磁化率, 我们注意到在均匀磁场中算符

$$\frac{\boldsymbol{k}^2}{2m} = \frac{1}{2m}(-i\partial_{\boldsymbol{x}} - \boldsymbol{A})^2$$

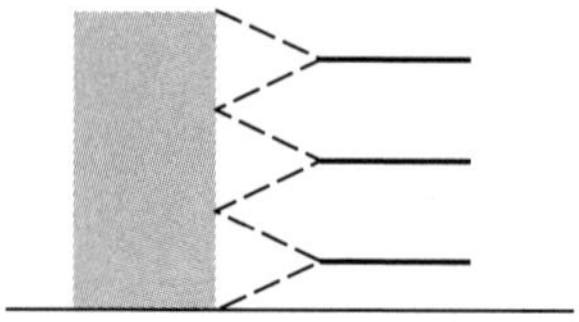

图 4.16 二维中态密度的连续不变性形成了均匀磁场下分立的朗道能级.

具有相应于朗道能级的分立本征值 $\frac{B}{m}(n+\frac{1}{2})$ (见图 4.16). 每个朗道能级上的费米子的密度是 $n_B = \frac{k_B^2}{4\pi}$, 而 $\frac{k_B^2}{2m} = \frac{B}{m}$, 所以 $n_B = B/2\pi$ (即每磁通量子一个费米子). 因此对于色散为 $\epsilon(\boldsymbol{k}) = \epsilon(\sqrt{k^2})$ 的旋转不变系统, 有限均匀磁场下的本征值是

$$\epsilon_n = \epsilon(k_n^B),$$

其中 $k_n^B = \sqrt{2B(n+\frac{1}{2})}$. 在零温度, 基态能量与磁场的关系存在奇点 (见图 4.17), 并且磁化率在 $B \to 0$ 极限下不能良好定义, 因此我们需要计算有限温度的磁化率, 然后在取 $T \to 0$ 之前取 $B \to 0$. 磁场中的热势为

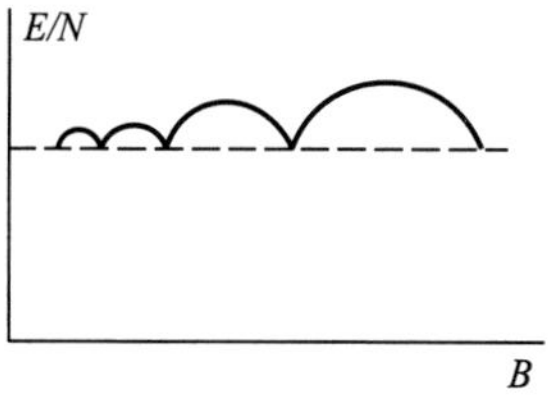

图 4.17 在 $T=0$ 时有限磁场下每个电子的能量不是 B 的光滑函数, 零温度的磁化率在 $B=0$ 没有准确定义.

$$\Omega = -\mathcal{V} n_B T \sum_n \ln[1+e^{(\mu-\epsilon_n)/T}] = -\mathcal{V} T \frac{B}{2\pi} \sum_n \ln\left[1+e^{\frac{\mu-\epsilon(k_n^B)}{T}}\right].$$

使用公式

$$\sum_{n=0}^{N} f(n) \approx \int_{-\frac{1}{2}}^{N+\frac{1}{2}} dn\ f(n) - \frac{1}{24}[f'(N+\frac{1}{2}) - f'(-\frac{1}{2})],$$

我们发现, 第一项与 B 无关, 第二项给出

$$\begin{aligned}\Omega =& -\mathcal{V} T \frac{B}{2\pi}\ \frac{1}{24}\ \frac{e^{\frac{\mu-\epsilon(0)}{T}}}{1+e^{\frac{\mu-\epsilon(0)}{T}}}\ \frac{-2B}{T}\ \frac{d\epsilon(k)}{d(k^2)}\Big|_{k=0} + \text{常数}, \\ =& \mathcal{V} \frac{B^2}{24\pi}\ \frac{d\epsilon(k)}{d(k^2)}\Big|_{k=0} + \text{常数},\end{aligned}$$

抗磁磁化率是

$$\chi_{\text{dia}} = -\frac{1}{12\pi}\ \frac{d\epsilon(k)}{d(k^2)}\Big|_{k=0}.$$

它给出了 $\varPi^{\perp}$ 中的 $\boldsymbol{k}^2$ 项:

$$\varPi^{\perp} = -\frac{\boldsymbol{k}^2}{12\pi}\frac{d\epsilon(k)}{d(k^2)}\Big|_{k=0} + \cdots \tag{4.3.11}$$

我们已经看到 $\varPi^{\mu\nu}$ 的虚部和相关实部由接近费米面的费米子给出, 这些项在 $(\omega, \boldsymbol{k}) \to 0$ 极限下是奇异的. 例如, 如果取极限时 $\omega/\boldsymbol{k}$ 固定在不同的值, 极限的值会不一样. 由 (4.3.11), 抗磁磁化率由 $\varPi^{\mu\nu}$ 的正则部分 ($(\omega, \boldsymbol{k})$ 的多项式项) 所决定, 与费米面附近的特性无关. 抗磁磁化率与能带 $\boldsymbol{k}=0$ 底部 $\epsilon(\boldsymbol{k})$ 的曲率有关, 这是一个很奇怪的结果.

习题

4.3.5 对于一维自由费米系统, 精确计算出 $\varPi^{\mu\nu}(\omega, k)$. 画出 $\mathrm{Im}\,\varPi^{00} \neq 0$ 的区域以及所有 $\varPi^{00}(\omega, k)$ 非解析的边界线, 指出对应于这些边界线的粒子 — 空穴激发.

4.3.5 其他二体关联函数

当电子具有自旋时, 我们还可以计算自旋关联函数和电子对关联函数. 自旋密度算符是

$$s^i = \frac{1}{2}c_\alpha^\dagger \sigma^i_{\alpha\beta} c_\beta,$$

其中 c_β 分别是自旋向上和自旋向下电子算符, $\beta = 1, 2$, σ^i 是泡利矩阵. 自旋 — 自旋关联等于密度关联

$$\left\langle s^3(\boldsymbol{x}, t)s^3(0)\right\rangle = \frac{1}{4}[\left\langle (c_1^\dagger c_1)(c_1^\dagger c_1)\right\rangle + \left\langle (c_2^\dagger c_2)(c_2^\dagger c_2)\right\rangle] = \frac{1}{2i}[\varPi^{00}(\boldsymbol{x}, t) - \rho_0^2].$$

我们看到自旋 — 自旋关联也具有代数长程有序. 对于嵌套费米面, 如果 $\boldsymbol{x}||\boldsymbol{Q}$, 则 $\langle s^i(\boldsymbol{x}, 0)s^j(0)\rangle \propto \delta_{ij}[1 + \sin(Q|\boldsymbol{x}|)]|\boldsymbol{x}|^{-2}$.

电子对算符是 $b(\boldsymbol{x}, t) = c_1(\boldsymbol{x}, t)c_2(\boldsymbol{x}, t)$, 与超导性有关, 它的关联等于无自旋电子格林函数的平方

$$\left\langle b(\boldsymbol{x}, t)b^\dagger(0)\right\rangle = G(\boldsymbol{x}, t)^2 \propto \Big|_{t=0} \cos^2\left[k_F|\boldsymbol{x}| - \frac{\pi(d+1)}{4}\right]\frac{1}{|\boldsymbol{x}|^{(d+1)}},$$

我们在电子对关联中再一次看到了代数长程有序.

概括地说, 自由费米系统中有许多关联具有指数衰变, 这表明自由费米子基态是一种临界态. 有的时候, 任意的一种弱相互作用就会使代数长程有序变为真正的长程有序, 并引起自发的对称破缺. 例如, 一个无限弱的吸引相互作用将使电子对关联产生长程有序, 并生成超导态.

4.3.6 附录: 一些详细计算

4.3.6.1 在 2D 计算 $\pi^{\perp}$

下面是如何计算 π^{22}:

$$\pi^{22}(k\hat{\boldsymbol{x}},\omega) = \frac{1}{4m^2}\,\frac{1}{4\pi^2}\int d(\frac{q^2}{2m})d\theta\ \delta[\epsilon(\boldsymbol{q})-\mu]\frac{\boldsymbol{k}\cdot\boldsymbol{q}}{\omega-\frac{\boldsymbol{k}\cdot\boldsymbol{q}}{m}+i0^+}\ (2q_2+k_2)^2$$

$$= \frac{1}{m^2}\,\frac{1}{4\pi^2}\int d\theta\ \frac{kk_F\cos\ \theta k_F^2\sin^2\theta}{\omega-\frac{kk_F\cos\ \theta}{m}+i0^+} = \frac{k_F^2}{4\pi^2 m}\int d\theta\ \frac{\cos\ \theta\sin^2\theta}{\frac{\omega}{v_F k}-\cos\ \theta+i0^+},$$

并且 (见图 4.18)

$$\int d\theta\ \frac{\cos\ \theta\sin^2\theta}{\alpha+i0^+-\cos\ \theta} = \frac{1}{4}\oint_{|z|=1} dz\ \frac{1}{iz^3}\frac{(z^2-1)^2(z^2+1)}{(z-\alpha)^2+1-\alpha^2}$$

$$= \begin{cases} -\pi+2\pi\alpha^2-2\pi i\alpha\sqrt{1-\alpha^2}, & |\alpha|<1, \\ -\pi+2\pi\alpha^2-2\pi|\alpha|\sqrt{\alpha^2-1}, & |\alpha|>1. \end{cases}$$

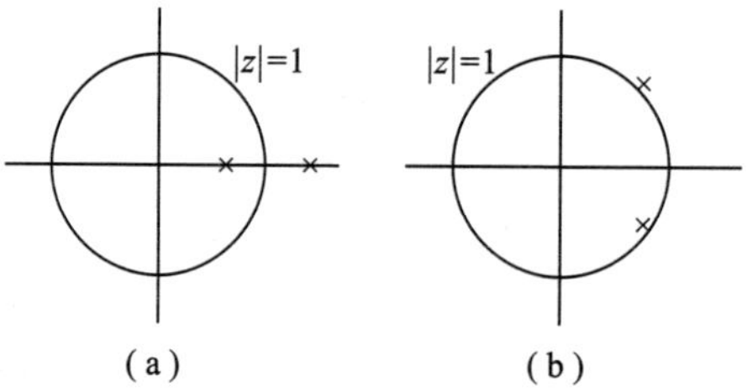

图 4.18 对于 (a) $|\alpha|>1$ 和 (b) $|\alpha|<1$, $\frac{1}{(z-\alpha-i0^+)^2+1-(\alpha+i0^+)^2}$ 的两个极点. 如果没有 $i0^+$ 项, $|\alpha|<1$ 的两个极点将位于单位圆 $|z|=1$ 上.

4.3.6.2 在 3D 计算 $\pi^{\perp}$

为了计算 $\pi^{\perp}$, 可以取 $\boldsymbol{k}=(0,0,k)$ 并使用

$$\pi^{\perp}(\omega,k) = \pi^{11}(k\hat{\boldsymbol{z}},\omega)$$

$$= \frac{1}{4m^2}\,\frac{1}{8\pi^3}\int qd(\frac{q^2}{2m})d\phi d\theta\ \cos\ \theta\delta[\epsilon(\boldsymbol{q})]\frac{\boldsymbol{k}\cdot\boldsymbol{q}}{\omega-\frac{\boldsymbol{k}\cdot\boldsymbol{q}}{m}+i0^+}\ (2q_1+k_1)^2$$

$$= \frac{1}{m^2}\,\frac{1}{8\pi^3}\int d\phi d\theta\ \sin\ \theta k_F\frac{kk_F\cos\ \theta k_F^2\sin^2\theta\cos^2\phi}{\omega-\frac{kk_F\cos\ \theta}{m}+i0^+}$$

$$= \frac{k_F^3}{8\pi^2 m}\int_{-1}^{1} dt\ \frac{t(1-t^2)}{\frac{\omega}{v_F k}-t+i0^+}$$

$$= \frac{k_F^3}{8\pi^2 m}\left\{-\frac{4}{3}+2\frac{\omega^2}{v_F^2k^2}-\frac{\omega}{v_F k}(1-\frac{\omega^2}{v_F^2k^2})\left[\ln\frac{|\omega-v_F k|}{|\omega+v_F k|}+i\pi\Theta(v_F k-|\omega|)\right]\right\},$$

我们还注意到, $\rho=k_F^3/6\pi^2$.

4.4 绝缘体的线性响应和量子化霍尔电导

要点:

- 绝缘体的霍尔电导是一个量子化的拓扑量

上一节我们讨论了带费米面的自由费米系统的线性响应, 这些响应 (抗磁磁化率除外) 由整个费米面上的粒子 — 空穴引起. 本节我们讨论绝缘体的线性响应, 这里 "绝缘体" 表示任何态都具有有限能隙 (这种态也称刚性态). 由于没有低能激发, 对于小 ω, 响应函数的虚部为零 (即没有低能耗散).

考虑一个与电磁场耦合的相互作用费米系统: $\mathcal{L}(c, c^\dagger, A_\mu) + \mathcal{L}_{\text{gauge}}(A_\mu)$, 下面得到的结果将会是非常普遍的, 我们甚至无需知道 $\mathcal{L}(c, c^\dagger, A_\mu)$ 的形式, 只需假设费米子的基态有一个有限能隙, 并且 $\mathcal{L}(c, c^\dagger, A_\mu)$ 在规范变换

$$c(x^\mu) \to e^{i\phi(x^\mu)}c(x^\mu), \qquad A_\mu \to A_\mu + \partial_\mu\phi(x^\mu)$$

下不变. 积掉费米子后, 得到规范场的有效作用量

$$\begin{aligned}\mathcal{L}_{\text{eff}}(A_\mu) =& \mathcal{L}_{\text{gauge}}(A_\mu) + \delta\mathcal{L}_{\text{eff}}(A_\mu),\\ \delta\mathcal{L}_{\text{eff}}(A_\mu) =& -\frac{1}{2}\int dxdx' A_\mu(x)P^{\mu\nu}(x-x')A_\nu(x'),\end{aligned}$$

其中 $\delta\mathcal{L}_{\text{eff}}(A_\mu)$ 是来自费米子的贡献, $P^{\mu\nu}(x-x')$ 是流 — 流关联函数.

对于绝缘体 (或刚性态), $\delta\mathcal{L}_{\text{eff}}$ 是局域的, $P^{\mu\nu}_{k_\mu}$ 是 k_μ 在频率 — 动量空间中的多项式, 这与上一节对于金属计算出来的 $P^{\mu\nu}_{k_\mu}$ 形成鲜明的对比. 金属在小 $(\boldsymbol{k}, \omega)$ 极限下的奇异性是由整个费米面的无能隙粒子 — 空穴激发造成的.

$\delta\mathcal{L}_{\text{eff}}(A_\mu)$ 也应该是规范不变的, 因此 $\delta\mathcal{L}_{\text{eff}}(A_\mu)$ 应该仅通过场强 $\boldsymbol{E}$ 和 $\boldsymbol{B}$ 与 A_μ 有关, 所以 $\delta\mathcal{L}_{\text{eff}}$ 的形式是

$$\delta\mathcal{L}_{\text{eff}} = -\frac{1}{2}(B_i\chi^{ij}B_j + E_i p^{ij}E_j) + \cdots$$

其中 $\cdots$ 代表高阶微商项. 张量 χ^{ij} 是磁化率, p^{ij} 表示对介电常量的修正. 一般地, 上式是绝缘体的线性响应的惟一形式.

但是在 2+1D 中, $\delta\mathcal{L}_{\text{eff}}$ 可能包含一个新的项 —— Chern-Simons 项

$$\delta\mathcal{L}_{\text{eff}} = \frac{K}{4\pi}A_\mu\partial_\nu A_\lambda\epsilon^{\mu\nu\lambda} - \frac{1}{2}(B_i\chi^{ij}B_j + E_i p^{ij}E_j) + \cdots$$

其中 $\mu, \nu, \lambda = 0, 1, 2$, $\epsilon^{\mu\nu\lambda}$ 是总反对称张量. 尽管 Chern-Simons 项不能用场强表示, 它仍然是规范不变的. 使用规范变换

$$A_\mu \to A_\mu + \partial_\mu f,$$

作用量具有下列改变

$$S=\int_V dx\mathcal{L}_{\text{eff}} \to S+\oint_S dS_\mu\ f\frac{K}{4\pi}\partial_\nu A_\lambda\epsilon^{\mu\nu\lambda},$$

其中 V 是时空体积, S 是 V 的表面. 我们看到, 如果我们的系统存在于一个没有边界的封闭时空中, 则 Chern-Simons 项是规范不变的.

Chern-Simons 项的线性响应是

$$J^i=-\frac{\delta S}{\delta A_i}=\frac{K}{2\pi}\partial_0 A_i\epsilon^{ij}=\frac{K}{2\pi}E_i\epsilon^{ij},$$

我们看到由 Chern-Simons 项产生了一个霍尔电导 $\sigma_{xy}=K/2\pi$(如果代回 e 和 $\hbar$, 则有 $\sigma_{xy}=Ke^2/h$).

下面, 我们将证明霍尔电导 σ_{xy} 或 K 是量子化的 [Avron *et al.* (1983)]. 首先考虑一个周期系统和一种特殊的规范场构型

$$A_1=\frac{\theta_1(t)}{L_1},\qquad A_2=\frac{\theta_2(t)}{L_2},\qquad A_0=0, \tag{4.4.1}$$

其中 $L_{1,2}$ 是系统在 x 和 y 方向上的尺度. 费米子的多体基态 $|\boldsymbol{\theta}\rangle$, 由 $\boldsymbol{\theta}=(\theta_1,\theta_2)$ 作参数. 如果我们积掉费米子, 就得到一个有效拉格朗日量 $\delta L_{\text{eff}}=\int d^2\boldsymbol{x}\delta\mathcal{L}_{\text{eff}}$:

$$\delta L_{\text{eff}}=\frac{K}{4\pi}\theta_i\dot\theta_j\epsilon^{ij}+\dot\theta_i p^{ij}\dot\theta_j,$$

其中第一项来自 Chern-Simons 项, 第二项来自 $\boldsymbol{E}^2$ 项. 如果把 $\boldsymbol{\theta}$ 看做是粒子的坐标, 则 δL_{eff} 描述了一个在均匀 "磁场" b 中的 2D 带电粒子:

$$\begin{aligned}\delta L_{\text{eff}} =&a_i(\boldsymbol{\theta})\dot\theta_i+\dot\theta_i p^{ij}\dot\theta_j,\\ a_1=&-\frac{K}{4\pi}\theta_2,\qquad a_2=\frac{K}{4\pi}\theta_1,\qquad b=\partial_{\theta_1}a_2-\partial_{\theta_2}a_1=\frac{K}{2\pi}.\end{aligned}$$

在附录 4.4.1 中, 我们将证明可以用规范变换将费米子态 $|\theta_1,\theta_2\rangle$, $|\theta_1+2\pi,\theta_2\rangle$ 和 $|\theta_1,\theta_2+2\pi\rangle$ 联系起来, 这在物理上表示 $|\theta_1,\theta_2\rangle$, $|\theta_1+2\pi,\theta_2\rangle$ 和 $|\theta_1,\theta_2+2\pi\rangle$ 实际上是相同的物理态 (见 6.1 节的讨论). 因此 δL_{eff} 实际上描述的是一个位于以 $0<\theta_1<2\pi$ 和 $0<\theta_2<2\pi$ 为参数的环面上的粒子.

让我们沿着回路 C 移动这个粒子: $(0,0)\to(2\pi,0)\to(2\pi,2\pi)\to(0,2\pi)\to(0,0)$, 这种移动所累积的相位就等于由回路 C 所包围的 "磁" 通量:

$$\oint_C d\boldsymbol{\theta}\cdot\boldsymbol{a}=\int_D d^2\boldsymbol{\theta}b=2\pi K,$$

其中 D 是由回路 C 所包围的面积. 在任意封闭的平面上, 比如球面或环面, 任何回路都会包围回路两边的两块表面 (见图 2.5), D 仅是由 C 所包围的两块表面之一. 由 C 包围的另一块表

面 D' 的面积为零 (因为 D 包括了环面的全部面积), 这样相 $\oint_C d\boldsymbol{\theta}\cdot\boldsymbol{a}$ 也可以写为 $\int_{D'} d^2\boldsymbol{\theta} b=0$. 为了一致, $\int_D d^2\boldsymbol{\theta} b$ 和 $\int_{D'} d^2\boldsymbol{\theta} b$ 应该代表同一个相, 所以

$$\int_D d^2\boldsymbol{\theta} b = 2\pi\times 整数.$$

数学上可以证明, 穿过任何封闭表面的总磁通量一定会量子化为一个整数, 这就是单极子的磁荷为什么量子化的原因. 此处它表明 K 量子化为一个整数 (另见 4.4.1 节).

这里应该指出, K 的量子化是非常普遍的, 它适用于所有费米子/玻色子的相互作用系统, 惟一的假定是基态 $|\boldsymbol{\theta}\rangle$ 不简并. 结果是如果环面上的多体基态不简并, 并具有有限能隙, 系统的霍尔电导量子化为整数 $\times e^2/h$. 这里还要指出, 如果多体基态简并 (参见 8.2.1 节), 则 K 和霍尔电导就是一个有理数[Niu *et al.* (1985)].

霍尔电导的量子化还带来了一些有意思的结果. 让我们考虑一个在均匀磁场中的非相互作用电子系统, 如果 n 个朗道能级都填满了, 系统将具有有限能隙, 霍尔电导是 ne^2/h(或 $K=n$). 然后我们再开启相互作用、周期势, 甚至是随机势, 只要能隙在这过程中一直不合拢, 霍尔电导就不会改变! 因为霍尔电导可以经得住任何微扰, 我们称它为一种拓扑量子数. 改变霍尔电导的惟一方法是合拢能隙, 因为合拢能隙会产生量子相变.

为了明确地计算出 K, 我们注意到 $\int dt\,\delta L_{\text{eff}}$ 是绝热演化 $|\boldsymbol{\theta}(t)\rangle$ 的作用量, 因此有 $\int dt\,\delta L_{\text{eff}} = \int dt\; i\langle\boldsymbol{\theta}(t)|\frac{d}{dt}|\boldsymbol{\theta}(t)\rangle$, 即

$$\frac{K}{4\pi}\theta_i\dot{\theta}_j\epsilon^{ij} = i\langle\boldsymbol{\theta}(t)|\frac{d}{dt}|\boldsymbol{\theta}(t)\rangle. \tag{4.4.2}$$

这里要指出, 对于费米子的基态, $|\boldsymbol{\theta}(t)\rangle$ 的相位是不固定的. 如果重新将 $|\boldsymbol{\theta}\rangle$ 的相位定义为 $|\boldsymbol{\theta}\rangle\to e^{i\varphi(\boldsymbol{\theta})}|\boldsymbol{\theta}\rangle$, 贝里相这一项就会因此加上一个全微商项

$$\langle\boldsymbol{\theta}(t)|\frac{d}{dt}|\boldsymbol{\theta}(t)\rangle \to \langle\boldsymbol{\theta}(t)|\frac{d}{dt}|\boldsymbol{\theta}(t)\rangle + i\frac{d\varphi}{dt}$$

而改变, 因此 Chern-Simons 项和贝里相之间的关系 (4.4.2) 不可能正确, 因为开放路径的贝里相还没有明确定义 (参见 2.3 节). 正确的关系应该是沿一条闭合回路对 (4.4.2) 的积分:

$$\oint dt\;\frac{K}{4\pi}\theta_i\dot{\theta}_j\epsilon^{ij} = i\oint dt\;\langle\boldsymbol{\theta}(t)|\frac{d}{dt}|\boldsymbol{\theta}(t)\rangle,$$

特别是当沿着回路 C 时, 贝里相是

$$2\pi K = \frac{\sigma_{xy}\hbar}{e^2} = \oint_C d\boldsymbol{\theta}\cdot\langle\boldsymbol{\theta}|i\partial_{\boldsymbol{\theta}}|\boldsymbol{\theta}\rangle. \tag{4.4.3}$$

我们使用贝里相 (4.4.3) 来计算能带绝缘体的量子化霍尔电导

$$H=\sum_{\boldsymbol{ij}} c_{\boldsymbol{i}}^\dagger t_{\boldsymbol{ij}} c_{\boldsymbol{j}} = \sum_{\boldsymbol{k}} c_{\boldsymbol{k}}^\dagger M(\boldsymbol{k}) c_{\boldsymbol{k}}, \tag{4.4.4}$$

其中 $c_{\boldsymbol{i}}$ 有 n 个分量, $t_{\boldsymbol{ij}}$ 是与 $\boldsymbol{i}-\boldsymbol{j}$ 有关的 $n\times n$ 矩阵, $M(\boldsymbol{k})$ 是 $t_{\boldsymbol{ij}}$ 的傅里叶变换. 与形为 (4.4.1) 的均匀规范势 $\boldsymbol{A}$ 耦合以后, 得到

$$H=\sum_{\boldsymbol{ij}} c_{\boldsymbol{i}}^\dagger t_{\boldsymbol{ij}} e^{i\boldsymbol{A}\cdot(\boldsymbol{i}-\boldsymbol{j})} c_{\boldsymbol{j}} = \sum_{\boldsymbol{k}} c_{\boldsymbol{k}}^\dagger M^{\boldsymbol{\theta}}(\boldsymbol{k}) c_{\boldsymbol{k}},$$

$M^{\boldsymbol{\theta}}(\boldsymbol{k})$ 的本征矢量 $\psi^{\boldsymbol{\theta}}_{a,\boldsymbol{k}}$ 由晶体动量 $\boldsymbol{k}$ 和 $a=1,\cdots,n$ 来标记, 其中 a 标记第 a 个本征矢量. 注意 $\psi^{\boldsymbol{\theta}}_{a,\boldsymbol{k}}$ 是一个 n 维复矢量.

假设填满 $a=1$ 能带得到基态 $|\boldsymbol{\theta}\rangle$, 我们得到

$$|\boldsymbol{\theta}\rangle=\otimes_{\boldsymbol{k}}|\psi^{\boldsymbol{\theta}}_{1,\boldsymbol{k}}\rangle,$$

使用贝里相的附加关系, 如果 $|\boldsymbol{\theta},0\rangle=|\boldsymbol{\theta},1\rangle\otimes|\boldsymbol{\theta},2\rangle$, 则

$$\oint_C d\boldsymbol{\theta}\cdot\langle\boldsymbol{\theta},0|i\partial_{\boldsymbol{\theta}}|\boldsymbol{\theta},0\rangle=\oint_C d\boldsymbol{\theta}\cdot\langle\boldsymbol{\theta},1|i\partial_{\boldsymbol{\theta}}|\boldsymbol{\theta},1\rangle+\oint_C d\boldsymbol{\theta}\cdot\langle\boldsymbol{\theta},2|i\partial_{\boldsymbol{\theta}}|\boldsymbol{\theta},2\rangle,$$

我们得到

$$\oint_C d\boldsymbol{\theta}\cdot\langle\boldsymbol{\theta}|i\partial_{\boldsymbol{\theta}}|\boldsymbol{\theta}\rangle=\sum_{\boldsymbol{k}}\oint_C d\boldsymbol{\theta}\cdot(\psi^{\boldsymbol{\theta}}_{1,\boldsymbol{k}})^{\dagger}i\partial_{\boldsymbol{\theta}}\psi^{\boldsymbol{\theta}}_{1,\boldsymbol{k}}. \tag{4.4.5}$$

但是怎样计算 $\psi^{\boldsymbol{\theta}}_{1,\boldsymbol{k}}$ 的贝里相? 这里我们注意到 $M^{\boldsymbol{\theta}}(\boldsymbol{k})=M(\boldsymbol{k}+\boldsymbol{\theta}L^{-1})$, 其中为了简化起见, 我们已经假定在 (4.4.1) 中 $L_1=L_2=L$, 因此 $\psi^{\boldsymbol{\theta}}_{1,\boldsymbol{k}}$ 是 $M(\boldsymbol{k}+\boldsymbol{\theta}L^{-1})$ 的本征矢量. 令 $\psi_{a,\boldsymbol{k}'}$ 是 $M(\boldsymbol{k}')$ 的本征矢量, 如果 $\boldsymbol{k}'=\boldsymbol{k}+\boldsymbol{\theta}L^{-1}$, 则 $\psi^{\boldsymbol{\theta}}_{1,\boldsymbol{k}}=\psi_{1,\boldsymbol{k}'}$. 当 $\boldsymbol{\theta}$ 沿着回路 C 移动时, 对于固定的 $\boldsymbol{k}$, $\boldsymbol{k}'$ 沿着小回路移动 (见图 4.19). 因为离散 $\boldsymbol{k}$ 的形式是 $(n_1\frac{2\pi}{L},n_2\frac{2\pi}{L})$, 我们看到不同 $\boldsymbol{k}$ 的所有小回路不重叠地覆盖整个布里渊区, 因此对于在 (4.4.5) 中的 $\psi^{\boldsymbol{\theta}}_{1,\boldsymbol{k}}$ 的贝里相的求和等于沿着包围整个布里渊区的大回路 $C_{\boldsymbol{k}}$ 的 $\psi_{1,\boldsymbol{k}'}$ 的贝里相:

$$\begin{aligned}2\pi K&=\oint_{C_{\boldsymbol{k}}}d\boldsymbol{k}\cdot\psi^{\dagger}_{1,\boldsymbol{k}}i\partial_{\boldsymbol{k}}\psi_{1,\boldsymbol{k}}\\&=\int d^2\boldsymbol{k}i[(\partial_{k_x}\psi^{\dagger}_{1,\boldsymbol{k}})(\partial_{k_y}\psi_{1,\boldsymbol{k}})-(\partial_{k_y}\psi^{\dagger}_{1,\boldsymbol{k}})(\partial_{k_x}\psi_{1,\boldsymbol{k}})].\end{aligned} \tag{4.4.6}$$

如果几个能带都填满了, 我们就需要对每一个能带的贡献求和.

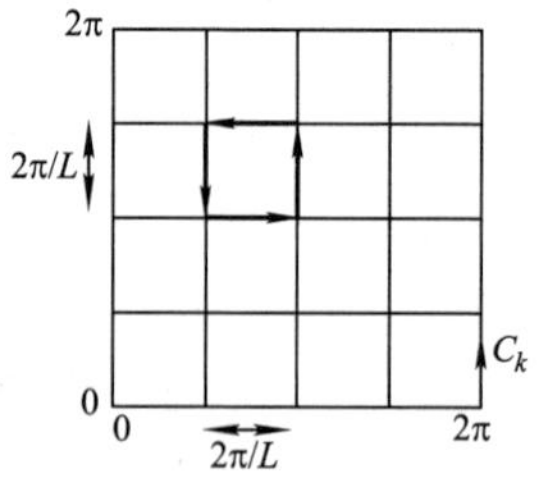

图 4.19 固定 $\boldsymbol{k}$, 由 $\boldsymbol{k}'=\boldsymbol{k}+\boldsymbol{\theta}L^{-1}$ 描出小回路, 所有不同 $\boldsymbol{k}$ 的小回路覆盖了整个布里渊区. 因为内部线路的贡献相互抵消, 沿着所有小回路的回路积分就对应于沿着回路 $C_{\boldsymbol{k}}$ 的回路积分.

考虑一个具体的例子, 在正方格上与自旋相关的跃迁哈密顿量

$$H=\sum_{\boldsymbol{i}}c^{\dagger}_{\boldsymbol{i}}t_{\boldsymbol{ij}}c_{\boldsymbol{j}},$$

其中 2×2 跃迁矩阵为

$$t_{\boldsymbol{i},\boldsymbol{i}+\boldsymbol{x}} = t\sigma^x, \qquad t_{\boldsymbol{i},\boldsymbol{i}+\boldsymbol{y}} = t\sigma^y, \qquad t_{\boldsymbol{i},\boldsymbol{i}+\boldsymbol{x}+\boldsymbol{y}} = t'\sigma^z,$$

在动量空间, 哈密顿量写成

$$H_{\boldsymbol{k}} = 2t\cos k_x\sigma^x + 2t\cos k_x\sigma^y + 2t'\cos(k_x+k_y)\sigma^z = -\boldsymbol{B}(\boldsymbol{k})\cdot\sigma.$$

可以看到系统有两条能带, $H_{\boldsymbol{k}}$ 就像一个 1/2 自旋在磁场 $\boldsymbol{B}(\boldsymbol{k})$ 中的哈密顿量, 较低的能带对应于在 $\boldsymbol{B}$ 方向上的自旋. 沿着 $\boldsymbol{k}$ 空间中的回路, $\boldsymbol{B}(\boldsymbol{k})$ 方向上的自旋可以在自旋空间的单位球上画出一条封闭回路, 并给出贝里相. 如果低能带填满了, 选择包围整个布里渊区的回路, 就可由上述 1/2 自旋的贝里相计算霍尔电导. 从 $\boldsymbol{B}(\boldsymbol{k})$ 在小量 t' 极限下的表达式, 我们看到 $\boldsymbol{B}$ 位于 x—y 平面, 只是靠近 $\boldsymbol{k}=(\pm\pi/2,\pm\pi/2)$ 这 4 个点处除外. 考察 $\boldsymbol{k}=(\pm\pi/2,\pm\pi/2)$ 附近的自旋 (见图 4.20), 我们发现随着 $\boldsymbol{k}$ 经过布里渊区, $\boldsymbol{B}/|\boldsymbol{B}|$ 会两次经过单位球. 更加准确地说, $\boldsymbol{B}(\boldsymbol{k})/|\boldsymbol{B}(\boldsymbol{k})|$ 以绕数 2 将布里渊区 $S^1\times S^1$ 映射到单位球 S^2. 总贝里相因此为 $2\times 2\pi$, 我们得到 $K=2$ 并且半满跃迁系统的霍尔电导是 $\sigma_{xy}=2e^2/h$.

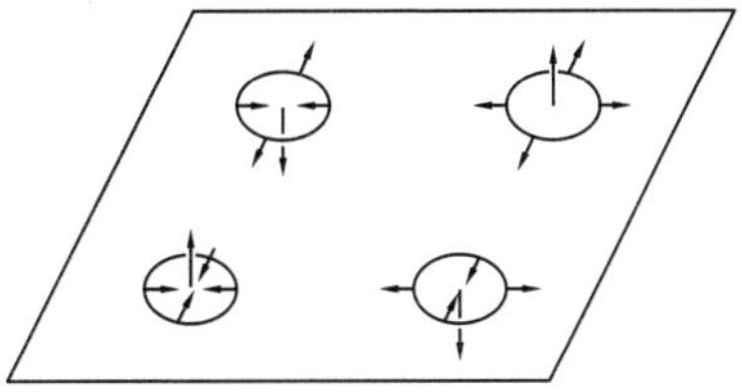

图 4.20 箭头代表 $\boldsymbol{B}$ 的方向, 只有 $\boldsymbol{k}=(\pm\pi/2,\pm\pi/2)$ 这 4 个点附近对绕数有贡献, 围绕每个点的 $\boldsymbol{B}$ 覆盖半个球面, 贡献绕数 1/2. 总绕数是 2.

习题

4.4.1 对于哈密顿量 (4.4.4), 如果 $a=1$ 能带部分填满, 证明霍尔电导由所有被占能级上的积分给出

$$\sigma_{xy} = \frac{e^2}{h}\frac{1}{2\pi}\int_{\text{filled}} d^2\boldsymbol{k}\ i[(\partial_{k_x}\psi^\dagger_{1,\boldsymbol{k}})(\partial_{k_y}\psi_{1,\boldsymbol{k}}) - (\partial_{k_y}\psi^\dagger_{1,\boldsymbol{k}})(\partial_{k_x}\psi_{1,\boldsymbol{k}})],$$

在有限温度下, 有

$$\sigma_{xy} = \frac{e^2}{h}\frac{1}{2\pi}\int d^2\boldsymbol{k}\ n_F(\epsilon_{\boldsymbol{k}}) i[(\partial_{k_x}\psi^\dagger_{1,\boldsymbol{k}})(\partial_{k_y}\psi_{1,\boldsymbol{k}}) - (\partial_{k_y}\psi^\dagger_{1,\boldsymbol{k}})(\partial_{k_x}\psi_{1,\boldsymbol{k}})].$$

[注意部分填满的能带 K 没有量子化, 因为 $|\boldsymbol{\theta}\rangle$ 没有 2π 周期性 (4.4.9).]

4.4.1 附录: $|\boldsymbol{\theta}\rangle$ 的周期结构和$\boldsymbol{K}$的量子化

我们从研究在 $\boldsymbol{\theta}$ 空间费米子基态 $|\boldsymbol{\theta}\rangle$ 的周期结构开始, $|\boldsymbol{\theta}\rangle$ 是哈密顿量

$$H_{\boldsymbol{\theta}} = \int d^2\boldsymbol{x}\left[-\frac{\hbar^2}{2m}\sum_{j=1,2} c^\dagger\left(\partial_j - iA_j - \frac{i\theta_j}{L_j}\right)^2 c + V(c^\dagger c)\right]$$

的基态, 首先注意到下列 $U(1)$ 规范变换

$$
\begin{aligned}
c(\boldsymbol{x}) \to & e^{2i\pi x_1 L_1^{-1}} c(\boldsymbol{x}), \\
(A_1, A_2) \to & (A_1 + \frac{2\pi}{L_1}, A_2),
\end{aligned}
$$

和

$$
\begin{aligned}
c(\boldsymbol{x}) \to & e^{2i\pi x_2 L_2^{-1}} c(\boldsymbol{x}), \\
(A_1, A_2) \to & (A_1, A_2 + \frac{2\pi}{L_2}).
\end{aligned}
$$

不会改变费米子算符 $c(\boldsymbol{x})$ 在 x 方向和 y 方向的周期性边界条件, 但是规范变换产生 $(\theta_1,\theta_2) \to (\theta_1+2\pi,\theta_2)$ 和 $(\theta_1,\theta_2) \to (\theta_1,\theta_2+2\pi)$ 的移动, 更准确地有

$$
\begin{aligned}
H_{\theta_1+2\pi,\theta_2} = & W_1 H_{\theta_1,\theta_2} W_1^\dagger, & W_1 = & e^{i\int d^2\boldsymbol{x}\ 2\pi x_1 L_1^{-1} c^\dagger c}, \\
H_{\theta_1,\theta_2+2\pi} = & W_2 H_{\theta_1,\theta_2} W_2^\dagger, & W_2 = & e^{i\int d^2\boldsymbol{x}\ 2\pi x_2 L_2^{-1} c^\dagger c}.
\end{aligned}
$$

因此如果 $|\boldsymbol{\theta}\rangle$ 是 $\boldsymbol{\theta}$ 的多体基态, 则 $W_1|\boldsymbol{\theta}\rangle$ 是移动 $\boldsymbol{\theta}$ 后的基态, 选择 $f_1(\boldsymbol{\theta})$ 有

$$
|\theta_1+2\pi,\theta_2\rangle = e^{if_1(\boldsymbol{\theta})} W_1 |\theta_1,\theta_2\rangle, \tag{4.4.7}
$$

类似地,

$$
|\theta_1,\theta_2+2\pi\rangle = e^{if_2(\boldsymbol{\theta})} W_2 |\theta_1,\theta_2\rangle. \tag{4.4.8}
$$

这两个幺正算符 $e^{if_1(\boldsymbol{\theta})}W_1$ 和 $e^{if_2(\boldsymbol{\theta})}W_2$ 产生与 $|\theta_1,\theta_2\rangle$, $|\theta_1+2\pi,\theta_2\rangle$ 和 $|\theta_1,\theta_2+2\pi\rangle$ 有关的规范变换.

任何情况下都可以重新定义 $|\boldsymbol{\theta}\rangle$ 的相: $|\boldsymbol{\theta}\rangle \to e^{i\phi(\boldsymbol{\theta})}|\boldsymbol{\theta}\rangle$ 使 $f_1=0$, 这里我们选择 ϕ 满足

$$
\phi(\theta_1+2\pi,\theta_2) - \phi(\theta_1,\theta_2) = f_1(\theta_1,\theta_2),
$$

然后由

$$
|\theta_1+2\pi,\theta_2+2\pi\rangle = e^{if_2(\theta_1+2\pi,\theta_2)} W_2 |\theta_1+2\pi,\theta_2\rangle
$$

可以得到

$$
W_1|\theta_1,\theta_2+2\pi\rangle = e^{if_2(\theta_1+2\pi,\theta_2)} W_2 W_1 |\theta_1,\theta_2\rangle,
$$

因为 $[W_1,W_2]=0$, 有

$$
|\theta_1,\theta_2+2\pi\rangle = e^{if_2(\theta_1+2\pi,\theta_2)} W_2 |\theta_1,\theta_2\rangle.
$$

将上式与 (4.4.8) 比较, 我们得到

$$
e^{if_2(\theta_1+2\pi,\theta_2)} = e^{if_2(\theta_1,\theta_2)}.
$$

我们看到, $|\boldsymbol{\theta}\rangle$ 对于 θ_1 和 θ_2 是准周期的, 周期为 2π:

$$
\begin{aligned}
|\theta_1+2\pi,\theta_2\rangle = & W_1|\theta_1,\theta_2\rangle, \\
|\theta_1,\theta_2+2\pi\rangle = & e^{if_2(\theta_1,\theta_2)} W_2 |\theta_1,\theta_2\rangle,
\end{aligned} \tag{4.4.9}
$$

其中 $W_{1,2}$ 是与 $\boldsymbol{\theta}$ 无关的幺正算符.

使用 $\langle\boldsymbol{\theta}|\partial_{\boldsymbol{\theta}}|\boldsymbol{\theta}\rangle = \langle\boldsymbol{\theta}|W_{1,2}^\dagger \partial_{\boldsymbol{\theta}} W_{1,2}|\boldsymbol{\theta}\rangle$ 和 (4.4.9), 可以将贝里相 (4.4.3) 简化为

$$
2\pi K = \int d\theta_1 \partial_{\theta_1} f_2(\theta_1,0) = f_2(2\pi,0) - f_2(0,0),
$$

由于 $e^{if_2(\theta_1,\theta_2)}$ 对于 θ_1 是周期性的, 我们得到 $f_2(2\pi,0)-f_2(0,0)=2\pi\times$ 整数, 同时 K 量子化为整数.

第五章　相互作用费米系统

自然界的电子系统具有很强的库仑相互作用, 诸如磁性、超导性等许多材料的有趣性质都与相互作用有关. 本章我们将研究电子 — 电子相互作用, 特别是要讨论金属的朗道费米液体理论和由相互作用引起的对称性破缺相变.

5.1　正交性突变和 X 射线谱

要点:

- 正交性突变这种现象解释了多体效应怎样影响了费米子格林函数以及相关的实验结果
- 正交性突变是一种普遍现象, 在许多系统中出现, 比如 X 射线谱、量子点中的隧穿 I-V 曲线 ……

5.1.1　物理模型

金属芯态能级和导带之间的跃迁产生了 X 射线谱 [见图 5.1(a)], 通过吸收 X 射线一个电子将从芯态能级激发到导带未占据态, 发射 X 射线一个电子将从导带占据态跃迁到芯态未占据态, 系统可用下列哈密顿量

$$H=\sum_{\boldsymbol{k}}\epsilon_{\boldsymbol{k}}c_{\boldsymbol{k}}^{\dagger}c_{\boldsymbol{k}}-E_C C^{\dagger}C+\Gamma(e^{-i\omega t}c(0)C^{\dagger}+h.c.) \tag{5.1.1}$$

为模型, 其中 C 描述了在 $\boldsymbol{x}=0$ 处的芯态电子, $\Gamma e^{-i\omega t}$ 是由 X 射线引发的含时耦合. 为了简化, 本节中先假设电子无自旋.

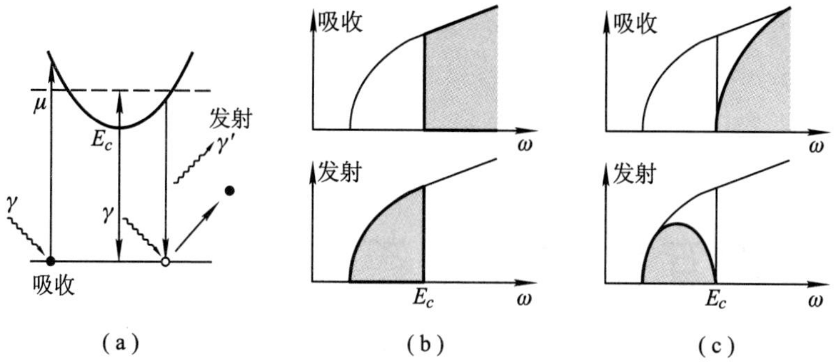

图 5.1 (a) X 射线的吸收和发射都是由金属芯态能级和导带之间的跃迁引起的; (b) 无相互作用跃迁的 X 射线谱; (c) 有相互作用跃迁的 X 射线谱.

注意发射率等于从导带到芯态的电流. 根据线性响应理论, 发射率是

$$A_{\text{em}}(\omega) = \langle i\Gamma[e^{-i\omega t}I(t) - h.c.]\rangle = \Gamma^2 \int^t dt' \left\{e^{-i\omega(t-t')}\langle 0|[I(t), I^\dagger(t')]|0\rangle + h.c.\right\},$$

其中 $I(t) = c(0,t)C^\dagger(t)$. 我们可以用芯态电子和导带电子的谱函数表示发射率 [见 (4.2.13)]:

$$A_{\text{em}}(\omega) = -2\pi\Gamma^2 \int d\nu \left[A^0_{C-}(\nu)A^0_{C+}(\nu - \omega) - A^0_{C+}(\nu)A^0_{C-}(\nu - \omega)\right].$$

对于自由费米子, 谱函数如 (4.2.14) 所示由态密度给出, 如果将能量零点选在费米面上, 则

$$A^0_{C-}(\omega) = n_F(\omega)N(\omega + E_F), \qquad A^0_{C+}(\omega) = [1 - n_F(\omega)]N(\omega + E_F),$$
$$A^0_{C-}(\omega) = 0, \qquad A^0_{C+}(\omega) = \delta(\omega + E_C).$$

我们注意到, 发射以前芯态是完全空的, 由此得到以上的非平衡芯态电子谱函数. 我们得到

$$A_{\text{em}}(\omega) = 2\pi\Gamma^2 n_F(\omega - E_C)N(E_F - E_C + \omega),$$

用发射率可以直接测量自由费米子的态密度 [见图 5.1(b), 注意 $E_C > 0$]. 在零温时, $A_{\text{em}}(\omega)$ 在 $\omega = E_C$ 有阶跃. 如果我们使用相互作用电子的谱函数, 上述结果就也可用于相互作用电子.

习题

5.1.1 计算吸收率谱 $A_{\text{obs}}(\omega)$.

5.1.2 正交性突变的物理过程

要点:

- 正交性突变由两个描述了变形和非变形的费米海的**多体**波函数之间的交叠消失所引起.

现在我们将芯态电子和导带电子之间的相互作用考虑在内, 下面将看到这样的相互作用会明显地改变发射/吸收率在 $\omega = E_C$ 的边缘奇异性.

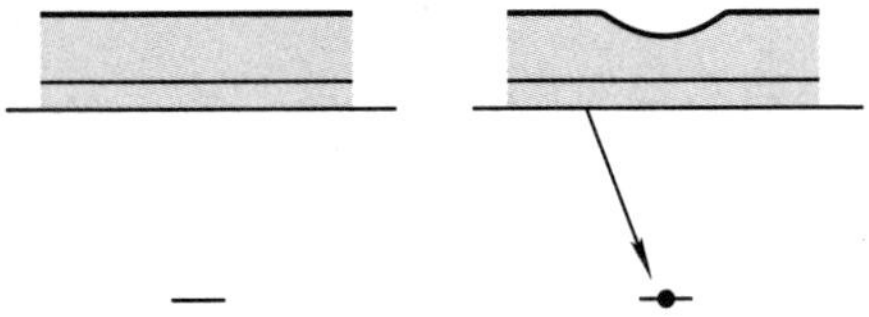

图 5.2 如果芯电子和导带电子之间存在相互作用, 隧穿后导带电子的密度一定会改变.

这个物理过程如图 5.2 所示, 如果芯电子和导带电子之间没有相互作用, 给定频率的发射矩阵元就只涉及到特定能量的导带电子和芯电子的单粒子波函数的矩阵元. 为了推广到相互作用的情况, 我们需要把上述矩阵元看作是两个多体本征态之间的矩阵元: 一个本征态有填满的费米海和空的芯态, 另一个本征态在费米海中有一个空穴, 芯态被填满. 存在相互作用时, 芯电子引发导带电子密度的改变, 因而改变了多体电子波函数. 这样发射矩阵元涉及到下面两个本征态之间的矩阵元: 一个有填满但变形的费米海和空的芯态, 另一个在均匀的费米海中有空穴, 但芯态填满. 我们可以将上述矩阵元近似为单粒子态之间的矩阵元乘以均匀费米海和变形费米海两个多体态之间的交叠. 如果交叠是有限的, 上一节的讨论对于在 E_C 附近的 ω 就仍然是正确的, 只是隧穿振幅 Γ 可能会缩减一个有限因子. 但是如果交叠为零, 则上节的结果就必须做定性的修改, 特别是在 $\omega = E_C$ 的阶跃奇异性被破坏了, 这种现象称为红外灾难或正交性突变.

我们知道, 自由费米子的多体波函数可以通过斯莱特行列式用单体波函数构造:

$$\Psi(\boldsymbol{x}_1, \cdots, \boldsymbol{x}_N) = \mathrm{Det}[\psi_i(\boldsymbol{x}_j)],$$

其中 $\psi_i(\boldsymbol{x})$ 是一个单体波函数, $[\psi_i(\boldsymbol{x}_j)]$ 是一个矩阵:

$$[\psi_i(\boldsymbol{x}_j)] \equiv \begin{pmatrix} \psi_1(\boldsymbol{x}_1) & \psi_1(\boldsymbol{x}_2) & \cdots \\ \psi_2(\boldsymbol{x}_1) & \psi_2(\boldsymbol{x}_2) & \cdots \\ \cdots & \cdots & \cdots \end{pmatrix}.$$

均匀费米海的多体波函数 Ψ_0, 是由平面波 $\psi_i(\boldsymbol{x}) = e^{i\boldsymbol{k}_i \cdot \boldsymbol{x}}$ 构建的. 其中 $\boldsymbol{k}_i$ 遍历所有能量低于费米能量 E_F 的动量. 变形费米海的多体波函数 Ψ 是由芯电子势存在时的本征波函数构建的. 这样我们就可以计算交叠 $\langle\Psi_0|\Psi\rangle$, 决定是否具有正交性突变.

为了用简单的计算说明我们的图像, 计算 $\langle\Psi_0|\Psi\rangle$ 时可以把费米子看作是由密度 $\rho(\boldsymbol{x})$ 描述的液体, 这样的处理在一维可以给出正确的结果, 但在一维以外结果就不正确了. 这种方法称为流体力学方法, 或称费米系统的玻色化. 我们下面就开始说明这一方法.

5.1.3 流体方法 (玻色化)

要点:

- 金属中的集体密度涨落可以由玻色场论描述
- 一维玻色理论可以备述一维费米面附近的所有粒子 — 空穴激发

可压缩流体的势能是

$$V=\int d^d\boldsymbol{x}\ \frac{1}{2\chi}\rho^2(\boldsymbol{x}),$$

其中 χ 是压缩率. 这里我们假设 $\rho(\boldsymbol{x})$ 是基态均匀密度 ρ_0 附近的涨落. 则动能是

$$K=\int d^d\boldsymbol{x}\ \frac{m\boldsymbol{v}^2(\boldsymbol{x})}{2}\rho_0=\int d^d\boldsymbol{x}\ \frac{m\boldsymbol{j}^2(\boldsymbol{x})}{2\rho_0}$$

其中 $\boldsymbol{v}(\boldsymbol{x})$ 是速度, $\boldsymbol{j}(\boldsymbol{x})=\boldsymbol{v}(\boldsymbol{x})\rho_0$ 是流体在 $\boldsymbol{x}$ 的流. 因此描述流体动力学性质的拉格朗日量是

$$L=\int d^d\boldsymbol{x}\ \left[\frac{m\boldsymbol{j}^2(\boldsymbol{x})}{2\rho_0}-\frac{1}{2\chi}\rho^2(\boldsymbol{x})\right]. \tag{5.1.2}$$

由流守恒 $\partial_t\rho+\partial_{\boldsymbol{x}}\cdot\boldsymbol{j}=0$, 我们得到 $\boldsymbol{j}=-\frac{1}{\partial_{\boldsymbol{x}}}\partial_t\rho$(假设 $\partial_{\boldsymbol{x}}\times\boldsymbol{j}=0$), 同时拉格朗日量可以只由密度表示:

$$L=\int d^d\boldsymbol{x}\ \left(\frac{m}{2\rho_0}\dot\rho\frac{1}{-\partial_{\boldsymbol{x}}^2}\dot\rho-\frac{1}{2\chi}\rho^2\right) \tag{5.1.3}$$

$$=\mathcal{V}^{-1}\sum_{\boldsymbol{k}}\left(\frac{m}{2\rho_0}\dot\rho_{-\boldsymbol{k}}\frac{1}{\boldsymbol{k}^2}\dot\rho_{\boldsymbol{k}}-\frac{1}{2\chi}\rho_{-\boldsymbol{k}}\rho_{\boldsymbol{k}}\right), \tag{5.1.4}$$

其中 $\rho_{\boldsymbol{k}}=\int d^d\boldsymbol{x}\ \rho(\boldsymbol{x})e^{-i\boldsymbol{k}\cdot\boldsymbol{x}}$. 引进实数对 $(f_{\boldsymbol{k}},h_{\boldsymbol{k}})$, $\boldsymbol{k}>0$,

$$\rho_{\boldsymbol{k}}=f_{\boldsymbol{k}}+ih_{\boldsymbol{k}},\qquad \rho_{-\boldsymbol{k}}=\rho^*_{\boldsymbol{k}}=f_{\boldsymbol{k}}-ih_{\boldsymbol{k}},$$

我们得到

$$L=\sum_{\boldsymbol{k}>0}\frac{1}{2}M_{\boldsymbol{k}}\left[(\dot f_{\boldsymbol{k}})^2+(\dot h_{\boldsymbol{k}})^2-\Omega^2_{\boldsymbol{k}}(f_{\boldsymbol{k}})^2-\Omega^2_{\boldsymbol{k}}(h_{\boldsymbol{k}})^2\right],$$

其中

$$M_{\boldsymbol{k}}=\frac{2m}{\mathcal{V}\rho_0\boldsymbol{k}^2},\qquad \Omega^2_{\boldsymbol{k}}=v^2\boldsymbol{k}^2,\qquad v^2=\frac{\rho_0}{m\chi},$$

注意这里 $\boldsymbol{k}>0$ 的区域覆盖了 $\boldsymbol{k}$ 空间的一半. 如果这个区域包含 $\boldsymbol{k}$, 就不包含 $-\boldsymbol{k}$. 我们可以粗略地认为 $\boldsymbol{k}>0$ 就是 $k_x>0$.

在流体方法中, 低能激发由多个谐振子描述. 这些谐振子对应于一个有线性色散关系的单个模式. 对于自由费米子, 压缩率等于态密度: $\chi = N(E_F)$, 可以得到此模式的速度是

$$
\begin{aligned}
v =& v_F, & d = 1, \\
v =& \frac{1}{\sqrt{2}} v_F, & d = 2, \\
v =& \frac{1}{\sqrt{3}} v_F, & d = 3.
\end{aligned}
$$

线性模式的色散总是处于粒子 — 空穴的连续能谱之中 (见图 5.3). 可以证明单个线性模式的比热低于相应 $d > 1$ 维中自由费米系统的比热. 因此对于 $d > 1$, 流体力学的处理不能再现完整的低能激发, 只能描述一些平均的密度涨落. 但是对于 $d = 1$, 在低温时, 单个线性模式的比热严格等于相应自由费米系统的比热, 这意味着单个玻色模式可以重构自由费米系统的所有低能激发, 能忠实地描述低能费米系统. 我们可以使用玻色理论描述费米系统的低能性质, 这种使用玻色子描述 1D 费米系统的方法称为玻色化.

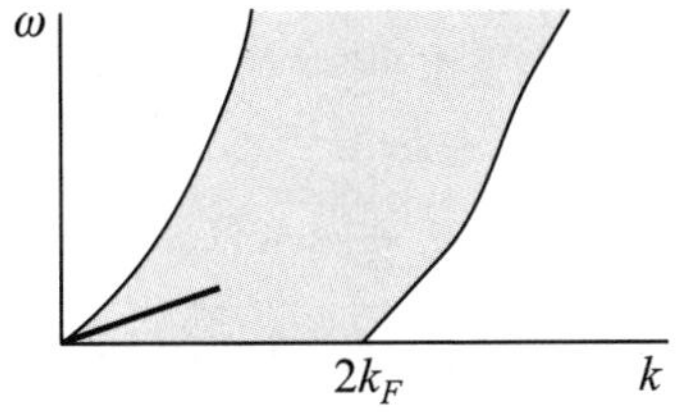

图 5.3 线性模式的色散总是处于粒子 — 空穴的连续能谱之中.

为了更加详细地比较流体模型和费米子模型, 让我们写出流体模型的量子描述. 引进 $f_{\boldsymbol{k}}$ 和 $g_{\boldsymbol{k}}$ 谐振子的升降算符, 就可以将流体模型的哈密顿量写为

$$
H = \sum_{\boldsymbol{k}>0} \Omega_{\boldsymbol{k}} (a^\dagger_{f\boldsymbol{k}} a_{f\boldsymbol{k}} + a^\dagger_{g\boldsymbol{k}} a_{g\boldsymbol{k}}),
$$

但是, 这个哈密顿量不是十分方便. 尽管 $a_{f\boldsymbol{k}}|0\rangle$ 是能量的本征态, 但不是动量的本征态, 比较好的升降算符是 (对于 $\boldsymbol{k} > 0$)

$$
a_{\boldsymbol{k}} = \frac{1}{\sqrt{2}}(a_{f\boldsymbol{k}} + i a_{g\boldsymbol{k}}), \qquad a_{-\boldsymbol{k}} = \frac{1}{\sqrt{2}}(a_{f\boldsymbol{k}} - i a_{g\boldsymbol{k}}).
$$

可以验证, $[a_{\boldsymbol{k}}, a^\dagger_{\boldsymbol{k}'}] = \delta_{\boldsymbol{k},\boldsymbol{k}'}$. 我们需要指出 $a_{\boldsymbol{k}}$ 对于 $\boldsymbol{k} = 0$ 没有定义, 这是因为 $\rho_{\boldsymbol{k}=0}$ 对应于费米子总数, 没有动力学性质. 这样哈密顿量可以写为

$$
H = \sum_{\boldsymbol{k}\neq 0} \Omega_{\boldsymbol{k}} a^\dagger_{\boldsymbol{k}} a_{\boldsymbol{k}}, \tag{5.1.5}
$$

其中 $a^\dagger_{\boldsymbol{k}}$ 产生能量为 $\Omega_{\boldsymbol{k}}$、动量为 $\boldsymbol{k}$ 的激发.

在一维情形中, 流体哈密顿量 (5.1.5) 重现了在相应费米系统中的所有低能激发谱. 为了看清这一点, 让我们将系统限制在一个尺度为 L 的圆上. 这样流体模型有两个能量 $E=2k_0v$、动量 $K=2k_0$ 的本征态: $(a^\dagger_{k_0})^2|0\rangle$ 和 $a^\dagger_{2k_0}|0\rangle$, 其中 $k_0=2\pi/L$. 费米系统在动量 $2k_0$ 也有两个能量为 $E=2k_0v_F=2k_0v$ 的粒子 — 空穴激发态. 两个粒子 — 空穴对态是 $c^\dagger_{k_F+2k_0}c_{k_F}|\psi_0\rangle$ 和 $c^\dagger_{k_F+k_0}c_{k_F-k_0}|\psi_0\rangle$, 其中 $|\psi_0\rangle$ 是费米系统的基态, 单粒子态 $|k_F\rangle, |k_F-k_0\rangle, \cdots, |-k_F\rangle$ 填充了一个费米子. 流体模型具有一个能量 $E=2k_0v$、动量 $K=0$ 的本征态: $a^\dagger_{-k_0}a^\dagger_{k_0}|0\rangle$, 费米系统也有一个具有同样能量和动量的粒子 — 空穴态 $c^\dagger_{-k_F-k_0}c_{-k_F}c^\dagger_{k_F+k_0}c_{k_F}|\psi_0\rangle$. 其实, 流体模型的激发谱与费米子模型的粒子 — 空穴激发谱是完全相同的 (见习题5.1.3), 流体模型忠实地描述了费米系统的低能小动量激发.

习题

5.1.2 用 $\rho_{\boldsymbol{k}}$ 和 $\dot{\rho}_{\boldsymbol{k}}$ 写出 $a_{\boldsymbol{k}}$, 证明 $a_{\boldsymbol{k}}$ 携带着确定的动量.

5.1.3 证明在 1D 中, 流体模型 (粒子数固定) 和费米系统 (费米子数固定) 都具有下列性质:

(a) 存在 p_n 个能量 nk_0v_F、动量 nk_0 的激发态, 其中 $(p_0,p_1,p_2,\cdots)=(1,1,2,3,5,7,\cdots)$ 是配分数. (如果不能得到普遍证明, 可以检验至 p_5 的情形.)

(b) 存在 p_n 个能量 nk_0v_F、动量 $-nk_0$ 的激发态.

(c) 存在 $p_{n-m}p_m$ 个能量 nk_0v_F、动量 $(n-2m)k_0$ 的态. 因此流体力学模型和费米系统在低能小动量有相同的激发谱.

5.1.4

(a) 从 (4.3.1), 我们得到压缩率 $\chi(\omega,\boldsymbol{k})=-\Pi^{00}(\omega,\boldsymbol{k})$ 含有一个虚部. 使用这样的压缩率和运动方程 (5.1.2), 写出密度激发 (声子) 在 $d=1$、$d=2$ 和 $d=3$ 维的衰减率. 将衰减率与激发频率比较, 密度激发是否可以给出一个定义良好的声子?

(b) 其实 (a) 并不十分正确, 我们应该使用 (5.1.2) 计算密度响应函数, 然后再选择它与 (4.3.1) 的结果吻合, 得到 $\chi(\omega,\boldsymbol{k})$. 使用这个方法得到 $\chi(\omega,\boldsymbol{k})$. (a) 中的主要结果是否会因新的 $\chi(\omega,\boldsymbol{k})$ 而改变?

5.1.4 用流体力学方法讨论正交性突变

要点:

- 运用流体力学方法, 可以很容易地算出多体波函数的交叠

在流体力学方法中, 基态波函数是 $f_{\boldsymbol{k}}$ 和 $h_{\boldsymbol{k}}(\boldsymbol{k}>0)$ 的函数:

$$\Psi_0(\{f_{\boldsymbol{k}},h_{\boldsymbol{k}}\})\propto\prod_{\boldsymbol{k}>0}e^{-M_{\boldsymbol{k}}\Omega_{\boldsymbol{k}}(f^2_{\boldsymbol{k}}+h^2_{\boldsymbol{k}})/2},$$

这样的波函数描述了均匀态. 存在由芯电子形成的势时, 哈密顿量中会增加一项

$$\begin{aligned}\int d^d \boldsymbol{x}\ \rho(\boldsymbol{x}) V(\boldsymbol{x}) =&\mathcal{V}^{-1} \sum_{\boldsymbol{k}} \rho_{\boldsymbol{k}} V_{-\boldsymbol{k}} \\ =&\mathcal{V}^{-1} \sum_{\boldsymbol{k}>0} \left[f_{\boldsymbol{k}}(V_{-\boldsymbol{k}} + V_{\boldsymbol{k}}) + h_{\boldsymbol{k}}(iV_{-\boldsymbol{k}} - iV_{\boldsymbol{k}}) \right],\end{aligned}$$

这样的项造成了 $(f_{\boldsymbol{k}}, h_{\boldsymbol{k}})$ 的改变:

$$\begin{aligned}\delta f_{\boldsymbol{k}} =& \frac{V_{-\boldsymbol{k}} + V_{\boldsymbol{k}}}{\mathcal{V} M_{\boldsymbol{k}} \Omega_{\boldsymbol{k}}^2}, \\ \delta h_{\boldsymbol{k}} =& \frac{iV_{-\boldsymbol{k}} - iV_{\boldsymbol{k}}}{\mathcal{V} M_{\boldsymbol{k}} \Omega_{\boldsymbol{k}}^2}.\end{aligned}$$

势场下系统新的基态是

$$\Psi(\{f_{\boldsymbol{k}}, h_{\boldsymbol{k}}\}) \propto \prod_{\boldsymbol{k}>0} e^{-M_{\boldsymbol{k}} \Omega_{\boldsymbol{k}} \left[(f_{\boldsymbol{k}} - \delta f_{\boldsymbol{k}})^2 + (h_{\boldsymbol{k}} - \delta h_{\boldsymbol{k}})^2 \right]/2},$$

该波函数对应于变形态. Ψ 和 Ψ_0 之间的交叠是

$$\begin{aligned}\langle \Psi_0 | \Psi \rangle =& \prod_{\boldsymbol{k}>0} e^{-M_{\boldsymbol{k}} \Omega_{\boldsymbol{k}} (\delta f_{\boldsymbol{k}}^2 + \delta h_{\boldsymbol{k}}^2)/4} = \prod_{\boldsymbol{k}>0} e^{-\frac{|V_{\boldsymbol{k}}|^2}{\mathcal{V}^2 M_{\boldsymbol{k}} \Omega_{\boldsymbol{k}}^3}} \\ =& e^{-\mathcal{V}^{-1} \sum_{\boldsymbol{k}} \frac{\rho_0 \boldsymbol{k}^2 |V_{\boldsymbol{k}}|^2}{2m \Omega_{\boldsymbol{k}}^3}} = e^{-\int \frac{d^d \boldsymbol{k}}{(2\pi)^d} \frac{\rho_0 |V_{\boldsymbol{k}}|^2}{2m v^3 |\boldsymbol{k}|}}.\end{aligned}$$

对于短程势, $V_{\boldsymbol{k}}$ 在 $\boldsymbol{k}$ 小时不为零. $d = 1$ 时, 积分对于小量 $\boldsymbol{k}$ 发散, 我们得到正交性突变; $d > 1$ 时, 积分对于小量 $\boldsymbol{k}$ 有限; 对于大值 $\boldsymbol{k}$, 积分被 k_F 截断. 因此在流体力学方法中, 交叠是有限的. (这个结果证实是不对的.)

下面我们将计算隧穿算符 $I(t)$ 的关联, 得到发射率对 ω 的依赖关系. 时序虚时关联可近似为

$$\langle T[I(\tau)I(0)] \rangle = -G_C(\tau) G_C(-\tau), \tag{5.1.6}$$

可以证明芯电子对导带电子格林函数的影响并不大, 我们可以用自由费米子的格林函数近似 $G_C(\tau)$. 为了计算 $G_C(\tau)$, 注意到芯电子在时空中的路径是一条沿时间方向的直线, 因此

$$G_C(\tau) = \left\langle e^{-\int_0^\tau d\tau'\ V_C \rho(\tau', 0)} \right\rangle e^{E_C \tau},$$

其中 $\rho(\tau)$ 是导带电子的密度算符, $-E_C$ 是芯电子的能量. 在流体力学方法中, 我们可以使用路径积分计算上式, 在习题5.1.5中, 可以证明流体力学方法的拉格朗日量 (5.1.2) 等价于 XY 模型中标准的拉格朗日量

$$L = \frac{\chi}{2} \left[(\partial_t \theta)^2 - v^2 (\partial_{\boldsymbol{x}} \theta)^2 \right], \qquad \rho = -\chi \partial_t \theta.$$

沿虚时 $(t \to -i\tau)$ 我们有

$$L = \frac{\chi}{2}\left[(\partial_\tau\theta)^2 + v^2(\partial_{\boldsymbol{x}}\theta)^2\right], \qquad \rho = -i\chi\partial_\tau\theta,$$

因此

$$\begin{aligned} G_C(\tau)e^{-E_C\tau} &= \frac{\int \mathcal{D}[\theta]\ e^{i\int_0^\tau d\tau'\ V_C\chi\partial_\tau\theta(\tau',0) - \int d\tau' d^d\boldsymbol{x}\ L(\theta)}}{\int \mathcal{D}[\theta]\ e^{-\int d\tau' d^d\boldsymbol{x}\ L(\theta)}} \\ &= \left\langle e^{iV_C\chi\theta(\tau,0)} e^{-iV_C\chi\theta(0,0)} \right\rangle. \end{aligned}$$

$G_C(\tau)$ 的长时行为与空间维数有关. $d=1$ 时,

$$G_C(\tau)e^{-E_C\tau} = \left(\frac{l^2}{x^2+v^2\tau^2}\right)^{\chi V_C^2/4\pi v},$$

其中我们假设了温度 $T=0$. 在实时

$$G_C(t) = e^{-i\frac{\pi\chi V_C^2}{4\pi v}\Theta(v^2t^2-x^2)}\left(\frac{l^2}{|x^2-v^2t^2|}\right)^{\chi V_C^2/4\pi v} e^{iE_Ct}.$$

这个格林函数与自由芯电子的 $G_C(t) = e^{iE_Ct}$ 大不相同, 缀饰芯电子的谱函数是

$$A_{C+}(\omega) \sim \Theta(\omega+E_C)(\omega+E_C)^{\frac{\chi V_C^2}{2\pi v}-1},$$

由此导致的发射率是 [见图 5.1(c)]

$$A_{\mathrm{em}} \sim \Theta(E_C-\omega)(E_C-\omega)^{\chi V_C^2/2\pi v}.$$

在一维情形指数是

$$\frac{\chi V_C^2}{2\pi v} = \frac{V_C^2 N^2(E_F)}{2}. \tag{5.1.7}$$

$d>1$ 时, 对于大值 τ 有 $G_C(t) \to e^{iE_Ct}$, 与自由芯电子的格林函数相同, $\left\langle e^{iV_C\chi\theta(\tau,0)}e^{-iV_C\chi\theta(0,0)}\right\rangle$ 趋于一个常数. 因此根据流体模型, 发射率应该与无相互作用的情形类似, 这个结果与上述波函数交叠的分析相吻合. 但是, 在下一节我们将会看到, 这样的结果对于费米系统是不对的.

习题

5.1.5 在流体力学方法中, 导带电子的能量 (哈密顿量) 是

$$H = \int d^d\boldsymbol{x}\ \left[\frac{m\boldsymbol{j}^2(\boldsymbol{x})}{2\rho_0} + \frac{1}{2\chi}\rho^2(\boldsymbol{x})\right],$$

如果假设 $\partial_{\boldsymbol{x}} \times \boldsymbol{j} = 0$, 还可以用 $\partial_{\boldsymbol{x}}\phi$ 代换 $\boldsymbol{j}$.

(a) 如果把 $\rho(\boldsymbol{x})$ 看做是正则坐标 $q_{\boldsymbol{x}}$, 则 $C\phi(\boldsymbol{x})$ 可以看做是正则动量 $p_{\boldsymbol{x}}$. (这里 $\boldsymbol{x}$ 可以看做是标记不同正则坐标和动量的指标.) 证明流守恒 $\dot{\rho} + \partial_{\boldsymbol{x}}\boldsymbol{j} = 0$ 可以由一个哈密顿方程

$$\dot{q}_{\boldsymbol{x}} = \frac{\delta H}{\delta p_{\boldsymbol{x}}}$$

重新导出, 并写出常量 C.

(b) 证明哈密顿方程

$$\dot{p}_{\boldsymbol{x}} = -\frac{\delta H}{\delta q_{\boldsymbol{x}}}, \qquad \dot{q}_{\boldsymbol{x}} = +\frac{\delta H}{\delta p_{\boldsymbol{x}}}$$

重新生成 (5.1.2) 中的拉格朗日量的运动方程. 证明哈密顿量和正则坐标动量对 $(q,p) = (\rho(\boldsymbol{x}), C\phi(\boldsymbol{x}))$ 重新生成拉格朗日量 (5.1.2).

(c) 现在让我们将 $C\phi(\boldsymbol{x})$ 看做是坐标, $\rho(\boldsymbol{x})$ 看做是动量, 证明哈密顿量和正则坐标动量对 $(q,p) = [C\phi(\boldsymbol{x}), \rho(\boldsymbol{x})]$ 重新生成 XY 模型的拉格朗日量.

(d) 我们知道, 在标准 XY 模型中 θ 场是周期性的: θ 和 $\theta + 2\pi$ 描述的是同一个点. 写出 ϕ 场的周期性条件. (提示: 考虑 $\boldsymbol{k} = 0$ 激发, 找出总粒子数量子化和 ϕ 场周期性条件之间的关系.) 我们得到经过适当选取比例, $D\phi$ 可以看作和 θ 场一样, 我们的流体模型就可以看作和 XY 模型一样.

(e) 比较从 (5.1.2) 和 XY 模型计算的密度关联函数 (比如时序的), 讨论所得的结果.

5.1.6 将流体模型等同于 XY 模型后, 证明 1D 流体模型也可以重新生成 1D 费米系统中在 $\pm 2k_F$, $\pm 4k_F$ 附近的低能激发 (见 3.3.13 节).

5.1.5 对于费米系统的直接计算

要点:

- 流体方法只能在一维给出正确的多体波函数交叠
- 在更高维, 不能只用一个玻色模式描述费米面上所有的粒子 — 空穴激发, 粒子 — 空穴激发对应于多个玻色模式, 从而导致交叠变小

让我们在费米系统中对于 $\tau > 0$, 直接计算

$$G_C(\tau) = \left\langle e^{-\int_0^\tau d\tau' \ V_C \rho(\tau',0)} \right\rangle e^{E_C \tau},$$

这里我们将 ρ 看做是常数密度 ρ_0 附近的涨落. (常数部分可以吸收到 E_C 里.) 用相对于满费米海的正规排序将 ρ 中常数部分消去: $\rho(\boldsymbol{x}) =: c^\dagger(\boldsymbol{x}) c(\boldsymbol{x}) :$, 这里如果 $\xi_{\boldsymbol{k}} > 0$, $: c^\dagger_{\boldsymbol{k}} c_{\boldsymbol{k}} := c^\dagger_{\boldsymbol{k}} c_{\boldsymbol{k}}$; 如果 $\xi_{\boldsymbol{k}} < 0$, $: c^\dagger_{\boldsymbol{k}} c_{\boldsymbol{k}} := -c_{\boldsymbol{k}} c^\dagger_{\boldsymbol{k}}$.

为了计算 $G_C(\tau)$, 首先展开 $e^{-\int_0^\tau d\tau' \ V_C \rho(\tau',0)}$

$$G_C(\tau) = \left\langle 1 + \left[-\int_0^\tau d\tau' \ V_C \rho(\tau',0) \right] + \frac{1}{2!} \left[-\int_0^\tau d\tau' \ V_C \rho(\tau',0) \right]^2 + \cdots \right\rangle,$$

利用相连集团定理, 我们得到

$$G_C(\tau) = e^{\left\langle -\int_0^\tau d\tau' \ V_C \rho(\tau',0) \right\rangle_c + \frac{1}{2!} \left\langle \left(-\int_0^\tau d\tau' \ V_C \rho(\tau',0) \right)^2 \right\rangle_c + \cdots}$$

其中 $\langle \cdots \rangle_c$ 只含有连通图. 第一项 $\left\langle -\int_0^\tau d\tau' \ V_C \rho(\tau',0) \right\rangle_c$ 正比于 τ 可以消去, 第二项成为主导项. 如果假设密度涨落很小, 就可以忽略高阶项. 因此

$$G_C(\tau) = e^{\frac{V_C^2}{2} \int_0^\tau d\tau_1 d\tau_2 \ \langle \rho(\tau_1,0) \rho(\tau_2,0) \rangle}.$$

利用 $\mathcal{G}(\tau,0)=N(E_F)/\tau$, 我们得到

$$\langle\rho(\tau,0)\rho(0,0)\rangle=\mathcal{G}(\tau,0)(-)\mathcal{G}(-\tau,0)=\frac{N^2(E_F)}{\tau^2},$$

并且

$$G_C(\tau)=e^{V_C^2N^2(E_F)(\frac{\tau}{\tau_l}-\ln\frac{\tau}{\tau_l})}=\left(\frac{\tau_l}{\tau}\right)^\alpha e^{V_C^2N^2(E_F)\tau/\tau_l},$$

其中 $\tau_l\sim 1/E_F$ 是一个短时截断, 而

$$\alpha=V_C^2N^2(E_F),$$

发射率的行为是

$$A_{\text{em}}\sim\Theta(E_C-\omega)(E_C-\omega)^\alpha.$$

我们得到只要费米子的态密度有限, 边缘奇异性就会改变, 与空间维数无关. 由流体力学方法得出的结果对于 $d>1$ 是不对的.

在一维, 由流体力学方法得出的结果 (5.1.7) 与这里得到的结果相似. 但是, 如果我们比较指数值, 这里得到的指数要大一倍. 有人可能因此产生怀疑, 1D 流体力学方法还有哪里会出错, 终究, 流体力学模式再现了 1D 费米面附近粒子 — 空穴激发的比热, 似乎流体力学模式反映了 1D 费米系统的所有低能激发, 因此我们期望 1D 流体力学方法应该能给我们正确的结果. 下面将看到, 1D 流体力学方法其实确实在某种意义上给了我们正确的结果.

为了了解误差所在, 我们注意到等空间点的费米子格林函数 $\mathcal{G}(\tau,0)=N(E_F)/\tau$ 含有来自两个费米点的贡献. 对于有限小量 x, 我们有

$$\mathcal{G}(\tau,x)=\frac{N(E_F)}{2}\left(\frac{ve^{ik_Fx}}{v\tau+ix}+\frac{ve^{-ik_Fx}}{v\tau-ix}\right).$$

因此密度关联也含有动量为 $k\sim0$ 和 $k\sim\pm2k_F$ 的两部分:

$$\begin{aligned}\langle\rho(\tau,x)\rho(0,0)\rangle=&\mathcal{G}(\tau,x)(-)\mathcal{G}(-\tau,-x)\\=&\frac{N^2(E_F)}{4}\left(\frac{v^2}{(v\tau+ix)^2}+\frac{v^2}{(v\tau-ix)^2}\right)+\frac{N^2(E_F)\cos(2k_Fx)}{2}\frac{v^2}{v^2\tau^2+x^2}.\end{aligned}$$

流体力学方法中只包括了小动量部分 $\frac{v^2}{(v\tau+ix)^2}+\frac{v^2}{(v\tau-ix)^2}$, 所以指数较小.

我们知道一个自由费米系统含有动量在 $k=0,\ \pm2k_F,\ \pm4k_F,\cdots$ 附近的低能激发. 由以上讨论, 显然所有这些低能激发都会对抑制边缘奇异性有贡献. 一般说如果芯电子产生了范围有限的势, 则芯电子和导带电子之间的耦合形式是 $\int dx\ V(x)\rho(x)$. 这样的算符的关联是

$$\left\langle\int dx\ V(x)\rho(\tau,x)\int dx\ V(x)\rho(0,x)\right\rangle=V_0^2\frac{N^2(E_F)}{2\tau^2}+|V_{2k_F}|^2\frac{N^2(E_F)}{2\tau^2},$$

其中 $V_k=\int dx\ V(x)e^{-ikx}$. 在这种情况下指数是

$$\alpha=\frac{1}{2}(V_0^2+|V_{2k_F}|^2)N^2(E_F),$$

对于自由费米子, 密度关联含有 $k=0$ 和 $k=2k_F$ 两个奇点, 因此 α 包含来自 V_0 和 V_{2k_F} 的贡献. 在流体力学方法中, 舍去了来自 V_{2k_F} 的贡献, 这就是误差的来源.

习题

5.1.7 计算在长时极限下的芯电子格林函数 $\mathcal{G}_C(\tau)$, 假设芯电子和一维导带电子之间的相互作用是 $\int dx\, V(x)\rho(x)$, 其中 $V(x)=V/|x|^\gamma$, $0<\gamma<1$. 所产生的发射率 $A_{\rm em}(\omega)$ 是什么?

5.1.8 计算长时极限下的芯电子格林函数 $\mathcal{G}_C(\tau)$, 假设芯电子通过 δ 势 $H_I=V_C\rho(0)$ 与 1D 相互作用玻色系统发生作用, 其中 $\rho(x)$ 是玻色子密度. 我们可以用相互作用玻色系统的有效 XY 模型 (3.3.45) 描述这个系统. 注意玻色子密度关联在动量 $k=K_n$ 含有奇点 [见 (3.3.136)]. 对于给定的 (χ,v), 定出是哪一个奇点控制了 $\mathcal{G}_C(\tau)$ 的长时间行为, 计算这个长时间行为.

5.2 哈特里 – 福克近似

要点:

- 哈特里 – 福克近似可以看做是一种变分方法

我们面对一个凝聚态系统时, 常常要回答两个问题: 基态的性质是什么? 基态以上激发态的性质又是什么? 本节我们将利用哈特里 – 福克近似, 回答相互作用电子系统的这两个问题.

5.2.1 基态能量和铁磁相变

要点:

- 哈特里项代表了总密度之间的相互作用, 而福克项代表了相同自旋之间的有效吸引
- 和原子中的洪德定则相同, 金属中电子之间强烈的排斥可以产生铁磁态

让我们假设电子位于晶格上, 自旋为 1/2, 电子通过 $\frac{1}{2}\sum_{\boldsymbol{i},\boldsymbol{j}} c_\alpha^\dagger(\boldsymbol{i})c_\alpha(\boldsymbol{i})V(\boldsymbol{i}-\boldsymbol{j})c_\beta^\dagger(\boldsymbol{j})c_\beta(\boldsymbol{j})$ 相互作用, 哈密顿量是 (在动量空间)

$$H=\sum_{\boldsymbol{k}}\xi_{\boldsymbol{k}}c_{\alpha\boldsymbol{k}}^\dagger c_{\alpha\boldsymbol{k}}+\frac{1}{2N_s}\sum_{\boldsymbol{k},\boldsymbol{k}',\boldsymbol{q}}c_{\alpha\boldsymbol{k}}^\dagger c_{\alpha\boldsymbol{k}-\boldsymbol{q}}V_{\boldsymbol{q}}c_{\beta\boldsymbol{k}'}^\dagger c_{\beta\boldsymbol{k}'+\boldsymbol{q}}, \tag{5.2.1}$$

其中 N_s 是格点的数目.

为了了解上述相互作用系统基态的性质, 我们用非相互作用系统的基态 $|\Psi_0\rangle$ 作试探波函数. 更加准确地说, $|\Psi_0\rangle$ 只是一个由一系列占据数 $n_{\boldsymbol{k},\alpha}$ 描述的态, 如果态 $\boldsymbol{k}$ 由一个 α 自旋占据, 则 $n_{\boldsymbol{k},\alpha}=1$; 否则 $n_{\boldsymbol{k},\alpha}=0$. 我们通过取试探态平均能量的极小值来决定占据数 $n_{\boldsymbol{k},\alpha}$.

利用 Wick 定理, 可知 $\langle\Psi_0|H|\Psi_0\rangle$ 含有三项:

$$\begin{aligned}\langle\Psi_0|H|\Psi_0\rangle =&\langle\Psi_0|H_0|\Psi_0\rangle + \frac{1}{2}\sum_{\boldsymbol{i},\boldsymbol{j}}\langle c_\alpha^\dagger(\boldsymbol{i})c_\alpha(\boldsymbol{i})\rangle V(\boldsymbol{i}-\boldsymbol{j})\left\langle c_\beta^\dagger(\boldsymbol{j})c_\beta(\boldsymbol{j})\right\rangle \\ &+\frac{1}{2}\sum_{\boldsymbol{i},\boldsymbol{j}}\langle c_\alpha^\dagger(\boldsymbol{i})c_\beta(\boldsymbol{j})\rangle V(\boldsymbol{i}-\boldsymbol{j})\left\langle c_\alpha(\boldsymbol{i})c_\beta^\dagger(\boldsymbol{j})\right\rangle.\end{aligned}$$

第一项 $\langle\Psi_0|H_0|\Psi_0\rangle$ 是动能, 在 $N_\uparrow = N_\downarrow$ 时取极小值, 其中 $N_\uparrow$ 是自旋向上的电子数, $N_\downarrow$ 是自旋向下的电子数. 第二项称为哈特里项

$$\frac{1}{2}\sum_{\boldsymbol{i},\boldsymbol{j}}\rho(\boldsymbol{i})V(\boldsymbol{i}-\boldsymbol{j})\rho(\boldsymbol{j}),$$

如果 N 固定, 该项与 $N_\uparrow/N_\downarrow$ 无关. 显然哈特里项就是经典势能. 如果只包括这前面两项, 试探态的平均能量将在 $N_\uparrow = N_\downarrow$ 处最小. (试探) 基态则为自旋单态, 不破坏自旋旋转对称性. 第三项称为福克项, 可以重新写为

$$\frac{1}{2N_s}\sum_{\boldsymbol{k},\boldsymbol{k}',\boldsymbol{q}}V_{\boldsymbol{q}}\left\langle c_{\alpha\boldsymbol{k}}^\dagger c_{\beta\boldsymbol{k}'+\boldsymbol{q}}\right\rangle\left\langle c_{\alpha\boldsymbol{k}-\boldsymbol{q}}c_{\beta\boldsymbol{k}'}^\dagger\right\rangle = -\frac{1}{2N_s}\sum_{\boldsymbol{k},\boldsymbol{q},\alpha}V_{\boldsymbol{q}}n_{\boldsymbol{k},\alpha}n_{\boldsymbol{k}-\boldsymbol{q},\alpha}+\frac{1}{2}V(0)N,$$

其中 N 是电子的总数. 如果忽略常数项 $\frac{1}{2}V(0)N$, 福克项代表平行自旋之间的有效相互吸引作用, 但是相反自旋之间没有相互作用. 随着 $|N_\uparrow - N_\downarrow|$ 的增加, 福克项贡献的负值也要增大.

为了理解这种平行自旋之间的有效吸引, 我们注意到平均势能可以用密度关联函数表示:

$$\frac{1}{2}\sum_{\boldsymbol{i},\boldsymbol{j}}V(\boldsymbol{i}-\boldsymbol{j})\left(\langle\rho_\uparrow(\boldsymbol{i})\rho_\uparrow(\boldsymbol{j})\rangle + 2\langle\rho_\uparrow(\boldsymbol{i})\rho_\downarrow(\boldsymbol{j})\rangle + \langle\rho_\downarrow(\boldsymbol{i})\rho_\downarrow(\boldsymbol{j})\rangle\right),$$

其中 $\rho_\uparrow(\boldsymbol{i})$ 和 $\rho_\downarrow(\boldsymbol{i})$ 分别是自旋向上电子和自旋向下电子的密度. 与哈特里项比较

$$\frac{1}{2}\sum_{\boldsymbol{i},\boldsymbol{j}}V(\boldsymbol{i}-\boldsymbol{j})\left(\langle\rho_\uparrow(\boldsymbol{i})\rangle\langle\rho_\uparrow(\boldsymbol{j})\rangle + 2\langle\rho_\uparrow(\boldsymbol{i})\rangle\langle\rho_\downarrow(\boldsymbol{j})\rangle + \langle\rho_\downarrow(\boldsymbol{i})\rangle\langle\rho_\downarrow(\boldsymbol{j})\rangle\right),$$

我们发现哈特里项正确地重新生成了交叉项, 原因是 $\rho_\uparrow(\boldsymbol{i})$ 和 $\rho_\downarrow(\boldsymbol{j})$ 各自独立并且 $\langle\rho_\uparrow(\boldsymbol{i})\rho_\downarrow(\boldsymbol{j})\rangle = \langle\rho_\uparrow(\boldsymbol{i})\rangle\langle\rho_\downarrow(\boldsymbol{j})\rangle$. 但是哈特里项过高估计了平行自旋之间的相互作用. 因为由于泡利原理, $\rho_\uparrow(\boldsymbol{i})$ 只取 0 和 1 两个值, 我们得到 $\langle\rho_\uparrow(\boldsymbol{i})\rangle\langle\rho_\uparrow(\boldsymbol{j})\rangle > \langle\rho_\uparrow(\boldsymbol{i})\rho_\uparrow(\boldsymbol{j})\rangle$. 福克项简单地修正了这个错误, 因此代表平行自旋之间的有效吸引 [假设 $V(\boldsymbol{i}) > 0$]. 作为平行自旋之间吸引的结果, 如果福克项大于动能项, 福克项可以使一个铁磁态 ($N_\uparrow \neq N_\downarrow$) 的能量低于顺磁态 ($N_\uparrow = N_\downarrow$). 这是相互作用能够引起对称破缺的一个实例.

由于试探波函数描述了均匀密度态, 哈特里项是

$$\frac{1}{2N_s}V_0(\sum_{\boldsymbol{k},\alpha}n_{\boldsymbol{k},\alpha})^2 = \frac{1}{2N_s}V_0N^2,$$

因此试探态的总能量是

$$\begin{aligned}&\langle\Psi_{\{n_{\boldsymbol{k},\alpha}\}}|H|\Psi_{\{n_{\boldsymbol{k},\alpha}\}}\rangle\\=&\sum_{\boldsymbol{k},\alpha}n_{\boldsymbol{k},\alpha}(\epsilon_{\boldsymbol{k}}-\mu+\frac{V_0}{2})+\frac{V_0}{2N_s}(\sum_{\boldsymbol{k},\alpha}n_{\boldsymbol{k},\alpha})^2-\frac{1}{N_s}\sum_{\boldsymbol{k},\boldsymbol{q},\alpha}\frac{V_{\boldsymbol{q}}}{2}n_{\boldsymbol{k},\alpha}n_{\boldsymbol{k}-\boldsymbol{q},\alpha}.\end{aligned}\tag{5.2.2}$$

如果将 $n_{\boldsymbol{k},\alpha}$ 改变为 $n_{\boldsymbol{k},\alpha}+\delta n_{\boldsymbol{k},\alpha}$, 则能量的改变是

$$\delta E=\sum_{\boldsymbol{k},\alpha}\delta n_{\boldsymbol{k},\alpha}[\epsilon_{\boldsymbol{k}}-\mu+\rho_0V_0+\frac{1}{2}V(0)+\sum_{\boldsymbol{k},\alpha}],\tag{5.2.3}$$

其中

$$\sum_{\boldsymbol{k},\alpha}=-\frac{1}{N_s}\sum_{\boldsymbol{k},\alpha}V_{\boldsymbol{q}}n_{\boldsymbol{k}-\boldsymbol{q},\alpha},$$

$\rho_0=N/N_s$ 是每个格点电子的数目, 我们只保留了 $\delta n_{\boldsymbol{k},\alpha}$ 中的线性项.

使能量最小的占据数 $n_{\boldsymbol{k},\alpha}$ 的性质是, 对于任何 $\delta n_{\boldsymbol{k},\alpha}$, δE 都是正数, 这样的一组占有数满足

$$\begin{aligned}n_{\boldsymbol{k},\alpha}=&1,\quad \epsilon_{\boldsymbol{k}}-\mu'+\sum_{\boldsymbol{k},\alpha}<0,\\n_{\boldsymbol{k},\alpha}=&0,\quad \epsilon_{\boldsymbol{k}}-\mu'+\sum_{\boldsymbol{k},\alpha}>0,\end{aligned}\tag{5.2.4}$$

其中 $\mu'=\mu-\rho_0V_0-\frac{1}{2}V(0)$. 我们得到在费米面, $\epsilon_{\boldsymbol{k}}-\mu'+\sum_{\boldsymbol{k},\alpha}=0$, 在此 $n_{\boldsymbol{k},\alpha}$ 从 0 变到 1.

5.2.2 哈特里 – 福克近似中的激发谱

求解 (5.2.4) 得到基态占据数 $n_{\boldsymbol{k},\alpha}$ 以后, 我们可以考虑基态以上的激发. 假设激发的试探波函数由另一组占据数 $n_{\boldsymbol{k},\alpha}+\delta n_{\boldsymbol{k},\alpha}$ 描述, 这种激发的 (平均) 能量已经在前面计算过了:

$$\delta E=\sum_{\boldsymbol{k},\alpha}\delta n_{\boldsymbol{k},\alpha}\left(\epsilon_{\boldsymbol{k}}-\mu'+\sum_{\boldsymbol{k},\alpha}\right).\tag{5.2.5}$$

我们得到在哈特里 – 福克近似下, 相互作用系统的低能激发由一个自由费米系统描述. 特别地,

1. 多体本征态 (基态和低能激发) 由占据数 $n_{\boldsymbol{k},\alpha}=0,1$ 标记, 低能激发的数目与自由费米理论中相同.

2. 多体本征态的能量是占据态能量之和. 为了更加精确, 可以给每一个动量态 $(\boldsymbol{k},\alpha)$ 指定一个能量 $\xi^*_{\boldsymbol{k},\alpha}$, 这样一个本征态的总能量可以表示为 $\sum_{\boldsymbol{k},\alpha}n_{\boldsymbol{k},\alpha}\xi^*_{\boldsymbol{k}}$ + 常数.

3. 每一个动量态的能量 $\xi^*_{\boldsymbol{k},\alpha}=\epsilon_{\boldsymbol{k}}-\mu'+\sum_{\boldsymbol{k},\alpha}$ 被相互作用所修正, 这个修正项 $\sum_{\boldsymbol{k},\alpha}$ 称为电子的自能.

以上几点可以归纳为低能有效哈密顿量

$$H_{\text{eff}} = \sum_{\boldsymbol{k},\alpha}(\epsilon_{\boldsymbol{k}} - \mu + \sum_{\boldsymbol{k},\alpha})c^\dagger_{\alpha\boldsymbol{k}}c_{\alpha\boldsymbol{k}}. \tag{5.2.6}$$

用平均场理论可以直接推导出上述有效哈密顿量 (见习题 5.2.2).

对于三维库仑相互作用, $V(\boldsymbol{x}) = e^2/|\boldsymbol{x}|$, 我们得到[1]

$$\sum_{\boldsymbol{k},\alpha} = -\frac{e^2 k_{F\alpha}}{\pi}\left(1 + \tfrac{1-y^2}{2y}\ln\left|\tfrac{1+y}{1-y}\right|\right), \qquad y = \frac{k}{k_{F\alpha}}. \tag{5.2.7}$$

我们注意到, 当 $k \to k_{F\alpha}$(或 $y \to 1$) 时, 重正化的费米速度

$$v^*_{F\alpha}(k) = v_{F\alpha}(k) + \frac{\partial \sum_{k,\alpha}}{\partial k}$$

以 $-\ln|k - k_{F\alpha}|$ 发散. 但是实验中却未曾观察到这个发散, 可知从哈特里 – 福克近似得到的这个特殊结果是不正确的.

习题

5.2.1 考虑一个晶格上具有在位格点势相互作用的一维电子系统:

$$H = -t\sum_i (c^\dagger_{\alpha,i}c_{\alpha,i+1} + h.c.) + V\sum_i(\sum_\alpha c^\dagger_{\alpha,i}c_{\alpha,i})^2.$$

(a) 写出一个 $V = 0$ 非相互作用系统中动量为 k 的单粒子态的能量 ϵ_k.

(b) 利用哈特里 – 福克近似写出基态能量 $E(N_\uparrow, N_\downarrow)$. 假设自旋向上电子和自旋向下电子的数目分别是 $N_\uparrow$ 和 $N_\downarrow$, 还可以假设电子总数 N 少于晶格格点 N_s 的数目.

(c) 考虑在 $N_\uparrow - N_\downarrow = 0$ 附近和固定 N 值的能量 $E(N_\uparrow, N_\downarrow)$. 证明如果 $V < V_0$, $E(N_\uparrow, N_\downarrow)$ 在 $N_\uparrow - N_\downarrow = 0$ 有一个局域最小值; 如果 $V > V_0$, 在 $N_\uparrow - N_\downarrow = 0$ 有一个局域最大值. 写出临界值 V_0.

(d) 计算 $V < V_0$ 时的自旋非极化态的自旋磁化率 χ. 当 $V \to V_0$ 时, χ 的行为如何?

(e) 固定 N, 对上面得到的基态能量取最小值. 确定 V 的临界值 V_c, 超过此值系统会变为铁磁态. 确定在最小基态的总自旋 S_{z0} 值, 假设铁磁的自旋指向 z 方向.

(f) 计算 $V < V_c$ 和 $V > V_c$ 的 $\sum_{\boldsymbol{k},\alpha}$, 确定最小基态之上激发的能谱.

(g) 对于 $V < V_c$ 和 $V > V_c$, 找出生成一个自旋翻转激发的最小能量 (即使总自旋 S_z 改变 1). 讨论所得结果是否可信.

---

[1] 由于 $V_{\boldsymbol{q}} = 4\pi e^2/\boldsymbol{q}^2$, 我们有

$$\begin{aligned}\sum_{\boldsymbol{k},\alpha} &= -\int \frac{d^3\boldsymbol{q}}{(2\pi)^3}\,\frac{4\pi e^2}{|\boldsymbol{k}-\boldsymbol{q}|^2}n_{\boldsymbol{q},\alpha} = -\frac{e^2}{\pi}\int_0^{k_{F\alpha}} q^2 dq \int_{-1}^{+1}\frac{dt}{k^2+q^2-2kqt}\\ &= -\frac{e^2}{\pi k}\int_0^{k_{F\alpha}} qdq\,\ln\left|\frac{k+q}{k-q}\right| = -\frac{e^2 k_{F\alpha}}{\pi}\left(1 + \frac{1-y^2}{2y}\ln\left|\frac{1+y}{1-y}\right|\right).\end{aligned}$$

5.2.2 用平均值 $\left\langle c_{\alpha\boldsymbol{k}}^\dagger c_{\beta\boldsymbol{k}'}\right\rangle$ 替换 $c_{\alpha\boldsymbol{k}}^\dagger c_{\beta\boldsymbol{k}'}$ 对, 推导 (5.2.6). (这是一种平均场近似.) 不同的替换会有几种贡献. 注意 $\langle H_{\text{eff}}\rangle$ 与用哈特里 – 福克近似计算的基态能量 $\langle H\rangle$ 不同, 添加一个常数项 (该项可以用 $\left\langle c_{\alpha\boldsymbol{k}}^\dagger c_{\beta\boldsymbol{k}'}\right\rangle$ 表示) 使 $\langle H_{\text{eff}}\rangle = \langle H\rangle$.

5.3 朗道费米液体理论

要点:

- 相互作用费米子 $\approx$ 自由费米子
- 即使当相互作用远大于能级间距时, 微扰理论仍有效

朗道费米液体理论是传统多体理论的两块基石之一. 该理论的核心是认为相互作用的电子组成的金属行为上类似于一个自由费米系统. 朗道费米液体理论描述了 (几乎) 所有已知金属, 用处很大. 它还构成了我们对于许多非金属态 (诸如超导体、反铁磁态等等) 的认识的基础, 这些非金属态被认为是费米液体的某些不稳定性结构. 另一方面, 朗道费米液体理论也很令人费解, 因为普通金属中电子之间的库仑相互作用和费米能一样大, 比费米能量附近的能级间距大得多. 微扰理论 (通常情况下) 对如此强的相互作用已不再适用, 很难相信一个有如此强大相互作用的无能隙系统还与一个非相互作用系统相像.

为了体会朗道费米液体理论的卓越之处, 我们先注意相互作用电子的多体哈密顿量

$$H = \sum_i \left[\frac{\hbar^2}{2m}\partial_{\boldsymbol{x}_i}^2 + U(\boldsymbol{x}_i)\right] + \sum_{i<j}\frac{e^2}{|\boldsymbol{x}_i - \boldsymbol{x}_j|}.$$

理论工作者不会解这样复杂的系统, 更不要说猜测这种系统的行为几乎类似于一个自由电子系统. 其实, 凝聚态物理工作者不曾做过这样大胆的猜测, 是自然界本身一遍又一遍地提醒我们: 尽管有强大的库仑相互作用, 金属的行为仍与一个自由电子系统相像. 直到现在我仍在感叹有这么多金属可以用朗道费米液体理论描述, 并为很难找到不能由朗道费米液体理论所描述的金属感到疑惑.

在技术层面, 朗道费米液体理论意味着, 尽管相互作用远大于能级间隔, 微扰对相互作用的展开仍然成立. 正因为如此, 了解金属的物理性质, 就可以从一个自由电子系统开始, 并利用微扰理论计算各种物理量. 这种方法非常成功, 使朗道费米液体理论变成了相互作用费米系统的 "标准" 模型. 直到不久以前, 朗道费米液体理论的主导地位才受到 1982 年的分数量子霍尔态和 1987 年的高 T_c 超导体的挑战.

5.3.1 基本假设及其结论

朗道费米液体理论只有一个最基本的假设:

低能本征态 (包括基态和低能激发) 由一组量子数 $n_{\boldsymbol{k},\alpha} = 0, 1$ 标记, 这些数称为 "占据数".

由于这些激发与自由费米系统的激发一一对应, 我们可以利用自由费米系统的语言描述朗道费米液体的激发, 并称这些激发为准粒子激发. 本征态的能量是 $n_{\boldsymbol{k},\alpha}$ 的函数, 可以在基态占据数 $n_{0,\boldsymbol{k},\alpha}$ 附近展开,

$$E_{\{n_{\boldsymbol{k},\alpha}\}} = E_g + \sum_{\boldsymbol{k},\alpha} \delta n_{\boldsymbol{k},\alpha} \xi^*_{\boldsymbol{k},\alpha} + \frac{1}{2\mathcal{V}} \sum_{\boldsymbol{k}\alpha,\boldsymbol{k}'\beta} f(\boldsymbol{k},\alpha;\boldsymbol{k}',\beta) \delta n_{\boldsymbol{k},\alpha} \delta n_{\boldsymbol{k}',\beta}, \tag{5.3.1}$$

其中 $\xi^*_{\boldsymbol{k},\alpha}$ 是准粒子的能量, $f(\boldsymbol{k},\alpha;\boldsymbol{k}',\beta)$ 代表准粒子之间的相互作用. $f(\boldsymbol{k},\alpha;\boldsymbol{k}',\beta)$ 也称为费米液体函数, 在决定系统的低能性质时很有用. 我们注意到, 由哈特里 – 福克近似得到的能量形式就正是 (5.3.1) [见 (5.2.2)], 我们在上节忽略的 $\delta n_{\boldsymbol{k},\alpha}$ 的二阶项是

$$\frac{1}{2\mathcal{V}} V_0 (\sum_{\boldsymbol{k},\alpha} \delta n_{\boldsymbol{k},\alpha})^2 - \frac{1}{2\mathcal{V}} \sum_{\boldsymbol{k},\boldsymbol{q},\alpha} V_{\boldsymbol{q}} \delta n_{\boldsymbol{k},\alpha} \delta n_{\boldsymbol{k}-\boldsymbol{q},\alpha},$$

因此由哈特里 – 福克近似, 我们得到

$$\begin{aligned} \xi^*_{\boldsymbol{k},\alpha} =& \epsilon_{\boldsymbol{k}} - \mu + \sum_{\boldsymbol{k},\alpha}, \\ f(\boldsymbol{k},\alpha;\boldsymbol{k}',\beta) =& V_0 - V_{\boldsymbol{k}-\boldsymbol{k}'} \delta_{\alpha\beta}. \end{aligned} \tag{5.3.2}$$

(5.3.1) 决定了所有低能激发的能量, 相互作用费米系统的许多低能性质可以用准粒子能量 ξ^* 和费米液体函数 f 表示. 将占据数 $n_{\boldsymbol{k},\alpha}$ 从 0 变到 1(或从 1 变到 0) 产生基态以上的激发, 消耗能量 $\xi^*_{\boldsymbol{k},\alpha}$. 但是如果有其他激发存在 (比如温度有限), 由于准粒子之间的相互作用, 所需能量就与 $\xi^*_{\boldsymbol{k},\alpha}$ 不同, 从 (5.3.1) 我们得到新的所需能量为

$$\epsilon^T_{\boldsymbol{k},\alpha} = \xi^*_{\boldsymbol{k},\alpha} + \frac{1}{\mathcal{V}} \sum_{\boldsymbol{k}'\beta} f(\boldsymbol{k},\alpha;\boldsymbol{k}',\beta) \delta n_{\boldsymbol{k}',\beta}.$$

产生这样的准粒子引起动量的改变与自由费米系统相同, $\Delta \boldsymbol{K} = \boldsymbol{k}$, 由 $n_{\boldsymbol{k},\alpha}$ 描述的态的总动量是

$$\boldsymbol{K} = \sum_{\boldsymbol{k}\alpha} \boldsymbol{k} n_{\boldsymbol{k},\alpha},$$

这个结果也可由朗道费米液体理论的第二个假设得到:

> 当我们关闭相互作用时, 低能本征态绝热地改变为自由费米系统相应的本征态, 该自由费米系统由相同占据数 $n_{\boldsymbol{k},\alpha}$ 标记.

由于动量量子化了, 在绝热地开启相互作用过程中不会改变.

从动量和能量, 我们得到准粒子的速度

$$\boldsymbol{v}^T(\boldsymbol{k}) = \partial_{\boldsymbol{k}} \epsilon^T_{\boldsymbol{k},\alpha},$$

在零温度, 速度变为

$$\boldsymbol{v}^*(\boldsymbol{k}) = \partial_{\boldsymbol{k}} \xi^*_{\boldsymbol{k},\alpha}.$$

注意到在费米面附近, 准粒子的行为就像一个质量为

$$m^*_\alpha = \frac{k_{F\alpha}}{|\boldsymbol{v}^*(\boldsymbol{k}_{F\alpha})|}$$

的粒子. m^* 称为准粒子的有效质量, 可能与原有电子的质量不相等.

我们得到准粒子的能量 ϵ^T 与其他准粒子是否存在有关, 不是一个常数. 但是由于求和 $\frac{1}{\mathcal{V}}\sum_{\boldsymbol{k}\alpha,\boldsymbol{k}'\beta} f(\boldsymbol{k},\alpha;\boldsymbol{k}',\beta)\delta n_{\boldsymbol{k}',\beta}$ 等效于对于许多准粒子取平均 [假设 $f(\boldsymbol{k},\alpha;\boldsymbol{k}',\beta)$ 不是特别奇异], 其热涨落很小使得 ϵ^T 可以看做是一个常数:

$$\epsilon^T_{\boldsymbol{k},\alpha} = \xi^*_{\boldsymbol{k},\alpha} + \frac{1}{\mathcal{V}}\sum_{\boldsymbol{k}\alpha,\boldsymbol{k}'\beta} f(\boldsymbol{k},\alpha;\boldsymbol{k}',\beta)\left\langle\left\langle \delta n_{\boldsymbol{k}',\beta}\right\rangle\right\rangle,$$

其中 $\langle\langle\cdots\rangle\rangle$ 代表一个热平均. 由此我们得到平均占据数

$$\langle\langle n_{\boldsymbol{k},\alpha}\rangle\rangle = n_F(\epsilon^T_{\boldsymbol{k},\alpha}) = \frac{1}{e^{\epsilon^T_{\boldsymbol{k},\alpha}/T}+1}.$$

显然 $\epsilon^T_{\boldsymbol{k},\alpha}$ 与 $\langle\langle n_{\boldsymbol{k},\alpha}\rangle\rangle$ 有关, 我们必须解以上方程才能得到 $\langle\langle n_{\boldsymbol{k},\alpha}\rangle\rangle$. 知道了 $\langle\langle n_{\boldsymbol{k},\alpha}\rangle\rangle$, 费米液体的所有热力学性质就可以决定了.

为了计算低温比热, 注意到平均占据数可以近似为

$$\langle\langle n_{\boldsymbol{k},\alpha}\rangle\rangle = n_F(\epsilon^T_{\boldsymbol{k},\alpha}) = \frac{1}{e^{\epsilon^T_{\boldsymbol{k},\alpha}/T}+1} \approx \frac{1}{e^{\epsilon^*_{\boldsymbol{k},\alpha}/T}+1},$$

由于 $\epsilon^T_{\boldsymbol{k},\alpha} - \epsilon^*_{\boldsymbol{k},\alpha} \sim \delta n_{\boldsymbol{k},\alpha}$ 在 $T\to 0$ 时为零. 因此 $\langle\langle n_{\boldsymbol{k},\alpha}\rangle\rangle$ 与质量为 m^* 的自由电子系统的平均占据数相同. 比热也由同样的公式给出, 在 $d=3$ 时

$$C_V = \frac{1}{3}m^* k_F T,$$

相互作用的贡献是一个 T^3/E_F^3 阶项, 我们得到比热只与有效质量 m^* 有关, 这使我们获得了一个实验测量朗道费米液体有效质量 m^* 的方法. 在习题5.3.1中, 我们将看到一些另外的低能性质, 如压缩率 χ, 与有效质量 m^* 和费米液体函数 f 都有关.

我们已经提到, 在费米液体理论中, 将 $n_{\boldsymbol{k}\alpha}$ 从 0 变到 1, 可以在基态以上产生一个准粒子. 那么将 $c^\dagger_{\boldsymbol{k}\alpha}$ 作用到基态波函数 $|\Psi_0\rangle$ 上是否产生这样的准粒子态 $|\Psi_{\boldsymbol{k}}\rangle$? 回答是否定的. 虽然 $c^\dagger_{\boldsymbol{k}\alpha}|\Psi_0\rangle$ 携带了和准粒子态相同的动量, 但是它可能不是能量本征态. 态 $c^\dagger_{\boldsymbol{k}\alpha}|\Psi_0\rangle$ 可能是 1 个准粒子的态和 2 个准粒子和 1 个准空穴的态等等的叠加. 所有这些态可以携带相同动量 $\boldsymbol{k}$, 但是能量不同. 因此 $c^\dagger_{\boldsymbol{k}\alpha}|\Psi_0\rangle$ 和 $|\Psi_{\boldsymbol{k}}\rangle$ 之间的交叠

$$Z = |\langle \Psi_{\boldsymbol{k}}|c^\dagger_{\boldsymbol{k}\alpha}|\Psi_0\rangle|^2$$

可能不是 1. 朗道费米液体理论的第三个假设是

对于费米面附近的 $\boldsymbol{k}$, 交叠 $Z=|\langle\Psi_{\boldsymbol{k}}|c_{\boldsymbol{k}\alpha}^{\dagger}|\Psi_0\rangle|^2$ 在热力学极限下 (即 $\mathcal{V}\to\infty$) 不为零.

这一点表示电子谱函数 $\pi^{-1}\mathrm{Im}\,G(\boldsymbol{k},\omega)$ 在 $T=0$ 含有一个 δ 函数 $Z\delta(\omega-\epsilon_{\boldsymbol{k}\alpha}^*)$. 2 个准粒子和 1 个空穴的态的能量会覆盖一个有限范围, 这些态会对谱函数贡献一个有限的本底.

习题

5.3.1 计算朗道费米液体的压缩率 χ 和自旋磁化率 χ_{spin}, 计算 χ, χ_{spin} 和 C_V 之间的比值, 并将它们与自由电子系统的相应比值比较.

5.4 费米液体的流体力学理论

在 5.1.3 节, 我们曾尝试用密度涨落描述费米液体. 流体力学方法可以用于 1D, 但在 1D 以外都极不成功. 原因是在 1D 以上在费米面上有许多粒子 — 空穴激发, 单一密度模式远不足以描述. 另一方面, 朗道费米液体理论认为占有数 $n_{\boldsymbol{k}}$ 就可以完全描述均匀的费米液体, 密度不过是 $\sum_{\boldsymbol{k}}n_{\boldsymbol{k}}$. 这使我们想到, 如果可以把朗道理论推广到非均匀并与时间有关的 $n_{\boldsymbol{k}}$, 就可以得到完全描述 1D 以上费米液体的流体力学理论. 本节我们就发展这个理论. 流体力学理论还可以看做是一维以上的玻色化.

5.4.1 费米液体的量子玻尔兹曼方程

我们考虑一个自旋 1/2 的相互作用电子系统, 其基态由占据数 $n_{0,\boldsymbol{k}\alpha}$ 描述, 集体激发态由 $n=n_{\boldsymbol{k}\alpha}(\boldsymbol{x},t)$ 描述. 记 $\delta n_{\boldsymbol{k}\alpha}(\boldsymbol{x},t)=n_{\boldsymbol{k}\alpha}(\boldsymbol{x},t)-n_{0,\boldsymbol{k}\alpha}$. 这里我们假设 $\delta n_{\boldsymbol{k}\alpha}(\boldsymbol{x},t)$ 是 $\boldsymbol{x}$ 和 t 的光滑函数, 并把它看作是局域常数. 集体激发态本底下的准粒子能量是

$$\tilde{\epsilon}_{\boldsymbol{k},\alpha}(\boldsymbol{x},t)=\xi_{\boldsymbol{k},\alpha}^*+\frac{1}{\mathcal{V}}\sum_{\boldsymbol{k}'\beta}f(\boldsymbol{k},\alpha;\boldsymbol{k}',\beta)\delta n_{\boldsymbol{k}',\beta}(\boldsymbol{x},t),\tag{5.4.1}$$

因此准粒子位置和动量的改变是

$$\dot{\boldsymbol{x}}=\partial_{\boldsymbol{k}}\tilde{\epsilon}_{\boldsymbol{k},\alpha}(\boldsymbol{x},t),\qquad \dot{\boldsymbol{k}}=-\partial_{\boldsymbol{r}}\tilde{\epsilon}_{\boldsymbol{k},\alpha}(\boldsymbol{x},t).$$

让 dn/dt 等于由于散射重新分布的 n, 可以得到玻尔兹曼方程

$$\frac{dn}{dt}=\frac{\partial n}{\partial t}+\frac{\partial n}{\partial\boldsymbol{x}}\cdot\frac{\partial\tilde{\epsilon}}{\partial\boldsymbol{k}}-\frac{\partial n}{\partial\boldsymbol{k}}\cdot\frac{\partial\tilde{\epsilon}}{\partial\boldsymbol{x}}=I[n],$$

玻尔兹曼方程描述了集体激发的动态性质.

玻尔兹曼方程的一个应用是计算准粒子携带的电流. 准粒子的速度是 $\boldsymbol{v}^*=\partial\xi_{\boldsymbol{k}}^*/\partial\boldsymbol{k}$. 自然而然我们想到电流应为 $\mathcal{V}^{-1}\sum_{\boldsymbol{k}}\delta n_{\boldsymbol{k},\alpha}\boldsymbol{v}^*(\boldsymbol{k})$. 但准粒子的相互作用对电流有非平凡修正. 电子数守

恒意味着 $\sum_{\boldsymbol{k}} I[n]=0$, 因此 $\sum_{\boldsymbol{k}} \frac{dn}{dt}=0$, 我们得到

$$\partial_t \mathcal{V}^{-1} \sum_{\boldsymbol{k}} n_{\boldsymbol{k},\alpha}(\boldsymbol{x},t)+\partial_{\boldsymbol{x}} \boldsymbol{J}(\boldsymbol{x},t)=0,$$

其中

$$\boldsymbol{J}(\boldsymbol{x},t)=\mathcal{V}^{-1} \sum_{\boldsymbol{k}} n_{\boldsymbol{k},\alpha}(\boldsymbol{x},t) \frac{\partial \tilde{\epsilon}}{\partial \boldsymbol{k}}. \tag{5.4.2}$$

如果只保留线性项 δn, 上式变为

$$\begin{aligned}\boldsymbol{J}(\boldsymbol{x},t)=&\mathcal{V}^{-1} \sum_{\boldsymbol{k}} \delta n_{\boldsymbol{k},\alpha}(\boldsymbol{x},t) \tilde{\boldsymbol{v}},\\ \tilde{\boldsymbol{v}}(\boldsymbol{k})=&\boldsymbol{v}^*(\boldsymbol{k})+\int \frac{d^3\boldsymbol{k}'}{(2\pi)^3} \sum_{\beta} f(\boldsymbol{k},\alpha;\boldsymbol{k}',\beta) \boldsymbol{v}^*(\boldsymbol{k}') \delta(\xi^*_{\boldsymbol{k}'}).\end{aligned} \tag{5.4.3}$$

第二项是对自由费米子结果的修正, 称为曳引项. 为了理解这个修正, 我们注意到在 $\boldsymbol{k}$ 的准粒子也会略为改变费米海中的准粒子的速度, 这是准粒子之间相互作用的结果, 也就是曳引项的来源.

在持豫时间近似中, 我们假设 $I[n]=-\tau^{-1}\delta n$, 在玻尔兹曼方程中加进外力项, 可以写为

$$\frac{\partial n}{\partial t}+\frac{\partial n}{\partial \boldsymbol{x}} \cdot \frac{\partial \tilde{\epsilon}}{\partial \boldsymbol{k}}+\frac{\partial n}{\partial \boldsymbol{k}} \cdot \left(\boldsymbol{F}-\frac{\partial \tilde{\epsilon}}{\partial \boldsymbol{x}}\right)=-\tau^{-1}\delta n, \tag{5.4.4}$$

我们可以利用以上方程计算多种不同的输运性质.

朗道费米液体理论假设准粒子的寿命无限长, 不会衰变到任何其他态. δn 均匀并当 $\boldsymbol{F}=0$ 时, (5.4.4) 简化为 $\frac{\partial n}{\partial t}=-\tau^{-1}\delta n$. 我们看出 τ 是准粒子的寿命, 因此碰撞项 $I[n]$ 在朗道费米液体理论中假设为零, 而对于实际的相互作用电子系统, $I[n]$ 的行为就像 $|k_F-k|^2\delta n$ (见 5.5.4 节), 可以在低能中忽略.

习题

5.4.1 证明 (5.4.2) 和 (5.4.3). [提示: $\frac{\partial n}{\partial \boldsymbol{x}}\frac{\partial \tilde{\epsilon}}{\partial \boldsymbol{k}}-\frac{\partial n}{\partial \boldsymbol{k}}\frac{\partial \tilde{\epsilon}}{\partial \boldsymbol{x}}=\frac{\partial}{\partial \boldsymbol{x}}\left(n\frac{\partial \tilde{\epsilon}}{\partial \boldsymbol{k}}\right)-\frac{\partial}{\partial \boldsymbol{k}}\left(n\frac{\partial \tilde{\epsilon}}{\partial \boldsymbol{x}}\right)$, 而且 $\partial_{\boldsymbol{k}} n_{0,\boldsymbol{k}}=-\boldsymbol{v}^*(\boldsymbol{k})\delta(\xi^*)$.]

5.4.2 费米液体的流体力学方程

本节我们将推导约化玻尔兹曼方程, 这个方程是费米液体流体力学方法的经典运动方程, 是对在 5.1.3 节讨论过的密度激发的运动方程的推广.

得到约化玻尔兹曼方程的关键是利用费米面位移 h 描述集体涨落 [见图 5.4(a)]. 有人也许会奇怪为什么不用占据数 $n_{\boldsymbol{k}}$ 描述集体涨落? 发展费米液体的流体力学理论重要的一步是确认经典场, 然后用该经典场来准确地表达经典流体力学理论. 考虑了空间依赖以后, 占据数 $n_{\boldsymbol{k}}$ 就会过于完备, 而 h 及其空间依赖却是一个合适的选择.

为简单起见，我们的讨论仅限于 2D 系统，并且忽略自旋指标. 位移 h 和占据数 $n_{\boldsymbol{k}}$ 的关系为

$$\tilde{\rho}(\theta)=\int\frac{kdk}{(2\pi)^2}\delta n_{\boldsymbol{k}=k\hat{\boldsymbol{k}}},\qquad h(\theta)=(2\pi)^2\tilde{\rho}(\theta)/k_F,$$

其中 $\hat{\boldsymbol{k}}$ 是在 θ 方向的单位矢量 [见图 5.4(a)]. 利用 $\tilde{\rho}(\theta)$ 更加方便. 下面就用 $\tilde{\rho}$ 代替 h. 由定义可看出 $\int d\theta\tilde{\rho}(\theta)$ 是电子总密度的涨落，对应于 (5.1.2) 中的 ρ.

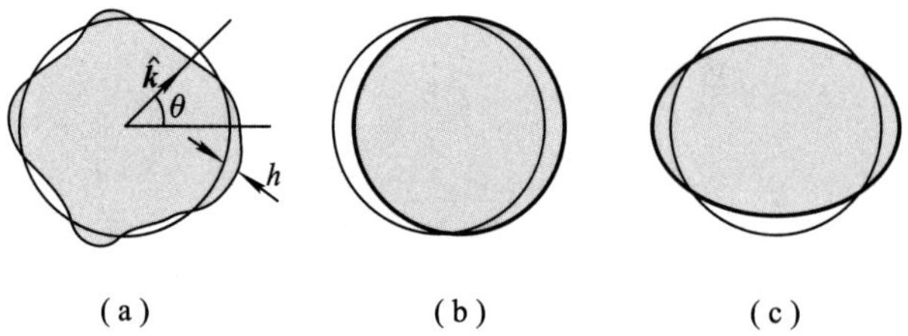

图 5.4 (a) 费米液体中的集体涨落可以由费米面的位移描述; (b) $l=1$ 激发对应于一个偶极子涨落; (c) $l=2$ 激发对应于四极子涨落.

对于小涨落，h 接近为零，准粒子能量 (5.4.1) 可以简化为

$$\tilde{\epsilon}_{\boldsymbol{k}}(\boldsymbol{x},t)=\xi^*_{\boldsymbol{k}}+\int d\theta'\ f(\theta,\theta')\tilde{\rho}(\theta',\boldsymbol{x},t),\tag{5.4.5}$$

其中 θ 是 $\boldsymbol{k}$ 的角，$f(\theta,\theta')=f(k_F\hat{\boldsymbol{k}},k_F\hat{\boldsymbol{k}'})$ 是费米面上两点之间的费米函数. 在方程 (5.4.4) 两边对 $\int\frac{kdk}{(2\pi)^2}$ 积分，可以得到约化玻尔兹曼方程. 假设旋转对称，我们发现[2]

$$\frac{\partial\tilde{\rho}}{\partial t}+\frac{\partial\tilde{\rho}}{\partial\boldsymbol{x}}\cdot\frac{\partial\tilde{\epsilon}}{\partial\boldsymbol{k}}+k_F^{-1}\left[\hat{\boldsymbol{k}}_\perp\frac{\partial\tilde{\rho}}{\partial\theta}-\hat{\boldsymbol{k}}\tilde{\rho}-\frac{\hat{\boldsymbol{k}}k_F^2}{(2\pi)^2}\right]\cdot\left(\boldsymbol{F}-\frac{\partial\tilde{\epsilon}}{\partial\boldsymbol{x}}\right)=-\tau^{-1}\tilde{\rho},\tag{5.4.6}$$

其中 $\hat{\boldsymbol{\theta}}_\perp$ 是与 $\hat{\boldsymbol{k}}$ 垂直的单位矢量，$\tilde{\rho}$ 是函数 $\tilde{\rho}(\theta,\boldsymbol{x},t)$. 以上可以看做是在 2+1D空间以 $(\theta,\boldsymbol{x})$ 为参量的场的经典运动方程. 线性化后方程的形式是

$$\frac{\partial\tilde{\rho}}{\partial t}+v_F^*\hat{\boldsymbol{k}}\cdot\frac{\partial\tilde{\rho}}{\partial\boldsymbol{x}}-\frac{\hat{\boldsymbol{k}}k_F}{(2\pi)^2}\cdot\left[\boldsymbol{F}-\int d\theta'\ f(\theta,\theta')\frac{\partial\tilde{\rho}(\theta',\boldsymbol{x},t)}{\partial\boldsymbol{x}}\right]=-\tau^{-1}\tilde{\rho}.\tag{5.4.7}$$

当 $\boldsymbol{F}=\tau^{-1}=0$ 时，(5.4.7) 可以看做是费米液体的运动方程:

$$\frac{\partial\tilde{\rho}}{\partial t}+v_F^*\hat{\boldsymbol{k}}\cdot\frac{\partial\tilde{\rho}}{\partial\boldsymbol{x}}+\frac{k_F}{(2\pi)^2}\int d\theta'\ f(\theta,\theta')\hat{\boldsymbol{k}}\cdot\frac{\partial\tilde{\rho}(\theta',\boldsymbol{x},t)}{\partial\boldsymbol{x}}=0,\tag{5.4.8}$$

---

[2]注意 $\frac{\partial n}{\partial\boldsymbol{k}}=-\hat{\boldsymbol{k}}\delta(|\boldsymbol{k}|-k_F)+\frac{\partial\delta n}{\partial\boldsymbol{k}}$，我们得到 $\int\frac{kdk}{(2\pi)^2}\hat{\boldsymbol{k}}\delta(|\boldsymbol{k}|-k_F)=\frac{k_F\hat{\boldsymbol{k}}}{(2\pi)^2}$ 并且

$$\int\frac{kdk}{(2\pi)^2}\left(\hat{\boldsymbol{\theta}}_\perp k_F^{-1}\frac{\partial\delta n}{\partial\theta}+\hat{\boldsymbol{k}}\frac{\partial\delta n}{\partial k}\right)=\hat{\boldsymbol{\theta}}_\perp k_F^{-1}\frac{\partial\tilde{\rho}}{\partial\theta}-\int\frac{kdk}{(2\pi)^2}k^{-1}\hat{\boldsymbol{k}}\delta n=k_F^{-1}(\hat{\boldsymbol{\theta}}_\perp\frac{\partial\tilde{\rho}}{\partial\theta}-\hat{\boldsymbol{k}}\tilde{\rho}).$$

相应的费米液体能量 (或哈密顿量) (5.3.1) 也可以用 $\tilde{\rho}$ 写为:

$$\begin{aligned}H =&E_g + \int d^2\boldsymbol{x}d\theta\ \tilde{\rho}\frac{hv_F^*}{2} + \frac{1}{2}\int d^2\boldsymbol{x}d\boldsymbol{k}d\boldsymbol{k}'\ f(\boldsymbol{k},\boldsymbol{k}')\delta n_{\boldsymbol{k}}\delta n_{\boldsymbol{k}'}\\ =&E_g + \int d^2\boldsymbol{x}d\theta\ \frac{2\pi^2 v_F^*}{k_F}\tilde{\rho}^2 + \frac{1}{2}\int d^2\boldsymbol{x}d\theta d\theta'\ f(\theta,\theta')\tilde{\rho}(\theta)\tilde{\rho}(\theta').\end{aligned} \tag{5.4.9}$$

导致运动方程和哈密顿量的拉格朗日量是

$$\begin{aligned}L =& \int d^2\boldsymbol{x}d\theta\ \left(\frac{1}{2k_F}\hat{\boldsymbol{k}}\cdot\partial_{\boldsymbol{x}}\tilde{\varphi}\partial_t\tilde{\varphi} - \frac{v_F^*}{2k_F}(\hat{\boldsymbol{k}}\cdot\partial_{\boldsymbol{x}}\tilde{\varphi})^2\right)\\ &- \frac{1}{8\pi^2}\int d^2\boldsymbol{x}d\theta d\theta'\ f(\theta,\theta')\hat{\boldsymbol{k}}\cdot\partial_{\boldsymbol{x}}\tilde{\varphi}(\theta,\boldsymbol{x},t)\hat{\boldsymbol{k}'}\cdot\partial_{\boldsymbol{x}}\tilde{\varphi}(\theta',\boldsymbol{x},t),\end{aligned} \tag{5.4.10}$$

其中 $\tilde{\rho}(\theta,\boldsymbol{x},t) = (2\pi)^{-1}\hat{\boldsymbol{k}}\cdot\frac{\partial\tilde{\varphi}(\theta,\boldsymbol{x},t)}{\partial\boldsymbol{x}}$. (5.4.10) 是 2D 费米液体的流体力学描述, 换句话说是 2D 费米液体的玻色化. 与 5.1.3 节讨论的流体力学描述比较, 我们发现, (5.4.10) 包含的不止是密度模式.

作为费米液体玻色化描述的应用, 我们来计算集体模式谱. 在 $\boldsymbol{q}$ 空间, 费米液体的运动方程 (5.4.8) 是

$$i\partial_t\tilde{\rho} = q\cos(\theta_{\boldsymbol{q}} - \theta)\int d\theta'\left[v_F^*\delta(\theta-\theta') + \frac{k_F}{(2\pi)^2}f(\theta,\theta')\right]\tilde{\rho}(\theta',\boldsymbol{q},t), \tag{5.4.11}$$

其中 $\theta_{\boldsymbol{q}}$ 是 $\boldsymbol{q}$ 的角 (见图 5.5).

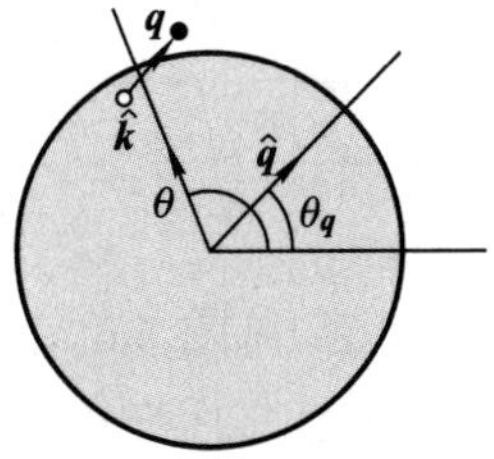

图 5.5 角为 θ 时动量 $\boldsymbol{q}$ 的粒子 — 空穴激发.

如果 $f(\theta,\theta') = 0$, (5.4.11) 就很容易解出. 本征模式的形式是 $\tilde{\rho}(\theta,\boldsymbol{q},t) = \delta(\theta-\theta_0)\delta(\boldsymbol{q}-\boldsymbol{q}_0)e^{-i\omega(\boldsymbol{q}_0,\theta_0)t}$, 频率 $\omega(\boldsymbol{q}_0,\theta_0) = v_F^* q_0\cos(\theta_{\boldsymbol{q}_0}-\theta_0)$. 这样的本征模式描述了动量为 $\boldsymbol{q}_0$ 的激发. 激发的能量与 θ 有关, 在 0 至 $v_F^* q_0$ 之间, 与相同动量的粒子 — 空穴激发的能量范围一致 (见图 4.11). 实际上本征模式对应于图 5.5 中的粒子 — 空穴激发.

为了写出非零 $f(\theta,\theta')$ 集体激发的能量, 我们注意到 (5.4.11) 可以重新写为

$$i\partial_t\tilde{\rho}(\theta,\boldsymbol{q},t) = q(KM\tilde{\rho})(\theta,\boldsymbol{q},t), \tag{5.4.12}$$

其中两个实对称算符 K 和 M 是

$$\begin{aligned}K(\theta,\theta') =&\cos(\theta_{\boldsymbol{q}}-\theta)\delta(\theta-\theta'),\\ M(\theta,\theta') =&v_F^*\delta(\theta-\theta') + \frac{k_F}{(2\pi)^2}f(\theta,\theta').\end{aligned} \tag{5.4.13}$$

从费米液体的能量 (5.4.9), 我们得到费米液体的稳定性要求 M 是正定的, 因此我们可以将 M 写为 $M = \tilde{M}\tilde{M}^T$. 令 $u = \tilde{M}^T\tilde{\rho}$, (5.4.12) 变为 $i\partial_t u = q\tilde{M}^T K\tilde{M}u$. 对固定的动量 $\boldsymbol{q}$, 集体激发的能量是实对称矩阵 $q\tilde{M}^T K\tilde{M}$ 的本征值.

旋转对称性要求 $f(\theta,\theta') = f(\theta-\theta')$. 由于能谱与 $\boldsymbol{q}$ 的方向无关, 我们也可以假设 $\theta_{\boldsymbol{q}} = 0$. 引进 (见图 5.4)

$$\tilde{\rho}_l(\boldsymbol{q},t) = \int d\theta\, \frac{e^{-il\theta}}{\sqrt{2\pi}}\tilde{\rho}(\theta,\boldsymbol{q},t),$$

(5.4.12) 可以写为

$$\begin{aligned} i\partial_t\tilde{\rho}_l(q\boldsymbol{x},t) &= q(KM)_{ll'}\tilde{\rho}_{l'}(q\boldsymbol{x},t), & f(\theta-\theta') &= \sum_l f_l e^{il(\theta-\theta')}, \\ K_{ll'} &= \frac{1}{2}(\delta_{l,l'+1}+\delta_{l,l'-1}), & M_{ll'} &= \left(v_F^* + \frac{k_F f_l}{2\pi}\right)\delta_{ll'}. \end{aligned}$$

从 M, 我们得到如果其中一个 f_l 小于 $-2\pi v_F^*/k_F$, 费米液体就是不稳定的. 我们还有 $\tilde{M}_{ll'} = \sqrt{v_F^* + \frac{k_F f_l}{2\pi}}\delta_{ll'}$ 且

$$q(\tilde{M}^T K\tilde{M})_{ll'} \equiv \tilde{H}_{ll'} = \frac{q}{2}(\delta_{l,l'+1}+\delta_{l,l'-1})\sqrt{v_F^* + \frac{k_F f_l}{2\pi}}\sqrt{v_F^* + \frac{k_F f_{l'}}{2\pi}}.$$

$\tilde{H}$ 描述了在 1D 晶格上跃迁的粒子, 格点 l 和格点 $l+1$ 之间最近邻的跃迁振幅是

$$\frac{q}{2}\sqrt{\frac{v_F^*}{2\pi} + \frac{k_F f_l}{(2\pi)^2}}\sqrt{\frac{v_F^*}{2\pi} + \frac{k_F f_{l+1}}{(2\pi)^2}}.$$

当 $f_l = 0$, $\tilde{H}$ 具有从 $-v_F^* q$ 至 $v_F^* q$ 的连续谱 [见图 5.6(a)], 重新生成了自由费米系统的粒子 — 空穴的连续空间 [见图 5.6(b)]. 但是对于相互排斥作用 $f_l > 0$, $\tilde{H}$ 的谱除了连续空间以外还有分立的本征值 [见图 5.6(c)], 相应的粒子 — 空穴谱含有定义良好的集体激发 [见图 5.6(d)][3] [4].

习题

5.4.2 本节我们推导了 2D 旋转不变系统的约化玻尔兹曼方程和相关的哈密顿量. 将这些结果 [(5.4.8) 和 (5.4.9)] 推广到没有旋转不变性的 2D 系统.

5.4.3

(a) 推导出 1D 费米液体的玻色化拉格朗日量 [与 (5.4.10) 相似].

---

[3]玻色激发必须具有正能量, 负能量意味着不稳定性. 但是 $\tilde{H}$ 同时具有正本征值和负本征值, 如果 $\tilde{H}$ 的正本征值对应于玻色集体激发的能量, $\tilde{H}$ 的负本征值是否也对应于集体激发的能量? 这里我们应该指出, 至今我们还是将 (5.4.10) 当做经典的拉格朗日量并仅讨论所产生的经典运动方程. 量子化后, 运动方程变成算符 $\hat{\rho}$ 的方程. 于是正能量的激发对应于玻色激发的产生算符, 负能量的激发对应于玻色激发的湮没算符. 在 7.3.5 节中还要讨论 1D 的 (5.4.10) 的量子化, 见 (7.3.35) 和 (7.3.36).

[4]本节我们一直关注于讨论费米液体的玻色化量子理论, 没能够讨论根据玻尔兹曼方程的传输理论, 关于在费米液体中传输的更加详细的讨论, 有兴趣的读者可以参考 [Negele and Orland (1998)].

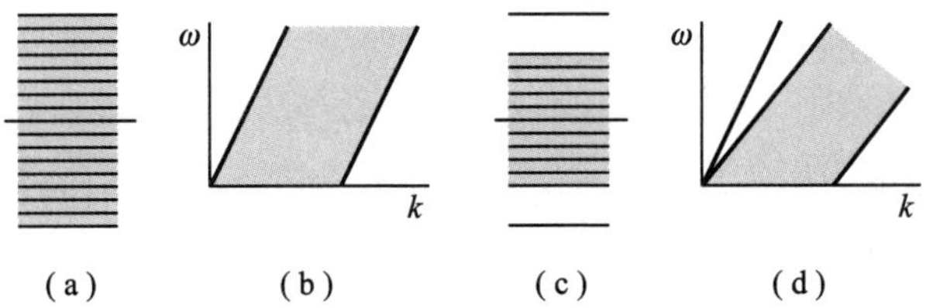

图 5.6 (a) $f_l = 0$ 的 $\tilde{H}$ 谱; (b) 相应的粒子 — 空穴谱; (c) $f_l > 0$ 的 $\tilde{H}$ 谱; (d) 相应的粒子 — 空穴谱.

(b) 考虑 1 维中的 (5.1.3), 通过 $\rho = (2\pi)^{-1}\partial_x\phi$ 引进 ϕ, 用 ϕ 表示 (5.1.3), 写出 ϕ 的正则动量 (表示为 $\tilde{\phi}$), 并用 ϕ 和 $\tilde{\phi}$ 表示哈密顿量 H. 将作用量 $S = \int dt\ (\tilde{\phi}\dot{\phi} - H)$ 与 (a) 中的结果做比较.

5.4.4 在有均匀磁场 $\boldsymbol{B} = B\boldsymbol{z}$ 时, 2D 约化玻尔兹曼方程 (5.4.6) 中力 $\boldsymbol{F}$ 的形式是 $\boldsymbol{F}(\boldsymbol{k}, \boldsymbol{x}) = \frac{e}{c}\boldsymbol{v}^*(\boldsymbol{k}) \times \boldsymbol{B}$.

(a) 取 $\tau^{-1} = 0$, 证明经过线性化后, 磁场中约化玻尔兹曼方程的形式是

$$[i\partial_t + i\omega_c\partial_\theta - v_F^* q\cos(\theta - \theta_{\boldsymbol{q}})]\,\tilde{\rho} - \frac{qk_F\cos(\theta_{\boldsymbol{q}} - \theta)}{(2\pi)^2}\int d\theta' f(\theta - \theta')\tilde{\rho}(\theta', \boldsymbol{q}, t) = 0,$$

写出 ω_c.

(b) 证明动量 $\boldsymbol{q}$ 的集体激发的能谱由

$$\tilde{H}_{ll'} = \omega_c l\delta_{ll'} + \frac{q}{2}(\delta_{l,l'+1} + \delta_{l,l'-1})\sqrt{v_F^* + \frac{k_F f_l}{2\pi}}\sqrt{v_F^* + \frac{k_F f_{l'}}{2\pi}}$$

的本征值决定. 证明 $\tilde{H}$ 的谱关于零点对称. (提示: $f_l = f_{-l}$ = 实数.)

(c) 证明当 $f_l = 0$ 时, $\tilde{H}$ 的本征值是 $\omega_c \times$ 整数. [提示: 考虑 $\tilde{\rho} = e^{il\theta - i\frac{v_F^* q}{\omega_c}\sin(\theta - \theta_{\boldsymbol{q}})}$.] 因此我们可以利用流体力学理论获得自由费米子的结果.

5.4.5 费米液体的交流输运

(a) 假设 (5.4.6) 中力 $\boldsymbol{F}$ 的形式是 $\boldsymbol{F} = e\boldsymbol{E}e^{i\omega t - \boldsymbol{q}\cdot\boldsymbol{x}}$, 假设 $f(\theta - \theta') = 0$, 写出 $\tilde{\rho}$.

(b) 写出至 $f(\theta - \theta')$ 一次项的 $\tilde{\rho}$.

(c) 写出感应电流 $e\boldsymbol{J} = \sigma(\omega, \boldsymbol{q})\boldsymbol{E}$, 以及至 $f(\theta - \theta')$ 一阶项的光导 $\sigma(\omega, \boldsymbol{q})$. $\boldsymbol{J}$ 是 (5.4.3) 中的准粒子电流.

5.4.3 费米液体理论的精髓

人们一般认为费米液体理论的精髓是定义良好的准粒子的概念和其存在性. 我们在 5.3 节中对费米液体的描述采用了这个观点. 定义良好的准粒子的存在意味着, 不仅准粒子总数守恒, 而且给定动量方向上的准粒子数也守恒, 因此费米液体具有无限多个守恒量. 利用这一观点我们可以发展一种含有多个玻色模式的费米液体的流体力学理论, 一个守恒量有一个模式. 因此存在无限多个守恒量也是费米液体理论的精髓, 在 5.4 节, 我们根据这一观点发展了费米液体理论. 我们要指出这两个观点并不等同, 第二个观点更加普遍. 定义良好的准粒子的存在意味着在每一动量上的准粒子数守恒, 在第二个观点中, 我们只假设在每一动量方向上准粒子守恒. 一维时, 5.4 节中的流体力学理论实际上描述了 1D 朝永 –Luttinger 液体. 更高维时流体力学理论描述了费米液体.

5.5 微扰理论和费米液体理论的正确性

本节我们将检验费米液体理论的正确性, 还要用一种微扰理论计算相互作用系统的电子格林函数, 检验 $\mathrm{Im}\, G(\boldsymbol{k}, \omega)$ 是否包含 δ 函数. δ 函数的存在, 表明定义良好的朗道准粒子的存在性和朗道费米液体理论的正确性.

5.5.1 费米子的路径积分和微扰理论

要点:

- 费米子的路径积分是一种簿记形式, 可以用来形式地表示费米系统的关联函数. 与玻色子的路径积分不同, 费米子路径积分的物理意义还不明确
- 从费米子的路径积分, 可以系统地发展相互作用费米系统的微扰理论
- 费曼图和费曼规则反映了微扰理论的结构

为了推导费米子的路径积分, 我们首先注意到费米子算符的时序关联满足 $\langle T[c(t)c^\dagger(t')]\rangle = -\langle T[c^\dagger(t')c(t)]\rangle$, 因此我们使用 (复) 格拉斯曼数 ξ_α 表示费米子算符. 读者也许会问, "使用格拉斯曼数表示费米子算符" 是什么意思? 我必须承认, 我也不知道. 我不知道格拉斯曼数的物理意义, 我将下面的费米子路径积分看做是某种簿记装置, 用它可以形式地将各种费米子关联函数打包到一个简洁的公式之中. 格拉斯曼数是满足

$$\xi_\alpha \xi_\beta = -\xi_\beta \xi_\alpha, \qquad \xi_\alpha \xi_\beta^* = -\xi_\beta^* \xi_\alpha, \qquad \xi_\alpha^2 = 0$$

的反对易数, 并且

$$(\xi_{\alpha_1} \cdots \xi_{\alpha_n})^* = \xi_{\alpha_n}^* \cdots \xi_{\alpha_1}^*.$$

格拉斯曼数的函数由展开

$$f(\xi) = f_0 + f_1 \xi, \qquad A(\xi, \xi^*) = a_0 + a_1 \xi + \bar{a}_1 \xi^* + a_{12} \xi^* \xi$$

所定义. 式中的微商与普通微商相同, 只是为了使微商算符 $\frac{\partial}{\partial \xi}$ 作用在 ξ 上, 变量 ξ 必须一直保持反对易, 直到与 $\frac{\partial}{\partial \xi}$ 相邻. 例如, $\frac{\partial}{\partial \xi}(\xi^* \xi) = \frac{\partial}{\partial \xi}(-\xi \xi^*) = -\xi^*$. 根据以上定义:

$$\begin{aligned}
\frac{\partial}{\partial \xi} A(\xi, \xi^*) &= a_1 - a_{12} \xi^*, \\
\frac{\partial}{\partial \xi^*} A(\xi, \xi^*) &= \bar{a}_1 + a_{12} \xi, \\
\frac{\partial}{\partial \xi^*} \frac{\partial}{\partial \xi} A(\xi, \xi^*) &= -a_{12} = -\frac{\partial}{\partial \xi} \frac{\partial}{\partial \xi^*} A(\xi, \xi^*),
\end{aligned}$$

我们有

$$\frac{\partial}{\partial \xi^*} \frac{\partial}{\partial \xi} = -\frac{\partial}{\partial \xi} \frac{\partial}{\partial \xi^*}.$$

格拉斯曼积分作为一种线性映射, 定义为格拉斯曼微商:

$$\int d\xi = \frac{\partial}{\partial \xi},$$

我们有

$$\int d\xi\ 1 = 0, \qquad \int d\xi \xi = 1.$$

格拉斯曼积分具有下列普通积分的性质:

$$\int d\xi\ \frac{\partial}{\partial \xi} f(\xi) = 0, \qquad \int d\xi\ f(\xi + \eta) = \int d\xi\ f(\xi).$$

由行列式的定义

$$\mathrm{Det}(H_0) = \sum_P (-)^P (H_0)_{1P_1} \cdots (H_0)_{nP_n},$$

其中 P 是置换 $(1, \cdots, n) \to (P_1, \cdots, P_n)$, 我们得到格拉斯曼高斯积分:

$$\int \prod_{i=1}^{n} d\eta_i^* d\eta_i\ e^{-\eta_i^* (H_0)_{ij} \eta_j} = \mathrm{Det}(H_0),$$

并且

$$\int \prod_{i=1}^{n} d\eta_i^* d\eta_i\ e^{-\eta_i^* (H_0)_{ij} \eta_j + \zeta_i^* \eta_i + \zeta_i \eta_i^*} = \mathrm{Det}(H_0) e^{\zeta_i^* (H_0^{-1})_{ij} \zeta_j}.$$

注意与玻色高斯积分比较, 行列式出现在分子中, 而不是在分母中.

由费米高斯积分, 我们可以得到费米子关联 (由路径积分定义) 的 Wick 定理

$$\begin{aligned}
&\langle \psi_1 \cdots \psi_n \psi_n^* \cdots \psi_1^* \rangle \\
=&\frac{\int \mathcal{D}(\psi^* \psi)\ \psi_1 \cdots \psi_n \psi_n^* \cdots \psi_1^* e^{-\sum_{ij} \psi_i^* (H_0)_{ij} \psi_j}}{\int \mathcal{D}(\psi^* \psi)\ e^{-\sum_{ij} \psi_i^* (H_0)_{ij} \psi_j}} \\
=&\sum_P \zeta^P (H_0^{-1})_{P_n, n} \cdots (H_0^{-1})_{P_1, 1},
\end{aligned} \tag{5.5.1}$$

其中 $\zeta = -1$. (如果我们选择 $\zeta = +1$, 上式就是玻色子算符的 Wick 定理.)

我们可将以上公式应用于零温度的自由费米系统. 考虑如下路径积分

$$\begin{aligned}
Z_0 &= \int \mathcal{D}(\psi^* \psi)\ e^{i \int_0^\beta dt\ L_0}, \\
L_0 &= \sum_{\boldsymbol{k}} i \psi_{\boldsymbol{k}}(t)^* \partial_t \psi_{\boldsymbol{k}}(t) - \psi_{\boldsymbol{k}}(t)^* \xi_{\boldsymbol{k}} \psi_{\boldsymbol{k}}(t),
\end{aligned}$$

就可以计算路径积分平均值

$$i G_{\boldsymbol{k}}(t, t') = \langle \psi_{\boldsymbol{k}}(t) \psi_{\boldsymbol{k}}^*(t') \rangle = \frac{1}{(-i)(i\partial_t - \xi_{\boldsymbol{k}})}.$$

在频率空间中

$$G_{\boldsymbol{k},\omega}=\frac{1}{\omega-\xi_{\boldsymbol{k}}}$$

与 (4.2.8) 中的时序平均 $\langle 0|T(\psi_{\boldsymbol{k}}(t)\psi_{\boldsymbol{k}}^{\dagger}(t'))|0\rangle$ 相吻合[5]. 利用 Wick 定理, 我们可以得到路径积分平均和时序平均之间更加一般的关系

$$\langle\psi_{i_1}\cdots\psi_{i_n}\psi_{j_n}^*\cdots\psi_{j_1}^*\rangle=\frac{\mathrm{Tr}\left(T(\psi_{i_1}\cdots\psi_{i_n}\psi_{j_n}^{\dagger}\cdots\psi_{j_1}^{\dagger}e^{-\int_0^\beta dtH_0})\right)}{\mathrm{Tr}\left[T(e^{-\int_0^\beta dtH_0})\right]},$$

因此, 我们可以利用路径积分计算任意的时序关联.

以上是自由费米系统的结果, 我们将路径积分应用到相互作用系统

$$H=H_0+H_I(t),$$

其中 H_0 描述的是自由费米系统. 我们假设对于有限 t, $H_I(t)$ 是 t 的缓变函数, 并且 $H_I(t)=H_I$, $H_I(\pm\infty)=0$. 令

$$Z=\langle 0|T\left\{e^{-i\int dt[H_0+H_I(t)]}\right\}|0\rangle$$

为 H_0 的配分函数, 其中 $|0\rangle$ 是 H_0 的基态. 配分函数 Z 有微扰展开

$$\begin{aligned}Z=&Z_0\left\{1+Z_0^{-1}\langle 0|T[(-i\int dtH_I)e^{-i\int dtH_0}]|0\rangle+\cdots\right\}\\Z_0=&\langle 0|T(e^{-i\int dtH_0})|0\rangle.\end{aligned}$$

由于在薛定谔描述中, $Z_0^{-1}\langle 0|T(O_1(t_1)\cdots O_n(t_n)e^{-i\int dtH_0})|0\rangle$ 等于海森堡描述中的 $\langle 0|T[O_1(t_1)\cdots O_n(t_n)]|0\rangle$, 二个量都代表时序平均. 我们可以用自由费米系统 H_0 的时序平均表示相互作用系统的配分函数 Z, 这样我们就可以用路径积分

$$Z=\int\mathcal{D}(\psi^*\psi)\ e^{i\int_0^\beta dt\ (L_0+L_I)},\qquad L_I=-H_I$$

表示 Z. 类似地, 利用微扰展开, 可以证明相互作用系统的时序关联 (在薛定谔描述中) 可以用路径积分

$$\frac{\langle 0|T[O_1(t_1)\cdots O_n(t_n)e^{-i\int dtH}]|0\rangle}{\langle 0|T(e^{-i\int dtH})|0\rangle}=\frac{\int\mathcal{D}(\psi^*\psi)\ O_1(t_1)\cdots O_n(t_n)e^{i\int_0^\beta dt\ (L_0+L_I)}}{\int\mathcal{D}(\psi^*\psi)\ e^{i\int_0^\beta dt\ (L_0+L_I)}}$$

表示.

现在让我们利用路径积分,

$$\begin{aligned}Z=&Z_0\frac{\int\mathcal{D}(\psi^*\psi)\ e^{i\int dt\ L_0+L_I}}{\int\mathcal{D}(\psi^*\psi)\ e^{i\int dt\ L_0}}\\=&Z_0\left[1+\left\langle\left(i\int dt\ L_I\right)\right\rangle_0+\frac{1}{2!}\left\langle\left(i\int dt\ L_I\right)^2\right\rangle_0+\cdots\right],\end{aligned}$$

[5]这里的计算是一种形式上的计算, 无法再现重要的 0^+ 项, 在 2.2.1 节将会讨论如何产生 0^+ 项.

用微扰法计算配分函数 Z. 如果假设相互作用的形式是

$$\int dtL_I = -\int dxdx'\ \psi^*(x_\mu)\psi(x_\mu)V(x_\mu,x'_\nu)\psi^*(x'_\nu)\psi(x'_\nu),$$

其中 $x_\mu=(t,x_1,\cdots,x_d)$ 且 $dx=dtd^d\boldsymbol{x}$, 我们得到

$$\begin{aligned}\frac{Z}{Z_0}=&1+\left\langle\int dxdx'\ \psi^*(x_\mu)\psi(x_\mu)[-iV(x_\mu,x'_\nu)]\psi^*(x'_\nu)\psi(x'_\nu)\right\rangle_0+\cdots\\=&1+\int dxdx'\ (-)iG_0(0)[-iV(x_\mu,x'_\nu)](-)iG_0(0)\\&+\int dxdx'\ (-)iG_0(x_\mu-x'_\mu)iG_0(x'_\mu-x_\mu)[-iV(x_\mu,x'_\nu)]+\cdots\end{aligned}$$

两项 V 阶项可以用图 5.7 中的费曼图表示. 费米子的费曼规则与玻色子的费曼规则几乎相同, 只是每一个闭合的回路贡献一个额外的 -1 因子:

(a) 费曼图中的每一条线段代表一个传播函数 $G_0(x,x')$, 其中 x 和 x' 是线段两个端点的坐标.

(b) 每一个端点代表对于端点区域的积分 $\int dx$.

(c) 每一条虚线代表相互作用势 $-iV(x,x')$.

(d) 每一个封闭的费米子回路贡献一个 -1 因子.

(e) 连通图的数值由规则 (a) $\sim$ (d) 确定, 非连通图的数值是子连通图的乘积.

费曼图反映了微扰展开的结构, 不仅产生了 V 阶项, 还产生了 V^2 阶和更高阶项.

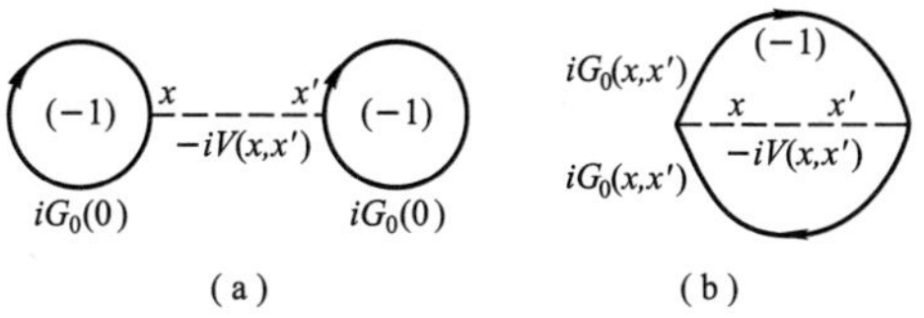

图 5.7 对 Z/Z_0 的 V 一阶项有贡献的费曼图.

在 Z/Z_0 的微扰展开中, 路径积分平均 $\langle\cdots\rangle_0$ 同时包含连通图和非连通图. 我们可以利用连接集团展开将 Z/Z_0 的展开重写为

$$\ln\frac{Z}{Z_0}=\sum_{n=0}^{\infty}\frac{1}{n!}\left\langle\left(i\int dt\ L_I\right)^n\right\rangle_{0c}=\left\langle e^{i\int dtL_I}\right\rangle_{0c},\tag{5.5.2}$$

其中路径积分平均 $\langle\cdots\rangle_{0c}$ 只包含连通图.

习题

5.5.1

(a) 计算 Z/Z_0 微扰展开的 V^2 阶项, 画出相应的费曼图.

(b) 计算 $\ln(Z/Z_0)$ 微扰展开的 V^2 阶项, 画出相应的费曼图.

5.5.2 自能和两体相互作用

现在我们就可以用微扰论计算下列相互作用电子系统

$$H=\sum_{\boldsymbol{k}}\xi_{\boldsymbol{k}}c^{\dagger}_{\alpha\boldsymbol{k}}c_{\alpha\boldsymbol{k}}+\frac{1}{2\mathcal{V}}\sum_{\boldsymbol{k},\boldsymbol{k}',\boldsymbol{q}}c^{\dagger}_{\alpha\boldsymbol{k}}c_{\alpha\boldsymbol{k}-\boldsymbol{q}}V_{\boldsymbol{q}}c^{\dagger}_{\beta\boldsymbol{k}'}c_{\beta\boldsymbol{k}'+\boldsymbol{q}}$$

的电子格林函数. 对于相互作用电子, 时序格林函数是下列路径积分平均

$$iG(\boldsymbol{x},t)\delta_{\alpha\beta}=\frac{\int\mathcal{D}(c)\mathcal{D}(c^*)c_\alpha(\boldsymbol{x},t)c^*_\beta(0,0)e^{i\int dtL}}{\int\mathcal{D}(c)\mathcal{D}(c^*)e^{i\int dtL}}\equiv\left\langle c_\alpha(\boldsymbol{x},t)c^*_\beta(0,0)\right\rangle,$$

其中

$$L=ic^*_\alpha\partial_t c_\alpha-H$$

是相互作用电子的拉格朗日量. 注意这里假定了 $\langle c_\alpha(\boldsymbol{x},t)c^*_\beta(0,0)\rangle$ 是自旋旋转不变的, 结果其形式是 $iG(\boldsymbol{x},t)\delta_{\alpha\beta}$.

为了方便地计算 iG, 引进

$$Z[\eta_\alpha,\eta^*_\alpha]=\int\mathcal{D}(c)\mathcal{D}(c^*)c_\alpha(\boldsymbol{x},t)c^*_\beta(0,0)e^{i\int dtL+\int dtd^d\boldsymbol{x}(\eta_\alpha c^*_\alpha+\eta^*_\alpha c_\alpha)},$$

其中 $\eta(\boldsymbol{x},t)$ 和 $\eta^*(\boldsymbol{x},t)$ 就像 $c(\boldsymbol{x},t)$ 和 $c^*(\boldsymbol{x},t)$, 是格拉斯曼数. 我们有

$$iG(\boldsymbol{x},t)\delta_{\alpha\beta}=\frac{\partial}{\partial_{\eta^*_\alpha(\boldsymbol{x},t)}}\frac{\partial}{\partial_{\eta_\beta(0,0)}}\ln Z[\eta_\alpha,\eta^*_\alpha].$$

利用 (5.5.2), 得到

$$\begin{aligned}iG(\boldsymbol{x},t)\delta_{\alpha\beta}=&\frac{\partial}{\partial_{\eta^*_\alpha(\boldsymbol{x},t)}}\frac{\partial}{\partial_{\eta_\beta(0,0)}}\left\langle e^{i\int dtL_I+\int dtd^d\boldsymbol{x}(\eta_\alpha c^*_\alpha+\eta^*_\alpha c_\alpha)}\right\rangle_{0c}\\=&\left\langle c_\alpha(\boldsymbol{x},t)c^*_\beta(0,0)e^{i\int dtL_I}\right\rangle_{0c},\end{aligned}\tag{5.5.3}$$

这个公式奠定了用费曼图计算相互作用电子时序格林函数的基础. 计至 $V_{\boldsymbol{q}}$ 的一阶项, 我们得到

$$iG(\boldsymbol{x},t)\delta_{\alpha\beta}=\left\langle c_\alpha(\boldsymbol{x},t)c^\dagger_\beta(0,0)\right\rangle_0+\left\langle c_\alpha(\boldsymbol{x},t)c^\dagger_\beta(0,0)(-i)\int dt'H_I(t')\right\rangle_{0c},$$

利用 Wick 定理, 我们可以用自由电子格林函数 G_0 表示上式. 在 $\boldsymbol{k}$-ω 空间, 我们得到 (见习题5.5.2)

$$\begin{aligned}iG_{\boldsymbol{k},\omega}=&iG_{0,\boldsymbol{k},\omega}+(-1)(iG_{0,\boldsymbol{k},\omega})^2(-iV_0)\frac{1}{\mathcal{V}}\sum_{\boldsymbol{k}',\alpha'}\int\frac{d\nu}{2\pi}iG_{0,\boldsymbol{k}',\nu}e^{i0^+\nu}\\&+(iG_{0,\boldsymbol{k},\omega})^2\frac{1}{\mathcal{V}}\sum_{\boldsymbol{q}}\int\frac{d\nu}{2\pi}iG_{0,\boldsymbol{k}-\boldsymbol{q},\nu}(-iV_{\boldsymbol{q}})e^{-i0^+\nu},\end{aligned}\tag{5.5.4}$$

其中自由电子格林函数 $G_{0,\boldsymbol{k},\omega}$ 由 (4.2.3) 给出. 费曼图概括了二个 $V_{\boldsymbol{q}}$ 阶项, 如图 5.8 所示. 动量空间费曼规则与实空间的费曼规则不同:

(a) 费曼图中的每一条线段携带一个能量动量矢量, 比如 $(\nu, \boldsymbol{q})$. 代表一个传播函数 $iG(\nu, \boldsymbol{q}) = i/(\nu - \xi_{\boldsymbol{q}})$.

(b) 流向节点的能量动量守恒.

(c) 每个回路代表积分 $(\beta\mathcal{V})^{-1}\int \frac{dt}{2\pi}\sum_{\boldsymbol{q}}$.

(d) 虚线表示相互作用 $-iV_{\boldsymbol{q}}$, 其中 $\boldsymbol{q}$ 是流经虚线的动量.

(e) 由于费米子算符的反对易性, 每一个封闭的回路贡献一个额外的 -1 因子. (玻色系统的动量 – 空间费曼规则没有这个 -1 因子.)

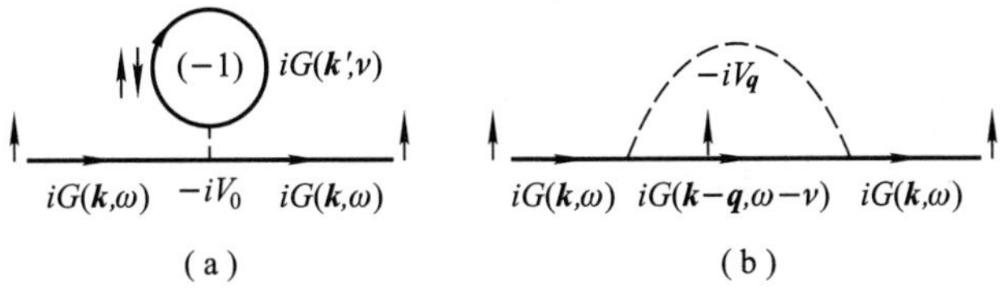

图 5.8 对 $iG(\boldsymbol{k},\omega)$ 有贡献的两幅费曼图, 虚线表示势 $-iV_{\boldsymbol{q}}$.

(5.5.4) 可以写为

$$iG_{\boldsymbol{k},\omega} = iG_{0,\boldsymbol{k},\omega} + (iG_{0,\boldsymbol{k},\omega})^2(-i\sum_{\boldsymbol{k},\omega}),$$

其中

$$\begin{aligned}&-i\sum_{\boldsymbol{k},\omega}\\ =&(-1)(-iV_0)\frac{1}{\mathcal{V}}\sum_{\boldsymbol{k}',\alpha'}\int\frac{d\nu}{2\pi}iG_{0,\boldsymbol{k}',\nu}e^{i0^+\nu} + \frac{1}{\mathcal{V}}\sum_{\boldsymbol{q}}\int\frac{d\nu}{2\pi}iG_{0,\boldsymbol{k}-\boldsymbol{q},\nu}(-iV_{\boldsymbol{q}})e^{-i0^+\nu}.\end{aligned}$$

以上也可以用图 5.9 中的图表示, 如果考虑图 5.10 中的图所表示那些高阶项, 格林函数可以写为

$$iG_{\boldsymbol{k},\omega} = iG_{0,\boldsymbol{k},\omega}\sum_{n=0}^{\infty}[(iG_{0,\boldsymbol{k},\omega})(-i\sum_{\boldsymbol{k},\omega})]^n,$$

我们得到

$$G_{\boldsymbol{k},\omega} = \frac{1}{\omega - \xi_{\boldsymbol{k}} - \sum_{\boldsymbol{k},\omega} + i\mathrm{sgn}\,\omega 0^+}.$$

由极点在 $G_{\boldsymbol{k},\omega}$ 中的位置, 或者零点在 $\omega - \xi_{\boldsymbol{k}} - \sum_{\boldsymbol{k},\omega}$ 中的位置, 就可以得到色散关系. $\sum_{\boldsymbol{k},\omega}$ 修正了电子 (或准粒子) 的能量, 称为自能.

注意到

$$\int\frac{d\nu}{2\pi}iG_{0,\boldsymbol{k}',\nu}e^{i0^+\nu} = i\int\frac{d\nu}{2\pi}\frac{1}{\nu - \xi_{\boldsymbol{k}'} + i0^+\mathrm{sgn}\,\nu}e^{i0^+\nu} = -\Theta(-\xi_{\boldsymbol{k}'}) = -n_{\boldsymbol{k}'},$$

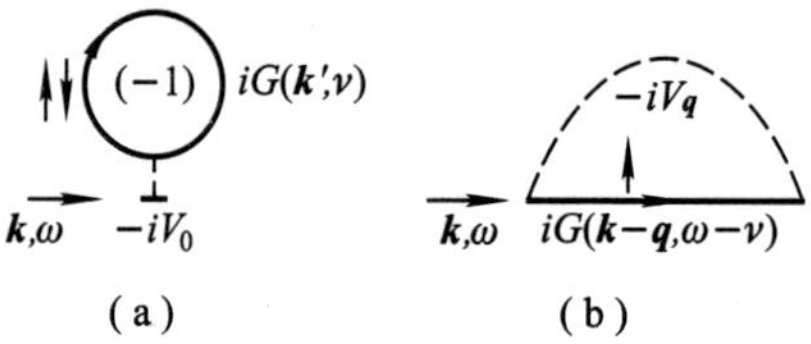

图 5.9 对自能 $-i\sum_{\boldsymbol{k},\omega}$ 有贡献的图.

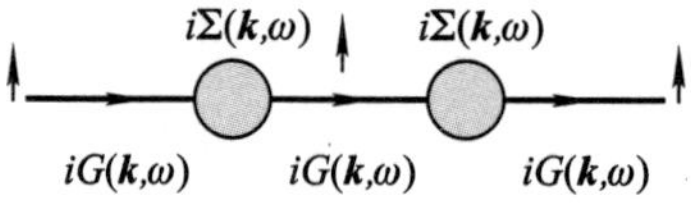

图 5.10 对 $iG_{\boldsymbol{k},\omega}$ 有贡献的更高阶图.

由于上半复 ν 平面的围线必须闭合, 只有负 ν 的极点有贡献. 而 $\sum_{\boldsymbol{k}',\alpha}\Theta(-\xi_{\boldsymbol{k}'})$ 就是电子的总数, 所以自能的第一项就是哈特里贡献 [见图 5.9(a)]:

$$\sum_{\boldsymbol{k},\omega} = V_0\rho_0 + \cdots$$

类似地, 自能的第二项 [图 5.9(b)] 的形式是

$$\sum_{\boldsymbol{k},\omega} = \cdots + \frac{1}{\mathcal{V}}\sum_{\boldsymbol{q}}(-n_{\boldsymbol{k}-\boldsymbol{q}})V_{\boldsymbol{q}},$$

这一项是对自能的福克贡献.

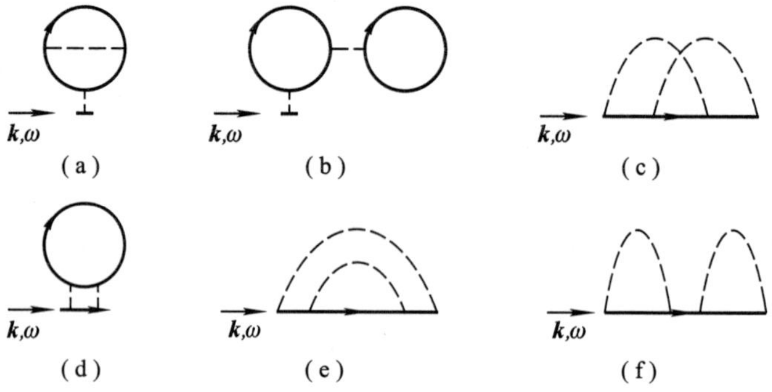

图 5.11 图 (a)~(e) 是对自能 $V_{\boldsymbol{q}}^2$ 项的贡献. 图 (f) 对自能没有贡献, 因为它已经包含在图 5.10 中.

上面我们明白了如何从图计算自能 $\sum_{\boldsymbol{k},\omega}$ 和准粒子色散 $\xi^*_{\boldsymbol{k}} = \xi_{\boldsymbol{k}} + \sum_{\boldsymbol{k},\omega}|_{\omega=\xi^*_{\boldsymbol{k}}}$. 这个方法重现了哈特里 – 福克结果中 V 的一阶项, 而且, 我们从图还能系统地计算对自能的更高阶贡献 (见图 5.11).

我们还可以用图计算费米液体理论中的费米液体函数. 我们知道相互作用 $V_{\boldsymbol{q}}$ 可以将两个动量为 $\boldsymbol{k}_1$ 和 $\boldsymbol{k}_2$ 的电子散射为动量为 $\boldsymbol{k}'_1$ 和 $\boldsymbol{k}'_2$ 的两个电子. 费米液体理论中的相互作用项

$n_{\boldsymbol{k}_1} n_{\boldsymbol{k}_2} V(\boldsymbol{k}_1 - \boldsymbol{k}_2)$ 对应于这样的项: 将两个动量为 $\boldsymbol{k}_1$ 和 $\boldsymbol{k}_2$ 的电子散射为有相同动量的两个电子, 因此费米液体函数 f 得到如图 5.12 中两个图所示的两个贡献:

$$-if(\boldsymbol{k}_1, \alpha; \boldsymbol{k}_2, \beta) = (-iV_0) + (-)(-iV_{\boldsymbol{q}})\delta_{\alpha\beta},$$

$(-)$ 号来自交换, $\delta_{\alpha\beta}$ 来自两个电子在散射前后必须具有相同自旋的要求. 由于这里考虑的相互作用是即时的, $V_{\boldsymbol{q}}$ 与能量传递 ν 无关 (见图 5.12), 所产生的费米液体函数 f 也是即时的, 并与能量传递 ν 无关:

$$f(\boldsymbol{k}_1, \alpha; \boldsymbol{k}_2, \beta) = V_0 - V_{\boldsymbol{k}_1 - \boldsymbol{k}_2}\delta_{\alpha\beta}$$

上式就是我们以前得到的哈特里 – 福克结果 (5.3.2).

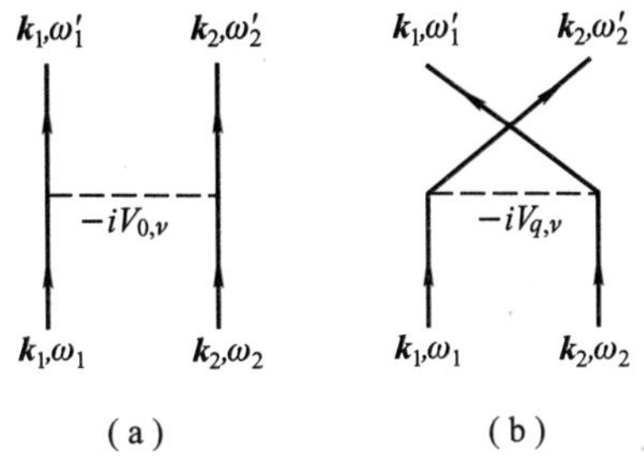

图 5.12 对费米函数 $f(\boldsymbol{k}_1, \alpha; \boldsymbol{k}_2, \beta)$ 有贡献的图. 在 (a) 中, 动量传递是 $\boldsymbol{q} = \boldsymbol{k}_1 - \boldsymbol{k}_1 = 0$, 能量传递是 $\nu = \omega_1 - \omega_1'$; 在 (b) 中, 动量传递是 $\boldsymbol{q} = \boldsymbol{k}_1 - \boldsymbol{k}_2$, 能量传递是 $\nu = \omega_1 - \omega_2'$.

习题

5.5.2 利用微扰理论证明 (5.5.4). 我们注意到 $\int \frac{d\nu}{2\pi} iG_{0,\boldsymbol{k}',\nu} e^{i0^+\nu}$ 代表等时 $\langle c^\dagger c \rangle$, 而 $\int \frac{d\nu}{2\pi} iG_{0,\boldsymbol{k}',\nu} e^{-i0^+\nu}$ 代表等时 $\langle cc^\dagger \rangle$.

5.5.3 写出图 5.11(a)~(e) 所示自能 $\sum_{\boldsymbol{k},\omega}$ 微扰展开 $V_{\boldsymbol{q}}^2$ 阶项的表达式.

5.5.3 随机相近似 (简称 RPA) 和有效势

要点:

- 粒子 — 空穴激发对相互作用势的屏蔽可以包含在随机相近似之中

我们已经看到, 在三维中对于库仑相互作用, 哈特里 – 福克近似产生了费米面附近奇异的自能. 奇异性导致无限大的费米速度. 这个奇异性来自库仑相互作用的长程势, 短程相互作用不会产生任何奇异的自能. 但是我们知道, 金属中的两个电荷由于受到其他电子的屏蔽, 不会感受到长程相互作用, 因此有人可能会怀疑哈特里 – 福克结果对于发散的费米速度的正确性, 特别是想到哈特里 – 福克近似只包含了直接的相互作用, 而没有屏蔽效果.

为了超越哈特里 – 福克近似, 包括屏蔽效果, 我们必须考虑到两部分的贡献, 即相互作用产生粒子 — 空穴激发 [图 5.13(a)], 粒子 — 空穴激发反过来又修正势 [图 5.13(b)]. 在随机相近似 (简称 RPA) 中, 我们把图 5.14 中的图包括进来, 计算屏蔽有效势:

$$-iV_{\boldsymbol{q},\nu}^{\text{eff}} = -iV_{\boldsymbol{q},\nu}\left[1 + (-iV_{\boldsymbol{q},\nu})(iP_{\boldsymbol{q},\nu}^{00}) + (-iV_{\boldsymbol{q},\nu})^2(iP_{\boldsymbol{q},\nu}^{00})^2 + \cdots\right],$$

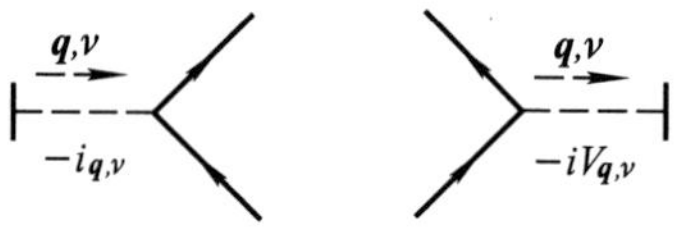

(a)　(b)

图 5.13　(a) 相互作用产生粒子 — 空穴激发; (b) 粒子 — 空穴激发修正相互作用.

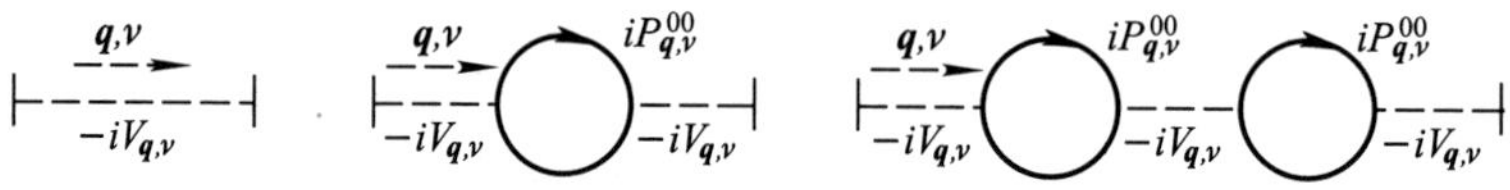

图 5.14　RPA 近似中的有效势.

我们得到

$$V_{\boldsymbol{q},\nu}^{\text{eff}} = \frac{V_{\boldsymbol{q},\nu}}{1 - V_{\boldsymbol{q},\nu}P_{\boldsymbol{q},\nu}^{00}}.$$

在 $\nu \ll v_F q$ 极限下, $P_{\boldsymbol{q},\nu}^{00}$ 等于负压缩率 $P_{\boldsymbol{q},\nu}^{00} = -N(E_F)$. 我们得到

$$V_{\boldsymbol{q},\nu}^{\text{eff}} = \frac{V_{\boldsymbol{q},\nu}}{1 + V_{\boldsymbol{q},\nu}N(E_F)},$$

对于库仑相互作用,

$$V_{\boldsymbol{q}}^{\text{eff}} = \frac{4\pi e^2}{\boldsymbol{q}^2 + 4\pi e^2 N(E_F)}.$$

显然在 $\nu \ll v_F q$ 极限下, 该有效势在 $\boldsymbol{q} \to 0$ 时并不奇异. 这样的有效势代表了一种屏蔽的短程相互作用. 同样的结果也可以由托马斯 – 费米模型得到.

下面我们还能更清楚地看到 RPA 计算和屏蔽的关系. RPA 计算中的第一项 (见图 5.14), 代表在两个不同位置的两个密度 (由图 5.14 中两个矮柱表示) 之间直接的 (即无屏蔽的) 相互作用. RPA 计算中的第二项代表一处的密度通过相互作用 $V_{\boldsymbol{q}\nu}$ 引起一个粒子 — 空穴激发的效果. 这种表示变形密度的粒子 — 空穴激发, 又会影响到另一处的密度. 依这种方式, 第二项 (以及其他高阶项) 修正或屏蔽了两处密度之间的相互作用.

在标准操作中, 我们用屏蔽势 $V_{\boldsymbol{q},\nu}^{\text{eff}} = V_{\boldsymbol{q},\nu}/[1 + V_{\boldsymbol{q},\nu}N(E_F)]$ 替代裸势 $V_{\boldsymbol{q},\nu}$, 然后就用这个有效势计算自能和费米液体函数. 这个近似忽略了 P^{00} 随频率的变化, 即时的裸相互作用 (与频率无关的相互作用) 用即时的有效相互作用近似. 如果再考虑 P^{00} 与频率的关系, 即时的裸相互作用可以产生与频率有关的有效相互作用, 这种与频率的关系代表了推迟效应.

5.5.4 朗道费米液体理论的正确性

要点:

- 相互作用造成准粒子衰变, 但是衰变率大大低于准粒子的能量. 朗道费米液体理论仍然成立

电子 — 电子相互作用可以导致一个动量为 $\boldsymbol{k}$ 的电子衰变为一个动量为 $\boldsymbol{q}$ 的电子和一个动量为 $\boldsymbol{k}-\boldsymbol{q}$ 的粒子 — 空穴激发. 粒子 — 空穴激发中的粒子和空穴可以各自独立地具有范围在 0 到 $\xi_{\boldsymbol{k}}$ 的能量, 动量为 $\boldsymbol{q}$ 的粒子的能量会因维持能量守恒而有相应的调整. 这样, 会发生衰变的途径的数目正比于初始电子能量 $\xi_{\boldsymbol{k}}$ 的平方, 因此衰变率也正比于 $\xi_{\boldsymbol{k}}^2$. 由于衰变振幅正比于 $V_{\boldsymbol{k}-\boldsymbol{q}}$, 我们得到衰变率

$$\Gamma_{\boldsymbol{k}} \propto |V_{\boldsymbol{k}}|^2 \xi_{\boldsymbol{k}}^2.$$

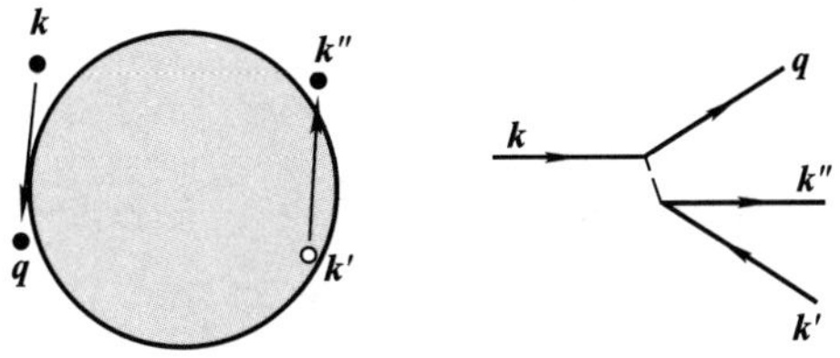

图 5.15 准粒子的衰变.

准粒子的衰变可以用自能的虚部描述, 当 $\sum_{\boldsymbol{k},\omega}$ 有一个虚部时, 电子格林函数 $\frac{1}{\omega-\xi_{\boldsymbol{k}}-\sum_{\boldsymbol{k},\omega}}$ 的极点不在实 ω 轴上, 因此实时格林函数的衰变为

$$G(t,\boldsymbol{k}) = \int \frac{d\omega}{2\pi} \frac{1}{\omega - \xi_{\boldsymbol{k}} - \sum_{\boldsymbol{k},\omega}} e^{-i\omega t} \sim e^{-i\xi_{\boldsymbol{k}}^* t} e^{-|\mathrm{Im}\sum_{\boldsymbol{k},\xi_{\boldsymbol{k}}^*}|t},$$

其中 $\xi_{\boldsymbol{k}}^* = \xi_{\boldsymbol{k}} + \mathrm{Re}\sum_{\boldsymbol{k},\xi_{\boldsymbol{k}}^*}$. 我们得到自能的虚部是

$$|\mathrm{Im}\sum_{\boldsymbol{k},\xi_{\boldsymbol{k}}^*}| = \Gamma_{\boldsymbol{k}},$$

这里要指出, 这样的自能可以从图 5.16 中的费曼图得到.

由于衰变率 $\Gamma = \mathrm{Im}\sum_{\boldsymbol{k},\xi_{\boldsymbol{k}}^*} \propto (\xi_{\boldsymbol{k}}^*)^2$ 大大低于低能极限的准粒子能量 $\xi_{\boldsymbol{k}}^*$, 我们可以忽略准粒子的衰变, 在这个极限下, 准粒子激发可以看成是本征态, 这就是朗道费米液体理论的基础. 我们有 $\mathrm{Im}\, G(\boldsymbol{k},\omega)$ 几乎是在 $\xi_{\boldsymbol{k}}^*$ 的一个 δ 函数, 其峰的宽度只正比于 $(\xi_{\boldsymbol{k}}^*)^2$.

在费米面附近, 我们可以展开

$$\mathrm{Re}\sum_{\boldsymbol{k},\omega} = (1-\frac{1}{Z})\omega + (\frac{v_F^*}{Z} - v_F)(k-k_F),$$

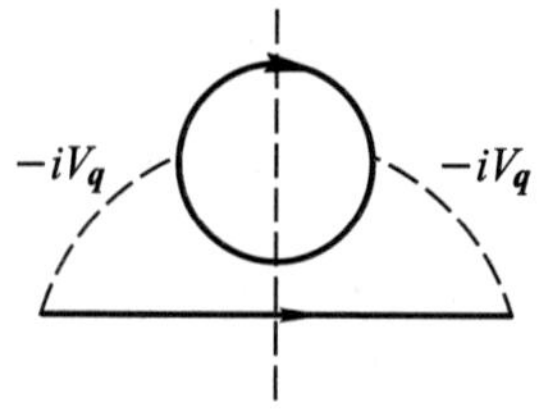

图 5.16 对自能 V_q^2 阶项的贡献. 图由两半部分组成, 每一半代表图 5.15 中的衰变过程. 上图产生衰变率, 而在图 5.15 中的图产生了衰变振幅.

并将格林函数重写为

$$G_{\boldsymbol{k},\omega} = \frac{1}{\omega - v_F(k-k_F) - \mathrm{Re}\sum_{\boldsymbol{k},\omega}} = \frac{Z}{\omega - v_F^*(k-k_F)}.$$

Z 是在 5.3.1 节接近结束时引进的交叠因子, 这样可以证明, 朗道费米液体理论在微扰计算中是正确的.

5.6 对称性破缺相和自旋密度波态

要点:

- 费米液体可以具有许多不稳定性, 相互作用会导致对称性破缺相

相互作用的费米系统可以有许多不同的态, 因而材料也就出现了各种各样不同的态, 例如超导体、磁体、电荷密度波态等等. 所有这些不同的态可以认为是由相互作用引起的某种对称破缺. 本节我们将只讨论其中的一种对称性破缺态 —— 自旋密度波态. 这里讨论的描述、方法和结果可以很容易地推广应用到诸如超导态的其他对称性破缺态.

5.6.1 线性响应和不稳定性

要点:

- 一个具有许多无能隙激发的自由费米系统, 具有很多潜在的不稳定性, 费米子之间的相互作用可以使潜在的不稳定性转变为实在的不稳定性, 不同的相互作用会引发不同的不稳定性

考虑一个晶格上的相互作用电子系统, 格点上的相互作用为:

$$\begin{aligned} H &= -\sum_{\langle \boldsymbol{ij}\rangle,\alpha} t(c_{\alpha\boldsymbol{j}}^\dagger c_{\alpha\boldsymbol{i}} + h.c.) - \mu N + U\sum_{\boldsymbol{i}} n_{\boldsymbol{i}}^2 \\ &= -\sum_{\langle \boldsymbol{ij}\rangle,\alpha} t(c_{\alpha\boldsymbol{j}}^\dagger c_{\alpha\boldsymbol{i}} + h.c.) - \mu' N + U\sum_{\boldsymbol{i}} c_{\beta\boldsymbol{i}}^\dagger c_{\alpha\boldsymbol{i}}^\dagger c_{\alpha\boldsymbol{i}} c_{\beta\boldsymbol{i}}, \end{aligned} \tag{5.6.1}$$

其中 $n_{\boldsymbol{i}} = \sum_\alpha c^\dagger_{\alpha\boldsymbol{i}} c_{\alpha\boldsymbol{i}}$ 是在格点 $\boldsymbol{i}$ 上的电子数目, $N = \sum_{\boldsymbol{i}} n_{\boldsymbol{i}}$ 是电子总数, 以上模型称为哈巴模型.

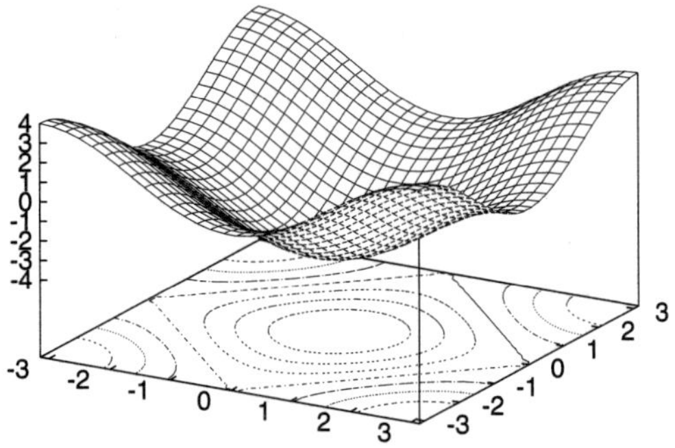

图 5.17 哈巴模型中的电子色散 $\xi_{\boldsymbol{k}}$.

下面我们主要考虑二维的哈巴模型. 动量空间里的 2D 哈巴模型可以重新写为

$$H = \sum_{\boldsymbol{k}} \xi_{\boldsymbol{k}} c^\dagger_{\alpha\boldsymbol{k}} c_{\alpha\boldsymbol{k}} + U\frac{1}{2N_s}\sum_{\boldsymbol{k},\boldsymbol{k}',\boldsymbol{q}} c^\dagger_{\alpha\boldsymbol{k}} c^\dagger_{\beta\boldsymbol{k}'} c_{\beta\boldsymbol{k}'+\boldsymbol{q}} c_{\alpha\boldsymbol{k}-\boldsymbol{q}},$$

其中

$$\xi_{\boldsymbol{k}} = -2t\,(\cos k_x + \cos k_y) - \mu'$$

N_s 是格点数目. 我们注意到当 $\mu' = 0$ 时, 费米海一半填满 ($\langle\langle n_{\boldsymbol{i}}\rangle\rangle = 1$), 费米面是满足嵌套条件的正方形, 嵌套矢量为 $\boldsymbol{Q} = (\pi, \pi)$. 由 (4.3.2) 我们得到, 嵌套矢量 $\boldsymbol{Q}$ 处的自由费米子的压缩率和自旋磁化率在低温时发散. 由于态密度 $N(E_F)$[现在 $N(E_F)$ 表示每个格点每单位能量上态的数目] 也对数发散, 我们有

$$\chi_0(\boldsymbol{Q}) \sim \frac{1}{E_F}(\ln\frac{E_F}{T})^2, \tag{5.6.2}$$

在 $T = 0$ 时 $\chi_0(\boldsymbol{Q})$ 发散, 意味着系统处于形成密度序或自旋序的边缘. 下面我们将证明对于相互作用系统, 磁化率 $\chi(\boldsymbol{Q})$ 在 T 趋近有限的临界温度 T_c 时发散, 在 T_c 以下, 系统自发地产生电荷密度波 (简称 CDW) 或自旋密度波 (简称 SDW) 态.

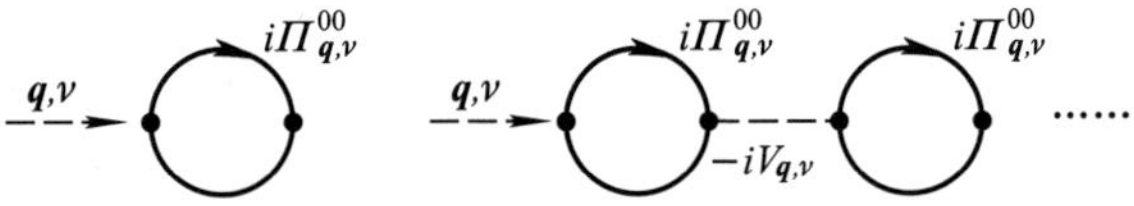

图 5.18 RPA 中的压缩率和自旋磁化率.

对于相互作用电子，由于相互作用，压缩率和自旋磁化率受到修正，在 RPA 中我们只考虑在图 5.18 中由图所描述的修正，气泡由关联

$$\langle \rho_{\alpha;\boldsymbol{q},\nu}\rho_{\beta;-\boldsymbol{q},-\nu}\rangle = i\Pi^{00}_{\alpha\beta;\boldsymbol{q},\nu} = i\Pi^{00}_{\boldsymbol{q},\nu}\delta_{\alpha\beta}$$

给出，相互作用线由

$$-iV_{\alpha\beta;\boldsymbol{q},\nu} = -iUC_{\alpha\beta}$$

给出. 其中 ρ_α 是自旋 α 电子的密度，$\boldsymbol{C} = (C_{\alpha\beta})$ 是所有元素都为 1 的 2×2 矩阵. 我们得到在 RPA 中

$$\begin{aligned}
i\Pi^{\mathrm{RPA}}_{\alpha\beta;\boldsymbol{q},\nu} =& i\Pi^{00}_{\alpha\beta;\boldsymbol{q},\nu} + \sum_{\gamma,\lambda} i\Pi^{00}_{\alpha\gamma;\boldsymbol{q},\nu}(-iV_{\gamma\lambda;\boldsymbol{q},\nu})i\Pi^{00}_{\lambda\beta;\boldsymbol{q},\nu} + \cdots \\
=& \sum_{\gamma} i\Pi^{00}_{\boldsymbol{q},\nu}\left(1 - U\Pi^{00}_{\boldsymbol{q},\nu}\boldsymbol{C}\right)^{-1}_{\alpha\beta} \\
=& i\Pi^{00}_{\boldsymbol{q},\nu}\left(\delta_{\alpha\beta} + \frac{U\Pi^{00}_{\boldsymbol{q},\nu}}{1 - 2U\Pi^{00}_{\boldsymbol{q},\nu}}C_{\alpha\beta}\right),
\end{aligned}$$

其中我们利用了

$$(a + b\boldsymbol{C})^{-1} = \frac{1}{a} - \frac{b}{a^2 + 2ab}\boldsymbol{C}.$$

而密度响应函数是

$$\begin{aligned}
i\Pi^{\mathrm{RPA}}_{\mathrm{den};\boldsymbol{q},\nu} =& \langle(\rho_{\uparrow;\boldsymbol{q},\nu} + \rho_{\downarrow;\boldsymbol{q},\nu})(\rho_{\uparrow;-\boldsymbol{q},-\nu} + \rho_{\downarrow;-\boldsymbol{q},-\nu})\rangle \\
=& i\Pi^{\mathrm{RPA}}_{\uparrow\uparrow;\boldsymbol{q},\nu} + i\Pi^{\mathrm{RPA}}_{\downarrow\downarrow;\boldsymbol{q},\nu} + 2i\Pi^{\mathrm{RPA}}_{\uparrow\downarrow;\boldsymbol{q},\nu} = 2i\Pi^{00}_{\boldsymbol{q},\nu}\frac{1}{1 - 2U\Pi^{00}_{\boldsymbol{q},\nu}},
\end{aligned}$$

并且自旋响应函数是

$$\begin{aligned}
i\Pi^{\mathrm{RPA}}_{\mathrm{spin};\boldsymbol{q},\nu} =& \left\langle \frac{1}{2}(\rho_{\uparrow;\boldsymbol{q},\nu} - \rho_{\downarrow;\boldsymbol{q},\nu})\frac{1}{2}(\rho_{\uparrow;-\boldsymbol{q},-\nu} - \rho_{\downarrow;-\boldsymbol{q},-\nu})\right\rangle \\
=& \frac{1}{4}i\Pi^{\mathrm{RPA}}_{\uparrow\uparrow;\boldsymbol{q},\nu} + \frac{1}{4}i\Pi^{\mathrm{RPA}}_{\downarrow\downarrow;\boldsymbol{q},\nu} - \frac{1}{2}i\Pi^{\mathrm{RPA}}_{\uparrow\downarrow;\boldsymbol{q},\nu} = \frac{1}{2}i\Pi^{00}_{\boldsymbol{q},\nu}.
\end{aligned}$$

但是上述结果并不完整，对于格点上的相互作用，图 5.19 中的梯图与图 5.18 中的图有类似的贡献，将这些梯图包括进来，我们有

$$\begin{aligned}
i\Pi^{\mathrm{RPA}^+}_{\alpha\beta;\boldsymbol{q},\nu} =& i\Pi^{00}_{\boldsymbol{q},\nu}\delta_{\alpha\beta} + \sum_{\gamma\lambda}\left[i\Pi^{00}_{\boldsymbol{q},\nu}\delta_{\alpha\gamma}(-iUC_{\gamma\lambda})i\Pi^{00}_{\boldsymbol{q},\nu}\delta_{\lambda\beta}\right] \\
&+ \sum_{\gamma\lambda}\left[(-)i\Pi^{00}_{\boldsymbol{q},\nu}\delta_{\alpha\gamma}(-iU\delta_{\gamma\lambda})i\Pi^{00}_{\boldsymbol{q},\nu}\delta_{\lambda\beta}\right] + \cdots \\
=& \sum_{\gamma} i\Pi^{00}_{\boldsymbol{q},\nu}\left(1 - U\Pi^{00}_{\boldsymbol{q},\nu}\boldsymbol{C} + U\Pi^{00}_{\boldsymbol{q},\nu}\right)^{-1}_{\alpha\beta} \\
=& i\Pi^{00}_{\boldsymbol{q},\nu}\left[\frac{1}{1 + U\Pi^{00}_{\boldsymbol{q},\nu}}\delta_{\alpha\beta} + \frac{U\Pi^{00}_{\boldsymbol{q},\nu}}{1 - (U\Pi^{00}_{\boldsymbol{q},\nu})^2}C_{\alpha\beta}\right].
\end{aligned}$$

新的密度响应函数是

$$i\Pi^{\mathrm{RPA}^+}_{\mathrm{den};\boldsymbol{q},\nu} = i\Pi^{00}_{\boldsymbol{q},\nu}\left[2\frac{1}{1 + U\Pi^{00}_{\boldsymbol{q},\nu}} + 2\frac{U\Pi^{00}_{\boldsymbol{q},\nu}}{1 - (U\Pi^{00}_{\boldsymbol{q},\nu})^2} + 2\frac{U\Pi^{00}_{\boldsymbol{q},\nu}}{1 - (U\Pi^{00}_{\boldsymbol{q},\nu})^2}\right] = 2\frac{i\Pi^{00}_{\boldsymbol{q},\nu}}{1 - U\Pi^{00}_{\boldsymbol{q},\nu}},$$

而新的自旋响应函数是

$$i\Pi^{\mathrm{RPA}^+}_{\mathrm{spin};\boldsymbol{q},\nu} = i\Pi^{00}_{\boldsymbol{q},\nu}\left[2\frac{1}{1 + U\Pi^{00}_{\boldsymbol{q},\nu}} + 2\frac{U\Pi^{00}_{\boldsymbol{q},\nu}}{1 - (U\Pi^{00}_{\boldsymbol{q},\nu})^2} - 2\frac{U\Pi^{00}_{\boldsymbol{q},\nu}}{1 - (U\Pi^{00}_{\boldsymbol{q},\nu})^2}\right] = \frac{1}{2}\frac{i\Pi^{00}_{\boldsymbol{q},\nu}}{1 + U\Pi^{00}_{\boldsymbol{q},\nu}},$$

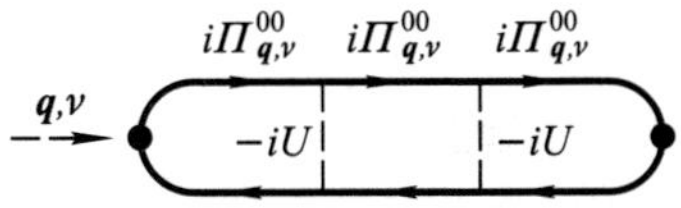

图 5.19 对自旋和密度关联有贡献的梯图.

由关系 $\chi(\boldsymbol{q}) = -\Pi^{00}_{\boldsymbol{q},0}$, 我们得到 RPA 中的压缩率 χ_c 和自旋磁化率 χ_s 是

$$\chi_c^{\mathrm{RPA}^+}(\boldsymbol{q}) = \frac{\chi_c^{(0)}(\boldsymbol{q})}{1+U\chi_c^{(0)}(\boldsymbol{q})},$$
$$\chi_s^{\mathrm{RPA}^+}(\boldsymbol{q}) = \frac{\chi_s^{(0)}(\boldsymbol{q})}{1-U\chi_s^{(0)}(\boldsymbol{q})},$$

其中 $\chi_{c,s}^{(0)}(\boldsymbol{q})$ 是自由电子的压缩率和自旋磁化率.

我们看到, (短程) 相互排斥作用强化自旋磁化率并抑制电荷压缩率, 而 (短程) 相互吸引作用抑制自旋磁化率但强化电荷压缩率. 对于嵌套费米面和相互排斥作用, 当 T 趋近与 $1-U\chi_s^{(0)}(\boldsymbol{Q})=0$ 有关的有限临界温度 T_c 时, $\chi_s^{\mathrm{RPA}^+}(\boldsymbol{Q})$ 发散; 低于 T_c 时, 系统自发产生自旋密度波 (SDW) 并自发破坏晶格的自旋旋转对称性和平移对称性. 从 $\chi_s^{(0)}(\boldsymbol{Q})$ 的低温行为可以估算相变温度 [见 (5.6.2)]:

$$T_c \sim E_F e^{-C_1\sqrt{\frac{E_F}{U}}}.$$

我们得到对于嵌套费米面, 相互排斥作用无论多么弱, 总会产生 SDW. 类似地对于嵌套费米面, 吸引相互作用无论多么弱, 总是产生电荷密度波 (CDW). 相变温度是

$$T_c \sim E_F e^{-C_2\sqrt{\frac{E_F}{-U}}}.$$

以上 C_1 和 C_2 是两个正常数.

5.6.2 SDW 态的平均场方法

我们已经看到, 在具有嵌套费米面的系统中, 相互排斥作用会引起 SDW 不稳定性. 在本节和下一节, 我们将研究这样系统的基态, 并证明基态确实具有 SDW 序. 我们准备利用两种方法: 平均场方法和变分方法. 变分方法概念比较简单, 计算比较准确, 还可以计算准粒子之间的相互作用, 而平均场方法数学上简单一些, 我们就先考虑平均场方法.

为了用平均场方法研究在 $T=0$ 的 SDW 态, 我们首先将哈密顿量重新写为更加方便的形式, 利用下列恒等式

$$Un_{\boldsymbol{i}}^2 = -U(c_{\boldsymbol{i}}^\dagger\sigma^z c_{\boldsymbol{i}})^2 + 2Un_{\boldsymbol{i}},$$

将 $2Un_{\boldsymbol{i}}$ 吸收到化学势项中, 就可以把哈巴模型重新写为

$$H = \sum_{\boldsymbol{k},\alpha}\xi_{\boldsymbol{k}} c_{\alpha\boldsymbol{k}}^\dagger c_{\alpha\boldsymbol{k}} - U\sum_{\boldsymbol{i}}(c_{\boldsymbol{i}}^\dagger\sigma^z c_{\boldsymbol{i}})^2.$$

现在我们可以通过用自旋平均 $(-)^{\boldsymbol{i}}M$ 替代其中一个自旋 $c_{\boldsymbol{i}}^\dagger\sigma^z c_{\boldsymbol{i}}$, 并且用 $2M(-)^{\boldsymbol{i}}(c_{\boldsymbol{i}}^\dagger\sigma^z c_{\boldsymbol{i}}) - M^2$ 取代 $(c_{\boldsymbol{i}}^\dagger\sigma^z c_{\boldsymbol{i}})^2$, 形式上得到平均场哈密顿量

$$H_{\text{mean}}^{\text{sub}} = \sum_{\boldsymbol{k},\alpha} \xi_{\boldsymbol{k}} c_{\alpha\boldsymbol{k}}^\dagger c_{\alpha\boldsymbol{k}} - 2U\sum_{\boldsymbol{i}}(-)^{\boldsymbol{i}} M c_{\boldsymbol{i}}^\dagger\sigma^z c_{\boldsymbol{i}} + N_s U M^2.$$

在平均场近似中, 我们认为系统的物理性质由 $H_{\text{mean}}^{\text{sub}}$ 所描述, 不再是原来的相互作用哈密顿量 (5.6.1).

平均场哈密顿量可以严格解出, 在动量空间我们有

$$\begin{aligned} H_{\text{mean}}^{\text{sub}} =& \sum_{\boldsymbol{k},\alpha} 2t(\cos k_x + \cos k_y) c_{\boldsymbol{k}}^\dagger c_{\boldsymbol{k}} - B\sum_{\boldsymbol{k}}(-)^{\boldsymbol{i}} c_{\boldsymbol{k}+\boldsymbol{Q}}^\dagger \sigma^z c_{\boldsymbol{k}} + \text{常数} \\ =& \sum_{\boldsymbol{k}}{}' \psi_{\boldsymbol{k}}^\dagger M_{\boldsymbol{k}} \psi_{\boldsymbol{k}} + \text{常数}, \end{aligned}$$

其中 $B = 2UM$, $\sum_{\boldsymbol{k}}'$ 在约化布里渊区 (见图 5.20) 上求和, $(-)^{\boldsymbol{i}} = (-)^{i_x+i_y}$,

$$M_{\boldsymbol{k}} = \begin{pmatrix} \xi_{\boldsymbol{k}} & -B\sigma^z \\ -B\sigma^z & -\xi_{\boldsymbol{k}} \end{pmatrix}, \qquad \xi_{\boldsymbol{k}} = 2t(\cos k_x + \cos k_y), \tag{5.6.3}$$

并且

$$\psi_{\alpha\boldsymbol{k}} = \begin{pmatrix} c_{\alpha,\boldsymbol{k}} \\ c_{\alpha,\boldsymbol{k}+\boldsymbol{Q}} \end{pmatrix}.$$

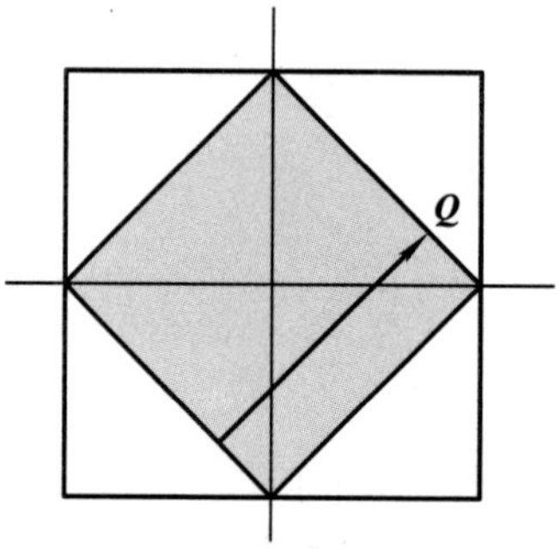

图 5.20 阴影区表示约化布里渊区, 它也是半满带的满费米海.

我们可以引进

$$\begin{aligned} \eta_{\alpha,\boldsymbol{k}} =& -v_{\boldsymbol{k}}\sigma_{\alpha\beta}^z c_{\beta,\boldsymbol{k}} + u_{\boldsymbol{k}} c_{\alpha,\boldsymbol{k}+\boldsymbol{Q}}, \\ \lambda_{\alpha,\boldsymbol{k}} =& u_{\boldsymbol{k}} c_{\alpha,\boldsymbol{k}} + v_{\boldsymbol{k}}\sigma_{\alpha\beta}^z c_{\beta,\boldsymbol{k}+\boldsymbol{Q}}, \end{aligned}$$

使以上平均场哈密顿量 $H_{\text{mean}}^{\text{sub}}$ 对角化, 其中

$$u_{\boldsymbol{k}} = \frac{1}{\sqrt{2}}\sqrt{1 - \frac{\xi_{\boldsymbol{k}}}{\sqrt{\xi_{\boldsymbol{k}}^2 + B^2}}}, \qquad v_{\boldsymbol{k}} = \operatorname{sgn} B \frac{1}{\sqrt{2}}\sqrt{1 + \frac{\xi_{\boldsymbol{k}}}{\sqrt{\xi_{\boldsymbol{k}}^2 + B^2}}}.$$

由于 $u_{\boldsymbol{k}}^2+v_{\boldsymbol{k}}^2=1$, $\eta_{\alpha,\boldsymbol{k}}$ 和 $\lambda_{\alpha,\boldsymbol{k}}$ 满足费米子算符的对易关系:

$$\begin{aligned}\{\eta_{\alpha,\boldsymbol{k}},\eta^\dagger_{\alpha,\boldsymbol{k},}\}=&\delta_{\boldsymbol{k},\boldsymbol{k}'}\delta_{\alpha,\alpha'},\\ \{\lambda_{\alpha,\boldsymbol{k}},\lambda^\dagger_{\alpha,\boldsymbol{k},}\}=&\delta_{\boldsymbol{k},\boldsymbol{k}'}\delta_{\alpha,\alpha'},\\ \{\eta_{\alpha,\boldsymbol{k}},\lambda^\dagger_{\alpha,\boldsymbol{k},}\}=&0,\end{aligned}$$

用 $\eta_{\alpha,\boldsymbol{k}}$ 和 $\lambda_{\alpha,\boldsymbol{k}}$ 表示, 我们有

$$H^{\text{sub}}_{\text{mean}}=\sum_{\alpha,\boldsymbol{k}}{}' E_{\boldsymbol{k}}\eta^\dagger_{\alpha,\boldsymbol{k}}\eta_{\alpha,\boldsymbol{k}}+\sum_{\alpha,\boldsymbol{k}}{}'-E_{\boldsymbol{k}}\lambda^\dagger_{\alpha,\boldsymbol{k}}\lambda_{\alpha,\boldsymbol{k}}+N_sUM^2,$$

并且

$$E_{\boldsymbol{k}}=\sqrt{\xi_{\boldsymbol{k}}^2+B^2}.$$

可以得到平均场基态能量是

$$E_{\text{mean}}=-2\sum_{\boldsymbol{k}}{}' E_{\boldsymbol{k}}+N_s\frac{B^2}{4U},$$

平均场理论得到的准粒子激发谱是 $\pm E_{\boldsymbol{k}}$.

但是, 以上的平均场结果含有一个未知的参量 M —— 交错自旋平均. 为了决定 M, 我们取平均场基态能量 E_{mean} 的最小值, 得到

$$\frac{1}{4}-UN_s^{-1}\sum_{\boldsymbol{k}}{}'\frac{1}{E_{\boldsymbol{k}}}=0, \tag{5.6.4}$$

这个方程称为能隙方程. 从自洽关系

$$M=(-)^{\boldsymbol{i}}\langle\Phi_{\text{mean}}|c_{\boldsymbol{i}}^\dagger\sigma^z c_{\boldsymbol{i}}|\Phi_{\text{mean}}\rangle,$$

也可以得到同样的能隙方程, 其中 $|\Phi_{\text{mean}}\rangle$ 是 $H^{\text{sub}}_{\text{mean}}$ 的基态, 即由平均场基态得到的平均自旋应该等于我们用来得到平均场哈密顿量的假设平均自旋.

如果能隙方程在 $M\neq 0$ 有解, 则相互作用系统的基态自发地破坏自旋旋转对称性, 并形成反铁磁序. 由于当 $B\to 0$ 时 $\int\frac{d^2\boldsymbol{k}}{(2\pi)^2}\frac{1}{E_{\boldsymbol{k}}}\to\infty$, 我们发现只要 $U>0$, (5.6.4) 就总有 $M\neq 0$ 解. 因此正 U 哈巴模型总形成 SDW, 无论 U 多么小. 这个结果与上节得到的结果吻合.

我们要指出, 只要 $\xi_{\boldsymbol{k}}=-\xi_{\boldsymbol{k}+\boldsymbol{Q}}$, 上述结果就是正确的. 这种情况下费米面上不同的点 (其中 $\xi_{\boldsymbol{k}}=0$) 由 $\boldsymbol{Q}$ 连通, 或者换句话说, 费米面满足嵌套条件. 对于费米面不满足嵌套条件的更加普遍的 $\xi_{\boldsymbol{k}}$, 准粒子的色散是

$$\pm\sqrt{\frac{1}{4}(\xi_{\boldsymbol{k}}-\xi_{\boldsymbol{k}+\boldsymbol{Q}})^2+B^2}+\frac{1}{2}(\xi_{\boldsymbol{k}}+\xi_{\boldsymbol{k}+\boldsymbol{Q}}).$$

这种情况下, 能隙方程 (5.6.4) 已不再适用. 结果有对于小量 U 不会形成 SDW.

尽管平均场方法 (以及下面讨论的变分方法) 正确地重现了排斥哈巴模型的反铁磁基态, 但产生的激发谱是不正确的. 这是因为反铁磁基态自发地破坏自旋旋转对称性, 在基态以上就会有无能隙的自旋波激发. 通过自旋关联 $iS^{ab}(\boldsymbol{i}-\boldsymbol{j})=\left\langle(c_{\boldsymbol{i}}^\dagger\sigma^a c_{\boldsymbol{i}})(c_{\boldsymbol{j}}^\dagger\sigma^b c_{\boldsymbol{j}})\right\rangle$ 可以探查自旋波激发. 在平均场理论中, 我们有 $S^{ab}\sim\delta_{ab}G_{\mathrm{mean}}^2$, 其中 G_{mean} 是由 H_{mean} 决定的电子格林函数. 因此 $\mathrm{Im}\,S_{\boldsymbol{k},\omega}^{ab}$ 只有当 $|\omega|>2\Delta$ 时非零. 但是如果我们跳出平均场理论, 用图 5.18 和 5.19 中的 RPA 和梯图计算 S^{ab}, 直至 $\omega=0$ 都有 $\mathrm{Im}\,S_{\boldsymbol{k},\omega}^{ab}$ 非零, 表示存在着无能隙激发. $S_{\boldsymbol{k},\omega}^{ab}$ 甚至还有一个孤立的奇点, 由此我们可以得到自旋波激发的色散.

5.6.3 SDW 态的变分方法

在变分方法中, 我们关注的是基态波函数, 而不是哈密顿量. 我们已经看到, 带有格点上相互排斥作用的哈巴模型具有 SDW 不稳定性, 为了用变分方法了解基态性质, 我们猜测一个基态试探波函数. 一个可能的选择是利用 $H_0=\sum_{\boldsymbol{k},\alpha}\xi_{\boldsymbol{k}}c_{\alpha\boldsymbol{k}}^\dagger c_{\alpha\boldsymbol{k}}$ 的基态 $|\varPsi_0\rangle$ 作为试探波函数, 就像我们在哈特里 – 福克方法中做的那样. 但是 $|\varPsi_0\rangle$ 不破坏自旋对称性和平移对称性, SDW 的不稳定性提醒我们应该可以找到另外一个能量较低的试探波函数. 从对称性上考虑, 我们将

$$H_B=\sum_{\boldsymbol{k},\alpha}2\tilde{t}(\cos k_x+\cos k_y)c_{\alpha\boldsymbol{k}}^\dagger c_{\alpha\boldsymbol{k}}-B\sum_{\boldsymbol{i}}(-)^{\boldsymbol{i}}c_{\boldsymbol{i}}^\dagger\sigma^z c_{\boldsymbol{i}}$$

的基态 $|\varPsi_B\rangle$ 作为试探波函数. 我们不明确显写出多体试探波函数, 而是像在平均场方法中那样先将哈密顿量 H_B 对角化, H_B 的基态满足 $\lambda_{\alpha,\boldsymbol{k}}^\dagger|\varPsi_B\rangle=\eta_{\alpha,\boldsymbol{k}}|\varPsi_B\rangle=0$, 这样的代数关系决定了我们的试探波函数.

注意哈密顿量 H_B 只是一个用来得到试探波函数的算符, 用一个常数缩放 H_B 不会改变试探波函数. 因此我们可以设 $\tilde{t}=t$, 因而 $\tilde{\xi}_{\boldsymbol{k}}=\xi_{\boldsymbol{k}}$, 这时 H_B 的形式与平均场哈密顿量 $H_{\mathrm{mean}}^{\mathrm{sub}}$ 一样. B 是一个改变波函数形状的变分参量, 后面我们要变动 B 使能量最小.

为了计算试探态的平均能量, 注意到对于试探波函数 $|\varPsi_B\rangle$, $\left\langle\eta_{\alpha,\boldsymbol{k}}^\dagger\eta_{\alpha,\boldsymbol{k}}\right\rangle=0$ 且 $\left\langle\lambda_{\alpha,\boldsymbol{k}}^\dagger\lambda_{\alpha,\boldsymbol{k}}\right\rangle=1$. 从

$$c_{\alpha,\boldsymbol{k}}=u_{\boldsymbol{k}}\lambda_{\alpha,\boldsymbol{k}}-v_{\boldsymbol{k}}\sigma_{\alpha\beta}^z\eta_{\beta,\boldsymbol{k}}\qquad c_{\alpha,\boldsymbol{k}+\boldsymbol{Q}}=v_{\boldsymbol{k}}\sigma_{\alpha\beta}^z\lambda_{\beta,\boldsymbol{k}}+u_{\boldsymbol{k}}\eta_{\alpha,\boldsymbol{k}},$$

我们得到

$$\begin{aligned}\left\langle c_{\alpha,\boldsymbol{k}}^\dagger c_{\beta,\boldsymbol{k}}\right\rangle&=u_{\boldsymbol{k}}^2\delta_{\alpha\beta}, & \left\langle c_{\alpha,\boldsymbol{k}+\boldsymbol{Q}}^\dagger c_{\beta,\boldsymbol{k}+\boldsymbol{Q}}\right\rangle&=v_{\boldsymbol{k}}^2\delta_{\alpha\beta},\\ \left\langle c_{\alpha,\boldsymbol{k}}^\dagger c_{\beta,\boldsymbol{k}+\boldsymbol{Q}}\right\rangle&=u_{\boldsymbol{k}}v_{\boldsymbol{k}}\sigma_{\alpha\beta}^z, & \left\langle c_{\alpha,\boldsymbol{k}+\boldsymbol{Q}}^\dagger c_{\beta,\boldsymbol{k}}\right\rangle&=u_{\boldsymbol{k}}v_{\boldsymbol{k}}\sigma_{\alpha\beta}^z.\end{aligned}$$

在实空间中

$$\left\langle c_{\alpha,\boldsymbol{i}}^\dagger c_{\beta,\boldsymbol{i}}\right\rangle=\frac{1}{2}\delta_{\alpha\beta}+2(-)^{\boldsymbol{i}}\sigma_{\alpha\beta}^z N_s^{-1}{\sum_{\boldsymbol{k}}}'u_{\boldsymbol{k}}v_{\boldsymbol{k}}=\frac{1}{2}\delta_{\alpha\beta}+(-)^{\boldsymbol{i}}\sigma_{\alpha\beta}^z N_s^{-1}{\sum_{\boldsymbol{k}}}'\frac{B}{E_{\boldsymbol{k}}},$$

不出所料, 我们的试探态 $|\Psi_B\rangle$ 具有反铁磁序

$$\langle S_{z,\boldsymbol{i}}\rangle=\frac{1}{2}\left\langle c_{\boldsymbol{i}}^{\dagger}\sigma^{z}c_{\boldsymbol{i}}\right\rangle=(-)^{\boldsymbol{i}}M,\qquad M=N_s^{-1}{\sum_{\boldsymbol{k}}}'\frac{B}{E_{\boldsymbol{k}}}.$$

试探态的平均能量是 (见 5.6.4.1 节)

$$\langle\Psi_B|H|\Psi_B\rangle=N_s\left[-2N_s^{-1}{\sum_{\boldsymbol{k}}}'\frac{\xi_{\boldsymbol{k}}^2}{E_{\boldsymbol{k}}}-U\left(N_s^{-1}{\sum_{\boldsymbol{k}}}'\frac{B}{E_{\boldsymbol{k}}}\right)^2+\text{常数}\right],$$

对 $\langle\Psi_B|H|\Psi_B\rangle$ 取极小值, 得到 B 值, 所以这样的 B 满足能隙方程 (见 5.6.4.2 节)

$$1-UN_s^{-1}{\sum_{\boldsymbol{k}}}'\frac{1}{\sqrt{\xi_{\boldsymbol{k}}^2+B^2}}=0. \tag{5.6.5}$$

我们看到 (5.6.4) 和 (5.6.5) 不相吻合, 说明平均场方法可能在首次项就给出不同的结果, 这是因为不同的平均场方法对应于不同的展开, 而不同的展开常常会有不同的首次项.

我们由变分方法还可以研究激发的性质, 激发的试探波函数可以从试探基态 $|\Psi_B\rangle$ 由 $\eta_{\alpha,\boldsymbol{k}}^{\dagger}$ 和 $\lambda_{\alpha,\boldsymbol{k}}$ 生成. 对于激发态我们有 $\left\langle\eta_{\alpha,\boldsymbol{k}}^{\dagger}\eta_{\alpha,\boldsymbol{k}}\right\rangle=n_{\alpha,\boldsymbol{k}}^{+}$ 和 $\left\langle\lambda_{\alpha,\boldsymbol{k}}^{\dagger}\lambda_{\alpha,\boldsymbol{k}}\right\rangle=n_{\alpha,\boldsymbol{k}}^{-}$, 其中 $n_{\alpha,\boldsymbol{k}}^{+}\neq 0$ 和 $n_{\alpha,\boldsymbol{k}}^{-}\neq 1$. 将 $\langle c^{\dagger}c\rangle$ 与 $n_{\alpha,\boldsymbol{k}}^{+}$ 和 $n_{\alpha,\boldsymbol{k}}^{-}$ 联系起来, 我们得到试探激发态的平均能量 (见 5.6.4.3 节)

$$\langle\Psi_B^{\text{exc}}|H|\Psi_B^{\text{exc}}\rangle=E_{\text{ground}}+{\sum_{\boldsymbol{k},\alpha}}'E_{\boldsymbol{k}}(\delta n_{\alpha,\boldsymbol{k}}^{+}-\delta n_{\alpha,\boldsymbol{k}}^{-})+U\delta N+O(\delta n^2),$$

其中 $n_{\alpha,\boldsymbol{k}}^{-}=1-\delta n_{\alpha,\boldsymbol{k}}^{-}$, $n_{\alpha,\boldsymbol{k}}^{+}=\delta n_{\alpha,\boldsymbol{k}}^{+}$ 描述了基态附近的小涨落. 我们看到准粒子激发能谱为 $\pm E_{\boldsymbol{k}}$, 注意对于准粒子激发存在有限能隙 $\Delta=\min E_{\boldsymbol{k}}=|B|$. 由 $(\delta n_{\alpha,\boldsymbol{k}}^{\pm})^2$ 项, 还可以很容易地导出准粒子之间的相互作用.

5.6.4 附录: 一些详细计算

5.6.4.1 平均能量的计算

下面是我们计算平均能量的过程:

$$\begin{aligned}&\langle\Psi_B|H|\Psi_B\rangle\\=&2{\sum_{\boldsymbol{k}}}'(u_{\boldsymbol{k}}^2-v_{\boldsymbol{k}}^2)\xi_{\boldsymbol{k}}+\frac{U}{2}\sum_{\boldsymbol{i}}\left(\left\langle c_{\alpha,\boldsymbol{i}}^{\dagger}c_{\alpha,\boldsymbol{i}}\right\rangle\left\langle c_{\beta,\boldsymbol{i}}^{\dagger}c_{\beta,\boldsymbol{i}}\right\rangle+\left\langle c_{\alpha,\boldsymbol{i}}^{\dagger}c_{\beta,\boldsymbol{i}}\right\rangle\left\langle c_{\alpha,\boldsymbol{i}}c_{\beta,\boldsymbol{i}}^{\dagger}\right\rangle\right)\\=&2{\sum_{\boldsymbol{k}}}'(u_{\boldsymbol{k}}^2-v_{\boldsymbol{k}}^2)\xi_{\boldsymbol{k}}+\frac{U}{2}\sum_{\boldsymbol{i}}\left\{1+\text{Tr}[\frac{1}{2}+(-)^{\boldsymbol{i}}M\sigma^z][\frac{1}{2}-(-)^{\boldsymbol{i}}M\sigma^z]\right\}\\=&N_s\left(-UM^2+\frac{3U}{4}+2N_s^{-1}{\sum_{\boldsymbol{k}}}'-\frac{\xi_{\boldsymbol{k}}}{E_{\boldsymbol{k}}}\xi_{\boldsymbol{k}}\right).\end{aligned}$$

5.6.4.2 能隙方程的计算

为了得到使 $\langle \Psi_B|H|\Psi_B\rangle$ 最小的 B, 使 B 变化并得到

$$
\begin{aligned}
&2N_s^{-1}{\sum_{\boldsymbol{k}}}' -\xi_{\boldsymbol{k}}^2\delta E_{\boldsymbol{k}}^{-1} - 2U\left(N_s^{-1}{\sum_{\boldsymbol{k}}}'\frac{B}{E_{\boldsymbol{k}}}\right)\left(N_s^{-1}{\sum_{\boldsymbol{k}}}'\frac{\delta B}{E_{\boldsymbol{k}}} - \frac{B^2\delta B}{E_{\boldsymbol{k}}^3}\right)\\
=&2N_s^{-1}{\sum_{\boldsymbol{k}}}' -\xi_{\boldsymbol{k}}^2\delta E_{\boldsymbol{k}}^{-1} - 2U\left(N_s^{-1}{\sum_{\boldsymbol{k}}}'\frac{B}{E_{\boldsymbol{k}}}\right)\left(N_s^{-1}{\sum_{\boldsymbol{k}}}'\frac{\xi_{\boldsymbol{k}}^2\delta B}{E_{\boldsymbol{k}}^3}\right)\\
=&\left(2N_s^{-1}{\sum_{\boldsymbol{k}}}' -\xi_{\boldsymbol{k}}^2\delta E_{\boldsymbol{k}}^{-1}\right) - 2U\left(N_s^{-1}{\sum_{\boldsymbol{k}}}'\frac{B}{E_{\boldsymbol{k}}}\right)\left(N_s^{-1}{\sum_{\boldsymbol{k}}}' -\xi_{\boldsymbol{k}}^2B^{-1}\delta E_{\boldsymbol{k}}^{-1}\right).
\end{aligned}
$$

令上式为零就可以得到能隙方程 (5.6.5).

5.6.4.3 激发态平均能量的计算

由下列关系

$$
\begin{aligned}
\left\langle c_{\alpha,\boldsymbol{k}}^\dagger c_{\beta,\boldsymbol{k}}\right\rangle &= u_{\boldsymbol{k}}^2 n_{\alpha,\boldsymbol{k}}^-\delta_{\alpha\beta} + v_{\boldsymbol{k}}^2 n_{\alpha,\boldsymbol{k}}^+\delta_{\alpha\beta}, & \left\langle c_{\alpha,\boldsymbol{k}+\boldsymbol{Q}}^\dagger c_{\beta,\boldsymbol{k}+\boldsymbol{Q}}\right\rangle &= v_{\boldsymbol{k}}^2 n_{\alpha,\boldsymbol{k}}^-\delta_{\alpha\beta} + u_{\boldsymbol{k}}^2 n_{\alpha,\boldsymbol{k}}^+\delta_{\alpha\beta},\\
\left\langle c_{\alpha,\boldsymbol{k}}^\dagger c_{\beta,\boldsymbol{k}+\boldsymbol{Q}}\right\rangle &= u_{\boldsymbol{k}} v_{\boldsymbol{k}}(n_{\alpha,\boldsymbol{k}}^- - n_{\alpha,\boldsymbol{k}}^+)\sigma_{\alpha\beta}^z, & \left\langle c_{\alpha,\boldsymbol{k}+\boldsymbol{Q}}^\dagger c_{\beta,\boldsymbol{k}}\right\rangle &= u_{\boldsymbol{k}} v_{\boldsymbol{k}}(n_{\alpha,\boldsymbol{k}}^- - n_{\alpha,\boldsymbol{k}}^+)\sigma_{\alpha\beta}^z,
\end{aligned}
$$

在实空间我们得到

$$
\left\langle c_{\alpha,\boldsymbol{i}}^\dagger c_{\beta,\boldsymbol{i}}\right\rangle = \delta_{\alpha\beta}N_s^{-1}{\sum_{\boldsymbol{k}}}'(n_{\alpha,\boldsymbol{k}}^- + n_{\alpha,\boldsymbol{k}}^+) + 2(-)^{\boldsymbol{i}}\sigma_{\alpha\beta}^z N_s^{-1}{\sum_{\boldsymbol{k}}}' u_{\boldsymbol{k}} v_{\boldsymbol{k}}(n_{\alpha,\boldsymbol{k}}^- - n_{\alpha,\boldsymbol{k}}^+),
$$

由此可以计算

$$
\begin{aligned}
&\sum_{\boldsymbol{i}}\left(\left\langle c_{\alpha,\boldsymbol{i}}^\dagger c_{\alpha,\boldsymbol{i}}\right\rangle\left\langle c_{\beta,\boldsymbol{i}}^\dagger c_{\beta,\boldsymbol{i}}\right\rangle + \left\langle c_{\alpha,\boldsymbol{i}}^\dagger c_{\beta,\boldsymbol{i}}\right\rangle\left\langle c_{\alpha,\boldsymbol{i}} c_{\beta,\boldsymbol{i}}^\dagger\right\rangle\right)\\
=&\sum_{\boldsymbol{i}}(n_{\uparrow,\boldsymbol{i}} + n_{\downarrow,\boldsymbol{i}})^2 + n_{\uparrow,\boldsymbol{i}}(1 - n_{\uparrow,\boldsymbol{i}}) + n_{\downarrow,\boldsymbol{i}}(1 - n_{\downarrow,\boldsymbol{i}})\\
=&\sum_{\boldsymbol{i}} n_{\uparrow,\boldsymbol{i}} + n_{\downarrow,\boldsymbol{i}} + 2n_{\uparrow,\boldsymbol{i}}n_{\downarrow,\boldsymbol{i}}\\
=&N + 2N_s^{-2}\sum_{\boldsymbol{i}}{\sum_{\boldsymbol{k},\boldsymbol{k}'}}'\left[n_{\uparrow,\boldsymbol{k}}^- + n_{\uparrow,\boldsymbol{k}}^+ + 2(-)^{\boldsymbol{i}}u_{\boldsymbol{k}}v_{\boldsymbol{k}}(n_{\uparrow,\boldsymbol{k}}^- - n_{\uparrow,\boldsymbol{k}}^+)\right]\times\left[n_{\downarrow,\boldsymbol{k}'}^- + n_{\downarrow,\boldsymbol{k}'}^+ - 2(-)^{\boldsymbol{i}}u_{\boldsymbol{k}'}v_{\boldsymbol{k}'}(n_{\downarrow,\boldsymbol{k}'}^- - n_{\downarrow,\boldsymbol{k}'}^+)\right]\\
=&N + 2N_s^{-1}{\sum_{\boldsymbol{k},\boldsymbol{k}'}}'\left[(n_{\uparrow,\boldsymbol{k}}^- + n_{\uparrow,\boldsymbol{k}}^+)(n_{\downarrow,\boldsymbol{k}'}^- + n_{\downarrow,\boldsymbol{k}'}^+) - \frac{B^2}{E_{\boldsymbol{k}}E_{\boldsymbol{k}'}}(n_{\uparrow,\boldsymbol{k}}^- - n_{\uparrow,\boldsymbol{k}}^+)(n_{\downarrow,\boldsymbol{k}'}^- - n_{\downarrow,\boldsymbol{k}'}^+)\right].
\end{aligned}
$$

利用这个结果, 我们得到

$$
\begin{aligned}
\langle\Psi_B^{\text{exc}}|H|\Psi_B^{\text{exc}}\rangle =&{\sum_{\boldsymbol{k},\alpha}}'(u_{\boldsymbol{k}}^2 - v_{\boldsymbol{k}}^2)(n_{\alpha,\boldsymbol{k}}^- - n_{\alpha,\boldsymbol{k}}^+)\xi_{\boldsymbol{k}}\\
&+\frac{U}{2}\sum_{\boldsymbol{i}}\left(\left\langle c_{\alpha,\boldsymbol{i}}^\dagger c_{\alpha,\boldsymbol{i}}\right\rangle\left\langle c_{\beta,\boldsymbol{i}}^\dagger c_{\beta,\boldsymbol{i}}\right\rangle + \left\langle c_{\alpha,\boldsymbol{i}}^\dagger c_{\beta,\boldsymbol{i}}\right\rangle\left\langle c_{\alpha,\boldsymbol{i}} c_{\beta,\boldsymbol{i}}^\dagger\right\rangle\right)\\
=&-{\sum_{\boldsymbol{k},\alpha}}'\frac{\xi_{\boldsymbol{k}}^2}{E_{\boldsymbol{k}}}(n_{\alpha,\boldsymbol{k}}^- - n_{\alpha,\boldsymbol{k}}^+) + \frac{U}{N_s}{\sum_{\boldsymbol{k},\boldsymbol{k}'}}'(n_{\uparrow,\boldsymbol{k}}^- + n_{\uparrow,\boldsymbol{k}}^+)(n_{\downarrow,\boldsymbol{k}'}^- + n_{\downarrow,\boldsymbol{k}'}^+)\\
&+\frac{U}{N_s}{\sum_{\boldsymbol{k},\boldsymbol{k}'}}'\frac{B^2}{E_{\boldsymbol{k}}E_{\boldsymbol{k}'}}(n_{\uparrow,\boldsymbol{k}}^- - n_{\uparrow,\boldsymbol{k}}^+)(n_{\downarrow,\boldsymbol{k}'}^- - n_{\downarrow,\boldsymbol{k}'}^+) + \frac{U}{2}N,
\end{aligned}
\tag{5.6.6}
$$

其中 $N=\sum_i n_{\uparrow,i}+n_{\downarrow,i}$ 是总电子数, $n_{\alpha,i}$ 是自旋 α 的电子在格点 i 的数目.

展开 $\langle \Psi_B^{\text{exc}}|H|\Psi_B^{\text{exc}}\rangle$ 至 $\delta n_{\alpha,\boldsymbol{k}}^{\pm}$ 的线性项, 我们得到

$$\begin{aligned}\langle \Psi_B^{\text{exc}}|H|\Psi_B^{\text{exc}}\rangle =&E_{\text{ground}}+\frac{U}{2}\delta N-\sum_{\boldsymbol{k},\alpha}{}'\frac{\xi_{\boldsymbol{k}}^2}{E_{\boldsymbol{k}}}(\delta n_{\alpha,\boldsymbol{k}}^- - \delta n_{\alpha,\boldsymbol{k}}^+)\\ &+\frac{U}{N_s}\sum_{\boldsymbol{k},\boldsymbol{k}',\alpha}{}'\left[(\delta n_{\alpha,\boldsymbol{k}}^- + \delta n_{\alpha,\boldsymbol{k}}^+)-\frac{B^2}{E_{\boldsymbol{k}}E_{\boldsymbol{k}'}}(\delta n_{\alpha,\boldsymbol{k}}^- - \delta n_{\alpha,\boldsymbol{k}}^+)\right]\\ =&E_{\text{ground}}+\sum_{\boldsymbol{k},\alpha}{}'E_{\boldsymbol{k}}(\delta n_{\alpha,\boldsymbol{k}}^+ - \delta n_{\alpha,\boldsymbol{k}}^-)+U\delta N+O(\delta n^2),\end{aligned}$$

其中我们利用了 $N=\sum'_{\boldsymbol{k},\alpha}(n_{\alpha,\boldsymbol{k}}^- + n_{\alpha,\boldsymbol{k}}^+)$, $\sum'_{\boldsymbol{k}}1=N_s/2$ 和 $1=\frac{U}{N_s}\sum'_{\boldsymbol{k}'}E_{\boldsymbol{k}'}^{-1}$.

5.7 非线性 σ 模型

要点:

- 通过路径积分得到对称性破缺相的有效拉格朗日量, 由有效拉格朗日量我们就可以研究对称性破缺相的动力学性质

5.7.1 SDW 态的非线性 σ 模型

上节所用的平均场方法不能重现 SDW 态中的无能隙自旋波激发, 为了得到自旋波激发, 我们必须跳出平均场理论, 使用比如 RPA 的方法. 但是我们这里将要利用半经典方法和相关的非线性 σ 模型去研究自旋波激发. 半经典方法首先需要为自旋波推导出一个低能有效拉格朗日量.

在我们的变分方法中, 已经在 "变分" 哈密顿量中包含 B 场, 产生了具有均匀反铁磁自旋极化 M 的试探波函数. 比较自然地包含自旋波的办法是用与空间有关的 $\boldsymbol{B_i}$ 场替代 "变分" 哈密顿量中的 B, 在新的试探波函数中产生与空间有关的反铁磁自旋极化 $\boldsymbol{M_i}$. 新试探波函数的能量 $E[\boldsymbol{M_i}]$ 是 $\boldsymbol{M_i}$ 的函数, 可以看做是自旋波的能量, 但是 $E[\boldsymbol{M_i}]$ 是与时间无关的自旋波涨落, 只是自旋波的势能. 为了得到有效拉格朗日量, 我们还需要含时自旋波涨落的动能, 得到自旋波动能 (以及势能) 最简单的方法是利用在 5.5.1 节里讨论的路径积分方法.

为了得到自旋波的低能有效理论, 注意到哈巴项 $\frac{U}{2}c_{\alpha,\boldsymbol{i}}^\dagger c_{\alpha,\boldsymbol{i}}c_{\beta,\boldsymbol{i}}^\dagger c_{\beta,\boldsymbol{i}}$ 对于 $n_{\boldsymbol{i}}=0$ 等于 0; 对于 $n_{\boldsymbol{i}}=1$ 等于 $U/2$; 对于 $n_{\boldsymbol{i}}=2$ 等于 $2U$. 而且 $\boldsymbol{S}_{\boldsymbol{i}}^2$ 对于 $n_{\boldsymbol{i}}=0$ 等于 0; 对于 $n_{\boldsymbol{i}}=1$ 等于 3/4; 对于 $n_{\boldsymbol{i}}=2$ 等于 0. 其中

$$\boldsymbol{S}_{\boldsymbol{i}}=\frac{1}{2}c_{\boldsymbol{i}}^\dagger\boldsymbol{\sigma}c_{\boldsymbol{i}},$$

是在格点 $\boldsymbol{i}$ 的总自旋算符, 因此

$$\frac{U}{2}c_{\alpha,\boldsymbol{i}}^\dagger c_{\alpha,\boldsymbol{i}}c_{\beta,\boldsymbol{i}}^\dagger c_{\beta,\boldsymbol{i}}=Un_{\boldsymbol{i}}-\frac{2U}{3}\boldsymbol{S}_{\boldsymbol{i}}^2.$$

我们将 $Un_{\boldsymbol{i}}$ 项吸收到化学势中而消去此项, 使哈巴模型由下列路径积分

$$Z=\int \mathcal{D}(c^*c)\ e^{i\int dt\ L_0+L_I}$$

所描述, 其中

$$\begin{aligned} L_0 =& i\sum_{\boldsymbol{i}} c^*_{\alpha,\boldsymbol{i}}\partial_t c_{\alpha,\boldsymbol{i}}-\sum_{\langle \boldsymbol{ij}\rangle}-t(c^*_{\alpha,\boldsymbol{i}}c_{\alpha,\boldsymbol{j}}+c^*_{\alpha,\boldsymbol{j}}c_{\alpha,\boldsymbol{i}})\\ L_I =& \frac{U}{6}\sum_{\boldsymbol{i}} c^\dagger_{\boldsymbol{i}}\boldsymbol{\sigma}c_{\boldsymbol{i}}c^\dagger_{\boldsymbol{i}}\boldsymbol{\sigma}c_{\boldsymbol{i}}.\end{aligned}$$

这里的技巧是把相互作用项写做

$$e^{i\int dt\ \frac{U}{6}c^\dagger_{\boldsymbol{i}}\boldsymbol{\sigma}c_{\boldsymbol{i}}c^\dagger_{\boldsymbol{i}}\boldsymbol{\sigma}c_{\boldsymbol{i}}}=\text{常数}\ \int \mathcal{D}[\boldsymbol{B}_{\boldsymbol{i}}(t)]\ e^{i\int dt\ (-)^{\boldsymbol{i}}\boldsymbol{B}_{\boldsymbol{i}}(t)c^\dagger_{\boldsymbol{i}}\boldsymbol{\sigma}c_{\boldsymbol{i}}-\frac{3}{2U}\boldsymbol{B}^2_{\boldsymbol{i}}(t)},$$

上式将费米四阶项变为费米二阶项, 现在配分函数可以重新写为

$$\begin{aligned} Z=&\int \mathcal{D}(c^*c)\mathcal{D}(\boldsymbol{B})\ e^{i\int dt\ L_B-i\int dt\ \frac{3}{2U}\sum_{\boldsymbol{i}}\boldsymbol{B}^2_{\boldsymbol{i}}}, \qquad (5.7.1)\\ L_B =& i\sum_{\boldsymbol{i}} c^*_{\alpha,\boldsymbol{i}}\partial_t c_{\alpha,\boldsymbol{i}}-\sum_{\langle \boldsymbol{ij}\rangle}-t(c^*_{\alpha,\boldsymbol{i}}c_{\alpha,\boldsymbol{j}}+c^*_{\alpha,\boldsymbol{j}}c_{\alpha,\boldsymbol{i}})+\sum_{\boldsymbol{i}}(-)^{\boldsymbol{i}}\boldsymbol{B}_{\boldsymbol{i}}(t)c^\dagger_{\boldsymbol{i}}\boldsymbol{\sigma}c_{\boldsymbol{i}},\end{aligned}$$

其中费米拉格朗日量是二次的. 如果我们先对费米子积分, 就得到

$$Z=\int \mathcal{D}(\boldsymbol{B})\ e^{i\int dt\ L_{\text{eff}}(\boldsymbol{B})},$$

其中 $L_{\text{eff}}(\boldsymbol{B})$ 是有效拉格朗日量, 由于 $\boldsymbol{B}$ 与电子自旋耦合在一起, 所描述的就是自旋波涨落.

让我们首先研究 $L_{\text{eff}}(\boldsymbol{B})$ 的一些基本性质, 假设 $\boldsymbol{B}$ 是时空中的一个常数, 则

$$L_{\text{eff}}(\boldsymbol{B})=-2{\sum}'_{\boldsymbol{k}}(-E_{\boldsymbol{k}})-\frac{3}{2U}N_s\boldsymbol{B}^2=-E_{\text{mean}}(\boldsymbol{B})$$

是负的平均场能量, 其中 $E_{\boldsymbol{k}}=\sqrt{\xi^2_{\boldsymbol{k}}+|\boldsymbol{B}|^2}$. 取 $E_{\text{mean}}(\boldsymbol{B})$ 的最小值, 我们得到能隙方程

$$\frac{3}{2}-UN_s^{-1}{\sum}'_{\boldsymbol{k}}\frac{1}{E_{\boldsymbol{k}}}=0. \qquad (5.7.2)$$

上式决定了 $\boldsymbol{B}_0$ 的平均场值, 如果 $\boldsymbol{B}_0\neq 0$, 平均场基态就是一个 SDW 态, 我们先假设情况正是如此.

显然, 与不同自旋取向相关的基态是简并的. 则一个长波自旋取向的涨落, 对应于低能激发. 为了研究这类低能涨落, 引进

$$\boldsymbol{B}_{\boldsymbol{i}}(t)=|\boldsymbol{B}_{\boldsymbol{i}}(t)|\boldsymbol{n}_{\boldsymbol{i}}(t),\qquad |\boldsymbol{n}_{\boldsymbol{i}}(t)|=1,$$

并用 $|\boldsymbol{B}_0|$ 替代 $|\boldsymbol{B}_{\boldsymbol{i}}(t)|$, 就得到低能有效拉格朗日量 $L_\sigma(\boldsymbol{n})=L_{\text{eff}}(\boldsymbol{n}\boldsymbol{B}_0)$. 在长波极限, 有效拉格朗日量可以写为

$$L_\sigma(\boldsymbol{n})=\int d^d\boldsymbol{x}\ \frac{1}{2g}\left[(\partial_t\boldsymbol{n})^2-v^2(\partial_{\boldsymbol{x}}\boldsymbol{n})^2\right]+\cdots \qquad (5.7.3)$$

"... " 表示高阶微商项. 自旋旋转对称性禁止了可能的势项 (或质量项) $V(\boldsymbol{n})$, 保证了无能隙的自旋涨落. 这样的拉格朗日量称为 $O(3)$ 非线性 σ 模型.

我们注意到, 有效拉格朗日量是 $\partial_\mu \boldsymbol{n}$ 的级数展开, 但是当 $\boldsymbol{B}=\boldsymbol{n}B_0$, (5.7.1) 中的 L_B 直接依赖于 $\boldsymbol{n}$, 怎样可以得到 $\partial_\mu \boldsymbol{n}$ 的级数展开并非一目了然. 下面我们介绍一个技巧, 用它可以直接计算非线性 σ 模型中的 g 和 v.

我们引进 $\psi_{\boldsymbol{i}}=U_{\boldsymbol{i}}c_{\boldsymbol{i}}$, 其中

$$U_{\boldsymbol{i}}=\begin{pmatrix} z_{1\boldsymbol{i}}^* & z_{2\boldsymbol{i}}^* \\ -z_{2\boldsymbol{i}} & z_{1\boldsymbol{i}} \end{pmatrix}, \qquad \psi_{\boldsymbol{i}}=\begin{pmatrix} \psi_{1\boldsymbol{i}} \\ \psi_{2\boldsymbol{i}} \end{pmatrix},$$

$$z_{\boldsymbol{i}}=\begin{pmatrix} z_{1\boldsymbol{i}} \\ z_{2\boldsymbol{i}} \end{pmatrix}, \qquad z_{\boldsymbol{i}}^\dagger z_{\boldsymbol{i}}=1, \qquad z_{\boldsymbol{i}}^\dagger \boldsymbol{\sigma} z_{\boldsymbol{i}}=\boldsymbol{n}_{\boldsymbol{i}},$$

$\psi_{1\boldsymbol{i}}$ 对应于在 $\boldsymbol{n}_{\boldsymbol{i}}$ 方向的自旋, $\psi_{2\boldsymbol{i}}$ 对应 $-\boldsymbol{n}_{\boldsymbol{i}}$ 方向的自旋. 这样 L_B 可以重新写为

$$L_B=i\sum_{\boldsymbol{i}}\psi_{\boldsymbol{i}}^*(\partial_t+U_{\boldsymbol{i}}\partial_t U_{\boldsymbol{i}}^\dagger)\psi_{\boldsymbol{i}}-\sum_{\langle \boldsymbol{ij}\rangle}-t(\psi_{\boldsymbol{i}}^* u_{ij}\psi_{\boldsymbol{j}}+h.c.)+B_0\sum_{\boldsymbol{i}}(-)^{\boldsymbol{i}}\psi_{\boldsymbol{i}}^\dagger\sigma^z\psi_{\boldsymbol{i}},$$

其中

$$u_{ij}=1+\begin{pmatrix} z_{\boldsymbol{i}}^\dagger z_{\boldsymbol{j}}-1 & \frac{1}{2}(z_{\boldsymbol{i}}-z_{\boldsymbol{j}})^\dagger i\sigma^y(z_{\boldsymbol{i}}^*+z_{\boldsymbol{j}}^*) \\ -\frac{1}{2}(z_{\boldsymbol{i}}-z_{\boldsymbol{j}})^T i\sigma^y(z_{\boldsymbol{i}}+z_{\boldsymbol{j}}) & z_{\boldsymbol{j}}^\dagger z_{\boldsymbol{i}}-1 \end{pmatrix}.$$

在新的基矢上 B_0 项与 $\boldsymbol{n}$ 无关, 而 L_B 通过 $\boldsymbol{n}$ 的微商与 $\boldsymbol{n}$ 相关.

考虑在 $\boldsymbol{n}=\hat{\boldsymbol{z}}$ 附近的小涨落:

$$\boldsymbol{n}_{\boldsymbol{i}}=\hat{\boldsymbol{z}}+\mathrm{Re}\,\phi_{\boldsymbol{i}}\hat{\boldsymbol{x}}+\mathrm{Im}\,\phi_{\boldsymbol{i}}\hat{\boldsymbol{y}} \tag{5.7.4}$$

以及相应的自旋场

$$z_{\boldsymbol{i}}=\begin{pmatrix} 1-|\phi_{\boldsymbol{i}}|^2/8 \\ \phi_{\boldsymbol{i}}/2 \end{pmatrix}+O(\phi_{\boldsymbol{i}}^3),$$

进一步假设 ϕ 是实数, u_{ij} 可以简化为

$$u_{\boldsymbol{ij}}=1+\begin{pmatrix} -\frac{1}{8}(\phi_{\boldsymbol{i}}-\phi_{\boldsymbol{j}})^2 & \frac{1}{2}(\phi_{\boldsymbol{j}}-\phi_{\boldsymbol{i}}) \\ -\frac{1}{2}(\phi_{\boldsymbol{j}}-\phi_{\boldsymbol{i}}) & -\frac{1}{8}(\phi_{\boldsymbol{i}}-\phi_{\boldsymbol{j}})^2 \end{pmatrix}=e^{i\frac{\phi_{\boldsymbol{i}}-\phi_{\boldsymbol{j}}}{2}\sigma^y},$$

$U_{\boldsymbol{i}}\partial_t U_{\boldsymbol{i}}^\dagger$ 可以简化为

$$U_{\boldsymbol{i}}\partial_t U_{\boldsymbol{i}}^\dagger=\begin{pmatrix} 0 & -\frac{1}{2}\partial_t\phi_{\boldsymbol{i}} \\ \frac{1}{2}\partial_t\phi_{\boldsymbol{i}} & 0 \end{pmatrix},$$

我们注意到费米子与自旋涨落耦合是以与 $SU(2)$ 规范场耦合的形式, 对于小自旋涨落, L_B 可以写为

$$L_B=i\sum_{\boldsymbol{i}}\psi_{\boldsymbol{i}}^*\partial_t\psi_{\boldsymbol{i}}-H_0-H_I,$$

其中

$$H_0 + H_I = -t\sum_{\langle \boldsymbol{ij}\rangle}(\psi_{\boldsymbol{i}}^* e^{ia_{\boldsymbol{ij}}}\psi_{\boldsymbol{j}} + h.c.) + B_0\sum_{\boldsymbol{i}}(-)^{\boldsymbol{i}}\psi_{\boldsymbol{i}}^*\sigma^z\psi_{\boldsymbol{i}} + \sum_{\boldsymbol{i}}\psi_{\boldsymbol{i}}^* a_0(\boldsymbol{i})\psi_{\boldsymbol{i}},$$

$a_0(\boldsymbol{i}) = -\frac{1}{2}\partial_t\phi_{\boldsymbol{i}}\sigma^y$, 并且 $a_{\boldsymbol{ij}} = \frac{1}{2}(\phi_{\boldsymbol{i}} - \phi_{\boldsymbol{j}})\sigma^y$.

如果 $a_0(\boldsymbol{i})$ 和 $a_{\boldsymbol{ij}}$ 在空间中是常数, 哈密顿量 $H_0 + H_I$ 就可以在动量空间中解出, 取 $a_0(\boldsymbol{i}) = -\frac{1}{2}B_y\sigma^y$ 和 $a_{\boldsymbol{ij}} = \frac{1}{2}\boldsymbol{a}\cdot(\boldsymbol{i}-\boldsymbol{j})\sigma^y$, 注意 $B_y = \partial_t\phi$ 和 $\boldsymbol{a} = \partial_{\boldsymbol{i}}\phi_{\boldsymbol{i}}$, 对于小量 B_y 和 $\boldsymbol{a}$, 基态能量的形式是

$$E_0(B_y, \boldsymbol{a}) = -C_1 B_y^2(\boldsymbol{i}) + C_2\boldsymbol{a}^2, \tag{5.7.5}$$

$a_0^2(\boldsymbol{i})$ 项是在有效拉格朗日量 (5.7.3) 中的 $(\partial_t\boldsymbol{n})^2$ 项: $C_1 a_0^2(\boldsymbol{i}) = \int d^d\boldsymbol{x}(\partial_t\phi)^2/2g$, $a_{\boldsymbol{ij}}^2$ 项是 $(\partial_{\boldsymbol{x}}\boldsymbol{n})^2$ 项: $C_2\boldsymbol{a}^2 = \int d^d\boldsymbol{x} v^2(\partial_{\boldsymbol{x}}\phi)^2/2g$, 我们就可以得到 L_σ 中的 g 和 v, 因此

$$g^{-1} = -a^{-d}N_s^{-1}\frac{\partial^2 E_0(B_y)}{\partial B_y^2}\Big|_{B_y=0}, \qquad E_0(B_y) = N_s^{-1}{\sum_{\boldsymbol{k}}}'(-E_{+,\boldsymbol{k}}^g - E_{-,\boldsymbol{k}}^g),$$
$$E_{\pm,\boldsymbol{k}}^g = \sqrt{(\xi_{\boldsymbol{k}} \pm \frac{B_y}{2})^2 + B_0^2}, \tag{5.7.6}$$

并且

$$\frac{v^2}{g} = a^{-d}\frac{\partial^2 E_0(\boldsymbol{a})}{\partial \boldsymbol{a}^2}\Big|_{\boldsymbol{a}=0}, \qquad E_0(\boldsymbol{a}) = N_s^{-1}{\sum_{\boldsymbol{k}}}'(-E_{+,\boldsymbol{k}}^v - E_{-,\boldsymbol{k}}^v),$$
$$E_{\pm,\boldsymbol{k}}^v = \left|\sqrt{\frac{1}{4}(\xi_{\boldsymbol{k}+\frac{1}{2}\boldsymbol{a}} + \xi_{\boldsymbol{k}-\frac{1}{2}\boldsymbol{a}})^2 + B_0^2} \pm \frac{1}{2}(\xi_{\boldsymbol{k}+\frac{1}{2}\boldsymbol{a}} - \xi_{\boldsymbol{k}-\frac{1}{2}\boldsymbol{a}})\right|, \tag{5.7.7}$$

其中 a 是晶格常量, ${\sum_{\boldsymbol{k}}}'$ 是对于约化布里渊区的求和 (见图 5.20).

习题

5.7.1 证明 (5.7.6) 和 (5.7.7).

5.7.2 长程有序的稳定性

要点:

- 利用非线性 σ 模型可以研究量子涨落和 SWD 态的稳定性
- 稳定性与拓扑项

经典图像下非线性 σ 模型 (5.7.3) 有一个基态是 $\boldsymbol{n}(\boldsymbol{x}) = \hat{z}$, 具有长程自旋序, 小自旋波涨落由 (5.7.4) 描述, 其拉格朗日量是

$$\frac{1}{2g}\left(|\partial_t\phi|^2 - v^2|\partial_{\boldsymbol{x}}\phi|^2\right),$$

它的线性色散 $\epsilon_{\boldsymbol{k}}=v|\boldsymbol{k}|$ 就像 XY 模型中的涨落. 量 $\left\langle|\phi(\boldsymbol{x},t)-\phi(0)|^2\right\rangle$ 度量长程横向自旋涨落的强度, 如果 $\left\langle|\phi(\boldsymbol{x},t)-\phi(0)|^2\right\rangle\gg 1$, 则不可能存在长程有序, 这个问题与在 XY 模型中的一样. 涨落的强度受 g 控制, g 小的时候涨落就弱; 当 g 过大时, 长程自旋序就会被自旋波涨落破坏. 但是当 $d\leqslant 1$ 时, 我们发现 $\left\langle|\phi(\boldsymbol{x},t)-\phi(0)|^2\right\rangle$ 随着 $(\boldsymbol{x},t)\to\infty$ 发散, 无论 g 多么小, 因此在 $d\leqslant 1$ 时对于 g 的任何取值都不会长程有序. 对于 XY 模型, 当 $d=1$ 在特定条件下, 仍然可以代数长程有序. 现在问题是对于 $d=1$, $O(3)$ 非线性 σ 模型能否代数长程有序.

为了回答这个问题, 让我们在虚时考虑下列 1+1D 系统

$$\frac{1}{2g}\left(|\partial_\tau \boldsymbol{n}|^2+v^2|\partial_x \boldsymbol{n}|^2\right),$$

上述作用量有一个非平凡的稳定 "路径", 是一个瞬子解 (见图 5.21). 作用量与瞬子的尺度无关, 等于 $S_0=4\pi v/g$, 因为对于任何 $\boldsymbol{n}(x,\tau)$ 和任何度量因子 b, $S[\boldsymbol{n}(x,\tau)]=S[\boldsymbol{n}(bx,b\tau)]$.

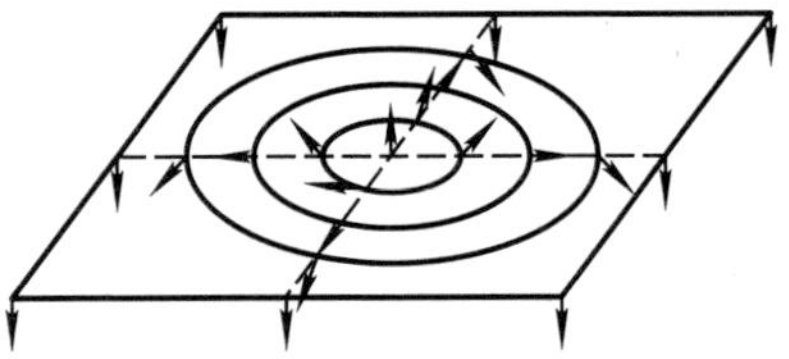

图 5.21 1+1D $O(3)$ 非线性 σ 模型中的瞬子解.

由于作用量是有限的, 瞬子的 (时空) 密度就总是有限, 意味着瞬子之间的距离是 $le^{S_0/2}$ 的量级, 其中 l 是短距离截断. 瞬子的尺度也是 $le^{S_0/2}$ 的量级 (因为瞬子的作用量与其尺度无关). 因此长程自旋序会被瞬子破坏, 自旋自旋关联是短程的, 关联长度为 $\xi\sim le^{S_0/2}$. 值得注意的是 ξ 或 $1/\xi$ 对于 g 的关系是非微扰的.

我们有 $O(3)$ 非线性 σ 模型在 1+1D 具有短程关联, 所有激发都有能隙, 但是这个结果只对了一半, $O(3)$ 非线性 σ 模型可以包含改变模型低能性质的拓扑项.

为了了解拓扑项的来源, 我们来考虑哈巴模型 (5.6.1) 的大 U 值极限. 当 $U\gg t$ 时, (半满的) 哈巴模型的低能性质由海森堡模型描述:

$$H=\sum_{\langle ij\rangle} J\boldsymbol{S}_i\cdot\boldsymbol{S}_j, \tag{5.7.8}$$

其中 $\boldsymbol{S}_i=c_i^\dagger\frac{\boldsymbol{\sigma}}{2}c_i$ 是自旋算符且 $J=4t^2/U$. 海森堡模型的有效拉格朗日量是

$$L=i\sum_i z_i^\dagger\dot{z}_i-\frac{J}{4}\sum_{\langle ij\rangle}\boldsymbol{n}_i\cdot\boldsymbol{n}_j, \tag{5.7.9}$$

其中 $z=\begin{pmatrix}z_1\\z_2\end{pmatrix}$ 并且 $\boldsymbol{n}=z^\dagger\boldsymbol{\sigma}z$. 现在假设海森堡模型的基态是反铁磁 (简称 AF) 态 $\boldsymbol{n}_i=(-)^i\hat{\boldsymbol{z}}$, 我们来研究在 AF 基态附近的小涨落.

无能隙自旋波涨落写为

$$\boldsymbol{n}_i(t)=(-)^i\boldsymbol{n}(x_i,t),$$

人们很容易想到将上式代入拉格朗日量 (5.7.9)，得到连续空间的有效理论, 但是这种办法考虑欠周, 不能得到正确的结果, 首先因为产生的拉格朗日量只含有时间导数的一阶项, 没有二阶项. 有人也许会说在低能一阶时间导数项比二阶时间导数项更重要, 可以舍去二阶时间导数项. 但是, 这里的一阶时间导数项正好是全微商项, 对运动方程没有作用, 我们只有包含二阶时间导数项, 运动方程才能有明显的动力学性质. 这里的情形与我们在 3.3.3 节中遇到的情形十分相似, 我们在那里是通过相互作用玻色模型推导 XY 模型.

为了得到二阶时间导数项, 考虑下面更加普遍的涨落

$$\boldsymbol{n}_i(t)=(-)^i\boldsymbol{n}(x_i,t)+\boldsymbol{m}(x_i,t), \tag{5.7.10}$$

其中在 $|\boldsymbol{n}(x,t)|=1$ 时, $\boldsymbol{n}(x,t)$ 是 (x,t) 的光滑函数, 在 $|\boldsymbol{m}(x,t)|\ll 1$ 和 $\boldsymbol{m}(x,t)\cdot\boldsymbol{n}(x,t)=0$ 时, $\boldsymbol{m}(x,t)$ 也是 (x,t) 的光滑函数. $\boldsymbol{n}$ 描述了低能 AF 自旋波涨落, $\boldsymbol{m}$ 描述了高能量的铁磁涨落, 可以在积分后消去. 由于 $\int dt\ 2iz_i^\dagger\dot{z}_i$ 是 $\boldsymbol{n}_i$ 张开的立体角, 我们有

$$\int dt\ 2iz_i^\dagger\dot{z}_i=\int dt\ 2i(-)^iz(x_i,t)^\dagger\dot{z}(x_i,t)+\int dt\ \boldsymbol{n}\cdot(\dot{\boldsymbol{n}}\times\boldsymbol{m}),$$

其中 $\boldsymbol{n}(x,t)=z^\dagger(x,t)\boldsymbol{\sigma}z(x,t)$, 或

$$i\sum_i z_i^\dagger\dot{z}_i=\frac{1}{2}\int dx\frac{1}{2}\boldsymbol{n}\cdot(\partial_t\boldsymbol{n}\times\partial_x\boldsymbol{n})+\int dx\frac{1}{2a}\boldsymbol{n}\cdot(\dot{\boldsymbol{n}}\times\boldsymbol{m}).$$

(5.7.9) 中的 $\frac{J}{4}\sum_{\langle ij\rangle}\boldsymbol{n}_i\cdot\boldsymbol{n}_j$ 项产生了 $\boldsymbol{m}^2$ 项, 对 $\boldsymbol{m}$ 积分后, 得到

$$S=\int dtdx\ \frac{1}{2g}[(\partial_t\boldsymbol{n})^2-v^2(\partial_x\boldsymbol{n})^2]+\int dtdx\ \frac{1}{4}\boldsymbol{n}\cdot(\partial_t\boldsymbol{n}\times\partial_x\boldsymbol{n}),$$

与我们在 (5.7.3) 以前计算的有效作用量比较, 上式多出一项

$$W=\int dtdx\ \frac{1}{4\pi}\boldsymbol{n}\cdot(\partial_t\boldsymbol{n}\times\partial_x\boldsymbol{n}), \tag{5.7.11}$$

这一项是拓扑项, 由于对于任何小变化 $\delta\boldsymbol{n}$, $W(\boldsymbol{n}+\delta\boldsymbol{n})-W(\boldsymbol{n})=0$[6]. 因此 $W(\boldsymbol{n})$ 对于不同的可以连续地相互变形的 $\boldsymbol{n}$ 取同样的值, 注意 $\boldsymbol{n}$ 是一个从 2D 平面 $\mathcal{R}^2$ 到球面 S^2 的映射: $\mathcal{R}^2 \to S^2$. 映射确实具有不同的类别, 不能连续地相互变形. 这些不同的类别均由一个绕数 —— $\mathcal{R}^2$ 围绕 S^2 的次数标识, (5.7.11) 中的 $W(\boldsymbol{n})$ 只取整数, 是绕数的数学表示. $O(3)$ 非线性 σ 模型的作用量可以写为

$$S=\theta W(\boldsymbol{n})+\int dtdx\ \frac{1}{2g}[(\partial_t\boldsymbol{n})^2-v^2(\partial_x\boldsymbol{n})^2], \tag{5.7.12}$$

其中 $\theta=\pi$.

与 g 和 v 不同, $\theta=\pi$ 的数值是准确并量子化的, 不受微扰展开中高阶项的修正. 为了有这一点, 我们注意到, 平移一个晶格格子引起了在有效理论 (5.7.12) 中 $\boldsymbol{n}\to-\boldsymbol{n}$ 的变换, S 应该在这样的变换下不变. 由于经过变换 $W\to-W$, 只有 $\theta=0,\pi$ 与平移一个晶格格子的对称性吻合, 因此只要作为基础的晶格哈密顿量对于一个晶格格子具有平移不变性, θ 就只能取 0 和 π 两个值. 由于 θ 的量子化, (5.7.12) 不只适用于海森堡模型 (5.7.8), 还可用于哈巴模型 (5.6.1) 的 AF 态. 我们还注意到对于自旋 S 的海森堡模型, AF 态也由 $O(3)$ 非线性 σ 模型描述, 只是 $\theta=2\pi S$. (如果明显地破坏对称性, 比如说让 $J_{i,i+1}\neq J_{i+1,i+2}$, 则 θ 的取值就不再量子化.)

上述关于瞬子将代数长程有序变为短程有序的讨论只有当 θ 可以被 2π 整除时才有效, 因此, 整数自旋的海森堡模型具有短程关联和有限能隙, 基态是一个自旋单态 (对于偶数格点的链). 对于具有半整数自旋的海森堡模型, $\theta=\pi$, 以上瞬子讨论不再适用, 自旋自旋关联实际上在这种情况下代数长程有序: $\langle\boldsymbol{S}_i\cdot\boldsymbol{S}_j\rangle\sim 1/|i-j|$. 基态仍然是一个自旋单态 (对于偶数格点的链), 但是现在具有无能隙激发.

---

[6] 我们注意到

$$W(\boldsymbol{n}+\delta\boldsymbol{n})-W(\boldsymbol{n})=\int dtdx\ [\frac{1}{4\pi}\boldsymbol{n}\cdot(\partial_t\delta\boldsymbol{n}\times\partial_x\boldsymbol{n})+\frac{1}{4\pi}\boldsymbol{n}\cdot(\partial_t\boldsymbol{n}\times\partial_x\delta\boldsymbol{n})],$$

由于 $\boldsymbol{n}\cdot\delta\boldsymbol{n}=0$ 且 $\partial_t\boldsymbol{n}\times\partial_x\boldsymbol{n}$ 与 $\boldsymbol{n}$ 平行, 而且

$$\begin{aligned}&\int dtdx\ \boldsymbol{n}\cdot(\partial_t\delta\boldsymbol{n}\times\partial_x\boldsymbol{n})=\int dtdx\ \partial_t\delta\boldsymbol{n}\cdot(\partial_x\boldsymbol{n}\times\boldsymbol{n})\\ =&-\int dtdx\ [\delta\boldsymbol{n}\cdot(\partial_t\partial_x\boldsymbol{n}\times\boldsymbol{n})+\delta\boldsymbol{n}\cdot(\partial_x\boldsymbol{n}\times\partial_t\boldsymbol{n})]=-\int dtdx\ [\delta\boldsymbol{n}\cdot(\partial_t\partial_x\boldsymbol{n}\times\boldsymbol{n})].\end{aligned}$$

类似地

$$\int dtdx\ \boldsymbol{n}\cdot(\partial_t\boldsymbol{n}\times\partial_x\delta\boldsymbol{n})=+\int dtdx\ [\delta\boldsymbol{n}\cdot(\partial_t\partial_x\boldsymbol{n}\times\boldsymbol{n})].$$

绕数还给出瞬子作用量 S_0 的下界: $S_0 \geq 4\pi v|W|/g$[7]. 瞬子解实际上使下界饱和, 而且 $S_0 = 4\pi v/g$. 由于在时空中的瞬子密度是 $\sim e^{-S_0} = e^{-4\pi v/g}$, 我们得到自旋关联长度

$$\xi = l_0 e^{2\pi v/g} \tag{5.7.13}$$

其中 l_0 是短距离截断长度.

5.7.3 量子数和低能激发

要点:

- 从连续空间的非线性 σ 模型计算低能激发的晶体动量

我们假设 $d > 1$ 并且系统具有真正的长程 AF 序, AF 基态以上的低能激发由 $O(3)$ 非线性 σ 模型

$$S = \int dtdx\ \frac{1}{2g}[(\partial_t \boldsymbol{n})^2 - v^2(\partial_x \boldsymbol{n})^2] \tag{5.7.14}$$

描述, 这里我们要利用 S 计算有限系统的低能激发.

首先考虑在空间

$$\boldsymbol{n}(\boldsymbol{x}, t) = \boldsymbol{n}_0(t) \tag{5.7.15}$$

由常量 $\boldsymbol{n}$ 所描述的涨落, 我们已经假定晶格在各方向都有偶数个格点, 这样上述拟设 (5.7.15) 可以和 AF 序吻合. 对于 $\boldsymbol{n}_0$ 的有效作用量是

$$S_0 = \int dt\ \frac{M}{2}\dot{\boldsymbol{n}}_0^2,$$

其中 $M = \mathcal{V}/g$ 并且 $\mathcal{V}$ 是空间的体积. S_0 描述了一个在单位球上运动的质量为 M 的粒子, 能级用系统中总自旋 (S, S_z) 的 "角动量" 标记:

$$E_{S,S_z} = \frac{S(S+1)}{2M}, \qquad S_z = -S, -S+1, \cdots, S.$$

由于晶格有偶数个格点, S 总是整数, 注意到 E_{S,S_z} 的大小与 $\mathcal{V}^{-1}$ 相仿, 远小于最低自旋波激发的能量 (如果 $d > 1$, 后者与 $\mathcal{V}^{-1/d}$ 相仿).

现在我们考虑激发态 $|S, S_z\rangle$ 的动量, 由于它们来自一个常量 $\boldsymbol{n}_0$, 很自然会想到所有 $|S, S_z\rangle$ 态都动量为零. 但是, $\boldsymbol{n}_0$ 只有在从偶数 (奇数) 格点平移到偶数 (奇数) 的变换下才是不变的, 因此 $|S, S_z\rangle$ 也只在这些变换下不变, 这就限制了 $|S, S_z\rangle$ 的动量为 0 或 $Q = (\pi, \pi, \cdots, \pi)$. 变换一个晶格格子后, $\boldsymbol{n}_0 \to -\boldsymbol{n}_0$, 因此在 $\boldsymbol{n}_0 \to -\boldsymbol{n}_0$ 下是偶数的态的动量是 0, 在 $\boldsymbol{n}_0 \to -\boldsymbol{n}_0$ 下是奇数的态的动量为 Q. 我们有偶数 S 态携带动量为零, 奇数 S 态携带动量为 Q.

---

[7] 假设 $v = 1$, 对于一个小方格 $\delta\tau \times \delta x$, 其中 $\delta\tau = \delta x$,

$$\int_{\delta\tau\times\delta x} d\tau dx\ [(\partial_\tau \boldsymbol{n})^2 + (\partial_x \boldsymbol{n})^2] = (\delta_\tau \boldsymbol{n})^2 + (\delta_x \boldsymbol{n})^2$$

$$\geq 2|\boldsymbol{n}\cdot(\delta_\tau \boldsymbol{n} \times \delta_x \boldsymbol{n})| = 2\left|\int_{\delta\tau\times\delta x} d\tau dx\ \boldsymbol{n}\cdot(\partial_\tau \boldsymbol{n} \times \partial_x \boldsymbol{n})\right|.$$

由绕数 $(4\pi)^{-1}\int d\tau dx\ \boldsymbol{n}\cdot(\partial_\tau \boldsymbol{n} \times \partial_x \boldsymbol{n}) = \pm 1$, 我们得到 $S_0 \geq 4\pi v|W|/g$ (v 已经代回).

习题

5.7.2 从 (5.7.9) 计算 (5.7.12) 中的 S(即从 J 和格点间隔 a 决定 g 和 v 的数值).

5.7.4 SDW 的量子无序态和大 N 方法

要点:

- 由连续空间非线性 σ 模型得到的量子无序相是不可相信的, 除非经过晶格模型的检验

我们知道, 即使在 $d > 1$, 如果 g 是大值, $\boldsymbol{n}$ 在 $O(3)$ 非线性 σ 模型 (5.7.3) 中的涨落就会很强, g 大到一定程度, 强烈的量子涨落就会破坏基态中的长程自旋序. 本节我们就来考虑这样的量子无序相.

为了使计算便于控制, 我们将 $O(3)$ 模型推广到 $O(N)$ 模型, 并考虑大 N 的极限. 这样的 $O(N)$ 非线性 σ 模型在 $1+d$ 维中由

$$\mathcal{L} = \frac{1}{2g}\partial_\mu \boldsymbol{n} \partial_\mu \boldsymbol{n}$$

描述, 其中 $\boldsymbol{n} = (n_1, \cdots, n_N)$ 且 $\boldsymbol{n}\cdot\boldsymbol{n} = 1$, 此外我们还选择了虚时并设 $v = 1$.

在小量 g 极限并且 $d > 1$ 时, 基态 $\langle \boldsymbol{n} \rangle \neq 0$, 破坏了 $O(N)$ 对称, 低能激发是自旋波, 上述非线性 σ 模型非常好地描述了自旋波激发. 当 g 是大值时, $\boldsymbol{n}$ 的强量子涨落恢复了基态 $\langle \boldsymbol{n} \rangle = 0$ 的对称性. 现在的问题是量子无序相的有效理论是什么? 上述拉格朗日量并不能很好地描述无序态.

为了得到无序态的有效理论, 我们明确地增加一个限制 $|\boldsymbol{n}| = 1$,

$$Z = \int \mathcal{D}(\boldsymbol{n})\delta(\boldsymbol{n}\cdot\boldsymbol{n} - 1)e^{-\int dt d^d\boldsymbol{x} \frac{1}{2g}(\partial_\mu \boldsymbol{n})^2} = \int \mathcal{D}(\boldsymbol{n})\mathcal{D}(\lambda)e^{-\int dt d^d\boldsymbol{x}\ \left[\frac{1}{2g}(\partial_\mu \boldsymbol{n})^2 + \lambda(\boldsymbol{n}\cdot\boldsymbol{n}-1)\right]}, \quad (5.7.16)$$

其中 $\lambda(\boldsymbol{x}, t)$ 的形式比较奇异

$$\lambda(\boldsymbol{x}, t) = \lambda_0 + ih(\boldsymbol{x}, t),$$

并且 h 是实函数. $\lambda(\boldsymbol{x}, t)$ 更加自然的选择是 $\lambda(\boldsymbol{x}, t) = ih(\boldsymbol{x}, t)$, 它也可以再现 $\delta(\boldsymbol{n}\cdot\boldsymbol{n} - 1)$. 但是在下面的计算中, 我们发现作用量的鞍点只对实常量 λ 存在. 因此更一般的选择 $\lambda(\boldsymbol{x}, t) = \lambda_0 + ih(\boldsymbol{x}, t)$ 就可以达到作用量的鞍点, 并同时重现 $\delta(\boldsymbol{n}\cdot\boldsymbol{n} - 1)$. (尝试利用鞍点近似计算 $\int d\lambda\ e^{-g\lambda^2 - if\lambda}$. 我们会看到一个类似的结构.)

现在对 $\boldsymbol{n}$ 没有任何限制, 得到无序态有效理论的数学的技巧是首先对 $\boldsymbol{n}$ 积分, 得到下面对 λ 的有效理论

$$Z = \int \mathcal{D}(\lambda)e^{-S_{\text{eff}}}$$
$$S_{\text{eff}} = \frac{N}{2}\text{Tr}\ln[-\frac{1}{2g}(\partial_\mu)^2 + \lambda] - \int dt d^d\boldsymbol{x}\ \lambda$$

这里把 $-\frac{1}{2g}(\partial_\mu)^2+\lambda$ 看做是一个将 $f(x)$ 映射到 $\tilde{f}(x_\mu)=[-\frac{1}{2g}(\partial_\mu)^2+\lambda]f(x_\mu)=\tilde{f}(x_\mu)$ 的算符, Tr 是这个算符的迹. 由于 $S_{\rm eff}\propto N$, 我们有当 N 是大值时, λ 的涨落小, 可以利用半经典近似.

在半经典的方法中, 我们首先找出常量 λ, 它是作用量 $S_{\rm eff}(\lambda)$ 的鞍点, 这里我们要寻找一个 $\lambda=\lambda_0$(即 $h=0$) 形式的解. $\lambda=\lambda_0$ 的作用量是

$$\frac{S_{\rm eff}}{\mathcal{V}_{\rm st}}=-\lambda_0+\frac{N}{2\mathcal{V}_{\rm st}}\sum_k\ln[\frac{(k_\mu)^2}{2g}+\lambda_0]=-\lambda_0+\frac{N}{2}\int\frac{d^{d+1}k_\mu}{(2\pi)^{d+1}}\ln[\frac{(k_\mu)^2}{2g}+\lambda_0],$$

其中 $\mathcal{V}_{\rm st}$ 是时空体积, 积分 k_μ 具有高能截断: $|k|<\Lambda$. 对于小正量 λ_0, $S_{\rm eff}$ 是

$$\frac{S_{\rm eff}}{\mathcal{V}_{\rm st}}=\left[-1+Ng\int\frac{d^{d+1}k_\mu}{(2\pi)^{d+1}}\frac{1}{k^2}\right]\lambda_0,$$

在 $g>g_c$ 时这是一个正数.

$$g_c=\frac{d-1}{(2\pi)^{(d+1)}S_dN}(\Lambda)^{(1-d)},$$

其中 S_d 是在 $d+1$ 维的总立体角. 对于大值 $\lambda_0\sim\Lambda^{(1+d)}$, 我们得到 $S_{\rm eff}/\mathcal{V}_{\rm st}\sim-(\Lambda)^{(1+d)}$ 小于零, 因此当 $g>g_c$, $S_{\rm eff}$ 在正 λ_0 点有一个鞍点 (最大值) (见图 5.22). λ_0 的值由

$$gN\int\frac{d^{d+1}k_\mu}{(2\pi)^{d+1}}\frac{1}{k^2+2g\lambda_0}=1$$

决定. 我们注意到, λ_0 是 $S_{\rm eff}$ 对于涨落 $\lambda=\lambda_0+\delta\lambda$ 的最大值, 其中 $\delta\lambda$ 是实数. 但是这样的涨落是不允许的, 允许的涨落形式是 $\lambda=\lambda_0+ih$, 其中 h 是实数. λ_0 是对于这些允许涨落的 $S_{\rm eff}$ 的最小值.

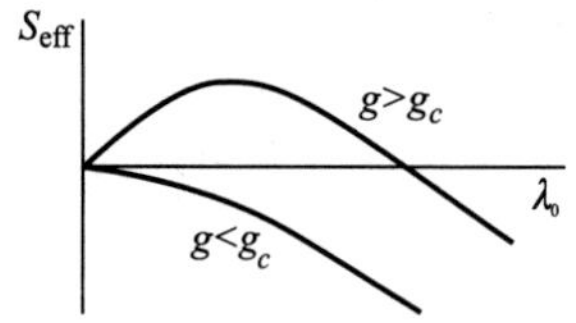

图 5.22 $S_{\rm eff}$ 是 λ_0 的函数.

$\lambda=\lambda_0$ 描述了系统的基态 $|\lambda_0\rangle$, $|\lambda_0\rangle$ 态可以看做是一个用 λ_0 标记的相干态. 由于 λ 在自旋旋转下不变, 基态 $|\lambda_0\rangle$ 不破坏自旋旋转对称性, 因此也就是我们要找的量子无序态. 我们看到, 只有 $g>g_c$, 量子无序态才存在.

对于 $d=1$, 需要修改上述讨论. 对于较小的 λ_0,

$$\frac{S_{\rm eff}}{\mathcal{V}_{\rm st}}=\left[-1+\frac{Ng}{4\pi}\ln(1/\lambda_0)\right]\lambda_0,$$

对于所有 g 的正值, $S_{\rm eff}$ 具有正的鞍点 (最大值), 因此 $g_c=0$ 和 $d=1$ 的系统总是处于量子无序态. 对于小量 g, 我们得到

$$\lambda_0\sim(\Lambda)^2e^{-4\pi/Ng},$$

利用

$$\ln(M+\delta M)=\ln M(1+M^{-1}\delta M)=\ln M+M^{-1}\delta M-\frac{1}{2}(M^{-1}\delta M)^2+\cdots$$

我们发现涨落 $\lambda=\lambda_0+ih$ 的有效作用量是

$$S_h=\frac{N}{4}\mathrm{Tr}[\frac{2g}{-\partial^2+2g\lambda_0}h\frac{2g}{-\partial^2+2g\lambda_0}h],$$

如果将其看作是在 k-ω 空间的算符, 我们有 $\frac{2g}{-\partial^2+2g\lambda_0}=\frac{2g}{k^2+2g\lambda_0}\delta_{k',k}$ 和 $h=\mathcal{V}_{\mathrm{st}}^{-1}h_{k'-k}$. 因此

$$\begin{aligned}S_h=&\frac{N}{4}\mathcal{V}_{\mathrm{st}}^{-2}\sum_{k,q}\frac{2g}{(k+q)^2+2g\lambda_0}h_q\frac{2g}{k^2+2g\lambda_0}h_{-q}\\=&\frac{N}{4}\int\frac{d^{(d+1)}kd^{(d+1)}q}{(2\pi)^{2(d+1)}}\frac{2g}{(k+q)^2+2g\lambda_0}h_q\frac{2g}{k^2+2g\lambda_0}h_{-q}\\=&\frac{N}{4}\int\frac{d^{(d+1)}q}{(2\pi)^{(d+1)}}\pi(q)h_{-q}h_q,\end{aligned}$$

其中

$$\pi(q)=\int\frac{d^{(d+1)}k}{(2\pi)^{(d+1)}}\frac{2g}{(k+q)^2+2g\lambda_0}\frac{2g}{k^2+2g\lambda_0}.$$

涨落的有效理论含有关于量子无序相的基态之上激发的信息. 对于实时

$$\pi(\nu,\boldsymbol{q})=\int\frac{d\omega d^d\boldsymbol{k}}{(2\pi)^{(d+1)}}\frac{2g}{(\omega+\nu)^2-(\boldsymbol{k}+\boldsymbol{q})^2-2g\lambda_0+i0^+}\frac{2g}{\omega^2-\boldsymbol{k}^2-2g\lambda_0+i0^+},$$

我们得到关联

$$-i\langle h_{-\nu,-\boldsymbol{q}}h_{\nu,\boldsymbol{q}}\rangle=\frac{2}{N\pi(\nu,\boldsymbol{q})},$$

当 $|\nu|<2\sqrt{2g\lambda_0}$, 关联 $\langle h_{-\nu,-\boldsymbol{q}}h_{\nu,\boldsymbol{q}}\rangle$ 没有虚部, 表示自旋为 0 的激发态的最小能量是 $2\sqrt{2g\lambda_0}$.

为了更好地了解自旋的动力学性质, 我们注意到在大值 N 极限, λ 的涨落不大, 因此我们可以简单地将 λ 当做在 (5.7.16) 中的常量 $\lambda=\lambda_0$, 这样一来, 在量子无序相中 $\boldsymbol{n}$ 的有效拉格朗日量就是

$$\mathcal{L}_n=\frac{1}{2g}(\partial_\mu\boldsymbol{n})^2+\lambda_0(\boldsymbol{n}\cdot\boldsymbol{n}-1),$$

其中 $\boldsymbol{n}$ 不受 $\boldsymbol{n}^2=1$ 限制. $\boldsymbol{n}$ —— 自旋为 1 激发的涨落具有能隙 $\sqrt{2g\lambda_0}$, 以前讨论的 λ 涨落实际上是一对自旋为 1 的激发态. 对于 $d=1$ 的系统, 自旋为 1 激发态能隙的量级是

$$\Delta_{\mathrm{spin}-1}\sim(\Lambda)e^{-2\pi/Ng},$$

而且显然在量子无序态自旋自旋关联是短程的, 关联长度是

$$\xi=\Lambda^{-1}e^{2\pi/Ng}.$$

注意当 $N=3$, 上式与 (5.7.13) 不同.

现在, 抓住真理的时刻到了. 当 $N=3$, 小量 g 极限的非线性 σ 模型应该可以描述自旋系统

$$H=\sum_{\langle ij\rangle}J_{ij}\boldsymbol{S_i}\cdot\boldsymbol{S_j}$$

的反铁磁相, 我们来调节 J_{ij} 增加自旋涨落[8]. 可以想象在这种情形下, 相应的非线性 σ 模型将具有大 g 值, 而自旋就处于无序相. 在非线性 σ 模型中, 无序基态是 $|\lambda_0\rangle$. 但是基态 $|\lambda_0\rangle$ 实际上是什么? 用格点自旋表示的形式是什么? 以上从非线性 σ 模型得到的结果是否可信? 特别是非线性 σ 模型预期, 一维的量子涨落总会破坏长程反铁磁序, 产生的态短程有序并有有限能隙. 这是否意味着任何具有反铁磁耦合的 1D 自旋模型都总是处于自旋无序相并具有有限能隙?

这些都是非常重要的问题, 有时连续场论中形式上的计算只能得到一些没用的东西, 因为连续场论不能抓住某些关键的格点性质. 我们必须从格点的观点了解场论的结果, 并且对我们所讨论的内容有所把握.

我们从 1D 系统开始. 如果自旋是半整数, 则上述对于量子无序相的讨论就根本不适用. 这是因为讨论没有包含在 $d=1$ 半整数自旋系统中出现的拓扑项. 对于整数自旋系统, 我们是否应该相信非线性 σ 模型的无序态? 我们在此要指出, 对于整数自旋系统, 有可能构造出描述自旋旋转不变和平移不变态的格波函数. 让我们以自旋为 1 系统为例, 取 $|++\rangle_i$, $|--\rangle_i$, $|+-\rangle_i=|-+\rangle_i$ 为格点 i 上自旋为 1 的三个态, 则所寻求的态的形式为 (见图 5.23)

$$|\Psi_0\rangle=\sum_{\alpha_i,\beta_i=\pm}\cdots\epsilon_{\beta_{i-1}\alpha_i}|\alpha_i\beta_i\rangle_i\epsilon_{\beta_i\alpha_{i+1}}|\alpha_{i+1}\beta_{i+1}\rangle_{i+1}\cdots \tag{5.7.17}$$

$|\Psi_0\rangle$ 上的激发是有能隙的自旋为 1 的激发态, 与非线性 σ 模型的结果相吻合, 我们可以认为 $|\Psi_0\rangle$ 就是场论中的基态 $|\lambda_0\rangle$, 这样我们就更加相信上述的场论讨论至少对于整数自旋系统是有意义的, 特别是我们相信具有反铁磁耦合的 1D 自旋模型只有短程自旋关联和有限能隙.

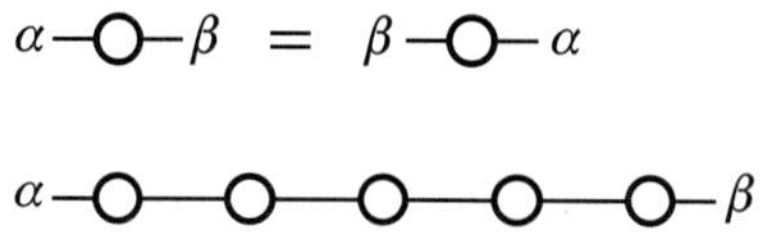

图 5.23 态 $|\alpha\beta\rangle$ 的图表示以及 (5.7.17) 中 1D 自旋为 1 的液体态.

1D 自旋为 1 无序态的格波函数具有一个非常有趣的性质, 对于有限的自旋链, 链的两端会有两个解耦的自旋为 1/2 的自旋, 这一点很出人意料, 因为我们在每个格点上只有自旋为 1 的自旋. 自旋液体态特殊的量子关联使得自旋为 1/2 的分数化自旋出现在链的两端. 现在的一个大问题就是, 在有限链上利用有效理论时, 能否还能在链的末端重现 1/2 自旋? 为了回答这个问题, 我们首先注意到对于自旋为 1 的链, 非线性 σ 模型的作用量中有一个拓扑项 $2\pi W$, 由于 W 是整数, 这样的项在路径积分中没有效果. 但是对于有限链, W 是非量子化的, 我们有

$$2\pi W=\frac{1}{2}\Omega[\boldsymbol{n}(0,t)]-\frac{1}{2}\Omega[\boldsymbol{n}(L,t)],$$

[8]引进阻挫可以做到这一点, 即某些 J_{ij} 偏好反铁磁态, 而另外一些偏好铁磁态.

其中 $\boldsymbol{n}(0,t)$ 和 $\boldsymbol{n}(L,t)$ 是在链末端的 $\boldsymbol{n}$ 矢量场, $\Omega[\boldsymbol{n}(t)]$ 是 $\boldsymbol{n}(t)$ 转过的立体角, 假设 $\boldsymbol{n}(t)$ 形成了封闭的回路. 我们得到自旋为 1 的拓扑项尽管对封闭链没有效果, 但对开放链的贡献却不小, 在每一端, 自旋的动力学性质为

$$S=\frac{1}{2}\Omega[\boldsymbol{n}(t)]+\int dt\frac{M}{2}\dot{\boldsymbol{n}}^2.$$

上式描述的正是 1/2 自旋. 在看见它可以产生分数的末端自旋之后, 我们就可以相信上述场论方法对于 1D 整数自旋是正确的.

我们还注意到, 大系统 (即封闭的链) 中非线性 σ 模型无论有或没有拓扑项都有同样的行为. 两种系统的量子无序态都具有短程自旋关联和平移对称性. 但是尽管对称性相同, 这两种自旋液体态是不同的, 一种的末端自旋是 1/2 自旋, 另一种则不是. 能隙如果不合拢, 就不会从一种态连续转变至另一种态, 两种态属于不同的相. 现在我们面对着一种全新的局面: 两种不同的相有绝对相同的对称性, 朗道利用对称性和序参量对相分类的方法在这里碰了壁, 对称性不足以标识不同的量子相, 我们需要新的概念 —— 拓扑序来完全地标识量子相. 我们只有说, 上述两种自旋液体态具有两种不同的拓扑序 (见第八章).

现在我们考虑 2D 自旋系统. 对于自旋为 2 的系统, 我们可以构建平移和旋转不变的格点自旋液体波函数, 如图 5.24(a) 所示. 因此量子无序态的场理论似乎适用于自旋为 2 系统, 但是对于自旋为 1 系统, 却难以在格点上构建平移和旋转不变的自旋液体波函数. 因此 $O(3)$ 非线性 σ 模型方法是否适于自旋为 1 或自旋 1/2 系统是不清楚的. 在第九章, 我们将利用更加高级的办法研究二维自旋 1/2 系统中可能的自旋液体态, 我们将会看到, 连续空间非线性模型方法还有欠缺, 2D 中 1/2 自旋系统可以具有多种不同的具有相同对称性的无序相.

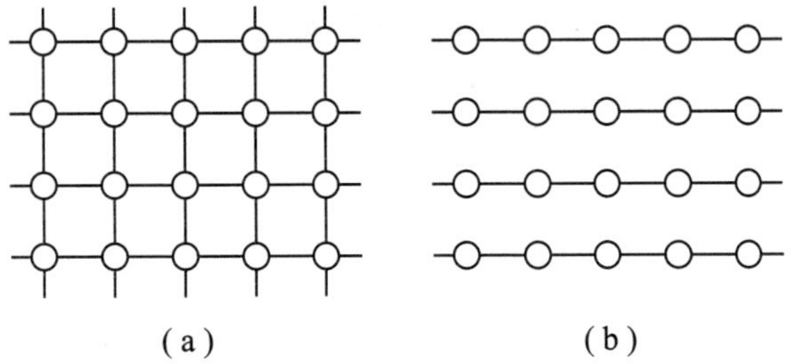

图 5.24 $d=2$ 液体态的图表示: (a) 自旋为 2; (b) 自旋为 1.

第六章　量子规范理论

量子场论可以粗略地划分为三类: 玻色场论、费米场论和规范理论. 前几章我们已经讨论了玻色子和费米子的量子场论, 本章我们就来讨论规范理论, 但这里还只是形式上对规范理论作一番介绍, 更加详细的物理讨论将在第十章进行.

也许有人会奇怪, 为什么量子场论会分为三类? 自然界选择哪一类量子场论来描述自己? 似乎自然界选择的是费米场论和规范理论. 因此规范理论很重要. 但是自然界为什么选择比较复杂的费米场论和规范理论, 却放弃了比较简单的玻色场论? 第十章给出了以上问题的一个答案. 其实我们不需要引进费米场论和规范理论, 它们会从一个局域玻色系统演生出来, 由于规范理论是演生出来的, 不难想象也可以用它来描述一些凝聚态系统. 实际上从凝聚态系统演生的规范理论多于我们的真空中的规范理论, 这个演生新理论的现象也产生了一个引人关注的问题: 玻色模型是否还会演生费米场论和规范理论以外的其他种类的量子场论?

6.1　简单规范理论

6.1.1　规范"对称性"和规范"对称性"破缺

要点:

- 规范理论是一种用几种标记标记相同量子态的理论[1]
- 规范"对称性"并不是一种对称性, 因此永远也不会被破坏

当两种不同的量子态 $|a\rangle$ 和 $|b\rangle$ (即 $\langle a|b\rangle = 0$) 具有相同的性质时, 我们就说在 $|a\rangle$ 和 $|b\rangle$ 之间具有对称性. 如果我们使用两种不同的标记 "a" 和 "b" 标记相同的态, $|a\rangle = |b\rangle$, 则 $|a\rangle$ 和

[1] 规范理论的这种解释很不正规, 但却是准确的. 关于规范理论的历史渊源, 请见附录 10.7.4.

$|b\rangle$ 显然就具有相同的性质, 这种情况下我们说在 $|a\rangle$ 和 $|b\rangle$ 之间具有规范 "对称性", 并且称关于 $|a\rangle$ 和 $|b\rangle$ 的理论 (至少在形式上) 为 "规范理论". 由于 $|a\rangle$ 和 $|b\rangle$ 是相同的态, 永远具有相同的性质, 根据定义, 规范 "对称性" 就永远不会被破坏.

通常相同的事物具有相同的性质时, 我们不说它们有对称性, 因此 "规范对称性" 和 "规范对称性破缺" 这两个词汇是理论物理中最容易使人误入歧途的词汇. 下面我们将不再使用这两个引起混淆的词. 当我们用多个标记标记相同的态时, 我们就说它们具有规范结构 (取代规范 "对称性"). 当我们改变标记方式时, 就说规范结构发生了变化 (取代规范 "对称性" 破缺).

6.1.2 没有规范场的规范理论

要点:

- 规范变换、规范不变态和规范不变算符的概念

以上规范理论的例子 (只包括一个态) 过于简单, 本节我们将研究一个比较复杂的例子. 考虑一个在一维周期势中运动的粒子

$$\begin{aligned} H =&\frac{1}{2m}p^2 + V\cos(2\pi x/a), \\ \mathcal{H} =&\{\,|x\rangle\}, \end{aligned} \tag{6.1.1}$$

其中 $\mathcal{H}$ 是系统可能的态的希尔伯特空间. 这里我们要强调, 仅有哈密顿量还不足以描述系统, 只有哈密顿量和希尔伯特空间 $(H, \mathcal{H})$ 一起, 才能确定一个系统.

上述系统具有平移对称性

$$T_a^\dagger H T_a = H, \qquad T_a|x\rangle = |x+a\rangle,$$

我们可以通过把这种对称性变成规范结构来定义一个规范理论. 所得到的规范理论是

$$\begin{aligned} H =&\frac{1}{2m}p^2 + V\cos(2\pi x/a), \\ \mathcal{H}_a =&\{\,|\psi\rangle, T_a|\psi\rangle = |\psi\rangle\}. \end{aligned} \tag{6.1.2}$$

这是通过修改希尔伯特空间, 而保持 "相同的" 哈密顿量定义的理论. 新的希尔伯特空间是在对称变换下不变的子空间. 因为哈密顿量具有对称性, 其作用在不变的子空间中. 我们称这种变换为 T_a *规范变换*, 而在新的希尔伯特空间中的态称为*规范不变态*. 这样的规范理论简单说来就是描述一个圆上的粒子.

许多规范理论的概念都可以用这种 "比较复杂" 的规范理论讨论, 对于在一条直线上的粒子, $|x\rangle$ 和 $|x+a\rangle$ 两个态是具有相同性质的不同态, 因此具有平移对称. 对于在一个圆上的粒子, $|x\rangle$ 和 $|x+a\rangle$ 是相同的态, x 和 $x+a$ 不过是标记相同量子态的两个标记. 规范变换就是这些标记着相同态的不同标记之间的变换, 因此根据定义, 规范变换实际上是不起任何作用的

变换, 所有物理态根据定义都是规范不变量. 如果一个态不是规范不变量 [如在我们的例子里的一个非周期性的波函数 $\psi(x)$], 则这个态就不属于物理希尔伯特空间 (即它不能是在圆上粒子的波函数). 所有物理算符必须也是规范不变量, $O = T_a^\dagger O T_a$. 否则, 算符将把一个物理态变为一个物理希尔伯特空间之外的非物理态. 由此可见在规范理论中保持规范不变性很重要, 只有规范不变态和规范不变算符才有意义.

另一种熟知的规范理论是全同粒子系统, 其中的交换对称性其实是一种规范结构. 下面的双粒子系统

$$
\begin{aligned}
H =& H(x^1) + H(x^2), \\
\mathcal{H} =& \{ |x^1, x^2\rangle \}
\end{aligned}
$$

具有交换对称性 $(x^1, x^2) \to (x^2, x^1)$, 但它不是一个全同粒子系统. 如果我们将交换对称性变为一种规范结构 (即缩减希尔伯特空间), 则新的系统由

$$
\begin{aligned}
H =& H(x^1) + H(x^2), \\
\mathcal{H}_b =& \{ |x^1, x^2\rangle \big| \, |x^1, x^2\rangle = |x^2, x^1\rangle \}
\end{aligned}
$$

所描述, 这样的系统就是一个全同粒子系统. 注意全同粒子系统不具有交换对称性, 因为 $|x^1, x^2\rangle$ 和 $|x^2, x^1\rangle$ 就是相同的态. 所有与全同粒子有关的特殊干涉现象均来自规范结构.

6.2 Z_2 格点规范理论

本节, 我们将研究最简单的有规范场的规范理论 —— Z_2 规范理论, Z_2 规范理论会作为我们将在第九章和十章讨论的几种量子液体态的有效理论出现, 因此 Z_2 规范理论对于了解这些量子液体态是非常重要的.

与任何量子理论一样, 为了定义 Z_2 规范理论, 就需要定义希尔伯特空间和哈密顿量. 为了了解 Z_2 规范理论的基本性质, 就需要找到激发谱, 这也就是我们在下面几节将要做的工作.

6.2.1 希尔伯特空间

要点:

- *在 Z_2 规范理论中的态与构形的规范等价类具有一对一的对应关系*

为了定义一个量子 Z_2 格点规范理论 [Wegner (1971)], 首先需要定义其希尔伯特空间. 更加具体地说, 我们考虑一个由 i 标记的 2D 正方晶格, 在每一个最近邻的连接上, 指定一个可以取 ±1 两个值的连接变量 $s_{ij} = s_{ji}$, 在希尔伯特空间中的态用构形 s_{ij}: $|\{s_{ij}\}\rangle$ 标记. 如果标记是一对一的, 则这个希尔伯特空间就是一个量子伊辛模型的希尔伯特空间 (连接上有自旋). 为

了得到 Z_2 规范理论的希尔伯特空间, 标记不是一对一的: 两个规范不变的构形标记相同的量子态.

根据定义, 如果两个构形 s_{ij} 和 $\tilde{s}_{ij}$ 之间的关系是 Z_2 规范变换, 两个构形就是等价的:

$$\tilde{s}_{ij} = W_i s_{ij} W_j^{-1}, \tag{6.2.1}$$

其中 W_i 是取值为 ± 1 的任意函数, 这个规范变换定义了一种等价关系. 如果我们将所有规范等价构形放在一起组成一类, 则这一种类称为规范等价类. 我们看到在希尔伯特空间中的态与规范等价类具有一对一的对应关系.

做为一个练习, 可以考虑在方格上的 Z_2 规范理论 (见图 6.1), 我们要得到其希尔伯特空间的维数. 首先因为有 4 个连接, 因此有 $2^4 = 16$ 个不同的 s_{ij} 构形, 其次因为有 4 个格点, 因此有 $2^4 = 16$ 个不同的 Z_2 规范变换. 如果在一个规范等价类中的构形数目等于不同规范变换的数目, 则这里就只有一个规范等价类, 但是, 我们注意到下面两个规范变换

$$W_i = 1, \qquad W_i = -1$$

并不改变构形 s_{ij}, 这两个规范变换组成了一个群, 称为不变规范群 (简称 IGG) (另见 9.4.2 节). 结果是 16 个规范变换只产生 $16/2 = 8$ 个规范等价构形, 因子 2 是 IGG 中元素的数目, 因为每一个规范等价类含有 8 个构形, 就有 $16/8 = 2$ 个规范等价类, 因此希尔伯特空间中有两个态.

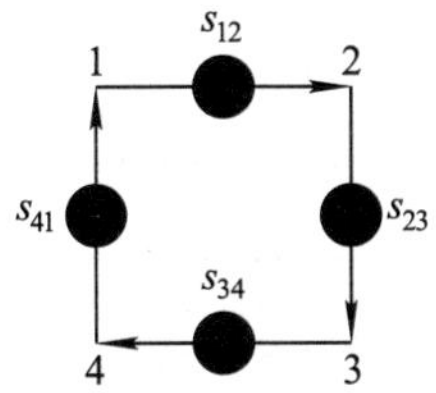

图 6.1 在方格上的 Z_2 规范理论.

为了寻找在希尔伯特空间中明确标记态的方法, 找到规范变换下的不变量很重要. 其中一个规范不变量是对回路 C 所定义的 Wegner-Wilson 回路变量 [Wegner (1971); Wilson (1974)]

$$U(C) = s_{ij} s_{jk} \cdots s_{li},$$

其中 i, j, k, $\cdots$, 和 l 是回路上的格点, 我们称 $U(C)$ 为穿过回路的 Z_2 通量. 读者不难证明, $U(C)$ 只取 ± 1 两个值, 并在 Z_2 规范变换下是不变的. 方格上 Z_2 规范理论中的两个态由 $s_{12}s_{23}s_{34}s_{41} = \pm 1$ 标记.

现在我们来数一数在一个有限正方晶格上 Z_2 规范理论中态的数目, 假设晶格在两个方向上都有周期性边界条件 (即晶格组成一个环面). 如果晶格具有 N_s 个格点, 则它就有 $2N_s$ 个最近邻连接, 因此就有 2^{2N_s} 个不同的 s_{ij} 构形, 2^{N_s} 个不同的规范变换, 且 IGG 仍有 2 个元素, 因此共有 $\frac{2^{2N_s}}{2^{N_s}/2} = 2 \times 2^{N_s}$ 个不同的规范等价类, 与 2×2^{N_s} 个不同的态相对应.

为了找到标记 2×2^{N_s} 个态的方法, 考虑穿过一个小格子的 Z_2 通量

$$F_{\boldsymbol{i}}=s_{\boldsymbol{i},\boldsymbol{i}+\boldsymbol{x}}s_{\boldsymbol{i}+\boldsymbol{x},\boldsymbol{i}+\boldsymbol{x}+\boldsymbol{y}}s_{\boldsymbol{i}+\boldsymbol{x}+\boldsymbol{y},\boldsymbol{i}+\boldsymbol{y}}s_{\boldsymbol{i}+\boldsymbol{y},\boldsymbol{i}}.$$

由于共有 N_s 个小格且 $F_{\boldsymbol{i}}=\pm 1$, 很自然会期望不同的 $\{F_{\boldsymbol{i}}\}$ 可以提供 2^{N_s} 个不同的标记, 但是, $F_{\boldsymbol{i}}$ 不是相互独立的, 它们满足

$$\prod_{\boldsymbol{i}}F_{\boldsymbol{i}}=1. \tag{6.2.2}$$

因此, $\{F_{\boldsymbol{i}}\}$ 只能提供 $2^{N_s}/2$ 个不同的标记, 显然我们不能使用 $\{F_{\boldsymbol{i}}\}$ 标记所有 2×2^{N_s} 个态, 事实上每一个通量构形 $\{F_{\boldsymbol{i}}\}$ 对应于 4 个不同的态.

为了看到这一点, 可以考虑下面由一个构形 $s^0_{\boldsymbol{ij}}$ 得到的 4 个构形

$$s^{(m,n)}_{\boldsymbol{ij}}=\Gamma^m_x(\boldsymbol{ij})\Gamma^n_y(\boldsymbol{ij})s^0_{\boldsymbol{ij}},\qquad m,n=0,1. \tag{6.2.3}$$

函数 $\Gamma_{x,y}(\boldsymbol{ij})$ 的取值为 -1 或 1, 如果连接 $\boldsymbol{ij}$ 跨 x 线, $\Gamma_x(\boldsymbol{ij})=-1$(见图 6.2), 其他情况下 $\Gamma_x(\boldsymbol{ij})=1$. 类似地, 如果连接 $\boldsymbol{ij}$ 跨 y 线, $\Gamma_y(\boldsymbol{ij})=-1$, 其他情况下 $\Gamma_y(\boldsymbol{ij})=1$. 对于这四个构形, 通过每一个小格的 Z_2 通量 $F_{\boldsymbol{i}}$ 是一样的, 尽管如此, 4 个构形却不规范等价 (见习题6.2.2), 因为它们穿过环面的两个洞的 Z_2 通量是不同的 (见图 9.6), 所以从 $2^{N_s}/2$ 个不同的通量构形 $\{F_{\boldsymbol{i}}\}$ 乘以四重简并, 我们得到 2×2^{N_s} 个态.

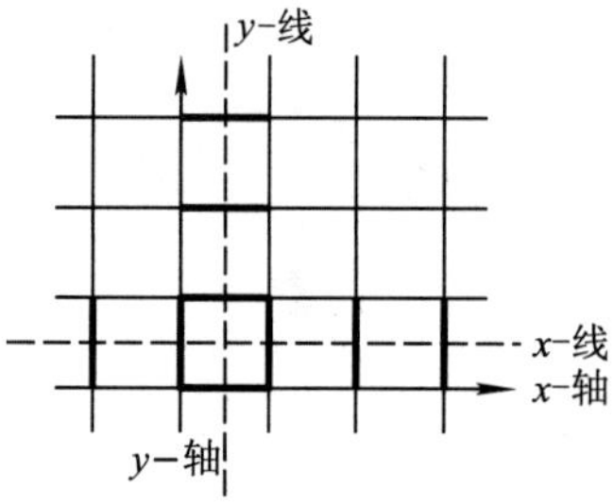

图 6.2 跨 x/y 线的连接会得到一个额外的负号.

习题

6.2.1 对于环面上的 Z_2 规范理论, 证明 (6.2.2).

6.2.2 证明 (6.2.3) 中的四个构形不规范等价. [提示: 考虑 C 完全围绕环面的 $U(C)$.]

6.2.2 哈密顿量

要点:

- Z_2 规范理论的哈密顿量必须在规范变换下保持不变

到目前为止, 我们只讨论了 Z_2 格点规范理论的希尔伯特空间, 那么哈密顿量的情况如何呢? 我们不能在 Z_2 希尔伯特空间中随意选取一个算符作为哈密顿量, 哈密顿量应该具有一些 "局域" 的性质. 构建局域哈密顿量的一个方法是将它写做 s_{ij} 的局域函数. 但是由于 s_{ij} 是对物理态的多对一的标记, 所以必须要保证等价的标记都给出相同的能量, 也就是哈密顿量必须是规范不变量. 一个简单的构建规范不变哈密顿量的方法是将哈密顿量写做规范不变算符的函数, 比如 $U(C)$ 和 F_i 的函数. 除了 $U(C)$ 以外, 改变一个连接上 s_{ij} 的符号 $\sigma_{ij}^1 : s_{ij} \to -s_{ij}$ 的 σ_{ij}^1 算符也是一个规范不变算符 (见习题6.2.3), 因此 Z_2 规范理论的规范不变局域哈密顿量可以写为

$$H_{Z_2} = -g \sum_i F_i - t \sum_{\langle ij \rangle} \sigma_{ij}^1. \tag{6.2.4}$$

习题

6.2.3 令 $\hat{W}$ 产生规范变换 $\hat{W}|\{s_{ij}\}\rangle = |\{\tilde{s}_{ij}\}\rangle$, 其中 $\tilde{s}_{ij}$ 和 s_{ij} 之间的关系是 (6.2.1). 如果 $\hat{W}\hat{O}\hat{W}^{-1} = \hat{O}$, 算符 $\hat{O}$ 就在规范变换下保持不变, 证明 σ_{ij}^1 是一个规范不变算符.

6.2.3 物理性质

要点:

- 尽管存在一个有限大小的能隙, 低能的 Z_2 规范理论仍是不平凡的, 它在环面上的低能性质的特点是具有四度拓扑简并的基态

当 $t = 0$ 且 $g > 0$ 时, H_{Z_2} 在环面上有 4 个满足 $F_i = +1$ 的简并基态, 激发态由改变 F_i 的符号产生, 其行为就像局域粒子, 称为 Z_2 涡漩. 由于 (6.2.2) 的限制, Z_2 涡漩只能成对地在环面产生, 这些激发的能隙是 g 的量级. H_{Z_2} 中的 t 项引起了 Z_2 涡漩的跃迁, 因为 σ_{ij}^1 算符互相对易, 使用跃迁算符的统计代数 (4.1.8), 可以发现 Z_2 涡漩是玻色子.

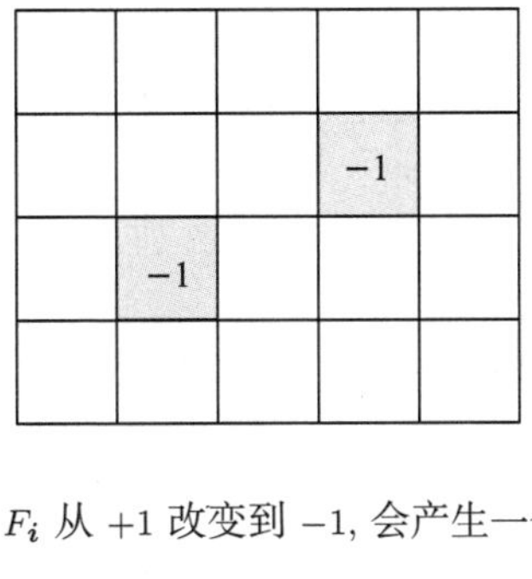

图 6.3 将 F_i 从 $+1$ 改变到 -1, 会产生一个 Z_2 涡漩.

我们要指出, 基态的四重简并是一种所谓的拓扑简并. 根据定义, 拓扑简并是一种不能由哈密顿量的任何局域微扰解除的简并, 这种简并十分重要, 在第八章中我们将用它定义拓扑序.

为了了解在 Z_2 规范理论中这种四重简并的稳定性, 我们将 t 项当做一种微扰, 观察 t 项怎样解除 $t=0$ 时哈密顿量基态的四重简并, 这四重简并的基态由 (6.2.3) 取 $s_{\boldsymbol{ij}}^0=1$ 给出. 可以看到, 惟一使一个态 $s_{\boldsymbol{ij}}^{(m,n)}$ 改变到另一个态 $s_{\boldsymbol{ij}}^{(m',n')}$ 的办法是改变围绕环面的连接线上的 $s_{\boldsymbol{ij}}^0$ 的符号, 如果环面由 $L\times L$ 个格点组成, 则我们至少需要 L 个 $\sigma_{\boldsymbol{ij}}^1$ 算符连接不同的简并态, 这只有第 L 级以上的微扰理论才能做到. 因此 t 项可以解除四重简并, 但是能级分裂 ΔE 只有 t^L/g^{L-1} 的量级, 在热力学极限, $L\to\infty$ 则 $\Delta E\to 0$. 上述讨论与任何对称性都无关, 甚至当 t 不均匀时也是成立的. 这种稳定的四重简并表现了这种态的稳定性. 四重简并是 Z_2 通量的低能动力学性质, 也是 Z_2 规范理论最重要的一个特性.

当 $g=0$ 且 $t>0$ 时, H_{Z_2} 的基态是

$$|\Psi_0\rangle=\sum_{\{s_{ij}\}}|\{s_{\boldsymbol{ij}}\}\rangle, \tag{6.2.5}$$

其中 $\sum_{\{s_{ij}\}}$ 对所有构形 $\{s_{\boldsymbol{ij}}\}$ 求和. 基态是非简并的, 能量为 $-tN_l$, 其中 N_l 是连接的数目. 如果我们将 H_{Z_2} 看做是一个连接上有自旋的伊辛模型, 就很容易看出这个结果, $s_{\boldsymbol{ij}}$ 可以作为自旋算符 $\sigma_{\boldsymbol{ij}}^3$ 在 z 方向的本征值, $\sigma_{\boldsymbol{ij}}^1$ 是在 x 方向上的自旋算符. 在伊辛模型的图像中, $|\Psi_0\rangle$ 态就是所有自旋都指向 x 方向的态.

由以上讨论, 我们看到 H_{Z_2} 有两个相, 当 $g\gg t$ 时, 基态有四重简并, 且激发是 Z_2 涡漩, 我们称这个相为 Z_2 解禁闭相, 这种相的低能性质由 Z_2 规范理论描述; 当 $g\ll t$ 时, 基态是不简并的, 我们称相为 Z_2 禁闭相, 其低能性质没有 Z_2 规范理论的特性.

如果读者感到 Z_2 规范理论的定义很形式化, 所产生的 Z_2 规范理论有些怪异, 那还真对了. Z_2 规范理论实际上是一个非局域理论, 因为其整个希尔伯特空间不能表示为局域希尔伯特空间的直乘. 10.3 节会给出 Z_2 规范理论更多的物理含义, 我们将看到 Z_2 规范理论实际上是一种闭弦理论.

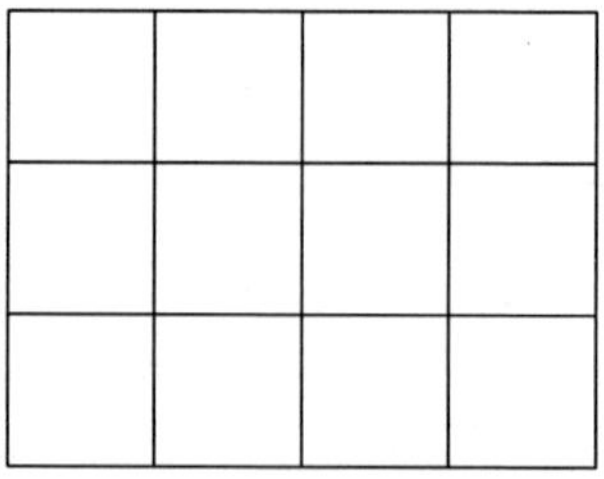

图 6.4　一个开放的 2D 正方晶格.

习题

6.2.4

(a) 如果 Z_2 规范理论 H_{Z_2}[见 (6.2.4)] 定义在一个 $L_x\times L_y$ 个格点的开放正方晶格上 (见图 6.4), 并假设 $t=0$, 求解基态能量和简并度.

(b) 假设晶格在 y 方向具有周期性并形成一个圆柱体, 假设 $t=0$, 求解基态能量和简并度.

(c) 假设晶格在 x 和 y 方向都具有周期性, 假设 $t=0$ 且 $g<0$, 求解下列三种情况下的基态能量和简并度: (i) $L_x=$ 偶数, $L_y=$ 偶数; (ii) $L_x=$ 偶数, $L_y=$ 奇数; (iii) $L_x=$ 奇数, $L_y=$ 奇数.

6.2.5 当 $g=0$ 且 $t>0$ 时, 证明 (6.2.5) 是 H_{Z_2} 的基态.

6.2.6 考虑在一个有 $L\times L$ 个格点的环面上的两个构形 s_{ij}^1 和 s_{ij}^2, 这两个构形产生相同的 Z_2 通量 F_i. 证明如果两个构形不规范等价, 则至少要改变 L 个连接的 s_{ij} 的符号, 才能将 s_{ij}^1 改变为 s_{ij}^2 (或者在 L 个以上的连接上, $s_{ij}^1 s_{ij}^2=-1$).

6.2.7 注意 Z_2 涡漩的跃迁由跃迁算符 $P\sigma_{ij}^1 P$, $P\sigma_{ij}^1 P\sigma_{jk}^1 P$ 等产生, 其中 P 是在有固定数目 Z_2 涡漩的子空间的投影. 使用统计代数 (4.1.8) 证明 Z_2 涡漩是玻色子.

6.3 1+2D 中的$U(1)$规范理论和 XY 模型

本节我们将研究 $U(1)$ 规范理论, 这里的研究不再是形式上的, 而是研究在 1+2 维中的 XY 模型, 并证明同样的 XY 模型也可以用 $U(1)$ 规范理论描述. 我们将使用这种对偶关系研究在 1+2D $U(1)$ 规范理论中的瞬子效应和禁闭.

6.3.1 1+2D 中$U(1)$规范理论和 XY 模型之间的对偶性

要点:

- 规范固定和库仑规范
- $U(1)$ 规范理论的量子化
- 量子化荷、大规范变换和紧致 $U(1)$ 规范理论
- 在 $U(1)$ 规范理论中的量子化荷是在相应 XY 模型中的量子化涡漩

XY 模型由路径积分描述

$$Z_{XY}=\int\mathcal{D}(\theta)e^{i\int dtd^2\boldsymbol{x}\ \mathcal{L}_{XY}},$$
$$\mathcal{L}_{XY}=\frac{\chi}{2}\left[\dot{\theta}^2-(\partial_{\boldsymbol{x}}\theta)^2\right]. \tag{6.3.1}$$

$U(1)$ 规范理论也可以用路径积分描述

$$Z_{U(1)}=\int\mathcal{D}(a_\mu)e^{i\int dtd^2\boldsymbol{x}\ \mathcal{L}_{U(1)}}, \tag{6.3.2}$$
$$\mathcal{L}_{U(1)}=\frac{1}{2g^2}\left(\boldsymbol{e}^2-b^2\right),\qquad e_i=\partial_0 a_i-\partial_i a_0,\qquad b=\partial_1 a_2-\partial_2 a_1,$$

其中 $\boldsymbol{e}$ 和 b 分别是 a_μ 在 1+2D 中的 “电” 场和 “磁” 场, 我们注意到两个理论都是二次的, 因此严格可解. 为了了解两个理论之间的关系, 我们先将两个理论量子化, 找出它们的所有低能激发.

首先尝试对 $U(1)$ 规范理论量子化, 即找出 $U(1)$ 规范理论的希尔伯特空间和哈密顿量, 注意到在 $a_\mu \to a_\mu + \partial_\mu f$ 变换之下 $\mathcal{L}_{U(1)}$ 是不变的:

$$\mathcal{L}_{U(1)}(a_\mu) = \mathcal{L}_{U(1)}(a_\mu + \partial_\mu f).$$

如果我们已经将 a_μ 和 $a_\mu + \partial_\mu f$ 看做是两条不同的路径, 则所得理论就具有对称性, 但是这里我们将 a_μ 和 $a_\mu + \partial_\mu f$ 看做是相同路径的两种不同的标记, 这种情况下我们得到了规范理论, 并且 $a_\mu \to a_\mu + \partial_\mu f$ 定义了规范结构.

为了得到系统的哈密顿量, 我们首先尝试找到一对一的路径标记. 考虑一条标记为 a_μ 的路径, 规范变换告诉我们, $a'_\mu = a_\mu + \partial_\mu f$ 标记的是同一路径, 在同一路径这么多不同的标记中, 总可以选择一个标记, 满足

$$\boldsymbol{\partial} \cdot \boldsymbol{a} = 0, \tag{6.3.3}$$

这可以通过调整 f 来完成. 这样满足 (6.3.3) 的 a_μ 对不同的路径就给出了一对一的标记, (6.3.3) 称为规范固定条件. 可以带来一对一标记路径的规范固定条件有很多, 其中有一种特别的规范固定条件 (6.3.3) 称为库仑规范.

在库仑规范中, 作用量中含有 a_0 的部分为 $S = \int dtd^2\boldsymbol{x}\ \boldsymbol{e}^2 = \int dtd^2\boldsymbol{x}\ (\dot{a}_i^2 + \partial_i a_0 \partial_i a_0)$. 因为 $\partial_i a_i = 0$, 所以不存在交叉项 $\int dtd^2\boldsymbol{x}\ \partial_i a_0 \partial_0 a_i$. 又由于 a_0 不与 $\boldsymbol{a}$ 耦合在一起, 没有动力学性质 (即没有 $\dot{a}_0$ 项), 因而可以消去 a_0(实际上设置 $a_0 = 0$). 这样在库仑规范中, 路径积分可以计算满足 $\partial_i a_i(t) = 0$, $t_1 \leqslant t \leqslant t_2$ 的振幅从 $a_i(t_1)$ 到 $a_i(t_2)$ 的演变, 因此 $U(1)$ 规范理论的量子态由波函数 $\Psi[a_i(\boldsymbol{x})]$ 描述, 其中 a_i 满足 $\partial_i a_i = 0$, 由此可以定义物理态的希尔伯特空间.

下面, 我们通过寻找规范固定的作用量来寻找本征态及其能量, 首先展开

$$a_i = \frac{X_i(t)}{L_i} + b_0 x^1 \delta_{i,2} + \sum_{\boldsymbol{k}} i c_{\boldsymbol{k}}(t) \epsilon_{ij} k_j e^{i\boldsymbol{k}\cdot\boldsymbol{x}}, \tag{6.3.4}$$

其中 $c_{\boldsymbol{k}} = c^*_{-\boldsymbol{k}}$. 以上的 a_i 始终满足 $\partial_i a_i = 0$. 因此物理态的波函数是 b_0, X_i 和 $c_{\boldsymbol{k}}$ 的函数, 规范固定的拉格朗日量的形式为

$$L = \frac{1}{2g^2}\left[-b_0^2 L_1 L_2 + \frac{L_2}{L_1}\dot{X}_1^2 + \frac{L_1}{L_2}\dot{X}_2^2 + \sum_{\boldsymbol{k}}(|\dot{c}_{\boldsymbol{k}}|^2 - \boldsymbol{k}^2|c_{\boldsymbol{k}}|^2)L_1 L_2 \boldsymbol{k}^2\right].$$

我们看到描述环面上的 $U(1)$ 规范理论有谐振子集 $c_{\boldsymbol{k}}$, 以及由 (X_1, X_2) 所描述的 2D 中的自由粒子, 本征态的能量是

$$E = \frac{1}{2g^2}b_0^2 L_1 L_2 + \frac{g^2 L_1}{2L_2}P_1^2 + \frac{g^2 L_2}{2L_1}P_2^2 + \sum_{\boldsymbol{k}}|\boldsymbol{k}|n_{\boldsymbol{k}},$$

其中 $n_{\boldsymbol{k}}$ 是谐振子的占据数, P_i 是与 X_i 共轭的动量.

$U(1)$ 规范理论共有两种, 分别为紧致 $U(1)$ 理论和非紧致 $U(1)$ 理论. 两种 $U(1)$ 规范理论中的规范变换的定义不同, 因此两种理论具有不同的希尔伯特空间, 应该加以区别. 对于非紧

致 $U(1)$ 理论, $a_\mu \to a_\mu + \partial_\mu f$ 是惟一允许的规范变换. 以后还会看到, 在非紧致 $U(1)$ 理论中规范荷是没有量子化的.

紧致 $U(1)$ 规范理论具有量子化的规范荷, 只能观察到下面的 Wegner-Wilson 回路振幅

$$O_C = e^{-iq\oint_C dx^\mu a_\mu},$$

这里 q 是电荷量子. 因此所有保持 O_C 不变的 a_μ 变换都是规范变换, 这些规范变换的形式是 $a_\mu \to a_\mu + \partial_\mu f$, 但是现在 f 不一定是时空中的单值函数. 例如, 下面在环面上的 f

$$f = \frac{2\pi N_1 x^1}{qL_1} + \frac{2\pi N_2 x^2}{qL_2} \tag{6.3.5}$$

就可以产生有效的规范变换. 例如, 对于在 x^1 方向围绕环面的回路 C, 可以直接证明 Wegner-Wilson 回路振幅在以上规范变换下像 $O_C \to O_C e^{-iq\oint_C dx^\mu \partial_\mu f} = O_C$ 一样变换.

一般情况下, 任何多值的 f 只要使 e^{iqf} 单值就可以保持 O_C 不变, 这些 f 将产生有效的规范变换. 我们还注意到具有荷 q 的荷场的变换为

$$\phi \to e^{iqf}\phi,$$

一个单值 e^{iqf} 的规范变换将保持荷场单值.

(6.3.5) 中的规范变换称为大规范变换, $e^{iqf} = e^{iq\left(\frac{2\pi N_1 x^1}{qL_1} + \frac{2\pi N_2 x^2}{qL_2}\right)}$ 这些变换不能连续地变形为恒等变换 $e^{iqf} = 1$, 随着 x^1 从 0 运动到 L_1, e^{iqf} 将在复平面上围绕单位圆 N_1 次, 绕数 N_1 不能连续变化.

我们注意到, 规范变换 (6.3.5) 会引起以下变化

$$X_i \to X_i + 2\pi q^{-1} N_i,$$

因此对于紧致 $U(1)$ 理论, (X_1, X_2), $(X_1 + 2\pi q^{-1}, X_2)$ 和 $(X_1, X_2 + 2\pi q^{-1})$ 标记着相同物理态 (因为它们之间的关系是规范变换). 由 X_i 描述的自由粒子存在于大小为 $\frac{2\pi}{q} \times \frac{2\pi}{q}$ 的环面上, 所以 P_i 量子化为 $P_i = n_i q$.

而非紧致 $U(1)$ 理论不允许大规范变换, 因此 X_1 和 X_2 没有周期性条件, 由 X_i 描述的自由粒子存在于平面上.

尽管紧致 $U(1)$ 理论和非紧致 $U(1)$ 理论的哈密顿量具有相同的形式, 它们却有不同的物理希尔伯特空间. 而且, 紧致 $U(1)$ 理论的 $q \to 0$ 极限就是非紧致 $U(1)$ 理论, 这就是为什么我们说非紧致 $U(1)$ 理论没有电荷量子化.

由于我们的系统定义在一个环面上, 每一个物理量必须在 x^1 和 x^2 方向上都是周期性的, 有人也许会自然地将这个要求也应用在 a_i 上, 要求 a_i 具有周期性

$$a_i(x^1, x^2) = a_i(x^1 + L_1, x^2) = a_i(x^1, x^2 + L_2).$$

但是 a_i 本身并不是物理量, 不同而又规范等价的 a_i 描述了相同的物理态, 因此对于描述环面上物理态的 a_i, 我们只要求 $a_i(x^1, x^2)$, $a_i(x^1 + L_1, x^2)$ 和 $a_i(x^1, x^2 + L_2)$ 是规范等价的, 而这只有当总磁通量是量子化时才成立 (见习题6.3.1):

$$\int d^2\boldsymbol{x}\; b = 2\pi N/q, \qquad N = 整数. \tag{6.3.6}$$

为使回路振幅 $e^{-iq\int_C dx^\mu a_\mu}$ 在紧致面上有意义, 以上的总通量量子化必不可少, 因为对于 2D 空间 S 的回路 C, $e^{-iq\int_C dx^\mu a_\mu} = e^{iq\int_D d^2\boldsymbol{x}\; b}$, 其中 D 是一个以回路 C 为边界的 2D 圆盘. 对于紧致的 2D 空间, 圆盘不是惟一的 (见图 2.5). 两个具有相同边界的不同圆盘 D 和 D' 在紧致空间的总面积 S 上是不同的, 因此 $q\int_D d^2\boldsymbol{x}\; b - q\int_{D'} d^2\boldsymbol{x}\; b = q\int_S d^2\boldsymbol{x}\; b$. 所以 $q\int_S d^2\boldsymbol{x}\; b/2\pi$ 必须量子化为一个整数, 才能使得 $e^{-iq\int_C dx^\mu a_\mu}$ 有明确的定义. 我们还注意到对于非紧致 $U(1)$ 理论, $q = 0$ 且 $\int_S d^2\boldsymbol{x}\; b$ 必须为零.

现在 $U(1)$ 规范理论的总能量可以写为

$$E = \frac{(2\pi)^2}{2g^2q^2L_1L_2}N + \frac{g^2q^2L_1}{2L_2}n_1^2 + \frac{g^2q^2L_2}{2L_1}n_2^2 + \sum_{\boldsymbol{k}} |\boldsymbol{k}| n_{\boldsymbol{k}}, \tag{6.3.7}$$

所有环上的紧致 $U(1)$ 规范理论的本征态都由一组整数 $(N, n_i, n_{\boldsymbol{k}})$ 标记, 由此我们就解决了环面上的紧致 $U(1)$ 规范理论.

下面再看 XY 模型及其本征态, 做以下展开

$$\theta(t, \boldsymbol{x}) = \theta_0(t) + \frac{2\pi}{L_i}m_i x^i + \sum_{\boldsymbol{k}} \lambda_{\boldsymbol{k}}(t) e^{i\boldsymbol{k}\cdot\boldsymbol{x}},$$

这里 m_1 和 m_2 是 θ 在 x^1 和 x^2 方向上的绕数, XY 模型的拉格朗日量就是

$$L = \frac{\chi}{2}\left[L_1L_2\dot{\theta}_0^2 - \frac{(2\pi)^2L_2}{L_1}m_1^2 - \frac{(2\pi)^2L_1}{L_2}m_2^2 + L_1L_2\sum_{\boldsymbol{k}}(|\dot{\lambda}_{\boldsymbol{k}}|^2 - \boldsymbol{k}^2|\lambda_{\boldsymbol{k}}|^2)\right].$$

可见 XY 模型由谐振子集 (由 $\lambda_{\boldsymbol{k}}$ 描述) 和一个圆上的自由粒子 (由 θ_0 描述) 所描述, XY 模型的本征态由 $(N, m_i, n_{\boldsymbol{k}})$ 标记, 能量为

$$E = \frac{1}{2\chi L_1L_2}N^2 + \frac{\chi(2\pi)^2L_2}{2L_1}m_1^2 + \frac{\chi(2\pi)^2L_1}{2L_2}m_2^2 + \sum_{\boldsymbol{k}} |\boldsymbol{k}| n_{\boldsymbol{k}}. \tag{6.3.8}$$

可以看到如果

$$\chi = \left(\frac{qg}{2\pi}\right)^2,$$

并且如果在标记 $U(1)$ 理论和 XY 模型的本征态时, 将 n_i 表示为 $\epsilon_{ij}m_j$, XY 模型和 $U(1)$ 规范理论就会有相同的谱. 对于 XY 模型的态 $|N, m_i, n_{\boldsymbol{k}}\rangle$ 或 $U(1)$ 理论的态 $|N, n_i, n_{\boldsymbol{k}}\rangle$, 本征态还携带着确定的总动量 $\boldsymbol{K}$:

$$K_i = Nm_i\frac{2\pi}{L_i} + \sum_{\boldsymbol{k}} k_i n_{\boldsymbol{k}} = N\epsilon_{ij}n_j\frac{2\pi}{L_i} + \sum_{\boldsymbol{k}} k_i n_{\boldsymbol{k}}.$$

从 XY 模型, 我们看到标记 N 的物理意义为: 玻色子的总数减去处于平衡的玻色子总数, $N=N_{tot}-N_0$. 因此, $\frac{1}{\chi}\dot{\theta}$ 和 $\frac{q}{2\pi}b$ 可以看做是玻色子数密度减去处于平衡的玻色子流密度

$$\rho-\rho_0=\frac{q}{2\pi}b=\frac{1}{\chi}\dot{\theta},$$

在 $U(1)$ 理论中的约束 $\partial_0 b-\epsilon_{ij}\partial_i e_j=0$ 可以看做是守恒流的连续方程: $\partial_0\rho+\partial_i j_i=0$, 因此如果 $\frac{q}{2\pi}b$ 就是玻色子数密度, 则玻色子流密度在 $U(1)$ 理论中为

$$j_i=-\frac{q}{2\pi}\epsilon_{ij}e_j.$$

XY 模型的运动方程 $\partial_0^2-\partial_{\boldsymbol{x}}^2\theta=0$ 也可以看做是守恒流的连续方程, 同样的流在 XY 模型中由

$$j_i=-\frac{1}{\chi}\partial_i\theta$$

给出. 我们发现 $U(1)$ 理论中的场和 XY 模型中的场之间有简单的关系

$$\begin{aligned}\frac{q}{2\pi}b=&\frac{1}{\chi}\dot{\theta},\\ \frac{q}{2\pi}\epsilon_{ij}e_j=&\frac{1}{\chi}\partial_i\theta.\end{aligned}\tag{6.3.9}$$

实际上, 将 (6.3.9) 代入 (6.3.2) 就使 $U(1)$ 规范理论的, 拉格朗日量转变为 XY 模型的拉格朗日量 (6.3.1).

$U(1)$ 规范理论可以与荷耦合, 令 J_μ 为 $U(1)$ 荷的密度和流密度, 则耦合的拉格朗日量的形式为

$$\mathcal{L}=\frac{1}{2g^2}(\boldsymbol{e}^2-b^2)-J_\mu a_\mu,$$

对于在 $\boldsymbol{x}=0$ 处的点荷, $J_0=q\delta(\boldsymbol{x})$, 从运动方程得到

$$\frac{1}{g^2}\boldsymbol{\partial}\cdot\boldsymbol{e}=q\delta(\boldsymbol{x}),$$

或者

$$\boldsymbol{e}=\frac{g^2q\boldsymbol{x}}{2\pi\boldsymbol{x}^2},$$

上面的 $\boldsymbol{e}$ 对应于在 XY 模型的

$$\partial_i\theta=\frac{\chi q}{2\pi}\frac{g^2q}{2\pi\boldsymbol{x}^2}\epsilon_{ij}x^j=\frac{\epsilon_{ij}x^j}{\boldsymbol{x}^2}.$$

我们看到, 在 $U(1)$ 规范理论中的量子化电荷就是在 XY 模型中的量子化涡漩.

习题

6.3.1 证明 (6.3.6). [提示: 展开 (6.3.4) 可能会很有帮助.]

6.3.2 量子化 1+1D 中的紧致 $U(1)$ 规范理论, 假设空间是一个长度为 L 的环, 荷量子是 q. 写出标记所有能量本征态的整数组, 求解这些本征态的能量.

6.3.2　1+2D 中紧致$U(1)$规范理论的禁闭

要点:

- 1+2D $U(1)$ 规范理论中的瞬子效应使规范玻色子产生有限能隙, 并使 $U(1)$ 荷禁闭
- 瞬子效应可以由对偶 XY 模型中的 $\cos\theta$ 项描述

这里我们考虑虚时的 $U(1)$ 规范理论

$$\mathcal{L}_{U(1)} = \frac{1}{2g^2}\left(\boldsymbol{e}^2 + b^2\right). \tag{6.3.10}$$

形式上, $U(1)$ 规范理论似乎是一种激发无能隙的自由理论, 但是, 它其实并不这样简单. 对于有限截断标度的紧致 $U(1)$ 规范理论, 理论中含有瞬子, 瞬子效应使 $U(1)$ 规范理论成为一种具有相互作用的理论. 我们将看到, 相互作用彻底地影响了 $U(1)$ 规范理论的低能性质.

什么是瞬子? 位于 $x^\mu = 0$ 处的瞬子由下面的构形描述

$$b(x^\mu) = \frac{1}{2q}\frac{x^0}{|x|^3}, \qquad e_i(x^\mu) = \frac{1}{2q}\frac{x^i}{|x|^3}.$$

以上的瞬子设计为使通量改变 $2\pi/q$:

$$\int_{x^0>0} d^2\boldsymbol{x}\ b - \int_{x^0<0} d^2\boldsymbol{x}\ b = \frac{2\pi}{q},$$

这是可以与荷量子 q 吻合的最小瞬子, 当有限截断存在时, 路径积分不仅应该包括规范场的平滑涨落, 还应该包含瞬子涨落.

当包括了瞬子效应后, $U(1)$ 规范理论不再是一个自由理论. 现在的问题是怎样理解有瞬子的紧致 $U(1)$ 理论的低能性质, 一个办法是利用 XY 模型和 $U(1)$ 规范理论之间的对偶.

在虚时表示中, θ 和 a_μ 的关系是

$$\frac{q}{2\pi}b = \frac{1}{\chi}\dot{\theta}, \qquad \frac{q}{2\pi}\epsilon_{ij}e_j = -\frac{1}{\chi}\partial_i\theta, \tag{6.3.11}$$

上式也可以写为

$$\frac{q}{2\pi}\epsilon_{\mu\nu\lambda}\partial_\nu a_\lambda = \frac{1}{\chi}\partial_\mu\theta. \tag{6.3.12}$$

将 (6.3.12) 代入到 (6.3.10) 后, 我们得到

$$\mathcal{L} = \frac{\chi}{2}(\partial_\mu\theta)^2,$$

其中 $\chi = \left(\frac{gq}{2\pi}\right)^2$. 注意瞬子产生的通量为 $2\pi/q$, 我们已经看到, 这些通量对应于 XY 模型中的一个单一粒子, 因此一个瞬子产生或湮没一个粒子. 在 XY 模型中, 是算符 $e^{\pm i\theta}$ 产生或湮没一个粒子, 由此得到一个位于 x^μ 的瞬子对应于 $e^{i\theta(x^\mu)}$. 由于瞬子和反瞬子在路径积分中具有相等的权重, 就可以通过增加一项 $e^{i\theta} + e^{-i\theta} = 2\cos\theta$, 在 XY 模型中包括瞬子效应:

$$\mathcal{L} = \frac{\chi}{2}(\partial_\mu\theta)^2 - K\cos\theta.$$

当 χ 是一个大的量时, θ 在 $\theta=0$ 附近的涨落很小, 可以将 $\mathcal{L}$ 近似为

$$\mathcal{L}=\frac{\chi}{2}(\partial_\mu\theta)^2+\frac{1}{2}K\theta^2,$$

包括了瞬子效应后, $\partial_\mu\theta$ 或 (b,e_i) 之间的关联成为短程的. 我们看到瞬子效应打开了 1+2D 中 $U(1)$ 规范场的一条能隙. 这里我们要强调, $K\cos\theta$ 项是一个不可忽微扰, 无论 K 多么小, $U(1)$ 规范玻色子都会获得一条能隙.

如果规范玻色子是无能隙的, 带荷粒子就会通过 1+2D 中的对数势相互作用, 荷 q 与荷 $-q$ 粒子之间的势为

$$\pi\frac{g^2q^2}{(2\pi)^2}\ln r=\pi\chi\ln r,$$

包括瞬子效应以后, 规范场得到了能隙, 但是瞬子效应怎样影响带荷粒子之间的长程相互作用呢? 我们注意到, 一个荷 q 的粒子由 XY 模型中的涡漩描述, 存在瞬子效应时, 就是存在 $K\cos\theta$ 项, 涡漩与反涡漩之间的势随着两个涡漩之间的距离增大呈线性增长 (见图 6.5), 因此瞬子效应将荷间的对数势改变成线性势.

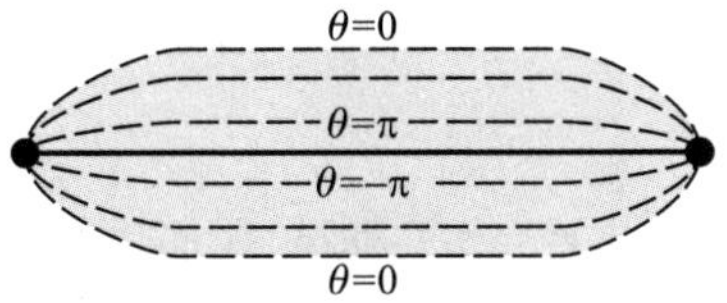

图 6.5 对于 XY 模型中距离为 l 的一对涡漩和反涡漩, θ 场必须在越过两个涡漩的连线时跃迁 2π. 存在 $-K\cos\theta$ 项时, 一般的涡漩 $\theta(x,y)=\arctan(x/y)$ 需要以 l^2 增长的巨大能量, 为了使能量最小, 非零 θ 被约束在阴影区域, 这就造成了两个涡漩之间的线性约束势.

我们已经证明在 1+2D 中, XY 模型可以用紧致的 $U(1)$ 规范理论描述, 我们还证明了, $U(1)$ 规范理论中的瞬子效应打开了一条能隙. 这两个结果似乎相互矛盾, 具有无能隙 Nambu-Goldstone 激发的 XY 模型怎么能够与具有一条能隙的 $U(1)$ 规范理论等价? 但是只要想到是瞬子在产生通量, 而通量对应于粒子数, 瞬子的存在意味着在相应 XY 模型中的粒子数不守恒, 这一切就吻合了. 瞬子存在时, 粒子数不守恒. 紧致 $U(1)$ 规范理论描述了不具有 $U(1)$ 对称性的 XY 模型, 这就解释了为什么瞬子效应对应于 XY 模型中的势项 $K\cos\theta$, 另一方面, 如果 XY 模型具有 $U(1)$ 对称, 且粒子数守恒, 则在相应的 $U(1)$ 规范理论中是不允许出现瞬子的.

习题

6.3.3 有瞬子的 1+2D $U(1)$ 规范理论和有 $\cos\theta$ 项的 XY 模型之间的对偶性

(a) 计算 $U(1)$ 规范理论的配分函数 $Z(x^\mu,y^\mu)$, 其中在 x^μ 处有一个瞬子、在 y^μ 处有一个反瞬子, 准确到一个共有的常数因子.

(b) 使用上述结果写出 $U(1)$ 规范理论配分函数的表达式, 包括来自多瞬子气体的贡献.

(c) 计算 XY 模型的配分函数 $Z(x^\mu, y^\mu)$

$$Z(x^\mu, y^\mu) = \int \mathcal{D}(\theta) e^{i\theta(x^\mu)} e^{-i\theta(y^\mu)} e^{-\int d^3x^\mu \mathcal{L}_{XY}(\theta)},$$

其中在 x^μ 处有一个瞬子 $e^{i\theta}$, 在 y^μ 处有另一个瞬子 $e^{-i\theta}$, 准确到一个共有的常数因子.

(d) 证明 $U(1)$ 有瞬子的配分函数与 XY 模型有一个增加项 $K\cos\theta$ 的配分函数 (以 K 的幂级数展开) 一致.

6.4 量子$U(1)$格点规范理论

6.4.1 $U(1)$格点规范理论的拉格朗日量

要点:

- $U(1)$ 格点规范理论由定义在键上的变量 $a_{\boldsymbol{ij}}$ 和定义在格点上的变量 $a_0(\boldsymbol{i})$ 来描述
- 紧致和非紧致 $U(1)$ 格点规范理论
- 电场 $e_{\boldsymbol{ij}}$ 的通量

$U(1)$ 规范理论还可以定义在格点上. 为了简便, 我们这里考虑在二维正方晶格上的 $U(1)$ 规范理论. 在晶格上, 标量势 $a_0(\boldsymbol{x})$ 定义在每一个格点 $\boldsymbol{i}$ 上, 为 $a_0(\boldsymbol{i})$, 矢量势 $\boldsymbol{a}(\boldsymbol{x})$ 定义在每一个连接上, 为 $a_{\boldsymbol{ij}}$. 注意 $a_{\boldsymbol{ij}}$ 和 $a_{\boldsymbol{ji}}$ 不是无关的, 它们的关系是 $a_{\boldsymbol{ij}} = -a_{\boldsymbol{ji}}$, 连续场与格点场的关系是

$$a_0(\boldsymbol{j}) = a_0(\boldsymbol{x})|_{\boldsymbol{x}=l\boldsymbol{j}}, \qquad a_{\boldsymbol{j}_1\boldsymbol{j}_2} = \int_{\boldsymbol{j}_1}^{\boldsymbol{j}_2} dx^i a_i(\boldsymbol{x}), \tag{6.4.1}$$

其中 l 是格点常量. 描述 $U(1)$ 格点规范理论的拉格朗日量是 $a_0(\boldsymbol{i})$ 和 $a_{\boldsymbol{ij}}$ 的函数:

$$L = \frac{1}{4J} \sum_{\boldsymbol{i},\boldsymbol{\mu}=\boldsymbol{x},\boldsymbol{y}} [\dot{a}_{\boldsymbol{i},\boldsymbol{i}+\boldsymbol{\mu}} + a_0(\boldsymbol{i}) - a_0(\boldsymbol{i}+\boldsymbol{\mu})]^2 - \frac{g}{2}\sum_{\boldsymbol{p}} \varPhi_{\boldsymbol{p}}^2, \tag{6.4.2}$$

其中 $\varPhi_{\boldsymbol{p}}$ 是穿过由 $\boldsymbol{p}$ 标记的方格的 $U(1)$ 通量

$$\varPhi_{\boldsymbol{p}} = a_{\boldsymbol{i},\boldsymbol{i}+\boldsymbol{x}} + a_{\boldsymbol{i}+\boldsymbol{x},\boldsymbol{i}+\boldsymbol{x}+\boldsymbol{y}} + a_{\boldsymbol{i}+\boldsymbol{x}+\boldsymbol{y},\boldsymbol{i}+\boldsymbol{y}} + a_{\boldsymbol{i}+\boldsymbol{y},\boldsymbol{i}}. \tag{6.4.3}$$

可以直接证明上述拉格朗日量在格点 $U(1)$ 规范变换

$$a_{\boldsymbol{ij}}(t) \to a_{\boldsymbol{ij}}(t) + \phi_{\boldsymbol{j}}(t) - \phi_{\boldsymbol{i}}(t), \qquad a_0(\boldsymbol{i},t) \to a_0(\boldsymbol{i},t) + \dot{\phi}_{\boldsymbol{i}}(t) \tag{6.4.4}$$

下是不变的.

(6.4.2) 定义了非紧致 $U(1)$ 格点规范理论. 将 $u_{\boldsymbol{ij}} = e^{ia_{\boldsymbol{ij}}}$ 看做是连接变量, 就可以定义紧致 $U(1)$ 格点规范理论. 在紧致 $U(1)$ 格点规范理论中, $a_{\boldsymbol{ij}}$ 和 $a'_{\boldsymbol{ij}} = a_{\boldsymbol{ij}} + 2\pi$ 被视做等价的. 紧致

$U(1)$ 格点规范理论的拉格朗日量的形式是

$$L = \frac{1}{4J}\sum_{\boldsymbol{i},\boldsymbol{\mu}=\boldsymbol{x},\boldsymbol{y}}[\dot{a}_{\boldsymbol{i},\boldsymbol{i}+\boldsymbol{\mu}} + a_0(\boldsymbol{i}) - a_0(\boldsymbol{i}+\boldsymbol{\mu})]^2 + g\sum_{\boldsymbol{p}}\cos\ \Phi_{\boldsymbol{p}}. \tag{6.4.5}$$

在本节的剩余部分, 我们将只考虑紧致 $U(1)$ 格点规范理论.

从 $\frac{\delta L}{\delta a_{\boldsymbol{ij}}} = 0$ 和 $\frac{\delta L}{\delta a_0(\boldsymbol{i})} = 0$ 得到经典运动方程, 我们有

$$\frac{1}{2J}\frac{de_{\boldsymbol{i},\boldsymbol{i}+\boldsymbol{\mu}}}{dt} + g(\sin\ \Phi_{\boldsymbol{p}_1} - \sin\ \Phi_{\boldsymbol{p}_2}) = 0, \tag{6.4.6}$$

$$\sum_{\mu=\pm\boldsymbol{x},\pm\boldsymbol{y}} e_{\boldsymbol{i},\boldsymbol{i}+\boldsymbol{\mu}} = 0, \qquad e_{\boldsymbol{ij}} = \dot{a}_{\boldsymbol{ij}} + a_0(\boldsymbol{i}) - a_0(\boldsymbol{j}), \tag{6.4.7}$$

其中 $\boldsymbol{p}_1$ 和 $\boldsymbol{p}_2$ 标记在连接 $(\boldsymbol{i},\boldsymbol{i}+\boldsymbol{\mu})$ 两边的两个方格.

将 $e_{\boldsymbol{ij}}$ 与在连续模型中的 $\boldsymbol{e}$ 相比较, 可以看到 $e_{\boldsymbol{ij}}$ 可以解释为流过连接 $(\boldsymbol{i},\boldsymbol{j})$ 的电场通量, (6.4.7) 表述电通量是守恒的, 对应于连续模型中的高斯定律 $\partial_{\boldsymbol{x}}\cdot\boldsymbol{e} = 0$. 同样, 作为穿过方格 $S_{\boldsymbol{p}}$ 的磁通, $\Phi_{\boldsymbol{p}}$ 对应于连续模型中的 $\Phi_{\boldsymbol{p}} = \int_{S_{\boldsymbol{p}}} d^2\boldsymbol{x}b$.

得到 $U(1)$ 格点规范理论 (6.4.2) 或 (6.4.5) 动力学性质最简单的方法是取连续空间极限. 假设 a_μ 很小, 并且是 t 和 $\boldsymbol{x}$ 的光滑函数, 将连续变量和格点变量之间的关系 (6.4.1) 代入格点拉格朗日量, 就得到下面的标准 $U(1)$ 拉格朗日量

$$\mathcal{L} = \frac{1}{8\pi\alpha_{2D}}\left(\frac{1}{c}\boldsymbol{e}^2 - cb^2\right), \tag{6.4.8}$$

从它得到的麦克斯韦方程, 我们发现格点 $U(1)$ 规范理论含有速度为 c 的无能隙激发, 耦合常量 α_{2D} 在 1+2D 中具有长度倒数的量纲.

在 3.4.1 节, 我们曾使用规范不变性构建在连续空间极限下带电玻色子与 $U(1)$ 规范场耦合的理论. 同样的构建也适应于格点模型, 我们发现与带荷玻色子耦合的 $U(1)$ 格点规范理论由下面的拉格朗日量描述

$$\begin{aligned} L = &+\sum_{\langle\boldsymbol{ij}\rangle} t_{\boldsymbol{ij}}(\varphi_{\boldsymbol{i}}^\dagger\varphi_{\boldsymbol{j}}e^{-ia_{\boldsymbol{ji}}} + h.c) + \sum_{\boldsymbol{i}}\varphi_{\boldsymbol{i}}^\dagger i[\partial_0 + ia_0(\boldsymbol{i})]\varphi_{\boldsymbol{i}} \\ &+ \frac{1}{4J}\sum_{\boldsymbol{i},\boldsymbol{\mu}=\boldsymbol{x},\boldsymbol{y}}[\dot{a}_{\boldsymbol{i},\boldsymbol{i}+\boldsymbol{\mu}} + a_0(\boldsymbol{i}) - a_0(\boldsymbol{i}+\boldsymbol{\mu})]^2 + g\sum_{\boldsymbol{p}}\cos\ \Phi_{\boldsymbol{p}}. \end{aligned} \tag{6.4.9}$$

在下面的格点规范变换下, 拉格朗日量保持不变

$$c_{\boldsymbol{i}} \to e^{i\phi(\boldsymbol{i},t)}c_{\boldsymbol{i}}, \qquad a_0(\boldsymbol{i}) \to a_0(\boldsymbol{i}) - \partial_0\phi(\boldsymbol{i},t), \qquad a_{\boldsymbol{ij}} \to a_{\boldsymbol{ij}} + \phi(\boldsymbol{i},t) - \phi(\boldsymbol{j},t).$$

习题

6.4.1

(a) 将 (6.4.1) 推广到 3D 立方晶格.

(b) 使用 (6.4.1) 证明对于 3D 格点规范理论, 拉格朗日量在连续空间极限变为 $\frac{1}{8\pi\alpha}(c^{-1}\boldsymbol{e}^2 - c\boldsymbol{b}^2)$, 其中 $e_i = \partial_0 a_i - \partial_i a_0$, $b_i = \epsilon_{ijk}\partial_j a_k$. 用 J、g 和晶格常量 l 写出 α 和 c 的值, 这里的无量纲常量 α 是精细结构常量, c 是光速.

6.4.2 $U(1)$格点规范理论的哈密顿量

要点:

- $U(1)$ 格点规范理论的哈密顿量可以通过固定规范或相空间路径积分得到
- 通过一个连接的电通量 e_{ij} 是矢量势 a_{ij} 在同一连接上的正则 "动量"

拉格朗日量 (6.4.5) 描述了经典的 $U(1)$ 格点规范理论, 本节我们将寻求量子的描述. 为了简便, 我们将考虑在一个单一方格上的格点规范理论 (见图 6.6). 量子理论由路径积分描述

$$Z = \int D(a)D(a_0)e^{i\int dt\left(\frac{1}{4J}\sum_i[\dot{a}_{i,i+1}+a_0(i)-a_0(i+1)]^2+g\cos\Phi\right)}, \tag{6.4.10}$$

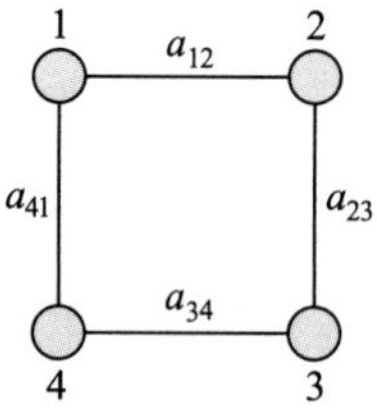

图 6.6 方格上的 $U(1)$ 规范理论.

其中 $i = 1,2,3,4$, $i = 1$ 和 $i = 5$ 认为是同一点. 做为一个规范理论, $[a_{ij}(t), a_0(i,t)]$ 是对路径的多对一标记, 我们可以通过 "固定规范" 得到一对一的标记. 注意到 $\sum_{j=i\pm1} a_{ij}$ 在规范变换下变为 $\sum_{j=i\pm1} a_{ij} \to \sum_{j=i\pm1} \tilde{a}_{ij} = \sum_{j=i\pm1}(a_{ij} + \phi_i - \phi_j)$, 通过选取 ϕ_i, 总可以使得 $\sum_{j=i\pm1} \tilde{a}_{ij} = 0$. 因此对于任何路径 $[a_{ij}(t), a_0(i,t)]$, 总可以做一个规范变换使得 $\sum_{j=i\pm1} a_{ij} = 0$. 所以我们可以选择规范固定条件固定一个规范

$$\sum_{j=i\pm1} a_{ij} = 0,$$

这样的规范称为库仑规范. 对于连续空间理论, 它的形式是 $\boldsymbol{\partial}\cdot\boldsymbol{a} = 0$. 在库仑规范中, 路径积分变为

$$Z = \int D(a)D(a_0)e^{-i\int dt\left(\frac{1}{4J}\sum_i[\dot{a}_{i,i+1}+a_0(i)-a_0(i+1)]^2+g\cos\Phi\right)}\prod_{i,t}\delta(\sum_{j=i\pm1} a_{ij}).$$

我们注意到, $a_0(i)$ 和 a_{ij} 之间耦合的形式是 $a_0(i)\sum_{j=i\pm1}\dot a_{ij}$, 因此对于满足约束 $\sum_{j=i\pm1}a_{ij}=0$ 的 a_{ij}, $a_0(i)$ 和 a_{ij} 是解耦的. 因为 $a_0(i)$ 没有动力学性质 [即没有 $\dot a_0(i)$ 项], 我们可以积掉 $a_0(i)$, 也就对应于简单略去 a_0, 得到的路径积分变成

$$Z=\int D(a)e^{-i\int dt\left(\frac{1}{4J}\sum_i \dot a_{i,i+1}^2+g\cos\Phi\right)}\prod_{i,t}\delta(\sum_{j=i\pm1}a_{ij}).$$

一般来说, 库仑规范中的路径积分可以用以下两个简单步骤得到: (a) 插入规范固定条件 $\prod_{i,t}\delta(\sum_{j=i\pm1}a_{ij})$; (b) 消去 $a_0(i)$ 场.

对于我们的问题, 约束 $\prod_{i,t}\delta(\sum_{j=i\pm1}a_{ij})$ 使得 $a_{12}=a_{23}=a_{34}=a_{41}\equiv\Phi/4$, Φ 描述了穿过方格的 $U(1)$ 通量. 路径积分的形式很简单

$$Z=\int D(\theta)e^{-i\int dt\left(\frac{1}{16J}\dot\Phi^2+g\cos\Phi\right)}, \tag{6.4.11}$$

我们注意到构形 $(a_{12},a_{23},a_{34},a_{41})=(\pi/2,\pi/2,\pi/2,\pi/2)$ 与 $(a_{12},a_{23},a_{34},a_{41})=(2\pi,0,0,0)$ 是规范等价的 (即存在从 $(\pi/2,\pi/2,\pi/2,\pi/2)$ 变换到 $(2\pi,0,0,0)$ 的规范变换), 同时 $a_{12}=2\pi$ 也等价于 $a_{12}=0$, 因为 $a_{i,i+1}$ 存在于一个圆上. 这样 $\Phi=2\pi$ 和 $\Phi=0$ 对应于同一个物理点, 路径积分 (6.4.11) 描述了在单位圆上一个质量为 $(8J)^{-1}$ 的粒子, 通量能 $-g\cos\Phi$ 是粒子感受到的势. 当 $g=0$ 时, 能级为 $E_n=4Jn^2$.

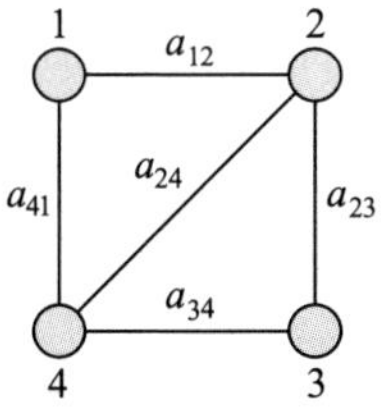

图 6.7 有对角连接的方格上的 $U(1)$ 规范理论.

解 (6.4.10) 还有另一个方法, 我们首先引进正则动量 $a_{\boldsymbol{ij}}$

$$\frac{\partial L}{\partial \dot a_{\boldsymbol{ij}}}=\frac{1}{2J}e_{\boldsymbol{ij}},$$

并将路径积分 (6.4.10) 写做相空间的路径积分 (见习题**6.4.4**)

$$Z=\int\mathcal{D}(a)\mathcal{D}(a_0)\mathcal{D}(e_{ij})e^{i\int dt\left(\sum_i\frac{e_{i,i+1}}{2J}[\dot a_{i,i+1}+a_0(i)-a_0(i+1)]-\frac{1}{4J}\sum_i e_{i,i+1}^2+g\cos\Phi\right)}. \tag{6.4.12}$$

然后对 a_0 积分得到[2]

$$Z=\int\mathcal{D}(a)\mathcal{D}(e_{ij})e^{i\int dt\left(\sum_i\frac{e_{i,i+1}}{2J}\dot a_{i,i+1}-\frac{1}{4J}\sum_i e_{i,i+1}^2+g\cos\Phi\right)}\prod_{i,t}\delta(e_{i,i+1}+e_{i,i-1}). \tag{6.4.13}$$

[2]注意在 $a_0(i)$ 和 e_{ij} 之间耦合的形式是 $\sum_i a_0(i)(e_{i,i+1}+e_{i,i-1})$, 路径积分 $\int\mathcal{D}(a_0)e^{i\int dt\sum_i a_0(i)(e_{i,i+1}+e_{i,i-1})}$ 正比于 $\prod_{i,t}\delta[e_{i,i+1}(t)+e_{i,i-1}(t)]$.

以上系统的量子哈密顿量为

$$H=\frac{1}{4J}\sum_i e_{i,i+1}^2-g\cos\ \varPhi,\qquad [a_{i,i+1},(2J)^{-1}e_{i,i+1}]=i\hbar.$$

物理希尔伯特空间由满足

$$(e_{i,i+1}+e_{i,i-1})|phy\rangle=0$$

的态组成, 由于 $[e_{i,i+1}+e_{i,i-1},H]=0$, H 作用在一个态上得到的态仍在物理的希尔伯特空间中.

为了得到系统的能级, 注意到 a_{ij} 具有周期为 2π 的周期性, a_{ij} 的动量是 $e_{ij}/2J$. 因此 $e_{ij}/2J$ 量子化为整数 n_{ij}. 当 $g=0$ 时, 系统的能级是 $J\sum_i n_{i,i+1}^2$, 其中 n_{ij} 满足约束 $\sum_{j=i\pm1}n_{ij}=0$. 对于我们的四格点系统, 约束要求 $n_{12}=n_{23}=n_{34}=n_{41}\equiv n$, 能量本征态由 n 标记, 能量为 $E_n=4Jn^2$, 与前面的计算一致.

习题

6.4.2

(a) 将 (6.4.10) 推广到有对角连接的方格.

(b) 假设 $g=0$, 写出基态和激发态的能量.

6.4.3

(a) 证明对于 2D 正方格点上的非紧致格点 $U(1)$ 规范理论, 规范固定的路径积分的形式是

$$Z=\int D(a)e^{-i\int dt\left(\frac{1}{4J}\sum_{i,\mu=x,y}\dot a_{i,i+\mu}^2-\frac{1}{2g}\sum_p \varPhi_p^2\right)}\prod_{i,t}\delta\left(\sum_{\mu=\pm x,\pm y}a_{i,i+\mu}\right).$$

(b) 证明引进一个定义在方格上的实场 ϕ_{p}, 并将连接上的规范势写为 $a_{i,i+\mu}=\phi_{p_1}-\phi_{p_2}$, 就可以解得约束 $\sum_{\mu=\pm x,\pm y}a_{i,i+\mu}=0$, 其中 p_1 和 p_2 是连接 $(i,i+\mu)$ 两边的两个方格, 用 ϕ_p 场表示路径积分.

(c) 求解 ϕ_p 涨落的色散关系.

6.4.4 证明 (6.4.12). [提示: 相空间路径积分是 $\int\mathcal{D}(p)\mathcal{D}(q)e^{i\int dt[p\dot q-H(p,q)]}$, 其中 $H(p,q)=p\dot q-L$ 是哈密顿量.]

6.4.3 $U(1)$格点规范理论的库仑相和禁闭相

要点:

- 在 1+3 维中, 当 $g/J\gg1$ 时, 紧致 $U(1)$ 格点规范理论处于库仑相, 当 $g/J\ll1$ 时, 处于禁闭相

我们知道在 1+2D 中, 由于瞬子效应, 紧致 $U(1)$ 规范理论总是处于禁闭相. 本节我们将研究立方晶格上的紧致 $U(1)$ 规范理论, 将指出 1+3D 中的 $U(1)$ 规范理论同时具有禁闭相和库仑相.

$U(1)$ 规范理论的拉格朗日量是

$$L = \frac{1}{4J} \sum_{\boldsymbol{i},\boldsymbol{\mu}=\boldsymbol{x},\boldsymbol{y},\boldsymbol{z}} [\dot{a}_{\boldsymbol{i},\boldsymbol{i}+\boldsymbol{\mu}} + a_0(\boldsymbol{i}) - a_0(\boldsymbol{i}+\boldsymbol{\mu})]^2 + g\sum_{\boldsymbol{p}} \cos(\varPhi_{\boldsymbol{p}}),$$

我们可以将上述拉格朗日量的作用量表示为无量纲的形式

$$S = \sqrt{\frac{g}{J}} \int d\tilde{t} \left(\frac{1}{4} \sum_{\boldsymbol{i},\boldsymbol{\mu}=\boldsymbol{x},\boldsymbol{y}} [\partial_{\tilde{t}} a_{\boldsymbol{i},\boldsymbol{i}+\boldsymbol{\mu}} + \tilde{a}_0(\boldsymbol{i}) - \tilde{a}_0(\boldsymbol{i}+\boldsymbol{\mu})]^2 + \sum_{\boldsymbol{p}} \cos\ \varPhi_{\boldsymbol{p}} \right),$$

其中 $\tilde{t} = \sqrt{gJ}t$ 是无量纲时间, $\tilde{a}_0 = a_0/\sqrt{gJ}$ 是无量纲势. 可以看到当 $g/J \gg 1$ 时, $\varPhi_{\boldsymbol{p}}$ 的涨落很弱, 可以假设 $a_{\boldsymbol{ij}} \sim 0$. 在这个极限下, L 变成非紧致 $U(1)$ 规范理论

$$L = \frac{1}{4J} \sum_{\boldsymbol{i},\boldsymbol{\mu}=\boldsymbol{x},\boldsymbol{y},\boldsymbol{z}} [\dot{a}_{\boldsymbol{i},\boldsymbol{i}+\boldsymbol{\mu}} + a_0(\boldsymbol{i}) - a_0(\boldsymbol{i}+\boldsymbol{\mu})]^2 - \frac{g}{2}\sum_{\boldsymbol{p}} \varPhi_{\boldsymbol{p}}^2.$$

这个二次理论可以严格解, 在连续空间极限, 上式变成 $U(1)$ 规范理论的标准麦克斯韦拉格朗日量. 我们发现, 在低能有两个代表无能隙光子的线性色散激发 $\omega = c_a|\boldsymbol{k}|$.

当 $g/J \ll 1$ 时, 可以消去 $\cos\ \varPhi_{\boldsymbol{p}}$ 项, 所得到的二次理论也可以像上节那样严格解出. 相空间路径积分的拉格朗日量的形式是

$$L = \sum_{\boldsymbol{i},\boldsymbol{\mu}=\boldsymbol{x},\boldsymbol{y},\boldsymbol{z}} \frac{e_{\boldsymbol{i},\boldsymbol{i}+\boldsymbol{\mu}}}{2J} [\dot{a}_{\boldsymbol{i},\boldsymbol{i}+\boldsymbol{\mu}} + a_0(\boldsymbol{i}) - a_0(\boldsymbol{i}+\boldsymbol{\mu})] - \sum_{\boldsymbol{i},\boldsymbol{\mu}=\boldsymbol{x},\boldsymbol{y},\boldsymbol{z}} \frac{e_{\boldsymbol{i},\boldsymbol{i}+\boldsymbol{\mu}}^2}{4J} + g\sum_{\boldsymbol{p}} \cos\ \varPhi_{\boldsymbol{p}},$$

经过对 a_0 积分, 就得到约束

$$\sum_{\boldsymbol{\mu}=\pm\boldsymbol{x},\pm\boldsymbol{y},\pm\boldsymbol{z}} e_{\boldsymbol{i},\boldsymbol{i}+\boldsymbol{\mu}} = 0,$$

哈密顿量是

$$H = \sum_{\boldsymbol{i},\boldsymbol{\mu}=\boldsymbol{x},\boldsymbol{y},\boldsymbol{z}} \frac{e_{\boldsymbol{i},\boldsymbol{i}+\boldsymbol{\mu}}^2}{4J} - g\sum_{\boldsymbol{p}} \cos\ \varPhi_{\boldsymbol{p}}.$$

当 $g = 0$ 时, 能级为 $E = J\sum_{\boldsymbol{i},\boldsymbol{\mu}=\boldsymbol{x},\boldsymbol{y},\boldsymbol{z}} n_{\boldsymbol{i},\boldsymbol{i}+\boldsymbol{\mu}}^2$, 其中整数 $n_{\boldsymbol{i},\boldsymbol{i}+\boldsymbol{\mu}}$ 满足 $\sum_{\boldsymbol{\mu}=\pm\boldsymbol{x},\pm\boldsymbol{y},\pm\boldsymbol{z}} n_{\boldsymbol{i},\boldsymbol{i}+\boldsymbol{\mu}} = 0$. 我们看到在 $g = 0$ 极限, 所有激发都有能隙, 有能隙的激发态是由非零 $n_{\boldsymbol{ij}}$ 组成的回路, 这些回路代表了电通量的线 (注意 $n_{\boldsymbol{ij}}$ 就是穿过连接 $\boldsymbol{ij}$ 的电通量 $e_{\boldsymbol{ij}}$ 的值). 当存在一对正负电荷时, 两个电荷由电通量线连接并在它们之间产生一个线性禁闭势, 因此有能隙的相是 $U(1)$ 规范理论的禁闭相.

习题

6.4.5 为了证明在禁闭相中荷与线性势的相互作用, 考虑荷存在时的 $U(1)$ 格点规范理论:

$$L = \sum_{\boldsymbol{i},\boldsymbol{\mu}=\boldsymbol{x},\boldsymbol{y},\boldsymbol{z}} \frac{[\dot{a}_{\boldsymbol{i},\boldsymbol{i}+\boldsymbol{\mu}} + a_0(\boldsymbol{i}) - a_0(\boldsymbol{i}+\boldsymbol{\mu})]^2}{4J} + g\sum_{\boldsymbol{p}} \cos\ \varPhi_{\boldsymbol{p}} - \sum a_0(\boldsymbol{i}) q_{\boldsymbol{i}},$$

其中 q_i 是在格点 $\boldsymbol{i}$ 的 $U(1)$ 荷.

(a) 求解相空间中路径积分的拉格朗日量.

(b) 证明对 a_0 积分得到下面的约束

$$\sum_{\mu=\pm\boldsymbol{x},\pm\boldsymbol{y},\pm\boldsymbol{z}} e_{\boldsymbol{i},\boldsymbol{i}+\mu} = 2Jq_{\boldsymbol{i}}.$$

这就是晶格上的高斯定律.

(c) 假设 $g=0$, 写出荷 $q=1$ 位于 $\boldsymbol{i}=0$、荷 $q=-1$ 位于 $\boldsymbol{i}=l\boldsymbol{x}$ 的规范理论的基态, 证明两荷之间的相互作用能随着 l 线性增长.

第七章 量子霍尔态理论

要点:

- 分数量子霍尔液体是一种内部结构极为丰富的新物质态
- 不同的分数量子霍尔液体不能由局域算符的序参量和长程序标识, 我们需要一个全新的理论描述分数量子霍尔液体
- 分数量子霍尔液体含有无能隙边缘激发, 形成所谓的手征 Luttinger 液体. 这种处于边界的手征 Luttinger 液体结构十分丰富, 反映了分数量子霍尔液体其复杂的体内结构

分数量子霍尔 (简称 FQH) 效应出现在处于强磁场中的二维电子系统中, 自从 1982 年被发现 [Tsui *et al.* (1982); Laughlin (1983)] 以来, 各种对 FQH 系统所做的实验不断揭示出新的现象, 带给人们许多惊奇. 从中观察到的复杂叠代结构 [Haldane (1983); Halperin (1984)] 表明, 分数量子霍尔效应的电子态 (这些态称为 FQH 液体) 含有极为丰富的体内结构, 实际上 FQH 液体代表了物质的一种全新的态, 与前几章所讨论的对称破缺态大不相同, 我们需要发展新的概念和新的技术来了解这种新的态. 本章我们将引进 FQH 态的一般理论, 在第八章中还要对 FQH 态中新的序 (拓扑序) 进行更加详细的讨论.

7.1 量子霍尔效应

7.1.1 阿哈罗诺夫 – 玻姆效应 —— 非接触偏转粒子

要点:

- 可缩回路的局域相位和不可缩回路的全局相位
- 非零局域相位代表一种力, 而零局域相位不对应任何经典力

为了给以后讨论量子霍尔态 (简称 QH 态) 中的量子干涉做准备, 我们先简单讨论一下阿哈罗诺夫 – 玻姆效应 (简称 A–B 效应). 首先引进两个概念: 局域相位和全局相位. 局域相位与可缩回路有关, 围绕可缩回路缓慢运动的带电粒子将产生

$$\text{局域相位} = e^{ie\oint \boldsymbol{A}d\boldsymbol{x}} = e^{ie\int \boldsymbol{B}\cdot \boldsymbol{d}\boldsymbol{S}},$$

所有可缩回路的局域相位都为零, 当且仅当磁场 $\boldsymbol{B}=0$, 因此感受不到磁力的带电粒子没有局域相位.

全局相位与非可缩回路有关. 为了在一个简单的背景下理解全局相位, 我们来考虑在 2D 平面上运动的带电粒子. 将 $\boldsymbol{r}=0$ 点除去, 这就改变了空间的拓扑结构. 再在 $\boldsymbol{r}=0$ 处放一个无限细的通量为 Φ 的磁通管, 随着粒子围绕 $\boldsymbol{r}=0$ 运动, 会产生相位 $e^{ie\Phi}$, 这样的相就称为全局相位, 更一般地说

$$\text{全局相位} = e^{ie\Phi n_w},$$
$$n_w = \text{绕数}.$$

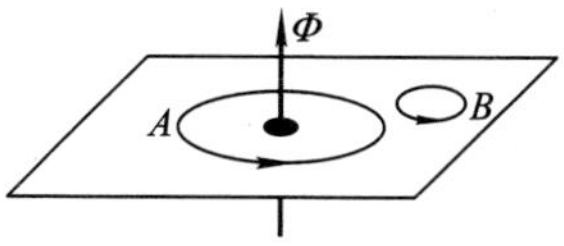

图 7.1 去除 $\boldsymbol{r}=0$ 点后又在 $\boldsymbol{r}=0$ 处放置一个磁通管的平面, 回路 A 是非可缩的, 具有绕数 $n_w=1$. 回路 B 是可缩的.

显然此时粒子仍然感受不到磁力, 因为 $\boldsymbol{r}=0$ 以外的地方没有磁场, 由此可以看到自由粒子也可以具有非零全局相位.

只有非可缩回路存在时 (即空间不是简单连通时) 才存在全局相位, 另一个非简单连通空间的例子是环面 (见图 7.2), 位于环面上的自由粒子也可以具有全局相位.

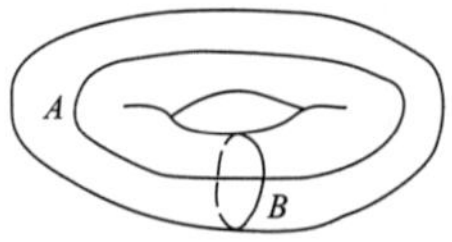

图 7.2 具有两个非可缩回路 A 和 B 的环面.

上述自由粒子 (在 $\boldsymbol{r}=0$ 处有一磁通管) 可以用下列哈密顿量描述,

$$H=-\frac{1}{2m}(\boldsymbol{\partial}-i\boldsymbol{a})^2, \qquad (a_x,a_y)=\frac{1}{r^2}(-y,-x)\frac{\phi}{2\pi},$$

其场强为零:

$$\boldsymbol{b}=\partial_x a_y-\partial_y a_x=0 \implies \text{局域相位}=0.$$

对于围绕 $\boldsymbol{x}=0$ 的回路

$$\oint \boldsymbol{a}\cdot \boldsymbol{d}x=\phi \implies \text{全局相位} \neq 0.$$

非零的局域相位会影响经典的运动方程, 自旋的贝里相就是局域相位的一个例子 (见 2.3 节). 对比之下, 全局相位不会影响经典运动方程, 但是, 全局相位会影响粒子的量子特性.

习题

7.1.1 非接触偏转

尽管全局相位不产生任何经典力, 但是仍然会使运动粒子偏转, 考虑图 7.3 中的设置, 其中具有动量 $\boldsymbol{k}$ 的带电 e 粒子束通过不可穿透管的格栅, 如果每根管中有磁通量 Φ, 计算偏转角 θ.

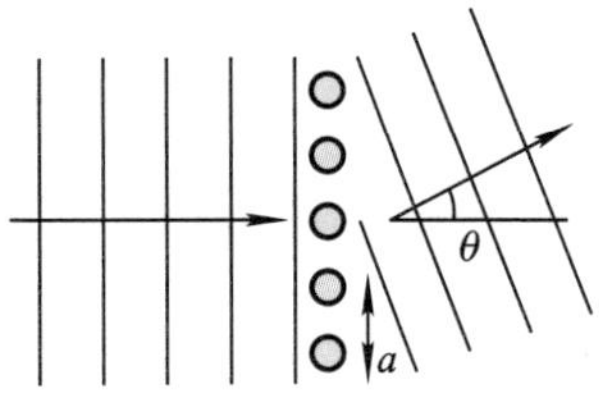

图 7.3 粒子束通过管中有磁通量的格栅.

7.1.2 具有硬核条件和分数统计的自由粒子

要点:

- 统计和拓扑
- 分数统计存在且只存在于 2 维空间

对 A–B 效应的一种理解是 2 维中的分数统计 [Leinaas and Myrheim (1977); Wilczek (1982)], 考虑 2D 中的两个自由硬核全同粒子[1], 其位形空间是

$$\begin{aligned}\text{位形空间} &= \left\{(\boldsymbol{r}_1,\boldsymbol{r}_2)|_{\boldsymbol{r}_1\neq\boldsymbol{r}_2,\ (\boldsymbol{r}_1,\boldsymbol{r}_2)\sim(\boldsymbol{r}_2,\boldsymbol{r}_1)}\right\}\\ &= \left\{(\boldsymbol{r}_+,\boldsymbol{r}_-)|_{\boldsymbol{r}_-\neq 0,(\boldsymbol{r}_+,\boldsymbol{r}_-)\sim(\boldsymbol{r}_+,-\boldsymbol{r}_-)}\right\} = V_+\otimes V_-,\end{aligned}$$

其中 $\boldsymbol{r}_+=\frac{1}{2}(\boldsymbol{r}_1+\boldsymbol{r}_2)$, $\boldsymbol{r}_-=\boldsymbol{r}_1-\boldsymbol{r}_2$, $V_+=\{\boldsymbol{r}_+\}$, $V_-=\{\boldsymbol{r}_-|_{\boldsymbol{r}_-\neq 0,\ \boldsymbol{r}_-\sim-\boldsymbol{r}_-}\}$(见图 7.4). V_+ 是通常的 2D 平面, 而 V_- 只是 2D 平面的一半, 因为 $\boldsymbol{r}_-$ 和 $-\boldsymbol{r}_-$ 被看作是同一点, 同时 V_- 中去除了 $\boldsymbol{r}_-=0$ 点.

正如上节所指出的, "自由" 意味着局域相位 =0. 因为两粒子的位形空间不是简单连通 (V_- 不是简单连通), 故存在着全局相位并且我们可以自由选择全局相位, 注意 V_- 的非可缩回路由绕数 n_w 标识 (图 7.5), 因此可以为非可缩回路指定以下的全局相位.

$$\text{全局相位} = e^{i\theta n_w}.$$

[1] 这里所谓的自由粒子, 是表示粒子分开时不受到任何力, 但是粒子仍可能处于硬核条件下.

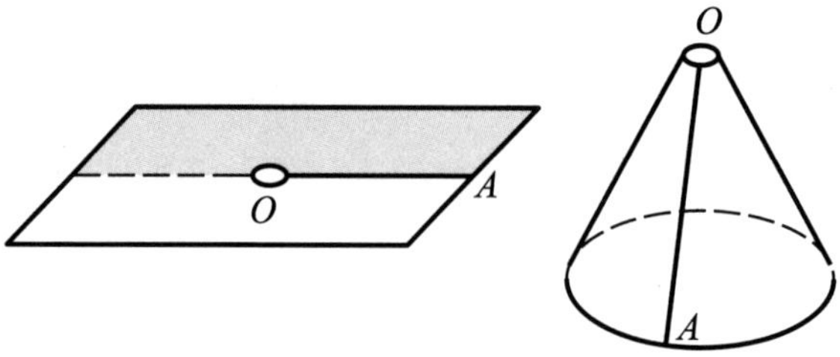

图 7.4　除去 $\boldsymbol{r}=0$ 点的 V_- 空间, 且 $\boldsymbol{r}$ 和 $-\boldsymbol{r}$ 两点是同一点.

这样显然在量子力学中, 自由的全同粒子有不同的种类, 由参量 θ 标识:

- θ 描述了在多粒子位形空间中的通量 (全局相位)
- θ 决定了统计

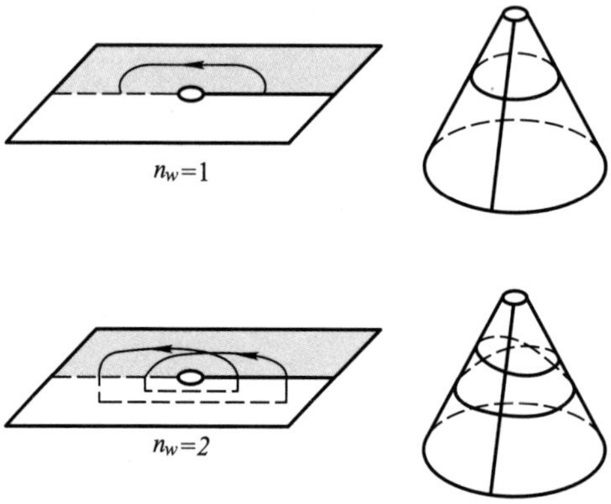

图 7.5　在 V_- 空间中绕数 $n_w=1$ 和 $n_w=2$ 的两条回路.

注意 $n_w=1$ 的回路使 $\boldsymbol{r}_-$ 与 $-\boldsymbol{r}_-$ 连通, 也就是使 $(\boldsymbol{r}_1,\boldsymbol{r}_2)$ 与 $(\boldsymbol{r}_2,\boldsymbol{r}_1)$ 连通, 这与两个粒子交换相对应. 因此粒子的统计为

$$\begin{cases} \theta=0\to & \text{玻色子},\\ \theta=\pi\to & \text{费米子},\\ \theta=\text{其他}\to & \text{任意子}. \end{cases}$$

上述两个全同自由粒子 (即统计为 θ 的两个任意子) 的哈密顿量是

$$\begin{cases} H=-\frac{1}{2m}(\partial_{\boldsymbol{r}_+})^2-\frac{1}{2}\frac{1}{m}(\partial_{\boldsymbol{r}_-}-i\boldsymbol{a})^2,\\ (a_x,a_y)=\frac{\theta}{\pi r^2}(-y,x),\\ \text{边界条件:}\quad \phi(\boldsymbol{r}_+,\boldsymbol{r}_-)=\phi(\boldsymbol{r}_+,-\boldsymbol{r}_-) \end{cases}.$$

在 $\theta=0$ 和 $\boldsymbol{a}=0$ 时, H 显然描述的是两个玻色子. 对于 $\theta=\pi$, 可以做规范变换

$$\phi(\boldsymbol{r}_+,\boldsymbol{r}_-)\to e^{if(\boldsymbol{r}_-)}\phi(\boldsymbol{r}_+,\boldsymbol{r}_-),\qquad f(\boldsymbol{r})\equiv\arctan\frac{x}{y}.$$

由于 $\nabla f(\boldsymbol{r})=\frac{1}{r^2}(-y,x)$, 我们得到 $e^{-if}(\partial_{\boldsymbol{r}_-}-i\boldsymbol{a})^2e^{if}=(\partial_{\boldsymbol{r}_-})^2$, 且哈密顿量为

$$\left\{\begin{aligned}H=&\ -\frac{1}{2m}(\partial_{\boldsymbol{r}_+})^2-\frac{1}{2}\frac{1}{m}(\partial_{\boldsymbol{r}_-})^2,\\ \phi(\boldsymbol{r}_+,\boldsymbol{r}_-)=&\ -\phi(\boldsymbol{r}_+,\boldsymbol{r}_-),\\ \text{or }\phi(\boldsymbol{r}_1,\boldsymbol{r}_2)=&\ -\phi(\boldsymbol{r}_2,\boldsymbol{r}_1),\end{aligned}\right.$$

上式所描述的是两个自由费米子.

这里要指出, 即使对 N 个费米子, 也可以持续地将 $\boldsymbol{a}$ 规范掉, 用 "边界条件"(即反对称条件) 描述费米统计. 但是, 对于 N 个任意子系统, 就不能规范掉 $\boldsymbol{a}$, 用 "边界条件" 表示分数统计. 但是, 2D 谐振势阱中 2 个任意子的系统并不难解, 其能谱如图 7.6 所示, 清楚可见能谱连续地从玻色性改变到费米性.

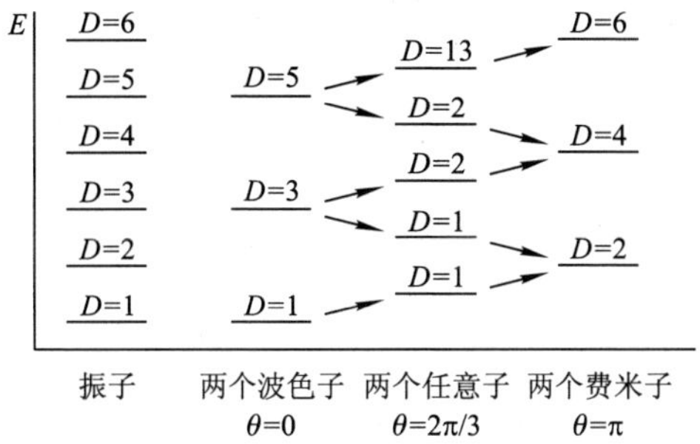

图 7.6 2D 谐振势阱中 2 个任意子的能级 E 及简并度 D (对于相对运动).

值得我们关心的问题是, 3D 中有没有任意子? 3D 中的两个全同自由粒子具有位形空间 $V_+^{(3D)}\otimes V_-^{(3D)}$, 且

$$V_-^{(3D)}=\{\boldsymbol{r}_-|_{\boldsymbol{r}_-\neq 0,\ \boldsymbol{r}_-\sim-\boldsymbol{r}_-}\}.$$

$V_-^{(3D)}$ 不是简单连通的, 存在着全局相位. 但是 $V_-^{(3D)}$ 中的非可缩回路由 Z_2 标识. 这是由于某个方向上的交换 (由回路 C_1 描述) 与其相反方向上的交换 (由回路 C_{-1} 描述) 属于同一类, 因为它们可以连续地相互变换 (见图 7.7). 如果我们将全局相位 $e^{i\theta}$ 指定到回路 C_1, 则回路 C_{-1} 也会具有全局相位 $e^{-i\theta}$. 既然两条回路 $C_{\pm1}$ 只相差一条局域相位为零的可缩回路, 也就有 $e^{i\theta}=e^{-i\theta}$, 因此, θ 只能取两个值:

$$\theta=\left\{\begin{aligned}&0,\quad \text{玻色子},\\ &\pi,\quad \text{费米子}.\end{aligned}\right.$$

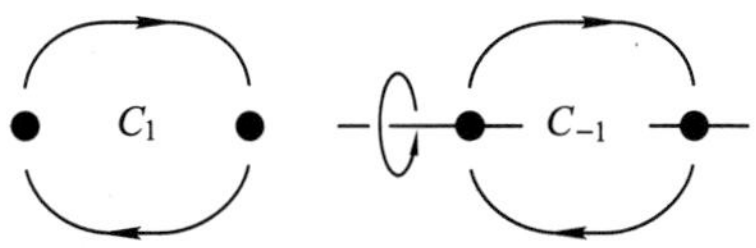

图 7.7 在 3D 中, 旋转连接两粒子之间的轴, 两条互换的回路 C_1 和 C_{-1} 可以连续地相互变换.

上述讨论表明, 任意子从数学角度而言, 是可以存在于量子力学体系中的. 下一个问题是, 任意子怎样才会出现在某些原来不含有任意子的物理模型之中呢? 实际上任意子可以作为在玻色/费米系统中的激发. 下面我们将考虑一种模型, 其中任意子是一种荷和通量的束缚态. 考虑一个荷为 1 的玻色子 ϕ 的系统, 假设玻色子组成一个 q 玻色子束缚态 $\Phi_q=(\phi)^q$, 并且 Φ_q 发生着玻色凝聚, 有效拉格朗日量是

$$\mathcal{L}_{eff}=\frac{1}{2}\left|(\partial_\mu-iqa_\mu)\,\Phi_q\right|^2-\frac{1}{2}a\left|\Phi_q\right|^2-\lambda\left|\Phi_q\right|^4+\frac{1}{2g}\left(f_{\mu\nu}\right)^2, \tag{7.1.1}$$

$$\langle\Phi_q\rangle\neq 0,$$

其中 a_μ 是与荷玻色子耦合的 $U(1)$ 规范场. 在凝聚态, 涡漩携带通量 $\frac{2\pi}{q}$(见习题7.1.2), 考虑涡漩 $\frac{2\pi}{q}$ 的束缚态和原有的玻色子 ϕ, 将一个束缚态绕另一个束缚态移动一半, 得到的相位为

$$\theta=\frac{1}{2}\frac{2\pi}{q}+\frac{1}{2}\frac{2\pi}{q}=\frac{2\pi}{q}.$$

第一项来自绕通量管运动的荷, 第二项来自绕荷的通量管 (见图 7.8), 我们看到如果 $q=1$, 束缚态是一个玻色子; 如果 $q=2$, 是一个费米子; 如果 $q>2$, 是一个任意子.

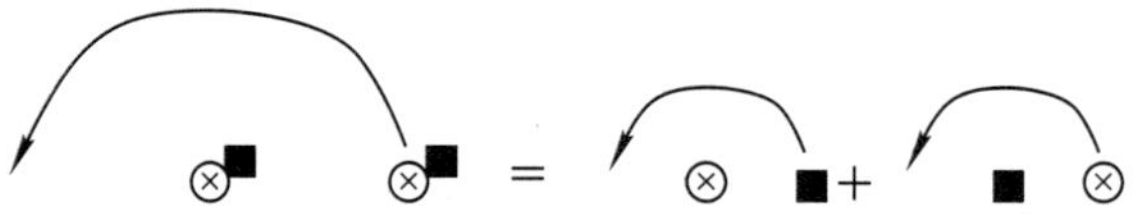

图 7.8 由围绕磁通电荷束缚态运动的另一个磁通电荷束缚态产生的相.

对于 BCS 超导体, $q=2$, 但是 ϕ 是一个费米子, 因此束缚态是一个玻色子, 惟一已知支持任意子激发的凝聚态系统是 FQH 系统.

习题

7.1.2 在极坐标系 (r,ϕ) 中, (7.1.1) 中的涡漩描述为

$$\Phi_q=f(r)e^{i\phi},$$

其中 $f(\infty)=\langle\Phi_q\rangle$.

(a) 证明如果 $a_\mu=0$, 涡漩的能量按 $\ln L$ 发散, 其中 L 是系统的尺度.

(b) 写出使涡漩具有有限能量的 $\boldsymbol{a}(r,\phi)$.

(c) 证明 $\boldsymbol{a}(r,\phi)$ 之上的总通量是 $2\pi/q$.

7.1.3 整数量子霍尔效应

要点:

- 整数量子霍尔 (简称 IQH) 态由填充的朗道能级描述

- $\nu = 1$ IQH 态的多体波函数
- IQH 波函数的密度轮廓

我们首先讨论经典霍尔效应, 考虑电荷 $q_e = -e$ 的电子气在电场和磁场的影响下运动, 为了维持静电流, 电场的力必须与磁场的洛仑兹力平衡

$$q_e \boldsymbol{E} = q_e \boldsymbol{v} \times \boldsymbol{B}.$$

本章中我们选择一个单位, 使光速 $c = 1$. 因为电流 $\boldsymbol{j}$ 是 $\boldsymbol{v}n$, 其中 n 是密度, 则有

$$E = j\frac{B}{nq_e c} = j\frac{h}{q_e^2}\frac{B/(hc/q_e)}{n} = j\left(\frac{h}{q_e^2}\right)\frac{1}{\nu},$$

其中

$$\nu \equiv \frac{nhc}{q_e B} = \frac{\text{粒子数}}{\text{磁通量子数}}$$

是填充分数. 霍尔电阻 $\rho_{xy} = \left(\frac{h}{q_e^2}\right)\frac{1}{\nu}$ 可以直接由实验测量. 根据以上经典理论, 如果 n 固定, $\rho_{xy} \propto B$.

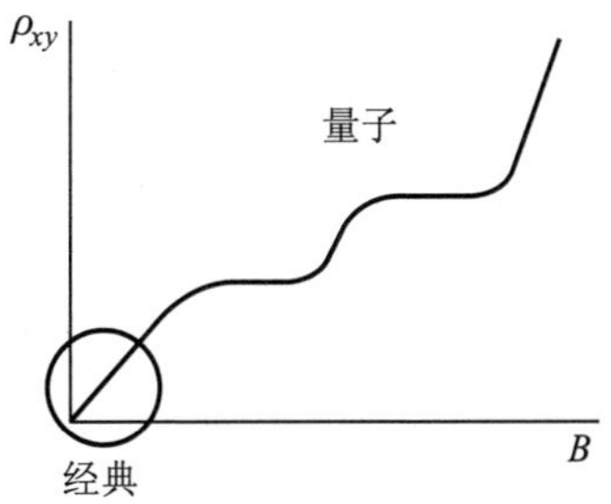

图 7.9 ρ_{xy} 和 B 的关系.

实验确实发现, 对于 2D 电子气, 弱场下 $\rho_{xy} \propto B$ (见图 7.9). 上世纪 80 年代初, 研究人员们将 2D 电子气置于强磁场下 ($\sim$ 10T) 冷却至很低的温度 ($\sim 1K^\circ$), 他们发现 B 很强时, ρ_{xy} 产生出如图 7.9 所示的坪区结构, 这种现象就称为 QH 效应. 物理学家们很快发现 QH 态有不少奇异特性, 其中最引人注目的是坪区准确地出现在 ρ_{xy} 对应于

$$\nu = \underbrace{1, 2, 3, \cdots}_{\text{IQH}}, \underbrace{\frac{1}{3}, \frac{2}{3}, \frac{2}{5}, \frac{3}{7}, \cdots}_{\text{FQH}}$$

的位置, ρ_{xy} 的数值如此准确和稳定, 已经成为电阻的标准.

坪区的物理特性比较复杂, 原因是其中涉及到杂质. 简单来说, 如果 2D 电子气在那些 ν 处形成不可压缩的液体[2], 我们就可以在那些填充分数处得到坪区. 下面将看到, 因为朗道能级

[2]即所有带电激发都有有限能隙.

结构的性质, 电子确实在 $\nu = 1, 2, 3, \cdots$ 形成不可压缩态, 由此我们可以了解在整数 ν 的坪区和 IQH 效应.

我们先忽略库仑相互作用, 考虑强磁场 B 中的 2D 自由电子气. 同时我们还忽略电子自旋或假设电子自旋已被极化. 磁场中的单电子描述为

$$\begin{aligned} H &= -\frac{1}{2m}\left(\partial_i - iq_e A^i\right)^2, \quad \hbar = 1, \\ (A^x, A^y) &= \frac{B}{2}(-y, x), \quad (\text{对称规范}) \\ B &= \partial_x A^y - \partial_y A^x. \end{aligned}$$

改变坐标 $z = x + iy$,

$$\begin{cases} \partial_z = \frac{1}{2}\left(\partial_x - i\partial_y\right), & x = \frac{1}{2}(z + \bar{z}), \\ \partial_{\bar{z}} = \frac{1}{2}\left(\partial_x + i\partial_y\right), & y = \frac{1}{2i}(z - \bar{z}), \end{cases}$$

我们得到

$$H = -\frac{1}{m}\left(D_z D_{\bar{z}} + D_{\bar{z}} D_z\right),$$

其中

$$\begin{cases} D_z = \partial_z - iq_e A^z, & A^z = \frac{1}{2}\left(A^x - iA^y\right) = \frac{B}{4i}\bar{z}, \\ D_{\bar{z}} = \partial_{\bar{z}} - iq_e A^{\bar{z}}, & A^{\bar{z}} = \frac{1}{2}\left(A^x + iA^y\right) = -\frac{B}{4i}z. \end{cases}$$

哈密顿量 H 可以用非幺正变换 $e^{+\frac{1}{4l_B^2}|z|^2}$ 简化, 其中 l_B 是磁长度, 定义为

$$l_B^2 = \left|\frac{c\hbar}{q_e B}\right|.$$

(注意 $2\pi l_B^2 B = \frac{hc}{q_e} = \Phi_0$ 是一个单位磁通量子.) 我们得到

$$H = e^{-\frac{1}{4l_B^2}|z|^2}\left[-\frac{1}{m}\left(\tilde{D}_z \tilde{D}_{\bar{z}} + \tilde{D}_{\bar{z}} \tilde{D}_z\right)\right] e^{+\frac{1}{4l_B^2}|z|^2},$$

其中

$$\begin{aligned} \tilde{D}_z &= e^{+\frac{1}{4l_B^2}|z|^2} D_z e^{-\frac{1}{4l_B^2}|z|^2} = \partial_z - \frac{q_e B}{4c}\bar{z} - \frac{1}{4l_B^2}\bar{z} = \partial_z - \frac{1}{2l_B^2}\bar{z}, \\ \tilde{D}_{\bar{z}} &= \partial_{\bar{z}} + \frac{q_e B}{4c}z - \frac{1}{4l_B^2}z = \partial_{\bar{z}}, \end{aligned}$$

这里我们已经假设 $q_e B > 0$. 可见非幺正变换 $e^{+\frac{1}{4l_B^2}|z|^2}$ 可以看作是一个使 $A^{\bar{z}} = 0$ 的 “规范变换”, H 简化为

$$H = e^{-\frac{1}{4l_B^2}}\left[-\frac{2}{m}\left(\partial_z - \frac{1}{2l_B^2}\bar{z}\right)\partial_{\bar{z}}\right] e^{+\frac{1}{4l_B^2}} + \frac{1}{2}\hbar\omega_c,$$

其中 $\omega_c = \frac{q_e B}{m}$ 是回旋频率.

这样我们就可以很容易地写出均匀磁场下电子的本征态:

$$\begin{aligned}
\Psi_0 =& e^{-\frac{1}{4l_B^2}|z|^2} f(z), & E =& \frac{1}{2}\hbar\omega_c, \\
\Psi_1 =& e^{-\frac{1}{4l_B^2}|z|^2} \left(\partial_z - \frac{1}{2l_B^2}\bar{z}\right) f(z), & E =& \left(\frac{1}{2}+1\right)\hbar\omega_c, \\
\Psi_n =& e^{-\frac{1}{4l_B^2}|z|^2} \left(\tilde{D}_z\right)^n f(z), & E =& \left(\frac{1}{2}+n\right)\hbar\omega_c,
\end{aligned}$$

这就是朗道能级结构.

上面, 我们假设了 $q_eB>0$. 第 0 级朗道能级的电子波函数是一个解析函数 $f(z)$ 乘以 $e^{-\frac{1}{4l_B^2}|z|^2}$, 如果 $q_eB<0$, 非幺正变换 $e^{+\frac{1}{4l_B^2}|z|^2}$ 将把 A^z 变换为零. 第 0 级朗道能级的电子波函数将是一个反解析函数 $f(z^*)$ 乘以 $e^{-\frac{1}{4l_B^2}|z|^2}$.

第 0 级朗道能级的波函数 Ψ_0 可以用下面基态展开

$$\psi_m = \sqrt{N_m} z^m e^{-\frac{1}{4l_B^2}|z|^2},$$

它携带的角动量是 m. 波函数 ψ_m 呈环状, $|\psi_m|$ 最大值的位置位于

$$|z| = r_m = \sqrt{2m} l_B.$$

我们发现第 m 个波函数的环的面积为 $\pi r_m^2 = 2\pi l_B^2 m$, 包围的磁通量子是 m(见图 7.10), 因此每一个磁通量子都有一个态, 在第 0 级朗道能级的态数目等于磁通量子数目. 这样当 $\nu=1$ 时, 在第 0 级朗道能级的每一个态都填有一个电子, 由此得到激发的有限能隙 $\Delta=\hbar\omega_c$, 并且解释了实验中所观察到的 $\nu=1$ 坪区. 不可压缩性来自于泡利不相容原理 (费米统计).

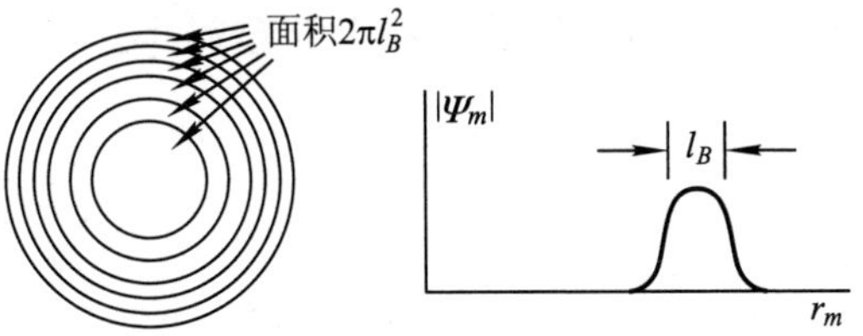

图 7.10 在第 0 级朗道能级的圆周轨道.

$\nu=1$ 态多体波函数的形式为

$$\begin{aligned}
\Psi(z_1,\cdots,z_N) =& \mathcal{A}\left[(z_1)^0(z_2)^1(z_3)^2\cdots\right] e^{\frac{1}{4l_B^2}\sum|z_i|^2} \\
=& \mathrm{Det}\begin{vmatrix} 1 & 1 & \cdots \\ z_1 & z_2 & \cdots \\ (z_1)^2 & (z_2)^2 & \cdots \\ \vdots & \vdots & \vdots \end{vmatrix} e^{\frac{1}{4l_B^2}\sum|z_i|^2} = \prod_{i<j}(z_i-z_j)e^{\frac{1}{4l_B^2}\sum|z_i|^2},
\end{aligned}$$

其中 $\mathcal{A}$ 是反对称化算符. 因为每一个电子占据相同的面积 $\pi r_{m+1}^2 - \pi r_m^2 = 2\pi l_B^2$, 上述波函数描述了一个密度均匀的圆滴 (图 7.11). 这个性质很重要, N 个变量的更一般的波函数在 $N \to \infty$ 极限下的密度可能不再均匀, 在这种情况, 波函数就不具有有意义的热力学极限.

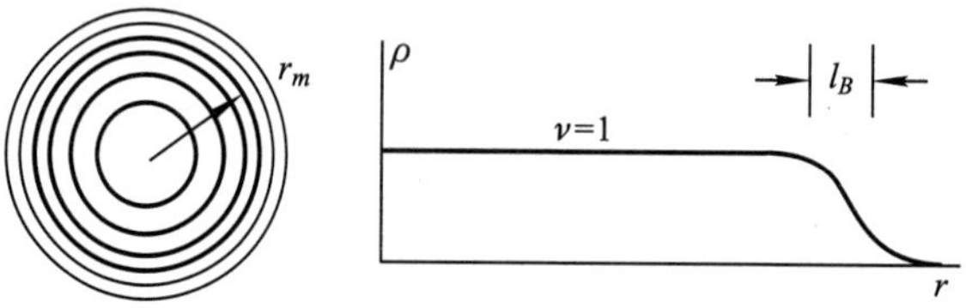

图 7.11 前 m 能级 (由粗线表示) 填满后, $\nu = 1$ 微滴的密度轮廓.

习题

7.1.3 写出电子在势场 $V = \frac{1}{2}m\omega_0^2\boldsymbol{r}^2$ 和均匀磁场 B 中的能级.

7.1.4 分数量子霍尔效应

要点:

- FQH 态的 Laughlin 波函数
- Laughlin 态的等离子体模拟和密度轮廓

当 $0 < \nu < 1$ 时, 第 0 级 LL 仅部分填满, 这样对于自由电子就会出现巨大的基态简并 $\sim \frac{N_\phi!}{N!(N_\phi - N)!}$ (其中 N_ϕ 是第 0 级 LL 态的数目, 也是磁通量子的数目, N 是电子数). 因此, 实验观察到的 $\nu = 1/3$ 态一定是相互作用的结果. 由此产生两个问题:

(a) 相互作用怎样产生能隙 (不可压缩性)?

(b) $\nu = 1/3$ 的特殊性在哪里?

Laughlin 用试探波函数

$$\Psi_3 = \prod_{i<j}(z_i - z_j)^3 e^{\frac{1}{4l_B^2}\sum|z_i|^2}$$

回答了这两个问题, Ψ_3 令人满意是因为

(a) 对于任何电子对, $(z_i - z_j)^3$ 总有三阶零点, 适合相互排斥作用.

(b) Ψ_3 描述了 $\nu = 1/3$ 的密度均匀的圆滴 (图 7.12).

(c) Ψ_3 是一个不可压缩态.

由于 $|\Psi_3|$ 的旋转不变性, 显然 $|\Psi_3|$ 描述的是一个圆滴, 如果假设圆滴还具有均匀的密度, 就不难理解为什么它的填充分数 $\nu = 1/3$, 这是因为 z_i 的最高阶项 (i 固定) 是 $3(N-1)$, 角动量 $3(N-1)$ 的轨道半径 $r_{max} = \sqrt{2 \times 3(N-1)}l_B$. r_{max} 也是圆滴的半径, 等于 $\sqrt{3}$ 乘以 $\nu = 1$ 圆滴的半径, 也就是 $\sqrt{2 \times (N-1)}l_B$. 因此对于 Ψ_3, $\nu = \frac{1}{3}$.

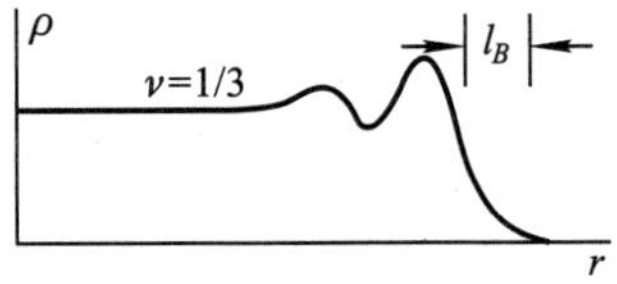

图 7.12 $\nu=1/3$ 圆滴的密度轮廓.

为了理解为什么 Ψ_3 的密度均匀, 让我们考虑电子位置的联合概率分布:

$$P(z_1\cdots z_N)\propto|\Psi_m(z_1\cdots z_N)|^2=e^{-\beta V(z_1\cdots z_N)}, \tag{7.1.2}$$

其中已将 Ψ_3 态推广到 Ψ_m 态

$$\Psi_m=\prod_{i<j}(z_i-z_j)^m e^{\frac{1}{4l_B^2}\sum|z_i|^2}.$$

由此看到 m 必须是一个奇数, Ψ_m 才能完全反对称. 在 (7.1.2) 中选择 $T=\frac{1}{\beta}=\frac{m}{2}$, 可以把

$$V=-m^2\sum_{i<j}\ln|z_i-z_j|+\frac{m}{4}\sum_i|z_i|^2\frac{1}{l_B^2}$$

看作是 "电荷" 为 m 粒子的 2D 等离子体的势, 两个 "电荷" 为 m_1 和 m_2 的粒子之间的势为 $-m_1m_2\ln(r)$, 力为 m_1m_2/r. 因此为了理解 Ψ_m 的密度分布, 仅需计算等离子体的 "电荷" 分布.

在 V 中, 可以看到, 等离子体中的每一个粒子均可以感受到外势 $\frac{m}{4l_B^2}|z|^2$. 实际上这个势是由 "电荷" 密度为 $\rho_\phi=\frac{1}{2\pi l_B^2}$ 的均匀本底 "电荷" 产生的, 而这个密度也就是通量量子的密度. 为了看到这一点, 我们注意到这些本底 "电荷" 作用在半径为 r 处的一个 "电荷" m 上的力就是 "电荷" m 和半径为 r 之内的总 "电荷" 之间的力, 这个力是 $F=\frac{m\rho_\phi\pi r^2}{r}=m\rho_\phi\pi r$, 其势为 $\frac{m}{2}\pi\rho_\phi r^2$, 也就是前面那个势. 由于等离子体完全的屏蔽特性, 要求 "电荷" 中和, 于是等离子体的 "电荷" 密度需要等于本底 "电荷" 密度 $mn_e=\rho_\phi$, 其中 n_e 就是电子密度. 我们得到填充分数 $\nu=\frac{n_e}{\rho_\phi}=\frac{1}{m}$.

为什么 Ψ_m 是一个不可压缩态? 注意 Ψ_m 的总角动量 (z_i 的总幂次) 是 $M_0=m\frac{N(N-1)}{2}$, Ψ_m 是总角动量最小的态, 在每一对电子之间具有第 m 阶零点. 压缩小滴使总角动量减少并产生更低阶的零点, 就要耗能. 我们估计 $\Delta\sim\frac{e^2}{l_B}$ 的量级与库仑能量相同. 上述说法还没有得到数学上的证明, 但却有相当多的数字上的佐证.

我们要提到, 尽管 Ψ_3 仅是库仑相互作用下电子近似的基态, 但 Ψ_3 是下面哈密顿量

$$H=\frac{1}{2m}\sum_i(\partial_{\boldsymbol{x}_i}-iq_e\boldsymbol{A})^2-\sum_{i<j}V_0V(\boldsymbol{r}_i-\boldsymbol{r}_j),\qquad V(\boldsymbol{r})=\partial_{\boldsymbol{r}}^2\delta(\boldsymbol{r}). \tag{7.1.3}$$

的严格基态. 可以证明对任意态 ψ, $\langle\psi|H|\psi\rangle\geq\frac{1}{2}N\hbar\omega_c$; 对于 Ψ_3, $\langle\Psi_3|H|\Psi_3\rangle=\frac{1}{2}N\hbar\omega_c$. 因此 Ψ_3 的确是 H 严格的基态. 数字计算也显示, 对于理想哈密顿量 Ψ_3 上激发有一能隙, 是不可压缩的.

习题

7.1.4 证明对于理想哈密顿量 (7.1.3), $\langle \Psi_3 |H| \Psi_3 \rangle = \frac{1}{2} N\hbar\omega_c$. 写出 $\nu = 1/m$ Laughlin 态 Ψ_m 的理想哈密顿量.

7.1.5 双层 FQH 态由波函数

$$\Psi_{lmn} = \prod_{i<j}(z_i - z_j)^l \prod_{i<j}(w_i - w_j)^m \prod_{i,j}(z_i - w_j)^n e^{\frac{1}{4l_B^2}\sum|z_i|^2} e^{\frac{1}{4l_B^2}\sum|w_i|^2}$$

描述, 其中 z_i 是电子在第一层的坐标, w_i 是在第二层的坐标, 这样的态称为 (lmn) 态. 令 N_1 和 N_2 分别为两层中的电子数目, 写出使电子小滴的尺度在两层相等的比值 N_1/N_2, 以及两层中电子的总填充分数. (提示: 为了简化问题, 可以先假设 $n = 0$.)

7.1.5 具有分数电荷和分数统计的准粒子

要点:

- 从等离子体模拟分数电荷和分数统计

不可压缩基态 Ψ_m 之上的准空穴激发由多体波函数

$$\Psi^h(\xi, \xi^*) = \sqrt{C(\xi, \xi^*)} \prod_i (\xi - z_i)\,\Psi_m$$

描述, 其中 ξ 是准空穴的位置, $C(\xi, \xi^*)$ 是归一化系数. 计算准空穴电荷最简单的方法是先将电子从 Ψ_m 态移开, 得到在 ξ 有一个电荷为 e 空穴的波函数 $\prod_i(\xi - z_i)^m\,\Psi_m$, 但是 $\prod_i(\xi - z_i)^m\,\Psi_m$ 也可以看作是在 ξ 有 m 个准空穴的波函数, 因此准空穴电荷是 $\frac{1}{m}e$.

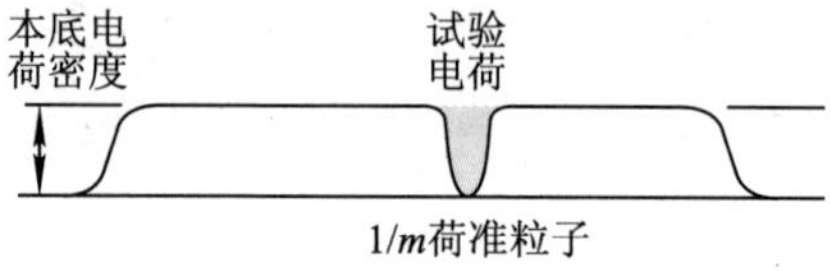

图 7.13 电子电荷和试验电荷必须与本底电荷中和.

更加直接地计算准空穴电荷是通过等离子体模拟, 准空穴态 Ψ_h 中电子的位置分布是

$$P_\xi^h(\{z_i\}) = \left|\Psi^h(\xi, \xi^*)\right|^2 = e^{-\beta[V(z_i) - m\ln|\xi - z_i|]},$$

我们有电子感受到额外的本底势 $-m\ln|\xi - z_i|$, 这个势由单位测试电荷产生. 本底电荷在 ξ 处含有一个额外的单位测试电荷, ξ 附近的电子数要少 $1/m$, 才能维持电中性, 因此准空穴携带的电荷是 e/m.

为了理解准空穴的分数统计 [Arovas *et al.* (1984)], 让我们从几个准粒子的有效拉格朗日量

$$Z = \int D\boldsymbol{x}_i(t) e^{i\int dt\,\sum_i[-E_0 + \frac{1}{2}m\dot{\boldsymbol{x}}_i^2 + \boldsymbol{a}(\boldsymbol{x}_1, \boldsymbol{x}_2, \ldots)\cdot\dot{\boldsymbol{x}}_i]}$$

开始. 有效规范势 $\boldsymbol{a}$ 决定了统计, 与我们在 2.3 节中讨论的自旋系统一样, $\boldsymbol{a}$ 由相干态 $|\Psi^h[\xi(t),\xi^*(t)]\rangle$ 的贝里相所决定.

我们首先只考虑一个单准粒子, 对于准粒子 $\xi(t)$ 的绝热运动, $\Psi^h[\xi(t),\xi^*(t)]$ 相的变化就是贝里相. 对于小量 Δt, 贝里相就是

$$\langle\Psi^h[\xi(t+\Delta t),\xi^*(t+\Delta t)]|\Psi^h[\xi(t),\xi^*(t)]\rangle = e^{i\Delta t\boldsymbol{a}\cdot\dot{\boldsymbol{x}}},$$

因此 $\boldsymbol{a}$ 是

$$i\langle\Psi^h[\xi(t),\xi^*(t)]|\frac{d}{dt}|\Psi^h[\xi(t),\xi^*(t)]\rangle = \boldsymbol{a}\cdot\dot{\boldsymbol{x}}.$$

由于 Ψ^h 只通过 $\xi(t)$ 与 t 有关, 则有

$$\begin{aligned}\boldsymbol{a}\cdot\dot{\boldsymbol{x}} =& i\langle\Psi^h[\xi(t),\xi^*(t)]|\frac{d}{dt}|\Psi^h[\xi(t),\xi^*(t)]\rangle\\ =&\frac{d\xi}{dt}i\langle\Psi^h(\xi,\xi^*)|\frac{\partial}{\partial\xi}|\Psi^h(\xi,\xi^*)\rangle+\frac{d\xi^*}{dt}i\langle\Psi^h(\xi,\xi^*)|\frac{\partial}{\partial\xi^*}|\Psi^h(\xi,\xi^*)\rangle,\end{aligned}$$

因此如果我们记 $\boldsymbol{a}\cdot d\boldsymbol{x} = a_\xi d\xi + a_{\xi^*}d\xi^*$, 则[3]

$$a_\xi = i\langle\Psi^h(\xi,\xi^*)|\frac{\partial}{\partial\xi}|\Psi^h(\xi,\xi^*)\rangle = -i\sqrt{C}\frac{\partial}{\partial\xi}\frac{1}{\sqrt{C}},$$

这里 $\Psi(\xi)=\prod(\xi-z_i)\Psi_m$ 是没有归一化的 ξ 的解析函数 (即与 ξ^* 无关),

$$\langle\Psi(\xi)|\Psi(\xi)\rangle = C(\xi,\xi^*).$$

以上结果的关键点是 Ψ(ξ 的解析函数) 的归一化给出了贝里相

$$a_\xi = +\frac{i}{2}\frac{\partial}{\partial\xi}\ln C, \qquad\qquad a_{\xi^*} = -\frac{i}{2}\frac{\partial}{\partial\xi^*}\ln C.$$

归一化 $C(\xi,\xi^*)$ 可以从等离子体模拟计算得到. 我们注意到, 计入代表测试 “电荷” 和本底 “电荷” 相互作用的项 $e^{-\frac{1}{4ml_B^2}|\xi|^2}$ 之后[4],

$$\int\prod_i d^2z_i|e^{-\frac{1}{4ml_B^2}|\xi|^2}\prod(\xi-z_i)\prod(z_i-z_j)^m e^{-\frac{1}{4l_B^2}|z_i|^2}|^2 \propto e^{-\beta V(\xi,\xi^*)}$$

---

[3]我们利用了

$$\begin{aligned}& i\langle\Psi^h(\xi,\xi^*)|\frac{\partial}{\partial\xi}|\Psi^h(\xi,\xi^*)\rangle = i\langle\Psi(\xi)|\frac{1}{\sqrt{C(\xi,\xi^*)}}\frac{\partial}{\partial\xi}\frac{1}{\sqrt{C(\xi,\xi^*)}}|\Psi(\xi)\rangle\\ =& i\int\prod_i d^2z_i\Psi^*(\xi^*)\frac{1}{\sqrt{C}}\frac{\partial}{\partial\xi}\left(\frac{1}{\sqrt{C}}\Psi(\xi)\right)\\ =& i\frac{\partial}{\partial\xi}\int\prod_i d^2z_i\Psi^*(\xi^*)\frac{1}{C}\Psi(\xi) - i\int\prod_i d^2z_i\Psi^*(\xi^*)\left(\frac{\partial}{\partial\xi}\frac{1}{\sqrt{C}}\right)\frac{1}{\sqrt{C}}\Psi(\xi)\\ =& -i\sqrt{C}\frac{\partial}{\partial\xi}\frac{1}{\sqrt{C}}.\end{aligned}$$

[4]注意 $e^{-\frac{1}{4l_B^2}|\xi|^2}$ 对应于电子和本底 “电荷” 之间的相互作用, 电子对应于测试 “电荷”m.

给出了在 ξ 处具有测试 "电荷" 的等离子体的总能量. 同时, 由于等离子体的完全屏蔽, 作用在插入的测试 "电荷" 上的总力为零, 因此等离子体的能量与 ξ 无关: $V(\xi,\xi^*)=$ 常数. 我们看到,

$$C(\xi,\xi^*)\propto e^{\frac{1}{2l_B^2}\frac{1}{m}|\xi|^2},$$

于是有

$$a_\xi=i\frac{1}{m}\frac{1}{4l_B^2}\xi^*,\qquad a_{\xi^*}=-i\frac{1}{m}\frac{1}{4l_B^2}\xi,$$

以上的矢量势 $\boldsymbol{a}$ 正比于磁场的矢量势

$$a_\xi=-\frac{1}{m}q_eA^z,\qquad a_{\xi^*}=-\frac{1}{m}q_eA^{z^*}.$$

当准空穴沿着一条回路运动, 将得到 A-B 相位 $\oint d\boldsymbol{x}\cdot\boldsymbol{a}=\left(-\frac{q_e}{m}\right)\oint d\boldsymbol{x}\cdot\boldsymbol{A}$, 这是电荷为 $-q_e/m=e/m$ 的粒子的相位.

对于两个准空穴, 具有两个测试 "电荷" 的等离子体的总能量 V 是

$$e^{-\beta V(\xi_1,\xi_1^*,\xi_2,\xi_2^*)}=\left|e^{-\frac{1}{4l_B^2}\frac{1}{m}\left(|\xi_1|^2+|\xi_2|^2\right)}|\xi_1-\xi_2|^{\frac{1}{m}}\prod_{a,i}(\xi_a-z_i)\prod(z_i-z_j)^me^{-\frac{1}{4l_B^2}\sum|z_i|^2}\right|^2.$$

我们再一次得到 $V(\xi_1,\xi_1^*,\xi_2,\xi_2^*)$ 与 ξ_1 和 ξ_2 无关, 因此

$$C(\xi_1,\xi_2)\propto e^{\frac{1}{2l_B^2}\frac{1}{m}\left(|\xi_1|^2+|\xi_2|^2\right)}|\xi_1-\xi_2|^{-\frac{2}{m}}.$$

设 $\xi=\xi_1$ 和 $\xi_2=0$, 我们得到

$$\begin{aligned}a_\xi=&i\frac{1}{m}\frac{1}{4l_B^2}\xi^*-\frac{i}{2m}\frac{\partial}{\partial\xi}\ln|\xi|^2=i\frac{1}{m}\frac{1}{4l_B^2}\xi^*-\frac{i}{2m}\frac{1}{\xi}\\a_{\xi^*}=&-i\frac{1}{m}\frac{1}{4l_B^2}\xi+\frac{i}{2m}\frac{1}{\xi^*}.\end{aligned}$$

由此得到 $(a_x,a_y)=(-y,x)\frac{1}{r^2}\frac{1}{m}+\cdots$. 当围绕 ξ_2 移动准空穴 ξ_1 时, 准空穴得到的相位是 $\frac{e}{m}B\times$ 面积 $+\frac{2\pi}{m}$, 第一项来自均匀的磁场, 多出的一项 $\frac{2\pi}{m}$ 来自 $(-y,x)\frac{1}{r}\frac{1}{m}$, 这一项给出了准空穴的统计角为 $\theta=\frac{\pi}{m}$ 的分数统计 [见 (7.1.1)].

习题

7.1.6 考虑双层 (lmn) 态, 第一层的准空穴的波函数是

$$\Psi_1^h(\xi_1)=\prod_i(\xi_1-z_i)\Psi_{lmn}(\{z_i,w_j\}),$$

第二层的准空穴的波函数是

$$\Psi_2^h(\xi_2)=\prod_i(\xi_2-w_i)\Psi_{lmn}(\{z_i,w_j\}).$$

分别写出第一层和第二层的准空穴的分数电荷和分数统计, 写出第一层的准空穴和第二层的准空穴之间的互统计. 两个非全同粒子之间的互统计定义为移动一个粒子绕另一个粒子一圈所产生的贝里相.

7.1.6 叠代 FQH 态 —— Laughlin 理论的推广

要点:

- 叠代 FQH 态 = 准粒子的 Laughlin 态

为了在 $1/m$ 以外的填充分数构建更加普遍的 FQH 态, 我们可以从 $\nu = 1/m$ 的 Laughlin 态开始. 增加准空穴或准粒子改变平均电子密度, 当这一密度达到某个特定值时, 准空穴/准粒子的气体也会自动形成 Laughlin 态, 所产生的态是一个叠代 FQH 态 (见图 7.14).

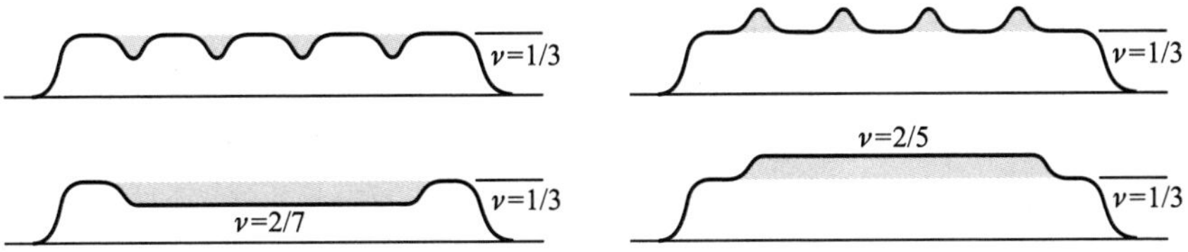

图 7.14 叠代的 $\nu = 2/7$ 态和 $\nu = 2/5$ 态.

当电荷为 $e/3$ 的准空穴在 $\nu = 1/3$ 态之上凝聚成 Laughlin 态时, 就是 $\nu = 2/7$ FQH 态. 波函数的形式是

$$\Psi(z_1 \cdots z_N) = \int \prod_i d^2\xi_i \prod (z_i - z_j)^3 e^{-\frac{1}{4l_B^2}\sum |z_i|^2} \prod (\xi_i - z_j)(\xi_i^* - \xi_j^*)^2 e^{-\frac{1}{4l_B^2}\frac{1}{3}|\xi_i|^2},$$

我们可以利用 K 矩阵 $K = \begin{pmatrix} 3 & 1 \\ 1 & -2 \end{pmatrix}$ 标识以上的态.

当电荷为 $e/3$ 的准粒子在 $\nu = 1/3$ 态之上凝聚成 Laughlin 态时, 就是 $\nu = 2/5$ FQH 态. 波函数是

$$\Psi_e(z_i - z_N) = \int \prod_i d^2\xi_i \prod_{i<j} (\xi_i - \xi_j)^2 (\xi_i^* - 2\partial_{z_i}) \prod (z_i - z_j)^3 e^{-\frac{1}{4l_B^2}|z_i|},$$

K 矩阵是 $K = \begin{pmatrix} 3 & -1 \\ -1 & 2 \end{pmatrix}$.

我们可以模拟等离子体来计算上述两态的性质, 不过计算很复杂. 在下一节, 我们将推导出 FQH 态的有效场论, 并利用有效理论计算上述叠代 FQH 态. 有效场论使计算大大简化, 很容易就可以得到 FQH 态的填充分数和准粒子的量子数.

7.2 FQH 液体的有效理论

要点:

- FQH 态的低能有效理论是 $U(1)$ Chern-Simons 理论, 它反映了 FQH 态的普适特性

我们已经看到了几种不同的 FQH 态, 一方面, 这些 QH 态具有不同的分数电荷和不同的分数统计, 表明不同的 FQH 态属于不同的量子相; 另一方面, 这些 FQH 态都具有同样的对称性, 不能利用对称破缺加以区分. 实际上 FQH 态含有一种新的序 —— 拓扑序 (见第八章), 我们需要利用新的工具来刻画拓扑序.

系统地研究拓扑序的方法之一是构建 FQH 液体的低能有效理论, 有效理论能够反映 FQH 液体的普适特性并提供刻画和标记 FQH 液体中不同拓扑序的线索. 下面我们将引进构建有效理论的一种方法, 这种方法与 Haldane 和 Halperin 提出的叠代构建 [Haldane (1983); Halperin (1984)] 关系十分密切.

[Girvin and MacDonald (1987)] 首次试图了刻画 FQH 液体内部结构, 揭示了 Laughlin 态在一个非局域算符中含有非对角长程序. 这种观察导致用金兹堡 - 朗道 -Chern-Simons 有效理论对 FQH 液体的描述 [Zhang *et al.* (1989); Read (1989)], 这方面的发展还引发出许多有意思和重要的结果以及对 FQH 液体更加深刻的了解. 不过我这里想用一种更加普遍的观点描述 FQH 液体的内部结构. FQH 液体的某些内部结构 (特别是一些在所谓的非阿贝尔 FQH 液体的内部结构), 似乎不能用金兹堡 - 朗道 -Chern-Simons 有效理论以及相关的非对角长程序描述. 我们需要发展更加普遍的概念和方法 (诸如拓扑序和拓扑场论) 来描述 FQH 液体的内部结构 (见第八章). 根据我的观点, 非对角长程序的概念不能反映 FQH 液体内部结构的精髓, 这里我们不利用非对角长程序发展有效理论 [Blok and Wen (1990a,b)], 最后所得的有效理论只含有纯 Chern-Simons 项. 纯 Chern-Simons 形式对于研究叠代 FQH 态更加紧凑也更加方便.

7.2.1 Laughlin 态的有效理论

要点:

- FQH 液体的流体力学和有效 Chern-Simons 理论

本节我们仅考虑单层自旋极化 QH 系统. 为了构建叠代态的有效理论, 我们首先试图得到 Laughlin 态的有效理论, 下一节再利用叠代构造得到叠代态的有效理论.

考虑磁场中的一个电子系统, 为了适合更加广泛的情况, 我们假设电子可以具有玻色统计或费米统计, 系统的拉格朗日量的形式 (一次量子化的形式) 为

$$\begin{aligned}\mathcal{L} &= -\,eA^iJ^i + \text{动能和势能}\\ &= eA_iJ^i + \text{动能和势能},\end{aligned} \tag{7.2.1}$$

其中

$$\boldsymbol{J}(\boldsymbol{x}) = \sum_i \boldsymbol{v}_i\delta(\boldsymbol{x}-\boldsymbol{x}_i), \qquad J^0(\boldsymbol{x}) = \sum_i \delta(\boldsymbol{x}-\boldsymbol{x}_i) \tag{7.2.2}$$

分别是电流和电子密度, $(\boldsymbol{x}_i, \boldsymbol{v}_i)$ 是第 i 个电子的位置和速度, 动能和势能是 $\sum_i \frac{1}{2}m\boldsymbol{v}_i^2+\sum_{i<j}V(\boldsymbol{x}_i-\boldsymbol{x}_j)$, 其精确形式对我们来说并不重要. 我们还假设每一个电子的电荷是 $-e$, 光速是 $c=1$.

在流体力学方法中, 我们假设低能集体激发可以用密度和电流 J^μ 描述, 低能有效理论的形式是 $\mathcal{L} = eA_i J^i + \mathcal{L}'(J^\mu)$. 由我们在 5.1.3 节和 5.4 节中的讨论, 已经看到有时一个态所具有的低能激发很多, 无法用单一的密度激发描述, 但由于有能隙 FQH 态的低能激发比超流体要少, 假设单一密度激发足以描述 FQH 态中的低能涨落应该是合理的.

如果填充分数是 $\nu = 1/m$, 对于玻色电子 m 是偶整数, 对于费米电子 m 是奇数, 电子系统的基态是 Laughlin 波函数 [Laughlin (1983)]

$$\left[\prod(z_i - z_j)^m\right] e^{-\frac{1}{4}\sum|z_i|^2}. \tag{7.2.3}$$

[这里已经假设 $B<0$, 因此 $(-e)B>0$.]为了构建有效理论, 我们注意到态 (7.2.3) 是一种不可压缩流体, 其密度与磁场联系在一起, $J^0 = (-e)\nu B/2\pi$. 与有限霍尔电导 $\sigma_{xy} = \frac{\nu e^2}{h} = \frac{\nu e^2}{2\pi\hbar} = \frac{\nu e^2}{2\pi}$ 结合在一起时, 我们发现电子数流 J^μ 对电磁场的变化有下列响应:

$$-e\delta J^\mu = -\sigma_{xy}\varepsilon^{\mu\nu\lambda}\partial_\nu \delta A_\lambda = -\frac{\nu e^2}{2\pi}\varepsilon^{\mu\nu\lambda}\partial_\nu\delta A_\lambda, \tag{7.2.4}$$

我们选择有效拉格朗日量使其产生运动方程 (7.2.4). 为方便起见, 引进 $U(1)$ 规范场 a_μ 描述电子数流:

$$J^\mu = \frac{1}{2\pi}\partial_\nu a_\lambda\ \varepsilon^{\mu\nu\lambda},$$

用这个方法定义的流自动满足守恒定律, 则产生 (7.2.4) 的有效拉格朗日量具有下列形式

$$\mathcal{L} = \left[-m\frac{1}{4\pi}a_\mu\partial_\nu a_\lambda\ \varepsilon^{\mu\nu\lambda} + \frac{e}{2\pi}A_\mu\partial_\nu a_\lambda\ \varepsilon^{\mu\nu\lambda}\right]. \tag{7.2.5}$$

(7.2.5) 只描述了基态对外部电磁场的线性响应, 为了对诸如 FQH 液体的拓扑流体做更加完整的描述, 需要在我们的有效理论中引进电子激发, 而且我们要确定有效理论包含携带与电子有相同量子数的激发.

7.2.2 有效理论中的电子和准粒子激发

要点:

- 仅用有效 Chern-Simons 理论不能完全描述 FQH 态, 还需要确立电子算符使有效理论完善
- 所需的电子与准粒子/准空穴之间的平凡互统计决定准粒子和准空穴的量子数

我们引进一个携带 a_μ 荷 q 的粒子, 在有效理论 (7.2.5) 中, 这样的粒子对应于下面的源项

$$qa_0\delta(\boldsymbol{x} - \boldsymbol{x}_0), \tag{7.2.6}$$

该源项将产生荷激发

$$Q = -qe/m. \tag{7.2.7}$$

这一点可以从运动方程 $\frac{\delta\mathcal{L}}{\delta a_0}=0$ 看出,

$$J_0=\frac{1}{2\pi}\varepsilon_{ij}\partial_i a_j=-\frac{e}{2\pi m}B+\frac{q}{m}\delta(\boldsymbol{x}-\boldsymbol{x}_0),$$

右边的第一项表示填充分数 $\nu\equiv 2\pi\frac{J_0}{-eB}$ 确实是 $\nu=1/m$, 第二项对应于与激发有关的电子密度的增加.

我们还看到, 由源项 (7.2.6) 产生的激发与 a_μ 通量的 q/m 的单位有关, 因此如果有两个携带 a_μ 荷 q_1 和 q_2 的激发, 围绕一个激发移动另一个激发产生相 $2\pi\times(a_\mu$ 通量量子数$)\times a_\mu$ 荷[5]

$$2\pi\times\frac{q_1}{m}\times q_2. \tag{7.2.8}$$

如果 $q_1=q_2\equiv q$, 两个激发就会相等, 二者互换产生 (7.2.8) 中的相的一半

$$\theta=\pi\frac{q^2}{m}, \tag{7.2.9}$$

这里 θ 就是携带着 q 个单位的 a_μ 荷激发的统计角.

电子携带的电荷为 $-e$, 由以上讨论, 可见电荷 $-e$ 激发对应于一个携带着 m 单位 a_μ 荷的粒子, 这样的激发的统计角为 $\theta=\pi m$[见 (7.2.9)], 如果 m 为偶数, 就是玻色子, 如果 m 为奇数, 就是费米子. 因此对于偶数 m 的玻色电子和奇数 m 的费米电子, 可以知道 m 单位的 a_μ 荷激发就是形成 FQH 液体的电子. 具有电荷和电子统计的激发的存在支持了 Chern-Simons 有效理论的正确性.

我们要强调一下, 确认有效理论中的基本电子十分重要, 正是这一确认与有效拉格朗日量一起, 给出了 FQH 液体拓扑的完整描述. 下面我们还会看到, 可以通过这种确认决定准粒子激发的分数电荷和分数统计.

在 Laughlin 态中, 位于复数 $\xi=x_1+ix_2$ 所给位置的准空穴激发由 $\prod_i(\xi-z_i)$ 乘以基态波函数 (7.2.3) 产生. 注意波函数的相随着电子围绕准空穴会改变 2π, 这个 2π 相表示电子和准空穴只有平凡的互统计, 一般说, 电子和一个允许激发的互统计必须平凡 (这里指相差 2π), 这个激发才会有单值的电子波函数.

现在我们试图插入一项 q 单位的 a_μ 荷的源, 以生成一个激发, 围绕该激发移动电子将产生相位 $2\pi q$[见 (7.2.8)]. 电子波函数的单值性要求这个相位是 2π 的整数倍, 而对于允许的激发, q 必须量子化为一个整数. 从荷激发 (7.2.7), 我们发现 $q=-1$ 对应于基本的准空穴激发, 而 $q=1$ 对应于基本准粒子激发. 准粒子激发携带的电荷是 $-e/m$, 准空穴的电荷是 e/m, 两者都具有统计角 $\theta=\pi/m$, 如 (7.2.9) 所示. 可见有效理论再现了我们所熟知的 Laughlin 态准粒子结论 [Arovas *et al.* (1984)]. 具有准粒子激发的完整有效理论是

$$\mathcal{L}=\left[-m\frac{1}{4\pi}a_\mu\partial_\nu a_\lambda\ \varepsilon^{\mu\nu\lambda}+\frac{e}{2\pi}A_\mu\partial_\nu a_\lambda\ \varepsilon^{\mu\nu\lambda}\right]+la_\mu j^\mu+\text{动能和势能}, \tag{7.2.10}$$

---

[5] 细心的读者可能会注意到, 这两个激发同时携带 a_μ 荷和 a_μ 通量, 所以围绕一个激发移动另一个激发产生的相会得到两个贡献: 一个来自围绕通量的运动荷, 另一个来自围绕荷的运动通量, 如图 7.8 所示. 由此产生的相 $2\pi\times\frac{q_1}{m}\times q_2+2\pi\times\frac{q_2}{m}\times q_1$, 是 (7.2.8) 中的相的两倍. 但是, 更加仔细的计算表明, 图 7.8 的图像不适用于由 Chern-Simons 项产生的荷 - 通量束缚态, (7.2.8) 中的简单结果恰巧是正确的, 见习题 7.2.1.

其中 j^μ 是准粒子流, 其形式为 (7.2.2). 对于基本准粒子, (7.2.10) 中的整数 l 取值是 $l=1$, 而对于基本准空穴, $l=-1$; 对于复合准粒子, l 取其他整数值. (7.2.10) 与 l 的量子化条件一起, 构成反映 $1/m$ Laughlin 态拓扑性质的完整低能有效理论.

习题

7.2.1 证明 (7.2.8). [提示: 可以从两个激发的有效理论开始,

$$\mathcal{L}=\left(-\frac{1}{2}\frac{m}{2\pi}a_\mu\partial_\nu a_\lambda\ \varepsilon^{\mu\nu\lambda}+j^\mu a_\mu\right),$$

其中 $j^\mu=j_1^\mu+j_2^\mu$, 且

$$j_1^0(\boldsymbol{x},t)=q_1\delta[\boldsymbol{x}-\boldsymbol{x}_1(t)],\qquad j_2^0(\boldsymbol{x},t)=q_2\delta[\boldsymbol{x}-\boldsymbol{x}_2(t)],$$
$$j_1^i(\boldsymbol{x},t)=q_1\dot{x}_1^i\delta[\boldsymbol{x}-\boldsymbol{x}_1(t)],\qquad j_2^i(\boldsymbol{x},t)=q_2\dot{x}_2^i\delta[\boldsymbol{x}-\boldsymbol{x}_2(t)].$$

j^μ 是两个激发的总流, $\boldsymbol{x}_{1,2}(t)$ 是两个激发的位置, 然后对 a_μ 积分并得到

$$\int d^3x\ \frac{1}{2}j^\mu\frac{1}{\frac{m}{2\pi}\partial_\lambda\epsilon^{\mu\lambda\nu}}j^\nu,$$

交叉项写为

$$\int d^3x\ j_1^\mu\frac{1}{\frac{m}{2\pi}\partial_\lambda\epsilon^{\mu\lambda\nu}}j_2^\nu=\int d^3x\ j_1^\mu f_\mu,$$

其中 f_μ 满足

$$\frac{m}{2\pi}\partial_\lambda\epsilon^{\mu\lambda\nu}f_\nu=j_2^\mu,$$

假设 $\boldsymbol{x}_2=\dot{\boldsymbol{x}}_2=0$ 就可以得到 f_i.]

7.2.2 我们一直在集中讨论 Laughlin 态的拓扑, 为了对 Laughlin 态的动力学性质有所了解, 还需要在有效 Chern-Simons 理论中包括麦克斯韦项:

$$\mathcal{L}=-m\frac{1}{4\pi}a_\mu\partial_\nu a_\lambda\ \varepsilon^{\mu\nu\lambda}+\frac{1}{2g_1}\boldsymbol{e}^2-\frac{1}{2g_2}b^2,\tag{7.2.11}$$

其中 $\boldsymbol{e}$ 和 b 是 a_μ 的电场和磁场, $e_i=\dot{a}_i-\partial_i a^0$, $b=\partial_1 a_2-\partial_2 a_1$. 写出由 $\boldsymbol{e}$ 和 b 所描述的集体涨落的运动方程, 并写出集体激发的能隙. 假设 $1/m$ Laughlin 态中能隙的量级是 $e^2/m^2 l_B$, 准空穴尺度的量级是 l_B, 估计 g_1 和 g_2 的值.

7.2.3 叠代 FQH 态的有效理论

要点:

- 不同的叠代 FQH 态可以用一个整数 K 矩阵 K 和一个荷矢量 $\boldsymbol{q}$ 标识
- 由 K 矩阵和荷矢量, 可以方便地计算填充分数和准粒子量子数等这些 FQH 态的拓扑性质
- 不同的 K 矩阵和荷矢量对之间的等价关系

为了得到叠代 FQH 态的有效理论, 可以从费米电子形成的 $1/m$ Laughlin 态开始. 我们生成由 $l=1$ 标记的基本准粒子使填充分数增加, $l=1$ 的 (7.2.10) 描述了这些准粒子存在下的 $1/m$ 态, 这样出现了两幅等价图像:

(a) 在平均场理论方法中, 我们可以把 (7.2.10) 中的规范场 a_μ 看作是固定本底, 并且禁止 a_μ 对插入的源项 j^μ 作出响应, 这种情况下准粒子气的行为就像 "磁" 场 $b=\partial_i a_j \varepsilon_{ij}$ 中的玻色子, 正如 (7.2.10) 的第二项所示. 因为准粒子数流 j^μ 不与电磁规范势 A_μ 直接耦合, 这些玻色子不携带任何电荷. 当玻色密度满足

$$j^0=\frac{1}{p_2}\frac{b}{2\pi}$$

时, 其中 p_2 是偶数, 玻色子的填充分数为 $\frac{1}{p_2}$. 玻色子的基态也就可以用 Laughlin 态描述, 我们最后得到的电子态就是由 Haldane 构建的第二级叠代 FQH 态 [Haldane (1983)].

(b) 如果我们允许 a_μ 对插入的 j^μ 作出响应, 则准粒子将被 a_μ 通量包裹, 缀饰准粒子携带的电荷为 $-e/m$, 统计为 $\theta=\pi/m$. 当准粒子具有密度

$$j^0=\frac{1}{(p_2-\frac{\theta}{\pi})}\frac{(-e)B}{2\pi m}$$

时, 其中 p_2 是偶数, 准粒子的填充分数为 $\frac{1}{(p_2-\frac{\theta}{\pi})}$, 在这种情况下准粒子系统可以形成由波函数

$$\prod_{i<j}(z_i-z_j)^{p_2-\frac{\theta}{\pi}}$$

所描述的 Laughlin 态. 得到的最后电子态仍然是第二级叠代 FQH 态, 这种构建由 Halperin 首先提出 [Halperin (1984)], (a) 和 (b) 中的两种构建得到了相同的叠代态, 它们是等价的.

下面我们将按照 Haldane 的叠代构建法推导叠代 FQH 态的 Chern-Simons 有效理论 [Blok and Wen (1990a,b); Read (1990); Fröhlich and Kerler (1991); Wen and Zee (1992a)], 注意在假设 (a) 之下, 玻色子的拉格朗日量 ((7.2.10) 的第二项, 取 $l=1$) 就是把外部电磁场 eA_μ 换为 a_μ 后的 (7.2.1), 因此可以按照从 (7.2.3) 到 (7.2.10) 的同样步骤构建玻色 Laughlin 态的有效理论. 引进一个新的 $U(1)$ 规范场 $\tilde{a}_\mu$ 描述玻色流, 我们得到玻色子的有效理论的形式是

$$\mathcal{L}=-\frac{p_2}{4\pi}\tilde{a}_\mu\partial_\nu\tilde{a}_\lambda\ \varepsilon^{\mu\nu\lambda}+\frac{1}{2\pi}a_\mu\partial_\nu\tilde{a}_\lambda\ \varepsilon^{\mu\nu\lambda}. \tag{7.2.12}$$

在 (7.2.12) 中, 新的规范场 $\tilde{a}_\mu$ 描述了玻色子的密度 j^0 和流 j^i

$$j^\mu=\frac{1}{2\pi}\partial_\nu\tilde{a}_\lambda\ \varepsilon^{\mu\nu\lambda},$$

它将 a_μ 与玻色流之间的耦合 $a_\mu j^\mu$ 化简为一个在 a_μ 和 $\tilde{a}_\mu$ 之间的 Chern-Simons 项 [成为 (7.2.12) 中的第二项]. 总有效理论 (包括原有的电子凝聚) 的形式为

$$\begin{aligned}\mathcal{L}=&\left[-\frac{p_1}{4\pi}a_\mu\partial_\nu a_\lambda\ \varepsilon^{\mu\nu\lambda}+\frac{e}{2\pi}A_\mu\partial_\nu a_\lambda\ \varepsilon^{\mu\nu\lambda}\right]\\&+\left[-\frac{p_2}{4\pi}\tilde{a}_\mu\partial_\nu\tilde{a}_\lambda\ \varepsilon^{\mu\nu\lambda}+\frac{1}{2\pi}a_\mu\partial_\nu\tilde{a}_\lambda\ \varepsilon^{\mu\nu\lambda}\right],\end{aligned} \tag{7.2.13}$$

其中 $p_1 = m$ 是一个奇数. (7.2.13) 是第二级叠代 FQH 态的有效理论.

有效理论可以用来决定叠代 FQH 态的物理性质, 总填充分数由运动方程 $\frac{\delta\mathcal{L}}{\delta a_0} = \frac{\delta\mathcal{L}}{\delta \tilde{a}_0} = 0$ 决定,

$$-eB = p_1 b - \tilde{b}, \quad b = p_2 \tilde{b},$$

我们得到

$$\nu = \frac{b}{-eB} = \frac{1}{p_1 - \frac{1}{p_2}}. \tag{7.2.14}$$

引进 $(a_{1\mu}, a_{2\mu}) = (a_\mu, \tilde{a}_\mu)$, (7.2.13) 可以写成更紧凑的形式

$$\mathcal{L} = -\frac{1}{4\pi} K_{IJ} a_{I\mu} \partial_\nu a_{J\lambda}\, \varepsilon^{\mu\nu\lambda} + \frac{e}{2\pi} q_I A_\mu \partial_\nu a_{I\lambda} \varepsilon^{\mu\nu\lambda}, \tag{7.2.15}$$

其中 K 是一个整数矩阵

$$K = \begin{pmatrix} p_1 & -1 \\ -1 & p_2 \end{pmatrix},$$

而 $\boldsymbol{q}$ 是一个整数矢量且 $\boldsymbol{q}^T = (q_1, q_2) = (1, 0)$, 称为荷矢量. 这个填充分数 (7.2.14) 还可以写为 $\nu = \boldsymbol{q}^T K^{-1} \boldsymbol{q}$. 当 $(p_1, p_2) = (3, 2)$ 时, 叠代态对应于实验中观察到的 $\nu = 2/5$ FQH 态.

第二级叠代 FQH 态含有两种准粒子, 一种是原有电子凝聚中的准空穴 (或涡漩), 另一种是在新的玻色凝聚中的准空穴 (或涡漩), 两种准空穴分别由插入源项 $-j^\mu a_\mu$ 和 $-\tilde{j}^\mu \tilde{a}_\mu$ 产生, 其中 $\tilde{j}^\mu$ 和 j^μ 与 (7.2.2) 有类似的形式. 第一种准空穴由 $\prod_i (\xi - z_i)$ 乘以电子波函数产生, 而第二种由 $\prod_i (\eta - \xi_i)$ 乘以玻色 Laughlin 波函数产生 (这里 ξ_i 是玻色子的复坐标, η 是准空穴的位置).

一个一般的准粒子包括 l_1 个第一种准粒子和 l_2 个第二种准粒子, 并由这两个整数标记. 这样一个准粒子携带 l_1 单位的 $a_{1\mu}$ 荷和 l_2 单位的 $a_{2\mu}$ 荷, 记为

$$(l_1 a_{1\mu} + l_2 a_{2\mu}) j^\mu. \tag{7.2.16}$$

通过对规范场积分, 我们得到这样一个准粒子携带 $\sum_J K_{IJ} l_J$ 单位的 $a_{I\mu}$ 通量, 因此这样一个准粒子的统计为

$$\theta = \pi \boldsymbol{l}^T K^{-1} \boldsymbol{l} = \frac{1}{p_2 p_1 - 1}(p_2 l_1^2 + p_1 l_2^2 + 2 l_1 l_2),$$

并且准粒子的电荷是

$$Q_q = -e\boldsymbol{q}^T K^{-1} \boldsymbol{l} = -e\frac{p_2 l_1 + l_2}{p_2 p_1 - 1}.$$

对于 $\nu = 2/5$ 态 (即 $(p_1, p_2) = (3, 2)$), 带有最小电荷的准粒子由 $(l_1, l_2) = (0, 1)$ 标记, 最小电荷是 $-e/5$, 这样的准粒子的统计是 $\theta = \frac{3}{5}\pi$.

我们还可以构建更加普遍的 FQH 态, 这些 FQH 态的有效理论仍然具有 (7.2.15) 的形式, 只是 I 的取值从 1 到整数 n(n 称为 FQH 态的级). 为了得到矩阵 K 的形式, 可以假设在 $n-1$ 级的有效理论是 $a_{I\mu}$ 的 (7.2.15), 其中 $I = 1, \cdots, n-1$, 且 $K = K^{(n-1)}$, 准粒子携带 $a_{I\mu}$ 规范

场的整数荷. 现在我们考虑由带有 $a_{I\mu}$ 荷 $l_I|_{I=1,\cdots,n-1}$ 的准粒子 "凝聚" 得到的第 n 级叠代态, n 级叠代态的有效理论是有 n 个规范场的 (7.2.15), 第 n 个规范场 $a_{n\mu}$ 来自新的凝聚, 矩阵 K 是

$$K^{(n)} = \begin{pmatrix} K^{(n-1)} & -\boldsymbol{l} \\ -\boldsymbol{l}^T & p_n \end{pmatrix},$$

其中 $p_n =$ 偶数, 荷矢量 $\boldsymbol{q}$ 仍为 $(1,0,0,\cdots)$. 通过迭代, 可以看到广义的叠代态总是由整数对称矩阵描述, 除了 K_{11} 为奇以外, 其他 K_{II} 为偶. 新的凝聚产生了一类新的准粒子, 携带着新规范场 $a_{n\mu}$ 的整数荷. 因此, 一个类分准粒子总是携带 $a_{I\mu}$ 场的整数荷.

我们可以用更加一般的语言概括以上结果. 我们知道叠代 (或广义叠代的)FQH 态含有多种不同的凝聚, 但不同的凝聚却不是互相独立的, 一种凝聚中的粒子对于其他凝聚中的粒子就像一根通量管, 为了描述这样的耦合, 比较方便的方法是利用 $U(1)$ 规范场描述第 I 个凝聚的密度和流 $J_{I\mu}$

$$J_I^\mu = \frac{1}{2\pi}\varepsilon^{\mu\alpha\beta}\partial_\alpha a_{I\beta}. \tag{7.2.17}$$

这种情况下不同凝聚之间的耦合由规范场的 Chern-Simons 项描述

$$\mathcal{L} = -\frac{1}{4\pi}K_{IJ}a_{I\mu}\partial_\nu a_{J\lambda}\,\varepsilon^{\mu\nu\lambda} + \frac{e}{2\pi}q_I A_\mu\partial_\nu a_{I\lambda}\varepsilon^{\mu\nu\lambda}, \tag{7.2.18}$$

用 K 表示一般的整数 $\kappa\times\kappa$ 矩阵, 其中 $K_{II}|_{I=1}$ 为奇, $K_{II}|_{I>1}$ 为偶, 且 $\boldsymbol{q}^T = (1,0,\cdots,0)$, (7.2.18) 描述了更加普遍的 (阿贝尔)FQH 态 [Wen and Zee (1992a)], 填充分数是

$$\nu = \boldsymbol{q}^T K^{-1}\boldsymbol{q}. \tag{7.2.19}$$

准粒子激发可以看作是在不同凝聚中的涡漩, 一个类分准粒子由 κ 个整数标记, $l_I|_I = 1,\cdots,\kappa$, 并且可以由源项

$$\mathcal{L} = l_I a_{I\mu} j^\mu \tag{7.2.20}$$

产生. 这样一个准粒子记为 $\psi_{\boldsymbol{l}}$, (7.2.20) 中的 j^μ 的形式为

$$\begin{aligned} \boldsymbol{j}(x) =& \dot{\boldsymbol{x}}_0\delta(\boldsymbol{x}-\boldsymbol{x}_0), \\ j^0(x) =& \delta(\boldsymbol{x}-\boldsymbol{x}_0), \end{aligned} \tag{7.2.21}$$

即在 $\boldsymbol{x}_0$ 处产生一个准粒子.

随着准粒子 $\psi_{\boldsymbol{l}}$ 的产生, 会引起所有凝聚发生密度改变 δJ_I^0, 从运动方程 (7.2.18) 和 (7.2.20), 我们得到 δJ_I^0 满足

$$\int d^2x\delta J_I^0 = l_J(K^{-1})_{JI}\int d^2xj^0 = (\boldsymbol{l}^T K^{-1})_I, \tag{7.2.22}$$

准粒子 $\psi_{\boldsymbol{l}}$ 的电荷与统计由下面两式给出

$$\theta_{\boldsymbol{l}} = \pi\boldsymbol{l}^T K^{-1}\boldsymbol{l}, \qquad Q_{\boldsymbol{l}} = -eq_I\int d^2x\delta J_I^0 = -e\boldsymbol{l}^T K^{-1}\boldsymbol{q}. \tag{7.2.23}$$

我们得到准粒子统计的结果, 是因为 $2\pi\delta J_I^0$ 是 $a_{I\mu}$ 的通量以及准粒子携带着 l_I 单位的 $a_{I\mu}$ 荷.

一个电子激发可以看作是一种特别的准粒子, $\psi_e = \psi_{\boldsymbol{l}_e}$, 其中整数矢量 $\boldsymbol{l}_e$ 是

$$l_{eI} = K_{IJ}L_J, \qquad L_I = \text{整数}, \qquad q_I L_I = 1. \tag{7.2.24}$$

我们可以证明这些电子激发满足下列性质: (a) 携带单位电荷 (见 (7.2.23)); (b) 具有费米统计; (c) 围绕任意准粒子激发 $\psi_{\boldsymbol{l}}$ 移动电子激发 $\psi_e = \psi_L$ 总会产生一个 2π 倍数的相; (d) 由 (7.2.24) 定义的激发是全部满足上述三项条件的激发.

从 (7.2.15) 中的有效理论, 我们得到广义的叠代态可以用整数值的 K 矩阵和一个荷矢量 $\boldsymbol{q}$ 标记. 现在我们想问这样一个问题: 不同的 $(K, \boldsymbol{q})$ 是否描述了不同的 FQH 态? 可以看到, 通过对规范场 $a_{I\mu}$ 的重新定义, 总是可以将 K 矩阵对角化为对角元素为 ± 1 的矩阵. 因此似乎所有具有相同符号差的 K 矩阵描述的是相同的 FQH 态, 因为经过对规范场适当的重新定义, 这些矩阵都达到同样的有效理论. 显然这个结论是不正确的, 我们要强调, 仅有有效拉格朗日量 (7.2.15), 还不能对叠代态的内部序 (即拓扑序) 做出正确描述, 只有有效拉格朗日量 (7.2.15) 与 $a_{I\mu}$ 荷的量子化条件一起, 才能刻画拓扑序. 结合了对允许的 $U(1)$ 荷量子化条件的 $U(1)$ 规范理论称为紧致 $U(1)$ 理论, 有效理论 (7.2.15) 实际上就是将所有 $U(1)$ 荷量子化为整数的紧致 $U(1)$ 理论. 因此允许的 $U(1)$ 荷形成一个 n 维立方晶格, 称为荷晶格. 这样当我们考虑两个不同 K 矩阵的等价性时, 只需重新定义保持电荷量子化条件不变 (即保持荷晶格不变) 的场即可. 将荷晶格映射到其自身的变换属于 $SL(n, Z)$ 群 (一个整数矩阵群与一个单位行列式)

$$a_{I\mu} \to W_{IJ}a_{J\mu}, \qquad W \in SL(n, Z). \tag{7.2.25}$$

由以上讨论可见, 如果存在着 $W \in SL(n, Z)$ 使得

$$\boldsymbol{q}_2 = W\boldsymbol{q}_1, \qquad K_2 = WK_1W^T, \tag{7.2.26}$$

则由 $(K_1, \boldsymbol{q}_1)$ 和 $(K_2, \boldsymbol{q}_2)$ 描述的两个 FQH 态等价 (即属于同一普适类), 这是因为在变换 (7.2.25) 之下, 由 $(K_1, \boldsymbol{q}_1)$ 描述的有效理论只会改变到由 $(K_2, \boldsymbol{q}_2)$ 描述的另一个有效理论.

这里要指出, 上述讨论中我们忽略了另一个拓扑量子数 —— 自旋矢量, 正因为如此, (7.2.26) 中的等价性条件不适用于旋转不变系统. 但是 (7.2.26) 确实适用于无序 FQH 系统, 因为角动量在无序系统中不守恒, 自旋矢量没有明确定义. 关于自旋矢量的讨论请阅读 Wen and Zee (1992c,d).

下面列出了对于某些共同单层自旋极化 FQH 态的 K 矩阵、电荷矢量 $\boldsymbol{q}$、自旋矢量 $\boldsymbol{s}$:

$$
\begin{aligned}
&\nu = 1/m, && \boldsymbol{q} = (1), && K = (m), && \boldsymbol{s} = (m/2),\\
&\nu = 1-1/m, && \boldsymbol{q} = \begin{pmatrix}1\\0\end{pmatrix}, && K = \begin{pmatrix}1 & 1\\ 1 & -(m-1)\end{pmatrix}, && \boldsymbol{s} = \begin{pmatrix}1/2\\ (1-m)/2\end{pmatrix},\\
&\nu = 2/5, && \boldsymbol{q} = \begin{pmatrix}1\\0\end{pmatrix}, && K = \begin{pmatrix}3 & -1\\ -1 & 2\end{pmatrix}, && \boldsymbol{s} = \begin{pmatrix}1/2\\ 1\end{pmatrix},\\
&\nu = 3/7, && \boldsymbol{q} = \begin{pmatrix}1\\0\\0\end{pmatrix}, && K = \begin{pmatrix}3 & -1 & 0\\ -1 & 2 & -1\\ 0 & -1 & 2\end{pmatrix}, && \boldsymbol{s} = \begin{pmatrix}1/2\\ 1\\ 1\end{pmatrix}.
\end{aligned}
\tag{7.2.27}
$$

习题

7.2.3 证明 (7.2.24) 后面的四个性质 (a)~(d).

7.2.4 多层 FQH 态的有效理论

要点:

- K 矩阵和多层 FQH 波函数

构建叠代态有效理论的方法还可以用于构建多层 FQH 态的有效理论, 对于多层 FQH 态, FQH 波函数和 K 矩阵之间的联系会变得非常清晰. 本节我们将集中讨论双层 FQH 态, 但是其结果不难推广到 n 层 FQH 态.

我们先构建以下简单双层 FQH 态的有效理论,

$$
\prod_{i<j}(z_{1i}-z_{1j})^l \prod_{i<j}(z_{2i}-z_{2j})^m \prod_{i,j}(z_{1i}-z_{2j})^n e^{-\frac{1}{4l_B^2}\left(\sum_i |z_{1i}|^2+\sum_j |z_{2j}|^2\right)}, \tag{7.2.28}
$$

其中 z_{Ii} 是在第 I 层的第 i 个电子的复坐标, 这里的 l 和 m 是奇整数, 这样的波函数与电子的费米统计一致, 而 n 可以是任何非负整数. 以上的波函数由 Halperin 首先提出, 作为 Laughlin 波函数的推广 [Halperin (1983)]. 这些波函数可以解释在双层 FQH 系统中观察到的一些主要的 FQH 填充分数.

我们从第一层的单层 FQH 态开始, $\prod_{i<j}(z_{1i}-z_{1j})^l e^{-\frac{1}{4}\sum_i |z_{1i}|^2}$, 这是一个 $1/l$ Laughlin 态, 由有效理论

$$
\mathcal{L} = \left[-l\frac{1}{4\pi}a_{1\mu}\partial_\nu a_{1\lambda}\,\varepsilon^{\mu\nu\lambda} + \frac{e}{2\pi}A_\mu\partial_\nu a_\lambda\,\varepsilon^{\mu\nu\lambda}\right] \tag{7.2.29}
$$

描述, 其中 $a_{1\mu}$ 描述的是第一层的电子密度和流的规范场.

考察 (7.2.28) 中的波函数, 我们看到一个在第二层的电子受到一个第一层的准空穴激发的约束. 这个准空穴激发由 n 个基本准空穴激发组成, 携带着一个 $-n$ 的 $a_{1\mu}$ 荷. 准空穴的气体由下列的有效理论描述

$$\mathcal{L} = -na_{1\mu}j^{\mu} + \text{动能和势能}, \tag{7.2.30}$$

其中 j^{μ} 的形式是 (7.2.2). 正如我们以前提到的, 在平均场场论中, 如果忽略 $a_{1\mu}$ 场的响应, (7.2.30) 描写的就是磁场 nb_1 中的玻色子气, 其中 $b_1 = -\varepsilon_{ij}\partial_i a_{1j}$. 我们将 (7.2.30) 中的每一个准空穴中配一个 (在第二层的) 电子, 这样的操作有两个效应: (a) 准空穴和电子的束缚态可以直接和电磁场 A_μ 耦合在一起, 因为电子携带电荷 $-e$; (b) 束缚态的行为就像一个费米子. 束缚态的有效理论的形式是

$$\mathcal{L} = (eA_\mu - na_{1\mu})j^{\mu} + \text{动能和势能}. \tag{7.2.31}$$

上式描述了 (在平均场论中的) 费米子气, 这些费米子感受到的有效磁场是 $-eB + nb_1$.

当第二层的电子 (即 (7.2.31) 中的费米子) 的密度是 $\frac{1}{m}\frac{-eB+nb_1}{2\pi}$(即有效填充分数是 $1/m$) 时, 可以组成 $1/m$ Laughlin 态, 对应于波函数的 $\prod_{i<j}(z_{2i} - z_{2j})^m$ 部分 (注意这里 $eB < 0$). 引进一个新的规范场 $j^{\mu} = \frac{1}{2\pi}\partial_\nu a_{2\lambda}\,\varepsilon^{\mu\nu\lambda}$ 描述 (7.2.31) 中的费米流 j^{μ}, 第二层的 $1/m$ 态的有效理论的形式是

$$\mathcal{L} = -m\frac{1}{4\pi}a_{2\mu}\partial_\nu a_{2\lambda}\,\varepsilon^{\mu\nu\lambda}. \tag{7.2.32}$$

将 (7.2.29)、(7.2.31) 和 (7.2.32) 放在一起, 我们得到双层态的总有效理论的形式是 (7.2.15), 其中 K 矩阵和电矢量 $\boldsymbol{q}$ 为

$$K = \begin{pmatrix} l & n \\ n & m \end{pmatrix}, \qquad \boldsymbol{q} = \begin{pmatrix} 1 \\ 1 \end{pmatrix}.$$

可以看到 K 矩阵就是波函数中的指数, FQH 态的填充分数仍然是 (7.2.19).

双层态有两种 (基本的) 准空穴激发, 第一种由 $\prod_i(\xi - z_{1i})$ 乘以基态波函数产生, 第二种由 $\prod(\xi - z_{2i})$ 乘以基态波函数产生. 它们是第一层和第二层两种电子凝聚中的涡旋, 第一种准空穴由源项 $-a_{1\mu}j^{\mu}$ 产生, 第二种准空穴由源项 $-a_{2\mu}j^{\mu}$ 产生. 因此一个双层态中的类分准粒子是由数个两种准空穴组成的束缚态, 由 (7.2.16) 描述, 这样的准粒子的量子数仍由 (7.2.23) 给出.

一般情况下, (7.2.28) 型的多层 FQH 态由一个 K 矩阵描述, 矩阵元素都是整数, 对角元素是奇数. 荷矢量的形式是 $\boldsymbol{q}^T = (1, 1, \cdots, 1)$.

人们常常用 (l,m,n) 标记双层 FQH 态 (7.2.28), 下面我们列出某些简单双层态的 K 矩阵、荷矢量 $\boldsymbol{q}$ 和自旋矢量 $\boldsymbol{s}$:

$$\begin{aligned}
&\nu=1/m, &&\boldsymbol{q}=\begin{pmatrix}1\\1\end{pmatrix}, &&K=\begin{pmatrix}m&m\\m&m\end{pmatrix}, &&\boldsymbol{s}=\begin{pmatrix}m/2\\m/2\end{pmatrix},\\
&\nu=2/5, &&\boldsymbol{q}=\begin{pmatrix}1\\1\end{pmatrix}, &&K=\begin{pmatrix}3&2\\2&3\end{pmatrix}, &&\boldsymbol{s}=\begin{pmatrix}3/2\\3/2\end{pmatrix},\\
&\nu=1/2, &&\boldsymbol{q}=\begin{pmatrix}1\\1\end{pmatrix}, &&K=\begin{pmatrix}3&1\\1&3\end{pmatrix}, &&\boldsymbol{s}=\begin{pmatrix}3/2\\3/2\end{pmatrix},\\
&\nu=2/3, &&\boldsymbol{q}=\begin{pmatrix}1\\1\end{pmatrix}, &&K=\begin{pmatrix}3&0\\0&3\end{pmatrix}, &&\boldsymbol{s}=\begin{pmatrix}3/2\\3/2\end{pmatrix},\\
&\nu=2/3, &&\boldsymbol{q}=\begin{pmatrix}1\\1\end{pmatrix}, &&K=\begin{pmatrix}1&2\\2&1\end{pmatrix}, &&\boldsymbol{s}=\begin{pmatrix}1/2\\1/2\end{pmatrix}.
\end{aligned} \tag{7.2.33}$$

由上可见, (332) 双层态的填充分数是 2/5. 这个填充分数也出现在单层叠代态. 这样我们要问: 双层 2/5 态和单层 2/5 是否属于同一普适类? 这个问题是有实验结果的. 可以想象下面的实验, 我们从一个系统的 (332) 双层态开始, 层间隧穿很弱. 然后使层间隧穿越来越强, 同时保持填充分数固定不变, 这个双层态最终就会变成一个单层 2/5 态. 问题是双层 (332) 态和单层 2/5 的转变是平稳的过渡还是一种相变? 如果忽略自旋矢量, 可以看到两个 2/5 态的 K 矩阵和荷矢量是等价的, 因为它们之间的关系是 $SL(2,Z)$ 变换. 因此如果没有旋转对称性 (这种情况下自旋矢量没有明确定义), 两个 2/5 态就可以平稳地互换. 当我们考虑自旋矢量时, 两个 2/5 态就不等价, 而且对于旋转不变系统, 它们被一级相变分离.

从 (7.2.33), 我们还看到两种不同的 2/3 双层态. 当层内的相互作用大大强于层间的相互作用 (实际样品的情况) 时, 基态波函数偏爱于在同一层的电子之间具有更高阶的零点, 因此 (330) 态应该比 (112) 态的能量低. 单层 2/3 态的 K 矩阵和荷矢量与 (112) 态的等价, 但不与 (330) 态的等价. 因此为了使一个双层 2/3 态 (即 (330) 态) 变成单层 2/3 态, 无论旋转对称性如何都要经过相变.

因为 $\mathrm{Det}(K)=0$, 双层 (mmm) 态引起了人们不少兴趣. Fertig (1989), Brey (1990), MacDonald *et al*. (1990) 曾研究 (111) 态并发现了无能隙集体激发, Wen and Zee (1992b) 研究了更普遍的 (mmm) 态, 指出 (mmm) 态 (在没有层间隧穿时) 自发破坏 $U(1)$ 对称性, 是一种中性的超流体. 更加详细的讨论 (及其实验推论) 可以参见Wen and Zee (1993), Murphy *et al*. (1994), Yang *et al*. (1994).

习题

7.2.4 首先忽略自旋矢量 $\boldsymbol{s}$, 证明 (7.2.27) 中的单层 2/5 态和 (7.2.33) 中的双层 2/5 态的 $(K,\boldsymbol{q})$ 等价. (这一点表示如果没有旋转对称性, 单层 2/5 态和双层 2/5 态属于同样的相.) 并证明两个态的 $(K,\boldsymbol{q},\boldsymbol{s})$ 并不等价. (单层 2/5 态和双层 2/5 态在旋转对称下不属于同一相.) (在自旋矢量 $\boldsymbol{s}$ 下, 等价关系变为 $\boldsymbol{s}_2=W\boldsymbol{s}_1$, $\boldsymbol{q}_2=W\boldsymbol{q}_1$, $K_2=WK_1W^T$.)

7.2.5 考虑双层 (lmn) 态, 利用有效理论 (7.2.15) 写出填充分数, 并写出在第一层和第二层的准空穴的分数电荷和分数统计. (将结果与习题 7.1.6 比较.)

7.2.6 假设双层 (mmm) 态有效理论的形式是

$$\mathcal{L} = -\frac{1}{4\pi} K_{IJ} a_{I\mu} \partial_\nu a_{J\lambda}\, \varepsilon^{\mu\nu\lambda} + \frac{1}{2g_1} \boldsymbol{e}_I \cdot \boldsymbol{e}_I - \frac{1}{2g_2} b_I b_I,$$

其中 $\boldsymbol{e}_I$ 和 b_I 是 $a_{I\mu}$ 的 "电" 场和 "磁" 场.

(a) 证明 (mmm) 态就像一个超流体, 具有无能隙激发. 确定无能隙激发的速度.

(b) 同超流体一样, (mmm) 态含有能量 $\gamma \ln L$ 的涡漩激发, 其中 L 是系统的线性尺度. 确定最小能量涡漩的 γ 值. [提示: $a_{I\mu}$ 荷 l_I 在 (mmm) 态仍量子化为整数.]

(c) 如果我们真把 (mmm) 态当作一个超流体, 能否确定破缺的对称和序参量?

7.3 FQH 液体中的边缘激发

要点:

- FQH 态总具有无能隙边缘激发
- FQH 态的边缘激发形成手征 Luttinger 液体
- 边缘激发的结构由体拓扑序决定

由于电子之间的相互排斥作用和强关联, QH 液体是一种不可压缩态, 尽管第一朗道能级是部分填充的. QH 态中的所有体激发具有有限能隙, QH 态和绝缘体在都具有有限能隙和短程电子传播函数的意义上相似, 由于这种相似性, 人们不解为何 QH 系统显示了与普通绝缘体极为不同的输运性质. Halperin 首先指出 IQH 态含有无能隙边缘激发 [Halperin (1982)], IQH 态那些不能忽视的传输性质来自于无能隙边缘激发 [Halperin (1982); Trugman (1983); MacDonald and Streda (1984); Streda *et al.* (1987); Buttiker (1988); Jain and Kivelson (1988a,b)] . 例如, 做 IQH 样品的二探针测量时, 只有当源极和漏极有边缘连通时才会出现有限电阻, 如果源极和漏极没有任何边缘连通, 二探针测量会在零温度产生无限大的电阻, 这个结果与绝缘体非常相似. Halperin 还研究了 IQH 态边缘激发的动力学性质, 发现边缘激发可由手征 1D 费米液体理论描述.

由于 FQH 和 IQH 态之间相似的传输性质, 自然地会推测到 FQH 态中的传输也受到边缘激发的支配 [Beenakker (1990); MacDonald (1990)], 但是由于 FQH 态本来就是多体态, FQH 态中的边缘激发不能由填充单粒子能级构建. 换句话说, FQH 态的边缘激发不应该由费米液体描述. 因此我们需要一个全新方法来了解 FQH 液体边缘态的动力学性质 [Wen (1992, 1995)].

下一节, 我们将利用费米液体理论研究 $\nu = 1$ IQH 态的边缘激发, 然后利用流代数 (或玻色化) 讨论 FQH 态的边缘激发理论.

7.3.1 IQH 边缘态的费米液体理论

要点:

- IQH 液体的基态由填充单粒子能级得到, 因此, 用略微不同的方法填充这些单粒子能级还能得到低能边缘激发

考虑在均匀磁场 B 中的非相互作用电子气, 在对称规范下, 角动量是一个好量子数. 能量和动量的共同本征态是一个环形 (见图 7.10). 因此, 在平滑圆形势 $V(r)$ 下, 单粒子能级如图 7.15 所示. 在第 0 级朗道能级, 角动量 m 态的能量是

$$E_m = \frac{1}{2}\hbar\omega_c + V(r_m),$$

其中 $r_m = \sqrt{2m}l_B$ 是 m 态的半径. 由图 7.15, 我们看到体激发具有有限能隙 $\hbar\omega_c$. 边缘激发可以由电子从靠近边缘的 m 态运动到 $m+1$ 态产生. 由于在热力学极限 $r_m \to \infty$ 下, $r_{m+1} - r_m \to 0$, 所以边缘激发是没有能隙的.

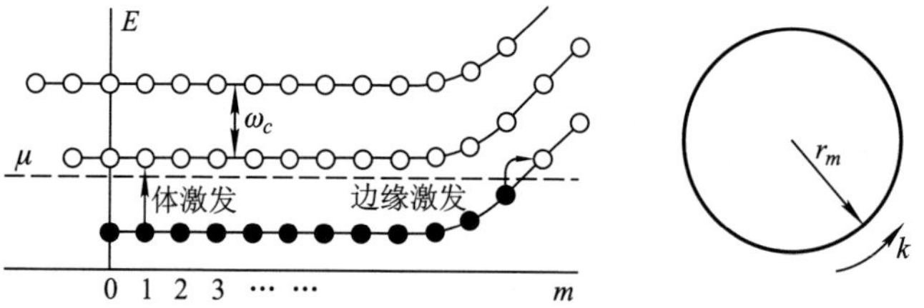

图 7.15　在平滑势场 $V(r)$ 下的前三条朗道能级. m 是能级的角动量, 化学势 μ 以下的能级填了一个电子, 产生了一个 IQH 态. 改变边缘附近的占有数, 产生 IQH 态的无能隙边缘激发.

由于 m 态具有半径 r_m, 我们也可以将角动量 m 看作是沿边缘的动量 $k = m/r_m$, 这样就可把 E_m 看作是能量动量关系

$$E(k) = \frac{1}{2}\hbar\omega_c + V(2l_B^2 k).$$

利用 $E(k)$, 我们的电子系统可以用非相互作用哈密顿量描述

$$H = \sum_k E(k) c_k^\dagger c_k. \tag{7.3.1}$$

上述哈密顿量描述了 1D 手征费米液体, 我们称它为手征费米液体, 因为它只有一个费米点, 并且所有低能激发都沿相同方向传播[6]. 由此得到结论, $\nu = 1$ IQH 态的边缘激发由 1D 手征费米液体 (7.3.1) 描述.

[6]相反, 普通的 1D 费米液体有两个费米点, 且同时具有向左和向右的运动.

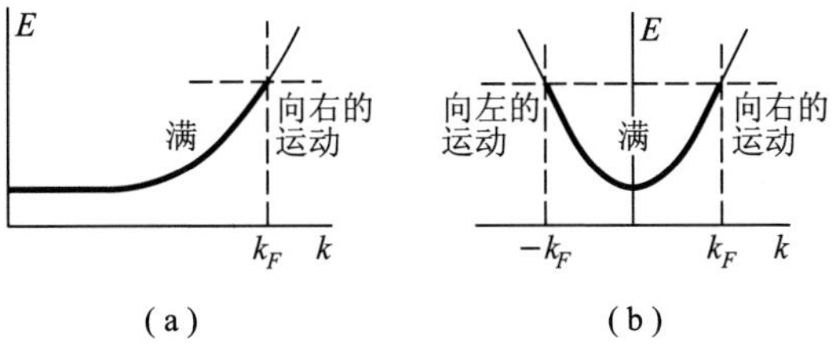

图 7.16 (a) 能量角动量关系 E_m 可以看作是能量动量关系 $E(k)$, 边缘激发可以看作是 1D 手征费米液体的激发, 只含有向右的运动. (b) 通常 1D 费米液体的色散关系同时含有向右和向左的运动.

习题

7.3.1 证明 IQH 边缘激发的速度 $v = \partial E(k)/\partial k$ 是 cE/B, 其中 c 是光速, 且 $E = -\partial V(r)/\partial r$ 是由约束势 $V(r)$ 产生的在边缘的电场. 假设 $\nu = 1$ IQH 小滴含有 N 个电子, 写出手征费米液体的费米动量 k_F.

7.3.2 一个 $\nu = 1$ IQH 态受到圆形平滑势 $V(r)$ 的约束, 含有 N 个电子. 确定总基态角动量 M_0. 对于 $m = -1$ 和 $m = 1, 2, 3, 4, 5$, 确定具有总角动量 $M_0 + m$ 的低能粒子空穴激发的个数. 证明在热力学极限下, 具有相同总角动量的激发具有相同的能量.

7.3.3 考虑由 $H = \sum_k (v_1 k c_{1,k}^\dagger c_{1,k} + v_2 k c_{2,k}^\dagger c_{2,k})$ 描述的 1D 非相互作用的费米系统, 混合项 $\sum_k (\gamma c_{1,k}^\dagger c_{2,k} + h.c.)$ 是一个不可忽微扰. 证明当系统同时具有向左和向右的运动 (即 $v_1 v_2 < 0$) 时, 相关混合项打开一个有限能隙, 彻底改变了系统的低能性质. 但是, 对于所有激发都向一个方向运动 (即 $v_1 v_2 > 0$) 的手征费米液体, 相关混合项不会产生任何能隙. 我们实际上相信, 任何微扰都不会使 1D 手征费米液体产生能隙, 1D 手征费米液体中的无能隙激发同样能够抵挡所有微扰, 是拓扑稳定的.

7.3.2 流体力学方法 —— 1/m Laughlin 态

要点:

- 来自流代数 (Kac-Moody 代数) 的边缘激发
- 填充单粒子能级不能构建 FQH 边缘激发

由于 $1/m$ Laughlin FQH 态不能通过填充单粒子能级得到, 我们不能利用上一节的图像构建 $1/m$ Laughlin 态的边缘激发. 由于不知道怎样从相互作用电子的哈密顿量推导 FQH 边缘理论, 下面我们只好试图猜测一个低能有效理论.

猜测边缘激发动力学理论最简单的方法是利用流体力学方法. 这个方法利用了 FQH 态是不可压缩、非旋转液体, 不含有低能体激发的性质, 因此惟一的 (在体能隙之下的) 低能激发只有 FQH 小滴上的表面波, 这些表面波就是 FQH 态的边缘激发.

在流体力学方法中 [Wen (1992)], 我们首先研究 FQH 小滴上表面波的经典理论, 然后量子化经典理论, 得到边缘激发的量子描述. 由经典理论得到的简单量子描述完全描述了低能的边缘激发, 使我们可以沿边缘计算电子和准粒子的传播函数, 这是一件很令人兴奋的事情.

考虑一个由势阱约束, 填充分数为 ν 的 FQH 小滴, 由于电导非零, 势阱的电场产生了沿边缘流动的持续电流,

$$\boldsymbol{j} = \sigma_{xy}\hat{z} \times \boldsymbol{E}, \qquad \sigma_{xy} = \nu\frac{e^2}{h}.$$

这意味着靠近边缘电子的漂移速度是

$$v = \frac{E}{B}c,$$

其中 c 是光速, 因此边缘波也以速度 v 传播. 我们利用一维密度 $\rho(x) = nh(x)$ 描述边缘波, 其中 $h(x)$ 是边缘的位移, x 是沿边缘的坐标, 并且 $n = \frac{\nu}{2\pi l_B^2}$ 是体中的二维电子密度 (这里 $l_B = \sqrt{\frac{c}{eB}}$ 是磁长度.) 我们有边缘波的传播可以由下面的波动方程描述,

$$\partial_t\rho + v\partial_x\rho = 0. \tag{7.3.2}$$

注意边缘波总是向一个方向传播, 没有向相反方向传播的波.

边缘波的哈密顿量 (即能量) 是

$$H = \int dx\frac{1}{2}e\rho Eh = \int dx\ \pi\frac{v}{\nu}\rho^2, \tag{7.3.3}$$

其中我们利用了 $h = \rho/n = \rho\frac{2\pi c}{eB}$. 在动量空间, (7.3.2) 和 (7.3.3) 可以重新写为

$$\dot{\rho}_k = -\ ivk\rho_k, \qquad\qquad H = 2\pi\frac{v}{\nu}\sum_{k>0}\rho_{-k}\rho_k, \tag{7.3.4}$$

其中 $\rho_k = \int dx\frac{1}{\sqrt{L}}e^{ikx}\rho(x)$, L 是边缘的长度. 我们发现如果把 $\rho_k|_{k>0}$ 作为 “坐标”, 把 $\pi_k = i2\pi\rho_{-k}/\nu k$ 作为相应的正则 “动量”, 则标准的哈密顿方程

$$\dot{q} = \frac{\partial H}{\partial p}, \qquad \dot{p} = -\frac{\partial H}{\partial q}$$

会重新生成运动方程 $\dot{\rho}_k = ivk\rho_k$, 由此就可以确定正则 “坐标” 和 “动量”. 有意思的是, 位移 $h(x)$ 同时含有 “坐标” 和 “动量”, 这是因为边缘波的手征特性.

知道了正则坐标和动量, 就很容易量子化经典理论, 只需把 ρ_k 和 π_k 看作是满足 $[\rho_k, \pi_{k'}] = i\delta_{kk'}$ 的算符. 量子化之后就有

$$\begin{aligned} [\rho_k, \rho_{k'}] &= \frac{\nu}{2\pi}k\delta_{k+k'}, \qquad k, k' = \text{整数} \times \frac{2\pi}{L}, \\ H &= 2\pi\frac{v}{\nu}\sum_{k>0}\rho_{-k}\rho_k. \end{aligned} \tag{7.3.5}$$

以上代数称为 $(U(1))$ Kac-Moody(简称 K-M) 代数 [Goddard and Olive (1985, 1986); Kac (1983)]. 类似的代数也出现在朝永模型中 [Tomonaga (1950)]. 注意 (7.3.5) 只是描述了集体的解耦谐振子 (由 (ρ_k, ρ_{-k}) 产生), 因此 (7.3.5) 是一维自由声子理论 (只有单一分支). 对于 $k > 0$, $\rho_k^\dagger = \rho_{-k}$ 产生一个动量为 k、能量为 vk 的声子, 而 ρ_k 湮没一个声子. (7.3.5) 给出了 Laughlin 态低能边缘激发的完全描述.

这里考虑的边缘激发不会改变系统的总电荷, 因此是中性的. 下面我们将讨论带电激发, 并从 K-M 代数 (7.3.5) 计算电子传播函数.

低能电荷激发明显对应于在 (从) 边缘增加 (去除) 电子, 这种带电激发携带整数电荷, 并由电子算符 $\Psi^\dagger$ 产生. 以上边缘激发的理论用 1D 密度算符 $\rho(x)$ 组成, 所以中心问题是用密度算符表示电子算符, 边缘的电子算符产生局域电荷并应该满足

$$[\rho(x), \Psi^\dagger(x')] = \delta(x-x')\Psi^\dagger(x'). \tag{7.3.6}$$

由于 ρ 满足 Kac-Moody 代数 (7.3.5), 可以证明

$$[\rho(x_1), \rho(x_2)] = i\frac{\nu}{2\pi}\delta'(x_1-x_2),$$

或者

$$[\rho(x_1), \phi(x_2)] = -i\nu\delta(x_1-x_2),$$

其中 ϕ 满足 $\rho = \frac{1}{2\pi}\partial_x\phi$. 我们有 $\rho(x)$ 可以看作是 ϕ 的泛函导数: $\rho(x) = -i\nu\frac{\delta}{\delta\phi(x)}$. 利用这个关系, 可以证明满足 (7.3.6) 的算符是 [Wen (1992)]

$$\Psi \propto e^{i\frac{1}{\nu}\phi}. \tag{7.3.7}$$

(7.3.6) 仅仅意味着算符 Ψ 携带着电荷 e, 为了确定 Ψ 是一个电子算符, 需要证明 Ψ 是一个费米子算符. 利用 K-M 代数 (7.3.5), 我们得到 (见习题7.3.4)

$$\Psi(x)\Psi(x') = (-)^{1/\nu}\Psi(x')\Psi(x), \tag{7.3.8}$$

可以看到只有在 $1/\nu = m$ 是一个奇整数时, (7.3.7) 中的电子算符 Ψ 是费米的, 这种情况下 FQH 态是 Laughlin 态.

在上述讨论中所作的假设并不是普遍正确, 我们假设了不可压缩的 FQH 液体只含有不可压缩流体的一个 分量, 因而只有边缘激发的一个分支. 上述结果意味着, 当 $\nu \neq 1/m$ 时, 只有一支的边缘理论不含有电子算符, 且不是自洽的. 我们的一支边缘理论只适用于 $\nu = 1/m$ Laughlin 态.

现在我们沿着 $\nu = 1/m$Laughlin 态的边缘计算电子传播函数, 因为 ϕ 是一个自由声子场, 其传播函数是

$$\langle\phi(x,t)\phi(0)\rangle = -\nu\ln(x-vt) + \text{常数}.$$

不难计算, 电子传播函数是

$$G(x,t) = \langle T(\Psi^\dagger(x,t)\Psi(0))\rangle = \exp[\frac{1}{\nu^2}\langle\phi(x,t)\phi(0)\rangle] \propto \frac{1}{(x-vt)^m}. \tag{7.3.9}$$

我们首先看到在 FQH 态边缘的电子传播函数有一个不等于 1 的非平凡指数 $m = 1/\nu$, 表示在 FQH 态边缘的电子是强关联的, 并且不能用费米液体理论描述. 这种形式的电子态称为手征 Luttinger 液体.

在此要强调指数 m 是量子化的, 指数的量子化直接与指数连接着电子的统计有关 (见 (7.3.8)). 因此这个指数是一个拓扑数, 与电子相互作用、边缘势等无关. 尽管这个指数是边缘态的一个性质, 改变它的惟一方法却是通过体态的相变. 因此, 这个指数可以看作是标识体 FQH 态中拓扑序的一个量子数.

在动量空间中, 电子传播函数的形式是

$$G(k,\omega) \propto \frac{(vk+\omega)^{m-1}}{\omega - vk + i0^+\mathrm{sgn}(\omega)},$$

这个反常的指数 m 可以用隧穿实验测量, 从 $\mathrm{Im}\, G$, 我们得到电子态的隧穿密度是

$$N(\omega) \propto |\omega|^{m-1}$$

它表示对于金属 – 绝缘体 –FQH 结, 微分电导具有形式 $\frac{dI}{dV} \propto V^{m-1}$.

习题

7.3.4 证明 (7.3.8). [提示: 首先证明 $[\phi(x), \phi(y)] = \frac{\pi}{q}\mathrm{sgn}(x-y)$.]

7.3.5 玻色化和费米化

当 $m=1$ 时, 本节的讨论意味着 $\nu=1$ IQH 边缘态可以用自由声子理论描述

$$H_b = 2\pi v \sum_{k>0} \rho_k^\dagger \rho_k.$$

在 7.3.1 节, 我们知道 $\nu=1$ IQH 边缘态可以用自由手征费米子模型描述

$$H_f = v\sum_k : c_k^\dagger c_k := v\sum_{k>0} c_k^\dagger c_k - v\sum_{k<0} c_k c_k^\dagger.$$

正规序的定义是: 如果 $k>0$, $: c_k^\dagger c_k := c_k^\dagger c_k$; 如果 $k<0$, $: c_k^\dagger c_k := -c_k c_k^\dagger$. 本题我们要研究两种描述之间的直接关系, 从费米描述转到玻色描述称为玻色化, 从玻色描述转到费米描述称为费米化.

(a) 写出玻色子模型前 5 个能级的能量及其简并度, 将结果与习题 7.3.2 的结果比较.

(b) 令 $\rho_f(x) =: c^\dagger(x)c(x) :$, 在 k 空间, $\rho_{f,k} = \sum_q' : c_q^\dagger c_{q+k} :$, 其中求和 $\sum_q'$ 的范围限制在使两个动量 c_{q+k} 和 c_q 都在 $[-\Lambda, +\Lambda]$ 的范围之内. 正规有序 $\rho_f(x)$ 在基态为零, 与玻色理论中的 ρ 吻合. 证明 $\rho_{f,k}$ 满足与 ρ_k 相同的 K-M 代数 [见 (7.3.5), 取 $\nu=1$]. (提示: 对于正的大值 k, $c_k^\dagger c_k = 0$; 对于负的大值 k, $c_k^\dagger c_k = 0$.)

(c) 证明 $H_f = 2\pi v \sum_{k>0} \rho_{f,k}\rho_{f,-k}$.

7.3.3 边缘激发的微观理论

要点:

- K-M 代数和 Laughlin 波函数之间的关系
- 从等离子体模拟电子等时关联

本节我们要介绍在 Laughlin 态中边缘激发的微观理论, 更确切地说, 我们来考虑在第一朗道能级中的电子气. 假设电子由理想哈密顿量 (7.1.3) 描述, $\nu = 1/3$ Laughlin 波函数

$$\Psi_3(z_i) = Z^{-1/2} \prod_{i<j} (z_i - z_j)^3 \prod_k e^{-\frac{1}{4}|z_k|^2} \tag{7.3.10}$$

具有零能量[7], 并且是理想哈密顿量的准确基态. 本节假设磁长度 $l_B = 1$, 在 (7.3.10) 中, Z 是归一化因子, 但是 Laughlin 态 (7.3.10) 不是惟一能量为零的态. 不难证明以下形式的态都具有零能量:

$$\Psi(z_i) = P(z_i)\,\Psi_3(z_i), \tag{7.3.11}$$

其中 $P(z_i)$ 是 z_i 的对称多项式. 实际上反之亦然: 所有零能量态的形式都是 (7.3.11). 这是因为为了使费米态能量为零, 当任意两个电子 i 和 j 碰到一起时, Ψ 必须至少与 $(z_i - z_j)^3$ 同样快地趋于零 (费米统计不包括几率 $(z_i - z_j)^2$). 因为 Laughlin 波函数只有当 $z_i = z_j$ 时为零, $P = \Psi/\Psi_3$ 就是一个有限函数. 由于 Ψ 和 Ψ_3 在第一朗道能级都是反对称函数, P 是对称全纯函数, 所以只能是对称多项式.

在 (7.3.11) 的所有态中, Laughlin 态描述了半径最小的小圆滴. 其他所有的态都是 Laughlin 态的变形和/或膨胀. 因此由 P 产生的态对应于 Laughlin 态的边缘激发.

我们现在首先考虑零能量空间 (即对称多项式空间). 已知对称多项式空间由下面的多项式 $s_n = \sum_i z_i^n$ 产生 (通过相乘和相加). 取 $M_0 = 3\frac{N(N-1)}{2}$ 为 Laughlin 态 (7.3.10) 的总角动量, 则态 Ψ 将具有角动量 $M = \Delta M + M_0$, 其中 ΔM 是对称多项式 P 的阶. 由于我们只有一个零阶和一个一阶对称多项式 $s_0 = 1$ 和 $s_1 = \sum_i z_i$, 则对于 $\Delta M = 0, 1$, 零能量态是非简并的. 但是当 $\Delta M = 2$ 时, 有两个 $P = s_2$ 和 $P = s_1^2$ 的简并零能量态. 对于一般的 ΔM , 零能量态的简并是

$$\begin{array}{lccccccc} \Delta M: & 0 & 1 & 2 & 3 & 4 & 5 & 6 \\ \text{简并度}: & 1 & 1 & 2 & 3 & 5 & 7 & 11 \end{array} \tag{7.3.12}$$

这里我们要指出, (7.3.12) 中的简并度与我们从微观理论得到的结果严格一致. 我们知道对于一个小圆滴, 角动量 ΔM 可以看作是沿着边缘 $k = 2\pi\Delta M/L$ 的动量, 其中 L 是 FQH 小滴的参量. 根据微观理论, (中性的) 边缘激发由密度算符 ρ_k 产生, 不难证明对于每一个 ΔM, 由密度算符产生的边缘态与在 (7.3.12) 中的态有相同的简并度. 例如由 $\rho_{\kappa_0}^2$ 和 $\rho_{2\kappa_0}$ 产生的 $\Delta M = 2$ 的两个态, 其中 $\kappa_0 = 2\pi/L$. 因此由 K-M 代数 (7.3.5) 产生的空间和对称多项式的空间是一样的.

现在我们问一个物理问题, 对称多项式是否产生所有低能态? 如果答案是肯定的, 由以上讨论我们看到 HQ 小滴的所有低能激发都由 K-M 代数产生, 可以说 (7.3.5) 是低能激发的完整理论. 不幸的是我们至今还没有上述论点的解析证明, 这是因为尽管与对称多项式产生的态正交的态具有非零能量, 但是在热力学极限下这些能量是否仍然有限是不清楚的, 在热力学极限

[7] 这里为了方便论述, 我们将能量平移至第 0 级朗道能级.

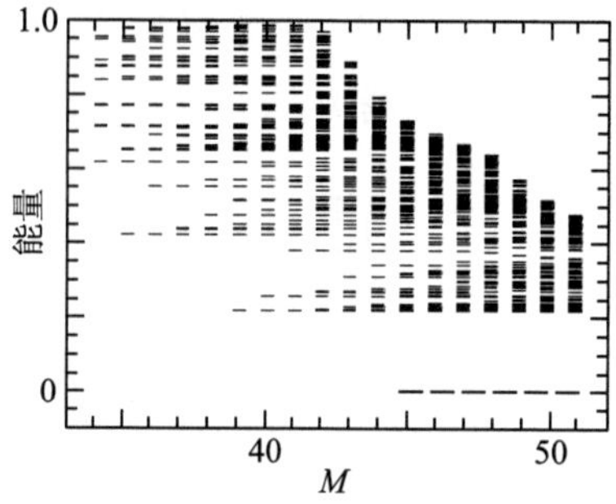

图 7.17 哈密顿量为 H_V 的 6 个电子系统的前 22 条轨道中的能谱. 零能量态在 $M = 45, \cdots, 51$ 的简并度为 $1, 1, 2, 3, 5, 7, 11$.

下能隙可能趋于零. 为了解决这个问题, 我们现在只能依靠数值计算. 图 7.17 表示了本节开始所引进哈密顿量的 6 个电子系统的前 22 条轨道的能谱. 在 $M = 45, \cdots, 51$(或者 $\Delta M = 0, \cdots, 6$) 的零能量态的简并度是 $1, 1, 2, 3, 5, 7, 11$, 与 (7.3.12) 吻合. 更加重要的是, 我们清楚地看到有限能隙将零能量态与所有其他态分开, 这样数值的结果显示所有 Laughlin 态的低能边缘激发都由对称多项式或 K-M 代数 (7.3.5) 产生.

下面我们将从 Laughlin 波函数 Ψ_m 计算准粒子/电子的等时响应, 首先计算 $|\xi\rangle = \prod_i (1 - \frac{z_i}{\xi})^n \Psi_m(\{z_i\})$ 的模方:

$$\langle\xi|\xi\rangle = |\xi|^{-2Nn} \frac{Z_1}{Z}, \tag{7.3.13}$$

$$Z = \int \prod d^2 z_i \exp(\sum_{ij} 2m \ln|z_i - z_j| - \sum_k \frac{1}{2}|z_k|^2),$$

$$Z_1 = \int \prod d^2 z_i \exp[\sum_{ij} 2m \ln|z_i - z_j| + \sum_k (-\frac{1}{2}|z_k|^2 + 2n \ln|\xi - z_k)].$$

注意 Z 是单分量等离子体的配分函数, Z_1 是与位于 ξ 的电荷相互作用的等离子体的配分函数, 如果忽略电荷的分立性, 把等离子体看作是一种连续介质, 就可以有

$$Z = e^E, \qquad Z_1 = e^{E_1},$$

其中 E 和 E_1 是等离子体的总能量. 如果 ξ 不是很靠近小滴, 即 $|\xi| - R \gg 1$, 其中 $R = \sqrt{mN}$ 是小滴的半径, 我们期望上述近似可以得到 Z_1/Z 的正确比值.

等离子体的行为很像金属, 因此加入一个外部电荷后能量的改变是

$$E_1 - E = 2nN \ln|\xi| - \frac{n^2}{m}\left[\ln(|\xi| - \frac{R^2}{|\xi|}) - \ln(|\xi|)\right] + O(N^{-1}). \tag{7.3.14}$$

我们知道外部电荷改变小滴的形状, (7.3.14) 的第一项是外部电荷和未变形的小滴之间的相互作用; 第二项是由于小滴变形的修正, 这一修正可以用外部电荷与其在 $|z| = R^2/|\xi|$ 和 $z = 0$ 的

镜像的相互作用表示. 注意到随着 $\xi \to \infty$, $E_1 - E \to 2nN \ln|\xi|$, 从 (7.3.14) 我们得到 $|\psi^n(\xi)\rangle$ 的模方是

$$\langle\xi|\xi\rangle = \left(\frac{\xi\xi^*}{\xi\xi^* - R^2}\right)^{n^2/m}. \tag{7.3.15}$$

由于内积 $\langle\tilde{\xi}|\xi\rangle$ 是 ξ 的全纯函数和 $\tilde{\xi}$ 的反全纯函数, 因此 (7.3.15) 意味着

$$\langle\tilde{\xi}|\xi\rangle = \left(\frac{\xi\tilde{\xi}^*}{\xi\tilde{\xi}^* - R^2}\right)^{n^2/m}.$$

注意当 $n = m$ 时,

$$\xi^{Nm}\tilde{\xi}^{*Nm}\langle\tilde{\xi}|\xi\rangle = \xi^{Nm}\tilde{\xi}^{*Nm}\left(\frac{\xi\tilde{\xi}^*}{\xi\tilde{\xi}^* - R^2}\right)^m$$

正比于沿着 $N_e = N + 1$ 电子系统边缘的等时电子传播函数 G_e, 选择 $\xi = Re^{i2\pi\frac{x}{L}}$ 和 $\tilde{\xi} = R$, 得到

$$G_e(x) = L^{-m}a^{m-1}e^{im(N_e-\frac{1}{2})\frac{2\pi x}{L}}\sin^{-m}(\pi x/L). \tag{7.3.16}$$

此式当 x 远小于 L 时就化为 (7.3.9), 这里 a 是一个 l_B 量级的长度. (7.3.16) 可以展开为

$$\begin{aligned}
G_e(x) =& L^{-m}a^{m-1}e^{im(N_e-1)\frac{2\pi x}{L}}\left(\sum_{n=0}^{\infty}e^{-i\frac{2\pi x}{L}n}\right)^m \\
=& L^{-m}a^{m-1}e^{im(N_e-1)\frac{2\pi x}{L}}\sum_{n=0}^{\infty}C_n^{m+n-1}e^{-i\frac{2\pi x}{L}n}, \\
C_n^{m+n-1} =& \frac{(n+m-1)!}{(m-1)!n!}.
\end{aligned} \tag{7.3.17}$$

由此展开我们得到在角动量 M 态的电子占有数 n_M:

$$\begin{aligned}
n_M =& 0, & \delta M =& m(N_e - 1) - M < 0, \\
n_M =& \frac{a^{m-1}}{L^{m-1}}C_{\delta M}^{\delta M+m-1}, & \delta M \geqslant& 0.
\end{aligned} \tag{7.3.18}$$

我们看到费米边缘的准确位置是在最后的部分被占的单粒子轨道, 即在角动量 $m(N_e - 1)$ (或者 $k_F = \sqrt{m(N_e-1)}/l_B$) 处. 注意当 $m(N_e - 1) - M \gg m$ 时, $n_M \propto [m(N_e - 1) - M]^{m-1}$, 用沿边缘的动量表示, 得到 $n_k \propto (k_F - k)^{m-1}$. 我们发现, 与费米液体不同, 占有数 n_k 在费米动量处没有跃迁.

我们要指出, (7.3.16) 仅当 x 远远大于磁长度 l_B 时才正确, 因此 (7.3.18) 只有当 $m(N_e - 1) - M \ll \sqrt{N_e}$ 时才正确.

如果边缘激发的色散是线性的, G_e 只在低能时才与 $x - vt$ 有关, 我们立即看到动态的电子格林函数是

$$G_e(x,t) = L^{-m}a^{m-1}e^{im(N-\frac{1}{2})\frac{2\pi(x-vt)}{L}}\sin^{-m}[\pi(x-vt)/L],$$

当 $m = 1$, 上式成为 1D 自由费米子 (临近费米点) 的电子格林函数.

7.3.4 流体力学方法 —— 2/5 和 2/3 态

要点:

- 叠代 FQH 液体的边缘态
- 电子和准粒子算符的结构
- 如果边缘激发沿相反方向传播, 边缘相互作用可以修改电子/准粒子传播函数的指数

本节我们将利用流体力学方法研究第二级叠代态的边缘结构, 我们主要讨论 2/5 和 2/3 态作为示例. 我们特别要研究在叠代态边缘的电子和准粒子算符的结构. 我们还会看到, 2/3 态含有两个向相反方向传播的边缘激发, 正与我们的直觉相反.

首先考虑 $\nu=\frac{2}{5}$ FQH 态, 根据叠代理论, $\nu=\frac{2}{5}$ FQH 态由准粒子在 $\nu=\frac{1}{3}$ FQH 态之上凝聚产生, 因此 2/5 态含有不可压缩流体的两个分量. 为了确定, 我们考虑一种特殊的边缘势, FQH 态含有两个小滴 (见图 7.14), 一个小滴是填充分数 $\nu_1=\frac{1}{3}$、半径 r_1 的电子凝聚, 另一个小滴是 (在 1/3 态之上的) 填充分数 $\nu_2=\frac{1}{15}$ (注意 $\frac{1}{3}+\frac{1}{15}=\frac{2}{5}$)、半径 $r_2<r_1$ 的准粒子凝聚.

当 $r_1-r_2\gg l_B$ 时, 两个边缘相互无关. 推广 7.3.2 节中的流体力学方法, 可以证明边缘激发有两个分支, 其低能动力学由下式描述

$$\begin{aligned}[][\rho_{Ik},\rho_{Jk'}]=&\frac{\nu_I}{2\pi}k\delta_{IJ}\delta_{k+k'},\\ H=&2\pi\sum_{I,k>0}\frac{v_I}{\nu_I}\rho_{I,-k}\rho_{I,k},\end{aligned}\tag{7.3.19}$$

其中用 $I=1,2$ 标记两个分支, v_I 是边缘激发的速度, (7.3.19) 中的 ρ_I 是 1D 电子密度. 为了使哈密顿量是正定的, 要求 $\nu_I v_I>0$, 我们得到 $\nu=\frac{2}{5}$ FQH 态的稳定性要求 v_I 都是正数.

推广 7.3.2 节的讨论, 两个边缘上的电子算符就是

$$\Psi_I=e^{i\frac{1}{\nu_I}\phi_I(x)},\qquad I=1,2,\tag{7.3.20}$$

其中取 $\partial_x\phi_I=\frac{1}{2\pi}\rho_I$. 电子传播函数的形式为

$$\langle T[\Psi_I(x,t)\Psi_I^\dagger(0)]\rangle=\frac{e^{ik_Ix}}{(x-v_It)^{-1/|\nu_I|}},\qquad I=1,2,$$

其中 $k_I=\frac{r_I}{2l_B^2}$.

根据叠代图像, $\nu=\frac{2}{3}$ FQH 态也由两种凝聚形成, 一种填充分数为 1 的电子凝聚, 和一种填充分数为 $-\frac{1}{3}$ 的空穴凝聚. 因此选择 $(\nu_1,\nu_2)=(1,-\frac{1}{3})$, 上述讨论也可用于 $\nu=\frac{2}{3}$ FQH 态. 边缘激发在这里仍有两支, 但是如果哈密顿量是正定的, 两支激发就有 *相反的* 速度.

如果把两个边缘放在一起 $(r_1-r_2\sim l_B)$, 边缘激发两分支之间的相互作用就不能再被忽略, 这种情况下哈密顿量的形式是

$$H=2\pi\sum_{k>0}V_{IJ}\rho_{I,-k}\rho_{J,k}.\tag{7.3.21}$$

哈密顿量 (7.3.21) 可以对角化, 对于 $\nu_1\nu_2>0$, 我们可以选择

$$
\begin{aligned}
\tilde{\rho}_{1k} &= \cos\theta\frac{1}{\sqrt{|\nu_1|}}\rho_{1k}+\sin\theta\frac{1}{\sqrt{|\nu_2|}}\rho_{2k},\\
\tilde{\rho}_{2k} &= \cos\theta\frac{1}{\sqrt{|\nu_2|}}\rho_{2k}-\sin\theta\frac{1}{\sqrt{|\nu_1|}}\rho_{1k},\\
\tan(2\theta) &= 2\frac{\sqrt{|\nu_1\nu_2|}V_{12}}{|\nu_1|V_{11}-|\nu_2|V_{22}}.
\end{aligned}
\tag{7.3.22}
$$

可以证明 $\tilde{\rho}$ 满足

$$
\begin{aligned}
[\tilde{\rho}_{Ik},\tilde{\rho}_{Jk'}] &= \frac{\operatorname{sgn}\nu_I}{2\pi}k\delta_{IJ}\delta_{k+k'},\\
H &= 2\pi\sum_{I,k>0}\operatorname{sgn}\nu_I\tilde{v}_I\tilde{\rho}_{I,-k}\tilde{\rho}_{I,k},
\end{aligned}
\tag{7.3.23}
$$

其中边缘激发 $\tilde{v}_I$ 的新速度是

$$
\begin{aligned}
\operatorname{sgn}\nu_1\tilde{v}_1 &= \frac{\cos^2\theta}{\cos(2\theta)}|\nu_1|V_{11}-\frac{\sin^2\theta}{\cos(2\theta)}|\nu_2|V_{22},\\
\operatorname{sgn}\nu_2\tilde{v}_2 &= \frac{\cos^2\theta}{\cos(2\theta)}|\nu_2|V_{22}-\frac{\sin^2\theta}{\cos(2\theta)}|\nu_1|V_{11}.
\end{aligned}
\tag{7.3.24}
$$

我们有边缘激发仍有两支, 但是在这种情况, 具有确定速度的边缘激发是在内边缘和在外边缘的激发的混合. 还可以证明, 只要哈密顿量 (7.3.21) 是正定的, 两个分支的速度 $\tilde{v}_I$ 就总是正的.

经过反转 (7.3.22), 用 $\tilde{\rho}_I$ 表示 (7.3.20) 中的电子算符 Ψ_I , 就可以用 (7.3.24) 计算它们的传播函数

$$
\langle T[\Psi_I(x,t)\Psi_I^\dagger(0)]\rangle = e^{ik_Ix}\frac{1}{(x-\tilde{v}_1t)^{\alpha_I}}\frac{1}{(x-\tilde{v}_2t)^{\beta_I}},
$$

其中

$$
(\alpha_1,\alpha_2)=\left(\frac{\cos^2\theta}{|\nu_1|},\frac{\sin^2\theta}{|\nu_2|}\right),\qquad (\beta_1,\beta_2)=\left(\frac{\sin^2\theta}{|\nu_1|},\frac{\cos^2\theta}{|\nu_2|}\right).
$$

但是, 当两个边缘相互靠近到磁长度之内时, Ψ_I 就不再是边缘上最一般的电子算符. 类分电子算符可能含有两边缘之间的电荷转移, 对于 $\nu=2/5$ FQH 态, 内边缘与外边缘被 $\nu=\frac{1}{3}$ Laughlin 态分开, 因此, 基本电荷的传递算符是

$$
\eta(x)=e^{i(\phi_1-\frac{\nu_1}{\nu_2}\phi_2)}=(\Psi_1\Psi_2^\dagger)^{\nu_1}.
$$

可将一个 $\nu_1e=e/3$ 电荷从外边缘转移到内边缘, 类分电子算符的形式是

$$
\begin{aligned}
\Psi(x) &= \sum_{n=-\infty}^{+\infty}c_n\psi_n(x),\\
\psi_n(x) &= \Psi_1(x)\eta^n(x).
\end{aligned}
\tag{7.3.25}
$$

为了理解这个结果, 我们注意到无论整数 n 为何值, 每个算符 ψ_n 都是一个费米算符, 总产生一个单位局域电荷. 因此每一个 ψ_n 都可能是在边缘的电子算符. 对于一个多分量相互作用系统, 在边缘的电子算符应该是不同 ψ_n 的叠加, 如 (7.3.25) 所示. 注意 $\Psi_2 = \psi_{-\frac{1}{\nu_1}}$, ψ_n 的传播函数可以用上面所概括的类似方法计算

$$\langle T[\psi_n(x,t)\psi_m^\dagger(0)]\rangle \propto \delta_{n,m} e^{i[k_1+n\nu_1(k_2-k_1)]x} \prod_I (x-\tilde{v}_I t)^{-\gamma_{In}},$$

其中 γ_{In} 是

$$\begin{aligned}
\gamma_{1n} &= \left[\left(n+\frac{1}{|\nu_1|}\right)\sqrt{|\nu_1|}\cos\theta - \frac{n\nu_1}{\nu_2}\sqrt{|\nu_2|}\sin\theta\right]^2, \\
\gamma_{2n} &= \left[\left(n+\frac{1}{|\nu_1|}\right)\sqrt{|\nu_1|}\sin\theta + \frac{n\nu_1}{\nu_2}\sqrt{|\nu_2|}\cos\theta\right]^2.
\end{aligned} \tag{7.3.26}$$

从 (7.3.25) 和 (7.3.4), 我们有电子传播函数在分立的动量 $k = k_1 + n\nu_1(k_2 - k_1)$ 处具有奇点, 它们与电子传播函数在 1D 相互作用电子系统的奇点 $k_F, 3k_F, \cdots$ 类似.

对于 $\nu = \frac{2}{3}$ FQH 态, $\nu_1\nu_2 < 0$. 这种情况下需要选择

$$\begin{aligned}
\tilde{\rho}_{1k} =& \mathrm{ch}\,\theta\frac{1}{\sqrt{|\nu_1|}}\rho_{1k} + \mathrm{sh}\,\theta\frac{1}{\sqrt{|\nu_2|}}\rho_{2k}, \\
\tilde{\rho}_{2k} =& \mathrm{ch}\,\theta\frac{1}{\sqrt{|\nu_2|}}\rho_{2k} + \mathrm{sh}\,\theta\frac{1}{\sqrt{|\nu_1|}}\rho_{1k}, \\
\mathrm{th}(2\theta) =& 2\frac{\sqrt{|\nu_1\nu_2|}V_{12}}{|\nu_1|V_{11}+|\nu_2|V_{22}},
\end{aligned} \tag{7.3.27}$$

使哈密顿量对角化. 可以证明 $\tilde{\rho}_I$ 也满足 K-M 代数 (7.3.23), 但是现在

$$\begin{aligned}
\mathrm{sgn}\,\nu_1\tilde{v}_1 =& \frac{\mathrm{ch}^2\theta}{\mathrm{ch}(2\theta)}|\nu_1|V_{11} - \frac{\mathrm{sh}^2\theta}{\mathrm{ch}(2\theta)}|\nu_2|V_{22}, \\
\mathrm{sgn}\,\nu_2\tilde{v}_2 =& \frac{\mathrm{ch}^2\theta}{\mathrm{ch}(2\theta)}|\nu_2|V_{22} - \frac{\mathrm{sh}^2\theta}{\mathrm{ch}(2\theta)}|\nu_1|V_{11},
\end{aligned} \tag{7.3.28}$$

同样, 只要哈密顿量 H 是正定的, 边缘激发的速度 $\tilde{v}_I$ 就总有相反的符号, 电子算符的形式仍然是 (7.3.25), 其中 $\eta = (\Psi_1\Psi_2^\dagger)^{\nu_1}$. 传播函数 ψ_n 仍为 (7.3.4), 其中

$$\begin{aligned}
\gamma_{1n} &= \left[\left(n+\frac{1}{|\nu_1|}\right)\sqrt{|\nu_1|}\mathrm{ch}\,\theta + \frac{n\nu_1}{\nu_2}\sqrt{|\nu_2|}\mathrm{sh}\,\theta\right]^2, \\
\gamma_{2n} &= \left[\left(n+\frac{1}{|\nu_1|}\right)\sqrt{|\nu_1|}\mathrm{sh}\,\theta + \frac{n\nu_1}{\nu_2}\sqrt{|\nu_2|}\mathrm{ch}\,\theta\right]^2.
\end{aligned} \tag{7.3.29}$$

电子算符的总指数 $g_e^{(n)}$

$$g_e^{(n)} = \sum_I \gamma_{In}$$

决定了在边缘隧穿实验中的 I-V 曲线. 指数 $g_e \equiv \mathrm{Min}(g_e^{(n)})$ 的最小值控制了两个边缘之间电子隧穿的度量性质, 例如, 在有限温度下隧穿电导的大小为

$$\sigma \propto T^{2g_e-2},$$

对于 $\nu = 2/5$ 态, $g_e = 3$; 对于 $\nu = 2/3$ 态, g_e 与两边缘之间的相互作用有关.

习题

7.3.6 1D 相互作用费米系统的玻色化

考虑一个自由 1D 费米模型

$$H_0 = \sum_k \epsilon_k : c_k^\dagger c_k :$$

正规序的定义是: 如果 $\epsilon_k > 0$, $: c_k^\dagger c_k := c_k^\dagger c_k$; 如果 $\epsilon_k < 0$, $: c_k^\dagger c_k := -c_k c_k^\dagger$, 当 $k = \pm k_F$ 时, $\epsilon_k = 0$.

(a) 令 $\rho_{1,k} = \sum_q' : c_q^\dagger c_{q+k} :$, 其中求和 $\sum_q'$ 满足两个动量 c_{q+k} 和 c_q 都在 $[-\Lambda + k_F, +\Lambda + k_F]$ 内. 令 $\rho_{2,k} = \sum_q' : c_q^\dagger c_{q+k} :$, 其中 $\sum_q'$ 满足 c_{q+k} 和 c_q 都在 $[-\Lambda - k_F, +\Lambda - k_F]$ 内. 这里 $k < \Lambda < k_F$. 注意到 $\rho_{1,k}$ 产生 k_F 附近向右运动的激发, 而 $\rho_{2,k}$ 产生 $-k_F$ 附近向左运动的激发. 证明 $\rho_{I,k}$ 满足 K-M 代数 (7.3.19), 其中 $\nu_1 = 1$, $\nu_2 = -1$. 证明 $H_0 = 2\pi v_F \sum_{k>0}(\rho_{1,k}\rho_{1,-k} - \rho_{2,-k}\rho_{2,k})$, 因此 1D 自由费米系统可以玻色化.

(b) 电子算符可以写作 $c(x) = \psi_1(x) + \psi_2(x)$, 其中 $\psi_1(x) = \sum_{-\Lambda+k_F}^{\Lambda+k_F} e^{ikx} c_k$ 是 k_F 附近的电子算符, $\psi_2(x) = \sum_{-\Lambda-k_F}^{\Lambda-k_F} e^{ikx} c_k$ 是 $-k_F$ 附近的电子算符. 用 ϕ_I 表示 $c(x)$, 其中 $2\pi^{-1}\partial_x \phi_I(x) = \rho_I(x)$.

(c) 为了证明 1D 相互作用费米系统也可以玻色化, 可以证明相互作用项 $H_V = \sum_{q,k_1,k_2} V_q : (c_{k_1}^\dagger c_{k_1+q})(c_{k_2}^\dagger c_{k_2+q}) :$, 当限制在两个费米点附近时, 它变为 $2\pi \sum V_{IJ} : \rho_{I,-k}\rho_{J,k} :$. 写出 V_{IJ}.

(d) 计算相互作用模型 $H_0 + H_V$ 的电子格林函数 $\langle c^\dagger(x,t)c(0)\rangle$.

7.3.5 体有效理论和边缘态

要点:

- 边缘态的结构可以直接由以 K 矩阵标识的体拓扑序决定

本节我们将直接从体 FQH 态的 Chern-Simons 有效理论推导边缘激发的微观理论, 这个方法不依赖 FQH 态的特定构造, 体拓扑序和边缘态之间的关系也变得非常明晰. 我必须提醒读者, 本节所进行的计算非常规范, 但规范的计算也不能保证结果的正确性, 只有与其他独立的计算相比较, 才能检验正确性, 比如比较 7.3.3 节的结论.

为了理解有效理论和边缘态之间的关系, 让我们首先考虑最简单的填充分数为 $\nu = 1/m$ 的 FQH 态, 试图从体有效理论重新导出 7.3.2 节的结果. 这样的 FQH 态用 $U(1)$ Chern-Simons 理论描述, 其作用量为

$$S = -\frac{m}{4\pi}\int a_\mu \partial_\nu a_\lambda \varepsilon^{\mu\nu\lambda} d^3x, \tag{7.3.30}$$

假设我们的样品具有边界, 为简单起见, 假设边界是 x 轴, 样品覆盖下半平面.

对于有效作用量为 (7.3.30) 的具有边界的 FQH 液体, 还有一个问题. 由于边界的存在, $\Delta S = -\frac{m}{4\pi}\int_{y=0} dxdtf(\partial_0 a_1 - \partial_1 a_0)$, 在规范变换 $a_\mu \to a_\mu + \partial_\mu f$ 下不是不变的. 为了解决这个问题, 可以限制规范变换在边界为零 $f(x, y=0, t) = 0$, 有了这个限制, 边界上的某些自由度 a_μ 就成为动态的.

我们知道有效理论 (7.3.30) 只是为没有边界的体 FQH 态推导的, 现在我们将限制了规范变换的 (7.3.30) 作为有边界的 FQH 态的有效理论的定义, 这个定义肯定是自洽的. 下面我们将证明, 这个定义可以重新产生在 7.3.2 节得到的结果.

研究规范理论动力学性质的一个方法, 是选择规范条件 $a_0 = 0$, 并将 a_0 的运动方程看作是一个约束, 对于 Chern-Simons 理论, 这样的约束变为 $f_{ij} = 0$. 在这个约束之下, a_i 成为 $a_i = \partial_i\phi$, 将其代入 (7.3.30), 可以得到 [Elitzur *et al.* (1989)] 在边缘的有效 1D 理论, 其作用量为

$$S_{\text{edge}} = -\frac{m}{4\pi}\int \partial_t\phi\partial_x\phi dxdt. \tag{7.3.31}$$

但是, 这个办法有一个问题, 与作用量 (7.3.31) 相关的哈密顿量显然是零, 且 (7.3.31) 描述的边缘激发具有零速度, 因此, 这个作用量不能用于描述在真实 FQH 样品中的任何物理的边缘激发, 因为在 FQH 态的边缘激发总是具有有限速度.

边缘激发有限速度的出现是一个边界效应, 由 (7.2.18) 定义的体有效理论不包含关于边缘激发速度的信息. 为了从有效理论决定边缘激发的动力学性质, 我们必须找到一个输入边缘速度信息的方法, 边缘速度必须看作是不含在体有效理论之内的外部参量, 问题是怎样将这些参量放到理论之中.

我们现在注意到条件 $a_0 = 0$ 不是规范固定条件的惟一选择, 更加一般的规范固定条件形式是

$$a_\tau = a_0 + va_x = 0, \tag{7.3.32}$$

这里 a_x 是与样品边缘平行的矢量势的分量, 且 v 是具有速度量纲的参量.

为了方便起见, 可选择新的坐标满足

$$\tilde{x} = x - vt, \qquad \tilde{t} = t, \qquad \tilde{y} = y. \tag{7.3.33}$$

注意规范势 a_μ 在坐标变换下像 $\partial/\partial x^\mu$ 一样变换, 在新的坐标系中, 规范场的分量是

$$\tilde{a}_{\tilde{t}} = a_t + va_x, \qquad \tilde{a}_{\tilde{x}} = a_x, \qquad \tilde{a}_{\tilde{y}} = a_y. \tag{7.3.34}$$

规范固定条件变为以前在新坐标系中讨论过的条件, 显然在变换 (7.3.33) 和 (7.3.34) 之下, Chern-Simons 作用量的形式是保持不变的:

$$S = -\frac{m}{4\pi}\int d^3x\ a_\mu\partial_\nu a_\lambda\varepsilon^{\mu\nu\lambda} = -\frac{m}{4\pi}\int d^3x\ \tilde{a}_{\tilde{\mu}}\partial_{\tilde{\nu}}\tilde{a}_{\tilde{\lambda}}\varepsilon^{\tilde{\mu}\tilde{\nu}\tilde{\lambda}}.$$

重复以前的推导, 我们得到边缘作用量是

$$S = -\frac{m}{4\pi}\int d\tilde{t}d\tilde{x}\partial_{\tilde{t}}\phi\partial_{\tilde{x}}\phi,$$

用原来的物理坐标表示, 上述作用量的形式是

$$S = -\frac{m}{4\pi}\int dtdx(\partial_t + v\partial_x)\phi\partial_x\phi. \tag{7.3.35}$$

上式是一个手征玻色理论 [Floreanini and Jackiw (1988)]. 由运动方程 $\partial_t\phi + v\partial_x\phi = 0$, 可以看到由 (7.3.35) 描述的边缘激发具有非零速度 v, 并且只向一个方向运动.

为了得到 (7.3.35) 的量子理论, 需要对手征玻色理论量子化, 这个量子化可以在动量空间进行

$$S = \frac{m}{2\pi}\int dt\sum_{k>0}(ik\dot{\phi}_k\phi_{-k} - vk^2\phi_k\phi_{-k}).$$

可以证明, 如果将 $k>0$ 的 ϕ_k 看作是 "坐标", 则 ϕ_{-k} 正比于相应的动量 $\pi_k = \partial S/\partial\dot{\phi}_k$. 如此确定了 "坐标" 和 "动量" 之后, 就可以得到哈密顿量和对易关系 $[\phi_k, \pi_{k'}] = i\delta_{kk'}$, 从而完全定义量子系统. 如果引进 $\rho = \frac{1}{2\pi}\partial_x\phi$, 就得到由

$$[\rho_k, \rho_{k'}] = \frac{k\delta_{kk'}}{2\pi m}, \qquad H = 2\pi mv\sum_{k>0}\rho_k^\dagger\rho_k \tag{7.3.36}$$

描述的量子系统.

我们的理论通过规范固定条件引入边缘激发的速度 v, 注意在限制的规范变换之下, 不同 v 的规范固定条件 (7.3.32) 不能相互转换, 它们在物理上是不等价的. 这一点与我们假设 v 在规范固定条件中是物理量, 并且实际上决定着边缘激发的速度是吻合的.

只有当 $vm<0$ 时, 哈密顿量 (7.3.36) 才受到从下面的约束, 理论的一致性要求 v 和 m 具有相反的符号, 因此边缘激发的速度 (手征性) 由 Chern-Simons 项的系数符号决定.

因为矩阵 K 可以对角化, 上述结果可以很容易地推广到由 (7.2.18) 描述的类分 FQH 态, 所产生的有效边缘理论的形式是

$$S_{\text{edge}} = \frac{1}{4\pi}\int dt\ dx[K_{IJ}\partial_t\phi_I\partial_x\phi_J - V_{IJ}\partial_x\phi_I\partial_x\phi_J], \tag{7.3.37}$$

哈密顿量是

$$H_{\text{edge}} = \frac{1}{4\pi}\int dt\ dxV_{IJ}\partial_x\phi_I\partial_x\phi_J.$$

因此 V 必须是一个正定矩阵. 用这个结果可以证明, K 的正本征值对应于向左运动的分支, 负本征值对应于向右运动的分支.

$\nu = 2/5$ FQH 态的有效理论是 $K = \begin{pmatrix} 3 & 2 \\ 2 & 3 \end{pmatrix}$, 由于 K 有两个正本征值, $\nu = 2/5$ FQH 态的边缘激发就有两个向相同方向运动的分支. $\nu = 1 - \frac{1}{n}$ FQH 态用 $K = \begin{pmatrix} 1 & 0 \\ 0 & -n \end{pmatrix}$ 的有效理论描述. K 的两个本征值现在具有相反的符号, 因此边缘激发的两个分支向相反方向运动.

习题

7.3.7 证明量子化以后, 系统 (7.3.35) 由 (7.3.36) 描述.

7.3.6 带电激发和电子传播函数

要点:

- 多分量 FQH 边缘的电子/准粒子算符

前几节里, 我们研究了低能 FQH 液体边缘激发的动力学性质, 发现低能边缘激发可以由自由声子理论描述. 本节我们将集中关注电荷激发, 特别要计算最一般的 (阿贝尔)FQH 态的电子和准粒子的传播函数. 关键的一点仍然是用声子算符 ρ_I 写出电子或准粒子算符, 一旦完成了这一步, 传播函数就不难计算, 因为声子 (在低能长波长时) 是自由的.

我们知道对于 (7.2.18) 描述的 FQH 态, 边缘态由作用量 (7.3.37) 描述. 边缘激发的希尔伯特空间构成 K-M 代数表象.

$$
\begin{aligned}
[\rho_{Ik}, \rho_{Jk'}] =& (K^{-1})_{IJ}\frac{1}{2\pi}k\delta_{k+k'},\\
k, k' =& \text{整数} \times \frac{2\pi}{L},
\end{aligned}
\tag{7.3.38}
$$

其中 $\rho_I = \frac{1}{2\pi}\partial_x\phi_I$ 是在 FQH 态中第 I 个凝聚的边缘密度, $I, J = 1, \cdots, \kappa$, 且 κ 是 K 的阶数. 在边缘的电子密度是

$$
\rho_e = -eq_I\rho_I,
$$

边缘激发的动力学性质由哈密顿量描述:

$$
H = 2\pi\sum_{IJ} V_{IJ}\rho_{I,-k}\rho_{J,k}, \tag{7.3.39}
$$

其中 V_{IJ} 是正定矩阵.

我们首先试着写出在边缘的准粒子算符 $\Psi_{\boldsymbol{l}}$, 它会产生一个由 l_I 标记的准粒子. 我们知道在边缘插进一个准粒子将引起第 I 个凝聚边缘密度的改变 $\delta\rho_I$ [见 (7.2.22)]. $\delta\rho_I$ 满足

$$
\int dx\delta\rho_I = (\boldsymbol{l}^T K^{-1})_I.
$$

由于 $\Psi_{\boldsymbol{l}}$ 是局域算符, 只能引起密度的局域改变, 我们有

$$
[\rho_I(x), \Psi_{\boldsymbol{l}}(x')] = l_J(K^{-1})_{JI}\delta(x-x')\Psi_{\boldsymbol{l}}(x'), \tag{7.3.40}
$$

利用 Kac-Moody 代数 (7.3.38), 可以证明满足 (7.3.40) 的准粒子算符为

$$
\Psi_{\boldsymbol{l}} \propto e^{i\phi_I l_I}, \tag{7.3.41}
$$

准粒子 $\Psi_{\boldsymbol{l}}$ 的电荷由交换子 $[\rho_e, \Psi_{\boldsymbol{l}}]$ 决定, 为

$$Q_{\boldsymbol{l}} = -e\boldsymbol{q}^T K^{-1}\boldsymbol{l}. \tag{7.3.42}$$

从 (7.2.24) 和 (7.3.41), 我们看到电子算符可以写为

$$\Psi_{e,L} \propto e^{i\sum_I l_I\phi_I}, \qquad l_I = K_{IJ}L_J, \qquad q_I L_I = 1. \tag{7.3.43}$$

上述算符携带一个单位电荷, 如 (7.3.42) 所示. 可以得到 $\Psi_{e,L}$ 的对易关系为

$$\begin{aligned}&\Psi_{e,L}(x)\Psi_{e,L}(x') = (-)^\lambda \Psi_{e,L}(x')\Psi_{e,L}(x),\\&\lambda = l_I(K^{-1})_{IJ}l_J = L_I K_{IJ} L_J.\end{aligned} \tag{7.3.44}$$

在叠代的基下, $K_{II}|_{I=1} =$ 奇, $K_{II}|_{I>1} =$ 偶, $\boldsymbol{q}^T = (1, 0, \cdots, 0)$, 且 $L_1 = 1$. 利用这些条件可以证明 $(-)^\lambda = -1$. (7.3.43) 定义的电子算符确实是费米算符.

由于选择不同的 L_I 的所有算符 $\Psi_{e,L}$ 都携带一个单位电荷, 而且是费米性的, 所以每一个 $\Psi_{e,L}$ 都可能成为电子算符. 通常真正的电子算符是 $\Psi_{e,L}$ 的叠加

$$\Psi_e = \sum_L C_L \Psi_{e,L},$$

此处当我们说边缘上有许多不同的电子算符时, 实际上意味着真正物理的电子算符是这些算符的叠加.

利用 K-M 代数 (7.3.38) 和哈密顿量 (7.3.39), 可以计算类分准粒子算符的传播函数是

$$\Psi_{\boldsymbol{l}} \propto e^{il_I\phi_I}$$

(其中包括选择适当的 $\boldsymbol{l}$ 的电子算符). 首先我们注意到, 对 ρ_I 重新适当地定义后

$$\tilde{\rho}_I = U_{IJ}\rho_J,$$

K 和 V 可以同时对角化, 即 (7.3.38) 和 (7.3.39) 可以用 $\tilde{\rho}_I$ 表示为

$$\begin{aligned}[\tilde{\rho}_{Ik}, \tilde{\rho}_{Jk'}] =& \sigma_I\delta_{IJ}\frac{1}{2\pi}k\delta_{k+k'},\\H =& 2\pi\sum_{I,k>0}|v_I|\tilde{\rho}_{I,-k}\tilde{\rho}_{I,k},\end{aligned} \tag{7.3.45}$$

其中 $\sigma_I = \pm 1$ 是 K 的本征值的符号, 由 $\tilde{\rho}_I$ 产生的边缘激发的速度是 $v_I = \sigma_I|v_I|$.

为了证明以上结果, 我们首先重新定义 ρ_I, 使 V 变换为恒等矩阵: $V \to U_1VU_1^T = 1$, 因为 V 是一个正定对称矩阵, 这种变换是可能的. 现在 K 变为一个新的对称矩阵 $K_1 = U_1KU_1^T$, 其本征值与 K 的本征值有相同的符号 (尽管绝对值可能不同). 下面就可以做一个正交变换使 K_1

对角化: $(K_1)_{IJ} \to \sigma_I|v_I|\delta_{IJ}$. 对密度作一个平凡的重新标度后, 即可得到 (7.3.45). 算符 $\Psi_{\boldsymbol{l}}$ 用 $\tilde{\rho}_I$ 表示形式是

$$\Psi_{\boldsymbol{l}} \propto e^{i\sum_I \tilde{l}_I \tilde{\phi}_I}, \qquad \tilde{l}_J = l_I U_{IJ}^{-1}. \tag{7.3.46}$$

从 (7.3.45) 和 (7.3.46), 我们看到 $\Psi_{\boldsymbol{l}}$ 的传播函数具有下列一般形式

$$\langle \Psi_{\boldsymbol{l}}^\dagger(x,t)\,\Psi_{\boldsymbol{l}}(0)\rangle \propto e^{il_I k_I x}\prod_I (x - v_I t + i\sigma_I\delta)^{-\gamma_I}, \qquad \gamma_I = \tilde{l}_I^2, \tag{7.3.47}$$

其中 $v_I = \sigma_I|v_I|$ 是边缘激发的速度. (7.3.47) 中的 γ_I 满足求和定则[8]

$$\sum_I \sigma_I\gamma_I \equiv \lambda_{\boldsymbol{l}} = \boldsymbol{l}^T K^{-1}\boldsymbol{l}. \tag{7.3.48}$$

从 (7.3.44) 和 (7.3.48), 我们看到求和定则与 $\Psi_{\boldsymbol{l}}$ 的统计有直接的关系, 且 $\lambda_{\boldsymbol{l}}$ 是一个拓扑量子数. 如果 $\Psi_{\boldsymbol{l}}$ 代表电子算符, $\lambda_{\boldsymbol{l}}$ 将变为一个奇数. 从 (7.3.47) 我们还看到算符 $\Psi_{\boldsymbol{l}}$ 产生动量接近 $\sum_I l_I k_I$ 的激发.

习题

7.3.8 证明 (7.3.41) 中的 $\Psi_{\boldsymbol{l}}$ 满足 (7.3.40).

7.3.7 手征 Luttinger 液体的唯象结果

要点:

- 三种边缘态
- 长程相互作用和杂质散射的效应

前四节我们已经证明在 FQH 液体边缘的电子形成手征 Luttinger 液体, 手征 Luttinger 液体的特性之一, 是电子和准粒子传播函数具有反常指数:

$$\langle \Psi_e^\dagger(t,x=0)\,\Psi_e(0)\rangle \sim t^{-g_e}, \qquad \langle \Psi_q^\dagger(t,x=0)\,\Psi_q(0)\rangle \sim t^{-g_q},$$

这些反常指数可以通过 FQH 边缘之间的隧穿实验直接测量.

我们需要分别考虑两种情形: (a) FQH 液体的两个边缘被一块绝缘体分开; (b) 两个边缘被 FQH 液体分开. 在情形 (a), 只有电子可以在边缘之间隧穿 [见图 7.18(b)], 在情形 (b), 由两个边缘之间的 FQH 液体支持的准粒子可以隧穿 [见图 7.18(a)]. 对于第一种情形, 隧穿算符 A 是 $A \propto \Psi_{e1}\Psi_{e2}^\dagger$, 其中 Ψ_{e1} 和 Ψ_{e2} 是在两个边缘的电子算符. 对于第二种情形, 隧穿算符 A 的

[8]我们利用了

$$\lambda_{\boldsymbol{l}} = \sum_{I,J,M} l_M(U^{-1})_{MI}\sigma_I((U^T)^{-1})_{IJ}l_J, \qquad (UKU^T)_{IJ} = \sigma_I\delta_{IJ}.$$

形式是 $A \propto \Psi_{q1}\Psi_{q2}^{\dagger}$, 其中 Ψ_{q1} 和 Ψ_{q2} 是在两边缘上的准粒子算符. 隧穿的物理性质可以从隧穿算符的关联计算, 而隧穿算符的关联可以表示为在两个边缘上电子或准粒子传播函数的乘积.

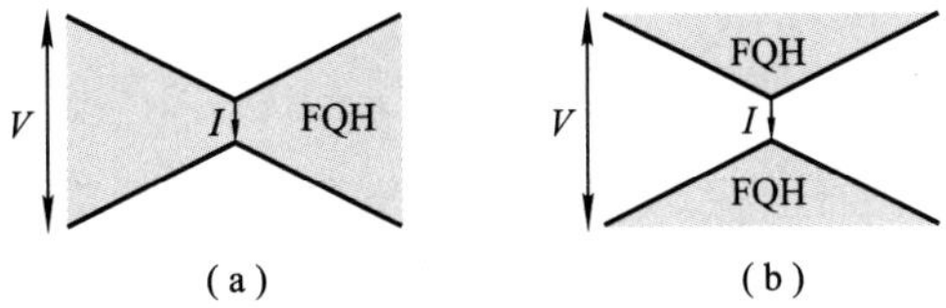

图 7.18 (a) 相同 FQH 态两个边缘之间的准粒子隧穿; (b) 不同 FQH 态两个边缘之间的电子隧穿.

对于情形 (a), 令 $g = g_e$, 对于情形 (b), 令 $g = g_q$, 则零温度时电子和准粒子算符的反常指数导出 $\langle A(t)A(0)\rangle \propto |t|^{-2g}$, 结果我们有非线性隧穿 I-V 曲线 (见 3.4.4 节)

$$I \propto V^{2g-1},$$

隧穿流的噪声谱也在频率 $f = QV/h$ 处含有一个奇点,

$$S(f) \sim |f - \frac{QV}{h}|^{2g-1}, \tag{7.3.49}$$

其中 V 是两个边缘之间的电压差, Q 是隧穿电子或隧穿准粒子的电荷. 在有限温度 T, 零偏压电导也有指数律的关系:

$$\sigma \propto T^{2g-2}.$$

我们有反常指数很容易由隧穿实验测量, 噪声谱还显示了隧穿粒子的电荷.

指数 g_e 和 g_q 的计算可见 7.3.6 节, 为了对结果简单地做一个总结, 将 FQH 边缘分为两种情形比较方便: A, 所有边缘激发向一个方向运动; B, 边缘激发向两个方向传播.

对于 A 类边缘, 指数 g_e 和 g_q 直接与电子和准粒子的统计有关, 这种情形下, g_e 和 g_q 是普适的, 与电子相互作用和边缘势的细节无关. 下表列出了一些支持 A 类边缘态的 FQH 态以及对应的指数 $g_{e,q}$ 的值和相关粒子的电荷 (注意只列出了 g_e 和 g_q 的最小值):

FQH 态	$\nu = 1/m$	$\nu = 2/5$	$\nu = \frac{p}{pq+1}$	$(331)_{\nu=1/2}$	$(332)_{\nu=2/5}$
g_e	m	3	$q+1$	3	3
g_q	$1/m$	2/5	$\frac{p}{pq+1}$	3/8	2/5
荷Q_q/e	$1/m$	2/5	$\frac{p}{pq+1}$	1/4	2/5

我们来讨论怎样得到填充分数为 $\nu = \frac{p}{pq+1}$ (q = 偶数) 的叠代态的上述结果, 这些态包含 $\nu = 2/5, 3/7, 2/9, \cdots$ 的 FQH 态. $\nu = \frac{p}{pq+1}$ 的叠代态用基矢的 $p \times p$ 矩阵 $K = 1 + qC$ 描述, 其中 $\boldsymbol{q}^T = (1, 1, \cdots, 1)$. 这里 C 是赝恒等矩阵: $C_{IJ} = 1$, $I, J = 1, \cdots, p$, $K^{-1} = 1 - \frac{q}{pq+1}C$. 因为所有边缘激发都向同一方向运动, 我们有

$$\langle \Psi_{\boldsymbol{l}}^{\dagger}(x=0,t)\,\Psi_{\boldsymbol{l}}(0)\rangle \propto t^{-\lambda_{\boldsymbol{l}}},$$

其中 $\lambda_{\boldsymbol{l}}$ 由 (7.3.48) 给出. 基本准粒子是 $\boldsymbol{l}^T = (1, 0, \cdots, 0)$, 携带的荷为 $\frac{1}{pq+1}$, 其传播函数的指数是 $\lambda_{\boldsymbol{l}} = 1 - \frac{q}{pq+1}$. 具有最小指数的准粒子是 $\boldsymbol{l}^T = (1, \cdots, 1)$, 携带的荷为 $\frac{p}{pq+1}$, 指数是 $\lambda_{\boldsymbol{l}} = \frac{p}{pq+1}$, 小于 $1 - \frac{q}{pq+1}$(注意 $q \geqslant 2$ 和 $p \geqslant 1$). 这样的准粒子 (荷为 $\frac{p}{pq+1}$) 主导了两个 相同 低能 FQH 液体边缘之间的隧穿. (见 7.3.7 节.)

电子算符由 $\Psi_{e,L} = \psi_{\boldsymbol{l}}$ 给出, 其中 $\boldsymbol{l}$ 满足 $\sum_I l_I = pq + 1$. 传播函数的指数是 $\lambda_{\boldsymbol{l}} = \sum l_I^2 - q(pq+1)$, 其中指数最小的电子算符是 $\boldsymbol{l}^T = (q, \cdots, q, q+1)$, 最小指数的值是 $\lambda_{\boldsymbol{l}} = q + 1$. 这样的电子算符主导了两个 不同 低能 FQH 液体边缘之间的隧穿.

对于 B 类边缘, g_e 和 g_q 不是普适的, 它们的值与电子相互作用和边缘势有关.

习题

7.3.9 利用在有限电压 V 下的隧穿算符关联 $\langle A(t)A(0)\rangle$ 证明 (7.3.49).

第八章　超越朗道理论的拓扑序和量子序

在第三章、第四章和第五章, 我们详细讨论了几种相互作用的玻色系统和费米系统, 用这些简单的模型讲解了朗道对称破缺理论和朗道费米液体理论. 这两种朗道理论可以解释许多凝聚态系统的行为, 形成了传统多体理论的基础. 这三章的讨论只涉及朗道理论及其广泛应用的一些皮毛, 希望更深入了解朗道理论的读者可以阅读 Chaikin 与 Lubensky (2000)、Negele 与 Orland (1998) 和 Anderson (1997) 等所著的有关书籍.

朗道理论非常成功, 很长一段时间内人们所遇到的任何凝聚态系统都可以用朗道理论所描述. 这一理论统治多体物理领域长达 50 年之久, 实质上已经成为研究多体物理的模式. 多年来人们形成共识: 我们已经掌握了所有重要概念, 了解了各种物质形式的主要性质; 多体理论达到了它的顶峰, 或多或少已经形成一套完整理论, 余下的工作仅仅就是将朗道理论 (以及重正化群的图像) 应用到所有不同的系统.

从这个角度看, 我们就不难理解 Tsui、Stormer 和 Gossard 发现分数量子霍尔 (简称 FQH) 效应 [Tsui *et al.* (1982)] 的重要性, FQH 效应揭开了凝聚态物理新的篇章. 正如我们在上一章所见, 费米液体理论不能描述 FQH 液体, 不同的 FQH 态具有相同的对称性, 不能用朗道对称破缺理论所描述, 因此 FQH 态完全置身于两个朗道理论的范围之外. FQH 液体的存在表示在朗道理论的世界之外还有一个新的世界, 近来的研究显示, 这个新的世界要远比朗道理论的世界丰富得多, 本书的第七章至第十章将专门讨论这些朗道理论不能涵盖的新世界.

为了对凝聚态物理的新世界有一个大致的概念, 除了 FQH 态以外我们还要研究的系统: 量子转子系统、硬核玻色系统和量子自旋系统. 这些系统都是强关联的多体系统, 通常这些系统的强关联将带来长程序和对称破缺, 但是我们已经以玻色超流体和费米 SDW 态为例讨论过长程序和对称破缺, 因此为了研究朗道理论之外的世界, 我们将精力集中于不能用长程序和对称破缺描述的量子液体态 (诸如 FQH 态).

这些量子液体态代表了物质的新的状态. 它们含有一种全新序 —— 拓扑/量子序. 我们将说明, 这种新序会对我们了解量子相和量子相变以及量子相中的无能隙激发产生深刻的影响, 尤其是它可能为自然界中的光和电子 (以及其他规范玻色子和费米子) 提供一种起源.

本章我们将对拓扑/量子序作一般性讨论, 勾勒出一幅宏观的图像. 我们以 FQH 态和费米液体态为例, 讨论拓扑序和量子序中的基本问题和概念. 这些问题和概念与传统多体物理中的问题和概念差别悬殊, 在进行详细计算之前把这些问题的含义搞清楚非常重要.

8.1 物质的态和序的概念

要点:

- *物质可以有许多不同的态 (或不同的相), 引进序的概念是为了刻画物质不同态的不同内部结构*
- *我们曾经相信不同的序由其不同的对称性刻画*

温度足够高时, 所有物质都呈气体的形式, 气体是最简单的态之一. 气体中一个原子的运动基本上与其他原子的位置和速度无关, 因此气体是弱关联系统, 不含内部结构. 然而随着温度的降低, 原子运动变得越来越有关联, 最后原子组成一种非常有规律的结构, 产生晶体序. 晶体中的每一个原子都很难独立运动, 晶体中的激发总是对应于多原子的集体运动 (称为声子). 晶体就是强关联态的一个例子.

随着 20 世纪 90 年代前后低温技术的发展, 物理工作者发现了不少新的物质态 (诸如超导体和超流体), 这些不同的态具有称为不同序的不同内部结构. 序的精确定义涉及到相变. 如果通过平滑地改变哈密顿量, 多体系统的一个态可以不经过相变 (即自由能不经过奇点) 平滑地变为另一个态, 这两个态就具有相同的序. 如果从一个态变到另一个态必须经过相变, 则这两个态就有不同的序. 注意我们对序的定义定义了一个等价类, 两个不经相变而相连的态定义为是等价的, 用这种方法定义的等价类称为普适类, 两个不同序的态也可以说是属于不同普适类的两个态. 根据这个定义, 水和冰具有不同的序, 而水和蒸汽具有相同的序 (见图 8.1).

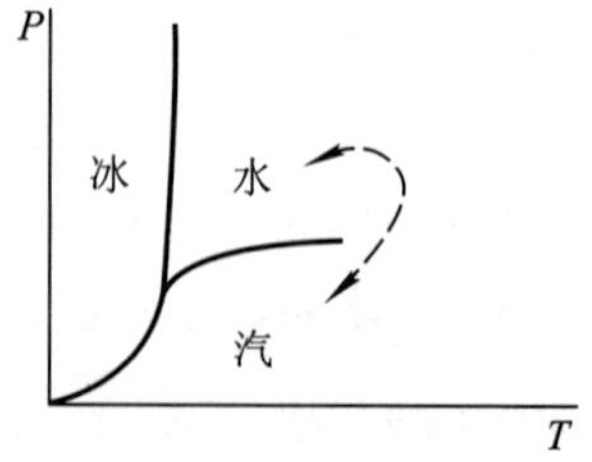

图 8.1 水的相图.

我们发现了这么多不同的序以后, 就需要有一种综合的理论, 以对物质的态取得更深的了解. 尤其是我们想知道, 什么使两种序如此不同, 不经过相变就不能从一种序变到另一种序. 发展关于序以及有关相和相变的综合理论的关键步骤是认识到序与对称性有关 (或者更严格地说与对称破缺有关). 我们发现当两个态有不同的对称性时, 就不能不经过自由能的奇点 (即不经过相变) 从一种态变为另一种态. 根据序和对称性之间关系, 朗道发展了序和序之间转变的综合理论 [Landau and Lifschitz (1958); Ginzburg and Landau (1950)]. 朗道理论是极为成功的理论. 使用朗道理论和与对称性有关的群论, 可以对三维空间中存在的所有不同的晶体分类. 通过了解对称性在连续相变下怎样改变, 就可以得到相变处的临界性质. 对称破缺也是许多无能隙激发的起因, 诸如决定许多系统低能性质的声子、自旋波等等 [Nambu (1960); Goldstone (1961)]. 这些激发的不少特性, 包括无能隙, 都由对称性直接决定. 金兹堡和朗道引进与对称性相关的序参量, 发展了金兹堡 – 朗道理论, 这个理论已经成为相和相变的标准理论. 由于朗道对称破缺理论对于我们了解物质有如此深远的影响, 已成为凝聚态理论的基石. 朗道理论绘制的图像令人如此满意, 使人们不禁相信至少我们已经从原理上了解了物质所能够具有的全部序.

8.2 FQH 态中的拓扑序

要点:

- 分数量子霍尔态 (简称 FQH) 为凝聚态物理开辟了新的篇章, 它是实验所发现的第二个不能由对称破缺和 (局域) 序参量刻画的态
- 分数量子霍尔态含有一种新序 —— 拓扑序

然而, 自然界从来没有停止给我们惊奇, 随着半导体技术的进步, 物理工作者知道了怎样把电子约束在两种不同半导体的界面上, 并因此产生二维电子气 (简称 2DEG). 1982 年, Tsui、Stormer 和 Gossard (1982) 将 2DEG 置于强磁场中, 而发现了一种新的物质态 —— FQH 液体 [Laughlin (1983)]. 因为温度低和电子之间强相互作用, FQH 态是一种强关联态. 但是这种强关联态不是人们原来所期望的晶体, 电子由于质量很小量子涨落很强而不能形成晶体, 只能形成一种量子液体. (晶体有两种熔化方式: (a) 升高温度后通过热涨落变为普通的液体; (b) 减小粒子质量后通过量子涨落变为量子液体.)

我们在上一章中已经看到, 量子霍尔液体具有许多奇特的性质. 在不能压缩的意义上, 可以说量子霍尔液体比固体 (晶体) 更有 “刚性”, 因此量子霍尔液体具有固定而且明确的密度. 如果我们用如下定义的填充分数表示测到的电子密度

$$\nu = \frac{\text{电子密度}}{\text{磁通量子密度}}.$$

会发现所有已发现的量子霍尔态的密度都使得填充分数为有理数, 诸如 $\nu = 1, 1/3, 2/3, 2/5, \cdots$. 知道了 FQH 液体仅存在于某些神秘的填充分数上, 人们不禁要猜测 FQH 液体应该具有一些内部的序或 “样式”, 不同的神秘填充分数应该来自于这些不同的内部 “样式”. 但是, 内部 “样式” 的假设似乎有一个困难 —— FQH 态是一种液体, 液体怎么能有内部 “样式”?

为了获得一些 FQH 态中内部序的感性知识, 我们尝试想象一下电子在 FQH 态中的量子运动. 我们知道量子物理学认为粒子的行为与波相像, 因此首先考虑一个圆上动量为 p 的运动的粒子, 这样的粒子与波长为 $\lambda = h/p$ 的波对应, 其中 h 是普朗克常量. 根据量子物理学, 只有与周长相配的波才能被允许存在 (即圆周必须含有整数个波长)(见图 8.2), 圆上粒子的运动受到极大限制 (或被量子化), 只能允许某些分立的动量值. 我们还可以更加图像化地表述这样的量子化条件: 粒子绕圆一步步跳舞, 每一步就是一个波长. 量子化条件要求粒子绕圆一周的舞步数总为整数.

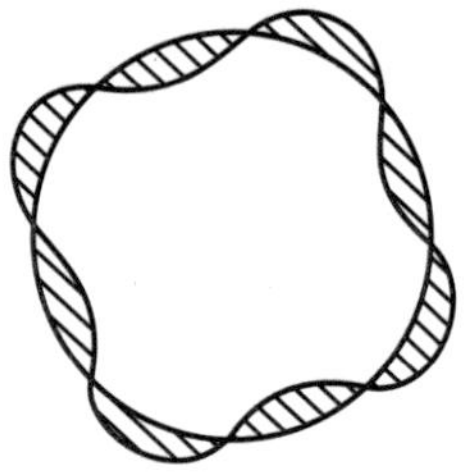

图 8.2 圆上的粒子波具有量子化的波长.

现在我们考虑磁场中的一个单一粒子, 在磁场的影响下, 电子总是沿圆周运动 (称为回旋运动). 在量子物理学中, 由于粒子的波动性, 只能允许某些分立的回旋运动存在. 量子化条件允许的回旋运动的圆周轨道含有整数个波长, 也可以表述为电子绕圆周一圈总跳整数步, 如果电子绕圆周跳 n 步, 我们就说电子是在第 n 条朗道能级上. 第一朗道能级上的电子能量最低, 低温时电子就会停留在第一朗道能级上.

当许多电子组成 2DEG 时, 电子不仅在第一朗道能级做自己的回旋运动, 还会互相围绕并交换位置, 这种运动也受到量子化条件的约束. 例如, 一个电子绕另一个电子也要跳整数步, 由于电子是费米子, 两个电子交换会使波函数出现一个符号, 同时交换两个电子相当于使一个电子绕另一个电子半圈, 因此一个电子绕另一个电子半圈必须跳半整数步 (半整数步会使电子波函数产生一个负号), 换句话说, 一个电子围绕另一个电子只能跳奇数步. FQH 态中的电子不仅要按照量子化条件运动, 还因为强库仑排斥和电子之间的费米统计的作用要尽可能地远离其他电子, 这意味着如果可能的话, 电子会在围绕另一个电子时争取多跳几步.

现在我们看到, 尽管没有晶体序, 电子在 FQH 态中的量子运动却有高度的规范性, FQH 态中的所有电子均严格地遵循以下的舞蹈规则跳集体舞:

1. 所有电子均在第一朗道能级进行自己的回旋运动, 即一步一圈地做圆周运动.
2. 一个电子围绕另一个电子时总跳奇数步.
3. 电子试图远离另一个电子, 即围绕另一个电子时尽可能多跳几步.

如果每一个电子都严格遵循这些舞蹈规则, 就只允许出现一种集体舞蹈形式, 这个舞蹈形式描述了 FQH 态中的内部量子运动, 正是这种集体舞蹈形式对应了 FQH 态中的内部序. 不同的 FQH 态由不同的舞蹈形式加以区别.

上面所概括的电子量子运动更加精确的数学描述由著名的 Laughlin 波函数给出 [Laughlin (1983)]

$$\Psi_m = \left[\prod(z_i - z_j)^m\right] e^{-\frac{1}{4}\sum|z_i|^2},$$

其中 $m=$ 奇数, $z_j = x_j + iy_j$ 是第 j 个电子的坐标, 这个波函数描述了一个填充分数为 $\nu = 1/m$ 的 FQH 态. 我们看到随着 $z_i \to z_j$, 波函数消失, 因此电子不会互相靠拢在一起. 同时一个电子围绕另一个电子运动时, 波函数相位改变 $2\pi m$, 因此在 Laughlin 态中电子围绕另一个电子总跳 m 步.

这里要强调, FQH 液体的内部序 (即舞蹈形式) 与诸如晶体、超流体等其他相关系统的内部序大不相同. 后面这些系统的内部序可以用与破缺对称性相关的序参量描述, 也就是有序的态可以用金兹堡 - 朗道有效理论描述. FQH 液体中的内部序是一种新序, 不能用与破缺对称性相关的长程序来描述[1]. 1989 年, 人们引进了 "拓扑序" 来描述 FQH 液体中的这种新序 [Wen (1990, 1995)] .

我们要指出, 拓扑序是所有有限能隙的态在零温度下的普遍性质. 非平凡的拓扑序不仅出现在 FQH 液体中, 也出现在零温度下的自旋液体中. 实际上, 拓扑序的概念首先在研究手征自旋液体 Kalmeyer and Laughlin (1987); Wen *et al.* (1989); Khveshchenko and Wiegmann (1989) 时引进 Wen (1990), 除了手征自旋液体, 非平凡的拓扑序还在任意子超流体 Fetter *et al.* (1989); Chen *et al.* (1989); Wen and Zee (1991) 和自旋系统的短程 RVB 态 Kivelson *et al.* (1987);Rokhsar and Kivelson (1988); Read and Chakraborty (1989); Read and Sachdev (1991); Wen (1991a)中发现, FQH 液体甚至不是第一个实验中观察到的具有非平凡拓扑序的态, 1911 年发现的超导态 Onnes (1911); Bardeen *et al.* (1957)早就夺得了这项桂冠. 与一般的观点不同, 具有动态电磁相互作用的超导态不能用破缺的对称性标识, 它既不长程有序也没有局域序参量. 超导态含有非平凡拓扑序, 与超流态有着本质的不同 Coleman and Weinberg (1973); Halperin *et al.* (1974); Fradkin and Shenker (1979) .

将 FQH 液体与晶体做比较是富有启发性的. FQH 液体与晶体都包含丰富的内部样式 (或内部序), 在这个意义上可以说二者相似, 主要区别是晶体的样式静态与原子的位置有关, 而 FQH 液体的样式是动态与电子相互围绕的 "跳舞" 方式有关. 但是, 对于晶体序的很多相同的问题应该并且也可以向拓扑序提出来, 我们知道晶体序可以用对称性刻画并分类, 因此第一个重要问题是拓扑序怎样刻画并分类? 我们还知道晶体序可以用 X 射线散射测量, 第二个重要问题就是怎样在实验中测量拓扑序?

下面我们将更加详细地讨论 FQH 中的拓扑序, 其实 FQH 态是相当典型的拓扑有序态, 很多其他的拓扑有序态都与 FQH 态有很多相似的性质.

[1] 尽管 1987 年人们就提出, Laughlin 态的内部结果可以用 "非对角的长程序" 标识 Girvin and MacDonald (1987), 这个本身具有长程序的算符却不是局域算符. Laughlin 态不存在任何局域算符的长程序, 也没有对称破缺.

8.2.1 拓扑序的特性描述

要点:

- 物理中的所有新概念都必须根据可以在实验中测量的量引进 (或定义), 定义一个物理量或概念的办法是设计一个实验
- 拓扑序的概念 (部分地) 由在任何微扰下都稳定的基态简并来定义

前面通过基态波函数引进了拓扑序 (舞蹈形式) 的概念, 这样做并不完全正确, 因为基态波函数不是普适的. 为了建立拓扑序这样的新概念, 我们需要找到拓扑序的物理描述或量度, 换句话说, 需要找到足以抵抗任何微扰, 但是对于不同类的 FQH 液体又能取不同值的普适量子数, 这种量子数的存在才意味着拓扑序的存在.

证明 FQH 液体中存在着拓扑序的一个方法是研究它们 (在热力学极限下) 的基态简并. FQH 液体具有非常特殊的性质, 它们的基态简并与空间的拓扑有关 [Haldane (1983); Haldane and Rezayi (1985)]. 例如, $\nu=\frac{1}{q}$ Laughlin 态在亏格为 g 的黎曼面上有 q^g 个简并基态 [Wen and Niu (1990)], 但 FQH 液体中的基态简并性 不 是哈密顿量对称性的结果, 基态简并能稳定地抵抗任何微扰 (甚至是破坏所有哈密顿量对称性的杂质微扰)[Wen and Niu (1990)], 基态简并的稳定表示产生基态简并的内部结构是普适并且稳定的, 这表明了普适的内部结构 —— 拓扑序的存在.

为了了解 FQH 基态的拓扑简并, 考虑环面上一个 $\nu=1/m$ 的 Laughlin 态, 我们将使用两种方法计算其基态简并. 在第一种方法中, 我们考虑下面的隧穿过程, 首先生成一对准粒子 — 空穴, 然后令准粒子绕环面一圈, 最后湮没准粒子 — 空穴对, 回到基态. 这个隧穿过程产生一个基态变换到基态的算符, 如果准粒子在 x 方向围绕环面, 这个算符记为 U_x; 如果在 y 方向围绕环面, 则记为 U_y[见图 8.3(a), (b)]. 这样在 $x, y, -x$ 和 $-y$ 四个方向上的隧穿产生 $U_y^{-1}U_x^{-1}U_yU_x$ [见图 8.3(c)], 我们注意到这四条隧穿路径可以变形为两个连接回路 [见图 8.3(d)], 这两个连接回路对应于一个准粒子绕另一个准粒子运动, 对应的相位是 $e^{2i\theta}$, 其中 θ 是准粒子的统计角. 对于 $1/m$ Laughlin 态, $\theta=\pi/m$, 因此就有

$$U_y^{-1}U_x^{-1}U_yU_x=e^{i2\pi/m}.$$

由于 $U_{x,y}$ 在基态中作用, 基态构成上述代数的表示, 这个代数只有一个 m 维不可约表示, 因此 $1/m$ Laughlin 态有 $m\times$ 整数个简并的基态. 用这个办法我们看到了准粒子统计和基态简并性之间的直接联系.

计算基态简并的第二个方法是使用有效理论 (7.2.11), 简并的基态由下面的集体涨落产生

$$a_i(t,x,y)=\theta_i(t)/L, \quad i=x,y, \tag{8.2.1}$$

其中 L 是环面在 x 和 y 方向的尺度, 所有其他涨落产生非零 “磁” 场 $b=f_{xy}$, 并具有有限能隙, 正如从经典运动方程中所见到的一样. 将 (8.2.1) 代入到 (7.2.11) 中, 就可以得到描述 (8.2.1)

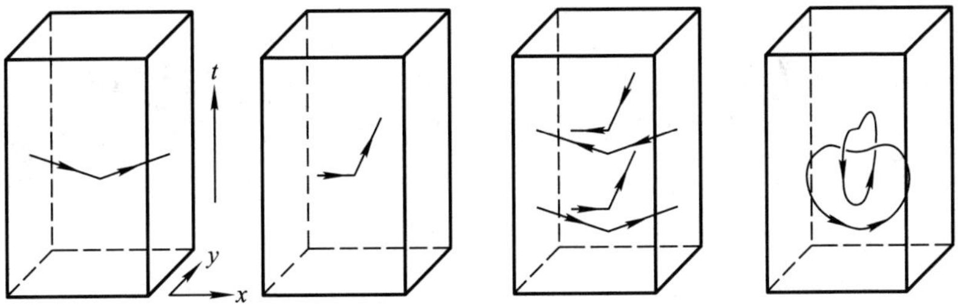

(a) (b) (c) (d)

图 8.3 (a) 在 x 方向隧穿产生 U_x; (b) 在 y 方向隧穿产生 U_y; (c) 在 $x, y, -x$ 和 $-y$ 方向的四种隧穿产生 $U_y^{-1}U_x^{-1}U_yU_x$; (d) 以上的四种隧穿可以变形为两条相连的回路.

中集体激发动力学性质的拉格朗日量

$$L = -\frac{m}{4\pi}(\dot{\theta}_x\theta_y - \dot{\theta}_y\theta_x) + \frac{1}{2g_1}\dot{\theta}_i^2. \tag{8.2.2}$$

因为 a_μ 场的荷量子化为整数, 作用在准粒子场 $\psi_q \to U\psi_q$ 的规范变换 $U(x,y)$ 必须是环面上的周期函数, 因此规范变换必须具有 $U(x,y) = e^{2\pi i(\frac{nx}{L}+\frac{my}{L})}$ 的形式, 其中 n, m 是整数. 因为 ψ_q 的 a_μ 荷是 1, 这样的规范变换使规范场从 a_i 变为 $a_i' = a_i - iU^{-1}\partial_i U$:

$$(a_x', a_y') = (a_x + \frac{2\pi n}{L}, a_y + \frac{2\pi m}{L}). \tag{8.2.3}$$

(8.2.3) 表示 (θ_x, θ_y) 和 $(\theta_x + 2\pi n, \theta_y + 2\pi m)$ 规范等价, 应该将它们看作同一构形. 规范不等价构形由环面 $0 < \theta_i < 2\pi$ 上的一个点给出, 结果是拉格朗日量 (8.2.2) 描述了带有单位荷的粒子在参量为 (θ_x, θ_y) 的环面上的运动.

(8.2.2) 的第一项表示环面上有一个均匀 "磁" 场 $B = m/2\pi$, 穿过环面的总通量等于 $2\pi \times m$. (8.2.2) 的哈密顿量是

$$H = \frac{g_1}{2}\left[-(\partial_{\theta_x} - iA_{\theta_x})^2 - (\partial_{\theta_y} - iA_{\theta_y})^2\right]. \tag{8.2.4}$$

(8.2.4) 的能量本征态构成朗道能级, 朗道能级之间的能隙是 g_1 的量级, 与系统的大小无关. 在第一朗道能级中态的数目等于穿过环面的通量量子数, 本例中这个量子数是 m, 因此 $1/m$ Laughlin 态的基态简并度是 m.

为了了解基态简并的稳定, 我们在电子哈密顿量上加一个任意的微扰, 这个微扰引起有效拉格朗日量的变化为 $\delta\mathcal{L}(a_\mu)$. 这里的关键是 $\delta\mathcal{L}(a_\mu)$ 只通过场强与 a_μ 有关, 换句话说, $\delta\mathcal{L}$ 是 $\boldsymbol{e}$ 和 b 的函数. 由于 (8.2.1) 中的集体涨落在局域上是纯规范的, 所以 $\boldsymbol{e}$、b 以及 $\delta\mathcal{L}$ 都与 θ_i 无关. $\delta\mathcal{L}(a_\mu)$ 在 θ_i 的有效理论中不能产生任何势能项 $V(\theta_i)$, 只能产生只与 $\dot{\theta}_i$ 有关的项, 这只能修正 g_1 的数值, 但不能解除简并.

更加一般的 FQH 态由 (7.2.18) 描述, 当 K 是对角矩阵时, 上述结果表示基态简并是 $\mathrm{Det}(K)$, 其实对于一般的 K, 基态简并也等于 $\mathrm{Det}(K)$. 在亏格为 g 的黎曼面上, 基态简并变为 $[\mathrm{Det}(K)]^g$.

我们看到在紧致空间中, FQH 液体的低能物理性质非常独特, 低能激发 (即简并基态) 的个数是有限的, 但低能动力学性质是非平凡的, 因为基态简并性与空间拓扑有关. 这种只与空间拓扑有关的特殊低能动力学性质由所谓的拓扑场论描述, 拓扑场论在高能物理领域有比较集中的研究 [Witten (1989); Fröhlich and King (1989); Elitzur *et al.* (1989)]. 拓扑理论是 FQH 液体的有效理论, 就像金兹堡 – 朗道理论之于超流体 (或者其他对称破缺相).

基态简并性与空间拓扑的关系表明, 尽管对于所有局域物理算符都没有长程关联, FQH 液体中却存在着某种长程序 (上面谈到的集体舞蹈形式). 在某种意义上, 我们可以说 FQH 液体含有隐含的长程序.

8.2.2 拓扑序的分类

要点:

- 了解拓扑序背后的数学框架是很重要的, 就像了解群论 —— 对称破缺序背后的数学框架一样重要
- 了解了数学框架, 我们就能对所有可能的拓扑序进行分类

怎样标记和对 FQH 液体中丰富的拓扑序进行分类是一个长期悬而未决的问题. 我们可以对所有晶体序分类, 因为我们知道晶体序由对称群所描述, 但是我们对于 FQH 液体中的拓扑序知之甚少, 对拓扑序背后的数学结构也不清楚.

即便如此, 我们已经找到对于一类 FQH 液体 —— 阿贝尔 FQH 液体简单而统一的处理方法 [Blok and Wen (1990a,b); Read (1990); Fröhlich and Kerler (1991); Fröhlich and Studer (1993)]. Laughlin 态代表了最简单的阿贝尔 FQH 态, 它只含有一个分量的不可压缩流体. 填充分数为 $\nu = 2/5, 3/7, \cdots$ 的更加普遍的阿贝尔 FQH 态含有数个分量的不可压缩流体, 具有更加复杂的拓扑序. 在阿贝尔 FQH 态中的拓扑序 (或舞蹈形式) 也可以用舞步描述, 舞蹈形式可以用整数对称矩阵 K 和一个整数荷矢量 $\boldsymbol{q}$ 标识, $\boldsymbol{q}$ 的分量 q_i 是不可压缩液体第 i 个分量中粒子携带的荷 (以 e 为单位), K 的元素 K_{ij} 是在第 i 个分量中的粒子围绕在第 j 个分量中的粒子所跳的舞步数, 在 FQH 态的 $(K, \boldsymbol{q})$ 描述中, $\nu = 1/m$ Laughlin 态用 $K = m$ 和 $\boldsymbol{q} = 1$ 描述, 而 $\nu = 2/5$ 阿贝尔态用 $K = \begin{pmatrix} 3 & 2 \\ 2 & 3 \end{pmatrix}$ 和 $\boldsymbol{q} = \begin{pmatrix} 1 \\ 1 \end{pmatrix}$ 描述.

所有与拓扑序有关的物理性质都可以由 K 和 $\boldsymbol{q}$ 决定. 例如填充分数就是 $\nu = \boldsymbol{q}^T K^{-1} \boldsymbol{q}$, 而在亏格为 g 的黎曼面上基态简并度是 $\mathrm{Det}(K)^g$, 所有这类 FQH 液体中的准粒子激发均具有阿贝尔统计, 由此得名阿贝尔 FQH 液体.

上述对于 FQH 液体的分类是不完整的, 不是所有的 FQH 态都由 K 矩阵描述. 1991 年, 人们又提出了一类新的 FQH 态 —— 非阿贝尔 FQH 态 [Moore and Read (1991); Wen (1991b)], 一个非阿贝尔 FQH 态含有非阿贝尔统计的准粒子, 我们观察到的填充分数为 5/2 的 FQH 态 [Willett *et al.* (1987)] 很可能就是这样的一个态 [Haldane and Rezayi (1988b,a); Greiter *et al.* (1991); Read and Green (2000)].

很多研究 [Moore and Read (1991); Blok and Wen (1992); Iso *et al.* (1992); Cappelli *et al.* (1993); Wen *et al.* (1994)] 揭示了 FQH 态中的拓扑序和共形场论之间的联系，但是，我们仍然远不能对非阿贝尔态中的所有可能的拓扑序进行完整的分类.

8.2.3 边缘激发 —— 测量拓扑序的一个实际方法

要点:

- 边缘激发对于 FQH 态的作用与 X 射线对于晶体的作用类似，我们可以使用边缘激发实验地探测 FQH 态中的拓扑序，换句话说，与基态简并度比较，边缘激发给出了拓扑序更加完整的定义

基态的拓扑简并度只给出拓扑序的部分描述，有时不同的拓扑序导致相同的基态简并度，这里的问题是我们对拓扑序有没有更加完整的刻画或测量？得知拓扑序不能用局域序参量和局域算符的长程关联标识以后，似乎很难找到任何刻画拓扑序的方法. 出人意料的是，FQH 态中的体拓扑序可以用边缘激发标识或测量 [Wen (1992)]，1D 边缘态中存有 2D 拓扑序信息. 这种现象与以后在超弦理论和量子引力中发现的全纯原则有某些相似性 [Hooft (1993); Susskind (1995)].

FQH 液体是一种不可压缩液体，其所有体激发都有有限能隙，但是，有限尺度的 FQH 液体总包含一维无能隙边缘激发，这是 FQH 流体的另一个独有的性质. 边缘激发的结构极为丰富，反映了丰富的体拓扑序. 不同的体拓扑序产生了边缘激发的不同结构，因此通过研究边缘激发结构就可以研究和测量体拓扑序.

1982 年，Halperin 首先研究了整数量子霍尔 (简称 IQH) 液体的边缘激发 [Halperin (1982)]，他发现边缘激发可以由 1D 费米液体描述. 1989 年，人们开始了解 FQH 液体的边缘激发，发现由于存在非平凡的体拓扑序，在 (阿贝尔)FQH 液体边缘的电子组成了一种新的相关态 —— 手征 Luttinger 液体 [Wen (1992)]. 手征 Luttinger 液体中的电子传播函数显现了一个反常指数：$\langle c^\dagger(t,x)c(0)\rangle \propto (x-vt)^{-g}$，$g\neq 1$. (对于费米液体 $g=1$.) 很多情况下，指数 g 是一个拓扑量子数，与边缘的细节性质无关. 因此，g 是一个可以用来标识 FQH 液体中拓扑序的新的量子数. 许多实验小组已经利用温度与两个边缘之间隧穿电导的关系成功地测量了这个指数 g [Milliken *et al.* (1995); Chang *et al.* (1996)]，该关系被预测为 $\sigma \propto T^{2g-2}$[Wen (1992)]. 这个实验显示存在着新的手征 Luttinger 液体，也为实验研究 FQH 液体丰富的内部与边缘结构开辟了道路.

非阿贝尔 FQH 液体的边缘态形成更加奇异的 1D 相关系统，有的甚至还未命名. 人们发现这些边缘态与 1+1 维的共形场论有非常密切的关系 [Wen *et al.* (1994)].

我们知道晶体序可以在实验中用 X 射线散射测量，下面我们想提出，FQH 液体中的拓扑序 (在原则上) 也可以用边缘输运实验中的噪声谱测量. 我们首先考虑一个穿过杂质的 1D 晶体 [见图 8.4(a)]，因为晶体序的原因，如果每一个单位晶胞只有一个带电粒子，加在杂质上的电压在频率 $f=I/e$ 会有一条窄带噪音，更严格地说，噪声谱有一个奇异性：$S(f)\sim A\delta(f-\frac{I}{e})$. 如果每一个单位晶胞含有两个带电粒子 [见图 8.4(b)]，就会在 $f=I/2e$ 产生另外一条窄带噪音：

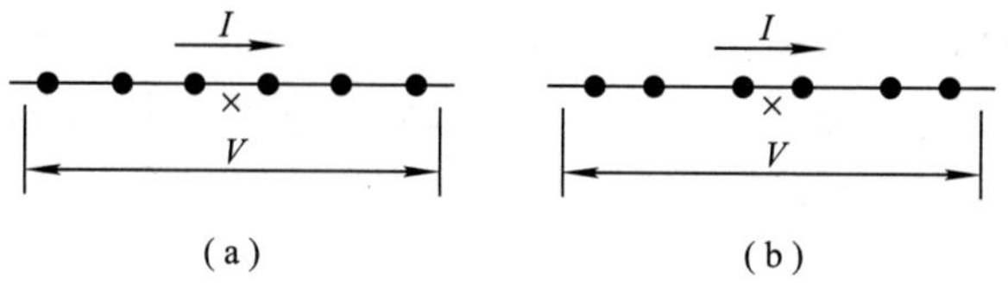

图 8.4　穿过杂质的 1D 晶体会在电压降落上产生窄带噪音.

$S(f) \sim B\delta(f-\frac{I}{2e})+A\delta(f-\frac{I}{e})$. 从这个例子我们看到, 从噪声谱可以测量一维中的晶体序. 类似的实验也可以用来测量 FQH 液体中的拓扑序, 我们考虑一个带有狭窄颈缩的 FQH 样品 (见图 8.5), 由于两个边缘之间的准粒子隧穿, 颈缩处会发生背散射, 背散射又使跨颈缩的电压上产生噪音, 弱背散射极限下, 噪声谱会在特定频率有奇点, 由此可以测量 FQH 液体中的拓扑序 [2]. 更加准确地说, 噪声谱中奇异性的形式是 (见 (7.3.49))

$$S(f) \sim \sum_a C_a |f-f_a|^{\gamma_a}. \tag{8.2.5}$$

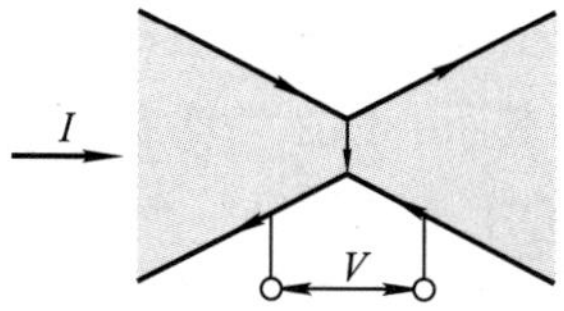

图 8.5　穿过颈缩的 FQH 流体会因为准粒子的背散射产生窄带噪声.

奇点的频率和指数 (f_a,γ_a) 由拓扑序决定, 对于由矩阵 K 和荷矢量 $\boldsymbol{q}$ 标识的阿贝尔态, (f_a,γ_a) 允许的取值为

$$f_a=\frac{I}{e\nu}\boldsymbol{q}^T K^{-1}\boldsymbol{l}, \qquad \gamma_a = 2\boldsymbol{l}^T K^{-1}\boldsymbol{l}-1, \tag{8.2.6}$$

其中 $\boldsymbol{l}^T=(l_1,l_2,\cdots)$ 是任意一个整数矢量, $\nu=\boldsymbol{q}^T K^{-1}\boldsymbol{q}$ 是填充分数. 噪声谱中的奇点由准粒子在两边缘之间隧穿引起, 奇点的频率 f_a 由隧穿准粒子的电荷 Q_q 决定: $f_a=\frac{I}{e}\frac{Q_q}{e\nu}$, 指数 γ_a 由隧穿准粒子的统计 θ_q 决定: $\gamma=2\frac{|\theta_q|}{\pi}-1$, 因此用噪声谱可以测量准粒子可能的电荷和统计, 它反过来又可以决定 FQH 态中的拓扑序.

8.3　量子序

要点:

- 量子态通常含有一种新的序 —— 量子序, 量子序不能由破缺的对称性和相关的序参量完全描述

[2]我们这里的讨论只适用于边缘激发只向一个方向传播的 FQH 态, 对阿贝尔态而言也就是要求 K 的所有本征值都有相同的符号.

- 量子序描述了在多体基态中量子纠缠的形式
- 量子序的涨落可以产生无能隙的规范玻色子和无能隙的费米子, 量子序保护这些激发无能隙的性质, 就像对称性保护对称破缺态的无能隙 Nambu-Goldstone 玻色子一样
- 拓扑序是一种特殊的量子序, 其中所有激发都有有限能隙

根据定义, 拓扑序只描述有能隙的量子态的内部序. 在此, 我们提出一个大胆的信念. 我们假设能隙并不重要, 无能隙的量子态也可以含有不能用对称性和长程关联描述的序, 根据这个信念, 我们要引进两个概念:

(A)“非对称破缺序”: 描述了朗道的对称破缺理论所不能描述即不能用破缺的对称性和局域序参量标识的序.

(B)“量子序”: 量子基态中的非对称破缺序.

如果读者相信这一点, 那需要做的事情就只是: (a) 证明量子序确实存在, (b) 找到标识量子序的数学描述 (或符号). 我们将在 8.3.2 节和第十章证明量子序确实存在, 因为量子序不能用破缺的对称性和序参量标识, 需要发展新的理论描述量子序, 目前我们还没有能够描述所有可能的量子序的完整理论, 但是在第九章, 我们会设法找到一种可以描述一大类量子序的数学结构 —— 投影对称群 (简称 PSG).

也许有人要问为什么要引进量子序这个新概念? 它的用途是什么? 要回答这些问题, 我们先要问我们为什么需要对称破缺的概念? 对称破缺的描述是否有用? 对称破缺有用是因为:
(a) 它带来了晶体序的分类 (诸如 3 维中 230 种不同的晶体), (b) 无需知道系统细节, 它就能决定低能激发的结构 (诸如固体中对应于三种被破缺的平移对称性的三个声子分支)[Nambu (1960); Goldstone (1961)]. 在同样的意义上量子序及其 PSG 也是有用的: (a) PSG 可以将具有相同对称性的不同量子态分类 [Wen (2002c)], (b) 无需知道系统细节, 量子序就决定了低能激发的结构 [Wen (2002c,a); Wen and Zee (2002)]. 对称破缺序和量子序之间的主要差别是对称破缺序产生并保护无能隙的 Nambu-Goldstone 激发 [Nambu (1960); Goldstone (1961)], 这是一种标量玻色子激发, 而量子序可以产生并保护无能隙的规范玻色子和无能隙的费米子. 费米激发甚至也可以归入纯局域玻色模型 [Kivelson *et al.* (1987)], 只要玻色基态具有合适的量子序 [Wen (1991a); Kitaev (2003)].

了解量子序的一个方法是将量子序看作是多体基态中量子纠缠形式的一个描述, 不同的纠缠形式产生不同的量子序, 纠缠的涨落对应于量子有序态之上的集体激发, 如前所述, 这些集体激发可以是规范玻色子和费米子.

拓扑序和量子序的概念在量子计算领域也十分重要. 人们设计了各种量子纠缠态完成不同的计算任务, 但是当量子比特越来越大时, 了解量子纠缠形式就变得越来越困难, 我们需要有一种理论标识大量子比特系统中的不同量子纠缠, 而拓扑/量子序理论 [Wen (1995, 2002c)] 正是这样一个理论, 并且在文献 Wen and Niu (1990) 中发现的拓扑有序态中稳定的拓扑简并性也可以用来进行容错量子计算 [Kitaev (2003)].

下面我们将讨论量子相变和量子序之间的联系, 然后我们将使用自由费米系统中的量子相变研究其中的量子序.

8.3.1 量子相变和量子序

要点:

- 量子相变通过基态能量的奇点定义为哈密顿量中的参量函数

通过经典相变可以研究经典序, 经典相变用自由能密度 f 中的奇点标记, 通过配分函数:

$$f = -\frac{T\ln Z}{V_{\text{space}}}, \qquad Z = \int D\phi e^{-\beta\int dx h(\phi)}, \tag{8.3.1}$$

可以计算自由能密度. 其中 $h(\phi)$ 是经典系统的能量密度, V_{space} 是空间体积.

类似地, 为了研究量子序, 就需要研究在零温度 $T=0$ 的量子相变, 此处基态的能量密度扮演着自由能密度的角色, 基态能量密度中的奇点标记量子相变. 基态能量密度和自由能密度之间的相似性可以清楚地从下面基态能量密度的表达式看到:

$$\rho_E = i\frac{\ln Z}{V_{\text{spacetime}}}, \qquad Z = \int D\phi e^{i\int dxdt\mathcal{L}(\phi)}, \tag{8.3.2}$$

其中 $\mathcal{L}(\phi)$ 是量子系统的拉格朗日量密度, $V_{\text{spacetime}}$ 是时空体积. 比较 (8.3.1) 和 (8.3.2), 我们看到一个经典系统由一个正泛函的路径积分描述, 而一个量子系统由一个复泛函的路径积分描述. 一般情况下, 由复泛函路径积分奇点标记的量子相变比由正泛函路径积分奇点标记的经典相变更有普遍性.

8.3.2 自由费米系统中的量子序和量子相变

要点:

- 自由费米系统含有不改变任何对称性的量子相变, 表示自由费米系统含有非平凡量子序
- 自由费米系统中不同的量子序由费米面的拓扑分类

我们考虑只有平移对称性和 $U(1)$ 对称性费米子数守恒的自由费米系统, 哈密顿量的形式是

$$H = \sum_{\langle \boldsymbol{ij}\rangle}\left(c_{\boldsymbol{i}}^{\dagger}t_{\boldsymbol{ij}}c_{\boldsymbol{j}} + h.c.\right),$$

其中 $t_{\boldsymbol{ij}}^{*} = t_{\boldsymbol{ji}}$. 基态由每一个负能量态填充一个费米子得到, 通常系统含有数块费米面.

为了了解自由费米子基态中的量子序, 我们注意到费米面的拓扑在 t_{ij} 连续改变时会发生两种改变: (a) 费米面收缩为零 [图 8.6(d)], (b) 两个费米面合并 [图 8.6(c)]. 当一个在 D 维系统中的费米面就要消失的时候, 基态能量密度为

$$\rho_E = \int\frac{d^D\boldsymbol{k}}{(2\pi)^D}(\boldsymbol{k}\cdot M\cdot\boldsymbol{k}-\mu)\Theta(-\boldsymbol{k}\cdot M\cdot\boldsymbol{k}+\mu)+\cdots$$

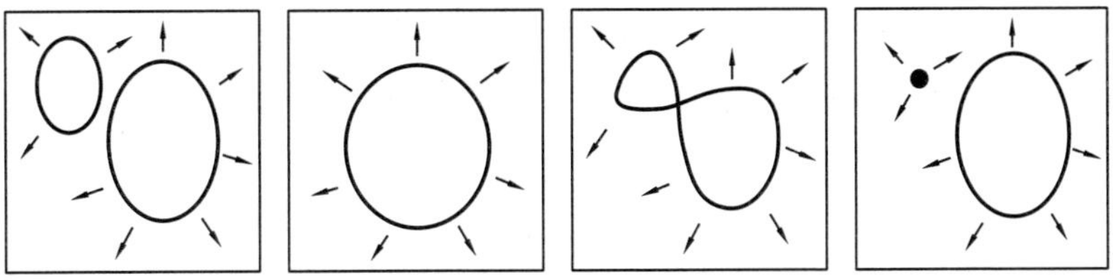

(a) (b) (c) (d)

图 8.6 (a) 和 (b) 中的两组定向费米面代表了两种不同的量子序, 两种量子序 (a) 和 (b) 之间的两个可能的转变点由费米面 (c) 和 (d) 描述.

其中 "..." 代表非奇异的贡献, 对称矩阵 M 为正定矩阵 (或为负定矩阵). 我们发现基态能量密度在 $\mu=0$ 有一个奇点: $\rho_E = c\mu^{(2+D)/2}\Theta(\mu)+\cdots$, 其中 $\Theta(x>0)=1$, $\Theta(x<0)=0$. 当两块费米面就要合并时, 上式仍然可以决定奇点, 但 M 既有正本征值, 也有负本征值, 当 D 是奇数时, 基态能量密度的奇点 $\rho_E = c\mu^{(2+D)/2}\Theta(\mu)+\cdots$; D 是偶数时, $\rho_E = c\mu^{(2+D)/2}\log|\mu|+\cdots$.

我们发现基态能量密度在 $\mu=0$ 有一个表示量子相变的奇点, 对于这种相变的首先研究见 Lifshitz (1960). 显然相变没有改变对称性. 也没有标识相变两边的相的局域序参量. 由此我们知道两个态只能由它们的量子序加以区分, 因为 $\mu=0$ 点正好是费米面拓扑发生变化的位置, 可见费米面的拓扑是一个标识自由费米系统中量子序的 "量子数" (见图 8.6), 拓扑的改变标志了改变量子序的连续 量子相变.

习题

8.3.1 考虑一个 2D 自旋 1/2 的自由电子系统, 随着化学势 μ 的改变, 系统发生了如图 8.6(d) 所示的量子相变, 求解相变点 μ_c 附近自旋磁化率的奇异行为.

8.4 序的一种新的分类

要点:

- 量子序有许多类, FQH 态和自由费米系统仅代表了其中的两类

从拓扑序和量子序的概念, 我们就有了如图 8.7 所示对序的新的分类, 根据这一分类, 一种量子序就是量子系统中的一种非对称破缺序, 一种拓扑序就是一种具有有限能隙的量子序.

由前面对于 FQH 态和费米液体态的讨论, 我们看到量子序可以分为许多不同类, FQH 态和自由费米系统只是量子序的两个例子. 在后面几章, 我们将研究在一些强关联系统中的量子序, 证明这些量子序属于不同的类, 并与关联基态中的弦网凝聚有密切的关系. 第九章将利用投影构建 (即从玻色子方法) 研究和划分量子序的类, 第十章将第九章所研究的量子有序态与弦

网凝聚态联系起来, 第七章则含有对 FQH 液体及其拓扑序详细系统的讨论.

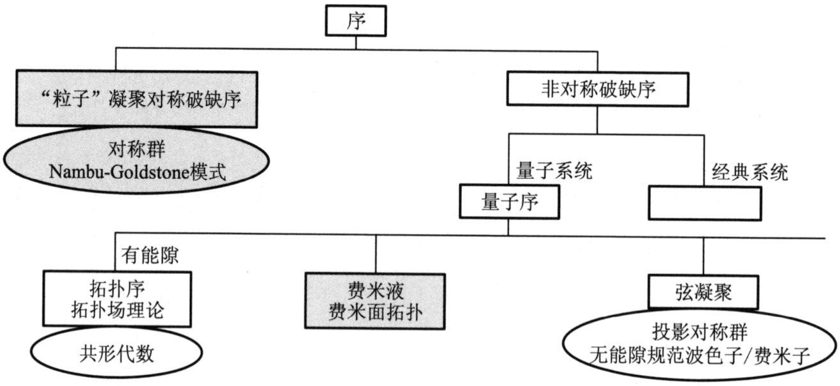

图 8.7 序的一种新的分类, 阴影框中的相可以由朗道理论描述, 其他相则不能由朗道理论描述.

第九章　自旋液体的平均场理论和量子序

要点:

- 由从玻色子方法 (或投影构建) 得到的自旋液体态的平均场理论
- 规范相互作用的重要性和如何运用平均场理论 (有规范相互作用) 来研究自旋液体的物理性质
- 自旋液体的特征和拓扑序及量子序的概念

本章我们将讨论自旋液体态的平均场理论, 这里的 “自旋液体态” 表示的是一种具有自旋旋转对称性、每个单位晶胞有奇数个电子的绝缘体. 通常每单位晶胞中有奇数个电子的态都会有半满能带, 是一种导体, 因此自旋液体如果存在, 就是一种很不寻常的态. 由于自旋液体如此不同寻常, 很多人根本不相信有这种态存在, 而且直到现在我们也还没有证明哪一个自旋哈密顿量确实会产生自旋液体基态.

那些相信自旋液体存在的人, 必须要接受或者相信自旋液体如下所述的奇怪 (或奇妙) 特性: (a) 自旋液体中的激发态总是带有分数量子数, 比如中性自旋 1/2 这种不可能从任何有限电子得到的激发, 甚至有些时激发还带有分数统计; (b) 不同的自旋液体不能由其对称性加以区分. 自旋液体是量子序的例子; (c) 有能隙自旋液体的基态总具有与任何对称性都无关的拓扑简并性; (d) 自旋液体总含有某种类型的规范涨落.

本章我们假设自旋液体确实存在, 并导出自旋液体的平均场理论. 平均场理论会帮助我们了解自旋液体的一些物理性质. 在加入重要的平均场涨落之后, 可以证明一些平均场态在这些涨落下是稳定的, 的确代表着真实的自旋液体态. 又由于自旋液体是典型的具有非平凡拓扑/ 量子序的态, 我们还可以使用自旋液体讨论量子序理论.

9.1 投影构建量子自旋液体态

本节我们将使用从玻色子方法 (也称投影构建)[Baskaran *et al.* (1987); Baskaran and Anderson (1988); Affleck *et al.* (1988); Dagotto *et al.* (1988); Wen and Lee (1996); Senthil and Fisher (2000)] 构建 2D 自旋液体, Baskaran 和 Anderson (1988) 在从玻色子方法中所发现的规范结构对于我们了解强关联自旋液体起了关键性的作用. 除了从玻色子方法, 我们还可以使用另一种投影构建 —— 从费米子或 Schwinger 玻色子方法来构建自旋液体态 [Arovas and Auerbach (1988); Read and Sachdev (1991); Sachdev and Park (2002)]. 不过从费米子方法只能产生具有有限能隙的自旋液体, 所以我们将集中讨论从玻色子方法.

9.1.1 自旋液体态的平均场理论

要点:

- 从投影构建可以得到自旋液体的平均场理论
- π 通量相的平均场理论和平均场拟设
- 用 $a_0(\boldsymbol{i})$ 规范涨落施加约束

我们考虑 2D 正方晶格上的哈巴模型, 半满的哈巴模型可以化简为海森堡模型:

$$H=\sum_{\langle \boldsymbol{ij}\rangle} J_{\boldsymbol{ij}}\boldsymbol{S_i}\cdot\boldsymbol{S_j}. \tag{9.1.1}$$

这里要指出, 以上的自旋 1/2 模型也可以看做是一个硬核玻色子模型, 其中 $|\downarrow\rangle$ 对应于一个空格点, $|\uparrow\rangle$ 对应于被一个玻色子占有的格点. 这个哈密顿量很难解, 我们只好用平均场近似来了解其物理性质. 在平均场近似中, 将每一个 $\boldsymbol{S_i}$ 用其量子平均值 $\langle\boldsymbol{S_i}\rangle$ 取代, 得到平均场哈密顿量:

$$H_{\text{mean}}=\sum_{\langle \boldsymbol{ij}\rangle} J_{\boldsymbol{ij}}\left(\langle\boldsymbol{S_i}\rangle\cdot\boldsymbol{S_j}+\boldsymbol{S_i}\cdot\langle\boldsymbol{S_j}\rangle-\langle\boldsymbol{S_i}\rangle\cdot\langle\boldsymbol{S_j}\rangle\right),$$

这个 H_{mean} 就很好解, 可以得到 H_{mean} 的基态为 $|\Phi_{\text{mean}}\rangle$. 我们需要做的事情只是仔细选择 $\langle\boldsymbol{S_i}\rangle$ 的值, 使它们满足所谓的自洽方程:

$$\langle\boldsymbol{S_i}\rangle=\langle\Phi_{\text{mean}}|\boldsymbol{S_i}|\Phi_{\text{mean}}\rangle,$$

这就是对于自旋系统的标准平均场方法.

以上标准平均场方法的问题是它只能用于研究有序自旋态, 因为我们从一开始就假设了 $\langle\boldsymbol{S_i}\rangle\neq 0$. 很长一段时间, 人们似乎都无法得到自旋液体的平均场理论, 直到 1987 年, 我们才终于发现可以用一种奇怪的技巧 —— 从玻色子方法[1]来做这个工作 [Baskaran *et al.* (1987)]. 为了得

[1]从玻色子和从费米子是两个非常奇怪而含混的名词, 从玻色子方法没有玻色子, 从费米子方法没有费米子, 这是我喜欢使用投影构建来描述这两种方法的原因.

到自旋液体的平均场基态, 我们引进自旋子算符 $f_{i\alpha}$, $\alpha = 1, 2$, 这是一个自旋 1/2 的荷中性算符. 自旋算符 $\boldsymbol{S}_i$ 表示为

$$\boldsymbol{S}_i = \frac{1}{2} f_{i\alpha}^\dagger \boldsymbol{\sigma}_{\alpha\beta} f_{i\beta}. \tag{9.1.2}$$

利用自旋子算符, 哈密顿量 (9.1.1) 可以重新写为

$$H = \sum_{\langle ij \rangle} -\frac{1}{2} J_{ij} f_{i\alpha}^\dagger f_{j\alpha} f_{j\beta}^\dagger f_{i\beta} + \sum_{\langle ij \rangle} J_{ij} \left(\frac{1}{2} n_i - \frac{1}{4} n_i n_j \right), \tag{9.1.3}$$

这里我们使用了 $\boldsymbol{\sigma}_{\alpha\beta} \cdot \boldsymbol{\sigma}_{\alpha'\beta'} = 2\delta_{\alpha\beta'}\delta_{\alpha'\beta} - \delta_{\alpha\beta}\delta_{\alpha'\beta'}$, n_i 是在格点 i 的费米子数. (9.1.3) 的第二项是一个常量, 将在下面的讨论中舍去. 注意 (9.1.3) 的希尔伯特空间在每个格点有四个态, 而 (9.1.1) 的希尔伯特空间在每个格点有两个态. 两空间不等. (9.1.1) 和 (9.1.3) 之间的等价性只在每个格点严格有一个费米子的子空间成立. 因此为了用 (9.1.3) 描述自旋态, 需要强行约束 [Baskaran *et al.* (1987); Baskaran and Anderson (1988)]

$$f_{i\alpha}^\dagger f_{i\alpha} = 1, \quad f_{i\alpha} f_{i\beta} \epsilon_{\alpha\beta} = 0, \tag{9.1.4}$$

第二个约束实际上是第一个约束的结果.

零阶平均场基态可由以下近似得到. 首先将约束 (9.1.4) 用其基态平均代替

$$\langle f_{i\alpha}^\dagger f_{i\alpha} \rangle = 1, \tag{9.1.5}$$

这个约束可以通过在哈密顿量里加入一个与格点有关但与时间无关的拉格朗日乘子 $a_0(i)(f_{i\alpha}^\dagger f_{i\alpha} - 1)$ 来实现. 然后将算符 $f_{i\alpha}^\dagger f_{j\alpha}$ 用其基态期望值 χ_{ij} 替代, 并忽略它们的涨落. 用这个方法就得到零阶平均场哈密顿量:

$$H_{\text{mean}} = \sum_{\langle ij \rangle} -\frac{1}{2} J_{ij} \left[(f_{i\alpha}^\dagger f_{j\alpha} \chi_{ji} + h.c) - |\chi_{ij}|^2 \right] + \sum_i a_0(i)(f_{i\alpha}^\dagger f_{i\alpha} - 1), \tag{9.1.6}$$

(9.1.6) 中的 χ_{ij} 必须满足自洽条件

$$\chi_{ij} = \langle f_{i\alpha}^\dagger f_{j\alpha} \rangle, \tag{9.1.7}$$

并选择与格点有关的化学势 $a_0(\boldsymbol{i})$ 使平均场基态满足 (9.1.5). 为了叙述的方便, 我们称 χ_{ij} 为自旋液体态的 "拟设".

令 $\chi_{ij}^{(\text{mean})}$ 为 (9.1.7) 的解, $a^{(\text{mean})}(\boldsymbol{i})$ 为 (9.1.5) 的解, 这样一种拟设对应于平均场基态. 因为 χ_{ij} 和 a_0 在自旋转动下不改变, 平均场基态是自旋转动的一个不变量. 如果忽略 $\chi_{ij}^{(\text{mean})}$ 和 $a^{(\text{mean})}(\boldsymbol{i})$ 的涨落, 平均场态附近的激发由下面的哈密顿量描写

$$H_{\text{mean}} = \sum_{\langle ij \rangle} -\frac{1}{2} J_{ij} \left[(f_{i\alpha}^\dagger f_{j\alpha} \chi_{ji}^{(\text{mean})} + h.c) - |\chi_{ij}^{(\text{mean})}|^2 \right] + \sum_i a_0^{(\text{mean})}(\boldsymbol{i})(f_{i\alpha}^\dagger f_{i\alpha} - 1).$$

我们看到零阶平均场理论中的激发是由 $f_{i\alpha}$ 描述的自由自旋子, 这个自旋子是自旋 1/2 的中性费米子, 考虑到 (9.1.1) 是一个纯玻色模型, 这真是一个不可思议的结果.

现在的问题是我们是否应该相信平均场结果? 我们是否应该相信存在着自旋 1/2 中性费米子的自旋液体? 一种检验方法是在平均场拟设附近加入涨落, 看涨落是否改变平均场结果, 因此下面我们来考虑涨落的效果.

首先我们想指出, 如果加入了 a_0 的涨落 (即与时间有关), 约束 (9.1.5) 就会变为原有的约束 (9.1.4). 为了看到这一点, 让我们考虑 H_{mean} 的路径积分公式

$$Z = \int \mathcal{D}(f)\mathcal{D}[a_0(\boldsymbol{i})]\mathcal{D}(\chi_{\boldsymbol{ij}})e^{i\int dt[\mathcal{L}-\sum_{\boldsymbol{i}} a_0(\boldsymbol{i},t)(f_{\boldsymbol{i}}^\dagger f_{\boldsymbol{i}}-1)]},$$

$$\mathcal{L} = \sum_{\boldsymbol{i}} f_{\boldsymbol{i}}^\dagger i\partial_t f_{\boldsymbol{i}} - \sum_{\langle \boldsymbol{ij}\rangle} -\frac{1}{2}J_{\boldsymbol{ij}}\left[(f_{\boldsymbol{i}\alpha}^\dagger f_{\boldsymbol{j}\alpha}\chi_{\boldsymbol{ji}} + h.c) - |\chi_{\boldsymbol{ij}}|^2\right]. \tag{9.1.8}$$

可以看到含时 $a_0(\boldsymbol{i},t)$ 的积分产生一个约束

$$\prod_{\boldsymbol{i},t}\delta\left[f_{\boldsymbol{i}}^\dagger(t)f_{\boldsymbol{i}}(t)-1\right],$$

该约束在所有时间 t 施加在每一个格点 $\boldsymbol{i}$ 上. 我们还注意到 $\chi_{\boldsymbol{ij}}(t)$ 的积分将重新产生原来的哈密顿量 (9.1.3), 因此 (9.1.8) 是自旋模型 (9.1.3) 的严格表达式, $\chi_{\boldsymbol{ij}}$ 和 $a_0(\boldsymbol{i})$ 中的涨落描述了平均场基态以上的集体激发.

$\chi_{\boldsymbol{ij}}$ 有两类涨落, 振幅涨落和相位涨落. 振幅涨落具有有限能隙, 不是我们讨论的主要内容, 这里我们只考虑平均场拟设 $\chi_{\boldsymbol{ij}}^{(\text{mean})}$ 附近的相位涨落 $a_{\boldsymbol{ij}}$

$$\chi_{\boldsymbol{ij}} = \chi_{\boldsymbol{ij}}^{(\text{mean})}e^{-ia_{\boldsymbol{ij}}}. \tag{9.1.9}$$

加入了这些相位涨落和 a_0 的涨落, 平均场哈密顿量变为

$$H = \sum_{\langle \boldsymbol{ij}\rangle} -J_{\boldsymbol{ij}}(f_{\boldsymbol{i}\alpha}^\dagger f_{\boldsymbol{j}\alpha}\chi_{\boldsymbol{ji}}^{(\text{mean})}e^{-ia_{\boldsymbol{ji}}} + h.c) - \sum_{\boldsymbol{i}} a_0(\boldsymbol{i})(f_{\boldsymbol{i}\alpha}^\dagger f_{\boldsymbol{i}\alpha}-1). \tag{9.1.10}$$

我们将 (9.1.10) 称为一阶平均场哈密顿量. 从 (9.1.10) 我们看到, 由 a_0 和 $a_{\boldsymbol{ij}}$ 描述的涨落就是一个 $U(1)$ 晶格规范场 (见 (6.4.9))[Baskaran and Anderson (1988); Lee and Nagaosa (1992)]. 哈密顿量在规范变换下是不变量

$$a_{\boldsymbol{ij}} \to a_{\boldsymbol{ij}} + \theta_{\boldsymbol{i}} - \theta_{\boldsymbol{j}}, \qquad f_{\boldsymbol{i}} \to f_{\boldsymbol{i}}e^{i\theta_{\boldsymbol{i}}}. \tag{9.1.11}$$

因此在一阶平均场理论中, 激发由与 $U(1)$ 规范场耦合的自旋子 (而不是零阶平均场理论中的自由自旋子) 描述.

在通常的平均场理论中, 为了简化问题, 都对相互作用哈密顿量做了近似, 但希尔伯特空间不会因平均场近似而改变. 投影构建 (或称从玻色子方法) 在这一点上很不同, 不仅哈密顿量改变了, 希尔伯特空间也会改变, 这使得投影构建的平均场结果不仅定量上不正确, 在定性上也不正确. 例如, 平均场基态 $|\Psi_{(\text{mean})}\rangle$[(9.1.6) 中 H_{mean} 的基态] 甚至不是正确的自旋波函数, 因为有的格点可能没有费米子, 也可能有两个费米子. 不过别放弃, 在通常的平均场理论中, 我们通过加入平均场态附近的涨落使近似有定量的改善. 前面已经看到, 在投影构建中, 我们

也可以通过加入平均场态附近的规范涨落 (a_0, a_{ij}) 使近似有定性的改善, 恢复原有的希尔伯特空间. 因此为了从投影构建得到定性上正确的结果, 我们至少要加入平均场附近的规范涨落. 换句话说, 我们在自旋液体的投影构建中将一个自旋切成了两半, 只有将它们再粘到一起, 才能得到正确的物理结果.

根据零阶平均场理论, 自旋液体中的低能激发是自由自旋子, 由以上讨论我们看到, 这个结果是不正确的. 根据一阶平均场理论, 自旋子通过规范涨落相互作用, 规范相互作用可以直接改变自旋子的性质, 我们以后还会讨论这个问题.

习题

9.1.1 证明 (9.1.3).

9.1.2 信还是不信

要点:

- 一阶平均场理论的解禁闭相对应于一种新的物质态 —— 量子有序态
- 向物理波函数的投影及 $U(1)$ 规范结构的含义
- 纠缠涨落产生规范玻色子和费米子

根据一阶平均场理论, 平均场基态附近的涨落由规范场和费米子场描述. 我们注意到原来的模型只是相互作用的自旋模型, 是一个纯玻色模型, 一个纯玻色模型怎么能有由规范场和费米子场描述的有效理论? 这太不可思议啦. 让我们回顾一下我们是怎样走到这一步的, 我们先把玻色自旋算符分为两个费米算符 (自旋子算符) 的乘积, 然后又引进一个规范场将自旋子粘回为原来的玻色自旋. 从这一观点看, 一阶平均场理论好像没有物理真实性, 规范玻色子和费米子似乎都是假的, 最后, 只有玻色自旋波是真的.

但是我们不应该急于抛弃一阶平均场理论, 如果规范场处于禁闭相, 它其实可以再现上面的图像 (见 6.4.3 节). 在禁闭相中, 自旋子通过线性势相互作用, 永远不会成为低能的准粒子. 规范玻色子在禁闭相有一条很大的能隙, 但不在低能能谱中. 这时低能激发只有玻色的自旋波. 这样说来一阶平均场理论可能没有用处, 但却不是错误的, 它能够产生与常识吻合的图像 (尽管要绕很大的弯子).

另一方面, 如果规范场处于解禁闭相, 一阶平均场理论也能够产生与常识相悖的图像. 这种情况下, 自旋子和规范玻色子将变为定义明确的准粒子. 问题是我们是否相信解禁闭相的图像? 我们是否相信在纯玻色模型中可能出现规范玻色子和费米子? 显然, 上面概述的投影构建还太过形式化, 远不足以使人们相信会有这样不可思议的结果.

我必须承认, 这一番把自旋切为两半, 再把它们粘起来的做法, 一定会使不少人望而却步. 如此形式化的手法, 很难使人感觉能得到什么新的物理知识和结果, 如果用这样的办法确实能出现任何新结果, 很多人都会把它看做是这种奇怪的构建生出的怪胎, 而不是自旋液体真正的物理性质. 的确, 投影构建很形式化, 但它也是超越时代的一份赠品, 我们现在已经知道投影构建的真正实质是产生弦网凝聚态, 这种态是一种具有非平凡量子序的新的强关联态 (见第十章). 请相信, 只要正确地加入规范涨落的效果, 由投影构建产生的惊人结果是真实的.

这里让我们先撇开弦网凝聚的图像, 而尝试用其他方法了解投影构建背后的物理图像. 首先需要了解的是平均场拟设 χ_{ij} 怎样与一个在每个格点上严格有一个费米子的物理自旋波函数联系起来. 我们知道平均场态 $|\Psi_{\text{mean}}^{(\chi_{ij})}\rangle$($H_{\text{mean}}$ 的基态) 不是自旋系统正确的波函数, 因为它可能不是每个格点有一个费米子. 为了与物理自旋波函数相联系, 需要加入 a_0 的涨落, 实施每个格点一个费米子的约束. 有了这个认识, 我们可以将平均场态投影到每个格点一个费米子的子空间, 而得到自旋系统正确的波函数 $\Psi_{\text{spin}}(\{\alpha_i\})$:

$$\Psi_{\text{spin}}^{(\chi_{ij})}(\{\alpha_i\}) = \langle 0_f|\prod_i f_{i\alpha_i}|\Psi_{\text{mean}}^{(\chi_{ij})}\rangle, \tag{9.1.12}$$

其中 $|0_f\rangle$ 是没有 f 费米子的态: $f_{i\alpha}|0_f\rangle = 0$. (9.1.12) 将平均场拟设与物理自旋波函数联系起来, 使我们了解了平均场拟设的物理含义.

例如, 投影 (9.1.12) 赋予规范变换 (9.1.11) 的物理含义是: 两个由规范变换

$$\tilde{\chi}_{ij} = e^{i\theta_i}\chi_{ij}e^{-i\theta_j} \tag{9.1.13}$$

相联系的平均场拟设 χ_{ij} 和 $\tilde{\chi}_{ij}$, 在投影后, 产生相同的投影自旋态

$$\Psi_{\text{spin}}^{(\tilde{\chi}_{ij})}(\{\alpha_i\}) = e^{i\sum_i\theta_i}\,\Psi_{\text{spin}}^{(\chi_{ij})}(\{\alpha_i\}). \tag{9.1.14}$$

对于不同的 χ_{ij}, H_{mean}(9.1.6) 的基态对应不同的平均场波函数 $|\Psi_{\text{mean}}^{(\chi_{ij})}\rangle$. 它们在投影以后产生不同的物理自旋波函数 $\Psi_{\text{spin}}^{(\tilde{\chi}_{ij})}(\{\alpha_i\})$. 因此我们可以将 χ_{ij} 看做是不同物理自旋态的标记. (9.1.14) 告诉我们这个标记不是一对一标记, 而是多对一的标记. 这个性质对于我们了解 χ_{ij} 涨落不平常的动力学性质是很重要的, 使用多个标记标记相同的物理态也把我们的理论变为在 6.1.1 节所定义的规范理论.

让我们考虑多对一的性质或者 χ_{ij} 的规范结构怎样影响其动力学性质. 如果 χ_{ij} 是物理态的一对一标记, 则 χ_{ij} 就会像玻色超流体中的凝聚玻色子振幅 $\langle\phi(\boldsymbol{x},t)\rangle$ 或 SDW 态中的平均自旋 $\langle\boldsymbol{S}_i(t)\rangle$. χ_{ij} 的涨落将对应于类似于声子激发或自旋波激发的玻色子激发[2]. 但是, χ_{ij} 的行为与局域序参量的行为不同, 不像诸如 $\langle\phi(\boldsymbol{x},t)\rangle$ 和 $\langle\boldsymbol{S}_i(t)\rangle$ 那样一对一地标记物理态, χ_{ij} 是一个前面讨论过的多对一标记. 当我们考虑 χ_{ij} 的涨落时, 多对一标记会产生一种有趣的情况 —— 某些 χ_{ij} 的涨落不会影响物理态, 不是物理的, 这种涨落称为纯规范涨落. 对于一个一般的涨落 $\delta\chi_{ij}$, 一部分是物理的, 另一部分是非物理的. χ_{ij} 的有效理论必须是规范不变量, 这一点彻底地改变了涨落的动力学性质, 正是这个性质使得 χ_{ij} 的涨落就像规范玻色子, 与声子激发和自旋波激发大不相同[3].

[2]更加准确地说, 声子激发和自旋波激发是所谓的标量玻色子, 局域序参量的涨落总是产生标量玻色子.

[3]在连续空间极限, 规范玻色子是矢量玻色子 —— 由矢量场描述的玻色子.

我们知道规范场 a_{ij} 不是物理量, 正因为如此, 就很难想象规范涨落的 "形状". 对于自旋子也有类似的情况, 因为自旋子算符 $f_{i\alpha}$ 也不是规范不变量. 但是在投影构建中, 通过投影 (9.1.12) 我们可以构建对应于规范涨落 a_{ij} 的物理自旋波函数

$$\Psi_{\text{spin}}^{(a_{ij})}=\langle 0|\prod_{\boldsymbol{i}} f_{\boldsymbol{i}\alpha_{\boldsymbol{i}}}|\Psi_{\text{mean}}^{(\chi_{ij}^{(\text{mean})}e^{ia_{ij}})}\rangle$$

或者对应一个自旋子对的激发的物理波函数

$$\Psi_{\text{spin}}^{\text{spinon}}(\boldsymbol{i}_1,\alpha_1;\boldsymbol{i}_2,\alpha_2)=\langle 0|f_{\boldsymbol{i}_1\lambda_1}^{\dagger}f_{\boldsymbol{i}_2\lambda_2}\prod_{\boldsymbol{i}} f_{\boldsymbol{i}\alpha_{\boldsymbol{i}}}|\Psi_{\text{mean}}^{(\chi_{ij}^{(\text{mean})})}\rangle.$$

我们看到规范涨落 a_{ij} 确实具有一个由自旋波函数 $\Psi_{\text{spin}}^{(a_{ij})}$ 给出的物理 "形状". 只是形状过于复杂, 难以有一个清楚的图像. 粗略地说投影构建产生一个有强关联的基态 $\Psi_{\text{spin}}^{0}=\langle 0|\prod_{\boldsymbol{i}} f_{\boldsymbol{i}\alpha_{\boldsymbol{i}}}|\Psi_{\text{mean}}^{(\chi_{ij}^{(\text{mean})})}\rangle$. 我们可将基态中复杂的关联看做是一种量子纠缠的格式, 由 $\Psi_{\text{spin}}^{(a_{ij})}$ 描述的规范涨落可以看做是纠缠的涨落, 自旋子激发可以看做是纠缠中的拓扑缺陷.

如果读者仍然不能满意前面所呈现的物理图像, 仍然不相信投影构建可以产生出规范玻色子和费米子, 可以直接跳到第十章. 在那一章, 我们构建了几种可以用投影构建严格求解 (或准严格求解) 的自旋模型. 这些模型具有演生出的 $Z_2/U(1)$ 规范结构和费米子. 严格可解的模型又揭示了规范玻色子和费米子之弦网的起源. 本章以下的部分是写给相信投影构建的读者的. 我们假设投影构建是正确的并研究其结果.

9.1.3 二聚态

要点:

- 一阶平均场理论具有约束 $U(1)$ 规范相互作用, 只有自旋子对束缚态呈现为物理激发

我们首先讨论一个特定的平均场基态, 它是具有最近邻耦合的海森堡模型

$$H=J_1\sum_{\boldsymbol{i}}(\boldsymbol{S}_{\boldsymbol{i}}\boldsymbol{S}_{\boldsymbol{i}+\boldsymbol{x}}+\boldsymbol{S}_{\boldsymbol{i}}\boldsymbol{S}_{\boldsymbol{i}+\boldsymbol{y}}). \tag{9.1.15}$$

中的二聚态 [Majumdar and Ghosh (1969); Affleck *et al.* (1987); Read and Sachdev (1989)]. 这个二聚态由下面的拟设描述:

$$\begin{aligned}\chi_{\boldsymbol{i},\boldsymbol{i}+x}=&\frac{1}{2}(1+(-)^{i_x}),\\ \text{其他}=&0,\end{aligned} \tag{9.1.16}$$

并且 $a_0(\boldsymbol{i})=0$. 可以证明 (9.1.6) 中 H_{mean} 的平均场基态满足自洽性 (9.1.7) 和约束 (9.1.5), 自旋子谱在平均场二聚态中没有色散

$$E_k=\pm\frac{1}{2}J_1, \tag{9.1.17}$$

$E_k = -\frac{1}{2}J_1$ 的价带被自旋子完全填充, 自旋激发在二聚态中具有有限能隙. 显然二聚态破坏了 x 方向的平移对称性.

在零阶平均场理论中, 二聚化基态之上的激发是自旋 1/2 的自旋子, 这个结果显然不对, 因为物理二聚态由填充晶格的零自旋的自旋对组成 (见图 9.1), 基本激发对应于自旋为 1 自旋对. 在一阶平均场理论中, 自旋子与 $U(1)$ 规范场耦合. 在 2+1D 中, $U(1)$ 规范理论是禁闭的, 因此观察不到单个的自旋子, 只有玻色束缚态 (其带有整数自旋) 会在物理能谱中出现. 如果我们确实生成了两个分开的自旋 1/2 激发, 从图 9.1 可以看到它们由移位自旋对的弦相连, 这个弦在两个自旋 1/2 激发之间产生线性禁闭相互作用, 与一阶平均场理论得到的图像吻合, 由此可见一阶平均场理论使我们得到定性正确的结果.

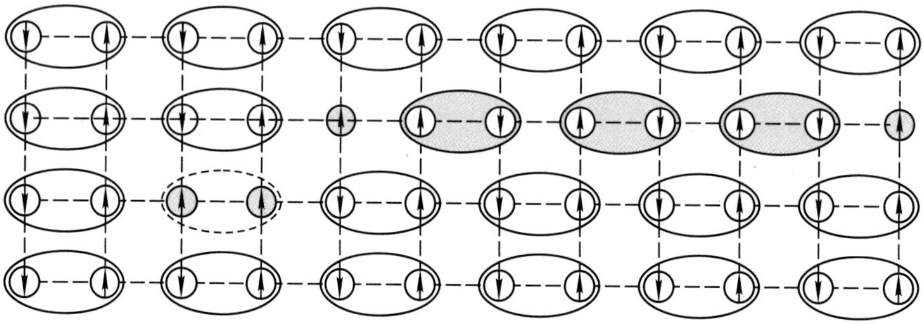

图 9.1 二聚态由自旋单态对组成, 将二聚态改变为三聚态产生一个自旋为 1 的激发, 两个分开的自旋 1/2 激发由移位二聚态的弦相连.

9.1.4 π通量态

要点:

- 投影以后, 平均场 π 通量相产生了平移、旋转和宇称对称的自旋液体波函数
- π 通量相的低能性质可用含有与 $U(1)$ 规范场耦合的无能隙狄拉克费米子的一阶平均场理论描述, 狄拉克费米子带有 1/2 自旋, 并且是电中性的
- 稳定、临界和非稳定平均场态的概念
- 一阶平均场理论只能用于稳定平均场态或临界平均场态

我们要研究的第二种平均场态是最近邻海森堡模型的 π 通量态 [Kotliar (1988); Affleck and Marston (1988)], π 通量态由下面的拟设 (见图 9.2) 给出

$$\chi_{\boldsymbol{i},\boldsymbol{i}+x} = i\chi_1, \qquad \chi_{\boldsymbol{i},\boldsymbol{i}+y} = i\chi_1(-)^{i_x}, \qquad a_0(\boldsymbol{i}) = 0. \tag{9.1.18}$$

其平均场哈密顿量 (9.1.6) 等价于在每小格有 π 通量的电子跃迁问题, 因为绕小格一周 $\prod \chi_{\boldsymbol{ij}} = -\chi_1^4$. π 通量相中的自旋子能谱是 (见图 9.2)

$$E_k = \pm J_1 \chi_1 \sqrt{\sin(k_x)^2 + \sin(k_y)^2}, \tag{9.1.19}$$

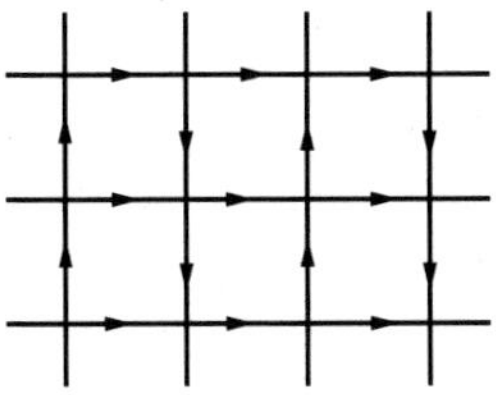

(a)

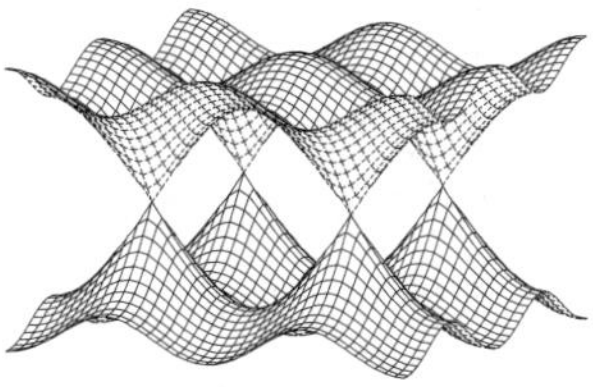

(b)

图 9.2 (a) π 通量态的平均场拟设, 在箭头方向 $\chi_{\boldsymbol{ij}} = i\chi_1$; (b) π 通量态的费米子色散, 价带是填满的, 低能激发存在于价带和导带接触的四个费米点附近.

其中 $-\frac{\pi}{2} < k_x < \frac{\pi}{2}$ 且 $-\pi < k_y < \pi$. 下面取平均场能量见 (9.1.61)

$$-\sum_{\boldsymbol{k}}{}' J_1\chi_1\sqrt{\sin(k_x)^2 + \sin(k_y)^2} + J_1|\chi_1|^2 N_{\text{site}},$$

的最小值可以得到 χ_1 的值. 因此有

$$\chi_1 = \frac{1}{4}\int_0^{2\pi} \frac{d^2\boldsymbol{k}}{(2\pi)^2}\sqrt{\sin(k_x)^2 + \sin(k_y)^2}.$$

除了 π 通量相以外, 还有许多其他不同的平均场拟设能够局域地使平均场能量最小, 但是对于只有最近邻耦合 J_1 的海森堡模型, π 通量相在平移不变的自旋液体中有最小的平均场能量.

再讨论一下 π 通量相的物理性质. 首先考虑平均场态的对称性, 我们知道用平均场理论来描述的自旋波函数为 $\Psi_{\text{spin}}(\{\alpha_{\boldsymbol{i}}\})$, 其中 $\alpha_{\boldsymbol{i}} = \pm 1/2$ 是在格点 $\boldsymbol{i}$ 上 S^z 的数值. 当我们说 "平均场态的对称性" 时, 我们其实是指 "相应自旋波函数 $\Psi_{\text{spin}}(\{\alpha_{\boldsymbol{i}}\})$ 的对称性". 相应的自旋波函数由平均场态投影到每个格点一个费米子的子空间得到 [见 (9.1.12)].

由于平均场拟设 $\chi_{\boldsymbol{ij}}$ 与自旋取向无关, 在平均场基态中, 每一个负能级由一个自旋向上和一个自旋向下的费米子占据, 因此平均场态 $|\Psi_{\text{mean}}^{(\chi_{\boldsymbol{ij}})}\rangle$ 是自旋旋转不变量, 这样由投影得到的物理自旋波函数也是自旋旋转不变量.

但是, 平均场拟设在 x 方向平移一个格点的变换下不是不变量, 因此平均场态 $|\Psi_{\text{mean}}^{(\chi_{\boldsymbol{ij}})}\rangle$ 破坏了平移对称性. 由此似乎显示物理自旋波函数也破坏平移对称性. 实际上, 物理自旋波函数不破坏平移对称性, 因为平移后的拟设 $(\chi_{\boldsymbol{i},\boldsymbol{i}+\boldsymbol{x}}, \chi_{\boldsymbol{i},\boldsymbol{i}+\boldsymbol{y}}) = [-i\chi_1(-)^{i_x}, i\chi_1]$ 与原有拟设 $(\chi_{\boldsymbol{i},\boldsymbol{i}+\boldsymbol{x}}, \chi_{\boldsymbol{i},\boldsymbol{i}+\boldsymbol{y}}) = [i\chi_1(-)^{i_x}, i\chi_1]$ 规范等价, 如果规范变换 (9.1.11) 取 $e^{i\theta_{\boldsymbol{i}}} = (-)^{i_x}$. 因此, 在一个具有周期性边界条件的偶数 $\times$ 偶数晶格上, 投影后的自旋波函数在平移下是不变量, π 通量相是平移对称自旋液体.

其次我们考虑低能激发的性质. 半满的费米面 (即平均每个格点一个费米子) 是在 $(k_x, k_y) = (0, 0)$ 和 $(0, \pi)$ 处的点 (见 (9.1.19)). 在平均场水平, 通量态含有对应于费米点上粒子空穴激发的无能隙自旋激发. 除了这些无能隙自旋激发, 平均场 π 通量态也含有 $U(1)$ 规范涨落 $(a_{\boldsymbol{ij}}, a_0)$. 因此在一阶平均场理论中, 低能激发由与 $U(1)$ 规范场耦合的无能隙自旋子描述.

如果我们忽略自旋子 f_i 和规范涨落 (a_{ij}, a_0) 之间的相互作用, π 通量相将具有费米准粒子描述的无能隙中性自旋 1/2 激发. 但是, 这一惊人的结果是在忽略规范相互作用后得到的, 人们不会相信, 除非能够证明这个结果在考虑了规范相互作用以后仍然正确.

现在我们考虑自旋激发和规范涨落之间的相互作用. 为方便起见, 我们在哈密顿量 (9.1.10) 中加一个麦克斯韦项 $\frac{1}{8\pi g^2}(v^2 f_{12}^2 - f_{0i}^2)$, 其中 g 是一个耦合常量, $f_{\mu\nu}$ 是 a_μ 的场强. 原来的理论对应于 $g \to \infty$ 极限, 麦克斯韦项可在对费米子积分的过程中产生. 如果我们在能量范围 Λ 和 Λ_0 之间对费米子积分, 其中 Λ_0 是在原理论的能量截断, 则 $g^{-2}(\Lambda) \sim \Lambda^{-1} - \Lambda_0^{-1}$. 由于与规范场的耦合, 一个自旋子产生规范场 (a_0, a_{ij}) 的 "电" 场 f_{0i}(注意自旋子携带规范场的单位荷). 粒子空穴激发对之间的势能是

$$V(\boldsymbol{r}_1 - \boldsymbol{r}_2) = 2\pi g^2 \ln |\boldsymbol{r}_1 - \boldsymbol{r}_2|. \tag{9.1.20}$$

我们发现粒子和空穴有长程相互作用, 为了估计相互作用的强度和效果, 让我们比较粒子空穴对的动能 $E_K \sim 1/|\boldsymbol{r}_1 - \boldsymbol{r}_2|$ 和势能 $V(\boldsymbol{r}_1 - \boldsymbol{r}_2)$. 由于 $g^2 \sim 1/|\boldsymbol{r}_1 - \boldsymbol{r}_2|$ (假设 $\Lambda^{-1} \sim |\boldsymbol{r}_1 - \boldsymbol{r}_2|$), 可以看到 $V/E_K \sim 1$, 即相互作用是临界的, 不能忽略低能的相互作用. 这个结果显示 π 通量态中的量子涨落 (例如规范涨落) 很重要, 会彻底改变零阶平均场理论的低能性质. 在这种情况下, (具有自由自旋子激发的) 零阶平均场理论不能给出自旋液体低能性质的可靠图像. 为了得到 π 通量态可靠的低能性质, 我们必须处理无能隙费米子和规范场的耦合系统, 而忽略规范相互作用所得到的惊人结果可能就是不正确的.

我们看到对于投影构建的不信任是正确的, 从零阶平均场理论得到的结果会误导我们, 不能总是相信. 但是, 相信它也是对的, 一阶平均场理论确实告诉我们从零阶平均场理论得到的结果有时是不正确的, 投影构建目前还没有误导我们. 只要加入了适当的涨落就可得到可信的结果. 是来自一阶平均场理论 (而不是零阶平均场理论) 的结果对应了自旋液体的物理性质.

为了标识平均场态附近涨落的重要性, 我们要引进三个概念: 稳定平均场态、临界平均场态和非稳定平均场态. 在稳定平均场态中, 涨落很弱, 由涨落引起的相互作用在低能消失 (即相互作用是可忽微扰). 在临界平均场态中, 相互作用和能量的比值在低能极限趋于一个有限常量, 这种情况下相互作用是临界微扰. 在非稳定平均场态中, 相互作用和能量的比值在低能极限发散, 相互作用是不可忽微扰. 只有对于稳定平均场态, 涨落不改变零阶平均场理论的性质. 而对于非稳定平均场态, 涨落将促使在低能发生相变, 我们从零阶平均场理论得不到其自旋液体的物理性质. 这种情况下一阶平均场理论也没有用, 因为它也不能使我们得到自旋系统的物理性质. 前面讨论的 π 通量态是一个临界平均场态, 对于临界平均场态, 如果相互作用和能量的比值很小, 就可以使用一阶平均场理论. 在这种情况下, 相应自旋态的物理性质可以用微扰计算. 对于 π 通量态, 相互作用和能量的比值是 1 的量级, 因此很难从一阶平均场理论得到 π 通量态的低能物理性质.

从以上讨论, 我们看到一阶平均场理论只能用于弱涨落的稳定平均场态和临界平均场态, 使用平均场理论研究自旋液体的关键是找到稳定 (或弱涨落的临界) 平均场态.

习题

9.1.2 π通量态的旋转对称性

(a) 证明 (9.1.14).

(b) 证明 π 通量态不破坏 90° 旋转对称性.

9.1.3 令 $|\Psi_{\text{mean}}\rangle$ 为 π 通量拟设的平均场基态, 计算 $\langle\Psi_{\text{mean}}|\boldsymbol{S_i S_{i+y}}|\Psi_{\text{mean}}\rangle$. 使用这个结果求解变分的平均场能量 $\langle\Psi_{\text{mean}}|H|\Psi_{\text{mean}}\rangle$, 其中 H 是只有最近邻相互作用的海森堡模型 [见 (9.1.15)]. 将 π 通量态的平均场能量与二聚态的能量做比较.

9.1.4 狄拉克费米子

(a) 证明在连续空间极限下, π 通量态中的低能自旋子描述为

$$H = v\sum_{\boldsymbol{k}\sim 0}\lambda^\dagger_{\alpha,\boldsymbol{k}}(k_x\Gamma_x + k_y\Gamma_y)\lambda_{\alpha,\boldsymbol{k}},$$

其中 $\lambda^T_{\alpha,\boldsymbol{k}} = (f_{\alpha,\boldsymbol{k}}, f_{\alpha,\boldsymbol{k}+\boldsymbol{Q}})$, $\boldsymbol{Q} = (\pi,\pi)$, $\Gamma_x^2 = \Gamma_y^2 = 1$. 求解 v 和 $\Gamma_{x,y}$. 在实空间中, H 可以重新写为 $H = \int d^2\boldsymbol{x}\ v\lambda^\dagger_\alpha(-i\Gamma_x\partial_x - i\Gamma_y\partial_y)\lambda_\alpha$.

(b) 相应的拉格朗日量 $\mathcal{L} = i\lambda^\dagger_\alpha\partial_t\lambda_\alpha - v\lambda^\dagger_\alpha(-i\Gamma_x\partial_x - i\Gamma_y\partial_y)\lambda_\alpha$ 可以重写为

$$\mathcal{L} = i\bar\lambda_\alpha(\gamma^0\partial_t + v\gamma^x\partial_x + v\gamma^y\partial_y)\lambda_\alpha,$$

其中 $\bar\lambda_\alpha = \lambda^\dagger_\alpha\gamma^0$, $\gamma_0^2 = 1$, 且 $(\Gamma_x, \Gamma_y) = (-\gamma^0\gamma^x, -\gamma^0\gamma^y)$. 求解 $\gamma^{0,x,y}$. 由 $\mathcal{L}$ 描述的费米子称为无质量的狄拉克费米子.

(c) 证明 $(\gamma^0, \gamma^x, \gamma^y)$ 满足 1+2D 中的狄拉克代数

$$\{\gamma^\mu, \gamma^\nu\} = \eta^{\mu\nu}, \qquad \mu,\nu = 0, x, y,$$

其中 $\eta^{\mu\nu}$ 是 $\eta^{00} = 1$, $\eta^{xx} = \eta^{yy} = -1$ 的对角张量.

(d) 有质量的狄拉克费米子由拉格朗日量

$$\mathcal{L} = i\bar\lambda_\alpha(\gamma^0\partial_t + v\gamma^x\partial_x + v\gamma^y\partial_y)\lambda_\alpha + m\bar\lambda_\alpha\lambda_\alpha.$$

描述, 求解相应的运动方程 $i(\gamma^0\partial_t + v\gamma^x\partial_x + v\gamma^y\partial_y + m)\lambda_\alpha = 0$. 证明费米子的色散为 $\omega_{\boldsymbol{k}} = \sqrt{v^2\boldsymbol{k}^2 + m^2}$.

(e) 与 $U(1)$ 规范场耦合: 使用 3.4.1 节讲述的过程求解与 $U(1)$ 规范场最小耦合的狄拉克费米子的拉格朗日量, 确保所得的拉格朗日量具有 $U(1)$ 规范不变性.

9.1.5 怎样使$U(1)$规范玻色子得到能隙

要点:

- 怎样得到稳定平均场态: 通过 Chern-Simons 项/Anderson-Higgs 机理使规范涨落得到有限能隙
- 稳定的自旋液体总会含有电中性自旋 1/2 的自旋子, 它们之间只有短程相互作用

我们已经看到, 无能隙的 $U(1)$ 规范玻色子与无能隙费米子在 π 通量态一直到零能量的相互作用都很强, 很难得到 π 通量相一阶平均场理论 (即费米子规范耦合系统) 的性质. 在这种情况下我们说平均场态是非稳定的, 因为平均场涨落在低能的相互作用很强. 尽管一阶平均场理论不会误导我们, 用起来似乎也太过复杂. 现在的问题是有无可能构建一个稳定的平均场态, 使其中平均场涨落在低能的相互作用很弱? 在这种情况下, 就可以容易地得到一阶平均场理论的性质.

因为一阶平均场理论必须至少含有规范涨落来保证每个格点一个费米子的约束, 得到稳定平均场态的一个办法是给规范玻色子一个能隙. 有能隙的规范玻色子只能在费米子之间传递短程相互作用, 而根据我们对于朗道费米液体理论的经验, 我们知道怎样处理短程相互作用下的费米子.

首先让我们明确 "给规范玻色子一个能隙" 是什么意思. 我们知道规范玻色子就是平均场拟设 χ_{ij} 的涨落, 这些涨落的动力学性质与平均场拟设有关, 因此 "给规范玻色子一条能隙" 表示寻找一个平均场拟设, 使拟设的集体激发涨落是有能隙的.

为了设法寻找稳定的平均场拟设, 我们首先考虑一个 $U(1)$ 规范玻色子怎样可以得到一个能隙, 实际上在 3.4.5 节和 4.4 节, 我们已经遇到使 $U(1)$ 规范玻色子得到能隙的两个办法. 第一个办法利用规范玻色子与凝聚玻色子耦合的 Anderson-Higgs 机制, 耦合系统的动力学性质在 2+1D 和连续空间极限下由

$$\mathcal{L} = \frac{1}{2g}(\boldsymbol{e}^2 - b^2) + c_1 a_0^2 - c_2 \boldsymbol{a}^2,$$

描述, 其中 c_1 和 c_2 项来自凝聚玻色子 (见 (3.4.82)). 第二个办法是通过 Chern-Simons 项, 如果平均场拟设使得满带具有非零霍尔电导, 则 $U(1)$ 规范玻色子的动力学性质就是

$$\mathcal{L} = \frac{1}{2g}(\boldsymbol{e}^2 - b^2) + \frac{K}{4\pi}\epsilon^{\mu\nu\lambda} a_\mu \partial_\nu a_\lambda. \tag{9.1.21}$$

在习题9.1.5中, 读者会发现 Chern-Simons 项也会给规范玻色子一个非零能隙. 因此, 找到稳定平均场态的关键是找到实现以上两个机理之一的平均场拟设.

两种情况下, 规范场都只能传递短程相互作用, 自旋子因而不被禁闭, 自旋液体之上的准粒子由携带 $\frac{1}{2}$ 自旋和零电荷的自由自旋子描述. 在有 Chern-Simons 项的时候, 自旋子甚至可以具有分数统计.

习题

9.1.5 证明用 (9.1.21) 描述的涨落具有有限能隙. (可以通过计算经典运动方程得到结果.)

9.1.6 手征自旋液体

要点:

- 平均场手征自旋拟设产生了平移和旋转对称的自旋液体态, 但是时间反演和宇称对称性遭到破缺
- 平均场手征自旋态是稳定的, 从平均场理论得到的手征自旋液体确实代表了真实自旋系统的一种稳定量子相
- 手征自旋液体含有分数化激发 —— 自旋子. 自旋子携带 1/2 自旋, 不带电荷, 具有分数统计

这一节我们讨论实现以上第二个机理的平均场态, 平均场态由拟设 χ_{ij} 描述, 其中 χ_{ij} 是复数, 产生通量. 自旋子由 (9.1.6) 描述, 就像是在磁场中运动. 当通量与自旋子密度 (为每个格点一个费米子) 相当时, 整数的朗道能级 (从晶格上更准确地说是朗道能带) 完全填满, 在这种情况下, 由于朗道满带的有限霍尔电导, 有效晶格规范理论含有 Chern-Simons 项. 我们称这种稳定的平均场态为手征自旋态 [Wen *et al.* (1989); Khveshchenko and Wiegmann (1989)].

最简单的手征自旋态由下列拟设给出 (见图 9.3):

$$\chi_{\boldsymbol{i},\boldsymbol{i}+x} = i\chi_1, \qquad \chi_{\boldsymbol{i},\boldsymbol{i}+y} = i\chi_1(-)^{i_x}, \qquad a_0(\boldsymbol{i}) = 0,$$
$$\chi_{\boldsymbol{i},\boldsymbol{i}+\boldsymbol{x}+\boldsymbol{y}} = -i\chi_2(-)^{i_x}, \qquad \chi_{\boldsymbol{i},\boldsymbol{i}+\boldsymbol{x}-\boldsymbol{y}} = i\chi_2(-)^{i_x}. \tag{9.1.22}$$

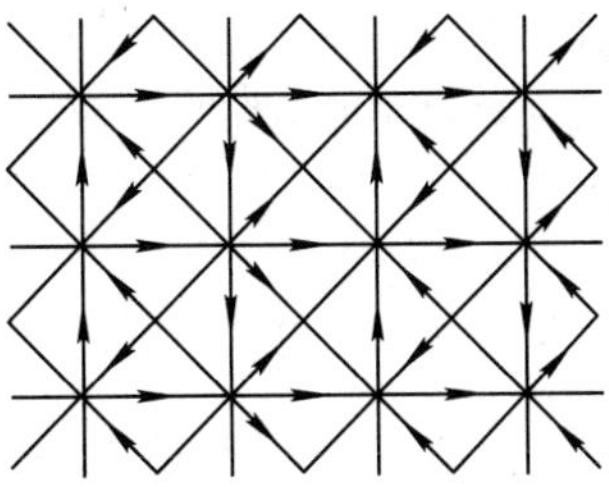

图 9.3 手征自旋态的平均场拟设. χ_{ij} 是在箭头方向的 $i\chi$.

上述 χ_{ij} 在每个方格产生 π 通量, 在每个三角产生 $\frac{1}{2}\pi$ 通量. 上一节讨论的 π 通量相是比较特殊的, 因为 π 通量与 $-\pi$ 通量等价, π 通量相遵守时间反演 (T) 和宇称 (P) 对称. 但是用 (9.1.22) 描述的 $\frac{1}{2}\pi$ 通量相不与 $-\frac{1}{2}\pi$ 通量相等价, 在 T 或 P 之下, $\frac{1}{2}\pi$ 通量变为 $-\frac{1}{2}\pi$ 通量, (9.1.22) 中的 χ_2 变为 $-\chi_2$, 因此非零 χ_2 的手征自旋态自发破坏 T 和 P. 使用恒等式

$$E_{123} \equiv \boldsymbol{S}_1 \cdot (\boldsymbol{S}_2 \times \boldsymbol{S}_3) = 2i(\hat{\chi}_{12}\hat{\chi}_{23}\hat{\chi}_{31} - \hat{\chi}_{13}\hat{\chi}_{32}\hat{\chi}_{21}), \qquad \hat{\chi}_{ij} = f_i^\dagger f_j, \tag{9.1.23}$$

我们发现 $\langle E_{123}\rangle \sim \mathrm{Im}\,(\chi_{12}\chi_{23}\chi_{31})$ 在手征自旋态中非零. 注意在 T 或 P 下 E_{123} 变号, E_{123} 可以看作是破缺 T 和 P 的序参量.

确定了手征自旋态以后, 就要知道哪一个哈密顿量支持手征自旋态. 让我们考虑下面的组错自旋哈密顿量

$$H = J_1 \sum_{\boldsymbol{i}} (\boldsymbol{S}_{\boldsymbol{i}} \cdot \boldsymbol{S}_{\boldsymbol{i}+\boldsymbol{x}} + \boldsymbol{S}_{\boldsymbol{i}} \cdot \boldsymbol{S}_{\boldsymbol{i}+\boldsymbol{y}}) + J_2 \sum_{\boldsymbol{i}} (\boldsymbol{S}_{\boldsymbol{i}} \cdot \boldsymbol{S}_{\boldsymbol{i}+\boldsymbol{x}+\boldsymbol{y}} + \boldsymbol{S}_{\boldsymbol{i}} \cdot \boldsymbol{S}_{\boldsymbol{i}+\boldsymbol{x}-\boldsymbol{y}}). \tag{9.1.24}$$

尽管直接确定以上组错哈密顿量是否支持手征自旋态比较困难, 我们却可以确定相应的平均场哈密顿量 (9.1.6) 是否支持平均场手征自旋态. 在平均场哈密顿量 (9.1.6) 中, $J_{\boldsymbol{ij}}$ 在最近邻等于 J_1, 在次近邻等于 J_2.

当 $\chi_2 = 0$ 时, 由平均场哈密顿量决定的自旋子谱是 (9.1.19), 导带和价带在 $(k_x, k_y) = (0,0)$, $(0, \frac{\pi}{a})$ 点相接触, 当 $\chi_2 \neq 0$ 时, 导带和价带之间打开一个能隙, 平均场自旋子谱是

$$E_{\boldsymbol{k}}^{\pm} = \pm\sqrt{J_1^2\chi_1^2[\sin^2 k_x + \sin^2 k_y] + J_2^2\chi_2^2[\cos(k_x+k_y) + \cos(k_x-k_y)]^2}. \tag{9.1.25}$$

填充价带得到平均场基态. 由于存在能隙, 自旋自旋关联是短程的. 使用基态波函数, 可以计算 $\langle f_{\alpha i}^{\dagger} f_{\alpha j}\rangle$ 来验证自洽条件 (9.1.7). 我们得到当 $J_2/J_1 < 0.49$ 时, 自洽方程只支持一个 $\chi_1 \neq 0$ 且 $\chi_2 = 0$ 的解, 也就是 π 通量相; 当 $J_2/J_1 > 0.49$ 时, (9.1.7) 还支持第二个 $\chi_2 \neq 0$ 的解, 这个解的平均场能量较低, 因此 T 和 P 会自发破缺.

注意手征态的平均场哈密顿量等价于磁场中跃迁电子的问题, 从费米子和规范场 a_μ 之间的耦合与电子和电磁场之间的耦合相同, 因此可以预期由 (9.1.10) 描述的从费米子系统具有类似霍尔效应的现象. 在这种情况下 "霍尔效应" 意味着 a_μ 规范场的 "电" 场产生横向自旋子流:

$$j_x = \sigma_{xy} e_y, \quad e_y = \partial_t a_y - \partial_y a_0, \tag{9.1.26}$$

其中 σ_{xy} 是霍尔电导. 有一个定理指出, 满带的霍尔电导总是量子化为 $1/2\pi$ 的整数倍 [Avron *et al.* (1983)]. 在我们的情况就是 $\sigma_{xy} = 2n/2\pi$, 其中的因子 2 来自自旋. "霍尔" 电导的数值可以使用 4.4 节所讨论的方法得到. 我们可得到

$$\sigma_{xy} = 2/2\pi. \tag{9.1.27}$$

理解这个结果最简单的办法是注意到自旋向上的自旋子, 密度等于通量子密度. 自旋向下的自旋子的密度, 也等于通量子密度, 因此自旋向上和自旋向下的自旋子都有填充分数 $\nu = 1$. 去掉晶格势以后, 平均场手征自旋态中的价带变为第一朗道能级, 价带中自旋向上和自旋向下的从费米子各向 "霍尔" 电导贡献 $1/2\pi$, 因此, 总 "霍尔" 电导为 (9.1.27).

积掉 (9.1.10) 中的自旋子, 得到规范涨落的有效作用量. 利用 "霍尔" 电导和 Chern-Simons 项之间的关系, 我们可以很容易地写出连续极限下的有效作用量:

$$S = \int d^3x d^3x' \frac{1}{2} a_\mu(x) K_{\mu\nu}(x-x') a_\nu(x') = \int d^3x \frac{1}{2}\sigma_{xy} a_\mu \partial_\nu a_\lambda \epsilon_{\mu\nu\lambda} + \frac{1}{8\pi g^2}(\boldsymbol{e}^2 - v^2 b^2) + \cdots \tag{9.1.28}$$

其中 $e_i = \partial_0 a_i - \partial_i a_0|_{i=x,y}$ 是规范场 a_μ 的 "电场", $b = \partial_x a_y - \partial_y a_x$ 是规范场 a_μ 的 "磁场". (9.1.28) 中 g^2 的量级同自旋子能隙一致, v 的量级同典型自旋子速度 $1/aJ$ 一致, 使用有效拉格朗日量我们可以计算规范涨落的低能动力学性质.

由于有非零的 "霍尔" 电导 σ_{xy}, 既使在导带和价带中没有自旋子和空穴, 也可以改变自旋子密度. 这个性质对于了解准粒子的性质很重要. 让我们慢慢增加 a_μ 场的通量 $\Phi = \int d^2x\, b$. 如果通量分布在一较大的面积上, 通量中的 "磁" 场 b 就很小. 这种情况下, 价带和导带之间的能隙将保持有限, 价带中的所有能级填满了自旋向上和自旋向下的自旋子. 增加通量时产生旋绕 "电" 场 e_θ. 由于 σ_{xy} 非零, 电场又在径向 $\hat{\boldsymbol{r}}$ 产生自旋子流, 会在原点附近聚集起一些荷, 不难发现产生的自旋子总数为

$$N \equiv \sum_i (\langle f^\dagger_{\alpha i} f_{\alpha i}\rangle - 1) = -\sigma_{xy}\Phi = -\frac{\Phi}{\pi}. \tag{9.1.29}$$

我们要强调通量只改变自旋子密度, 不会产生任何自旋量子数, 无论通量产生了多少自旋子, 通量管携带的自旋总为零, 因为价带中的每一个能级均被自旋向上和自旋向下的自旋子填满了.

现在我们就可以讨论手征自旋态中的准粒子激发量子数了. 平均场手征自旋态中最简单的激发可以通过在导带中加一个自旋子而得到, 但是这种激发不是物理的, 因为导带中增加的自旋子违反了约束 (9.1.5). 为了满足约束, 可以增加通量改变价带中自旋子密度, 由以上讨论可以看到, 导带中自旋子产生的额外自旋子密度可以通过引进 π 通量抵消 (见 (9.1.29)), 因此手征自旋态中的物理准粒子是携带π 通量的自旋子. 因为通量不会产生任何自旋量子数, 缀饰的自旋子携带自旋 $\frac{1}{2}$. 但是作为荷和通量的束缚态 (注意自旋子携带 a_μ 规范场的单位荷), 自旋子具有分数统计. 交换两个缀饰自旋子等价于移动一个自旋子绕另一个自旋子半圈, 产生的相位是 $\theta = \frac{1}{2}q\Phi$, 这里 $q = 1$ 是自旋子的荷, $\Phi = \pi$ 是束缚在自旋子上的通量. 因此缀饰自旋子的统计角是 $\theta = \frac{\pi}{2}$, 具有这种统计的粒子介于玻色子 ($\theta = 0$) 和费米子 ($\theta = \pi$) 之间, 称为半子.

为了了解自旋子的低能动力学性质, 我们要推导自旋子的有效拉格朗日量. 首先忽略规范涨落, 令 $a_\mu = 0$, 这种情况下, 导带和价带中的自旋子遵循 (9.1.25) 所给的色散关系, E^+_k (E^-_k) 在 $(0,0)$ 和 $(0,\pi/a)$ 有两个最小 (最大) 值, 因此在连续空间极限下, 就有两种自旋子, 其动力学由以下有效拉格朗日量描述

$$\mathcal{L} = \sum_{I=1,2}\left(-if^\dagger_{I\alpha}\partial_t f_{I\alpha} + \frac{1}{2m_s} f^\dagger_{I\alpha}\partial_i^2 f_{I\alpha} - i\bar{f}^\dagger_{I\alpha}\partial_t \bar{f}_{I\alpha} + \frac{1}{2m_s}\bar{f}^\dagger_{I\alpha}\partial_i^2 \bar{f}_{I\alpha}\right). \tag{9.1.30}$$

$f_{1\alpha}$ 和 $f_{2\alpha}$ 对应于导带两个最小值附近的自旋子, $\bar{f}_{1\alpha}$ 和 $\bar{f}_{2\alpha}$ 对应于价带最大值附近的空穴. 当 $a_\mu \neq 0$ 时, 自旋子和规范场之间的耦合可以用 $\partial_\mu \pm ia_\mu$ 替换 (9.1.30) 中的 ∂_μ 得到, 这种形式的耦合由规范不变性的要求决定, 加入了对规范场的耦合之后, 总有效拉格朗日量的形式是

$$\begin{aligned}\mathcal{L} =& \sum_{I=1,2}\left[-if^\dagger_{I\alpha}(\partial_t - ia_0)f_{I\alpha} + \frac{1}{2m_s} f^\dagger_{I\alpha}(\partial_i - ia_i)^2 f_{I\alpha}\right]\\ &+ \sum_{I=1,2}\left[-i\bar{f}^\dagger_{I\alpha}(\partial_t + ia_0)\bar{f}_{I\alpha} + \frac{1}{2m_s}\bar{f}^\dagger_{I\alpha}(\partial_i + ia_i)^2 \bar{f}_{I\alpha}\right]\\ &- \frac{2}{4\pi} a_\mu \partial_\nu a_\lambda \epsilon_{\mu\nu\lambda} + \frac{1}{8\pi g^2}(\boldsymbol{e}^2 - v^2 b^2).\end{aligned} \tag{9.1.31}$$

由运动方程 $\frac{\delta\mathcal{L}}{\delta a_0}=0$ 得到

$$n_1+n_2=-\frac{1}{\pi}b, \tag{9.1.32}$$

其中 $n_I=\sum_\alpha(f_{I\alpha}^\dagger f_{I\alpha}-\bar{f}_{I\alpha}^\dagger \bar{f}_{I\alpha}), I=1,2$ 是自旋子的密度. (9.1.32) 告诉我们, 自旋子被 π 通量覆盖, 与前面的结果吻合. 自旋子的统计还可以直接从 (9.1.31) 计算.

这里要指出, 根据 (9.1.31), 每一个固定的 I 都有四种准粒子: 导带中自旋向上和向下的自旋子, 价带中自旋向上和向下的空穴, 这个结果是不正确的. 对于每一个固定的 I, 应该只有两种准粒子: 自旋向上和向下的自旋子, 导带中自旋向上的自旋子和价带中自旋向上的空穴在投影后产生相同的自旋子 [Affleck *et al.* (1988); Dagotto *et al.* (1988)]. 以后我们会明白手征自旋拟设实际上具有 $SU(2)$ 规范结构, 那时就可以解决这个重复计数的问题 (见习题9.2.4).

习题

9.1.6 取平均场能量 (9.1.6) 的最小值, 写出决定手征自旋态的拟设 (9.1.22) 中 χ_1 和 χ_2 的方程.

9.1.7 证明 (9.1.25).

9.1.8 使用 4.4 节的结果证明 (9.1.27).

9.2 $SU(2)$ 投影构建

9.2.1 隐藏的$SU(2)$规范结构

要点:

- 投影构建具有隐藏的 $SU(2)$ 规范结构
- 平均场拟设 $[U_{ij}, a_0^l(i)]$ 标记了一类具有自旋旋转对称性的自旋液体波函数
- $SU(2)$ 规范等价的拟设标记相同的自旋液体波函数
- 物理波函数在某一对称变换下的不变性只要求相应平均场拟设在这个变换后与原拟设规范等价

在上一节, 我们用 Chern-Simons 项构建了稳定平均场态, 本节我们想考虑基于 Anderson-Higgs 机制的稳定平均场态. 为了使 Anderson-Higgs 机制发生作用, 首先需要携带 a_μ 荷的玻色子, 其次带荷玻色子应该具有适当的动力学性质, 从而发生凝聚. 在投影构建获得的平均场理论中, 没有携带 a_μ 荷的玻色子, 但是有携带 a_μ 荷的费米子, 因此我们可以从结对的带荷费米子制造带荷玻色子, 并让这些费米子对凝聚. 可以看到, 通过费米子对凝聚可以获得 Anderson-Higgs 机制[4]. 下面我们将在平均场拟设中加入费米子对凝聚, 希望这样的平均场拟设能够代表稳定平均场态.

[4]如果费米子是电子, 费米子对凝聚态就是 BCS 超导态.

已知用自旋子算符表示, 哈密顿量 (9.1.1) 可以重新写为

$$H = \sum_{\langle ij \rangle} -\frac{1}{2} J_{ij} \left(f_{i\alpha}^\dagger f_{j\alpha} f_{j\beta}^\dagger f_{i\beta} + \frac{1}{2} f_{i\alpha}^\dagger f_{i\alpha} f_{j\beta}^\dagger f_{j\beta} \right), \tag{9.2.1}$$

其中为了得到以上结果, 我们增加了适当的常量项 $\sum_i f_{i\alpha}^\dagger f_{i\alpha}$.

为了得到含有费米子对凝聚的平均场哈密顿量, 我们首先将算符 $f_{i\alpha}^\dagger f_{j\beta}$ 和 $f_{i\alpha} f_{i\beta}$ 换为它们的基态期望值

$$\begin{aligned} \eta_{ij}\epsilon_{\alpha\beta} &= -2\langle f_{i\alpha}\ f_{j\beta}\rangle, & \eta_{ij} &= \eta_{ji}, \\ \chi_{ij}\delta_{\alpha\beta} &= 2\langle f_{i\alpha}^\dagger f_{j\beta}\rangle, & \chi_{ij} &= \chi_{ji}^\dagger. \end{aligned} \tag{9.2.2}$$

χ_{ij} 项包括在前面的平均场拟设中, η_{ij} 是描述费米子对凝聚的新项. 其次我们将约束 (9.1.4) 换为它的基态平均值

$$\langle f_{i\alpha}^\dagger f_{i\alpha} \rangle = 1, \qquad \langle f_{i\alpha} f_{i\beta} \epsilon_{\alpha\beta} \rangle = 0. \tag{9.2.3}$$

这样的约束可以通过在哈密顿量中加入与格点有关的且与时间无关的拉格朗日量乘子 $a_0^l(\boldsymbol{i})(f_{i\alpha}^\dagger f_{i\alpha} - 1), l = 1,2,3$ 实现. 在零阶, 我们忽略 a_0^l 的涨落 (即与时间有关的部分), 如果加入了 a_0^l 的涨落, 约束 (9.1.5) 将变为原来的约束 (9.1.4).

用这种方法我们得到了包括费米子对凝聚的零阶平均场哈密顿量:

$$\begin{aligned} H_{\text{mean}} = & \sum_{\langle ij \rangle} -\frac{3}{8} J_{ij} \left[(\chi_{ji} f_{i\alpha}^\dagger f_{j\alpha} + \eta_{ij}\ f_{i\alpha}^\dagger f_{j\beta}^\dagger \epsilon_{\alpha\beta} + h.c) - |\chi_{ij}|^2 - |\eta_{ij}|^2 \right] + \\ & \sum_{i} \left[a_0^3 (f_{i\alpha}^\dagger f_{i\alpha} - 1) + [(a_0^1 + i a_0^2) f_{i\alpha} f_{i\beta} \epsilon_{\alpha\beta} + h.c.] \right]. \end{aligned} \tag{9.2.4}$$

(9.1.6) 中的 χ_{ij} 和 η_{ij} 必须满足自洽条件 (9.2.2), 选择与格点相关的场 $a_0^l(\boldsymbol{i})$ 使得平均场基态满足 (9.2.3), 这样的 χ_{ij}, η_{ij} 和 a_0^l 就给出了平均场解.

对于具有最近邻自旋耦合的海森堡模型 (9.1.15), 下述带有费米子对凝聚的平均场拟设是平均场方程 (9.2.2) 的解:

$$\begin{aligned} \chi_{i,i+x} &= \chi, & \chi_{i,i+y} &= \chi, \\ \eta_{i,i+x} &= \eta, & \eta_{i,i+y} &= -\eta, \\ a_0^l &= 0. \end{aligned} \tag{9.2.5}$$

这样的拟设实际上对应于 d 波 BCS 态, 称为 d 波态[5]. 由于费米子对的凝聚, 可以预期由上述拟设描述的平均场态因为 Anderson-Higgs 机制不含无能隙 $U(1)$ 规范玻色子.

但是, 尽管物理图像看起来非常合理, 上述结果却是不正确的. 错误出在哪里? 其实物理图像和分析都是正确的, 错误只是数学上的. 我们曾经断言平均场理论 (9.1.10)(以及更普遍的

[5]我们注意到费米子结对序参量 η_{ij} 在 90° 旋转下变号, 与携带角动量 2 的波函数类似, 这也是这种态称为 d 波态的原因.

(9.2.4)) 具有 $U(1)$ 规范结构, 因此由 $U(1)$ 规范变换 (9.1.13) 相关联的两个拟设在投影后对应于相同的物理自旋波函数 (见 (9.1.14)). 实际上平均场理论具有一个更大的 $SU(2)$ 规范结构, 由 $SU(2)$ 规范变换相关联的两个拟设对应于相同的物理自旋波函数. 不同的规范结构对于我们了解平均场态会有举足轻重的影响, 特别是 χ_{ij}, η_{ij} 和 $a_0^l(i)$ 中的涨落描述了 $SU(2)$ 规范涨落.

为了了解平均场哈密顿量 (9.2.4) 中和约束 (9.1.4) 中的 $SU(2)$ 规范结构 [Affleck *et al.* (1988); Dagotto *et al.* (1988)], 我们引进二重态

$$\psi = \begin{pmatrix} \psi_1 \\ \psi_2 \end{pmatrix} = \begin{pmatrix} f_\uparrow \\ f_\downarrow^\dagger \end{pmatrix} \tag{9.2.6}$$

和矩阵

$$U_{ij} = \begin{pmatrix} \chi_{ij}^\dagger & \eta_{ij} \\ \eta_{ij}^\dagger & -\chi_{ij} \end{pmatrix} = U_{ji}^\dagger. \tag{9.2.7}$$

使用 (9.2.6) 和 (9.2.7) , 可以将 (9.2.3) 和 (9.2.4) 重写为:

$$\langle \psi_i^\dagger \tau^l \psi_i \rangle = 0, \qquad l = 1, 2, 3, \tag{9.2.8}$$

$$H_{\text{mean}} = \sum_{\langle ij \rangle} \frac{3}{8} J_{ij} \left[\frac{1}{2} \text{Tr}(U_{ij}^\dagger\ U_{ij}) - (\psi_i^\dagger U_{ij} \psi_j +\ h.c.) \right] + \sum_i a_0^l \psi_i^\dagger \tau^l \psi_i, \tag{9.2.9}$$

其中 τ^l, $l = 1, 2, 3$ 是泡利矩阵. 从 (9.2.9) 我们可以清楚地看到哈密顿量在局域 $SU(2)$ 变换 W_i

$$\begin{aligned} \psi_i &\to W_i \psi_i, \\ U_{ij} &\to W_i\ U_{ij}\ W_j^\dagger \end{aligned} \tag{9.2.10}$$

下是不变的.

$SU(2)$ 规范结构实际上来自 (9.1.2), $SU(2)$ 是自旋子之间保持物理自旋算符不变的最一般的变换, 由于哈密顿量是自旋算符的函数, 只要我们写出自旋算符 (9.1.2) 的自旋子表达式, 就决定了理论的 $SU(2)$ 规范结构.

我们要指出, 除了自洽方程 (9.2.2) 以外, 还有另一种得到平均场解的方法. 我们将 H_{mean}(见 (9.2.9)) 的平均场基态 $|\Psi_{\text{mean}}^{(U_{ij})}\rangle$ 看作是试探波函数, U_{ij} 看作是变分参量, 引进

$$(\tilde{U}_{ij})_{\alpha\beta} \equiv -2 \langle \Psi_{\text{mean}}^{(U_{ij})} | \psi_{i,\alpha} \psi_{j,\beta}^\dagger | \Psi_{\text{mean}}^{(U_{ij})} \rangle,$$

就发现 $|\Psi_{\text{mean}}^{(U_{ij})}\rangle$ 的平均场能量是

$$E_{\text{mean}}(\{U_{ij}\}) = -\sum_{\langle ij \rangle} \frac{3}{16} J_{ij} \text{Tr}(\tilde{U}_{ij}^\dagger \tilde{U}_{ij}). \tag{9.2.11}$$

$E_{\text{mean}}(\{U_{ij}\})$ 是 U_{ij} 的泛函, 具有 $SU(2)$ 规范不变性

$$E_{\text{mean}}(\{U_{ij}\}) = E_{\text{mean}}(\{W_i U_{ij} W_j^\dagger\}).$$

现在取 E_{mean} 的最小值, 就可以得到平均场解 U_{ij}.

我们注意到 ψ 的两个分量都是自旋向上, 因此公式没有明显表示出自旋旋转对称性, 很难说 (9.2.9) 是否描述的是自旋旋转不变态. 实际上对于满足 $U_{ij}=U_{ji}^\dagger$ 的一般的 U_{ij}, (9.2.9) 可能描述的不是自旋旋转不变态, 但是如果 U_{ij} 的形式是

$$\begin{aligned} U_{ij} =&\chi_{ij}^\mu \tau^\mu, \qquad \mu=0,1,2,3, \\ \chi_{ij}^0 =&\text{虚数}, \qquad \chi_{ij}^l=\text{实数}, \qquad l=1,2,3, \end{aligned} \tag{9.2.12}$$

则 (9.2.9) 描述的就是自旋旋转不变态, 这是因为上述 U_{ij} 可以写为 (9.2.7) 的形式, 而 (9.2.9) 就可以写为具有明显自旋旋转不变性的 (9.2.4), 在 (9.2.12) 中, τ^0 是恒等矩阵, $\tau^{1,2,3}$ 是泡利矩阵.

为了确认由 $SU(2)$ 规范变换关联的两个拟设对应于相同的物理自旋波函数, 我们注意到在每一个格点上的 f 费米子态和 ψ 费米子态具有以下关系

$$\begin{aligned} |0_f\rangle =&\psi_2^\dagger|0_\psi\rangle, \qquad & f_\uparrow^\dagger f_\downarrow^\dagger|0_f\rangle =&\psi_1^\dagger|0_\psi\rangle, \\ f_\downarrow^\dagger|0_f\rangle =&|0_\psi\rangle, \qquad & f_\uparrow^\dagger|0_f\rangle =&\psi_1^\dagger\psi_2^\dagger|0_\psi\rangle, \end{aligned}$$

其中 $|0_\psi\rangle$ 是没有 ψ 费米子的态: $\psi_a|0_\psi\rangle=0$. 因此物理的每个格点有一个 f 费米子的态对应于每个格点有偶数个 ψ 费米子的态, 这些每个格点有偶数个 ψ 费米子的态是局域 $SU(2)$ 单态 (即每个格点上的 $SU(2)$ 单态), 空 ψ 费米子态对应于自旋向下, 占据双 ψ 费米子态对应于自旋向上. 基于这样的认识, 将平均场态投影到每个格点偶数个 ψ 费米子的子空间, 就可以得到自旋系统正确的波函数. 令 $\boldsymbol{i}_1,\boldsymbol{i}_2,\cdots$ 为向上自旋的位置, 物理自旋波函数可以写成 $\boldsymbol{i}_1,\boldsymbol{i}_2,\cdots$ 的函数: $\Psi_{\text{spin}}(\boldsymbol{i}_1,\boldsymbol{i}_2,\cdots)$, 因为 $\boldsymbol{i}_1,\boldsymbol{i}_2,\cdots$ 是所有的有两个 ψ 费米子的格点, 则有

$$\Psi_{\text{spin}}(\{\boldsymbol{i}_n\})=\langle 0_\psi|\prod_n \psi_{1,\boldsymbol{i}_n}\psi_{2,\boldsymbol{i}_n}|\Psi_{\text{mean}}^{(U_{ij})}\rangle. \tag{9.2.13}$$

因为 $\langle 0_\psi|$ 和 $\psi_{1,\boldsymbol{i}}\psi_{2,\boldsymbol{i}}$ 在局域 $SU(2)$ 变换下是不变量, 由 $SU(2)$ 规范变换关联的两个拟设 U_{ij} 和 U'_{ij} ($U'_{ij}=W_iU_{ij}W_j^\dagger$), 只是同一个物理态的两个不同标记:

$$\langle 0_\psi|\prod_n \psi_{1,\boldsymbol{i}_n}\psi_{2,\boldsymbol{i}_n}|\Psi_{\text{mean}}^{(U_{ij})}\rangle=\langle 0_\psi|\prod_n \psi_{1,\boldsymbol{i}_n}\psi_{2,\boldsymbol{i}_n}|\Psi_{\text{mean}}^{(W_iU_{ij}W_j^\dagger)}\rangle. \tag{9.2.14}$$

根据平均场态和物理自旋波函数之间的关系 (9.2.13), 物理自旋波函数的变换可以由相应平均场拟设的变换得到. 例如, 具有平移拟设 $U'_{ij}=U_{i-l,j-l}$ 的平均场态 $|\Psi_{\text{mean}}^{(U'_{ij})}\rangle$ 在投影后产生平移的物理自旋波函数.

显然平移不变拟设会产生平移不变的物理自旋波函数, 但是, 投影以后物理波函数的平移对称性并不要求相应拟设的平移不变性. 当且仅当平移后的拟设 U'_{ij} 与原来的拟设 U_{ij} 规范等价时, 物理态就是平移对称的. 由此可见规范结构使我们对于对称性的分析变得更加复杂, 因

为物理自旋波函数 $\Psi_{\text{spin}}(\{\alpha_i\})$ 可以比投影以前的平均场态 $|\Psi_{\text{mean}}^{(U_{ij})}\rangle$ 有更多的对称性. 以上讨论也适用于任何其他的对称变换, 比如旋转和宇称.

为了得到一阶平均场理论, 我们从平均场哈密顿量

$$H_{\text{mean}} = \sum_{\langle \boldsymbol{ij} \rangle} -\frac{3}{8} J_{\boldsymbol{ij}} [\psi_{\boldsymbol{i}}^\dagger \ U_{\boldsymbol{ij}}^{(\text{mean})} \psi_{\boldsymbol{j}} + h.c.] + \sum_{\boldsymbol{i}} a_0^l \psi_{\boldsymbol{i}}^\dagger \tau^l \psi_{\boldsymbol{i}} \tag{9.2.15}$$

描述的零阶平均场理论开始, 其中 $U_{\boldsymbol{ij}}^{(\text{mean})}$ 是平均场解, 满足自洽条件

$$\chi_{\boldsymbol{ij}}^{(\text{mean})} = \langle \psi_{\boldsymbol{i}\alpha}^\dagger \psi_{\boldsymbol{j}\alpha} \rangle, \quad \eta_{\boldsymbol{ij}}^{(\text{mean})} = -\langle \psi_{\boldsymbol{i}\alpha} \psi_{\boldsymbol{i}\beta} \epsilon_{\alpha\beta} \rangle. \tag{9.2.16}$$

选择 (9.2.15) 中的 a_0^l 满足 (9.2.3). 平均场基态附近的重要涨落是 $U_{\boldsymbol{ij}}$ 的 "相" 涨落:

$$U_{\boldsymbol{ij}} = U_{\boldsymbol{ij}}^{(\text{mean})} \ e^{ia_{\boldsymbol{ij}}}, \tag{9.2.17}$$

其中 $a_{\boldsymbol{ij}} = a_{\boldsymbol{ij}}^l \tau^l$ 是一个 2×2 无迹厄米矩阵. 由于存在 $SU(2)$ 规范结构, 这些涨落是 $SU(2)$ 规范涨落, 必须加入这些涨落才能得到低能自旋液体态定性正确的结果. 由此我们得到一阶平均场理论

$$H_{\text{mean}} = \sum_{\langle \boldsymbol{ij} \rangle} -\frac{3}{8} J_{\boldsymbol{ij}} [\psi_{\boldsymbol{i}}^\dagger \ U_{\boldsymbol{ij}}^{(\text{mean})} e^{ia_{\boldsymbol{ij}}^l \tau^l} \psi_{\boldsymbol{j}} + h.c.] + \sum_{\boldsymbol{i}} a_0^l \psi_{\boldsymbol{i}}^\dagger \tau^l \psi_{\boldsymbol{i}}. \tag{9.2.18}$$

上式描述了与 $SU(2)$ 晶格规范场耦合的自旋子.

我们要指出自旋液体 $U_{\boldsymbol{ij}}$ 的平均场拟设可以分为两类: $U_{\boldsymbol{ij}}$ 只连接一个偶数格点和一个奇数格点的非组错拟设 和 $U_{\boldsymbol{ij}}$ 在两个偶数格点/奇数格点之间非零的组错拟设. 非组错拟设只有纯 $SU(2)$ 通量穿过每个小格, 而组错拟设除了 $SU(2)$ 通量还有 $\pi/2$ 倍数的 $U(1)$ 通量穿过某些小格.

习题

9.2.1 使用 (9.2.2), 从 (9.2.1) 得到 (9.2.4).

9.2.2 π 通量态和d波态的等价性

(a) 证明 π 通量态 (9.1.18) 由 $SU(2)$ 连接变量

$$U_{\boldsymbol{i},\boldsymbol{i}+\boldsymbol{x}} = -i\chi_1 \tau^0, \quad U_{\boldsymbol{i},\boldsymbol{i}+\boldsymbol{y}} = -i\chi_1 (-)^{i_x} \tau^0$$

描述.

(b) 证明当 $\eta = \chi$ 时, d 波态 (9.2.5) 由 $SU(2)$ 连接变量

$$U_{\boldsymbol{i},\boldsymbol{i}+\boldsymbol{x}} = \chi\tau^3 + \chi\tau^1, \quad U_{\boldsymbol{i},\boldsymbol{i}+\boldsymbol{y}} = \chi\tau^3 - \chi\tau^1$$

描述.

(c) 证明当 χ 和 χ_1 以某种方式相关时, 以上两个拟设规范等价. 写出使一个拟设变为另一个拟设的 $SU(2)$ 规范变换 $W_{\boldsymbol{i}}$. [提示: 考虑以下 $SU(2)$ 规范变换 $(i\tau^1)^{i_x}(i\tau^3)^{i_y}$.] 写出 χ 和 χ_1 的关系.

(d) 证明当 χ 和 χ_1 以这种方式相关时, π 通量态和 d 波态具有相同的自旋子谱.

9.2.2 $SU(2)$规范涨落的动力学性质

要点:

- 不使用 Higgs 玻色子就可以通过 $SU(2)$ 规范通量的凝聚实现 Anderson-Higgs 机制
- 共线 $SU(2)$ 通量将 $SU(2)$ 规范结构破缺为 $U(1)$ 规范结构
- 非共线 $SU(2)$ 通量将 $SU(2)$ 规范结构破缺为 Z_2 规范结构, 这种情况下, 所有 $SU(2)$ 规范玻色子得到一条能隙

与 $U(1)$ 投影构建相像, 为了在 $SU(2)$ 投影构建中得到稳定的平均场态, 我们需要设法消除无能隙 $SU(2)$ 规范玻色子, $SU(2)$ Chern-Simons 项是给 $SU(2)$ 规范玻色子一个非零能隙的一个办法, 下面我们讨论怎样使用 Anderson-Higgs 机制消除无能隙 $SU(2)$ 规范玻色子.

我们知道 $U(1)$ 规范玻色子不携带自己的规范荷, 我们需要另外的荷玻色子来实现 Anderson-Higgs 机制. 相反, $SU(2)$ 规范玻色子自己携带非零规范荷, 因此我们不需要另外的 Higgs 玻色子实现 Anderson-Higgs 机制, $SU(2)$ 规范玻色子自己可以干掉自己.

为了看到 $SU(2)$ 规范玻色子怎样自己干掉自己, 考虑一个格点 $SU(2)$ 规范理论, 格点 $SU(2)$ 规范场由连接变量 $U_{\boldsymbol{ij}} \in SU(2)$ 给出, 一阶平均场理论 (9.2.18) 是一个 $SU(2)$ 格点规范理论, 构形的能量是 $U_{\boldsymbol{ij}}$ 的函数 $E(U_{\boldsymbol{ij}})$, 能量在 $SU(2)$ 规范变换下是不变量

$$E(\tilde{U}_{\boldsymbol{ij}}) = E(U_{\boldsymbol{ij}}), \qquad \tilde{U}_{\boldsymbol{ij}} = W_{\boldsymbol{i}}(U_{\boldsymbol{ij}})W_{\boldsymbol{j}}, \qquad W_{\boldsymbol{i}} \in SU(2). \tag{9.2.19}$$

为了了解格点 $SU(2)$ 规范涨落的动力学性质, 令 $U_{\boldsymbol{ij}} = U_{\boldsymbol{ij}}^{(\text{mean})} e^{ia_{\boldsymbol{ij}}^l \tau^l}$, 其中定义在连接上的 2×2 矩阵 $a_{\boldsymbol{ij}}$ 描述了规范涨落. 能量可以写为 $E[U_{\boldsymbol{ij}}^{(\text{mean})}, e^{ia_{\boldsymbol{ij}}^l \tau^l}]$. 为了确定 $SU(2)$ 规范涨落是否得到一条能隙, 我们需要检验 $E[U_{\boldsymbol{ij}}^{(\text{mean})}, e^{ia_{\boldsymbol{ij}}^l \tau^l}]$ 在 $a_{\boldsymbol{ij}}^l$ 小量极限下是否含有一个质量项 $(a_{\boldsymbol{ij}}^l)^2$.

为了了解平均场拟设 $U_{\boldsymbol{ij}}^{(\text{mean})}$ 怎样影响规范涨落的动力学性质, 引进平均场解的回路变量比较方便

$$P(C_{\boldsymbol{i}}) = U_{\boldsymbol{ij}}^{(\text{mean})} U_{\boldsymbol{jk}}^{(\text{mean})} \cdots U_{\boldsymbol{li}}^{(\text{mean})}, \tag{9.2.20}$$

$P(C_{\boldsymbol{i}})$ 称为穿过以 $\boldsymbol{i}$ 为基点的回路 $C_{\boldsymbol{i}}$: $\boldsymbol{i} \to \boldsymbol{j} \to \boldsymbol{k} \to \cdots \to \boldsymbol{l} \to \boldsymbol{i}$ 的 $SU(2)$ 通量, 也称为 $SU(2)$ 通量算符. 回路变量在连续空间极限对应于规范场强度, 在规范变换下, $P(C_{\boldsymbol{i}})$ 变换为

$$P(C_{\boldsymbol{i}}) = W_{\boldsymbol{i}} P(C_{\boldsymbol{i}}) W_{\boldsymbol{i}}. \tag{9.2.21}$$

我们注意到 $SU(2)$ 通量的形式是 $P(C) = \chi^0(C)\tau^0 + i\chi^l(C)\tau^l$, 因此当 $\chi^l \neq 0$ 时, $SU(2)$ 通量在 $SU(2)$ 空间具有方向意义. 其方向由 χ^l 给出. 从 (9.2.21), 我们看到局域 $SU(2)$ 规范变换旋转 $SU(2)$ 通量的方向. 因为不同基点回路的 $SU(2)$ 通量的方向可以由局域 $SU(2)$ 规范变换独立旋转, 直接比较不同基点的 $SU(2)$ 通量的方向是没有意义的, 但是, 比较相同基点各回路的 $SU(2)$ 通量的方向是很有意义的. 根据穿过相同 基点回路的 $SU(2)$ 通量, 我们可以将不同的 $SU(2)$ 通量构形分为三类: (a) 平凡 $SU(2)$ 通量, 其中所有 $P(C) \propto \tau^0$; (b) 共线 $SU(2)$

通量, 其中所有 $SU(2)$ 通量指向相同的方向; (c) 非共线 $SU(2)$ 通量, 其中有相同基点的各回路的 $SU(2)$ 通量指向不同的方向.

首先让我们考虑所有回路都有平凡 $SU(2)$ 通量的拟设 $U_{\boldsymbol{ij}}^{(\text{mean})}$, $SU(2)$ 通量在 $SU(2)$ 规范变换下是不变量, 我们可以选择一个平均场拟设[6](通过进行规范变换) 使所有 $U_{\boldsymbol{ij}}^{(\text{mean})} \propto \tau^0$. 这种情况下, 能量的规范不变性意味着

$$E[U_{\boldsymbol{ij}}^{(\text{mean})}, e^{ia_{\boldsymbol{ij}}^l \tau^l}] = E[U_{\boldsymbol{ij}}^{(\text{mean})}, e^{i\theta_{\boldsymbol{i}}^l \tau^l} e^{ia_{\boldsymbol{ij}}^l \tau^l} e^{-i\theta_{\boldsymbol{j}}^l \tau^l}]. \tag{9.2.22}$$

结果是质量项 $(a_{\boldsymbol{ij}}^1)^2$, $(a_{\boldsymbol{ij}}^2)^2$ 和 $(a_{\boldsymbol{ij}}^3)^2$ 都不允许在 E 的展开中存在[7], 因此 $SU(2)$ 规范涨落是无能隙的. 由于拟设 $U_{\boldsymbol{ij}}^{(\text{mean})} \propto \tau^0$ 在全局 $SU(2)$ 规范变换下是不变的, 我们说 $SU(2)$ 规范结构没有破缺.

其次, 让我们假设 $SU(2)$ 通量是共线的, 这表示相同基点的不同回路的 $SU(2)$ 通量都指向相同的方向, 但是不同基点回路的 $SU(2)$ 通量仍可以指向不同的方向 (即使对于共线 $SU(2)$ 通量也是如此). 使用局域 $SU(2)$ 规范变换, 我们总可以把不同基点的 $SU(2)$ 通量都旋转到相同的方向, 并可以选这个方向为 τ^3 方向, 这种情况下, 所有 $SU(2)$ 通量的形式都是 $P(C) \propto \chi^0(C) + i\chi^3(C)\tau^3$. 我们可以选择一个平均场拟设使所有 $U_{\boldsymbol{ij}}^{(\text{mean})}$ 均为 $ie^{i\phi_{\boldsymbol{ij}}\tau^3}$, 因为这个拟设在全局 $U(1)$ 规范变换 $e^{\imath\theta\tau^3}$ 下是不变的, 但在 $e^{\imath\theta\tau^{1,2}}$ 下变化, 我们说 $SU(2)$ 规范结构破缺为 $U(1)$ 规范结构. 能量的规范不变性意味着

$$E[U_{\boldsymbol{ij}}^{(\text{mean})}, e^{ia_{\boldsymbol{ij}}^l \tau^l}] = E[U_{\boldsymbol{ij}}^{(\text{mean})}, e^{i\theta_{\boldsymbol{i}} \tau^3} e^{ia_{\boldsymbol{ij}}^l \tau^l} e^{-i\theta_{\boldsymbol{j}} \tau^3}], \tag{9.2.23}$$

当 $a_{\boldsymbol{ij}}^{1,2} = 0$ 时, 上式化为

$$E[U_{\boldsymbol{ij}}^{(\text{mean})}, e^{ia_{\boldsymbol{ij}}^3 \tau^3}] = E[U_{\boldsymbol{ij}}^{(\text{mean})}, e^{i(a_{\boldsymbol{ij}}^3 + \theta_{\boldsymbol{i}} - \theta_{\boldsymbol{j}})\tau^3}]. \tag{9.2.24}$$

可以看出质量项 $(a^3)^2$ 不与 (9.2.24) 兼容, 因此至少规范玻色子 a^3 是没有质量的. a^1 和 a^2 的规范玻色子情况如何? 令 $P_A(\boldsymbol{i})$ 为通过基点为 $\boldsymbol{i}$ 的回路的 $SU(2)$ 通量, 如果我们假设所有会出现在能量函数中的规范不变项确实出现在能量函数中, 则 $E(U_{\boldsymbol{ij}})$ 将包括以下的项

$$E = a\text{Tr}[P_A(\boldsymbol{i})U_{\boldsymbol{i},\boldsymbol{i}+\boldsymbol{x}}P_A(\boldsymbol{i}+\boldsymbol{x})U_{\boldsymbol{i}+\boldsymbol{x},\boldsymbol{i}}] + \cdots \tag{9.2.25}$$

如果记 $U_{\boldsymbol{i},\boldsymbol{i}+\boldsymbol{x}}$ 为 $\chi e^{i\phi_{\boldsymbol{ij}}\tau^3} e^{ia_x^l \tau^l}$, 由于 $U_{\boldsymbol{i},\boldsymbol{i}+\boldsymbol{x}} = -U_{\boldsymbol{i}+\boldsymbol{x},\boldsymbol{i}}^\dagger$ (见 (9.2.12)), 并展开到 $(a_x^l)^2$ 阶项, (9.2.25) 变为

$$E = -\frac{1}{2}a\chi^2\text{Tr}([P_A, a_x^l \tau^l]^2) + \cdots \tag{9.2.26}$$

从 (9.2.26) 可以看到, 如果 $P_A \propto \tau^3$, 就产生了 a^1 和 a^2 的质量项.

---

[6]用数学证明这一点比较困难, 这里先当作一个数学事实接受.

[7]在规范变换 $e^{i\theta_{\boldsymbol{i}}^1 \tau^1}$ 下, $a_{\boldsymbol{ij}}^1$ 变换为 $a_{\boldsymbol{ij}}^1 = a_{\boldsymbol{ij}}^1 + \theta_{\boldsymbol{i}}^1 - \theta_{\boldsymbol{j}}^1$, 质量项 $(a_{\boldsymbol{ij}}^1)^2$ 在这样的变换下不是不变量, 因此不允许.

概括起来, 我们发现如果 $SU(2)$ 通量共线, 则拟设在 $U(1)$ 旋转 $e^{i\theta \boldsymbol{n}\cdot\boldsymbol{\tau}}$ 下是不变的, 其中 $\boldsymbol{n}$ 是 $SU(2)$ 通量的方向. 这样的拟设造成 $SU(2)$ 规范结构破缺为 $U(1)$ 规范结构, 相应的平均场态将具有无能隙 $U(1)$ 规范涨落.

第三, 我们考虑 $SU(2)$ 通量非共线的情况, 前面已经证明 $SU(2)$ 通量 P_A 可以产生质量项 $\mathrm{Tr}([P_A, a_x^l\tau^l]^2)$, 对于非共线 $SU(2)$ 通量构形, 可以有两种 $SU(2)$ 通量 P_A 和 P_B, 各指向不同的方向, 质量项也含有一项 $\mathrm{Tr}([P_B, a_x^l\tau^l]^2)$. 这种情况下, 会产生所有 $SU(2)$ 规范场的质量项 $(a_{\boldsymbol{ij}}^1)^2$、$(a_{\boldsymbol{ij}}^2)^2$ 和 $(a_{\boldsymbol{ij}}^3)^2$, 所有 $SU(2)$ 规范玻色子将得到一个能隙 (见 3.4.5 节). 这样的拟设描述的平均场态将为稳定态. 因为拟设在 Z_2 变换 $W_{\boldsymbol{i}} = -\tau^0$ 下是不变的, 但在更一般的全局 $SU(2)$ 规范变换下是变化的, 非共线 $SU(2)$ 通量将 $SU(2)$ 规范结构破缺为 Z_2 规范结构, 因此可以猜测低能有效理论是一个 Z_2 规范理论. 在 9.2.3 节和 9.3 节, 我们要研究非共线 $SU(2)$ 通量态的低能性质, 证明这种态的低能性质, 诸如存在 Z_2 涡漩和基态简并, 确实与一个 Z_2 规范理论的性质相同. 因此我们称具有非共线 $SU(2)$ 通量的平均场态为 Z_2 平均场态.

在 Z_2 平均场态, 所有规范涨落都是有能隙的, 这些涨落只能传递自旋子之间的短程相互作用, 低能下自旋子的相互作用很弱, 就像是自由自旋子. 因此加入了平均场涨落不会定性地改变平均场态的性质, 平均场态在低能下是稳定的.

稳定的平均场自旋液体态意味着真正的物理自旋液体的存在, 稳定平均场态的物理性质可以用于描述物理自旋液体. 如果我们相信这两句话, 则我们就可以通过研究相应的稳定平均场态研究物理自旋液体的性质. 因为在平均场 Z_2 态中自旋子是解禁闭的, 从 Z_2 平均场态推导的物理自旋液体含有中性自旋 1/2 费米子做为其激发态, 考虑到自旋模型是一个纯玻色模型, 不得不说这是一个很令人诧异的结果.

习题

9.2.3

(a) 证明 (9.2.5) 是一个 $SU(2)$ 共线态.

(b) 求解将 $U_{\boldsymbol{ij}}$ 变换为 $e^{i\phi_{\boldsymbol{ij}}\tau^3}$ 形式的 $SU(2)$ 规范变换. [提示: 尝试 $W_{\boldsymbol{i}} = (i\tau^3)^{i_x+i_y}$.]

9.2.4

(a) 证明从 (9.1.22) 得到的手征自旋拟设 $U_{\boldsymbol{ij}}$ 在全局 $SU(2)$ 规范变换 $U_{\boldsymbol{ij}} = WU_{\boldsymbol{ij}}W^\dagger$ 下是不变量.

(b) 证明 $a_0^l = 0$ 的手征自旋拟设 $U_{\boldsymbol{ij}}$ 满足约束 (9.2.8).

(c) 证明由 (9.1.22) 描述的拟设和下面的平移不变拟设

$$u_{\boldsymbol{i},\boldsymbol{i}+\boldsymbol{x}} = -\chi\tau^3 - \chi\tau^1, \qquad u_{\boldsymbol{i},\boldsymbol{i}+\boldsymbol{y}} = -\chi\tau^3 + \chi\tau^1,$$
$$u_{\boldsymbol{i},\boldsymbol{i}+\boldsymbol{x}+\boldsymbol{y}} = \eta\tau^2, \qquad u_{\boldsymbol{i},\boldsymbol{i}-\boldsymbol{x}+\boldsymbol{y}} = -\eta\tau^2,$$
$$a_0^l = 0$$

规范等价, 在 f 费米子的图像中 [见 (9.2.4) 和 (9.2.7)], 上面的拟设描述了一个 $d_{x^2-y^2} + id_{xy}$"超导" 态. 因为 $SU(2)$ 规范结构没有破缺, 手征自旋态的低能有效理论实际上是一个 (一阶的)$SU(2)$ Chern-Simons 理论.

9.2.3 来自平移不变拟设的稳定Z_2自旋液体

要点:

- 存在多种不同的稳定自旋液体 —— Z_2 自旋液体
- 这些态具有严格相同的对称性, 无法用对称性标识这些不同的自旋液体
- Z_2 自旋液体含有分数化的激发 —— 自旋子. 自旋子携带 1/2 自旋, 不带电荷, 具有费米统计或玻色统计

学完构建稳定平均场态的基态后, 本节我们将研究不破坏任何对称性的稳定平均场态. 为了构建这样的态, 可以从平移不变拟设开始

$$U_{\boldsymbol{i}+\boldsymbol{l},\boldsymbol{j}+\boldsymbol{l}} = U_{\boldsymbol{ij}}, \qquad a_0^l(\boldsymbol{i}) = a_0^l,$$

上式产生具有平移对称的物理自旋液体[8]. 首先我们引进

$$u_{\boldsymbol{ij}} = \frac{3}{8} J_{\boldsymbol{ij}} U_{\boldsymbol{ij}} = u_{\boldsymbol{ij}}^\mu \tau^\mu,$$

其中 $u_{\boldsymbol{l}}^{1,2,3}$ 是实数, $u_{\boldsymbol{l}}^0$ 是虚数. 在零阶平均场理论中, 自旋子谱由下面的哈密顿量决定 (见 9.2.9)

$$H = -\sum_{\langle \boldsymbol{ij} \rangle} \left(\psi_{\boldsymbol{i}}^\dagger u_{\boldsymbol{ij}} \psi_{\boldsymbol{j}} + h.c. \right) + \sum_{\boldsymbol{i}} \psi_{\boldsymbol{i}}^\dagger a_0^l \tau^l \psi_{\boldsymbol{i}}, \tag{9.2.27}$$

在 $\boldsymbol{k}$ 空间中有

$$H = -\sum_{\boldsymbol{k}} \psi_{\boldsymbol{k}}^\dagger (u^\mu(\boldsymbol{k}) - a_0^\mu) \tau^\mu \psi_{\boldsymbol{k}} \qquad \mu = 0, 1, 2, 3$$

$$u^\mu(\boldsymbol{k}) = \sum_{\boldsymbol{l}} u_{\boldsymbol{i},\boldsymbol{i}+\boldsymbol{l}}^\mu e^{i\boldsymbol{l}\cdot\boldsymbol{k}},$$

$a_0^0 = 0$, N 是格点的总数. 费米子谱有两支, 分别为

$$\begin{aligned} E_\pm(\boldsymbol{k}) =& u^0(\boldsymbol{k}) \pm E_0(\boldsymbol{k}), \\ E_0(\boldsymbol{k}) =& \sqrt{\sum_l [u^l(\boldsymbol{k}) - a_0^l]^2}. \end{aligned} \tag{9.2.28}$$

从 $\frac{\partial E_{\text{ground}}}{\partial a_0^l} = 0$ 可以得到约束, 形式为

$$N \langle \psi_{\boldsymbol{i}}^\dagger \tau^l \psi_{\boldsymbol{i}} \rangle = \sum_{\boldsymbol{k}, E_-(\boldsymbol{k})<0} \frac{u^l(\boldsymbol{k}) - a_0^l}{E_0(\boldsymbol{k})} - \sum_{\boldsymbol{k}, E_+(\boldsymbol{k})<0} \frac{u^l(\boldsymbol{k}) - a_0^l}{E_0(\boldsymbol{k})} = 0. \tag{9.2.29}$$

---

[8]这里我们要区别拟设的不变性和拟设的对称性, 当拟设本身在平移下不改变时, 我们说拟设具有平移不变性; 当从拟设得到的物理自旋波函数具有平移对称性时, 我们说拟设具有平移对称性. 由于存在着规范结构, 非平移不变的拟设也可以具有平移对称性.

由上式可以决定 a_0^l, $l=1,2,3$. 为了构建对称的稳定 Z_2 自旋液体, 我们首先尝试下面的简单拟设[9][Baskaran *et al.* (1987); Affleck and Marston (1988); Kotliar and Liu (1988)]

$$a_0^l=0, \qquad u_{\boldsymbol{i},\boldsymbol{i}+\boldsymbol{x}}=\chi\tau^3+\eta\tau^1, \qquad u_{\boldsymbol{i},\boldsymbol{i}+\boldsymbol{y}}=\chi\tau^3-\eta\tau^1. \tag{9.2.30}$$

首先我们要证明相应的自旋液体具有所有的对称性.

为了研究相应物理自旋态的对称性, 我们需要得到它的波函数 $|\Psi_{\text{phy}}\rangle$. 使用拟设可以得到平均场哈密顿量 (9.2.27) 的平均场基态 $|\Psi_{\text{mean}}\rangle$, 物理波函数 $|\Psi_{\text{phy}}\rangle$ 由到每个格点偶数个 ψ 费米子的子空间的投影得到: $|\Psi_{\text{phy}}\rangle=\mathcal{P}|\Psi_{\text{mean}}\rangle$.

拟设在 x 和 y 方向上的两个平移 T_x 和 T_y 之下已经是不变的, 这个拟设在两个宇称变换 P_x 和 P_y 下也是不变的, 宇称变换 P_{xy} 导致 $u_{\boldsymbol{i},\boldsymbol{i}+\boldsymbol{x}}\to u_{\boldsymbol{i},\boldsymbol{i}+\boldsymbol{y}}$ 和 $u_{\boldsymbol{i},\boldsymbol{i}+\boldsymbol{y}}\to u_{\boldsymbol{i},\boldsymbol{i}+\boldsymbol{x}}$ 的改变, 变换后的拟设

$$a_0^l=0, \qquad u_{\boldsymbol{i},\boldsymbol{i}+\boldsymbol{x}}=\chi\tau^3-\eta\tau^1, \qquad u_{\boldsymbol{i},\boldsymbol{i}+\boldsymbol{y}}=\chi\tau^3+\eta\tau^1.$$

与原有拟设是不同的. 我们看到在宇称变换 P_{xy} 和规范变换 $G_{P_{xy}}(\boldsymbol{i})=i\tau^3$ 的联合变换下, 拟设是不变的[10]. 90° 旋转 R_{90} 由 P_xP_{xy} 产生, 因此物理波函数也具有 90° 旋转对称性. 上面的拟设也具有时间反演对称性, 因为时间反演变换 $u_{\boldsymbol{ij}}\to -u_{\boldsymbol{ij}}$ 加规范变换 $G_T(\boldsymbol{i})=i\tau^2$, 保持拟设不变. 概括起来说, 拟设在下面的对称变换和规范变换的组合下是不变的: G_xT_x, G_yT_y, $G_{P_x}P_x$, $G_{P_y}P_y$, $G_{P_{xy}}P_{xy}$ 和 G_TT, 其中的规范变换是

$$\begin{aligned} G_x&=\tau^0, & G_y&=\tau^0, & G_T&=i\tau^2,\\ G_{P_x}&=\tau^0, & G_{P_y}&=\tau^0, & G_{P_{xy}}&=i\tau^3. \end{aligned} \tag{9.2.31}$$

所以由拟设 (9.2.30) 描述的自旋液体具有所有的对称性, 我们称这样的态为对称自旋液体.

我们注意 (9.2.30) 中的连接变量 $u_{\boldsymbol{ij}}$ 在 $\tau^{1,2,3}$ 空间指向不同的方向, 因此不是共线的. 结果是拟设在均匀 $SU(2)$ 规范变换下不是不变的, 似乎可以期望 $SU(2)$ 规范结构破缺为 Z_2 规范结构, 拟设 (9.2.30) 描述了 Z_2 自旋液体. 实际上这样的分析是不正确的, 正如在 9.2.2 节已经指出的, 为了决定 $SU(2)$ 规范结构是否破缺为 Z_2 规范结构, 我们需要检查 $SU(2)$ 通量的共线性, 而不是 $SU(2)$ 连接变量的共线性.

当 $\chi=\eta$ 或 $\eta=0$ 时, 所有回路的 $SU(2)$ 通量 P_C 都是平凡的: $P_C\propto\tau^0$. 在这种情况下, $SU(2)$ 规范结构是不破缺的, $SU(2)$ 规范涨落 (在弱耦合极限) 没有能隙. 由 $\eta=0$ 描述的自旋液体中的自旋子谱是 $E_{\boldsymbol{k}}=\pm 2|\chi(\cos k_x+\cos k_y)|$, 具有很大的费米面, 我们称这种态为 $SU(2)$ 无隙态 (这种态在文献中称为均匀 RVB 态). $\chi=\eta$ 的态只在孤立的 $\boldsymbol{k}$ 点具有无能隙自旋子, 其自旋子谱为 $E_{\boldsymbol{k}}=\pm 2\sqrt{\chi^2+\eta^2}\sqrt{\cos^2 k_x+\cos^2 k_y}$(见图 9.2), 我们称这样的态为 $SU(2)$ 线性态, 用以强调在费米点附近的线性色散 $E\propto|\boldsymbol{k}|$. (这样的态在文献和 9.1.1 节中称为 π 通量态.)

[9]这个拟设实际上是以前引进的 d 波拟设 (9.2.5).

[10]均匀规范变换 $u_{\boldsymbol{ij}}\to G_{P_{xy}}u_{\boldsymbol{ij}}G_{P_{xy}}^\dagger$ 产生 $(\tau^1,\tau^2,\tau^3)\to(-\tau^1,-\tau^2,\tau^3)$ 的改变.

$SU(2)$ 线性态的低能有效理论由与 $SU(2)$ 规范场耦合的无质量狄拉克费米子 (自旋子) 描述 (见习题9.1.4).

经过适当的规范变换, $SU(2)$ 无隙拟设可以重新写为

$$u_{\boldsymbol{i},\boldsymbol{i}+\boldsymbol{x}} = i\chi, \qquad u_{\boldsymbol{i},\boldsymbol{i}+\boldsymbol{y}} = i\chi, \tag{9.2.32}$$

而 $SU(2)$ 线性拟设可写为

$$u_{\boldsymbol{i},\boldsymbol{i}+\boldsymbol{x}} = i\chi, \qquad u_{\boldsymbol{i},\boldsymbol{i}+\boldsymbol{y}} = i(-)^{i_x}\chi, \tag{9.2.33}$$

在这些形式中, $SU(2)$ 规范结构显然没有破缺, 因为 $u_{\boldsymbol{ij}} \propto i\tau^0$. 可以很容易地看到, 所有 $SU(2)$ 通量 $P_{\boldsymbol{ij}\cdots\boldsymbol{k}}$ 都是平凡的[11], 拟设在均匀 $SU(2)$ 规范变换下也是不变量. 在 $SU(2)$ 无隙和在 $SU(2)$ 线性拟设中的自旋子都在低能具有强相互作用, 所以两种平均场态都不是稳定平均场态.

当 $\chi \neq \eta$ 且 $\chi, \eta \neq 0$ 时, 通量 P_C 是非平凡的, 但是, $SU(2)$ 通量是共线的. 这种情况下, $SU(2)$ 规范结构破缺为 $U(1)$ 规范结构, 无能隙自旋子仍然只出现在孤立的 $\boldsymbol{k}$ 点. 自旋子谱为

$$E_{\boldsymbol{k}} = \pm 2\sqrt{\chi^2(\cos k_x + \cos k_y)^2 + \eta^2(\cos k_x - \cos k_y)^2}.$$

我们称这样的态为 $U(1)$ 线性态. (这种态在文献中称为交错通量态 d 波配对态.) 经过适当的规范变换, $U(1)$ 线性态也可以用如下拟设描述 (见习题9.2.3)

$$u_{\boldsymbol{i},\boldsymbol{i}+\boldsymbol{x}} = i\chi - (-)^{\boldsymbol{i}}\eta\tau^3, \qquad u_{\boldsymbol{i},\boldsymbol{i}+\boldsymbol{y}} = i\chi + (-)^{\boldsymbol{i}}\eta\tau^3, \tag{9.2.34}$$

其中的 $U(1)$ 规范结构是明显的[12]. 低能有效理论由与 $U(1)$ 规范场耦合的无质量狄拉克费米子 (自旋子) 描述, 由于无能隙 $U(1)$ 规范场在低能下传递有限相互作用, $U(1)$ 线性态不是稳定平均场态.

第一个对称稳定的平均场拟设在文献 Wen (1991a) 中给出, 具有以下形式

$$\begin{aligned} u_{\boldsymbol{i},\boldsymbol{i}+\boldsymbol{x}} = u_{\boldsymbol{i},\boldsymbol{i}+\boldsymbol{y}} &= -\chi\tau^3, & a_0^{2,3} &= 0, \quad a_0^1 \neq 0, \\ u_{\boldsymbol{i},\boldsymbol{i}+\boldsymbol{x}+\boldsymbol{y}} &= \eta\tau^1 + \lambda\tau^2, & u_{\boldsymbol{i},\boldsymbol{i}-\boldsymbol{x}+\boldsymbol{y}} &= \eta\tau^1 - \lambda\tau^2. \end{aligned} \tag{9.2.35}$$

为了证明 (9.2.35) 描述了稳定平均场态, 我们只需要证明它产生非共线 $SU(2)$ 通量. 在相同基点的两个三角形环路上, 可以得到以下的 $SU(2)$ 通量

$$\begin{aligned} u_{\boldsymbol{i},\boldsymbol{i}+\boldsymbol{x}}u_{\boldsymbol{i}+\boldsymbol{x},\boldsymbol{i}+\boldsymbol{y}}u_{\boldsymbol{i}+\boldsymbol{y},\boldsymbol{i}} &= -(\eta\tau^1 - \lambda\tau^2)\chi^2, \\ u_{\boldsymbol{i},\boldsymbol{i}+\boldsymbol{y}}u_{\boldsymbol{i}+\boldsymbol{y},\boldsymbol{i}-\boldsymbol{x}}u_{\boldsymbol{i}-\boldsymbol{x},\boldsymbol{i}} &= -(\eta\tau^1 + \lambda\tau^2)\chi^2. \end{aligned}$$

---

[11] 在以后会讨论的投影对称群分类中, $SU(2)$ 无隙拟设 (9.2.32) 标记为 SU2An0, $SU(2)$ 线性拟设 (9.2.33) 标记为 SU2Bn0 [见 (9.4.50)].

[12] 在投影对称群分类中, 这样的态标记为 U1Cn01n(见 (9.4.42) ~ (9.4.46)).

我们看到如果 $\chi\eta\lambda \neq 0$, (9.2.35) 中的拟设描述的是稳定平均场态, 更加准确地说是一个 Z_2 态.

由于在平移变换下拟设是不变的, 其相应的物理自旋态在平移下也是不变的, 因此物理波函数 $|\Psi_{\text{phy}}\rangle$ 具有平移对称性. 在 $x \to -x$ 宇称变换 P_x 之下, 拟设变为

$$\begin{aligned} u_{\boldsymbol{i},\boldsymbol{i}+\boldsymbol{x}} &= u_{\boldsymbol{i},\boldsymbol{i}+\boldsymbol{y}} = -\chi\tau^3, & a_0^{2,3} &= 0, \quad a_0^1 \neq 0, \\ u_{\boldsymbol{i},\boldsymbol{i}+\boldsymbol{x}+\boldsymbol{y}} &= \eta\tau^1 - \lambda\tau^2, & u_{\boldsymbol{i},\boldsymbol{i}-\boldsymbol{x}+\boldsymbol{y}} &= \eta\tau^1 + \lambda\tau^2 \end{aligned} \tag{9.2.36}$$

(注意对于平移不变的拟设, P_x 将 $u_{\boldsymbol{i},\boldsymbol{i}+\boldsymbol{x}}$ 变为 $u_{\boldsymbol{i},\boldsymbol{i}-\boldsymbol{x}} = u^\dagger_{\boldsymbol{i},\boldsymbol{i}+\boldsymbol{x}}$). 在 $SU(2)$ 规范变换 $G_x(\boldsymbol{i}) = i\tau^1(-)^{\boldsymbol{i}}$ 下, 变换后的拟设规范等价于原来的拟设[13]. 尽管 P_x 变换后的拟设与原来的拟设不同, 但是两个拟设在投影后都产生相同的物理波函数, 其相应的物理自旋态具有 P_x 宇称对称性.

我们还注意到, 以上的组合变换 G_xP_x 将不为零的 (a_0^2, a_0^3) 改变为 $(-a_0^2, -a_0^3)$. 由于平均场哈密顿量具有 P_x 对称性, 对于非零 (a_0^2, a_0^3), 平均场基态能量有如下的性质 $E_{\text{ground}}(a_0^2, a_0^3) = E_{\text{ground}}(-a_0^2, -a_0^3)$, 因此对于我们的拟设, $a_0^2 = a_0^3 = 0$ 总满足约束 $\langle\psi^\dagger_{\boldsymbol{i}}\tau^2\psi_{\boldsymbol{i}}\rangle = N^{-1}_{\text{site}}\frac{\partial E_{\text{ground}}}{a_0^2} = 0$ 和 $\langle\psi^\dagger_{\boldsymbol{i}}\tau^3\psi_{\boldsymbol{i}}\rangle = N^{-1}_{\text{site}}\frac{\partial E_{\text{ground}}}{a_0^3} = 0$, 我们只需要调整 a_0^1 满足 $\langle\psi^\dagger_{\boldsymbol{i}}\tau^1\psi_{\boldsymbol{i}}\rangle = 0$.

$y \to -y$ 宇称变换 P_y 的作用与 P_x 的作用相同, 因此物理波函数也具有 P_y 宇称对称性. 在时间反演变换下, T 作 $(u_{\boldsymbol{ij}}, a_0) \to (-u_{\boldsymbol{ij}}, -a_0)$ 的改变, 如果我们选择 $G_T = i\tau^3(-)^{\boldsymbol{i}}$, 规范变换 G_T 加时间反演变换将保持拟设 (9.2.35) 不变, 因此 $|\Psi_{\text{phy}}\rangle$ 具有时间反演对称性. 拟设在 $(x,y) \to (y,x)$ 宇称 P_{xy} 下不变, 因此物理波函数具有 P_{xy} 宇称对称性. 概括起来, 拟设 (9.2.35) 在下列组合的对称和规范变换下是不变量: G_xT_x、G_yT_y、$G_{P_x}P_x$、$G_{P_y}P_y$、$G_{P_{xy}}P_{xy}$ 和 G_TT, 其中的规范变换分别为

$$\begin{aligned} G_x &= \tau^0, & G_y &= \tau^0, & G_T &= i(-)^{\boldsymbol{i}}\tau^3, \\ G_{P_x} &= \tau^0, & G_{P_y} &= \tau^0, & G_{P_{xy}} &= i\tau^3, \end{aligned} \tag{9.2.37}$$

该拟设描述了不破坏任何对称性的自旋液体, 我们称这样态为 Z_2 对称自旋液体态.

Z_2 态中的自旋子谱是

$$\begin{aligned} E_\pm(\boldsymbol{k}) &= \pm\sqrt{\epsilon_1^2 + \epsilon_2^2 + \epsilon_3^2}, \\ \epsilon_1 &= 2\chi(\cos k_x + \cos k_y), \\ \epsilon_2 &= 2\eta[\cos(k_x + k_y) + \cos(k_x - k_y)] + a_0^1, \\ \epsilon_3 &= 2\lambda[\cos(k_x + k_y) - \cos(k_x - k_y)], \end{aligned}$$

[13] 我们定义 $(-)^{\boldsymbol{i}} = (-)^{i_x+i_y}$, 规范变换 $W_{\boldsymbol{i}} = i\tau^1$ 将 (9.2.36) 变换为

$$\begin{aligned} u_{\boldsymbol{i},\boldsymbol{i}+\boldsymbol{x}} &= u_{\boldsymbol{i},\boldsymbol{i}+\boldsymbol{y}} = \chi\tau^3, & a_0^{2,3} &= 0, \quad a_0^1 \neq 0, \\ u_{\boldsymbol{i},\boldsymbol{i}+\boldsymbol{x}+\boldsymbol{y}} &= \eta\tau^1 + \lambda\tau^2, & u_{\boldsymbol{i},\boldsymbol{i}-\boldsymbol{x}+\boldsymbol{y}} &= \eta\tau^1 - \lambda\tau^2, \end{aligned}$$

则规范变换 $W_{\boldsymbol{i}} = (-)^{\boldsymbol{i}}$ 将上式变为 (9.2.35).

由此可见自旋子有完全的能隙, 我们称态 (9.2.35) 为 Z_2 有隙自旋液体[14]. Z_2 有隙自旋液体对应于 Kivelson *et al.* (1987); Rokhsar and Kivelson (1988) 提出的短程共振价键 (简称 sRVB) 态.

因此 (9.2.35) 是一个稳定拟设, 规范涨落都是有能隙的, 只能在自旋子之间产生短程相互作用. 因为自旋子有能隙, Z_2 有隙态的低能激发对应于自旋子的稀薄气体, 由于只有短程相互作用, 这些自旋子的行为就像自由费米子. 因此 Z_2 有隙态中的激发是中性自旋 1/2 的自由费米子, 考虑到原来的自旋模型是一个纯玻色模型, 这是一个令人诧异的结果.

9.2.4 Z_2自旋液体中的Z_2涡漩

要点:

- Z_2 自旋液体态含有 Z_2 涡漩激发, 不带自旋也不带电荷
- 将 Z_2 涡漩束缚在一个自旋子上, 会使自旋子的统计从玻色性变为费米性, 或者从费米性变为玻色性

除了自旋子以外, Z_2 自旋液体态中还有另一种准粒子激发 [Wen (1991a)]. 这种激发是平均场理论中的拓扑孤子, 对应于 Z_2 规范场的 π 通量. 因此我们称这种新的激发为 Z_2 涡漩, 由改变跨过一条线的 u_{ij} 的符号产生 (见图 9.4), 用下面的拟设描述:

$$\tilde{u}_{ij} = u_{ij}^{(\text{mean})} \Theta_{ij}, \tag{9.2.38}$$

其中 Θ_{ij} 如图 9.4 所示. Z_2 涡漩位于线的末端, 注意除了在 Z_2 涡漩处以外, $\tilde{u}_{ij}$ 处处局域规范等价于 $u_{ij}^{(\text{mean})}$. 因此使 u_{ij} 改变符号的线本身不带任何能量, 是不可观测的, 拟设 $\tilde{u}_{ij}$ 确实描述了对应于线末端的局域激发.

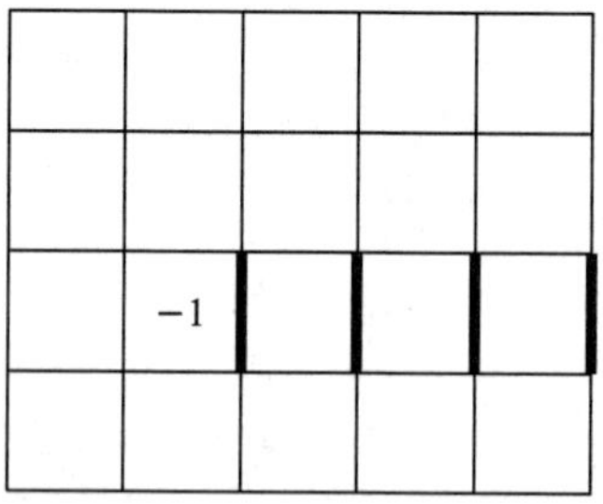

图 9.4 改变由粗线表示的连接上的 U_{ij} 的符号, 会产生一个 Z_2 涡漩. 在由粗线表示的连接上 $\Theta_{ij} = -1$, 其他连接上 $\Theta_{ij} = 1$.

u_{ij} 决定的是自旋子的跃迁振幅, 当自旋子绕 Z_2 涡漩跃迁一周时, 会产生额外的负号. 因此 Z_2 涡漩就像自旋子的 π 通量, 根据 7.1.2 节中的讨论, 我们发现将 Z_2 涡漩束缚在自旋子上会使自旋子的统计从费米性变为玻色性, 所以 Z_2 自旋液体同时含有玻色性和费米性统计的中性自旋 1/2 激发.

[14] 这里我们要指出, 在后面要讨论的投影对称群分类下, 态 (9.2.35) 由投影对称群 Z2A$xx0z$ 标记.

这里我们要强调指出, 在关于 Z_2 平均场态的讨论中, 我们已经假设 Z_2 涡漩涨落很弱, 产生每个 Z_2 涡漩都需要一定的能量. 如果 Z_2 涡漩涨落太强, 不需要额外的能量就能产生 Z_2 涡漩, 涨落就会导致量子相变, 使 Z_2 态变成一个新态. 来自 Z_2 平均场理论的结果不适用这个新态, 我们相信在这个新态中 [Senthil and Fisher (2000)] 自旋子是束缚禁闭的.

习题

9.2.5 证明对于 (9.2.38) 中的 Z_2 涡漩拟设, 穿过回路 C 的 $SU(2)$ 通量等于基态拟设 $u_{\boldsymbol{ij}}^{(\text{mean})}$ 中穿过相同回路的 $SU(2)$ 通量, 除非回路 C 包围了涡漩. 因为平均场能量是 $SU(2)$ 通量的函数, 以上结果表示 $u_{\boldsymbol{ij}}$ 改变符号不会使连线耗费能量.

9.2.5 无能隙Z_2自旋液体

要点:

- 某些稳定的自旋液体可以具有无能隙自旋子激发

除了 (9.2.35), 我们还可以写出 Z_2 对称自旋液体的另一个拟设 [Wen (2002c)]

$$u_{\boldsymbol{i},\boldsymbol{i}+\boldsymbol{x}} = i\eta\tau^0 - \chi(\tau^3 - \tau^1), \qquad u_{\boldsymbol{i},\boldsymbol{i}+\boldsymbol{y}} = i\eta\tau^0 - \chi(\tau^3 + \tau^1), \qquad a_0^l = 0, \tag{9.2.39}$$

其中 χ 和 η 非零. 如果 $\chi = 0$, 以上拟设变为 $SU(2)$ 无隙自旋液体; 如果 $\eta = 0$, 就变为 $SU(2)$ 线性自旋液体. 为了证明 (9.2.39) 中的拟设描述的是对称自旋液体, 我们必须证明在以下组合的对称和规范变换 G_xT_x, G_yT_y, $G_{P_x}P_x$, $G_{P_y}P_y$, $G_{P_{xy}}P_{xy}$ 和 G_TT 下, 它是不变的. 我们发现如果选择规范变换为

$$\begin{aligned} &G_x = \tau^0, && G_y = \tau^0, && G_T = (-)^{\boldsymbol{i}}\tau^0, \\ &G_{P_x} = i(-)^{i_x}\frac{\tau^1 + \tau^3}{\sqrt{2}}, && G_{P_y} = i(-)^{i_y}\frac{\tau^1 - \tau^3}{\sqrt{2}}, && G_{P_{xy}} = i\tau^3, \end{aligned} \tag{9.2.40}$$

则对称变换加相应规范变换会保持拟设不变.

使用时间反演对称性, 我们可以证明在我们的拟设 (9.2.39) 中为 0 的 a_0^l 确实满足约束 (9.2.29), 这是因为在组合的时间反演变换 G_TT 下 $a_0^l \to -a_0^l$. 因此 $a_0^l = 0$ 的拟设在 G_TT 下是不变的, 非零 a_0^l 的平均场基态能量满足 $E(a_0^l) = E(-a_0^l)$, 则当 $a_0^l = 0$ 时, $\frac{\partial E}{\partial a_0^l} = 0$. 实际上, 如果 $a_0^l = 0$, 任何只连接两套非交叠子晶格的拟设 (即非组错拟设) 都是时间反演对称的, 对于这样的拟设, 包括拟设 (9.2.39) 在内, 为 0 的 a_0^l 就会满足约束 (9.2.29).

(9.2.39) 的自旋子谱是 [见图 9.8(e)]

$$E_\pm = 2\eta(\sin k_x + \sin k_y) \pm 2|\chi|\sqrt{2\cos^2 k_x + 2\cos^2 k_y}.$$

自旋子 (对于较小的 η) 具有两个费米点和两个小费米包, $SU(2)$ 通量是非平凡的. 而且 $SU(2)$ 通量 P_{C_1} 和 P_{C_2} 不对易, 其中 $C_1 = \boldsymbol{i} \to \boldsymbol{i}+\boldsymbol{x} \to \boldsymbol{i}+\boldsymbol{x}+\boldsymbol{y} \to \boldsymbol{i}+\boldsymbol{y} \to \boldsymbol{i}$, $C_2 = \boldsymbol{i} \to \boldsymbol{i}+\boldsymbol{y} \to$

$\boldsymbol{i}-\boldsymbol{x}+\boldsymbol{y}\to\boldsymbol{i}-\boldsymbol{x}\to\boldsymbol{i}$ 是围绕有相同基点方格的两条回路. 非共线 $SU(2)$ 通量将 $SU(2)$ 规范结构破缺为 Z_2 规范结构, 由 (9.2.39) 描述的自旋液体称为 Z_2 无隙自旋液体[15], 低能有效理论由与 Z_2 规范场耦合的无质量狄拉克费米子和小费米面费米子描述. 因为不存在无能隙规范玻色子, 规范涨落只能在自旋子之间传递短程相互作用, 短程相互作用在低能可忽, 自旋子在低能是自由费米子, 因此平均场 Z_2 无隙态是一个稳定态. 稳定的平均场态表示存在着第二种真实的物理自旋液体 (第一种是在 9.2.3 节讨论的 Z_2 有隙自旋液体), 这种自旋液体的物理性质可以从平均场理论得到, 我们发现在 Z_2 无隙自旋液体中的激发可由中性自旋 1/2 的费米准粒子描述!

第三种 Z_2 对称自旋液体可以从以下组错拟设得到 [Kotliar and Liu (1988); Balents *et al.* (1998); Senthil and Fisher (2000)]

$$
\begin{aligned}
&a_0^3\neq 0, \qquad a_0^{1,2}=0,\\
&u_{\boldsymbol{i},\boldsymbol{i}+\boldsymbol{x}}=\chi\tau^3+\eta\tau^1, && u_{\boldsymbol{i},\boldsymbol{i}+\boldsymbol{y}}=\chi\tau^3-\eta\tau^1,\\
&u_{\boldsymbol{i},\boldsymbol{i}+\boldsymbol{x}+\boldsymbol{y}}=+\gamma\tau^3, && u_{\boldsymbol{i},\boldsymbol{i}-\boldsymbol{x}+\boldsymbol{y}}=+\gamma\tau^3.
\end{aligned}
\tag{9.2.41}
$$

该拟设具有平移、旋转、宇称和时间反演对称性, 它在组合变换 $G_{x,y}T_{x,y}$, $G_{P_x,P_y,P_{xy}}P_{x,y,xy}$ 和 G_TT 下是不变的, 其中

$$
\begin{aligned}
G_x&=\tau^0, & G_y&=\tau^0, & G_T&=i\tau^2,\\
G_{P_x}&=\tau^0, & G_{P_y}&=\tau^0, & G_{P_{xy}}&=i\tau^3.
\end{aligned}
\tag{9.2.42}
$$

当 $a_0^3\neq 0$, $\chi\neq\pm\eta$ 和 $\chi\eta\neq 0$ 时, 我们发现 $a_0^l\tau^l$ 不与诸如 $P(C_1)$ 的 $SU(2)$ 通量算符对易[16], 因此拟设将 $SU(2)$ 规范结构破缺为 Z_2 规范结构, 自旋子谱是 [见图 9.8(a)]

$$
\begin{aligned}
E_\pm&=\pm\sqrt{\epsilon^2(\boldsymbol{k})+\Delta^2(\boldsymbol{k})},\\
\epsilon(\boldsymbol{k})&=2\chi(\cos k_x+\cos k_y)+2\gamma[\cos(k_x+k_y)+\cos(k_x-k_y)]+a_0^3,\\
\Delta(\boldsymbol{k})&=2\eta(\cos k_x-\cos k_y)+a_0^3.
\end{aligned}
$$

上式只在四个 $\boldsymbol{k}$ 点没有能隙并具有线性色散, 因此由 (9.2.41) 描述的自旋液体是 Z_2 线性自旋液体. 稳定的平均场态表示存在着第四种物理自旋液体, 由中性自旋 1/2 费米子作为其低能激发态[17].

[15] Z_2 无隙自旋液体是在 9.4.3 节中分类的一种 Z_2 自旋液体, 其投影对称群由 Z2A$\tau_-^{13}\tau_+^{1\bar{3}}\tau^3\tau_-^0$ 标记, 或等价地由 Z2Ax12(12)n 标记 (见 9.4.3 节和 (9.4.33) 节).

[16] $\tau^l a_0^l(\boldsymbol{i})$ 可以看作是穿过零尺度回路的 $SU(2)$ 通量.

[17] Z_2 线性自旋液体由投影对称群 Z2A0032 或等价的 Z2A0013 描述 (见 9.4.3 节).

习题

9.2.6 证明如果规范变换定义为 (9.2.40), (9.2.39) 中的拟设在组合变换 $G_xT_x, G_yT_y, G_{P_x}P_x, G_{P_y}P_y$, $G_{P_{xy}}P_{xy}$ 和 G_TT 下是不变量.

9.2.7 证明手征自旋态具有平移和 90° 旋转对称性, 证明手征自旋态也具有组合对称性 TP_x, TP_y 和 TP_{xy}.

9.2.6 附录: 平均场理论中的时间反演变换

在时间反演变换 (或自旋反演变换) 下, $\boldsymbol{S_i} \to -\boldsymbol{S_i}$, 因为我们在这一章只考虑自旋旋转不变态, 为了方便, 我们定义 T 变换为时间反演和自旋旋转变换的组合 $(S^x, S^y, S^z) \to (S^x, -S^y, S^z)$, 并笼统地称它为时间反演变换.

这样的变换可以由

$$\psi \to \psi' = -i\tau^2\psi^* \tag{9.2.43}$$

产生, 我们使用一个算符 $\mathcal{T}$ 代表以上变换 $\mathcal{T}\psi\mathcal{T}^{-1} = -i\tau^2\psi^*$, 注意 $\mathcal{T}$ 将 i 变为 $-i$, 即 $\mathcal{T}^{-1}i\mathcal{T} = -i$. (9.2.43) 可写为对 f 费米子的一个变换

$$f \to \mathcal{T}f\mathcal{T}^{-1} = -i\tau^2 f^*,$$

可知 $\mathcal{T}$ 对 $\boldsymbol{S}$ 的变换为

$$\mathcal{T}\boldsymbol{S}\mathcal{T}^{-1} = -\frac{1}{2}f^T\boldsymbol{\sigma}f^* = \frac{1}{2}f^\dagger\boldsymbol{\sigma}^T f = (S^x, -S^y, S^z).$$

在平均场理论中, (9.2.43) 使平均场拟设产生以下变换

$$\begin{aligned} U_{\boldsymbol{ij}} \to& U'_{\boldsymbol{ij}} = (-i\tau^2)U^*_{\boldsymbol{ij}}(i\tau^2) = -U_{\boldsymbol{ij}}, \\ a_0^l(\boldsymbol{i})\tau^l \to& a_0'^l(\boldsymbol{i})\tau^l = (-i\tau^2)(a_0^l(\boldsymbol{i})\tau^l)^T(i\tau^2) = -a_0^l(\boldsymbol{i})\tau^l. \end{aligned} \tag{9.2.44}$$

上面讲述了平均场拟设怎样在 T 变换下变换. 自旋哈密顿量 (9.1.1) 和平均场哈密顿量 (9.2.4) 在时间反演变换下都是不变的.

习题

9.2.8 写出 $U_{\boldsymbol{ij}}$ 和 $a_0^l(\boldsymbol{i})$ 在真正的时间反演变换 $\boldsymbol{S} \to -\boldsymbol{S}$ 下如何变换.

9.3 刚性自旋液体态中的拓扑序

要点:

- 自旋液体基态的拓扑简并性

- 稳定的拓扑简并基态的存在意味着拓扑序的存在

我们已经使用平均场理论构建了 Z_2 有隙态和手征自旋态, 在这两个自旋液体态中, 所有激发都有有限能隙并遵循平移对称性. 我们要指出, 这里所研究的手征自旋液体和 Z_2 有隙自旋液体中, 含有不能用对称性和与破缺对称性相关的序参量标识的新序, 这对于 Z_2 有隙态是显然的, 因为它没有破缺任何对称性; 但手征自旋液体自发地破缺时间反演和宇称对称性, 具有描述这种对称破缺的对应局域序参量. 我们以后会看到, 手征自旋液体含有不能由对称破缺描述的附加结构, 由于手征自旋液体和 Z_2 有隙的自旋液体都有有限能隙, 这种新型的序是拓扑序.

正如 8.2.1 节所指出的, 证明在 Z_2 有隙态和在手征自旋态中的非平凡拓扑序的一个方法是证明两个态具有拓扑简并基态, 让我们首先考虑 Z_2 有隙态及其基态简并性.

我们把 Z_2 有隙态放到在 x 方向和 y 方向都有偶数个格点的环面上, 考虑下面从平均场解 $u_{\boldsymbol{ij}}^{(\text{mean})}$ 构建的四个拟设:

$$u_{\boldsymbol{ij}}^{(m,\ n)} = (-)^{ms_x(\boldsymbol{ij})}(-)^{ns_y(\boldsymbol{ij})}u_{\boldsymbol{ij}}^{(\text{mean})}, \tag{9.3.1}$$

其中 $m,n=0,\ 1$, $s_{x,y}(\boldsymbol{ij})$ 的值为 0 或 1. 如果连接 $\boldsymbol{ij}$ 跨 x 线 (见图 9.5), $s_x(\boldsymbol{ij})=1$; 其他情况下 $s_x(\boldsymbol{ij})=0$. 类似地, 如果连接 $\boldsymbol{ij}$ 跨 y 线, $s_y(\boldsymbol{ij})=1$; 其他情况下 $s_y(\boldsymbol{ij})=0$.

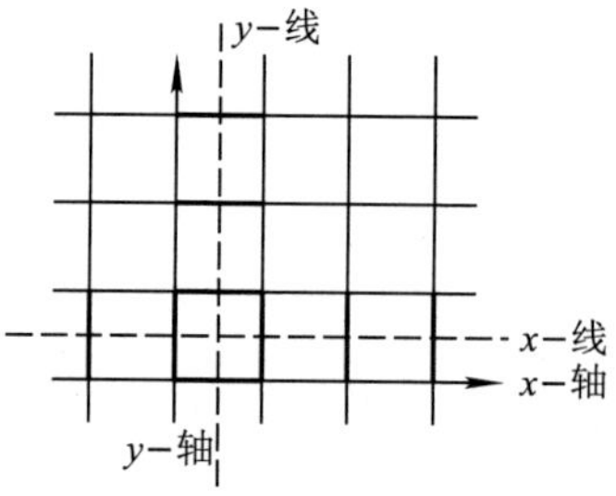

图 9.5 跨 x 线和 y 线的连接得到另外的负号.

我们注意到有不同 m 和 n 的 $u_{\boldsymbol{ij}}^{(m,n)}$ 是*局域地* 规范等价的, 因为在无限的系统中, $u_{\boldsymbol{ij}} \to (-)^{ms_x(\boldsymbol{ij})}(-)^{ms_y(\boldsymbol{ij})}u_{\boldsymbol{ij}}$ 的改变可以由 $SU(2)$ 规范变换 $u_{\boldsymbol{ij}} \to W_{\boldsymbol{i}}u_{\boldsymbol{ij}}W_{\boldsymbol{j}}^\dagger$ 产生, 其中 $W_{\boldsymbol{i}} = (-)^{m\Theta(i_x)}(-)^{n\Theta(i_y)}$. $\Theta(n)$ 定义为: 如果 $n>0$, $\Theta(n)=1$; 如果 $n\leqslant 0$, $\Theta(n)=0$. 所以, 不同的拟设 $u_{\boldsymbol{ij}}^{(m,\ n)}$ 通过每一个小格有相同的 $SU(2)$ 通量.

对于一个大系统, 能量 $F(u_{\boldsymbol{ij}})$ 是 $u_{\boldsymbol{ij}}$ 的局域函数, 并且如果 $u_{\boldsymbol{ij}}$ 和 $\tilde{u}_{\boldsymbol{ij}}$ 是规范等价的, 就会满足 $F(u_{\boldsymbol{ij}})=F(\tilde{u}_{\boldsymbol{ij}})$, 因此不同的 $u_{\boldsymbol{ij}}^{(m,\ n)}$ 的能量 (热力学极限下) 是相同的. 另一方面, 有不同 m 和 n 的 $u_{\boldsymbol{ij}}^{(m,n)}$ 在全局意义上不是规范等价的, 在 x(或 y) 方向完全围绕环面传播的自旋子得到相位 $e^{im\pi}$(或 $e^{in\pi}$), 因此 $u_{\boldsymbol{ij}}^{(mn)}|_{m,n=0,1}$ 描述了不同的正交简并基态 (另见习题9.3.1). 由此我们知道 Z_2 有隙态在环面上有四个简并基态 [Read and Chakraborty (1989); Wen (1991a)].

由自旋子围绕环面所得到的相位, 我们看到 m 和 n 标记着穿过环面上两个空洞的 π 通量的数目 (见图 9.6), 四个简并基态对应穿过两个空洞的不同的 π 通量. 这样的图像也可以推广到更高亏格的黎曼面, 简并基态可以通过穿过 g 亏格黎曼面上 $2g$ 个空洞的零或一个单位的 π 通量来构建 (见图 9.6), 因而产生了 g 亏格黎曼面上 2^{2g} 个简并基态. 这种在不同黎曼面上的不同简并形式正是 Z_2 规范理论的特点. 这种简并性以及 Z_2 涡漩激发的存在用物理的方式显示出, Z_2 有隙态的低能有效理论确实是 Z_2 规范理论 (见习题9.3.1). 包括自旋子以后, Z_2 有隙态的一阶平均场理论描述了与 Z_2 规范理论耦合的费米子. 从这样的有效理论就可以得到 Z_2 有隙态的物理性质.

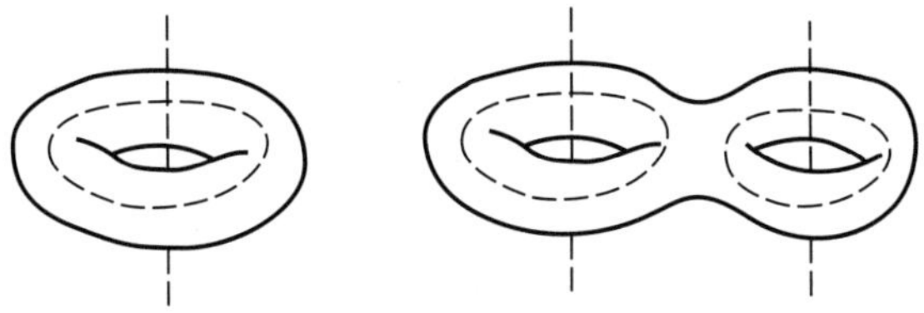

图 9.6 在 $g=1$ 的黎曼面 (即环面) 上有 $2g=2$ 个空穴, 在 $g=2$ 的黎曼面上有 $2g=4$ 个空穴, 我们可以让零通量或 π 通量穿过这些空穴, 由此使 Z_2 有隙的自旋液体有 $2^{2g}=4$ 个或 16 个简并基态.

在一个有限闭合晶格上, 系统从一个基态隧穿到另一个基态的唯一方法是通过以下的隧穿过程: 首先产生一对 Z_2 涡漩, 其中一个 Z_2 涡漩围绕环面传播一周, 然后与另一个 Z_2 涡漩一起湮没. 这样的过程等效于使环面的空洞中增加了一个单位的 π 通量, m 或 n 也就有大小为 1 的改变, 由于通量守恒, 不同基态是不能通过任何局域涨落相互隧穿的. 由这个结果可以直接得到, 有限晶格上不同基态的能量分裂大概是在 $e^{-L/\xi}$ 的量级, 其中 $1/\xi$ 的值与 Z_2 涡漩的有限能隙有关.

在平均场理论中, 基态的简并性是规范不变性的结果, 即使我们在原来的自旋哈密顿量中加入一个任意微扰:

$$\delta H=\sum \delta J_{ij}\,\boldsymbol{S}_i\cdot\,\boldsymbol{S}_j\;+\;\cdots \tag{9.3.2}$$

规范不变性仍然严格保持, 其中 δH 可能破坏平移对称性、旋转对称性等等. 因此以上说法仍然正确, 平均场基态即使对于修正的哈密顿量也仍然保持四重简并. 我们猜想这个结果是严格正确的. 只要微扰较弱, 不能够使 Z_2 涡漩的能隙闭合, Z_2 有隙态的基态简并就不能被任何微扰改变. 因此基态简并是标识自旋液体态不同相的普适量子数, 这也证明在 Z_2 有隙态中存在非平凡拓扑序.

为了看到拓扑序概念的用途, 让我们考虑下面的物理问题: 二聚态和 Z_2 有隙态之间的差别是什么? 也许有人立刻会说两个态有不同对称性, 但是如果我们修改哈密顿量, 破缺平移和旋转的对称性, 则两个态将具有相同的对称性. 这种情况下, 在一个态是否可以不经过相变连续地变形为另一个态的意义上, 我们仍然可以问这两个态是否相同? 当平移和旋转对称性被破缺时, 二聚态有一个非简并基态, 而 Z_2 有隙态在环面上仍然有四个简并基态. 因此即使二聚态和 Z_2 有隙态具有相同的对称性时, 它们也是不同的, 两个态的差别来源于它们具有不同的基态简并和不同的拓扑序.

现在来考虑手征自旋态中的拓扑序, 我们还需要计算手征自旋态在诸如环面上的基态简并. 计算基态简并最简单的方法是使用描述 a_μ 集体模式的动力学的有效 Chern-Simons 理论 (9.1.28). 我们已经讨论过 FQH 态的 $U(1)$Chern-Simons 理论的基态简并性, 重复在 8.2.1 节中的计算, 可以发现基态简并是 2. 我们要指出这个二重简并是对于 T 和 P 破缺基态中的一个所言, 比如 $\langle \boldsymbol{S}_1 \cdot (\boldsymbol{S}_2 \times \boldsymbol{S}_3)\rangle > 0$ 这一个, 而 $\langle \boldsymbol{S}_1 \cdot (\boldsymbol{S}_2 \times \boldsymbol{S}_3)\rangle < 0$ 的另一个基态也有二重简并, 因此总基态简并度是 $2 \times 2 = 4$, 一个因子 2 来自 T 和 P 破缺, 另一个因子 2 来自规范涨落.

规范涨落产生二重基态简并是因为手征自旋态中的非平凡拓扑序, 这个简并与空间的拓扑有关. 在 g 亏格的黎曼面上, 规范涨落产生 2^g 个简并的基态, 简并度再一次直接和规范结构有关, 并且可以证明它能够抵抗自旋哈密顿量的任意局域微扰. 与 FQH 态一样, 手征自旋态的基态简并与自旋子的分数统计有密切的关系. 一般地可以证明, 如果自旋子具有分数统计 $\theta = \frac{p\pi}{q}$, 手征自旋态就在 g 亏格的黎曼面上具有 q^g 重简并的基态 [Wen (1990)]. 同样由于非平凡拓扑序, 手征自旋态具有无能隙手征边缘激发 [Wen (1992)].

习题

9.3.1 具有非共线$SU(2)$ 通量的态中的Z_2规范结构

令 $u_{ij} = s_{ij} u_{ij}^{(\text{mean})}$, 其中 $s_{ij} = \pm 1$ 和 $u_{ij}^{(\text{mean})}$ 是具有非共线 $SU(2)$ 通量的拟设. 令 $|\{s_{ij}\}\rangle$ 是 $|\Psi_{\text{mean}}^{(u_{ij})}\rangle$ 的投影 (见 (9.2.13))

$$|\{s_{ij}\}\rangle = \langle 0_\psi | \prod_n \psi_{1,i_n} \psi_{2,i_n} | \Psi_{\text{mean}}^{(u_{ij})}\rangle.$$

(a) 证明如果 s_{ij} 和 $\tilde{s}_{ij}$ 之间的关系是 Z_2 规范变换, 则和 Z_2 规范理论中的态一样, 有 $|\{s_{ij}\}\rangle = |\{\tilde{s}_{ij}\}\rangle$.

(b) 证明在 (9.3.1) 中定义的四个 $u_{ij}^{(m,n)}$(取 $u_{ij}^{(\text{mean})}$ 为非共线 $SU(2)$ 通量的一般拟设) 不是 $SU(2)$ 等价的. (提示: 考虑穿过相同基点的三个回路的 $SU(2)$ 通量 $P(C_1)$、$P(C_2)$ 和 $P(C_3)$, C_1 和 C_2 是两个满足 $[P(C_1), P(C_2)] \neq 0$ 的小回路, C_3 是围绕环面的大回路.)

9.4 对称自旋液体中的量子序

要点:

- 量子序是量子相中的非对称破缺序
- 量子序既适用于刚性 (有能隙的) 量子态又适用于无能隙的量子态

本节我们将根据投影对称群讨论量子序的理论, 这个理论使我们能够标识和分类具有相同对称性的几百种自旋液体态. 与拓扑序不同, 投影对称群可以同时标识有能隙自旋液体和无能隙自旋液体.

我们已经知道, 很多不同的自旋液体都可以具有相同的对称性, 许多这样的自旋液体占据了相空间的有限区域, 代表稳定的量子相. 因此我们这里面对的是与量子霍尔效应中类似的情形: 很多不同的量子相不能用对称性和序参量区分. 量子霍尔液体具有有限能隙, 是刚性态, 我们引进了拓扑序的概念描述这些特殊刚性态的内部序, 这里我们也可以使用拓扑序描述刚性自旋液体的内部序. 不过, 我们也另外有不少稳定量子自旋液体具有无能隙激发.

为了描述无能隙量子自旋液体 (以及有能隙的自旋液体) 中的内部序, 在第 8 章我们已经引进了一个新的概念 —— 量子序来描述量子相中的非对称破缺序 (见图 8.7). 引进量子序的原因, 是量子相在一般境况下不能完全由破缺的对称性和局域序参量标识. 量子霍尔态和在以后几节构建的稳定自旋液体给出量子序的例子. 但是为了使量子序成为一个有用的概念, 需要有一种描写量子序的具体数学标识. 因为量子序不由对称性和序参量描述, 我们必须找到一种全新的方法标识它们. 我们在上一节观察到, 不同对称自旋液体的拟设在相同的对称变换加上不同的规范变换下保持不变. 这启发我们使用文献 Wen (2002c) 提出的投影对称群来标识量子自旋液体中的量子 (或拓扑) 序. 我们可以使用这些不同的规范变换区分具有相同对称性的不同自旋液体. 在后面两节, 我们要正式引进投影对称群.

9.4.1 量子序和普适性质

要点:

- 定义一种新型序就是寻找一种新的普适性质
- (一类) 量子序可以用投影对称群描述
- 投影对称群是平均场拟设的不变群 (或"对称"群)

我们知道寻找标识相的量子数就是寻找相的普适性质, 我们也知道对称性是一个相的一个普适性质, 可以使用对称性标识不同的对称破缺相. 为了找到量子相的普适性质, 我们需要找到多体波函数的普适性质, 然后我们就可以用普适性质将多体波函数按普适类分组, 使每一组中的波函数都有相同的普适性质, 这些普适类就对应于量子相.

但是, 找到多体波函数的普适性质是很困难的, 让我们考虑自由费米子系统中的量子序 (或普适类), 来获得对这一困难的一些直观了解. 我们知道自由费米子基态由 N 个变量的反对称波函数描述, 这个反对称函数的形式是斯莱特行列式: $\Psi(x_1,\cdots,x_N)=\det(M)$, 其中 M 的矩阵元素是 $M_{mn}=\psi_n(x_m)$, ψ_n 是单费米子波函数. 寻找自由费米子系统中量子序的第一步是寻找一种合理的方法对斯莱特行列式波函数分类. 如果我们只知道实空间的多体函数 $\Psi(x_1,\cdots,x_N)$, 那就会非常困难. 但是如果我们使用傅里叶变换将实空间的波函数变换为动量空间的波函数, 就可以根据它们费米面的拓扑将不同的波函数分类. 为了真正证明以上的分类法合理并对应于不同的量子相, 我们需要证明当一个基态波函数从一类变到另一类时, 转变点是基态能量的一个奇点. 这就使我们理解了自由费米系统中的量子序 (见 8.3.2 节). 费米面的拓扑是一个可以用来对不同费米子波函数分类、标识自由费米子不同量子相的普适性质. 这里我们要强调, 不经过傅里叶变换, 就很难从实空间多体函数 $\Psi(x_1,\cdots,x_N)$ 看出费米面的拓扑.

为了了解自旋液体中的量子序, 我们需要找到一个方法对自旋液体波函数 $\Psi_{\text{spin}}(\boldsymbol{i}_1,\cdots,\boldsymbol{i}_{N_\uparrow})$ 分类, 其中 $\boldsymbol{i}_m$ 标记向上自旋的位置. 这里缺少的是相应的 "傅里叶变换", 同费米面的拓扑一样, 从实空间波函数很难直接看到普适性质 (如果有的话), 目前我们还不知道怎样对自旋液体波函数 Ψ_{spin} 分类.

但是我们不想就此放弃, 受到投影构建的启发, 我们想从一个简单问题开始. 我们将自己限制在可以通过 (9.2.13) 从拟设 $(u_{\boldsymbol{ij}},a_0^l\tau^l)$ 得到的多体波函数的子类中. 不匆忙寻找一般多体波函数的普适性质, 而是先尝试寻找子类中的多体波函数的普适性质. 由于子类中的多体波函数由拟设 $(u_{\boldsymbol{ij}},a_0^l\tau^l)$ 标记, 波函数的普适性质实际上就是拟设的普适性质, 这样就使问题得到极大简化. 当然, 有的读者可能会指出拟设 (或波函数的子类) 的普适性质可能不是自旋量子相的普适性质. 对某些拟设来说, 确实是这样. 但是, 如果由拟设 $(u_{\boldsymbol{ij}},a_0^l\tau^l)$ 描述的平均场态对于任何涨落都是稳定的 (即平均场态附近没有可以引起红外发散的涨落), 则平均场态就忠实地描述了自旋量子态, 拟设的普适性质就是相应自旋量子相的普适性质. 这样就建立了拟设的性质和物理自旋液体的性质之间的联系.

那么拟设的普适性质应该是什么? 受到对称破缺序的朗道理论的启发, 我们想提出拟设的不变群 (或 "对称" 群) 就是拟设的普适性质, 这样的群称为投影对称群 (简称 PSG). 我们以后会论证, 某些 PSG 确实是量子相的普适性质, 这些 PSG 可以用来标识量子自旋液体中的量子序.

9.4.2 投影对称群

要点:

- 投影对称群是对称群的一个扩张
- 投影对称群可以对所有平均场相分类
- 只有当相应的平均场态稳定时, 投影对称群才能刻画物理自旋液体态中的量子序

让我们给 PSG 下一个详细的定义, 一个 PSG 是一个拟设的性质, 它由所有保持拟设不变的变换组成, 每一个变换 (或者说 PSG 中的每一个元素) 可以写为一个对称变换 U(诸如平移) 和一个规范变换 G_U 的组合, 对于每一个 $G_UU\in PSG$, 拟设在其 PSG 下的不变性可以表示为

$$G_UU(u_{\boldsymbol{ij}})=u_{\boldsymbol{ij}},\quad U(u_{\boldsymbol{ij}})\equiv u_{U(\boldsymbol{i}),U(\boldsymbol{j})},\quad G_U(u_{\boldsymbol{ij}})\equiv G_U(\boldsymbol{i})u_{\boldsymbol{ij}}G_U^\dagger(\boldsymbol{j}),\quad G_U(\boldsymbol{i})\in SU(2). \tag{9.4.1}$$

每一个 PSG 含有一个特殊的子群, 称为不变规范群 (简称 IGG). 一个拟设的 IGG(用 $\mathcal{G}$ 表示) 由所有保持拟设不变的纯规范变换组成:

$$\mathcal{G}=\{W_{\boldsymbol{i}}|W_{\boldsymbol{i}}u_{\boldsymbol{ij}}W_{\boldsymbol{j}}^\dagger=u_{\boldsymbol{ij}},W_{\boldsymbol{i}}\in SU(2)\}. \tag{9.4.2}$$

如果我们要把 IGG 与一个对称变换联系起来, 则相应的变换就是恒等对称变换.

如果 IGG 是非平凡的, 则对于固定的对称变换 U, 会有很多规范变换 G_U 使得 G_UU 保持拟设不变. 如果 G_UU 在 $u_{\boldsymbol{ij}}$ 的 PSG 中, 则当且仅当 $G\in\mathcal{G}$, GG_UU 也属于 PSG. 因此对于

每一个对称变换 U, 都能找到与 IGG 的元素一一对应的不同 G_U. 从以上的定义, 我们看到一个拟设的 PSG, IGG 和对称群 (简称 SG) 的关系是:

$$SG = PSG/IGG.$$

这个关系告诉我们, PSG 是对称群的投影表示或投影扩张[18].

显然对于两个规范等价拟设 $u_{\boldsymbol{ij}}$ 和 $W(\boldsymbol{i})u_{\boldsymbol{ij}}W^\dagger(\boldsymbol{j})$, PSG 是相关的. 由 $WG_UU(u_{\boldsymbol{ij}}) = W(u_{\boldsymbol{ij}})$, 其中 $W(u_{\boldsymbol{ij}}) \equiv W(\boldsymbol{i})u_{\boldsymbol{ij}}W^\dagger(\boldsymbol{j})$, 我们得到

$$WG_UUW^{-1}W(u_{\boldsymbol{ij}}) = WG_UW_U^{-1}UW(u_{\boldsymbol{ij}}) = W(u_{\boldsymbol{ij}}),$$

其中 $W_U \equiv UWU^{-1}$ 由 $W_U(\boldsymbol{i}) = W(U(\boldsymbol{i}))$ 给出. 因此如果 G_UU 是拟设 $u_{\boldsymbol{ij}}$ 的 PSG, 则 $(WG_UW_U)U$ 就是规范变换后的拟设 $W(\boldsymbol{i})u_{\boldsymbol{ij}}W^\dagger(\boldsymbol{j})$ 的 PSG, 我们看到与对称变换 U 相关的规范变换 G_U 经规范变换 $W(\boldsymbol{i})$ 后由以下列方式改变

$$G_U(\boldsymbol{i}) \to W(\boldsymbol{i})G_U(\boldsymbol{i})W^\dagger(U(\boldsymbol{i})). \tag{9.4.3}$$

因为 PSG 是拟设的一个性质, 我们可以将具有相同 PSG 的所有拟设放在一起组成一类, 并称这样的类是对应一个量子相的普适类[19], 正是在这个意义上我们说量子序由 PSG 标识.

将量子序的 PSG 标识与对称破缺序的对称性标识相比较是很有启发意义的. 我们知道对称破缺序可以用其对称性质描述, 数学上说对称破缺序由其对称群标识. 类似地, 量子序也用群标识, 不同之处是量子序由 PSG —— 对称群的投影扩张标识. 我们看到使用投影对称群描述量子序在概念上与使用对称群描述对称破缺序类似, 如果一个量子态具有用对称群 SG 描述的对称性, 则它的量子序就由对称群的投影扩张描述. 我们还看到, 具有相同对称性的量子态可以有很多不同的量子序, 因为一个对称群通常可以有许多不同的投影扩张.

除了对对称破缺序分类, 对称破缺序的对称描述还有其他用途. 无需知道系统的细节我们可以根据对称性得到很多普适性质, 比如无能隙 Nambu-Goldstone 激发的个数. 类似地, 知道了量子序的 PSG, 我们也可以获得量子系统的低能性质而无需知道系统的细节. 在 9.10 节中, 我们将证明 PSG 可以产生和保护低能规范涨落, 实际上低能规范涨落的规范群就是拟设的 IGG, 这推广了 9.2.2 节得到的结果. 除了无能隙规范玻色子, PSG 还可以产生和保护无能隙费米激发及其晶体动量, 这些无能隙费米子甚至可以在纯玻色模型中产生. 由此可见无能隙规范玻色子和无能隙费米子可以拥有共同的来源 —— 量子序.

这里我们要强调, PSG 其实是对不同的平均场相作了分类, 连续的平均场相变总是与 PSG 的变化有关. 因此严格地说, 以上关于 PSG 的讨论及其物理意义只适用于平均场理论. 但是有些平均场态对于涨落是稳定的, 因此这些稳定平均场态的 PSG 也可以适用于相应的物理自旋液体, 描述这些自旋液体中的真正量子序. 在另一方面, 也有一些平均场态对于涨落是不稳定的, 这种情况下, 相应的 PSG 可能就不能描述任何真实的量子序.

---

[18]更普遍地说, 如果群 PSG 含有一个正规子群 IGG, 使得 $PSG/IGG = SG$, 群 PSG 是群 SG 的投影扩张.

[19]更准确地说, 这样的类由对应量子相的一个或几个普适类组成. (在 9.9 节将对这一点做更详细的讨论.)

9.4.3 对称Z_2自旋液体的分类

要点:

- 晶格对称群 Z_2 扩张的 PSG 分类
- 共有最少 103 种、最多 196 种对称 Z_2 自旋液体
- 不变 PSG 和代数 PSG 的概念

作为自旋液体中量子序 PSG 理论的应用, 我们先对与平移变换有关的 PSG 分类. 为简便起见, 限制 IGG 为 Z_2, 我们要找到平移群的所有 Z_2 扩张. 当 $\mathcal{G} = Z_2$ 时, 它只含有两个元素 —— 规范变换 G_1 和 G_2:

$$\mathcal{G} =\{G_1, G_2\},$$
$$G_1(\boldsymbol{i}) =\tau^0, \qquad G_2(\boldsymbol{i}) = -\tau^0.$$

为了使一个拟设的 IGG 为 $\mathcal{G} = Z_2$, 该拟设必须产生非共线 $SU(2)$ 通量, 否则, IGG 将大于 Z_2. 拟设中的非共线 $SU(2)$ 通量将 $SU(2)$ 规范结构破缺为 Z_2 规范结构, 相应的自旋液体是 Z_2 自旋液体, 由此可见平移群的 Z_2 扩张在物理上是将所有只有平移对称性的 Z_2 自旋液体分类.

考虑具有平移对称性的 Z_2 自旋液体, 它的 PSG 是平移群的 Z_2 扩张, 由四个元素 $\pm G_xT_x$, $\pm G_yT_y$ 产生, 其中

$$T_x(u_{\boldsymbol{ij}}) = u_{\boldsymbol{i-x,j-x}}, \qquad T_y(u_{\boldsymbol{ij}}) = u_{\boldsymbol{i-y,j-y}}.$$

由于拟设的平移对称性, 我们可以选择一个规范, 使拟设的所有 $SU(2)$ 通量算符是平移不变的. 如果两个回路 C_1 和 C_2 由平移相关联, 则 $P_{C_1} = P_{C_2}$. 我们称这样的规范为均匀规范.

在变换 G_xT_x 之下, 以 $\boldsymbol{i}$ 为基点的 $SU(2)$ 通量算符 P_C 变为

$$P_C \to G_x(\boldsymbol{i}')P_{T_xC}G_x^\dagger(\boldsymbol{i}') = G_x(\boldsymbol{i}')P_CG_x^\dagger(\boldsymbol{i}'),$$

其中 $\boldsymbol{i}' = T_x\boldsymbol{i}$ 是平移回路 $T_x(C)$ 的基点, 由此可见均匀规范中 P_C 平移不变性要求对所有回路 C 有 $G_x(\boldsymbol{i}')P_CG_x^\dagger(\boldsymbol{i}') = P_C$. G_y 也满足类似的条件, 由于在相同基点上不同的 $SU(2)$ 通量算符不对易, 每一个格点上的 $G_{x,y}(\boldsymbol{i})$ 只能取 $\pm\tau^0$ 两个值中的一个.

我们注意到, 与格点有关的形式为 $W(\boldsymbol{i}) = \pm\tau^0$ 的规范变换不改变 $SU(2)$ 通量算符的平移不变性, 因此我们可以使用这样的规范变换通过 (9.4.3) 进一步简化 $G_{x,y}$. 首先我们可以选择一个规范使得 (见习题9.4.1)

$$G_y(\boldsymbol{i}) = \tau^0, \tag{9.4.4}$$

注意到满足 $W(\boldsymbol{i}) = W(i_x)$ 的规范变换不改变条件 $G_y(\boldsymbol{i}) = \tau^0$, 我们可以使用这种规范变换得到

$$G_x(i_x, i_y = 0) = \tau^0. \tag{9.4.5}$$

由于在 x 方向和在 y 方向的平移互易, $G_{x,y}$ 必须满足 (对于是 Z_2 或不是 Z_2 的任何拟设)

$$G_xT_xG_yT_y(G_xT_x)^{-1}(G_yT_y)^{-1} = G_xT_xG_yT_yT_x^{-1}G_x^{-1}T_y^{-1}G_y^{-1} \in \mathcal{G}. \tag{9.4.6}$$

也就意味着

$$G_x(\boldsymbol{i})G_y(\boldsymbol{i}-\boldsymbol{x})G_x^{-1}(\boldsymbol{i}-\boldsymbol{y})G_y(\boldsymbol{i})^{-1} \in \mathcal{G}. \tag{9.4.7}$$

对于 Z_2 自旋液体, (9.4.7) 因为 (9.4.4) 可化简为

$$G_x(\boldsymbol{i})G_x^{-1}(\boldsymbol{i}-\boldsymbol{y}) = +\tau^0 \tag{9.4.8}$$

或

$$G_x(\boldsymbol{i})G_x^{-1}(\boldsymbol{i}-\boldsymbol{y}) = -\tau^0, \tag{9.4.9}$$

当与 (9.4.5) 和 (9.4.4) 组合时, 我们发现 (9.4.8) 和 (9.4.9) 变为

$$G_x(\boldsymbol{i}) =\tau^0, \qquad G_y(\boldsymbol{i}) =\tau^0 \tag{9.4.10}$$

和

$$G_x(\boldsymbol{i}) =(-)^{i_y}\tau^0, \qquad G_y(\boldsymbol{i}) =\tau^0. \tag{9.4.11}$$

因此平移群的规范不等价 Z_2 扩张只有两个, 其 PSG 由 G_xT_x 和 G_yT_y 产生, $G_{x,y}$ 由 (9.4.10) 和 (9.4.11) 给出[20]. 在 PSG 分类下, 只有两种 Z_2 自旋液体, 如果它们只有平移对称性, 而没有其他对称性. 在 PSG (9.4.10) 下不变拟设的形式是

$$u_{\boldsymbol{i},\boldsymbol{i}+\boldsymbol{m}} =u_{\boldsymbol{m}}, \tag{9.4.12}$$

在 PSG (9.4.11) 之下不变的拟设形式是

$$u_{\boldsymbol{i},\boldsymbol{i}+\boldsymbol{m}} =(-)^{m_yi_x}u_{\boldsymbol{m}}. \tag{9.4.13}$$

通过以上的例子, 我们看到 PSG 是一个功能强大的工具, 它可以对有固定的对称性和固定的低能规范结构 (平均场) 的自旋液体进行完全的分类.

以上我们研究了只有平移对称性而没有其他对称性的 Z_2 自旋液体, 我们发现这样的自旋液体只有两种, 但是如果自旋液体具有更多的对称性, 则它们就会有更多的类型. 在 Wen (2002c) 中, 我们使用 PSG 得到了对称 Z_2 自旋液体的全部分类, 方法是注意到规范变换 $G_{x,y}$, $G_{P_x,P_y,P_{xy}}$ 和 G_T 必须满足某些与 (9.4.7) 类似的代数关系. 求解这些代数关系并约去规范等价的解 [Wen

[20] 我们要指出, 如果 G_x 和 G_y 由 (9.4.8) 给出, G_xT_x 和 G_yT_y 满足通常的平移代数 $G_xT_xG_yT_y = G_yT_yG_xT_x$. 当 G_x 和 G_y 由 (9.4.9) 给出时, G_xT_x 和 G_yT_y 满足磁平移代数, $G_xT_xG_yT_y = -G_yT_yG_xT_x$.

(2002c)], 我们发现平移、宇称和时间反演对称性 $\{T_{x,y}, P_{x,y,xy}, T\}$ 共产生 272 种不同的 Z_2 投影扩张. 下面我们就列出这 272 种 Z_2 PSG, 这些 PSG 由 $(G_xT_x, G_yT_y, G_TT, G_{P_x}P_x, G_{P_y}P_y, G_{P_{xy}}P_{xy})$ 产生, 可以分为两类, 第一类是

$$\begin{aligned} G_x(\boldsymbol{i}) &= \tau^0, & G_y(\boldsymbol{i}) &= \tau^0, \\ G_{P_x}(\boldsymbol{i}) &= \eta_{xpx}^{i_x}\eta_{xpy}^{i_y} g_{P_x}, & G_{P_y}(\boldsymbol{i}) &= \eta_{xpy}^{i_x}\eta_{xpx}^{i_y} g_{P_y}, \\ G_{P_{xy}}(\boldsymbol{i}) &= g_{P_{xy}}, & G_T(\boldsymbol{i}) &= \eta_t^{\boldsymbol{i}} g_T, \end{aligned} \tag{9.4.14}$$

第二类是

$$\begin{aligned} G_x(\boldsymbol{i}) &= (-)^{i_y}\tau^0, & G_y(\boldsymbol{i}) &= \tau^0, \\ G_{P_x}(\boldsymbol{i}) &= \eta_{xpx}^{i_x}\eta_{xpy}^{i_y} g_{P_x}, & G_{P_y}(\boldsymbol{i}) &= \eta_{xpy}^{i_x}\eta_{xpx}^{i_y} g_{P_y}, \\ G_{P_{xy}}(\boldsymbol{i}) &= (-)^{i_x i_y} g_{P_{xy}}, & G_T(\boldsymbol{i}) &= \eta_t^{\boldsymbol{i}} g_T, \end{aligned} \tag{9.4.15}$$

此处三个 η 可以独立地取 ± 1 两个值, g 可以有 17 种如下的不同选择 (见 Wen (2002c))

$$g_{Pxy} = \tau^0, \quad g_{P_x} = \tau^0, \quad g_{P_y} = \tau^0, \quad g_T = \tau^0; \tag{9.4.16}$$

$$g_{Pxy} = \tau^0, \quad g_{P_x} = i\tau^3, \quad g_{P_y} = i\tau^3, \quad g_T = \tau^0; \tag{9.4.17}$$

$$g_{Pxy} = i\tau^3, \quad g_{P_x} = \tau^0, \quad g_{P_y} = \tau^0, \quad g_T = \tau^0; \tag{9.4.18}$$

$$g_{Pxy} = i\tau^3, \quad g_{P_x} = i\tau^3, \quad g_{P_y} = i\tau^3, \quad g_T = \tau^0; \tag{9.4.19}$$

$$g_{Pxy} = i\tau^3, \quad g_{P_x} = i\tau^1, \quad g_{P_y} = i\tau^1, \quad g_T = \tau^0; \tag{9.4.20}$$

$$g_{Pxy} = \tau^0, \quad g_{P_x} = \tau^0, \quad g_{P_y} = \tau^0, \quad g_T = i\tau^3; \tag{9.4.21}$$

$$g_{Pxy} = \tau^0, \quad g_{P_x} = i\tau^3, \quad g_{P_y} = i\tau^3, \quad g_T = i\tau^3; \tag{9.4.22}$$

$$g_{Pxy} = \tau^0, \quad g_{P_x} = i\tau^1, \quad g_{P_y} = i\tau^1, \quad g_T = i\tau^3; \tag{9.4.23}$$

$$g_{Pxy} = i\tau^3, \quad g_{P_x} = \tau^0, \quad g_{P_y} = \tau^0, \quad g_T = i\tau^3; \tag{9.4.24}$$

$$g_{Pxy} = i\tau^3, \quad g_{P_x} = i\tau^3, \quad g_{P_y} = i\tau^3, \quad g_T = i\tau^3; \tag{9.4.25}$$

$$g_{Pxy} = i\tau^3, \quad g_{P_x} = i\tau^1, \quad g_{P_y} = i\tau^1, \quad g_T = i\tau^3; \tag{9.4.26}$$

$$g_{Pxy} = i\tau^1, \quad g_{P_x} = \tau^0, \quad g_{P_y} = \tau^0, \quad g_T = i\tau^3; \tag{9.4.27}$$

$$g_{Pxy} = i\tau^1, \quad g_{P_x} = i\tau^3, \quad g_{P_y} = i\tau^3, \quad g_T = i\tau^3; \tag{9.4.28}$$

$$g_{Pxy} = i\tau^1, \quad g_{P_x} = i\tau^1, \quad g_{P_y} = i\tau^1, \quad g_T = i\tau^3; \tag{9.4.29}$$

$$g_{Pxy} = i\tau^1, \quad g_{P_x} = i\tau^2, \quad g_{P_y} = i\tau^2, \quad g_T = i\tau^3; \tag{9.4.30}$$

$$g_{Pxy} = i\tau^{12}, \quad g_{P_x} = i\tau^1, \quad g_{P_y} = i\tau^2, \quad g_T = i\tau^0; \tag{9.4.31}$$

$$g_{Pxy} = i\tau^{12}, \quad g_{P_x} = i\tau^1, \quad g_{P_y} = i\tau^2, \quad g_T = i\tau^3; \tag{9.4.32}$$

其中

$$\tau^{ab}=\frac{\tau^a+\tau^b}{\sqrt{2}},\qquad \tau^{a\bar{b}}=\frac{\tau^a-\tau^b}{\sqrt{2}}.$$

因此共有 $2\times 17\times 2^3=272$ 种不同的 PSG, 它们可能会在 2D 正方晶格上产生 272 种不同的对称 Z_2 自旋液体.

为了标记 272 种 PSG, 我们提出下面的方案:

$$Z2A(g_{px})_{\eta_{xpx}}(g_{py})_{\eta_{xpy}}g_{pxy}(g_t)_{\eta_t},\tag{9.4.33}$$

$$Z2B(g_{px})_{\eta_{xpx}}(g_{py})_{\eta_{xpy}}g_{pxy}(g_t)_{\eta_t}.\tag{9.4.34}$$

标记 Z2A $\cdots$ 对应于 (9.4.14) 的情况, 标记 Z2B$\cdots$ 对应于 (9.4.15) 的情况, 典型的标记形式是 Z2A$\tau^1_+\tau^2_-\tau^{12}\tau^3_-$. 我们还使用一种简化的记法, 由代换 $(\tau^0,\tau^1,\tau^2,\tau^3)$ 或 $(\tau^0_+,\tau^1_+,\tau^2_+,\tau^3_+)$ 为 $(0,1,2,3)$、代换 $(\tau^0_-,\tau^1_-,\tau^2_-,\tau^3_-)$ 为 (n,x,y,z) 产生. 例如, Z2A$\tau^1_+\tau^0_-\tau^{12}\tau^3_-$ 可以简记为 Z2A1$n(12)z$.

这 272 种不同的 Z_2 PSG 严格地说是所谓的代数 PSG, 代数 PSG 定义为对称群的扩张, 它们可以通过 PSG 元素之间的代数关系计算. 代数 PSG 与不变 PSG 不同, 后者定义为所有保持拟设 $u_{\boldsymbol{ij}}$ 不变的变换的集合, 尽管一个不变 PSG 必须是一个代数 PSG, 一个代数 PSG 却可以不是不变 PSG. 这是因为某些代数 PSG 具有以下的性质: 在一个代数 PSG G_1 下不变的任何拟设 $u_{\boldsymbol{ij}}$ 可能实际上在一个较大的 PSG G_2 下也是不变的, 这种情况下, 原来的 PSG G_1 不是拟设的不变 PSG, 拟设的不变 PSG 实际上是由较大的 PSG G_2 给出的. 如果我们只限于讨论通过拟设 $u_{\boldsymbol{ij}}$ 构建的自旋液体, 就应该剔除那些不是不变 PSG 的代数 PSG, 因为那类代数 PSG 不刻画平均场自旋液体.

我们发现在 272 种代数 Z_2 PSG 中, 至少有 76 种不是不变 PSG, 因此 272 种代数 Z_2 PSG 可以最多产生 196 种可能的 Z_2 自旋液体. 因为稳定平均场态产生物理自旋液体, 稳定平均场态的 PSG 确实给出了相应物理自旋液体中量子序的刻画.

9.4.4 Z_2和$U(1)$ PSG及其拟设

要点:

- 对于给定 PSG, 我们可以找到最普遍的拟设, 这些拟设共有的物理性质是相关 PSG 的普适性质

作为 Z_2 PSG 的一种应用, 让我们构建在 Z2A0013 PSG

$$\begin{aligned} G_x(\boldsymbol{i}) &=\tau^0, & G_y(\boldsymbol{i}) &=\tau^0,\\ G_{P_x}(\boldsymbol{i}) &=\tau^0, & G_{P_y}(\boldsymbol{i}) &=\tau^0,\\ G_{P_{xy}}(\boldsymbol{i}) &=i\tau^1, & G_T(\boldsymbol{i}) &=i\tau^3. \end{aligned}\tag{9.4.35}$$

下不变的最普遍的拟设. 因为 G_x 和 G_y 是平凡的, 根据 G_xT_x 和 G_yT_y 下的不变性, Z2A0013 拟设也具有明显的平移不变性, 并且为 $u_{\boldsymbol{i},\boldsymbol{i}+\boldsymbol{m}}=u^\mu_{\boldsymbol{m}}\tau^\mu$ 的形式. 得到最普遍的 Z2A0013 拟设的

关键是找到哪一个 $u^\mu_{\boldsymbol{m}}$ 必须为 0, 时间反演变换 $G_T T$ 和 180° 旋转 $G_{P_x}P_xG_{P_y}P_y$ 因此而非常重要. 在 $G_T T$ 下的不变性要求 $-u_{\boldsymbol{m}}=\tau^3u_{\boldsymbol{m}}\tau^3$, 因此只有 $u^{1,2}_{\boldsymbol{m}}$ 可以非零; 在 $G_{P_x}P_xG_{P_y}P_y$ 下的不变性要求 $u_{\boldsymbol{m}}=u_{-\boldsymbol{m}}$, 这对于 $u_{\boldsymbol{m}}=u^1_{\boldsymbol{m}}\tau^1+u^2_{\boldsymbol{m}}\tau^2$ 而言恒成立. 因为 $u^{1,2}_{\boldsymbol{m}}$ 是实的, 并且 $u_{-\boldsymbol{m}}=u^\dagger_{\boldsymbol{m}}$. 因此 180° 旋转不带来附加条件. 其他变换给出 $u^{1,2}_{\boldsymbol{m}_1}$ 与 $u^{1,2}_{\boldsymbol{m}_2}$, $\boldsymbol{m}_1\neq\boldsymbol{m}_2$, 之间的关系. 如在 $G_{P_{xy}}P_{xy}$ 下的不变性要求 $u_{P_{xy}\boldsymbol{m}}=\tau^1u_{\boldsymbol{m}}\tau^1$, 其中 $P_{xy}\boldsymbol{m}=P_{xy}(m_x,m_y)=(m_y,m_x)$. 因此最普遍的 Z2A0013 拟设的形式是

$$
\begin{aligned}
u_{\boldsymbol{m}} =& u^1_{\boldsymbol{m}}\tau^1+u^2_{\boldsymbol{m}}\tau^2,\\
u^{1,2}_{P_x\boldsymbol{m}} =& u^{1,2}_{\boldsymbol{m}},\quad u^{1,2}_{P_y\boldsymbol{m}}=u^{1,2}_{\boldsymbol{m}},\\
u^1_{P_{xy}\boldsymbol{m}} =& u^1_{\boldsymbol{m}},\quad u^2_{P_{xy}\boldsymbol{m}}=-u^2_{\boldsymbol{m}}.
\end{aligned}
$$

用 (τ^1,τ^2) 代换 (9.2.41) 中的 (τ^3,τ^1), 并注意到 $u_{\boldsymbol{m}=0}$ 就是 a_0, 我们发现 Z_2 线性自旋液体的拟设 (9.2.41) 是以上拟设的特殊情况. 因此拟设 (9.2.41) 的 PSG 是 Z2A0013 PSG, 相应的自旋液体是 Z2A0013 自旋液体.

除了前面研究的 Z_2 对称自旋液体, 还会有一种低能规范群是 $U(1)$ 或 $SU(2)$ 的对称自旋液体. 这种 $U(1)$ 或 $SU(2)$ 对称自旋液体用 IGG 是 $U(1)$ 或 $SU(2)$ 的 PSG 分类, 我们称这种 PSG 为 $U(1)$ 和 $SU(2)$ PSG. $U(1)$ 和 $SU(2)$ PSG 的计算见 Wen (2002c), 附录 9.4.5 总结了这些结果.

有一种 $U(1)$ PSG 是

$$
\begin{aligned}
G_x =& g_3(\theta_x)i\tau^1, & G_y =& g_3(\theta_y)i\tau^1,\\
G_{P_x} =& (-)^{i_x}g_3(\theta_{px}), & G_{P_y} =& (-)^{i_y}g_3(\theta_{py}),\\
G_{P_{xy}} =& g_3(\theta_{pxy})i\tau^1, & G_T =& (-)^{\boldsymbol{i}}g_3(\theta_t).
\end{aligned}
\tag{9.4.36}
$$

其中

$$g_a(\theta)\equiv e^{i\theta\tau^a}.$$

IGG 由 $\{g_3(\phi)|\phi\in[0,2\pi)\}$ 组成, 这样的 PSG 用 U1Cn01n 标记, 它通过从 (9.4.44) 选择 $\eta_{xpx}=-1$, $\eta_{ypx}=+1$, $\eta_{pxy}=+1$ 和 $\eta_t=-1$ 得到.

我们再来计算在 U1Cn01n PSG 下不变的更加普遍的拟设. 为了在 IGG 下保持不变, 拟设必须对于任何 θ 满足 $g_3(\theta)u_{\boldsymbol{ij}}g_3^\dagger(\theta)=u_{\boldsymbol{ij}}$, 因此 $u_{\boldsymbol{ij}}$ 必须形如 $u_{\boldsymbol{ij}}=iu^0_{\boldsymbol{ij}}\tau^0+u^3_{\boldsymbol{ij}}\tau^3$; 在平移 G_xT_x 和 G_yT_y 下的不变性要求 $u^0_{\boldsymbol{ij}}$ 是平移不变量, $u^3_{\boldsymbol{ij}}$ 在两个平移 $T_{x,y}$ 下改变符号, 因此 $u_{\boldsymbol{ij}}$ 可以写为 $u_{\boldsymbol{i},\boldsymbol{i}+\boldsymbol{m}}=iu^0_{\boldsymbol{m}}\tau^0+(-)^{\boldsymbol{i}}u^3_{\boldsymbol{m}}\tau^3$; 在时间反演变换 G_TT 下的不变性要求 $-u_{\boldsymbol{m}}=(-)^{\boldsymbol{m}}u_{\boldsymbol{m}}$, 我们得到如果 $\boldsymbol{m}=$ 偶数, $u^{0,3}_{\boldsymbol{m}}=0$; [21] 在 180° 旋转 $G_{P_x}P_xG_{P_y}P_y$ 下的不变性要求 $u_{-\boldsymbol{i},-\boldsymbol{i}-\boldsymbol{m}}=u^\dagger_{-\boldsymbol{i}-\boldsymbol{m},-\boldsymbol{i}}=(-)^{\boldsymbol{m}}u_{\boldsymbol{i},\boldsymbol{i}+\boldsymbol{m}}$, 这意味着 $-iu^0_{\boldsymbol{m}}\tau^0+(-)^{\boldsymbol{i}+\boldsymbol{m}}u^3_{\boldsymbol{m}}\tau^3=(-)^{\boldsymbol{m}}(iu^0_{\boldsymbol{m}}\tau^0+(-)^{\boldsymbol{i}}u^3_{\boldsymbol{m}}\tau^3)$, 它导致 $u^0_{\boldsymbol{m}}=-(-)^{\boldsymbol{m}}u^0_{\boldsymbol{m}}$ 和 $u^3_{\boldsymbol{m}}=u^3_{\boldsymbol{m}}$, 对 $u^{0,3}_{\boldsymbol{m}}$ 没有新的约束; 厄米关系 $u^\dagger_{\boldsymbol{i},\boldsymbol{i}+\boldsymbol{m}}=u_{\boldsymbol{i}+\boldsymbol{m},\boldsymbol{i}}$ 要求

[21] 如果 m_x+m_y 是偶数 (奇数), 则称 $\boldsymbol{m}$ 是偶数 (奇数).

$u^0_{\boldsymbol{m}} = -u^0_{-\boldsymbol{m}}$ 和 $u^3_{\boldsymbol{m}} = (-)^{\boldsymbol{m}} u^3_{-\boldsymbol{m}}$. 综合上述条件并加入 $G_{P_x}P_x$ 等的操作, 我们得到最普遍的 U1Cn01n 拟设的形式是

$$\begin{aligned}
u_{\boldsymbol{i},\boldsymbol{i}+\boldsymbol{m}} =& iu^0_{\boldsymbol{m}}\tau^0 + (-)^{\boldsymbol{i}} u^3_{\boldsymbol{m}}\tau^3,\\
u^{0,3}_{\boldsymbol{m}} =& 0, \text{对}\boldsymbol{m} = \text{偶数}, \qquad u^{0,3}_{\boldsymbol{m}} = -u^{0,3}_{-\boldsymbol{m}},\\
u^{0,3}_{P_x\boldsymbol{m}} =& (-)^{m_x} u^{0,3}_{\boldsymbol{m}}, \qquad u^{0,3}_{P_y\boldsymbol{m}} = (-)^{m_y} u^{0,3}_{\boldsymbol{m}},\\
u^0_{P_{xy}\boldsymbol{m}} =& u^0_{\boldsymbol{m}}, \qquad u^3_{P_{xy}\boldsymbol{m}} = -u^3_{\boldsymbol{m}}.
\end{aligned}$$

$U(1)$ 线性拟设 (交错通量相)(9.2.34) 是以上拟设的特殊情况, 因此交错通量相 (9.2.34) 是一个 U1Cn01n 态.

我们可以使用规范变换 $W_{\boldsymbol{i}} = (i\tau^1)^{\boldsymbol{i}}$ 来使以上拟设平移不变:

$$\begin{aligned}
u_{\boldsymbol{i},\boldsymbol{i}+\boldsymbol{m}} =& \tilde{u}^1_{\boldsymbol{m}}\tau^1 + \tilde{u}^2_{\boldsymbol{m}}\tau^2,\\
\tilde{u}^{1,2}_{\boldsymbol{m}} =& 0, \qquad \text{对}\boldsymbol{m} = \text{偶数},\\
G_x(\boldsymbol{i}) =& g_3((-)^{\boldsymbol{i}}\theta_x), \qquad G_y(\boldsymbol{i}) = g_3((-)^{\boldsymbol{i}}\theta_y),\\
G_{P_x}(\boldsymbol{i}) =& g_3((-)^{\boldsymbol{i}}\theta_{px}), \qquad G_{P_y}(\boldsymbol{i}) = g_3((-)^{\boldsymbol{i}}\theta_{py}),\\
G_{P_{xy}}(\boldsymbol{i}) =& ig_3((-)^{\boldsymbol{i}}\theta_{pxy})\tau^1, \qquad G_T(\boldsymbol{i}) = (-)^{\boldsymbol{i}} g_3((-)^{\boldsymbol{i}}\theta_t);
\end{aligned} \tag{9.4.37}$$

其中我们也列出了变换后的 PSG 中的规范变换, IGG 现在的形式是 $IGG = \{g_3((-)^{\boldsymbol{i}}\phi)|\phi \in [0, 2\pi)\}$. 如果我们用 (τ^3, τ^1) 替代 (τ^1, τ^2), 可以证明以上拟设对应于一个用 f 费米子表示的 d 波态 (见 (9.2.4) 和 (9.2.30)).

拟设 (9.4.37) 的自旋子谱是

$$E_\pm(\boldsymbol{k}) = \pm\sqrt{\left[\sum_{\boldsymbol{m}=\text{odd}} \tilde{u}^1_{\boldsymbol{m}} \cos(\boldsymbol{m}\cdot\boldsymbol{k})\right]^2 + \left[\sum_{\boldsymbol{m}=\text{odd}} \tilde{u}^2_{\boldsymbol{m}} \cos(\boldsymbol{m}\cdot\boldsymbol{k})\right]^2},$$

我们注意当 $\boldsymbol{m}$ 是奇数时, 在 $\boldsymbol{k} = (\pm\frac{\pi}{2}, \pm\frac{\pi}{2})$ 处, $\cos(\boldsymbol{m}\cdot\boldsymbol{k}) = 0$, 因此在 $\boldsymbol{k} = (\pm\frac{\pi}{2}, \pm\frac{\pi}{2})$ 处, $E_\pm(\boldsymbol{k}) = 0$. U1C$n01n$ 自旋液体态总在 $\boldsymbol{k} = (\pm\frac{\pi}{2}, \pm\frac{\pi}{2})$ 处有至少四支无能隙自旋子, 无能隙自旋子及其晶格动量 $(\pm\frac{\pi}{2}, \pm\frac{\pi}{2})$ 是 U1Cn01n 自旋液体态的普适性质, 自旋子无能隙性及其晶格动量受到 U1Cn01n PSG 的保护, 这是一个令人诧异的结果. U1Cn01n 自旋液体态作为一个纯玻色系统, 不破缺任何对称性, 但是它却含有一种特殊的量子序, 可以保证无能隙费米子的存在! 因为在 $\boldsymbol{k} = (\pm\frac{\pi}{2}, \pm\frac{\pi}{2})$ 的无能隙自旋子是 U1Cn01n 态的普适性质, 我们可以用它在实验中探测 U1Cn01n 量子序.

习题

9.4.1 写出通过 (9.4.3) 将 $G_y(\boldsymbol{i}) = \Theta(\boldsymbol{i})\tau^0$ 变换到 $G_y(\boldsymbol{i}) = \tau^0$ 的规范变换, 这里 $\Theta(\boldsymbol{i})$ 是一个只有 ±1 两个取值的任意函数.

9.4.2

(a) 从 (9.4.14) 写出 Z2Azz13 的规范变换 $G_{x,y}$, $G_{P_x,P_y,P_{xy}}$ 和 G_T.

(b) 写出 Z2Azz13 PSG 下不变的最普遍拟设, 我们以后将证明这个拟设总有无能隙费米子激发. (提示: 见 (9.4.3).)

9.4.5 附录: 对称$U(1)$和$SU(2)$自旋液体的分类

要点:

- 对作为晶格对称群的 $U(1)$ 或者 $SU(2)$ 投影扩张的 PSG 的分类

$U(1)$ 和 $SU(2)$ PSG 的分类在 Wen (2002c) 给出, 下面我们把结果总结一下: 标识平均场对称 $U(1)$ 自旋液体的 PSG 可以分为四类: U1A, U1B, U1C 和 U1^m_n. 共有 24 种 U1A PSG:

$$\begin{aligned}
G_x &= g_3(\theta_x), & G_y &= g_3(\theta_y), \\
G_{P_x} &= \eta_{ypx}^{i_y} g_3(\theta_{px}), & G_{P_y} &= \eta_{ypx}^{i_x} g_3(\theta_{py}), \\
G_{P_{xy}} &= g_3(\theta_{pxy}),\ \ g_3(\theta_{pxy}) i\tau^1, & G_T &= \eta_t^{\boldsymbol{i}} g_3(\theta_t)|_{\eta_t=-1},\ \ \eta_t^{\boldsymbol{i}} g_3(\theta_t) i\tau^1,
\end{aligned} \tag{9.4.38}$$

以及

$$\begin{aligned}
G_x &= g_3(\theta_x), & G_y &= g_3(\theta_y), \\
G_{P_x} &= \eta_{xpx}^{i_x} g_3(\theta_{px}) i\tau^1, & G_{P_y} &= \eta_{xpx}^{i_y} g_3(\theta_{py}) i\tau^1, \\
G_{P_{xy}} &= g_3(\theta_{pxy}),\ \ g_3(\theta_{pxy}) i\tau^1, & G_T &= \eta_t^{\boldsymbol{i}} g_3(\theta_t)|_{\eta_t=-1},\ \ \eta_t^{\boldsymbol{i}} g_3(\theta_t) i\tau^1.
\end{aligned} \tag{9.4.39}$$

我们将使用 U1A$a_{\eta_{xpx}} b_{\eta_{ypx}} c d_{\eta_t}$ 标记这 24 种 PSG, a, b, c, d 分别与 G_{P_x}, G_{P_y}, $G_{P_{xy}}$, G_T 有关, 如果对应的 G 含有一个 τ^1, 它们就等于 τ^1; 其他情况下等于 τ^0. 像 U1A$\tau^1_-\tau^1\tau^0\tau^1_-$ 这样的典型记号可以简记为 U1A$x10x$.

另有 24 种 U1B PSG:

$$\begin{aligned}
G_x &= (-)^{i_y} g_3(\theta_x), & G_y &= g_3(\theta_y), \\
G_{P_x} &= \eta_{ypx}^{i_y} g_3(\theta_{px}), & G_{P_y} &= \eta_{ypx}^{i_x} g_3(\theta_{py}), \\
(-)^{i_x i_y} G_{P_{xy}} &= g_3(\theta_{pxy}),\ \ g_3(\theta_{pxy}) i\tau^1, & G_T &= \eta_t^{\boldsymbol{i}} g_3(\theta_t)|_{\eta_t=-1},\ \ \eta_t^{\boldsymbol{i}} g_3(\theta_t) i\tau^1,
\end{aligned} \tag{9.4.40}$$

以及

$$\begin{aligned}
G_x &= (-)^{i_y} g_3(\theta_x), & G_y &= g_3(\theta_y), \\
G_{P_x} &= \eta_{xpx}^{i_x} g_3(\theta_{px}) i\tau^1, & G_{P_y} &= \eta_{xpx}^{i_y} g_3(\theta_{py}) i\tau^1, \\
(-)^{i_x i_y} G_{P_{xy}} &= g_3(\theta_{pxy}),\ \ g_3(\theta_{pxy}) i\tau^1, & G_T &= \eta_t^{\boldsymbol{i}} g_3(\theta_t)|_{\eta_t=-1},\ \ \eta_t^{\boldsymbol{i}} g_3(\theta_t) i\tau^1.
\end{aligned} \tag{9.4.41}$$

我们将使用 U1B$a_{\eta_{xpx}} b_{\eta_{ypx}} c d_{\eta_t}$ 标记这 24 种 PSG.

60 种 U1C PSG 记为

$$\begin{aligned}G_x &= g_3(\theta_x) i\tau^1, & G_y &= g_3(\theta_y) i\tau^1,\\ G_{P_x} &= \eta_{xpx}^{i_x}\eta_{ypx}^{i_y} g_3(\theta_{px}), & G_{P_y} &= \eta_{ypx}^{i_x}\eta_{xpx}^{i_y} g_3(\theta_{py}),\\ G_{P_{xy}} &= \eta_{pxy}^{i_x} g_3(\eta_{pxy}^{\boldsymbol{i}}\frac{\pi}{4}+\theta_{pxy}), & G_T &= \eta_t^{\boldsymbol{i}} g_3(\theta_t)|_{\eta_t=-1},\ \ \eta_{pxy}^{i_x} g_3(\theta_t) i\tau^1.\end{aligned} \tag{9.4.42}$$

$$\begin{aligned}G_x &= g_3(\theta_x) i\tau^1, & G_y &= g_3(\theta_y) i\tau^1,\\ G_{P_x} &= \eta_{xpx}^{i_x} g_3(\theta_{px}) i\tau^1, & G_{P_y} &= \eta_{xpx}^{i_y}\eta_{pxy}^{\boldsymbol{i}} g_3(\theta_{py}) i\tau^1,\\ G_{P_{xy}} &= \eta_{pxy}^{i_x} g_3(\eta_{pxy}^{\boldsymbol{i}}\frac{\pi}{4}+\theta_{pxy}), & G_T &= \eta_t^{\boldsymbol{i}} g_3(\theta_t)|_{\eta_t=-1},\ \ \eta_{pxy}^{i_x}\eta_t^{\boldsymbol{i}} g_3(\theta_t) i\tau^1.\end{aligned} \tag{9.4.43}$$

$$\begin{aligned}G_x &= g_3(\theta_x) i\tau^1, & G_y &= g_3(\theta_y) i\tau^1,\\ G_{P_x} &= \eta_{xpx}^{i_x}\eta_{ypx}^{i_y} g_3(\theta_{px}), & G_{P_y} &= \eta_{ypx}^{i_x}\eta_{xpx}^{i_y} g_3(\theta_{py}),\\ G_{P_{xy}} &= g_3(\theta_{pxy}) i\tau^1, & G_T &= \eta_t^{\boldsymbol{i}} g_3(\theta_t)|_{\eta_t=-1}.\end{aligned} \tag{9.4.44}$$

$$\begin{aligned}G_x &= g_3(\theta_x) i\tau^1, & G_y &= g_3(\theta_y) i\tau^1,\\ G_{P_x} &= \eta_{xpx}^{i_x}\eta_{ypx}^{i_y} g_3(\theta_{px}), & G_{P_y} &= \eta_{ypx}^{i_x}\eta_{xpx}^{i_y} g_3(\theta_{py}),\\ G_{P_{xy}} &= g_3(\eta_{pxy}^{\boldsymbol{i}}\frac{\pi}{4}+\theta_{pxy}) i\tau^1, & G_T &= \eta_{pxy}^{i_x}\eta_t^{\boldsymbol{i}} g_3(\theta_t) i\tau^1.\end{aligned} \tag{9.4.45}$$

$$\begin{aligned}G_x &= g_3(\theta_x) i\tau^1, & G_y &= g_3(\theta_y) i\tau^1,\\ G_{P_x} &= \eta_{xpx}^{i_x} g_3(\theta_{px}) i\tau^1, & G_{P_y} &= \eta_{xpx}^{i_y}\eta_{pxy}^{\boldsymbol{i}} g_3(\theta_{py}) i\tau^1,\\ G_{P_{xy}} &= g_3(\eta_{pxy}^{\boldsymbol{i}}\frac{\pi}{4}+\theta_{pxy}) i\tau^1, & G_T &= \eta_t^{\boldsymbol{i}} g_3(\theta_t)|_{\eta_t=-1},\ \ \eta_t^{\boldsymbol{i}}\eta_{pxy}^{i_x} g_3(\theta_t) i\tau^1.\end{aligned} \tag{9.4.46}$$

以上可以用 U1C$a_{\eta_{xpx}} b_{\eta_{ypx}} c_{\eta_{pxy}} d_{\eta_t}$ 标记.

U1$_n^m$ PSG 的类型尚未分类, 但是我们确实知道对于每一个有理数 $m/n \in (0,1)$, 都至少有一种 U1$_n^m$ 类型的平均场对称自旋液体, 拟设为

$$u_{\boldsymbol{i},\boldsymbol{i}+\boldsymbol{x}} = \chi\tau^3, \qquad u_{\boldsymbol{i},\boldsymbol{i}+\boldsymbol{y}} = \chi g_3\left(\frac{m\pi}{n} i_x\right)\tau^3. \tag{9.4.47}$$

它在每一个小格有 $\pi m/n$ 通量, 因此有无限多种 U1$_n^m$ 自旋液体.

我们要指出, 以上的 108 种 U1[A,B,C] PSG 是代数 PSG, 只是所有可能的代数 $U(1)$ PSG 的子集, 但是, 它们确实含有 U1A、U1B 和 U1C 类型的所有不变 $U(1)$ PSG. 我们发现 108 种 PSG 中有 46 种也是不变 PSG, 因此共有 46 种 U1A、U1B 和 U1C 类型的不同的平均场 $U(1)$ 自旋液体, 它们的拟设和标记在 Wen (2002c) 给出.

而对于对称 $SU(2)$ 自旋液体的分类, 我们发现 8 种不同的 $SU(2)$ PSG, 记为

$$\begin{aligned}G_x(\boldsymbol{i}) &= g_x, & G_y(\boldsymbol{i}) &= g_y,\\ G_{P_x}(\boldsymbol{i}) &= \eta_{xpx}^{i_x}\eta_{xpy}^{i_y} g_{P_x}, & G_{P_y}(\boldsymbol{i}) &= \eta_{xpy}^{i_x}\eta_{xpx}^{i_y} g_{P_y},\\ G_{P_{xy}}(\boldsymbol{i}) &= g_{P_{xy}}, & G_T(\boldsymbol{i}) &= (-)^{\boldsymbol{i}} g_T,\end{aligned} \tag{9.4.48}$$

并且

$$\begin{aligned}G_x(\boldsymbol{i}) &= (-)^{i_y} g_x, & G_y(\boldsymbol{i}) &= g_y,\\ G_{P_x}(\boldsymbol{i}) &= \eta_{xpx}^{i_x}\eta_{xpy}^{i_y} g_{P_x}, & G_{P_y}(\boldsymbol{i}) &= \eta_{xpy}^{i_x}\eta_{xpx}^{i_y} g_{P_y},\\ G_{P_{xy}}(\boldsymbol{i}) &= (-)^{i_x i_y} g_{P_{xy}}, & G_T(\boldsymbol{i}) &= (-)^{\boldsymbol{i}} g_T,\end{aligned} \tag{9.4.49}$$

其中 g 属于 $SU(2)$. 我们使用以下两种记法

$$\begin{aligned}&\text{SU2A}\tau^0_{\eta_{xpx}}\tau^0_{\eta_{xpy}},\\ &\text{SU2B}\tau^0_{\eta_{xpx}}\tau^0_{\eta_{xpy}}\end{aligned} \tag{9.4.50}$$

表示以上的 8 种 PSG, 对于 (9.4.48) 是 SU2A$\tau^0_{\eta_{xpx}}\tau^0_{\eta_{xpy}}$; 对于 (9.4.49) 是 SU2B$\tau^0_{\eta_{xpx}}\tau^0_{\eta_{xpy}}$. 我们发现 8 种 $SU(2)$ PSG 中只有 4 种 (SU2A$[n0, 0n]$ 和 SU2B$[n0, 0n]$) 产生了 $SU(2)$ 对称自旋液体, SU2A$n0$ 态是均匀 RVB 态 (9.2.32), SU2B$n0$ 态是 π 通量态 (9.2.33). 另外两种 $SU(2)$ 自旋液体由 SU2A$0n$ 和 SU2B$0n$ 标记.
SU2A$0n$:

$$\begin{aligned}u_{\boldsymbol{i},\boldsymbol{i}+2\boldsymbol{x}+\boldsymbol{y}} &= +i\chi\tau^0, & u_{\boldsymbol{i},\boldsymbol{i}-2\boldsymbol{x}+\boldsymbol{y}} &= -i\chi\tau^0,\\ u_{\boldsymbol{i},\boldsymbol{i}+\boldsymbol{x}+2\boldsymbol{y}} &= +i\chi\tau^0, & u_{\boldsymbol{i},\boldsymbol{i}-\boldsymbol{x}+2\boldsymbol{y}} &= +i\chi\tau^0,\end{aligned} \tag{9.4.51}$$

SU2B$0n$:

$$\begin{aligned}u_{\boldsymbol{i},\boldsymbol{i}+2\boldsymbol{x}+\boldsymbol{y}} &= +i(-)^{i_x}\chi\tau^0, & u_{\boldsymbol{i},\boldsymbol{i}-2\boldsymbol{x}+\boldsymbol{y}} &= -i(-)^{i_x}\chi\tau^0,\\ u_{\boldsymbol{i},\boldsymbol{i}+\boldsymbol{x}+2\boldsymbol{y}} &= +i\chi\tau^0, & u_{\boldsymbol{i},\boldsymbol{i}-\boldsymbol{x}+2\boldsymbol{y}} &= +i\chi\tau^0.\end{aligned} \tag{9.4.52}$$

采用以上结果, 我们就可以在平均场水平对对称 $U(1)$ 和 $SU(2)$ 自旋液体分类. 这里要指出, $U(1)$ 和 $SU(2)$ 平均场态不是稳定平均场态, 有些 $U(1)$ 和 $SU(2)$ 平均场态是临界的, 因此与 Z_2 平均场态相比, 还不太清楚 $U(1)$ 和 $SU(2)$ 平均场态是否对应于自旋 1/2 模型的任何 $U(1)$ 或者 $SU(2)$ 对称自旋液体. 物理 $U(1)$ 或 $SU(2)$ 自旋液体可能只在大 N 极限下存在 (见 9.8 节).

9.5 没有对称破缺的连续相变

要点:

- 量子相之间的连续相变受到以下原则支配: 令 PSG_1 和 PSG_2 是相变两边两个量子相的 PSG, 并且 PSG_{cr} 是描述量子临界态的 PSG, 则 $PSG_1 \subseteq PSG_{cr}$, $PSG_2 \subseteq PSG_{cr}$
- 以上原则既适用于对称破缺相变, 又适用于不改变任何对称性的相变

对平均场对称自旋液体分类以后, 我们很想知道这些对称自旋液体之间的关系, 特别是我们想知道哪些自旋液体可以通过连续的相变互相改变. 在平均场的水平上, 这个问题可以由 PSG 完全解决, 因为 PSG 就是平均场态的 "对称" 群, 平均场相变可以由 PSG 的改变描述. 与对称破缺相变一样, 当且仅当 $PSG_2 \subset PSG_1$ 或者 $PSG_1 \subset PSG_2$ 时, PSG 为 PSG_1 的平均场态可以通过连续的 (平均场) 相变变为 PSG 为 PSG_2 的平均场态. 为了理解这个结果, 让我们假设由 PSG 为 PSG_1 描述的平均场态具有拟设 $u_{\boldsymbol{ij}}$. 它的邻近拟设形如 $u_{\boldsymbol{ij}} + \delta u_{\boldsymbol{ij}}$. 其中 $\delta u_{\boldsymbol{ij}}$ 是一个小微扰. 如果 $u_{\boldsymbol{ij}} + \delta u_{\boldsymbol{ij}}$ 的 PSG 仍然是 PSG_1. 则我们就说改变 $\delta u_{\boldsymbol{ij}}$ 不引起相变, $u_{\boldsymbol{ij}}$ 和 $u_{\boldsymbol{ij}} + \delta u_{\boldsymbol{ij}}$ 处于相同的相; 如果 $u_{\boldsymbol{ij}} + \delta u_{\boldsymbol{ij}}$ 的 PSG 是不同的 PSG PSG_2, 则两个拟设 $u_{\boldsymbol{ij}}$ 和 $u_{\boldsymbol{ij}} + \delta u_{\boldsymbol{ij}}$ 描述不同的 (平均场) 相. 因为 $\delta u_{\boldsymbol{ij}}$ 是一个强度不定的微扰, $u_{\boldsymbol{ij}}$ 和 $\delta u_{\boldsymbol{ij}}$ 都必须在 PSG_2 之下是不变的, 才能使 $u_{\boldsymbol{ij}} + \delta u_{\boldsymbol{ij}}$ 在 PSG_2 下是不变的, 因此 $PSG_2 \subset PSG_1$.

利用以上的结果, 我们可以用下面的过程得到在一些重要的对称自旋液体附近的对称自旋液体. 从 PSG 为 PSG_1 的对称自旋液体 $u_{\boldsymbol{ij}}$ 开始, PSG_1 是对称群 SG 的 IGG_1 投影扩张: $PSG_1/IGG_1 = SG$, 然后找出 PSG_1 的所有同样可由 SG 投影扩张得到的子群. 将这些子群之一记为 PSG_2, 则 PSG_2 必须有一个正规子群 IGG_2 使得 $PSG_2/IGG_2 = SG$. 我们要指出, 用这个方法得到的 PSG_2 是一个代数 PSG, 我们还需要确定在这些代数 PSG 中的不变 PSG, 因为只有不变 PSG 才描述平均场态. 这样, 我们就可以找到邻近所有具有相同对称性的平均场态.

经过 Wen (2002c) 所示的冗长计算, 我们可以找到 (9.2.34) 中 $U(1)$ 线性态 U1Cn01n、(9.2.32) 中 $SU(2)$ 无隙态 SU2An0 和 (9.2.33) 中 $SU(2)$ 线性态 SU2Bn0 附近的所有平均场对称自旋液体. 例如在平均场的水平, 可以证明 $U(1)$ 线性自旋液体 U1Cn01n 能够连续地变成 8 种不同的 Z_2 自旋液体: Z2A0013、Z2Azz13、Z2A001n、Z2Azz1n、Z2B0013、Z2Bzz13、Z2B001n 和 Z2Bzz1n.

让我们用一个简单的例子显示以上的结果. 当 $\gamma = 0$ 时, 下面的拟设

$$
\begin{aligned}
u_{\boldsymbol{i},\boldsymbol{i}+\boldsymbol{x}} &= \chi\tau^1 - \eta\tau^2, & u_{\boldsymbol{i},\boldsymbol{i}+\boldsymbol{y}} &= \chi\tau^1 + \eta\tau^2, \\
u_{\boldsymbol{i},\boldsymbol{i}+\boldsymbol{x}+\boldsymbol{y}} &= -\gamma\tau^1, & u_{\boldsymbol{i},\boldsymbol{i}-\boldsymbol{x}+\boldsymbol{y}} &= +\gamma\tau^1, \\
a_0^{1,2,3} &= 0.
\end{aligned}
\tag{9.5.1}
$$

描述了 U1Cn01n 自旋液体 (交错通量态), 这个拟设在辅以 (9.4.37) 规范变换的对称变换下是不变的, 当 $\gamma \neq 0$ 时, 拟设产生非共线 $SU(2)$ 通量, 将 $U(1)$ 规范结构破缺为 Z_2 规范结构, 因此拟设描述了一个 Z_2 态. 对于非零的 γ, 拟设在辅以 (9.4.37) 规范变换的对称变换下不再是不变的, 只在辅以 U1Cn01n 规范变换的如下子集的对称变换下才不变:

$$
\begin{aligned}
G_x(\boldsymbol{i}) &= g_3(0) = \tau^0, & G_y(\boldsymbol{i}) &= g_3(0) = \tau^0, \\
G_{P_x}(\boldsymbol{i}) &= g_3((-)^{\boldsymbol{i}}\pi/2) = i(-)^{\boldsymbol{i}}\tau^3, & G_{P_y}(\boldsymbol{i}) &= g_3((-)^{\boldsymbol{i}}\pi/2) = i(-)^{\boldsymbol{i}}\tau^3, \\
G_{P_{xy}}(\boldsymbol{i}) &= i g_3(0)\tau^1 = i\tau^1, & G_T(\boldsymbol{i}) &= (-)^{\boldsymbol{i}} g_3((-)^{\boldsymbol{i}}\pi/2) = i\tau^3.
\end{aligned}
$$

辅以以上规范变换的对称变换是 Z2Azz13 PSG, 因此 γ 从零变为非零, U1Cn01n 态连续地变到 Z2Azz13 态.

我们要强调, 以上关于连续相变的结果只在平均场水平上正确, 有些平均场结果经过量子涨落仍然能够保持, 也有一些结果就不能保持, 需要我们逐一地进行研究, 才能知道哪一个平均场结果可以在平均场理论之外仍能成立 [Mudry and Fradkin (1994)].

量子涨落的一个可能的效应是使某些平均场态变得不稳定, 我们可以假设这种对稳定的破坏是通过某种由量子涨落产生的不可忽微扰进行的. 在这个假设下, 一旦真正的物理系统引进了量子涨落, 有些平均场稳定的固定点就会变为非稳定的固定点, 这样平均场相图中的一些相会缩成代表在两个稳定量子态之间相变点的临界态的线 (见图 9.7). 这幅图像导致了本节开始的要点中提出的关于支配量子相变的原则的猜想.

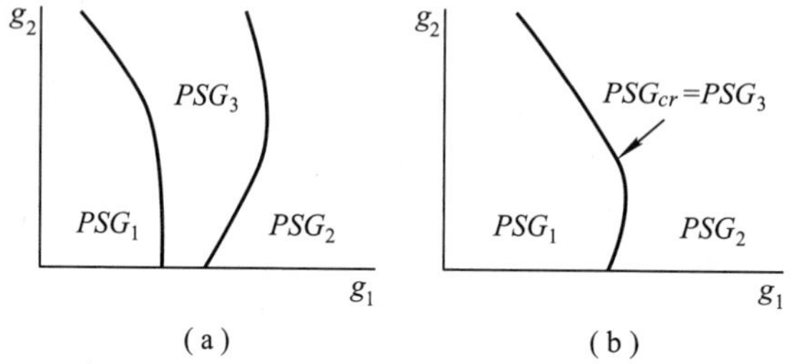

图 9.7 (a) 由 $PSG_{1,2,3}$ 所标识的三种相变的平均场相图, 相之间的平均场相变是连续的, PSG 满足 $PSG_1 \subset PSG_3$ 和 $PSG_2 \subset PSG_3$; (b) 具有量子涨落的相应物理相图, 这里我们假设了加入量子涨落之后, 态 PSG_3 变成一个只有一个不可忽微扰的非稳定的固定点, 平均场态 PSG_3 缩成一条临界线, 描述 PSG_1 和 PSG_2 两个态之间的相变.

我们要强调, 以上所有自旋液体都有相同的对称性, 因此它们之间如果存在连续相变, 就代表了一类不改变任何对称性的新的量子连续相变 [Wegner (1971); Kosterlitz and Thouless (1973); Dasgupta and Halperin (1981); Wen and Wu (1993); Chen *et al.* (1993); Senthil *et al.* (1999); Read and Green (2000); Wen (2000)].

习题

9.5.1 下列拟设

$$u_{i,i+x} = \chi\tau^1 - \eta\tau^2, \qquad u_{i,i+y} = \chi\tau^1 + \eta\tau^2, \qquad a_0^{1,2,3} = 0,$$
$$u_{i,i+2x+y} = u_{i,i-x+2y} = +\lambda\tau^3, \qquad u_{i,i+2x-y} = u_{i,i+x+2y} = -\lambda\tau^3,$$

当 $\lambda = 0$ 时, $(\chi \neq \eta)$ 描述了 U1Cn01n 自旋液体 (交错通量态).

(a) 证明当 $\lambda \neq 0$ 时, 拟设描述的是 Z_2 自旋液体.

(b) 写出保持拟设不变的 U1Cn01n PSG 的子群.

(c) 写出以上 Z_2 拟设的标记.

9.6 对称自旋液体一览

要点:

- 交错通量态附近八种 Z_2 自旋液体的物理性质

在这一节, 我们要研究 9.4 节分类的对称自旋液体的物理性质. 我们一直在使用投影对称群标识不同的平均场态, 但是, 平均场态的物理性质并不能从它的 PSG 直接看到, 为了得到平均场态的物理性质, 我们需要构建明显在相应 PSG 下不变的拟设.

但是列出几百种对称自旋液体并不那么容易, 更不要说构建它们的拟设, 再一个一个地研究理论性质. 我们这里要做的是研究一些重要的自旋液体, 但是怎样决定自旋液体的重要性?

在对高 T_c 超导体的研究中, 人们发现 $SU(2)$ 线性态 SU2Bn0(π 通量态)、$U(1)$ 线性态 U1Cn01n(交错通量和/或 d 波态) 和 $SU(2)$ 无隙态 SU2An0(均匀 RVB 态) 比较重要, 它们与在高 T_c 超导体中观察到的某些相有着密切的关系, $SU(2)$ 线性、$U(1)$ 线性和 $SU(2)$ 无隙态分别给出了实验上观察到的未掺杂、欠掺杂和过掺杂样品的电子谱函数. 但是从理论上讲, 这些自旋液体由于 $U(1)$ 或 $SU(2)$ 规涨落在低能是不稳定的, 这些态可能会改变到相邻近的更加稳定的自旋液体, 这一点启发我们去研究邻近 $SU(2)$ 线性、$U(1)$ 线性和 $SU(2)$ 无隙态的更加稳定的自旋液体. 为了进一步限定研究的范围, 这里我们主要研究在 $U(1)$ 线性态 U1Cn01n 附近的自旋液体[22].

9.6.1 $U(1)$线性自旋液体附近的对称自旋液体

U1Cn01n 自旋液体 (9.2.34) 可以连续地改变为 8 种不同的自旋液体, 它们将 $U(1)$ 规范结构破缺为 Z_2 规范结构. 尽管这 8 种自旋液体由不同的 PSG 标记, 它们有相同的对称性. 下面我们将更详细地研究这 8 种 Z_2 自旋液体, 特别是我们要找到它们的自旋子谱.

[22] 我们要指出, 我们这里只研究对称自旋液体, U1Cn01n 自旋液体也会改变为破缺某些对称性的其他态, 这样的对称破缺变化实际上已经在高 T_c 超导体中观察到 (诸如反铁磁态、d 波超导态和条纹态.).

第一种由 Z2A0013 标记, 有下面的形式

$$
\begin{aligned}
u_{\boldsymbol{i},\boldsymbol{i}+\boldsymbol{x}} =&\chi\tau^1 - \eta\tau^2, & u_{\boldsymbol{i},\boldsymbol{i}+\boldsymbol{y}} =&\chi\tau^1 + \eta\tau^2,\\
u_{\boldsymbol{i},\boldsymbol{i}+\boldsymbol{x}+\boldsymbol{y}} =& + \gamma\tau^1, & u_{\boldsymbol{i},\boldsymbol{i}-\boldsymbol{x}+\boldsymbol{y}} =& + \gamma\tau^1,\\
a_0^1 \neq& 0, \qquad a_0^{2,3} = 0.
\end{aligned} \tag{9.6.1}
$$

它与拟设 (9.2.41) 有相同量子序. 标记 Z2A0013 告诉我们拟设的 PSG —— “对称” 群. 对称自旋液体的 PSG 由对称变换和规范变换的如下组合产生: $\{G_0, G_xT_x, G_yT_y, G_{P_x}P_x, G_{P_y}P_y, G_{P_{xy}}P_{xy}, G_TT\}$, 规范变换 G_0 产生 PSG 的 IGG; 标记 Z2A0013 中的 “Z2” 告诉我们, $IGG = Z_2$ 即 $G_0(\boldsymbol{i}) = (-)$; 标记中的 “A” 告诉我们 $G_x(\boldsymbol{i}) = G_y(\boldsymbol{i}) = 1$; 后面的 “00” 意味着 $G_{P_x}(\boldsymbol{i}) = 1$ 和 $G_{P_y}(\boldsymbol{i}) = 1$, “1” 表示 $G_{P_{xy}}(\boldsymbol{i}) = i\tau^1$, “3” 表示 $G_T(\boldsymbol{i}) = i\tau^3$. 第二种拟设由 Z2A$zz$13 标记:

$$
\begin{aligned}
u_{\boldsymbol{i},\boldsymbol{i}+\boldsymbol{x}} =&\chi\tau^1 - \eta\tau^2, & u_{\boldsymbol{i},\boldsymbol{i}+\boldsymbol{y}} =&\chi\tau^1 + \eta\tau^2,\\
u_{\boldsymbol{i},\boldsymbol{i}+\boldsymbol{x}+\boldsymbol{y}} =& - \gamma\tau^1, & u_{\boldsymbol{i},\boldsymbol{i}-\boldsymbol{x}+\boldsymbol{y}} =& + \gamma\tau^1,\\
u_{\boldsymbol{i},\boldsymbol{i}+2\boldsymbol{x}} =&u_{\boldsymbol{i},\boldsymbol{i}+2\boldsymbol{y}} = 0, & a_0^{1,2,3} =&0.
\end{aligned} \tag{9.6.2}
$$

这里标记中的 “zz” 告诉我们, $\eta_{xpx} = \eta_{xpy} = -1$ 和 $g_{P_x} = g_{Py} = i\tau^3$, 因此 $G_{P_x}(\boldsymbol{i}) = (-)^{i_x+i_y}\tau^3$, $G_{P_y}(\boldsymbol{i}) = (-)^{i_x+i_y}\tau^3$ [见 (9.4.14)]. 第三种由 Z2A001n 标记:

$$
\begin{aligned}
a_0^l =&0,\\
u_{\boldsymbol{i},\boldsymbol{i}+\boldsymbol{x}} =&\chi\tau^1 + \eta\tau^2, & u_{\boldsymbol{i},\boldsymbol{i}+\boldsymbol{y}} =&\chi\tau^1 - \eta\tau^2\\
u_{\boldsymbol{i},\boldsymbol{i}+2\boldsymbol{x}+\boldsymbol{y}} =&\chi_1\tau^1 + \eta_1\tau^2 + \lambda_1\tau^3, & u_{\boldsymbol{i},\boldsymbol{i}-\boldsymbol{x}+2\boldsymbol{y}} =&\chi_1\tau^1 - \eta_1\tau^2 - \lambda_1\tau^3,\\
u_{\boldsymbol{i},\boldsymbol{i}+2\boldsymbol{x}-\boldsymbol{y}} =&\chi_1\tau^1 + \eta_1\tau^2 + \lambda_1\tau^3, & u_{\boldsymbol{i},\boldsymbol{i}+\boldsymbol{x}+2\boldsymbol{y}} =&\chi_1\tau^1 - \eta_1\tau^2 - \lambda_1\tau^3.
\end{aligned} \tag{9.6.3}
$$

仔细的读者也许会发现, 标记 Z2A001n 不出现在 9.4.3 节所分类的 196 种 Z2 自旋液体中 [见 (9.4.16)~(9.4.32)]. 但是, 用 Z2A001n 标记的 PSG 和用 Z2A003n 标记的 PSG 是规范等价的, 标记 Z2A003n 在我们的列表中 [见 (9.4.18)]. 下面我们将称上面的自旋液体 Z2A003n 态. 第四种用 Z2Azz1n 标记:

$$
\begin{aligned}
a_0^l =&0,\\
u_{\boldsymbol{i},\boldsymbol{i}+\boldsymbol{x}} =&\chi\tau^1 + \eta\tau^2, & u_{\boldsymbol{i},\boldsymbol{i}+\boldsymbol{y}} =&\chi\tau^1 - \eta\tau^2\\
u_{\boldsymbol{i},\boldsymbol{i}+2\boldsymbol{x}+\boldsymbol{y}} =&\chi_1\tau^1 + \eta_1\tau^2 + \lambda\tau^3, & u_{\boldsymbol{i},\boldsymbol{i}-\boldsymbol{x}+2\boldsymbol{y}} =&\chi_1\tau^1 - \eta_1\tau^2 + \lambda\tau^3,\\
u_{\boldsymbol{i},\boldsymbol{i}+2\boldsymbol{x}-\boldsymbol{y}} =&\chi_1\tau^1 + \eta_1\tau^2 - \lambda\tau^3, & u_{\boldsymbol{i},\boldsymbol{i}+\boldsymbol{x}+2\boldsymbol{y}} =&\chi_1\tau^1 - \eta_1\tau^2 - \lambda\tau^3.
\end{aligned} \tag{9.6.4}
$$

以上的四种拟设具有平移不变性, 下面的四种 Z_2 拟设没有平移不变性, 因为它们都是 Z2B 类型, 但是它们在投影以后仍然描述的平移对称自旋液体. 这些 Z_2 自旋液体是

Z2B0013:

$$\begin{aligned} u_{\boldsymbol{i},\boldsymbol{i}+\boldsymbol{x}} &= \chi\tau^1 - \eta\tau^2, & u_{\boldsymbol{i},\boldsymbol{i}+\boldsymbol{y}} &= (-)^{i_x}(\chi\tau^1 + \eta\tau^2), \\ u_{\boldsymbol{i},\boldsymbol{i}+2\boldsymbol{x}} &= -\gamma\tau^1 + \lambda\tau^2, & u_{\boldsymbol{i},\boldsymbol{i}+2\boldsymbol{y}} &= -\gamma\tau^1 - \lambda\tau^2, \\ a_0^1 &\neq 0, \qquad a_0^{2,3} = 0, \end{aligned} \tag{9.6.5}$$

Z2Bzz13:

$$\begin{aligned} u_{\boldsymbol{i},\boldsymbol{i}+\boldsymbol{x}} &= \chi\tau^1 - \eta\tau^2, & u_{\boldsymbol{i},\boldsymbol{i}+\boldsymbol{y}} &= (-)^{i_x}(\chi\tau^1 + \eta\tau^2), \\ u_{\boldsymbol{i},\boldsymbol{i}+2\boldsymbol{x}+2\boldsymbol{y}} &= -\gamma_1\tau^1, & u_{\boldsymbol{i},\boldsymbol{i}-2\boldsymbol{x}+2\boldsymbol{y}} &= \gamma_1\tau^1, \\ a_0^{1,2,3} &= 0, \end{aligned} \tag{9.6.6}$$

Z2B001n:

$$\begin{aligned} u_{\boldsymbol{i},\boldsymbol{i}+\boldsymbol{x}} &= \chi\tau^1 + \eta\tau^2, & u_{\boldsymbol{i},\boldsymbol{i}+\boldsymbol{y}} &= (-)^{i_x}(\chi\tau^1 - \eta\tau^2), \\ u_{\boldsymbol{i},\boldsymbol{i}+2\boldsymbol{x}+\boldsymbol{y}} &= (-)^{i_x}\lambda\tau^3, & u_{\boldsymbol{i},\boldsymbol{i}-\boldsymbol{x}+2\boldsymbol{y}} &= -\lambda\tau^3, \\ u_{\boldsymbol{i},\boldsymbol{i}+2\boldsymbol{x}-\boldsymbol{y}} &= (-)^{i_x}\lambda\tau^3, & u_{\boldsymbol{i},\boldsymbol{i}+\boldsymbol{x}+2\boldsymbol{y}} &= -\lambda\tau^3, \\ a_0^l &= 0, \end{aligned} \tag{9.6.7}$$

以及 Z2Bzz1n:

$$\begin{aligned} u_{\boldsymbol{i}.\boldsymbol{i}+\boldsymbol{x}} &= \chi\tau^1 + \eta\tau^2, & u_{\boldsymbol{i}.\boldsymbol{i}+\boldsymbol{y}} &= (-)^{i_x}(\chi\tau^1 - \eta\tau^2), \\ u_{\boldsymbol{i}.\boldsymbol{i}+2\boldsymbol{x}+\boldsymbol{y}} &= (-)^{i_x}(\chi_1\tau^1 + \eta_1\tau^2 + \lambda\tau^3), & u_{\boldsymbol{i}.\boldsymbol{i}+-\boldsymbol{x}+2\boldsymbol{y}} &= \chi_1\tau^1 - \eta_1\tau^2 + \lambda\tau^3, \\ u_{\boldsymbol{i}.\boldsymbol{i}+2\boldsymbol{x}-\boldsymbol{y}} &= (-)^{i_x}(\chi_1\tau^1 + \eta_1\tau^2 - \lambda\tau^3), & u_{\boldsymbol{i}.\boldsymbol{i}+\boldsymbol{x}+2\boldsymbol{y}} &= \chi_1\tau^1 - \eta_1\tau^2 - \lambda\tau^3, \\ a_0^l &= 0. \end{aligned} \tag{9.6.8}$$

对于第一组的四种 Z_2 自旋液体 (9.6.1)、(9.6.2)、(9.6.3) 和 (9.6.4)(假设 a_0^1 在 (9.6.1) 中是小量), 自旋子在四个孤立点是无能隙的并具有线性色散 (见图 9.8), 因此这四种拟设描述了对称 Z_2 线性自旋液体. 第二种 Z_2 自旋液体 Z2Azz13 的单一自旋子色散是相当有意思的, 它没有 90° 旋转对称性, 但这与基态中的 90° 旋转对称性不矛盾, 因为具有奇数个自旋子的激发永远不能满足约束条件, 是不允许的. 自旋子色散具有绕 $\boldsymbol{k} = (0, \pi)$ 点的 90° 旋转对称性, 因此具有偶数个自旋子的激发谱也具有 90° 旋转对称性.

我们要指出, 当 a_0^1 很大时, (9.6.1) 可能会有一个有能隙的自旋子谱, 因此 Z2A0013 态可能是一个有能隙的自旋液体, 也可能是一个无能隙自旋液体. 其他三个 Z2A 态总是无能隙的, 是 Z_2 线性态. 在 9.9 节, 我们将证明所有的 Z_2 有隙态和 Z_2 线性态都是稳定的, 这些态的平均场结果适用于描述物理自旋液体.

下面我们考虑 (9.6.5) 中的拟设 Z2B0013. 拟设 (9.6.5) 的自旋子谱由

$$H = -2\chi\cos(k_x)\mathit{\Gamma}_0 - 2\eta\cos(k_x)\mathit{\Gamma}_2 - 2\chi\cos(k_y)\mathit{\Gamma}_1 + 2\eta\cos(k_y)\mathit{\Gamma}_3 + \lambda\mathit{\Gamma}_4$$

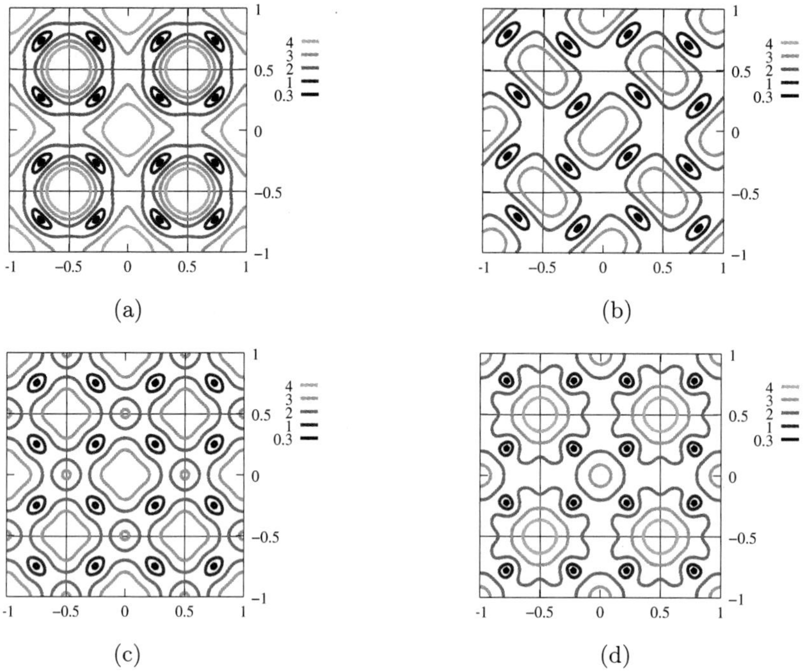

图 9.8　Z_2 线性自旋液体中以 $(k_x/2\pi, k_y/2\pi)$ 为自变量的自旋子色散 $E_+(\boldsymbol{k})$ 的等能线图. (a) (9.6.1) 中的 Z2A0013 态; (b) (9.6.2) 中的 Z2Azz13 态; (c) (9.6.3) 中的 Z2A001n 态, (d) (9.6.4) 中的 Z2Azz1n 态.

的本征值决定, 其中 $k_x \in (0, \pi)$, $k_y \in (-\pi, \pi)$,

$$
\begin{aligned}
\Gamma_0 &= \tau^1 \otimes \tau^3, & \Gamma_1 &= \tau^1 \otimes \tau^1, \\
\Gamma_2 &= \tau^2 \otimes \tau^3, & \Gamma_3 &= \tau^2 \otimes \tau^1, \\
\Gamma_4 &= \tau^1 \otimes \tau^0,
\end{aligned}
$$

并假设 $\gamma = 0$. 自旋子色散的四条能带的形式是 $\pm E_1(\boldsymbol{k})$, $\pm E_2(\boldsymbol{k})$, 而且自旋子谱在靠近 $\boldsymbol{k} = (\pi/2, \pm\pi/2)$ 的 8 个孤立点为零 [见图 9.9(a)], 因此态 Z2B0013 是一个 Z_2 线性自旋液体.

其他三种 Z2B 态的自旋子谱也可用类似的方法得到, 能谱画在图 9.9 中. 这三种 Z2B 态也是 Z_2 线性态, 无能隙自旋子只在 $(\frac{\pi}{2}, \pm\frac{\pi}{2})$ 出现.

知道了上面 Z2B 自旋液体的平移对称性, 自旋子谱仅定义在半个晶体布里渊区似乎就很令人不解, 其实这与物理自旋液体中的平移对称性不矛盾, 因为单自旋子激发不是物理的, 只有双自旋子激发才对应于物理激发, 它们的谱应该定义在全布里渊区. 现在的问题是怎样从定义在半布里渊区的单自旋子谱得到定义在全布里渊区的双自旋子谱. 令 $|\boldsymbol{k}, 1\rangle$ 和 $|\boldsymbol{k}, 2\rangle$ 是单自旋子具有正能量 $E_1(\boldsymbol{k})$ 和 $E_2(\boldsymbol{k})$ 的两个本征态 [这里 $k_x \in (-\pi/2, \pi/2)$, $k_y \in (-\pi, \pi)$], 平移 $\boldsymbol{x}$ (附

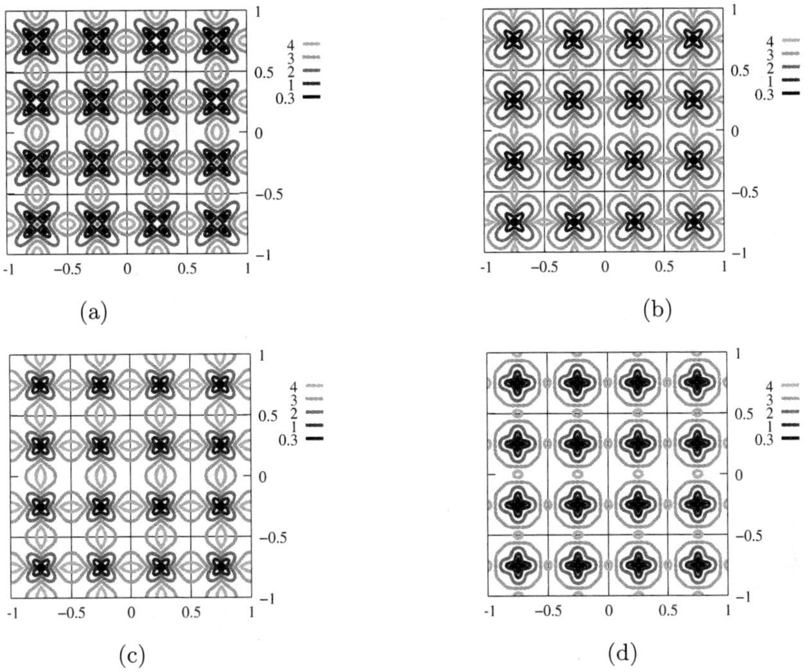

图 9.9 以Z_2线性态的$(k_x/2\pi, k_y/2\pi)$为函数的自旋子色散$\min[E_1(\boldsymbol{k}), E_2(\boldsymbol{k})]$的等能线图. (a) (9.6.5) 中的 Z2B0013 态; (b) (9.6.6) 中的 Z2Bzz13 态; (c) (9.6.7) 中的 Z2B001n 态; (d) (9.6.8) 中的 Z2Bzz1n 态.

加上 (相应的) 规范变换) 将 $|\boldsymbol{k},1\rangle$ 和 $|\boldsymbol{k},2\rangle$ 改变为具有相同能量的另外两个本征态:

$$
\begin{aligned}
|\boldsymbol{k},1\rangle \to& |\boldsymbol{k}+\pi\boldsymbol{y},1\rangle,\\
|\boldsymbol{k},2\rangle \to& |\boldsymbol{k}+\pi\boldsymbol{y},2\rangle.
\end{aligned}
$$

由此得出双自旋子态 $|\boldsymbol{k}_1,\alpha_1\rangle|\boldsymbol{k}_2,\alpha_2\rangle \pm |\boldsymbol{k}_1+\pi\boldsymbol{y},\alpha_1\rangle|\boldsymbol{k}_2+\pi\boldsymbol{y},\alpha_2\rangle$ 的动量和能量为

$$
\begin{aligned}
E_{\text{2spinon}} =& E_{\alpha_1}(\boldsymbol{k}_1)+E_{\alpha_2}(\boldsymbol{k}_2),\\
\boldsymbol{k} =& \boldsymbol{k}_1+\boldsymbol{k}_2, \quad \boldsymbol{k}_1+\boldsymbol{k}_2+\pi\boldsymbol{x}.
\end{aligned}
\tag{9.6.9}
$$

由 (9.6.9), 我们就可以从单自旋子谱构建双自旋子谱.

9.6.2 $SU(2)$自旋液体附近一种奇怪的对称自旋液体

在 (9.2.32) 中的均匀 RVB 态 [或 $SU(2)$ 无隙态 SU2An0] 附近和在 (9.2.33) 中的 π 通量态 [或 $SU(2)$ 线性态 SU2Bn0] 附近有很多种对称拟设, 这里我们只考虑其中的一种 —— Z_2 自旋液体 Z2By1(12)n(注意 Z2By1(12)n 规范等价于 Z2Bx2(12)n):

$$
u_{\boldsymbol{i},\boldsymbol{i}+\boldsymbol{x}} = i\chi\tau^0+\eta\tau^1, \quad u_{\boldsymbol{i},\boldsymbol{i}+\boldsymbol{y}} = (-)^{i_x}(i\chi\tau^0+\eta\tau^2), \quad a_0^{1,2,3}=0. \tag{9.6.10}
$$

当 $\chi=0$ 时, 以上拟设化简为 $SU(2)$ 无隙态 SU2An0 的拟设; 当 $\eta=0$ 时, 化简为 $SU(2)$ 线性态 SU2Bn0. 经过傅里叶变换后, 得到自旋子谱由

$$H=-2\chi\sin k_x\Gamma_0+2\eta\cos k_x\Gamma_2-2\chi\sin k_y\Gamma_1+2\eta\cos k_y\Gamma_3$$

决定, 其中 $k_x\in(-\pi/2,\pi/2)$, $k_y\in(-\pi,\pi)$ 并且

$$\Gamma_0=\tau^0\otimes\tau^3,\quad \Gamma_2=\tau^1\otimes\tau^3,\quad \Gamma_1=\tau^0\otimes\tau^1,\quad \Gamma_3=\tau^2\otimes\tau^1.$$

这个自旋子谱可以严格地解出, 它的四个分支的形式为 $\pm E_1(\boldsymbol{k})$ 和 $\pm E_2(\boldsymbol{k})$. 自旋子的能量在两个孤立点 $\boldsymbol{k}=(0,0),(0,\pi)$ 为零, 在 $\boldsymbol{k}=0$ 附近的低能谱是 [见图 9.10(b)]

$$E=\pm\eta^{-1}\sqrt{(\chi^2+\eta^2)^2(k_x^2-k_y^2)^2+4\chi^4k_x^2k_y^2}.$$

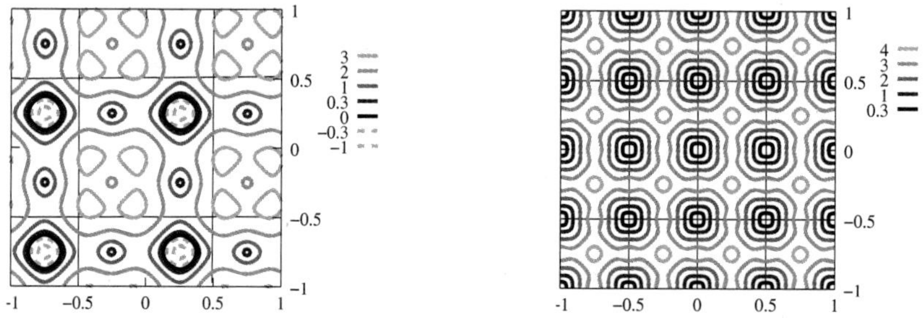

(a) (b)

图 9.10 以 Z_2 自旋液体的 $(k_x/2\pi, k_y/2\pi)$ 为函数的自旋子色散 $E_+(\boldsymbol{k})$ 的等能线图. (a) (9.2.39) 中的 Z_2 无隙态 Z2Ax2(12)n; (b) (9.6.10) 中的 Z_2 二次态 Z2Bx2(12)n. 尽管在 (a) 中的单自旋子色散没有旋转和宇称对称性, 双自旋子谱却具有这些对称性.

我们看到能量在 $\boldsymbol{k}\to 0$ 并不线性地趋于零, 却按 $\boldsymbol{k}^2$ 趋于零. 这是很有意思 (也是奇怪) 的. 我们称这样的拟设为 Z_2 二次自旋液体, 用以强调 $E\propto\boldsymbol{k}^2$ 的二次色散.

习题

9.6.1 拟设 (9.6.3) 的PSG

(a) 根据标记 Z2A001n 写出 Z2A001n PSG 中的规范变换 G_x, G_y, G_{P_x} 等等.

(b) 证明拟设 (9.6.3) 在 Z2A001n PSG 下是不变量.

(c) 写出将 Z2A001n PSG 变换为 Z2A003n PSG 的规范变换.

9.6.2 验证对于 (9.6.10) 描述的自旋液体, 只要 χ 和 η 非零, $SU(2)$ 通量算符 (见 (9.2.20)) 对于以下回路 $\boldsymbol{i}\to\boldsymbol{i}+\boldsymbol{x}\to\boldsymbol{i}+\boldsymbol{x}+\boldsymbol{y}\to\boldsymbol{i}+\boldsymbol{y}\to\boldsymbol{i}$ 和 $\boldsymbol{i}\to\boldsymbol{i}+\boldsymbol{y}\to\boldsymbol{i}-\boldsymbol{x}+\boldsymbol{y}\to\boldsymbol{i}-\boldsymbol{x}\to\boldsymbol{i}$ 不对易, 因此自旋液体确实具有 Z_2 规范结构.

9.6.3

(a) 证明当 $\eta = 0$ 时, (9.6.10) 中的拟设化简为 $SU(2)$ 无隙态 SU2An0 的拟设; 当 $\chi = 0$ 时, 化简为 $SU(2)$ 无隙态 SU2Bn0 的拟设.

(b) 写出自旋子谱 $\pm E_1$ 和 $\pm E_2$.

9.7 量子序的物理测量

要点:

- 由 PSG 描述的量子序可以通过激发谱测量

使用 PSG 数学地标识了量子序之后, 我们就想知道怎样在实验中测量量子序. 在有能隙的态中, 量子序与拓扑序有关, 我们可以使用基态简并、边缘态、准粒子统计等方法测量拓扑序 [Wen (1990, 1995); Senthil and Fisher (2001)], 但测量无能隙激发态中的量子序需要用不同的方法. 在本节中我们想表明, 量子序一般地说可以用无能隙激发的动力学性质测量. 但是, 不是所有的动力学性质都是普适的, 因此我们需要在用无能隙激发标识和测量量子序之前, 确定量子序的普适性质. 利用量子序的 PSG 标识就可以得到这些普适性质 —— 我们仅仅需要确定哪些性质是具有相同 PSG 的所有拟设所共有的共同性质.

为了说明以上的观点, 我们来研究双自旋子激发的能谱. 我们注意到自旋子只能成对产生, 因此单自旋子谱没有物理意义. 我们还注意到双自旋子谱包括自旋 1 激发, 可以用中子散射实验测量.

在给定的动量上, 双自旋子谱分布在一个或几个能量段中. 令 $E_{2s}(\boldsymbol{k})$ 为在动量 $\boldsymbol{k}$ 处双自旋子谱的下边界, 在平均场理论中, 双自旋子谱可以由单自旋子色散

$$E_{2\text{spinon}}(\boldsymbol{k}) = E_{1\text{spinon}}(\boldsymbol{q}) + E_{1\text{spinon}}(\boldsymbol{k}-\boldsymbol{q})$$

构建. 在图 9.11 ~ 图 9.14 中, 我们给出了一些简单自旋液体的平均场 E_{2s}, 如果平均场态对于规范涨落是稳定的, 就可以期望平均场 E_{2s} 应该在定性上与真实的 E_{2s} 吻合.

在我们的例子中, 共有 8 种稳定的 Z_2 线性自旋液体 (见图 9.11 和图 9.12). 使用这 8 种 Z_2 自旋液体为例, 可以显示自旋 1 激发的普适性质怎样区分了不同的量子序.

(a) 检验自旋 1 的激发谱, 可以区分 Z2A 自旋液体和 Z2B 自旋液体, 对于 Z2B 自旋液体, 自旋 1 的能谱在 1/4 布里渊区是周期性的 (即能谱在 $k_x \to k_x + \pi$ 和 $k_y \to k_y + \pi$ 下是不变的); 相反, Z2A 自旋液体的自旋 1 能谱没有这种周期性.

(b) 自旋 1 能谱的周期性还可以区分 Z2A0013 与 Z2Azz13 自旋液体和 Z2A001n 与 Z2Azz1n 自旋液体, 对于 Z2A001n 和 Z2Azz1n 自旋液体的自旋 1 能谱在半布里渊区是周期性的 (即能谱在 $(k_x, k_y) \to (k_x + \pi, k_y + \pi)$ 下是不变的), 而且 Z2A001n 和 Z2Azz1n 自旋液体严格在 (π, π), $(\pi, 0)$ 和 $(0, \pi)$ 具有无能隙自旋 1 激发.

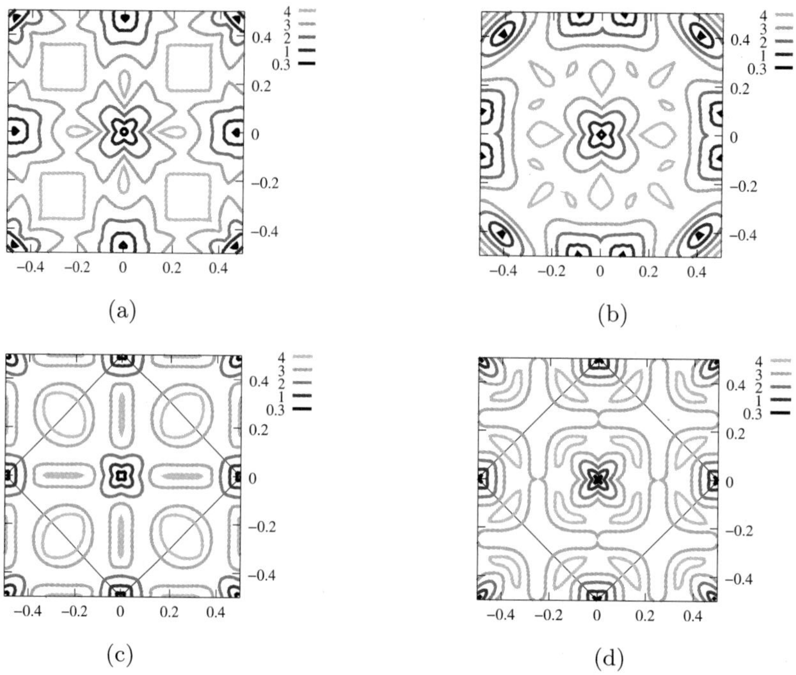

图 9.11　以 Z_2 线性自旋液体的 $(k_x/2\pi, k_y/2\pi)$ 为函数的 $E_{2s}(\boldsymbol{k})$ 的等能线图. (a) (9.6.1) 中的 Z2A0013 态; (b) (9.6.2) 中的 Z2Azz13 态; (c) (9.6.3) 中的 Z2A001n 态; (d) (9.6.4) 中的 Z2Azz1n 态.

(c) 检验在 $(\pi, 0)$ 和 $(0, \pi)$ 附近的无能隙自旋 1 激发, 可以区分 Z2A0013 和 Z2Azz13 自旋液体. 在 Z2Azz13 自旋液体中的无能隙自旋 1 激发位于区域的边界.

由此可见自旋液体中的量子序可以用探测自旋 1 激发的中子散射实验测量.

下面, 我们讨论 $U(1)$ 线性态 U1Cn01n(交错通量态). 提出 U1Cn01n 态是为了描述在欠掺杂的高 T_c 超导体中的赝能隙金属态 [Wen and Lee (1996); Rantner and Wen (2001)], U1Cn01n 态自然地解释了欠掺杂金属态中的赝能隙. 作为一种代数自旋液体, U1Cn01n 态也解释了在赝能隙态中类 Luttinger 电子谱函数 [Rantner and Wen (2001)] 和 (π, π) 自旋涨落的增强 [Rantner and Wen (2002)]. 从图 9.14, 我们看到 U1Cn01n 态中的自旋 1 激发的无能隙点总在 $\boldsymbol{k} = (\pi, \pi)$, $(0, 0)$, $(\pi, 0)$ 和 $(0, \pi)$, 自旋 1 连续空间边缘的等能线在所有四个 $\boldsymbol{k}$ 点都具有两相交椭圆的形状, 同时等能线不与区域边界垂直, 这些都是 U1Cn01n 态的普适性质. 在中子散射实验中测量这些性质, 我们就能判定赝能隙金属态是否由 U1Cn01n(交错通量) 态描述.

由于 2+1D $U(1)$ 规范理论的瞬子效应, U1Cn01n 态是不一定是稳定的. 因此 U1Cn01n 态可能会改变为另外一些态, 诸如 9.6 节中讨论的 8 种 Z_2 自旋液体或这里没有讨论的其他态. 从图 9.11(a) 我们看到, 如果中子散射观察到在 (π, π) 的节点分裂为在 $(\pi \pm \delta, \pi \pm \delta)$ 的四个节点, 而且在 $(\pi, 0)$ 和 $(0, \pi)$ 的节点分裂为在 $(\pi \pm \delta, 0)$ 和 $(0, \pi \pm \delta)$ 的两个节点, 就可以由此探测到从 U1Cn01n 态到 Z_2 线性态 Z2A0013 的相变. 从图 9.11(b) 我们看到, 对于从 U1Cn01n 态到 Z_2

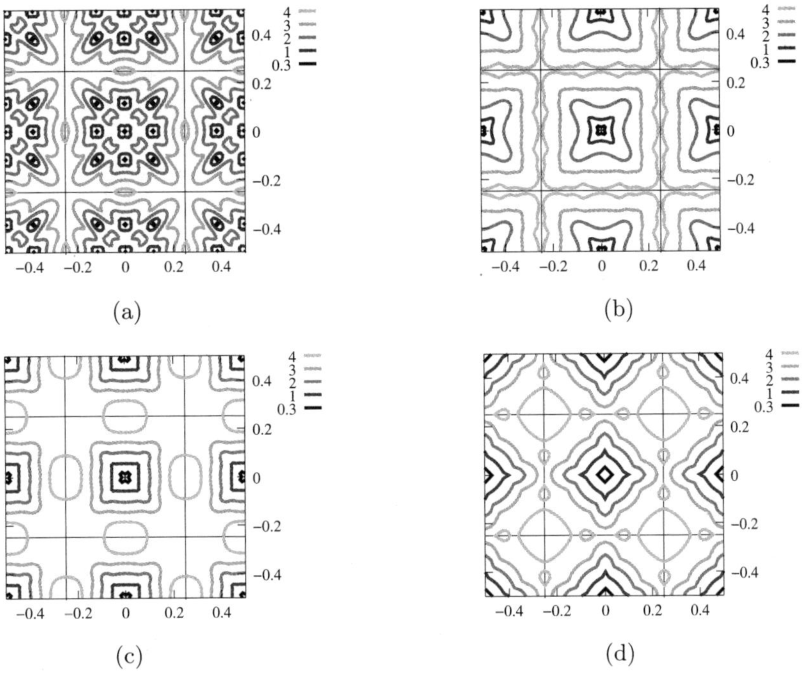

图 9.12 以 Z_2 线性自旋液体的 $(k_x/2\pi, k_y/2\pi)$ 为函数的 $E_{2s}(\boldsymbol{k})$ 的等能线图. (a) (9.6.5) 中的 Z2B0013 态; (b) (9.6.6) 中的 Z2Bzz13 态; (c) (9.6.7) 中的 Z2B001n 态; (d) (9.6.8) 中的 Z2Bzz1n 态. 能谱在 1/4 布里渊区是周期性的.

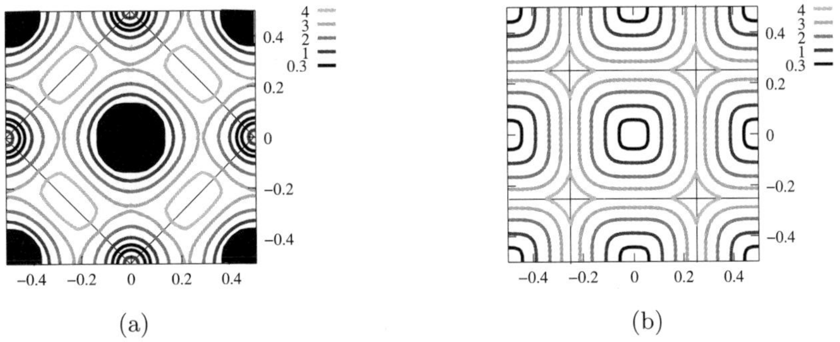

图 9.13 以 (a) (9.2.39) 中 Z_2 无隙态 Z2Ax2(12)n 和 (b) (9.6.10) 中 Z_2 二次态 Z2Bx2(12)n 的 $(k_x/2\pi, k_y/2\pi)$ 为函数的 $E_{2s}(\boldsymbol{k})$ 的等能线图.

线性态 Z2Azz13 的相变, 在 (π,π) 的节点仍分裂为在 $(\pi\pm\delta,\pi\pm\delta)$ 的四个节点, 但是, 不同的是在 $(\pi,0)$ 和 $(0,\pi)$ 的节点分裂为在 $(\pi,\pm\delta)$ 和 $(\pm\delta,\pi)$ 的节点. 我们也可以研究从 U1Cn01n 态到其他 6 种 Z_2 自旋液体的相变, 都能发现自旋 1 激发谱在以某种标识性的方式改变, 因此测量自旋 1 激发谱及其演化, 我们不仅能探测到不改变任何对称性的量子相变, 还能说出发生了哪一种相变.

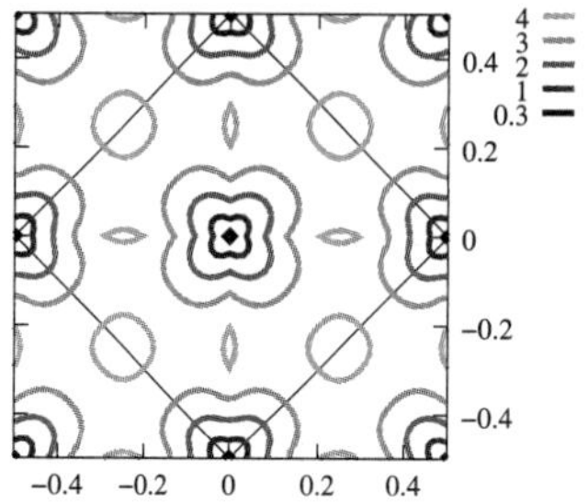

(a)

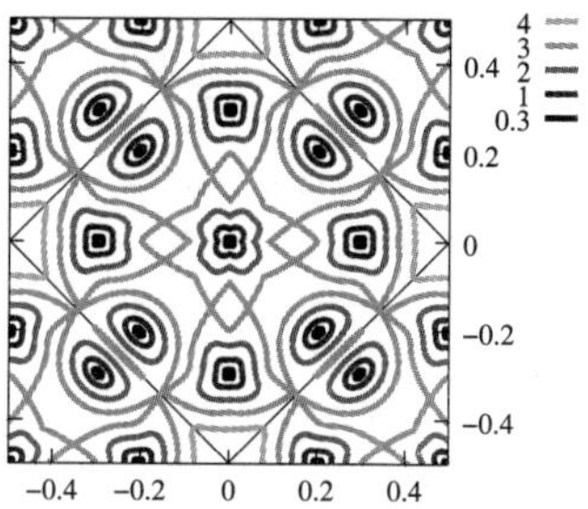

(b)

图 9.14　以两个 $U(1)$ 线性自旋液体的 $(k_x/2\pi, k_y/2\pi)$ 为函数的 $E_{2s}(\boldsymbol{k})$ 的等能线图. (a) U1Cn01n 态 (9.2.34)(交错通量相); (b) 无能隙相的 U1Cn00x 态 (9.8.9). 能谱在半布里渊区是周期性的.

9.8　大 N 极限下 J_1-J_2 模型的相图

9.8.1　大 N 极限

要点:

- 自旋 1/2 模型可以推广到 $SP(2N)$ 模型
- 对于 $SP(2N)$ 模型, 从 $SU(2)$ 投影构建得到的平均场理论具有弱涨落, 是一个很好的近似

至此我们一直在关注怎样标识、分类和测量不同的自旋液体和它们的量子序, 我们还没有讨论怎样找到物理自旋哈密顿量来实现我们构建的几百种不同自旋液体, 本节我们就来讨论这个问题.

在平均场水平上, 设计一个自旋哈密顿量实现具有给定量子序的自旋液体不是很困难的, 对于一个给定自旋哈密顿量找到平均场基态也不是很难, 真正的问题是我们是否应该相信平均场的结果. 我们已经看到, 如果得到的平均场基态不稳定 (即如果平均场涨落在低能导致发散的相互作用), 则平均场结果就不可相信, 平均场态也就不对应于任何真实的物理自旋态; 我们还论证过, 如果平均场基态是稳定的 (即如果平均场涨落造成相互作用在低能下可忽略), 则平均场结果就可以相信, 平均场态就确实对应于一个真实的物理自旋态.

这里我们要指出, 以上关于稳定平均场态的说法过于乐观, 一个 "稳定平均场态" 在低能没有发散的涨落, 因此不一定不稳定, 但也不一定稳定. 这是因为短程涨落如果很强, 也会引起相变和不稳定, 因此为了使平均场结果可信, 平均场态必须稳定, 而且短距离涨落必须很弱. 因为我们在自旋模型中没有任何小参量, 短距离涨落即使对于稳定平均场态也会比较强, 由此可知, 即使对于稳定态, 平均场结果是否可以用于自旋 1/2 模型也是不清楚的.

下面, 我们把自旋模型推广到大 N 模型, 还证明大 N 模型中的平均场态只有微弱的短程涨落, 因此大 N 模型的稳定平均场态对应于真实物理态, 稳定态的平均场结果可以用于大 N 模型.

让我们从 $SU(2)$ 平均场理论的路径积分表示开始

$$Z=\int \mathcal{D}(\psi)\mathcal{D}(a_0^l(\boldsymbol{i}))\mathcal{D}(U_{\boldsymbol{ij}})e^{i\int dt(L-\sum_{\boldsymbol{i}} a_0^l(\boldsymbol{i},t)\psi_{\boldsymbol{i}}^\dagger \tau^l \psi_{\boldsymbol{i}})}$$

$$L=\sum_{\boldsymbol{i}} \psi_{\boldsymbol{i}}^\dagger i\partial_t \psi_{\boldsymbol{i}}-\sum_{\langle \boldsymbol{ij}\rangle}\frac{1}{4}J_{\boldsymbol{ij}}\left[\frac{1}{2}\mathrm{Tr}U_{\boldsymbol{ij}}U_{\boldsymbol{ij}}^\dagger-(\psi_{\boldsymbol{i}}^\dagger U_{\boldsymbol{ij}}\psi_{\boldsymbol{j}}+h.c)\right]. \tag{9.8.1}$$

上式从 $SU(2)$ 平均场哈密顿量 (9.2.9) 得到, $U_{\boldsymbol{ij}}$ 的形式是 (9.2.12)[23]. 对费米子积分以后, 我们得到 $U_{\boldsymbol{ij}}$ 和 a_0^l 的有效拉格朗日量:

$$Z=\int \mathcal{D}(a_0^l(\boldsymbol{i}))\mathcal{D}(U_{\boldsymbol{ij}})e^{i\int dt L_{0,eff}(U_{\boldsymbol{ij}},a_0^l)}.$$

问题是 $U_{\boldsymbol{ij}}$ 和 a_0^l 的涨落在以上路径积分中并不微弱.

为了减小涨落, 我们引进 N 个相同的费米子 $\psi_{\boldsymbol{i}}^a$, 并将 (9.8.1) 推广到下面的路径积分

$$Z=\int \mathcal{D}(\psi)\mathcal{D}(a_0^l(\boldsymbol{i}))\mathcal{D}(U_{\boldsymbol{ij}})e^{i\int dt(L-\sum_{\boldsymbol{i}} a_0^l(\boldsymbol{i},t)\psi_{\boldsymbol{i}}^{a\dagger} \tau^l \psi_{\boldsymbol{i}}^a)},$$

$$L=\sum_{\boldsymbol{i}} \psi_{\boldsymbol{i}}^{a\dagger} i\partial_t \psi_{\boldsymbol{i}}^a-\sum_{\langle \boldsymbol{ij}\rangle}\frac{1}{4}J_{\boldsymbol{ij}}\left[\frac{N}{2}\mathrm{Tr}U_{\boldsymbol{ij}}U_{\boldsymbol{ij}}^\dagger-(\psi_{\boldsymbol{i}}^{a\dagger} U_{\boldsymbol{ij}}\psi_{\boldsymbol{j}}^a+h.c)\right], \tag{9.8.2}$$

其中 $a=1,2,\cdots,N$. 对费米子积分以后, 我们得到

$$Z=\int \mathcal{D}(a_0^l(\boldsymbol{i}))\mathcal{D}(U_{\boldsymbol{ij}})e^{i\int dt NL_{0,\mathrm{eff}}(U_{\boldsymbol{ij}},a_0^l)}.$$

可以看到在大 N 极限, $U_{\boldsymbol{ij}}$ 和 a_0^l 的涨落很弱, 平均场近似是一个很好的近似. 而且显然大 N 平均场理论是一个 $SU(2)$ 规范理论, $U_{\boldsymbol{ij}}$ 和 a_0^l 的涨落对应于 $SU(2)$ 规范涨落.

在 9.2.1 节, 我们已经从物理自旋哈密顿量构建了平均场哈密顿量, 这里我们面临的是一个相反的问题, 已知大 N 平均场哈密顿量

$$H_{\mathrm{mean}}=\sum_{\langle \boldsymbol{ij}\rangle}\frac{1}{4}J_{\boldsymbol{ij}}\left[\frac{N}{2}\mathrm{Tr}U_{\boldsymbol{ij}}U_{\boldsymbol{ij}}^\dagger-(\psi_{\boldsymbol{i}}^{a\dagger} U_{\boldsymbol{ij}}\psi_{\boldsymbol{j}}^a+h.c)\right]+\sum_{\boldsymbol{i}} a_0^l\psi_{\boldsymbol{i}}^{a\dagger}\tau^l\psi_{\boldsymbol{i}}^a, \tag{9.8.3}$$

我们要寻找相应的物理大 N 自旋模型.

构建物理模型中最重要的一步是寻找物理希尔伯特空间, 物理希尔伯特空间是费米子希尔伯特空间的子空间, 由 $SU(2)$ 规范不变态组成, 也就是由在每一个格点 $\boldsymbol{i}$ 满足下面束缚

$$\psi_{\boldsymbol{i}}^{a\dagger}\tau^l\psi_{\boldsymbol{i}}^a|phy\rangle=0,\qquad l=1,2,3$$

的态组成.

得到在每一个格点上的物理希尔伯特空间以后, 就需要寻找作用在物理希尔伯特空间之内的物理算符, 这些物理算符是 $SU(2)$ 规范不变算符 (即与 $\psi_{\boldsymbol{i}}^{a\dagger}\tau^l\psi_{\boldsymbol{i}}^a$ 对易的算符). 让我们写下每一个格点所有的 $SU(2)$ 规范不变的双线性形式 ψ:

$$S^{ab+}\equiv\frac{1}{2}\psi_\alpha^{a\dagger}\widetilde{\psi}_\alpha^b,\qquad S^{ab-}\equiv\frac{1}{2}\widetilde{\psi}_\alpha^{a\dagger}\psi_\alpha^b,$$

$$S^{ab3}\equiv\frac{1}{2}\left(\psi_\alpha^{a\dagger}\psi_\alpha^b-\delta^{ab}\right)=\frac{1}{2}\left(\delta^{ab}-\widetilde{\psi}_\alpha^{b\dagger}\widetilde{\psi}_\alpha^a\right),$$

[23] 我们已经将系数从 $\frac{3}{8}$ 变为 $\frac{1}{4}$, 这样对 (9.8.1) 中的 $U_{\boldsymbol{ij}}$ 积分, 可以得到自旋哈密顿量 (9.1.1).

其中 $\widetilde{\psi}^a \equiv i\sigma_2\psi^{a*}$. 这些 S 算符是自旋 1/2 模型的自旋算符的推广.

当 $N=1$ 时, 大 N 模型变为自旋 1/2 模型, S 算符产生出 $SU(2)$ 自旋旋转群. 对于 $N>1$, 由 S 算符产生的群是什么? 我们可以先数一下有多少种不同的 S 算符, 对于 S^{ab+} 或者 S^{ab-}, 这个标记对于 a 和 b 是对称的, 因此每一类有 $\frac{N(N+1)}{2}$ 种不同的算符. 对于 S^{ab3}, 标记是不对称的, 因此就有 N^2 种, 总共我们有 $N(N+1)+N^2=2N^2+N$ 种不同的 S 算符.

不难检验 S 算符之间的对易关系为:

$$\left[S^{ab3},\ S^{cd3}\right]=\frac{1}{2}\left(\delta^{bc}S^{ad3}-\delta^{ad}S^{cb3}\right),$$

$$\begin{aligned}\left[S^{ab3},\ S^{cd+}\right]&=\frac{1}{2}\left(\delta^{bc}S^{ad+}+\delta^{bd}S^{ac+}\right),\\ \left[S^{ab3},\ S^{cd-}\right]&=-\frac{1}{2}\left(\delta^{ad}S^{bc-}+\delta^{ac}S^{bd-}\right),\end{aligned}$$

$$\begin{aligned}&\left[S^{ab+},\ S^{cd-}\right]=\frac{1}{2}\left(\delta^{ac}S^{bd3}+\delta^{ad}S^{bc3}+\delta^{bc}S^{ad3}+\delta^{bd}S^{ac3}\right),\\ &\left[S^{ab-},\ S^{cd-}\right]=0,\qquad \left[S^{ab+},\ S^{cd+}\right]=0.\end{aligned}$$

这是 $SP(2N)$ 代数的关系, 因此 S 算符是产生 $SP(2N)$ 群的 $2N^2+N$ 个生成元. 当 $N=1$ 时, $SP(2)$ 同构于 $SU(2)$ 自旋旋转群.

经过对 (9.8.2) 中的 U_{ij} 和 a_0^l 积分, 我们得到下面大 N 模型的物理哈密顿量

$$H=\sum_{\langle ij\rangle}\frac{J_{ij}}{N}\,\mathbf{S}_i^{ab}\cdot\mathbf{S}_j^{ba},$$

其中

$$\begin{aligned}S_i^{ab1}&=S_i^{ba1}=\frac{1}{2}\left(S_i^{ab+}+S_i^{ab-}\right),\\ S_i^{ab2}&=S_i^{ba2}=\frac{1}{2i}\left(S_i^{ab+}-S_i^{ab-}\right),\end{aligned}$$

并且

$$\boldsymbol{S}_i^{ab}=\left(S_i^{ab1},S_i^{ab2},S_i^{ab3}\right).$$

我们发现 H 与 $SP(2N)$ 的生成元 $\sum_i \boldsymbol{S}_i^{ab}$ 对易, 因此我们的大 N 模型具有 $SP(2N)$ 对称性. 这里我们要指出, $\boldsymbol{S}_i^{ab}$ 的三个分量实际上是不等价的, 前面两个对于 a,b 标记对称, 但第三个不同. 我们知道当 $N=1$ 时, 物理希尔伯特空间在每一个格点上有两个态, 这两个态组成了 $SP(2)=SU(2)$ 的不可约表示, 对于更高的 N, 每个格点的物理希尔伯特空间的维数是:

N:	2	3	4	5	6	$\cdots$
维数:	5	14	43	142	429	$\cdots$

(9.8.4)

这些物理希尔伯特空间承载 $SP(2N)$ 对称群的不可约表示. 一个不可约表示可以用其对于某一个嘉当基的最高权重态标记, $SP(2N)$ 的嘉当基可以选择作为每一个 a 的 z 分量自旋:

$$S^{aa3},\quad a=1,2,\cdots,N, \tag{9.8.5}$$

则物理希尔伯特空间中的最高权重态就是没有 ψ 费米子的态.

9.8.2 $SP(2N)$模型的相图

要点:

- 平均场相图是 $SP(2N)$ 模型在大 N 极限的相图
- 平均场理论或 $SP(2N)$ 模型中的不同相可以用 PSG 标记

从 (9.8.3) 中, 我们看到 $SP(2N)$ 模型的 $SU(2)$ 平均场理论和自旋 1/2 模型的 $SU(2)$ 平均场理论结构相同, 两个模型中的平均场态都由拟设 $(U_{\boldsymbol{ij}}, a_0^l(\boldsymbol{i}))$ 描述, 特别是 $SP(2N)$ 模型的平均场能量就是 N 乘以 $SP(2)$ 模型 (即自旋 1/2 模型) 的平均场能量. 所以, 平均场相图与 N 无关, 就像以前讨论的自旋 1/2 模型一样, $SP(2N)$ 模型的不同平均场态由 PSG 标识和分类.

在这一节中, 我们考虑在正方晶格上的一种特殊的 $SP(2N)$ 模型, 这个模型具有最近邻耦合 J_1 和次近邻耦合 J_2, 我们令 $J_1 + J_2 = 1$. 在大 N 极限下, $SU(2)$ 平均场理论 (9.8.3) 是一个很好的近似, 因此我们使用平均场理论来计算 $SP(2N)$ 模型的相图. 由取平均场能量的最小值, 来计算描述平均场基态的平均场拟设. 结果如图 9.15 所示. 图中的每一条曲线代表取局部最小值的平均场能量, 其中最低能量的曲线对应于平均场基态. 可以看到每条曲线上不同拟设共用相同的 PSG, 这一点不难想象, 因为随着我们改变 J_2, 曲线描述的平均场能量会按解析方式变化. 我们从曲线上的一点移动到相同曲线上的另一点, 不发生量子相变, 可见相同曲线上的拟设属于同一相, 由相同的 PSG 描述.

但是, 如果两条曲线相交, 交点就代表量子相变. 这是因为基态能量在交点不是解析的. 由于不同的曲线有不同的 PSG, 可见量子相变由 PSG 中的变化标识, 下面我们就讨论图 9.15 中平均场相的不同量子序 (或 PSG).

相 (A) 是 π 通量态 (SU2B$n0$ $SU(2)$ 线性态)(9.2.33), 相 (B) 在对角连接上有两套独立的均匀 RVB 态, 在低能有 $SU(2)\times SU(2)$ 规范涨落, 称为 $SU(2)\times SU(2)$ 无隙态, 它的拟设是

$$u_{\boldsymbol{i},\boldsymbol{i}+\boldsymbol{x}+\boldsymbol{y}} = \chi\tau^3, \qquad u_{\boldsymbol{i},\boldsymbol{i}+\boldsymbol{x}-\boldsymbol{y}} = \chi\tau^3, \qquad a_0^l = 0. \tag{9.8.6}$$

相 (C) 在对角连接上有两套独立的 π 通量态, 在低能有 $SU(2)\times SU(2)$ 规范涨落, 称为 $SU(2)\times SU(2)$ 线性态, 它的拟设是

$$\begin{aligned} u_{\boldsymbol{i},\boldsymbol{i}+\boldsymbol{x}+\boldsymbol{y}} &= \chi(\tau^3+\tau^1), \qquad u_{\boldsymbol{i},\boldsymbol{i}+\boldsymbol{x}-\boldsymbol{y}} = \chi(\tau^3-\tau^1), \\ a_0^l &= 0. \end{aligned} \tag{9.8.7}$$

相 (D) 是手征自旋态 (9.1.22). 相 (E) 由拟设

$$\begin{aligned} u_{\boldsymbol{i},\boldsymbol{i}+\boldsymbol{x}+\boldsymbol{y}} &= \chi_1\tau^1 + \chi_2\tau^2, \qquad u_{\boldsymbol{i},\boldsymbol{i}+\boldsymbol{x}-\boldsymbol{y}} = \chi_1\tau^1 - \chi_2\tau^2, \\ u_{\boldsymbol{i},\boldsymbol{i}+\boldsymbol{y}} &= \eta\tau^3, \qquad a_0^l = 0 \end{aligned} \tag{9.8.8}$$

描述, 这个态破缺了 90° 旋转对称性, 是一个 $U(1)$ 线性态. 相 (F) 由下面的 U1C$n00x$ 拟设描述

$$\begin{aligned} u_{\boldsymbol{i},\boldsymbol{i}+\boldsymbol{x}} &= \eta\tau^1, \qquad u_{\boldsymbol{i},\boldsymbol{i}+\boldsymbol{y}} = \eta\tau^1, \\ u_{\boldsymbol{i},\boldsymbol{i}+\boldsymbol{x}+\boldsymbol{y}} &= \chi\tau^3, \qquad u_{\boldsymbol{i},\boldsymbol{i}+\boldsymbol{x}-\boldsymbol{y}} = \chi\tau^3, \\ a_0^3 &= \lambda, \qquad a^{1,2} = 0. \end{aligned} \tag{9.8.9}$$

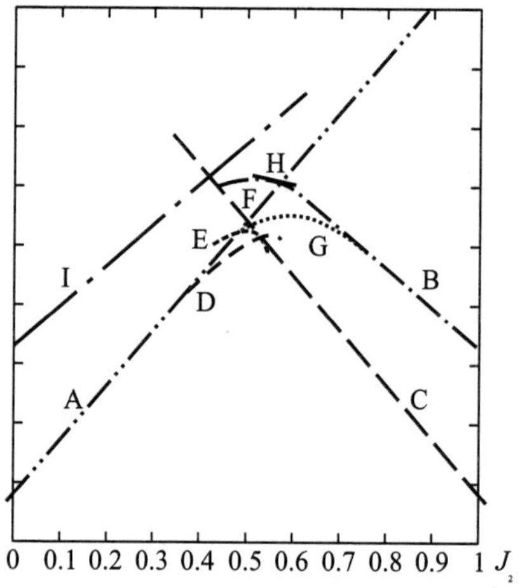

图 9.15 J_1-J_2 自旋系统中各种相的平均场能量. (A) π 通量态 ($SU(2)$ 线性态 SU2Bn0); (B) (9.8.6) 中的 $SU(2)\times SU(2)$ 无隙态; (C) (9.8.7) 中的 $SU(2)\times SU(2)$ 线性态; (D) 手征自旋态 (一种 $SU(2)$ 有隙态); (E) 破坏 90° 旋转对称性的 $U(1)$ 线性态 (9.8.8); (F) (9.8.9) 中的 $U(1)$ 有隙态 U1Cn00x; (G) (9.6.2) 中的 Z_2 线性态 Z2Azz13; (H) (9.6.1) 中的 Z_2 线性态 Z2A0013; (I) 均匀 RVB 态 ($SU(2)$ 无隙态 SU2An0).

U1Cn00x 态可能是一个 $U(1)$ 线性态 (如果 a_0^3 很小) 或 $U(1)$ 有隙态 (如果 a_0^3 很大). 相 (F) 的态其实是一个 $U(1)$ 有隙态, 相 (G) 由 (9.6.2) 中的 Z2Azz13 拟设描述, 是一个 Z_2 线性态. 相 (H) 由 (9.6.1) 中的 Z2A0013 拟设描述, 也是一个 Z_2 线性态. 相 (I) 是均匀 RVB 态 ((9.2.32) 中的 $SU(2)$ 无隙态 SU2An0).

从图 9.15 我们看到下面几对相之间 (在平均场水平上) 的连续相变: (A,D)、(A,G)、(B,G)、(C,E) 和 (B,H), 其中 (B,G)、(B,H) 和 (A,G) 三种不改变任何对称性. 我们还注意到, 相 (A) 的 $SU(2)$ 规范结构在从相 (A) 到相 (G) 的连续相变中破缺为 Z_2, 相 (B) 的 $SU(2)\times SU(2)$ 规范结构在 (B,G) 和 (B,H) 两个相变中破缺为 Z_2.

9.9 量子序和平均场自旋液体的稳定性

要点:

- 很多无能隙平均场自旋液体对于量子涨落都可以保持稳定, 它们甚至在长程规范相互作用下也是稳定的

我们一直在强调平均场态对于平均场涨落的稳定性, 只有稳定平均场态才有可能描述物理自旋液体, 我们在 9.1.5 节和 9.2.2 节讨论了获得稳定平均场态的方法, 这里我们将从量子序及其 PSG 标识的角度讨论平均场态的稳定性.

9.9.1 *PSG* —— 量子相的普适性质

要点:

- 如果相应的平均场态是稳定的 (即没有红外发散), *PSG* 就是真实量子相的一个普适性质, 在这种情况下, *PSG* 描述的是量子相中的量子序

本节我们要证明在抵抗微扰涨落的意义上, *PSG* 可以是量子态的一个普适性质. 因此, *PSG* 做为一种普适性质, 可以用来标识量子相, 所有与 *PSG* 相关 (或受其保护) 的物理性质也是相的普适性质, 可以用来在实验中探测和测量量子序. 特别地, *PSG* 可以保护无能隙规范玻色子和费米子激发 (见 9.10 节). 这样, *PSG* 的稳定性也意味着无能隙规范和费米子激发的稳定性.

我们知道平均场自旋液体态由 $U_{ij} = \langle \psi_i \psi_j^\dagger \rangle$ 标识, 如果我们加入平均场态附近的微扰涨落, 就期望 U_{ij} 得到微扰修正 δU_{ij}. 这里我们要论证微扰涨落只能以保持 U_{ij} 和 $U_{ij} + \delta U_{ij}$ 具有相同 *PSG* 的方式改变 U_{ij}.

首先我们要注意下面为人所熟知的事实: 微扰涨落不会改变对称性和规范结构. 例如, 如果拟设 U_{ij} 和哈密顿量具有某种对称性, 则微扰涨落产生的 δU_{ij} 将具有相同的对称性. 反之相类似, 微扰涨落也不会产生诸如将 $U(1)$ 规范结构破缺为 Z_2 规范结构的 δU_{ij}.

由于规范结构 (由 *IGG* 描述) 和对称群都属于 *PSG*, 若将上述性质加以推广, 假定不仅 *PSG* 中的 *IGG* 和对称群不会改变, 而且整个 *PSG* 都不会因微扰涨落改变应该是合理的. 实际上, 平均场哈密顿量和平均场基态在 *PSG* 中的变换下是不变的, 因此在平均场态附近的微扰计算中, *PSG* 中的变换就像普通的对称变换, 所以微扰涨落只能产生在 *PSG* 中的变换下不变的 δU_{ij}.

由于微扰涨落 (根据定义) 不改变相, U_{ij} 和 $U_{ij} + \delta U_{ij}$ 描述的是相同的相, 换句话说, 可以将 U_{ij} 分类 (称为普适类), 使得每类中的 U_{ij} 以微扰涨落相互联系, 每一种普适类描述一种相. 如果上面的说法正确, 则一个普适类中的拟设就共有相同的 *PSG*. 换句话说, 普适类或相由 *PSG*(或量子序) 分类.

这里要指出, 上面的讨论已经假设微扰涨落没有红外发散, 因为红外发散意味着微扰涨落是不可忽微扰, 这样的发散修正会引起相变, 使上面的说法不再正确. 所以以上的说法和结果只适用于稳定的自旋液体并满足 (a) 所有平均场涨落都没有红外发散, (b) 平均场涨落在晶格尺度上很弱的情况.

下面我们将讨论几种平均场态的稳定性, 如果需要, 以上的要求 (b) 可以通过大 N 极限/调整自旋哈密顿量中的短程自旋耦合来满足, 这里我们就主要考虑要求 (a). 我们发现至少在特定的大 N 极限下, 很多 (不是所有) 平均场态的确对应于在低能稳定的真实量子自旋液体.

目前为止研究的所有自旋液体 (每个单位晶胞有奇数个电子) 可以分为四类, 下面我们将依

次研究每一个种类.

9.9.2 刚性自旋液体

刚性自旋液体是自旋子和所有其他激发都有能隙的态, 通过 Chern-Simons 项或 Anderson-Higgs 机制产生的有能隙的规范场只在自旋子之间传递短程相互作用. 根据定义, 刚性自旋液体是稳定的态, 由拓扑序刻画, 具有非禁闭的中性自旋 1/2 激发. 刚性自旋液体的低能有效理论是拓扑场论, Z_2 有隙自旋液体和手征自旋液体都是刚性自旋液体的例子.

9.9.3 玻色自旋液体

如果在 (9.8.9) 中的 a_0^3 很大, U1Cn00x 态 (9.8.9) 可以是一种 $U(1)$ 有隙自旋液体. 这样的态在平均场的水平具有有能隙的自旋子和无能隙的 $U(1)$ 规范玻色子, 我们称它为玻色自旋液体. 无能隙 $U(1)$ 规范涨落的动力学性质由低能有效理论描述

$$\mathcal{L} = \frac{1}{2g}(f_{\mu\nu})^2,$$

其中 $f_{\mu\nu}$ 是 $U(1)$ 规范场的场强. 但是在 1+2D 中并加入了瞬子效应后, $U(1)$ 规范涨落将具有红外发散, 使规范玻色子产生能隙, 自旋子被禁闭 [Polyakov (1977)], 因此平均场 $U(1)$ 有隙态在 1+2D 不是稳定的, 它们的 PSG 可能不描述物理自旋液体中任何真实的量子序[24].

9.9.4 费米自旋液体

费米自旋液体由下面的两个性质所定义: (a) 具有由自旋 1/2 费米子描述的无能隙激发; (b) 这些无能隙激发之间只有短程相互作用. Z_2 线性、Z_2 二次和 Z_2 无隙自旋液体都是费米自旋液体的例子.

Z_2 线性自旋液体中的自旋子具有线性色散, 这些短程相互作用的自旋子在连续空间极限下由下面的有效理论描述 (见习题9.1.4)

$$S = \int dtd^2x\ \bar{\psi}\partial_\mu\gamma^\mu\psi + (\bar{\psi}M\psi)^2.$$

在 2+1D 中, ψ 的标度量纲为 $[\psi] = 1$, 以保证作用量是无量纲的, 而且相互作用项 $(\psi)^4$ 的标度维数大于 3, 为 $[\psi^4] = 4$. 可以看到无质量狄拉克费米子之间的短程相互作用在 1+2D 是不相关的, Z_2 线性自旋液体是稳定态.

现在我们考虑 (9.6.10) 中的 Z_2 二次自旋液体 Z2Bx2(12)n 的稳定性, Z_2 二次自旋液体中的自旋子具有无能隙二次色散 $\omega \propto k^2$, 这种情况下, 时空的标度维数不同: $[x^{-1}] \equiv 1$, $[t^{-1}] = 2$. 由无量纲连续空间作用量

$$S = \int dtd^2x\psi^\dagger i\partial_t\psi - c\psi^\dagger(\partial_x)^2\psi,$$

[24]这里要提出, 平均场 $U(1)$ 有隙态在 1+3D 是稳定的.

我们看到自旋子场 ψ 的标度维数是 $[\psi]=1$, 四个费米子相互作用项的维数是 $[\psi^4]=4$, 因此在相互作用作用量 $S_{\text{int}}=\int dtd^2x\ g(\psi^\dagger\psi)^2$ 中的耦合常量 g 的标度维数 $[g]=0$. 所以与 Z_2 线性自旋液体不同, Z_2 二次态中无能隙自旋子之间的短程相互作用在 1+2D 是临界的, 我们还需要对它作进一步的研究, 才能决定相互作用的高阶效应是否会使耦合相关, 由此才能决定 Z_2 二次自旋液体在平均场水平以外的动力学稳定性.

和费米液体的一样 Z_2 无隙自旋液体在 1+2D 中是稳定的 (如果我们假设费米液体在 1+2D 是稳定的). 则 Z_2 无隙自旋液体就是稳定的.

9.9.5 代数自旋液体

代数自旋液体是具有无能隙激发的态,但是这些无能隙激发都不能用自由玻色的或费米的准粒子描述. $U(1)$ 线性自旋液体是代数自旋液体的例子, 它们的低能激发由与 $U(1)$ 规范场耦合的无质量狄拉克费米子描述. 由于费米 – 规范耦合对任何级的微扰理论都严格是临界的 [Appelquist and Nash (1990)], 无能隙激发直到零能量都有有限相互作用. 结果是在低能既没有自由玻色准粒子 (诸如规范玻色子), 也没有自由费米准粒子 (诸如自旋子). 这使得决定这些态的稳定性变得非常困难, 建议有兴趣的读者参考关于代数自旋液体的讨论 [Wen (2002c); Rantner and Wen (2002)].

似乎在 2+1D 中, $U(1)$ 线性态在自旋模型特定的大 N 极限是稳定的, 而在 N 很小时, 由于 $U(1)$ 规范理论的非微扰瞬子效应, 它通常是不稳定的. 因此至少在大 N 极限, 相应的代数自旋液体会作为物理自旋系统的相存在. 代数自旋液体的存在是一个很令人诧异的现象. 根据我们的日常经验, 如果玻色子/费米子在低能有相互作用, 这个相互作用会为这些低能激发打开一条能隙, 也就意味着系统或者在低能具有自由的玻色/费米激发, 或者完全没有低能激发. 而代数自旋液体的存在意味着这个日常经验是不正确的. 这为我们提出了一个重要的问题: 是什么在保护无能隙激发 (特别是当它们在所有能量范围都有相互作用时)? 无能隙激发的存在应该有一个"理由" 或 "原则". 这里我们要提出, *正是量子序保护了无能隙激发*.而且还要强调, 即使没有任何自发的对称破缺, 无能隙激发也在自旋液体中和代数自旋液体中存在, 它们不受对称性保护. 没有对称破缺的无能隙激发的存在是量子有序态的一个非常显著的特点. 除了来自自发连续对称破缺的无能隙 Nambu-Goldstone 激发, 量子序又为无能隙激发提出了另一种起源.

9.10 量子序和无能隙规范玻色子及费米子

要点:

- *量子序可以产生和保护无能隙规范玻色子和无能隙费米子, 就像对称破缺可以产生和保护无能隙 Nambu-Goldstone 玻色子*

无能隙激发在自然界和在凝聚态系统中都非常少见, 因此如果我们看到了一种无能隙激发, 总要问一问它因何而存在. 无能隙激发的来源之一是产生 Nambu-Goldstone 玻色子的自发对称破缺 [Nambu (1960); Goldstone (1961)], 无能隙激发和自发对称破缺之间的关系很重要, 从这个关系, 我们就可以从一个复杂系统的对称性得到它的低能物理性质, 而无需知道系统的细节. 这一条思路使朗道关于相和相变的对称破缺理论 [Landau and Lifschitz (1958); Ginzburg and Landau (1950)] 成为研究相的低能性质的一个非常有用的理论. 但是正如前面所提到, 自发对称破缺不是无能隙激发的惟一来源, 量子序和相关的 PSG 也可以产生和保护无能隙激发, 令我们惊奇的是量子序产生和保护无能隙规范玻色子和无能隙费米子, 无能隙费米子甚至可以从纯玻色模型产生. 本节我们要详细地讨论量子序 (及其 PSG) 和无能隙规范玻色子/费米子激发之间的关系 [Wen (2002c,a); Wen and Zee (2002)].

9.10.1 PSG和无能隙规范玻色子

要点:

- 无能隙规范玻色子的规范群 (在平均场水平) 是 PSG 的 IGG

无能隙规范涨落和量子序之间的关系是简单明了的, 量子有序态中无能隙规范涨落的规范群就是描述量子序的 PSG 中的不变规范群 IGG.

为了表明量子序及其 PSG 怎样产生和保护无能隙规范玻色子, 作为一个例子我们假设一个量子序的 IGG 含有 $U(1)$ 子群, 由下面的常量规范变换组成

$$\{W_{\boldsymbol{i}} = e^{i\theta\tau^3} | \theta \in [0, 2\pi)\} \subset \mathcal{G}.$$

然后我们考虑以下在平均场解 $\bar{u}_{\boldsymbol{ij}}$ 附近的涨落: $u_{\boldsymbol{ij}} = \bar{u}_{\boldsymbol{ij}} e^{ia^3_{\boldsymbol{ij}}\tau^3}$, 因为 $\bar{u}_{\boldsymbol{ij}}$ 在常量规范变换 $e^{i\theta\tau^3}$ 下是不变量, 一个与空间有关的规范变换 $e^{i\theta_{\boldsymbol{i}}\tau^3}$ 将把涨落 $a^3_{\boldsymbol{ij}}$ 变换到 $\tilde{a}^3_{\boldsymbol{ij}} = a^3_{\boldsymbol{ij}} + \theta_{\boldsymbol{i}} - \theta_{\boldsymbol{j}}$. 这表示 $a^3_{\boldsymbol{ij}}$ 和 $\tilde{a}^3_{\boldsymbol{ij}}$ 标记相同的物理态, $a^3_{\boldsymbol{ij}}$ 对应于规范涨落. 涨落的能量具有规范不变性: $E(\{a^3_{\boldsymbol{ij}}\}) = E(\{\tilde{a}^3_{\boldsymbol{ij}}\})$. 由于能量的规范不变性, 可见规范场的质量项 $(a^3_{\boldsymbol{ij}})^2$ 是不允许的, 因此由 $a^3_{\boldsymbol{ij}}$ 描述的 $U(1)$ 规范涨落将在低能出现.

如果 IGG 的 $U(1)$ 子群由与空间有关的规范变换组成

$$\{W_{\boldsymbol{i}} = e^{i\theta \boldsymbol{n}_{\boldsymbol{i}}\cdot\boldsymbol{\tau}} | \theta \in [0, 2\pi), |\boldsymbol{n}_{\boldsymbol{i}}| = 1\} \subset \mathcal{G},$$

我们就总可以使用 $SU(2)$ 规范变换将每个格点上的 $\boldsymbol{n}_{\boldsymbol{i}}$ 旋转至 $\boldsymbol{z}$ 方向, 把问题简化为和我们以前讨论过的一样. 因此无论 IGG 中的规范变换是否与空间有关, 低能规范涨落的规范群总是 IGG. 因为 IGG 的每一个 $U(1)$ 子群对应于一个无能隙 $U(1)$ 规范玻色子, 即使当 IGG 是非阿贝尔的, 低能规范玻色子的规范群也由 IGG 给出.

我们要指出, 有时低能规范涨落不仅在 $\boldsymbol{k} = 0$ 附近出现, 也会在其他的 $\boldsymbol{k}$ 点附近出现. 在这种情况下, 我们就会有多个低能规范场, 每一个 $\boldsymbol{k}$ 点有一个. 这种现象的一个例子是在 9.8

节讨论的 $SU(2)$ 从玻色子理论的一些拟设, 它们在低能具有 $SU(2)\times SU(2)$ 规范结构. 我们看到低能规范结构 $SU(2)\times SU(2)$ 甚至可以大于高能规范结构 $SU(2)$, 即使在低能规范涨落出现在不同 $\boldsymbol{k}$ 点附近这样复杂的情况下, IGG 仍然正确地描述了相应拟设的低能规范结构. 如果 IGG 含有与空间坐标无关的规范变换, 则这样的变换对应于在 $\boldsymbol{k}=0$ 附近无能隙规范涨落的规范群; 如果 IGG 含有与空间坐标有关的规范变换, 则这些变换对应于非零 $\boldsymbol{k}$ 附近无能隙规范涨落的规范群. 因此 IGG 是一种能给出所有低能规范涨落的统一处理方法, 与它们的晶格动量无关.

本章我们在很多地方使用了 Z_2 自旋液体、$U(1)$ 自旋液体、$SU(2)$ 自旋液体和 $SU(2)\times SU(2)$ 自旋液体这些词汇, 现在我们就可以给这些低能 Z_2、$U(1)$、$SU(2)$ 和 $SU(2)\times SU(2)$ 规范群一个精确的定义. 这些低能规范群就是相应拟设的 IGG, 它们与出现在 $SU(2)$、$U(1)$ 或 Z_2 从玻色子方法中的高能规范群没有关系. 我们还使用了平均场态的 Z_2 规范结构、$U(1)$ 规范结构和 $SU(2)$ 规范结构这些词汇, 它们精确的数学意义也是相应拟设的 IGG, 当我们说一个 $U(1)$ 规范结构破缺为一个 Z_2 规范结构, 我们的意思是一个拟设的 IGG 从 $U(1)$ 群到 Z_2 群的改变.

9.10.2 *PSG*和无能隙费米子

要点:

- 有时, PSG 保证了无能隙费米子的存在, 在这种情况下, PSG 的普适性决定了无能隙费米子的普适性 (或稳定性)

为了显示 PSG 和无能隙费米子之间的直接联系, 本节我们将研究一种特殊的自旋液体, 它的量子序由 Z2Azz13 标识 [Wen and Zee (2002)], Z2Azz13 自旋液体中的自旋子谱由自旋子跃迁哈密顿量

$$H=\sum_{\boldsymbol{ij}}\psi_{\boldsymbol{i}}^{\dagger}u_{\boldsymbol{ij}}\psi_{\boldsymbol{j}}.$$

给出. Z2Azz13 拟设的一个例子是 (9.6.2), 我们注意到拟设 $u_{\boldsymbol{ij}}$ 可以看作是一个将费米子波函数 $\psi(\boldsymbol{i})$ 映射到 $\psi'(\boldsymbol{i})=\sum_{\boldsymbol{j}}u_{\boldsymbol{ij}}\psi(\boldsymbol{j})$ 的算符, 这个用 $\hat{H}$ 表示的算符, 可以视为一个单体哈密顿量. $\hat{H}$ 的本征值决定了费米子谱, 无能隙费米子对应于单体哈密顿量的零本征值.

Z2Azz13 PSG 由

$$\begin{aligned}
G_x(\boldsymbol{i}) &=\tau^0, & G_y(\boldsymbol{i}) &=\tau^0,\\
G_{P_x}(\boldsymbol{i}) &=(-)^{\boldsymbol{i}}i\tau^3, & G_{P_y}(\boldsymbol{i}) &=(-)^{\boldsymbol{i}}i\tau^3,\\
G_{P_{xy}}(\boldsymbol{i}) &=i\tau^1, & G_T(\boldsymbol{i}) &=i\tau^3,\\
G_0(\boldsymbol{i}) &=-\tau^0
\end{aligned}\tag{9.10.1}$$

产生, 这些诸如 $G_{P_x}P_x$ 的组合变换也可以看作是作用在 $\psi_{\boldsymbol{i}}$ 上的幺正算符, 例如可以用 $G_{P_x}P_x\hat{H}(G_{P_x}P_x)^{\dagger}=\hat{H}$ 表示单体哈密顿量的投影对称性.

由于 $G_x = G_y = \tau^0$, Z2Azz13 拟设是平移不变量, 在动量空间, 哈密顿量的形式为

$$H(\boldsymbol{k}) = \epsilon^\mu(\boldsymbol{k})\tau^\mu.$$

拟设 $u_{\boldsymbol{ij}}$ 在 $G_T T$ 下的不变性意味着 $G_T(\boldsymbol{i})u_{\boldsymbol{ij}}G_T^\dagger(\boldsymbol{j}) = -u_{\boldsymbol{ij}}$, 表示到 $\boldsymbol{k}$ 空间就有

$$U_T H(k_x, k_y) U_T^\dagger = -H(k_x, k_y), \qquad U_T = i\tau^3. \tag{9.10.2}$$

(9.10.2) 意味着 $\epsilon^{0,3}(\boldsymbol{k}) = 0$, 并且

$$H(\boldsymbol{k}) = \epsilon^1(\boldsymbol{k})\tau^1 + \epsilon^2(\boldsymbol{k})\tau^2. \tag{9.10.3}$$

该拟设在 $G_{P_{xy}} P_{xy}$ 下的不变性告诉我们

$$U_{P_{xy}} H(k_x, k_y) U_{P_{xy}}^\dagger = H(k_y, k_x), \qquad U_{P_{xy}} = i\tau^1, \tag{9.10.4}$$

其中 P_{xy} 互换了 k_x 和 k_y, $G_{P_{xy}}$ 导致了非平凡的 $U_{P_{xy}}$. 由拟设在 $G_{P_x} P_x$ 下的不变性得到

$$U_{P_x} H(k_x, k_y) U_{P_x}^\dagger = H(-k_x + \pi, k_y + \pi), \qquad U_{P_x} = i\tau^3, \tag{9.10.5}$$

并且由拟设在 $G_{P_y} T_{P_y}$ 下的不变性得到

$$U_{P_y} H(k_x, k_y) U_{P_y}^\dagger = H(k_x + \pi, -k_y + \pi), \qquad U_{P_x} = i\tau^3. \tag{9.10.6}$$

动量移动 (π, π) 是由于在 G_{P_x} 和 G_{P_y} 中的 $(-)^{\boldsymbol{i}}$ 项.

因此, 非零 $\epsilon^{1,2}(\boldsymbol{k})$ 具有以下的对称性:

$$\begin{aligned}
\epsilon^1(k_x, k_y) &= -\epsilon^1(\pi - k_x, \pi + k_y) = -\epsilon^1(\pi + k_x, \pi - k_y) = \epsilon^1(k_y, k_x), \\
\epsilon^2(k_x, k_y) &= -\epsilon^2(\pi - k_x, \pi + k_y) = -\epsilon^2(\pi + k_x, \pi - k_y) = -\epsilon^2(k_y, k_x).
\end{aligned} \tag{9.10.7}$$

实际上, (9.10.3) 和 (9.10.7) 定义了 $\boldsymbol{k}$ 空间中最普遍的 Z2Azz13 拟设.

利用 (9.10.7), 我们可以根据在 1/4 布里渊区的取值来决定 $\epsilon^{1,2}(\boldsymbol{k})$ (见图 9.16). 在 1/4 布里渊区, $\epsilon^2(\boldsymbol{k})$ 对于交换 k_x 和 k_y 是反对称的, 因此当 $k_x = k_y$ 时, $\epsilon^2(\boldsymbol{k}) = 0$. (9.10.7) 还意味着 $\epsilon^1(\boldsymbol{k})$ 在绕 $(0, \pi)$ 或 $(\pi, 0)$ 的 90° 旋转下改变符号: $\epsilon^1(k_x, k_y + \pi) = -\epsilon^1(k_y, -k_x + \pi)$. 因此, $\epsilon^1(\boldsymbol{k})$ 必须在 $(0, \pi)$ 和 $(\pi, 0)$ 处为零, 它还必须在 $(0, \pi)$ 和 $(\pi, 0)$ 的一个连线上为零 (见图 9.16), 结果是 $\epsilon^1 = 0$ 线和 $\epsilon^2 = 0$ 线在 1/4 布里渊区中至少相交一次, 交点就是哈密顿量 $H(\boldsymbol{k})$ 的零点, 可以看到无能隙自旋子至少出现在布里渊区中的四个孤立的 $\boldsymbol{k}$ 点 (见图 9.16), 拟设的 Z2Azz13 对称性直接导致了无能隙自旋子.

$H(\boldsymbol{k})$ 零点的两种典型分布如图 9.16 所示, 虽然这里零点具有特殊的分布形式, 但对分布特点的分析是普适的, 我们可以在拟设变形的过程中研究零点的运动. 做这个工作以前, 我们要指出 $H(\boldsymbol{k})$ 的零点具有可以用绕数标识的内部结构, 当 $\boldsymbol{k}$ 绕一个零点运动时, 2D 矢量 $[\epsilon^1(\boldsymbol{k}), \epsilon^2(\boldsymbol{k})]$

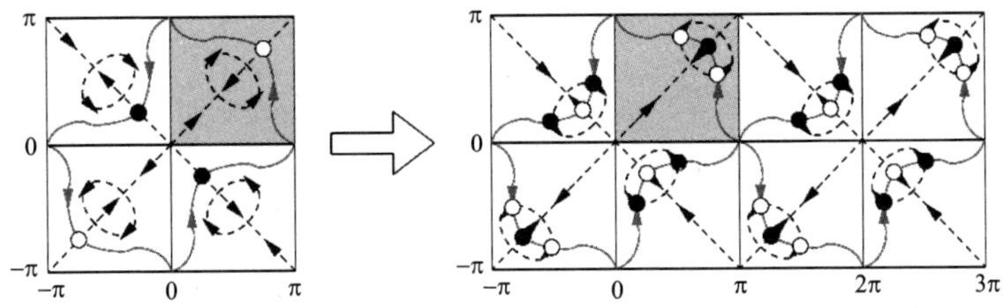

图 9.16 $H(\boldsymbol{k})$ 零点的两种形式, $\epsilon^1=0$ 线 (实线) 和 $\epsilon^2=0$ 线 (虚线). 黑点是绕数为 1 的零点, 黑圈是绕数为 −1 的零点, 阴影区域是 1/4 布里渊区. 当 ϵ^2 的零线移过 ϵ^1 的零线, 绕数为 1 的零点变为绕数为 −1 的零点加两个绕数为 1 的零点.

绕 (0,0) 画出一个回路, 零点的绕数由回路绕 (0,0) 的次数给出, 如果回路反时针绕 (0,0), 绕数为正, 如果回路顺时针, 绕数为负. 典型的零点具有绕数 ±1, 比如当哈密顿量受到微扰时, 一个绕数为 2 的零点可以分成两个绕数为 1 的零点.

对于 Z2Azz13 拟设, $H(\boldsymbol{k})$ 的零点由 $\epsilon^1(\boldsymbol{k})$ 和 $\epsilon^2(\boldsymbol{k})$ 的零点连线的交点给出, 因为 $\epsilon^0(\boldsymbol{k})=\epsilon^3(\boldsymbol{k})=0$, 当我们使拟设变形时, 零点不会单个出现或消失. 它们只能以保持总绕数守恒的方式集体产生或湮没 (见图 9.16). 结合考虑拟设 (9.10.7) 的对称性, 我们发现以下的性质能不受任何不改变 PSG 的哈密顿量的微扰所影响: (a) 沿着 $((0,0),(\pi,\pi))$ 连线的 +1 和 −1 零点的分布, (b) 在三角 $((0,0),(\pi,\pi),(0,\pi))$之内的 $(+1,-1)$ 零的个数 (N_+,N_-) (不算边和角上的零). 我们把这些性质定义为 Z2Azz13 自旋液体的 POZ. 就像费米面拓扑的改变一样, POZ 的改变将产生基态能量中的奇点, 是相变的标志. 因此 POZ 也是标识量子序的量子数. 由此可见自旋液体中的量子序不能完全由 PSG 标识, POZ 提供了补充的标识, PSG 和 POZ 组合在一起才是量子序更加完整的标识.

习题

9.10.1 考虑 (9.6.1) 中的 Z2A0013 态拟设, 可以假设 $\gamma_{1,2}=\lambda=0$.

(a) 证明改变 a_0^1 将引起 POZ 的改变, 证明 POZ 的改变会在平均场基态能量中产生奇点.

(b) 写出在相变点的低能自旋子谱.

9.10.2

(a) 写出 Z2A003n PSG 的 $G_{x,y}$, $G_{P_x,P_y,P_{xy}}$ 和 G_T.

(b) 写出 Z2A003n 态最普遍的平均场哈密顿量 $H(\boldsymbol{k})$.

(c) 证明 Z2A003n 态总在 $\boldsymbol{k}=(\pm\frac{\pi}{2},\pm\frac{\pi}{2})$ 处有无能隙自旋子.

第十章　弦网凝聚 —— 光与费米子的起源

要点:

- 光和费米子是什么?
  光是凝聚弦网的涨落, 费米子是凝聚弦的末端
- 光和费米子来自何处?
  光和费米子来自充满空间的凝聚弦网的集体运动
- 光和费米子因何而存在?
  光和费米子的存在是因为我们的真空选择了弦网凝聚
- 由 PSG 描述的量子有序态实际上就是弦网凝聚态

在第九章中, 我们已经使用投影构建法构建了 2D 自旋系统的多种量子有序态, 并引进了 PSG 对量子有序态进行标识和分类. 这些量子有序态的低能集体激发不仅含有规范玻色子, 还含有费米子. 规范玻色子和费米子的演生是一个令人震惊的结果, 因为它们所在的晶格模型是一个纯玻色模型.

长期以来, 费米子和规范玻色子都被认为是基本且不可及的, 有人提出费米子和规范理论能够从 2D 自旋液体演生时 [Baskaran *et al.* (1987); Kivelson *et al.* (1987); Baskaran and Anderson (1988)], 遭到的是怀疑和否定, 甚至没有引起什么注意. 当然这些疑问是有根据的, 即使到现在, 2D 自旋液体是否真正存在也不是很清楚. 但是, 这也并不表示最初的想法是错的, 把 $SU(N)$ 自旋模型上 [Affleck and Marston (1988)] 推广到三维, 确实导出了三维中定义良好的规范玻色子和费米子 (见 10.7 节)[Wen (2002a)]. 因此费米子和规范玻色子不是基本和不可及的, 它们能够出现在某些玻色模型中.

但是, 导出在低能规范玻色子和费米子的投影构造法非常形式化, 似乎要依靠毫无头绪的数学技巧将自旋分为两个非物理的费米子才行. 采用这样的方法很难建立人们的信心, 从中得

到的演生费米子和规范玻色子的惊人结果, 似乎也实在难以置信.

本章的一个目的是建立读者的信心. 我们将讨论几种也可以用投影构造法求解的严格可解自旋模型, 从中证明由投影构造法得到的结果与这些模型的严格解吻合, 特别是严格可解模型也能演生出费米子和规范场, 与投影构造法提出的结果一样.

但是, 更加重要的是严格可解模型将费米子和规范场的演生与一种现象 —— 闭弦网的凝聚联系起来了. 我们发现由投影构造法得到的量子有序态实际上就是弦网凝聚态, 那些标识不同量子序的 PSG 实际上标识的是不同的弦网凝聚, 投影构建和弦网凝聚不过是描述相同类型量子序的两种不同的方法. 弦网凝聚为形式化的投影构造法提供了物理基础.

建立投影构造法和弦网凝聚之间的联系只是本章讨论的一个动机, 因为费米子和规范玻色子可以从弦网凝聚中演生, 我们本章的讨论还有一个更物理的动机. 我们想知道弦网凝聚与宇宙中存在的光和费米子是否有联系? 特别是我们要提出下面关于光和费米子的问题: 光和费米子是什么? 光和费米子从何而来? 光和费米子因何而存在?

目前, 对于以上基本问题的标准答案似乎就是 "光是由规范场所描述的粒子" 和 "费米子是由反对易场所描述的粒子". 这里我们想对这些问题提出另外一种可能的 (我相信也是更有物理意义的) 答案: 我们的真空充满了任意大小的弦网状物体, 这些弦网组成了量子凝聚态. 根据弦网理论, 光 (以及其他规范玻色子) 是凝聚弦网的振动, 而费米子是弦的末端. 由此可见弦网凝聚理论为光和费米子提供了共同的起源[1]. 上帝曾说 "让光出现吧". 要是我们说, "让弦网出现吧", 就会同时得到光和费米子.

在描写光和费米子的弦网理论之前, 我们首先要明确 "光的存在" 和 "费米子的存在" 意味着什么. 我们知道物理中有一种自然的质量尺度 —— 普朗克质量, 普朗克质量极大, 我们所见到的任何粒子的质量最多只是普朗克质量的 10^{16} 分之一. 因此与普朗克质量相比, 任何观察到的粒子都可以看作是无质量的. 当我们问某种粒子为什么存在时, 实际上是在问这种粒子为什么与普朗克质量相比没有质量 (或接近于没有质量). 真正的问题是, 什么造成了某种类型的激发 (诸如光和费米子) 没有质量 (或接近于没有质量)? 究竟自然界为什么要具有无质量激发? 是谁在支配它们?

其次我们要明确 "光和费米子的起源" 意味着什么? 我们知道所有事物都有来源, 因此当我们问 "光和费米子来自何处", 我们已经假定了会有某种事物比光和费米子更简单、更基本. 在 10.1 节, 我们将定义比费米子和规范场模型更加简单的局域玻色模型, 并认为局域玻色模型更加基本. 这样的一种理念称为局域原理. 我们要证明光和费米子可以从局域玻色模型中演生, 只要这种模型在基态含有网状物体的凝聚.

费米子的弦网理论解释了宇宙中为什么总有偶数个费米子, 因为弦 (或弦网) 都有偶数个末端. 规范玻色子和费米子的弦网理论还有一个实验预言: 所有费米子都必须携带某种规范荷. 乍看起来, 这一预言似乎与已知的中子不带规范荷的实验事实相悖, 因而有人会认为规范玻色子和费米子的弦网理论已经被实验所否定. 但我们要指出, 只要假设宇宙中存在着一种新的分离

[1]这里的 "弦网凝聚" 是指任意大小的弦网状物体的凝聚.

规范场, 例如 Z_2 规范场, 规范玻色子和费米子的弦网理论就仍然可以是正确的, 这种情况下, 中子和中微子携带着分离规范场的非零荷. 因此, 规范玻色子和费米子的弦网理论预言了宇宙中分离规范激发 (诸如规范通量线) 的存在.

根据量子序和弦网凝聚的图像, 基本粒子 (诸如光子和电子) 可能就不再基本, 它们可能是小于普朗克尺度的局域玻色系统的集体激发. 因为我们无法进行接近普朗克尺度的实验, 很难决定光子和电子是否是基本粒子. 本章我们将通过一些具体的 2D 和 3D 晶格上的局域玻色模型, 证明光和费米子的弦网理论至少是自洽的. 这里所研究的局域玻色模型仅是众多出现非禁闭费米子和规范玻色子的局域玻色模型中的几个例子 [Foerster *et al.* (1980); Kalmeyer and Laughlin (1987); Wen and Zee (1988); Read and Sachdev (1991); Wen (1991a); Kitaev (2003); Moessner and Sondhi (2001); Sachdev and Park (2002); Balents *et al.* (2002); Motrunich and Senthil (2002); Ioffe *et al.* (2002); Wen (2003); Motrunich (2003)], 这些模型的基态都具有非平凡拓扑/量子序.

这里要指出, 尽管具有一些相似性, 以上规范玻色子和费米子的弦网理论和标准的超弦理论是不一样的. 在标准的超弦理论中, 闭弦对应于引力子, 开弦对应于规范玻色子, 费米子来自于世界面上的费米场. 所有基本粒子, 包括规范玻色子, 都对应于超弦理论中小弦的不同振动模式. 而在弦网理论中, 真空充满了和宇宙一样大的大弦 (或大弦网). 无质量的规范玻色子对应于大闭弦网的涨落, 费米子对应于开弦的末端, 弦网理论中没有费米场.

规范涨落的弦网理论与规范理论中的 Wegner-Wilson 回路有着密切的关系 [Wegner (1971); Wilson (1974); Kogut (1979)]. Gliozzi *et al.* (1979) 和 Polyakov (1979) 提出并研究了动态规范理论和动态 Wegner-Wilson 回路理论之间的关系, Savit (1980) 考察了规范理论和延展体理论之间的各种对偶关系. 特别是人们发现了统计晶格规范模型与某些统计膜模型对偶 [Banks *et al.* (1977)], 这种对偶关系与量子模型中规范理论和弦网理论之间的关系有直接的联系. 量子模型的新特点是弦的末端有时可能是费米子或任意子 [Levin and Wen (2003)].

这里我们要强调, 关于宇宙中实际的规范玻色子和费米子的弦网理论目前还只是一种猜想, 尽管弦网凝聚能够产生和保护无质量的光子、胶子、夸克以及其他带荷的轻子, 目前还不知道弦网凝聚是否可以产生作为手征费米子的中微子, 以及与夸克和轻子手征耦合的弱相互作用 $SU(2)$ 规范场. 而且, 我们不知道弦网凝聚是否能够产生奇数代的夸克和轻子, 由已知弦网凝聚产生的 QED 和 QCD 目前都只含有偶数代. 真空中弦网凝聚的正确性还有待于对以上问题的解决.

在另一方面, 如果我们只考虑一个凝聚态物理的问题, 怎样使用玻色子制造人造光和人造费米子, 则弦网理论和量子序确实提供了一个回答: 若要制造人造光和人造费米子, 我们只需要使某种弦凝聚即可.

10.1 局域玻色模型和量子弦网模型

本章我们只考虑局域玻色模型. 我们认为局域玻色模型是基本的, 因为它们是真正局域的. 我们注意到费米模型一般是非局域的, 因为在不同格点的费米子算符不对易, 甚至在格点远远分开时也是这样. 与之相反, 局域玻色模型是局域的, 因为不同的玻色子算符在分开时是对易的. 由于局域玻色模型内在的局域性, 我们相信自然界的基础理论是局域玻色模型. 为了强调这一点, 我们将这种信念命名为局域原理.

让我们对局域玻色模型做一个详细定义. 为了定义一个物理系统, 我们需要确定 (a) 全希尔伯特空间; (b) 一组局域物理算符的定义; (c) 哈密顿量. 明确了这些, 一个局域玻色模型就是一个满足如下条件的模型: (a) 全希尔伯特空间是有限维局域希尔伯特空间的直积; (b) 局域物理算符是作用在局域希尔伯特空间的算符或邻近几个局域希尔伯特空间的这种算符的有限积. 我们也称这种算符为局域玻色算符, 因为它们在相隔很远时都是对易的; (c) 哈密顿量是一些局域物理算符的和.

晶格上的自旋 1/2 系统是局域玻色模型的一个例子, 它的局域希尔伯特空间是含有 $|\uparrow\rangle$ 和 $|\downarrow\rangle$ 态的二维空间, 局域物理算符是 $\sigma_{\boldsymbol{i}}^a$ 、$\sigma_{\boldsymbol{i}}^a\sigma_{\boldsymbol{i}+\boldsymbol{x}}^b$ 等, 其中 σ^a, $a=1,2,3$ 是泡利矩阵.

自由无自旋费米系统 (在 2 维或更高维中的) 不是局域玻色模型, 尽管它和自旋 1/2 系统具有相同的总希尔伯特空间. 这是因为不同格点上的费米子算符 $c_{\boldsymbol{i}}$ 不对易, 不是局域玻色子算符, 更重要的是, 在 2 维或更高维中的费米子跃迁算符 $c_{\boldsymbol{i}}^\dagger c_{\boldsymbol{j}}$ 不能写成局域玻色子算符. (但是, 由于 Jordan-Wigner 变换, 1D 的费米子跃迁算符 $c_{i+1}^\dagger c_i$ 可以写作为局域玻色子算符. 因此, 如果将 $c_{\boldsymbol{i}}$ 排除在局域物理算符的定义之外, 1D 费米系统可以是一个局域玻色模型.)

格点规范理论不是局域玻色模型, 这是因为它的全希尔伯特空间不能表示为局域希尔伯特空间的直积. 另一个局域玻色模型的反例是量子弦网模型, 晶格上的量子弦网模型可以如下定义: 我们只考虑连接最邻近格点的弦, 闭弦构形由许多重叠或不重叠的闭弦组成, 我们称这样的闭弦构形为闭弦网. 将每个闭弦网对应于一个量子态, 则所有这些量子态组成弦网模型总希尔伯特空间的基矢. 与晶格规范理论相同, 弦网模型也不是局域玻色模型, 因为全希尔伯特空间不能表示为局域希尔伯特空间的直积. 我们将会看到, 弦网模型和晶格规范模型是密切相关的, 实际上某些弦网模型 (或统计膜模型) 就等价于晶格规范模型 [Kogut and Susskind (1975); Banks *et al.* (1977); Savit (1980); Itzykson and Drouffe (1989)].

10.2 投影构建得到的一个严格可解模型

本节我们要构建一个严格可解的局域玻色模型, 下一节我们将证明这个模型含有弦网凝聚并出现费米子.

10.2.1 构建严格可解模型

要点:

- 严格可解模型可以通过寻找共同的对易算符来构建

通常, 投影构造法不能给我们严格的结果, 但本节我们将要在 2D 正方晶格上构建一个严格可解模型 [Wen (2003)]. 这个模型的性质是, 投影构造法给出基态和所有激发态. 以下的构建过程受到 Kitaev 构建可解自旋 1/2 模型的启发 [Kitaev (2003)], 构建中关键的步骤是寻找一套对易算符.

引进四个马约拉纳费米子算符 $\lambda_{\boldsymbol{i}}^a$, $a=x,\bar{x},y,\bar{y}$, 满足 $\{\lambda_{a,\boldsymbol{i}},\lambda_{b,\boldsymbol{j}}\}=2\delta_{ab}\delta_{\boldsymbol{ij}}$, 我们发现以下算符

$$\hat{U}_{\boldsymbol{i},\boldsymbol{i}+\hat{\boldsymbol{x}}}=\lambda_{\boldsymbol{i}}^x\lambda_{\boldsymbol{i}+\hat{\boldsymbol{x}}}^{\bar{x}},\qquad \hat{U}_{\boldsymbol{i},\boldsymbol{i}+\hat{\boldsymbol{y}}}=\lambda_{\boldsymbol{i}}^y\lambda_{\boldsymbol{i}+\hat{\boldsymbol{y}}}^{\bar{y}},\qquad \hat{U}_{\boldsymbol{ij}}=-\hat{U}_{\boldsymbol{ji}},\tag{10.2.1}$$

组成可对易算符集: $[\hat{U}_{\boldsymbol{i}_1\boldsymbol{i}_2},\hat{U}_{\boldsymbol{j}_1\boldsymbol{j}_2}]=0$. 得到可对易算符集以后, 可以很容易地看到下面的相互作用费米哈密顿量

$$H=-\sum_{\boldsymbol{i}}V_{\boldsymbol{i}}\hat{F}_{\boldsymbol{i}},\qquad \hat{F}_{\boldsymbol{i}}=\hat{U}_{\boldsymbol{i},\boldsymbol{i}_1}\hat{U}_{\boldsymbol{i}_1,\boldsymbol{i}_2}\hat{U}_{\boldsymbol{i}_2,\boldsymbol{i}_3}\hat{U}_{\boldsymbol{i}_3,\boldsymbol{i}},\tag{10.2.2}$$

是 $\hat{U}_{\boldsymbol{ij}}$ 的函数, 与所有的 $\hat{U}_{\boldsymbol{ij}}$ 对易, 这里 $\boldsymbol{i}_1=\boldsymbol{i}+\hat{\boldsymbol{x}}$, $\boldsymbol{i}_2=\boldsymbol{i}+\hat{\boldsymbol{x}}+\hat{\boldsymbol{y}}$, 以及 $\boldsymbol{i}_3=\boldsymbol{i}+\hat{\boldsymbol{y}}$. 我们称 $\hat{F}_{\boldsymbol{i}}$ 为 Z_2 通量算符.

为了得到 (10.2.2) 中的哈密顿量 H 所作用的希尔伯特空间, 将 $\lambda^{x,\bar{x},y,\bar{y}}$ 组成每一个格点上的两个复费米子算符

$$2\psi_{1,\boldsymbol{i}}=\lambda_{\boldsymbol{i}}^x+i\lambda_{\boldsymbol{i}}^{\bar{x}},\qquad 2\psi_{2,\boldsymbol{i}}=\lambda_{\boldsymbol{i}}^y+i\lambda_{\boldsymbol{i}}^{\bar{y}}.\tag{10.2.3}$$

可以证明 $\psi_{1,2}$ 满足标准的费米子反对易代数. 这两个复费米子算符在每个格点上产生四维的希尔伯特空间, 全希尔伯特空间的维数是 $4^{N_{site}}$. 利用 $\hat{U}_{\boldsymbol{ij}}$ 和 H 的对易性, 我们可以严格地解这个相互作用的费米系统.

为了得到 H 的严格本征态和严格本征值, 令 $|\{s_{\boldsymbol{ij}}\}\rangle$ 为 $\hat{U}_{\boldsymbol{ij}}$ 算符本征值为 $s_{\boldsymbol{ij}}$ 的共同本征态, 因为 $(\hat{U}_{\boldsymbol{ij}})^2=-1$ 和 $\hat{U}_{\boldsymbol{ij}}=-\hat{U}_{\boldsymbol{ji}}$, $s_{\boldsymbol{ij}}$ 满足 $s_{\boldsymbol{ij}}=\pm i$ 和 $s_{\boldsymbol{ij}}=-s_{\boldsymbol{ji}}$. 因为 H 是 $\hat{U}_{\boldsymbol{ij}}$ 的函数, $|\{s_{\boldsymbol{ij}}\}\rangle$ 也是 (10.2.2) 的一个本征态, 能量为

$$E=-\sum_{\boldsymbol{i}}V_{\boldsymbol{i}}F_{\boldsymbol{i}},\qquad F_{\boldsymbol{i}}=s_{\boldsymbol{i},\boldsymbol{i}_1}s_{\boldsymbol{i}_1,\boldsymbol{i}_2}s_{\boldsymbol{i}_2,\boldsymbol{i}_3}s_{\boldsymbol{i}_3,\boldsymbol{i}},\tag{10.2.4}$$

我们称 $F_{\boldsymbol{i}}$ 为穿过方格 $\boldsymbol{i}$ 的 Z_2 通量. 当 $V_{\boldsymbol{i}}>0$ 时, 基态就是 $|\{s_{\boldsymbol{ij}}\}\rangle$, 其中 $s_{\boldsymbol{i},\boldsymbol{i}+\boldsymbol{x}}=s_{\boldsymbol{i},\boldsymbol{i}+\boldsymbol{y}}=i$. 对于这样的态, $F_{\boldsymbol{i}}=1$. 为了得到激发态, 可以改变一些 $s_{\boldsymbol{ij}}$ 的符号, 使一些 $F_{\boldsymbol{i}}=-1$.

为了确定 $|\{s_{\boldsymbol{ij}}\}\rangle$ 是否严格代表 H 的所有本征态, 需要知道态的数目. 我们假设 2D 正方晶格具有 N_{site} 个格点, 并在两个方向上都有周期性边界条件, 这种情况下晶格有 $2N_{\text{site}}$ 条连接. 因为 $s_{\boldsymbol{ij}}$ 共有 $2^{2N_{\text{site}}}$ 个不同的选择 (每条连接有两个选择), 态 $|\{s_{\boldsymbol{ij}}\}\rangle$ 穷尽了希尔伯特空间中的所有 $4^{N_{\text{site}}}$ 个态. 因此 $\hat{U}_{\boldsymbol{ij}}$ 的共同本征态不简并, 由以上方法我们得到了 H 的所有本征态和所有本征值, 这样就严格解出了 2D 相互作用费米系统!

我们注意到哈密顿量 H 只能偶数地改变每个格点上的费米子数, 因此 H 作用在每个格点上有偶数个费米子的子空间上, 这个子空间称为物理希尔伯特空间. 物理希尔伯特空间在每个格点上只有两个态, 限制在物理空间中以后, H 实际上描述了一个自旋 1/2 系统或一个硬核玻色系统. 为了得到相应的自旋 1/2 的哈密顿量, 注意到

$$\sigma_{\boldsymbol{i}}^x=i\lambda_{\boldsymbol{i}}^y\lambda_{\boldsymbol{i}}^x,\qquad \sigma_{\boldsymbol{i}}^y=i\lambda_{\boldsymbol{i}}^{\bar{x}}\lambda_{\boldsymbol{i}}^y,\qquad \sigma_{\boldsymbol{i}}^z=i\lambda_{\boldsymbol{i}}^x\lambda_{\boldsymbol{i}}^{\bar{x}}\tag{10.2.5}$$

只作用在物理希尔伯特空间之中并满足泡利矩阵代数, 因此可以确定 $\sigma_{\boldsymbol{i}}^{l}$ 就是自旋算符. 利用物理希尔伯特空间中的条件

$$(-)^{\psi_{1,\boldsymbol{i}}^{\dagger}\psi_{1,\boldsymbol{i}}+\psi_{2,\boldsymbol{i}}^{\dagger}\psi_{2,\boldsymbol{i}}}=\lambda_{\boldsymbol{i}}^{x}\lambda_{\boldsymbol{i}}^{y}\lambda_{\boldsymbol{i}}^{\bar{x}}\lambda_{\boldsymbol{i}}^{\bar{y}}=1,$$

我们可以证明在物理希尔伯特空间中, 费米子哈密顿量 (10.2.2) 变为 (见习题10.2.2)

$$H_{\text{spin}}=-\sum_{\boldsymbol{i}}V_{\boldsymbol{i}}\hat{F}_{\boldsymbol{i}},\qquad \hat{F}_{\boldsymbol{i}}=\sigma_{\boldsymbol{i}}^{x}\sigma_{\boldsymbol{i}+\hat{\boldsymbol{x}}}^{y}\sigma_{\boldsymbol{i}+\hat{\boldsymbol{x}}+\hat{\boldsymbol{y}}}^{x}\sigma_{\boldsymbol{i}+\hat{\boldsymbol{y}}}^{y},\tag{10.2.6}$$

物理希尔伯特空间中的所有态 (即自旋 1/2 模型中的所有态) 都可以通过将 $|\{s_{\boldsymbol{ij}}\}\rangle$ 态投影到物理希尔伯特空间中的 $\mathcal{P}|\{s_{\boldsymbol{ij}}\}\rangle$ 得到. 投影算符为

$$\mathcal{P}=\prod_{\boldsymbol{i}}\frac{1+(-)^{\psi_{1\boldsymbol{i}}^{\dagger}\psi_{1\boldsymbol{i}}+\psi_{2\boldsymbol{i}}^{\dagger}\psi_{2\boldsymbol{i}}}}{2}.$$

因为 $[\mathcal{P},H]=0$, 投影后的态 $\mathcal{P}|\{s_{\boldsymbol{ij}}\}\rangle$ 如果不为零, 就仍然是 H(或者 H_{spin}) 的本征态, 并仍然具有相同的本征值. 投影以后, 相互作用费米模型的严格解产生了自旋 1/2 模型的严格解.

我们注意到, 对于在 x 和 y 方向都有周期性边界条件的系统, 所有连接的乘积

$$\prod_{\boldsymbol{i}}(is_{\boldsymbol{i},\boldsymbol{i}+\boldsymbol{x}})(is_{\boldsymbol{i},\boldsymbol{i}+\boldsymbol{y}})=(-)^{\hat{N}_f},\tag{10.2.7}$$

其中 $\hat{N}_f=\sum_{\boldsymbol{i}}(\psi_{1\boldsymbol{i}}^{\dagger}\psi_{1\boldsymbol{i}}+\psi_{2\boldsymbol{i}}^{\dagger}\psi_{2\boldsymbol{i}})$ 是总费米子数算符. 因此只有在

$$\prod_{\boldsymbol{i}}(is_{\boldsymbol{i},\boldsymbol{i}+\boldsymbol{x}})(is_{\boldsymbol{i},\boldsymbol{i}+\boldsymbol{y}})=1.\tag{10.2.8}$$

时, $|\{s_{\boldsymbol{ij}}\}\rangle$ 的投影非零.

物理态 (每个格点上偶数个费米子) 在

$$\hat{G}=\prod_{\boldsymbol{i}}G_{\boldsymbol{i}}^{\psi_{1,\boldsymbol{i}}^{\dagger}\psi_{1,\boldsymbol{i}}+\psi_{2,\boldsymbol{i}}^{\dagger}\psi_{2,\boldsymbol{i}}}$$

产生的局域 Z_2 变换下是不变量, 其中 $G_{\boldsymbol{i}}$ 是一个只有 ±1 两个取值的任意函数. 我们注意到 Z_2 变换将 $\psi_{I\boldsymbol{i}}$ 改变为 $\tilde{\psi}_{I\boldsymbol{i}}=G_{\boldsymbol{i}}\psi_{I\boldsymbol{i}}$, 将 $s_{\boldsymbol{ij}}$ 改变为 $\tilde{s}_{\boldsymbol{ij}}=G_{\boldsymbol{i}}s_{\boldsymbol{ij}}G_{\boldsymbol{j}}$, $|\{s_{\boldsymbol{ij}}\}\rangle$ 和 $|\{\tilde{s}_{\boldsymbol{ij}}\}\rangle$ 在投影后产生了相同的物理态 (如果它们的投影非零), 我们的理论因向每个格点偶数个费米子的物理希尔伯特空间投影而成为 Z_2 规范理论.

习题

10.2.1

(a) 证明 (10.2.1) 中的 $\hat{U}_{\boldsymbol{ij}}$ 组成可对易算符集.

(b) 证明 (10.2.3) 中的 ψ 满足复费米子的标准反对易关系.

10.2.2

(a) 证明 $2\psi_1^\dagger\psi_1 - 1 = i\lambda^x\lambda^{\bar{x}}$ 和 $2\psi_2^\dagger\psi_2 - 1 = i\lambda^y\lambda^{\bar{y}}$. 证明一个格点上有偶数个费米子的态是 $\lambda^x\lambda^y\lambda^{\bar{x}}\lambda^{\bar{y}}$ 的本征态, 本征值为 $+1$.

(b) 证明 (10.2.7).

(c) 证明 (10.2.5) 中的 σ^l 满足物理希尔伯特空间中的泡利矩阵代数.

(d) 证明费米子哈密顿量 (10.2.2) 变为物理希尔伯特空间中的自旋哈密顿量 (10.2.6).

10.2.3 我们已经看到, 将费米子哈密顿量 H 限制在每个格点偶数个费米子的子空间中, 就可以从费米系统得到自旋 1/2 系统. 我们注意到费米子哈密顿量 H 也作用在每个格点奇数个费米子的子空间中, 将费米子哈密顿量 H 限制在奇数个费米子的子空间中, 得到相应的自旋 1/2 系统.

10.2.2 严格的本征态和拓扑简并基态

要点:

- *基态简并度受到 Z_2 规范结构的保护, 在任何局域微扰下都不会改变*

由以上的 Z_2 规范结构, 我们可以对投影 $|\{s_{\boldsymbol{ij}}\}\rangle$ 态得到的物理态计数. 我们仍然假设在两个方向上都有周期性边界条件, 注意到常量 Z_2 规范变换 $G_{\boldsymbol{i}} = -1$ 不会改变 $s_{\boldsymbol{ij}}$, 因此共有 $2^{N_{\text{site}}}/2$ 个不同的 $s_{\boldsymbol{ij}}$, 相互之间规范等价. 在这 $4^{N_{\text{site}}}$ 个 $|\{s_{\boldsymbol{ij}}\}\rangle$ 态中, 有 $4^{N_{\text{site}}}/2$ 个满足 $\prod_{\boldsymbol{i}}(is_{\boldsymbol{i},\boldsymbol{i}+\boldsymbol{x}})(is_{\boldsymbol{i},\boldsymbol{i}+\boldsymbol{y}}) = 1$ (即有偶数个费米子), 因此 $|\{s_{\boldsymbol{ij}}\}\rangle$ 态的投影最多可以给我们 $\frac{4^{N_{\text{site}}}/2}{2^{N_{\text{site}}}/2} = 2^{N_{\text{site}}}$ 个物理态. 在另一方面, 所有 $|\{s_{\boldsymbol{ij}}\}\rangle$ 态的投影应该产生所有 $2^{N_{\text{site}}}$ 个自旋态, 因此 $s_{\boldsymbol{ij}}$ 的不同 Z_2 规范不变类必须产生独立的物理态, 以保证从投影可以得到所有 $2^{N_{\text{site}}}$ 个自旋态. $s_{\boldsymbol{ij}}$ 的 Z_2 规范不变类是周期性晶格上所有物理态的一对一标记, 由此我们可以得到周期性晶格上 H_{spin} 的所有本征态和本征值.

如果我们忽略了约束 (10.2.8), 物理希尔伯特空间中的态就由 $s_{\boldsymbol{ij}}$ 的 Z_2 规范不变类标记, 这样的理论对应于格点 Z_2 规范理论. 因为有约束 (10.2.8), 所以我们说这个自旋 1/2 模型由 "被约束的" 格点 Z_2 规范理论描述.

我们注意到 Z_2 通量 $F_{\boldsymbol{i}}$ 在 Z_2 规范变换下是不变量, 因此如果两个构形 $s_{\boldsymbol{ij}}$ 和 $\tilde{s}_{\boldsymbol{ij}}$ 具有不同的 Z_2 通量 $F_{\boldsymbol{i}}$ 和 $\tilde{F}_{\boldsymbol{i}}$, 则 $s_{\boldsymbol{ij}}$ 和 $\tilde{s}_{\boldsymbol{ij}}$ 一定属于两个不同的 Z_2 规范不变类, 两个态 $|s_{\boldsymbol{ij}}\rangle$ 和 $|\tilde{s}_{\boldsymbol{ij}}\rangle$ 在投影后将产生不同的物理态. 这个结果告诉我们, 投影后的态 (物理态) 最好用 Z_2 通量 $F_{\boldsymbol{i}}$ 标记, 但是 $F_{\boldsymbol{i}}$ 却不是物理态理想的一对一标记. 对于一个在偶数 $\times$ 偶数晶格上具有周期性边界条件的系统, 每一个 $F_{\boldsymbol{i}}$ 标记四个态 (即对于每一个 Z_2 通量构形 $F_{\boldsymbol{i}}$, 就有四个并只有四个物理态会产生相同的 $F_{\boldsymbol{i}}$), 所有具有相同 $F_{\boldsymbol{i}}$ 的四个物理态都有相同的能量.

为了理解这种四重简并, 让我们考虑投影 $|\{s_{\boldsymbol{ij}}\}\rangle$ 态得到的其中一个本征态, 其他的简并本征态可以执行以下的两种变换而得到:

$$\begin{aligned} T_1 :&(s_{\boldsymbol{i},\boldsymbol{i}+\boldsymbol{x}}, s_{\boldsymbol{i},\boldsymbol{i}+\boldsymbol{y}}) \to (s_{\boldsymbol{i},\boldsymbol{i}+\boldsymbol{x}}, (-)^{\delta_{i_y}} s_{\boldsymbol{i},\boldsymbol{i}+\boldsymbol{y}}), \\ T_2 :&(s_{\boldsymbol{i},\boldsymbol{i}+\boldsymbol{x}}, s_{\boldsymbol{i},\boldsymbol{i}+\boldsymbol{y}}) \to ((-)^{\delta_{i_x}} s_{\boldsymbol{i},\boldsymbol{i}+\boldsymbol{x}}, s_{\boldsymbol{i},\boldsymbol{i}+\boldsymbol{y}}). \end{aligned}$$

我们看到 T_1 不改变 $s_{i,i+x}$, 并只在 $i_y=0$ 时改变 $s_{i,i+y}$ 的符号. 根据构建的方法, T_1 和 T_2 不改变 Z_2 通量 F_i, 如果我们把周期性晶格看作是一个环面, T_1 和 T_2 就是把 π 通量穿进环面的两个洞中 (见图 9.6).

在偶数 × 偶数晶格上, 变换 T_1 和 T_2 不改变乘积 $\prod_i(is_{i,i+x})(is_{i,i+y})$. 因此 T_1、T_2 和 T_1T_2 三个变换产生另外三个简并态, 由此可见所有能量本征值都有四重简并性, 特别是自旋 1/2 模型 H_{spin} 在偶数 × 偶数周期晶格上有四重简并的基态.

在偶数 × 奇数晶格上, 情况略有不同. 由 T_2 产生的态具有奇数个费米子, 不对应于任何物理自旋 1/2 态, 因此我们只能使用 T_1 产生其他简并态. 在偶数 × 奇数的周期性晶格上只有两个 (由 T_1 产生的) 简并基态, 在奇数 × 奇数晶格上, 也有两个由 T_1T_2 产生的简并基态.

我们注意到在局域上, 无法区别 T_1 和 T_2 变换与 Z_2 规范变换, 因为物理自旋算符在 Z_2 规范变换下是不变量, 它们在 T_1 和 T_2 变换下也是不变量. 因此, 由 T_1 和 T_2 产生的简并基态甚至当我们在严格可解模型 (10.2.6) 上增加了一个任意的局域微扰后仍然保持简并, 基态的简并性是一个稳定的拓扑性质, 反映了在基态的非平凡拓扑序.

习题

10.2.4 考虑在 $L_x\times L_y$ 周期性晶格上的 (10.2.6). 假设在一行方格上 $V_i=0$, 其他方格上 $V_i=V$. 在这种情况下, 系统可以看作是定义在一个圆柱上. 写出系统的基态简并度. 这些简并的基态可以看作是边缘态. 证明每个边缘格点有 $\sqrt{2}$ 个边缘态. 它表示边缘激发由马约拉纳费米子描述.

10.2.3 基态的 PSG 标识法

要点:

- (10.2.6) 的 $V<0$ 和 $V>0$ 基态具有不同的量子序

本节我们假设自旋 1/2 系统 (10.2.6) 中的 V_i 是均匀的, $V_i=V$. 我们已经通过将自旋算符写为费米子算符 (10.2.5) 的乘积求出了 (10.2.6), 即我们使用投影构造法求出了自旋 1/2 系统, 更有意思的是我们看到对于特殊的自旋 1/2 系统 (10.2.6), 投影构造法还能给出严格的结果. 因为严格的基态波函数得自投影构造法 [即得自投影自由费米子波函数 (9.2.13)], 我们可以使用在第九章讨论的 PSG 标识法标识基态中的量子序.

在第九章中的讨论局限于自旋不变态. 下面我们将把平均场理论和 PSG 方法推广到自旋非不变态. 自旋 1/2 模型 H_{spin} 也可看作是硬核玻色模型, 如果我们将 $|\downarrow\rangle$ 态看作 0 玻色子态 $|0\rangle$, $|\uparrow\rangle$ 态看作 1 玻色子态 $|1\rangle$. 下面我们将用玻色图像描述我们的模型.

为了利用投影构建来构建量子序 (或纠缠) 多玻色子波函数, 我们首先介绍 "平均场" 费米哈密顿量:

$$H_{\text{mean}}=\sum_{\langle ij\rangle}\left(\psi^\dagger_{I,i}u^{IJ}_{ij}\psi_{J,j}+\psi^\dagger_{I,i}w^{IJ}_{ij}\psi^\dagger_{J,j}+h.c.\right), \tag{10.2.9}$$

其中 $I, J = 1, 2$. 我们用 $u_{\boldsymbol{ij}}$ 和 $w_{\boldsymbol{ij}}$ 表示 2×2 复矩阵, 其矩阵元分别是 $u_{\boldsymbol{ij}}^{IJ}$ 和 $w_{\boldsymbol{ij}}^{IJ}$. 令 $|\Psi_{\text{mean}}^{(u_{ij},w_{ij})}\rangle$ 是上面自由费米哈密顿量的基态, 于是可得多体玻色子波函数

$$\Phi^{(u_{ij},w_{ij})}(\boldsymbol{i}_1, \boldsymbol{i}_2, \ldots) = \langle 0|\prod_n b(\boldsymbol{i}_n)|\,\Psi_{\text{mean}}^{(u_{ij},w_{ij})}\rangle, \tag{10.2.10}$$

其中

$$b(\boldsymbol{i}) = \psi_{1,\boldsymbol{i}}\psi_{2,\boldsymbol{i}}. \tag{10.2.11}$$

注意到物理玻色子波函数 $\Phi^{(u_{ij},w_{ij})}(\{\boldsymbol{i}_n\})$ 在下面的 $SU(2)$ 规范变换下不变

$$(\psi_{\boldsymbol{i}}, u_{\boldsymbol{ij}}, w_{\boldsymbol{ij}}) \to [G(\boldsymbol{i})\psi_{\boldsymbol{i}}, G(\boldsymbol{i})u_{\boldsymbol{ij}}G^\dagger(\boldsymbol{j}), G(\boldsymbol{i})w_{\boldsymbol{ij}}G^T(\boldsymbol{j})],$$

其中 $G(\boldsymbol{i}) \in SU(2)$.

玻色子波函数 $\Phi^{(u_{ij},w_{ij})}(\{\boldsymbol{i}_n\})$ 的量子序可以由 PSG 来标识. 这些 PSG 由联合对称变换和使得拟设 $(u_{\boldsymbol{ij}}, w_{\boldsymbol{ij}})$ 不变的 $SU(2)$ 规范变换和组成.

这里我们要指出 $\hat{U}_{\boldsymbol{ij}}$ 的一般特征态, $|\{s_{\boldsymbol{ij}}\}\rangle$, 是下面自由费米系统的基态

$$\tilde{H}_{\text{mean}} = \sum_{\langle \boldsymbol{ij}\rangle}\left(s_{\boldsymbol{ij}}\hat{U}_{\boldsymbol{ij}} + h.c.\right), \tag{10.2.12}$$

因此从投影构造法的观点, $\tilde{H}_{\text{mean}}$ 可以看作是 "平均场" 哈密顿量 H_{mean}, 实际上 $\tilde{H}_{\text{mean}}$ 是 H_{mean} 的特殊情况, 其中

$$-w_{\boldsymbol{i},\boldsymbol{i}+\hat{\boldsymbol{x}}} = u_{\boldsymbol{i},\boldsymbol{i}+\hat{\boldsymbol{x}}} = -is_{\boldsymbol{i},\boldsymbol{i}+\hat{\boldsymbol{x}}}(1+\tau^3), \qquad -w_{\boldsymbol{i},\boldsymbol{i}+\hat{\boldsymbol{y}}} = u_{\boldsymbol{i},\boldsymbol{i}+\hat{\boldsymbol{y}}} = -is_{\boldsymbol{i},\boldsymbol{i}+\hat{\boldsymbol{y}}}(1-\tau^3). \tag{10.2.13}$$

如果 $s_{\boldsymbol{ij}}$ 和 $(u_{\boldsymbol{ij}}, w_{\boldsymbol{ij}})$ 的关系是 (10.2.13), 态 $|\{s_{\boldsymbol{ij}}\}\rangle$ 等于平均场态 $|\Psi_{\text{mean}}^{(u_{ij},w_{ij})}\rangle$. 物理自旋波函数由平均场态的投影 $\mathcal{P}|\{s_{\boldsymbol{ij}}\}\rangle$ 得到, 等于 (10.2.10).

请记住, 在投影构造法中, 我们需要选择拟设 $u_{\boldsymbol{ij}}$ 和 $w_{\boldsymbol{ij}}$ 使得平均能量

$$\langle\,\Psi_{\text{mean}}^{(u_{ij},w_{ij})}|\mathcal{P}H_{\text{spin}}\mathcal{P}|\,\Psi_{\text{mean}}^{(u_{ij},w_{ij})}\rangle$$

最小, 对于自旋模型 H_{spin}, 用这种方法得到的尝试基态竟然就是严格的基态! 而且, 如果我们选择不同的 $s_{\boldsymbol{ij}}$, 投影后的态 $\mathcal{P}|\,\Psi_{\text{mean}}^{(u_{ij},w_{ij})}\rangle$ 就对应于 H_{spin} 的严格本征态, 能量是 (10.2.4), 正是在这个意义上, 我们用投影构造法得到了 H_{spin} 的严格解.

当 $V > 0$ 时, 我们模型的基态是 Z_2 通量构形 $F_{\boldsymbol{i}} = 1$. 为了产生这样的通量, 可以选择 $s_{\boldsymbol{i},\boldsymbol{i}+\boldsymbol{x}} = s_{\boldsymbol{i},\boldsymbol{i}+\boldsymbol{y}} = i$. 在这种情况下, (10.2.12) 成为 (10.2.9), 其中

$$-w_{\boldsymbol{i},\boldsymbol{i}+\boldsymbol{x}} = u_{\boldsymbol{i},\boldsymbol{i}+\boldsymbol{x}} = 1+\tau^3, \qquad -w_{\boldsymbol{i},\boldsymbol{i}+\boldsymbol{y}} = u_{\boldsymbol{i},\boldsymbol{i}+\boldsymbol{y}} = 1-\tau^3.$$

为了得到以上拟设的 IGG, 注意到 $u_{\boldsymbol{ij}}$ 在常量规范变换 $G(\boldsymbol{i}) = e^{i\phi\tau^z}$ 下是不变量, 但是, $w_{\boldsymbol{ij}}$ 只在 $\phi = 0, \pi$ 时是不变量, 因此 $IGG = Z_2$. 又因为如此, 低能有效理论是一个 Z_2 规范理论.

因为拟设已经是平移不变量, 则拟设在附加平凡规范变换 $G_x = G_y = \tau^0$ 的 G_xT_x 和 G_yT_y 下也是不变量, 以上拟设的 PSG 就是 (9.4.10) 中的 Z2A PSG, $V > 0$ 的基态是 Z2A 态. 注意对于 Z2A PSG, G_xT_x 和 G_yT_y 满足平移代数 $(G_xT_x)^{-1}(G_yT_y)^{-1}(G_xT_x)(G_yT_y) = 1$.

当 $V < 0$ 时, 基态是构形 $F_{\boldsymbol{i}} = -1$, 可以由 $s_{\boldsymbol{i},\boldsymbol{i}+\boldsymbol{x}} = (-)^{i_x} s_{\boldsymbol{i},\boldsymbol{i}+\boldsymbol{y}} = i$ 产生. 这样拟设的形式为

$$-w_{\boldsymbol{i},\boldsymbol{i}+\boldsymbol{x}} = u_{\boldsymbol{i},\boldsymbol{i}+\boldsymbol{x}} = 1 + \tau^3, \qquad -w_{\boldsymbol{i},\boldsymbol{i}+\boldsymbol{y}} = u_{\boldsymbol{i},\boldsymbol{i}+\boldsymbol{y}} = (-)^{i_x}(1 - \tau^3).$$

这个拟设在附加规范变换 $G_x(\boldsymbol{i}) = (-)^{i_y}$ 的平移 $\boldsymbol{i} \to \boldsymbol{i} + \boldsymbol{x}$ 下是不变量, 它的 PSG 是 (9.4.11) 中的 Z2B PSG, 也就是 $V < 0$ 的基态是一个 Z2B 态. 在 Z2B PSG 中, G_xT_x 和 G_yT_y 满足磁平移代数 $(G_xT_x)^{-1}(G_yT_y)^{-1}(G_xT_x)(G_yT_y) = -1$, 费米子跃迁哈密顿量 H_{mean} 描述了在每方格 π 通量的磁场中跃迁的费米子. 利用不同的 PSG, 我们可以证明 $V < 0$ 和 $V > 0$ 基态具有不同的量子序.

10.3 在正方晶格上的 Z_2 自旋液体和弦网凝聚

要点:

- 弦网凝聚导致 Z_2 规范理论和费米子的出现

本节, 我们要从弦网凝聚的观点讨论严格可解自旋 1/2 模型 (10.2.6)[Kitaev (2003); Wen (2003); Levin and Wen (2003)]. 这个模型是显示弦网凝聚与局域玻色模型中出现规范玻色子和费米子的联系的最简单的模型之一 [Levin and Wen (2003)], 该模型还可以用从玻色子方法求解, 从中我们可以看到描述量子序的 PSG 与弦网凝聚的关系 (见 10.4 节).

10.3.1 用闭弦网凝聚构建哈密顿量

要点:

- 只要使某些弦状物体凝聚就可以构建出有演生规范场的局域玻色子模型

让我们首先考虑正方晶格上一个任意的自旋 1/2 模型. 我们要问的第一个问题是什么样的自旋相互作用能够产生低能规范理论, 如果我们相信规范理论与弦网理论有关 [Banks *et al.* (1977); Savit (1980)], 则获得低能规范理论的一个方法是设计允许大闭弦强涨落的自旋相互作用, 同时又禁止其他形式的涨落 (诸如局域自旋转向、开弦涨落等). 我们希望大闭弦的强涨落将产生任意大小的闭弦网凝聚, 后者反过来产生低能规范理论.

我们从

$$H_J = -J\sum_{\text{even}} \sigma_{\boldsymbol{i}}^x - J\sum_{\text{odd}} \sigma_{\boldsymbol{i}}^y$$

开始, 其中 $\boldsymbol{i}=(i_x,i_y)$ 标记着格点, $\sigma^{x,y,z}$ 是泡利矩阵, $\sum_{\text{even}}$(或 $\sum_{\text{odd}}$) 是在 $(-)^{\boldsymbol{i}}\equiv(-1)^{i_x+i_y}=1$ 的偶格点 (或者在 $(-)^{\boldsymbol{i}}\equiv(-1)^{i_x+i_y}=-1$ 的奇格点) 上的求和. H_J 的基态 $|0\rangle$ 有在偶格点上指向 x 方向和在奇格点上指向 y 方向的自旋 (见图 10.1), 这样的态定义为没有弦的态.

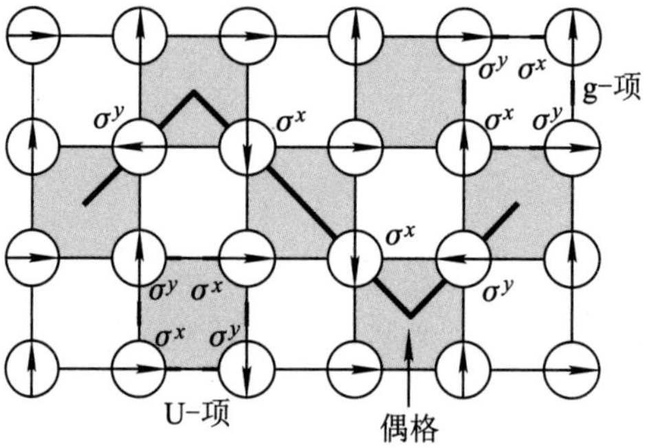

图 10.1 H_J 基态之上的开弦激发.

为了产生弦激发, 我们首先画一根连接最近邻偶 方格的弦 (见图 10.1), 然后改变弦上自旋的方向, 这样的弦态由弦生成算符 (简称弦算符):

$$W(C)=-\prod_C \sigma_{\boldsymbol{i}}^{a_{\boldsymbol{i}}} \tag{10.3.1}$$

产生, 其中乘积 $\prod_C$ 遍历弦上的所有格点, 如果 $\boldsymbol{i}$ 为偶数, $a_{\boldsymbol{i}}=y$; 如果 $\boldsymbol{i}$ 为奇数, $a_{\boldsymbol{i}}=x$. 一个一般的弦态的形式为

$$|C_1C_2\cdots\rangle=W(C_1)W(C_2)\cdots|0\rangle,$$

其中 $C_1, C_2,\cdots$ 是弦. 因为弦会相互交叉重叠, 这样的态称为弦网态. 产生弦网

$$W(C_{\text{net}})=W(C_1)W(C_2)\cdots$$

的算符称为弦网算符. 如果至少有一个 C_i 是开弦, 态 $|C_1C_2\cdots\rangle$ 就是开弦网态, 相应的算符 $W(C_{\text{net}})$ 就称为开弦网算符; 如果所有 C_i 都是闭合回路, 则 $|C_1C_2\cdots\rangle$ 就是闭弦网态, $W(C_{\text{net}})$ 是闭弦网算符.

哈密顿量 H_J 没有弦网凝聚, 因为它的基态 $|0\rangle$ 不含弦网, 以致 $\langle 0|W(C_{\text{net}})|0\rangle=0$. 为了得到闭弦网凝聚的哈密顿量, 我们需要首先找到基态含有多个大小不等的闭弦网、但又不含开弦 (或开弦网) 的哈密顿量.

我们首先写出一个哈密顿量, 使这样的闭弦和闭弦网不耗费能量, 而各种开弦都要耗费很大能量, 这样的哈密顿量的形式为

$$H_U=-U\sum_{\text{even}}\hat{F}_{\boldsymbol{i}},$$

其中

$$\hat{F}_{\boldsymbol{i}}=\sigma_{\boldsymbol{i}}^x\sigma_{\boldsymbol{i}+\boldsymbol{x}}^y\sigma_{\boldsymbol{i}+\boldsymbol{x}+\boldsymbol{y}}^x\sigma_{\boldsymbol{i}+\boldsymbol{y}}^y. \tag{10.3.2}$$

我们发现无弦态 $|0\rangle$ 是 H_U (假设 $U > 0$) 能量为 $-UN_{\text{site}}$ 的一个基态; 所有闭弦态, 诸如 $W(C_{\text{close}})|0\rangle$, 也是 H_U 的基态, 因为 $[H_U, W(C_{\text{close}})] = 0$; 类似地, $[H_U, W(C_{\text{net}})] = 0$ 意味着闭弦网态也是一个基态.

使用开弦算符 $W(C_{\text{open}})$ 和 $\hat{F}_{\boldsymbol{i}}$ 之间的对易关系

$$\hat{F}_{\boldsymbol{i}} W(C_{\text{open}})] = -W(C_{\text{open}})]\hat{F}_{\boldsymbol{i}}, \qquad \text{如果 } C_{\text{open}} \text{ 的末端在方格 } \boldsymbol{i},$$
$$\hat{F}_{\boldsymbol{i}} W(C_{\text{open}})] = +W(C_{\text{open}})]\hat{F}_{\boldsymbol{i}}, \qquad \text{其他情况.}$$

我们发现开弦算符在其两端改变 $\hat{F}_{\boldsymbol{i}}$ 的符号, 开弦态 $W(C_{\text{open}})|0\rangle$ 也是 $\hat{F}_{\boldsymbol{i}}$ 的本征态, 也就是 H_U 的本征态, 但是能量是 $-UN_{\text{site}} + 4U$. 由此可见开弦的每一端耗能 $2U$, 同时闭弦网的能量与网中弦的长度无关, 因此 H_U 中的弦没有张力. 我们可以通过在哈密顿量上增加 H_J 来引进弦张力, 每个格点 (或每一段) 的弦张力为 $2J$. 我们注意到, 所有弦网态 $|C_1C_2\cdots\rangle$ 都是 $H_U + H_J$ 的本征态, 因此由 $H_U + H_J$ 描述的弦网不涨落, 也就不凝聚. 为了使弦涨落, 还需要一个 g 项

$$H_g = -g\sum_{\boldsymbol{p}} U(C_{\boldsymbol{p}}) = -g\sum_{\text{odd}} \hat{F}_{\boldsymbol{i}},$$

其中 $\boldsymbol{p}$ 标记着奇数格点, $C_{\boldsymbol{p}}$ 是围绕方格 $\boldsymbol{p}$ 的闭弦. 当 H_g 作用在弦网态上时, 会为弦网增加一个弦环 $C_{\boldsymbol{p}}$, 我们的自旋 1/2 模型的总哈密顿量是

$$H = H_U + H_J + H_g.$$

当 $U \gg g \gg J$ 时, 闭弦有很小的张力, 它们由 H_g 引起的涨落不受张力的限制, 因此基态含有闭弦的强涨落. 换句话说, 基态布满了大小不等的闭弦. $U \gg g$, 闭弦需要极大的能量才能破开成为开弦, 因此当 $U \gg g \gg J$ 时, 自旋 1/2 模型的基态含有闭弦的凝聚 (更准确地说是闭弦网的凝聚). 下面, 我们就来研究这种闭弦网凝聚态的物理性质.

习题

10.3.1

(a) 证明在 x 方向和 y 方向都具有周期性边界条件的晶格上, $\hat{F}_{\boldsymbol{i}}$ 满足

$$\prod_{\boldsymbol{i}} \hat{F}_{\boldsymbol{i}} = 1. \tag{10.3.3}$$

正是 (10.3.2) 中的负号带来了这个简单的结果.

(b) 在具有周期性边界条件的偶数 × 偶数晶格上, 证明 $\hat{F}_{\boldsymbol{i}}$ 满足更加严格的条件

$$\prod_{\boldsymbol{i}=\text{even}} \hat{F}_{\boldsymbol{i}} = 1. \tag{10.3.4}$$

10.3.2 弦网凝聚和低能有效理论

要点:

- 弦网凝聚产生规范激发

我们首先讨论 $U \gg g > 0$ 和 $J = 0$ 的弦网凝聚相. 当 $J = 0$ 时, 模型 $H_U + H_g$ 成为上一节讨论的模型 (10.2.6), 其中在偶格点 $V_i = U$, 在奇格点 $V_i = g$. 这个模型严格可解, 因为 $[\hat{F}_i, \hat{F}_j] = 0$[Kitaev (2003)]. $H_U + H_g$ 的本征态可以从 $\hat{F}_i$ 的共同本征态和 $|\{F_i\}\rangle$ 得到, 其中 F_i 是 $\hat{F}_i$ 的本征值. 因为 $\hat{F}_i^2 = 1$, $\hat{F}_i$ 的本征值就是 $F_i = \pm 1$, $|\{F_i\}\rangle$ 的能量是 $E = -U\sum_{i=\text{even}} F_i - g\sum_{i=\text{odd}} F_i$.

注意在大小为 $L_x \times L_y$ 的偶数 $\times$ 偶数周期性晶格上的有限系统, $\hat{F}_i$ 满足限制 $\prod_{i=\text{even}} \hat{F}_i = 1$ 和 $\prod_{i=\text{odd}} \hat{F}_i = 1$. 因此, F_i 相互有关, 只能标记 $2^{L_x L_y}/4$ 个不同的构形. 但是, 我们的自旋 1/2 模型的希尔伯特空间含有 $2^{L_x L_y}$ 个态, 为了重新产生 $2^{L_x L_y}$ 个态, $\hat{F}_i$ 的共同本征态必须四重简并, 这一点与上节的结果吻合.

在 $U \gg g$ 的极限下, 所有含有开弦的态都具有数量级为 U 的能量. 低能态只含有闭弦网, 并满足

$$F_i|_{i=\text{even}} = 1,$$

不同的低能态由奇数方格上的 F_i 标记: $F_i|_{i=\text{odd}} = \pm 1$. 而且基态是

$$F_i|_{i=\text{odd}} = 1.$$

这样的基态具有闭弦网凝聚, 因为所有闭弦网算符 $W(C_{\text{close}})$ 都与 $H_U + H_g$ 对易. 因此 $H_U + H_g$ 的基态 $|\Psi_0\rangle$ 是 $W(C_{\text{close}})$ 的本征态, 并满足

$$\langle \Psi_0 | W(C_{\text{close}}) | \Psi_0 \rangle = 1.$$

基态以上的低能激发可以从某些奇方格上的 F_i 从 1 变到 -1 而得到.

如果我们将奇方格上的 F_i 看作是 Z_2 规范理论中的通量, 就会发现至少对于有限系统, 该模型的低能部分与 Z_2 晶格规范理论完全一样. 这一点告诉我们, 该模型的低能有效理论就是 Z_2 晶格规范理论.

但是, 有人可能会反对这个结果, 指出我们的模型其低能部分也与每个奇方格有一个自旋的伊辛模型相同, 因此低能有效理论应该是伊辛模型. 我们要指出, 尽管模型的低能部分与无限系统的伊辛模型相同, 但模型的低能部分与有限系统的伊辛模型是不同的. 例如, 在具有周期性边界条件的偶数 $\times$ 偶数的有限晶格上, 模型的基态具有四重简并 [Kitaev (2003); Wen (2003)], 而伊辛模型没有这种简并性. 而且我们的模型含有可视为 Z_2 荷的激发, 因此, 模型的低能有效理论是 Z_2 晶格规范理论, 而不是伊辛模型. 在奇方格上的 $F_i = -1$ 激发可以看作是在 Z_2 晶格规范理论中的 Z_2 涡漩激发.

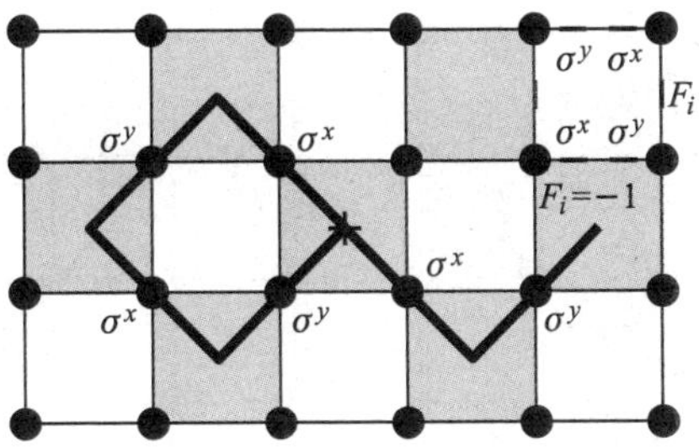

图 10.2 Z_2 荷围绕四个最近邻偶方格跃迁.

为了理解 Z_2 荷激发, 我们注意到开弦的末端可以看作是偶方格上的粒子, 产生这些粒子所需的能量是 U 的数量级. 再考虑一个这样的粒子围绕四个最近邻偶方格跃迁 (见图 10.2), 我们看到四个跃迁振幅的乘积就是在四个偶方格中间的奇方格上 $\hat{F}_i$ 的本征值 [Kitaev (2003); Levin and Wen (2003)], 这正是荷与通量之间关系. 因此如果我们确定奇方格上的 F_i 就是 Z_2 通量, 则偶方格上弦的末端就对应于 Z_2 荷. 我们注意到, 由于闭弦网的凝聚, 开弦的末端不是禁闭的, 相互之间只有短程相互作用, 因此 Z_2 荷的行为就像没有弦相连的点粒子.

10.3.3 三种类型的弦和演生的费米子

要点:

- 弦的末端是规范荷, 某些弦的末端还可能是费米子

下面, 我们将研究几种类型不同的弦. 为了避免混淆, 我们把前面讨论过的弦称为 T1 弦, T1 弦连接偶方格 [见图 10.3(a)].

与 Z_2 荷一样, Z_2 涡漩对也由开放弦算符产生. 因为 Z_2 涡漩对应于在奇方格上使 $\hat{F}_i$ 变号, 产生 Z_2 涡漩的开弦算符也由 (10.3.1) 给出, 只是乘积是对于连接奇方格的弦. 我们称这样的弦为 T2 弦.

这里要指出, T2 弦的参照态 (即无弦态) 与 T1 弦的不同, 无 T2 弦态是自旋在偶格点上指向 y 方向、在奇格点上指向 x 方向的 $|\tilde{0}\rangle$. 因为 T1 弦与 T2 弦具有不同的参照态, T1 弦和 T2 弦的稀薄气体不会同时存在. 不难证明 T2 弦算符也与 H_U+H_g 对易, 因此基态 $|\Psi_0\rangle$ 除了具有 T1 闭弦网凝聚, 还有 T2 闭弦网凝聚.

Z_2 涡漩的跃迁由短 T2 开弦引起, 因为 T2 开弦算符全部相互对易, Z_2 涡漩的行为就像是玻色子. 类似地, Z_2 荷的行为也像是玻色子. 但是, T1 开弦算符和 T2 开弦算符不对易, 因此 T1 弦的末端和 T2 弦的末端具有非平凡的相互统计. 我们已经证明, 围绕 Z_2 涡漩移动 Z_2 荷产生相位 π, 所以 Z_2 荷和 Z_2 涡漩具有半子相互统计.

T3 弦定义为 T1 弦和 T2 弦的束缚态 [见图 10.3(c)], T3 弦算符的形式为

$$W(C)=\prod_n \sigma_{i_n}^{l_n},$$

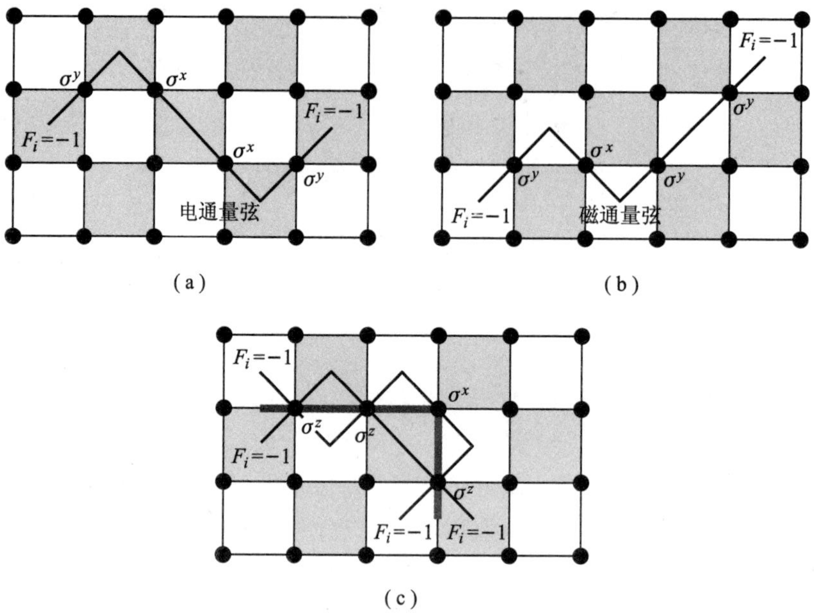

图 10.3　弦的三种类型: (a) T1 弦; (b) T2 弦; (c) T3 弦.

其中 C 是联系相邻连接中点的弦, $\boldsymbol{i}_n$ 是弦上的格点. 如果弦在格点 $\boldsymbol{i}_n$ 上不转向, $l_n = z$; 如果弦在格点 $\boldsymbol{i}_n$ 上转向, $l_n = x$ 或 y. 如果转向构成右上角或左下角, $l_n = x$; 如果转向构成右下角或左上角, $l_n = y$[见图 10.3(c)]. 基态也有 T3 闭弦凝聚, T3 弦的末端是由在连接两边两个方格上的 Z_2 荷和 Z_2 涡漩组成的束缚态 (即在连接两边的 $F_{\boldsymbol{i}} = -1$), 这个束缚态是费米子 (见 7.1.2 节和图 7.8). 费米子处于连接之上. 看到我们模型中的弦网凝聚直接导致了 Z_2 规范结构和三种类型的准粒子: Z_2 荷、Z_2 涡漩和费米子. 费米子作为开放 T3 弦的末端, 从纯玻色模型中演生.

因为 T1 弦的末端是 Z_2 荷, T1 弦可以看作 Z_2“电” 通量的弦, 类似地, T2 弦可以看作是 Z_2“磁” 通量的弦.

10.4　用 PSG 对不同的弦网凝聚分类

10.4.1　四类弦网凝聚

要点:

- 不同的弦网凝聚产生不同的量子序

我们看到, 当 $U>0$, $g>0$ 并 $J=0$ 时, 我们的模型 $H_g+H_U+H_J$ 的基态是

$$F_{\boldsymbol{i}}|_{\boldsymbol{i}=\text{even}}=1, \qquad F_{\boldsymbol{i}}|_{\boldsymbol{i}=\text{odd}}=1.$$

我们称这样的相为 Z_2 相, 以强调低能 Z_2 规范结构. 在 Z_2 相中, T1 弦算符 $W_1(C_1)$ 和 T2 弦算符 $W_2(C_2)$ 具有以下的期望值

$$\langle W_1(C_1)\rangle=1, \qquad \langle W_2(C_2)\rangle=1.$$

当 $U>0$, $g<0$ 并且 $J=0$ 时, 基态是

$$F_{\boldsymbol{i}}|_{\boldsymbol{i}=\text{even}}=1, \qquad F_{\boldsymbol{i}}|_{\boldsymbol{i}=\text{odd}}=-1.$$

由此可见通过每一个奇方格都有 π 通量, 我们称这样的相为 Z_2 通量相. T1 弦算符和 T2 弦算符具有下面的期望值

$$\langle W_1(C_1)\rangle=(-)^{N_{\text{odd}}}, \qquad \langle W_2(C_2)\rangle=1,$$

其中 N_{odd} 是 T1 弦 C_1 包围的奇方格数.

当 $U<0$, $g>0$ 并 $J=0$ 时, 基态是

$$F_{\boldsymbol{i}}|_{\boldsymbol{i}=\text{even}}=-1, \qquad F_{\boldsymbol{i}}|_{\boldsymbol{i}=\text{odd}}=1.$$

每一个偶数方格上有一个 Z_2 荷, 我们称这样的相为 Z_2 荷相. T1 弦算符和 T2 弦算符具有以下的期望值

$$\langle W_1(C_1)\rangle=1, \qquad \langle W_2(C_2)\rangle=(-)^{N_{\text{even}}},$$

其中 N_{even} 是由 T2 弦 C_2 包围的偶方格数. 注意 Z_2 通量相和 Z_2 荷相只在晶格平移上有区别, 实质上是相同的相.

当 $U<0$, $g<0$ 并 $J=0$ 时, 基态成为

$$F_{\boldsymbol{i}}|_{\boldsymbol{i}=\text{even}}=-1, \qquad F_{\boldsymbol{i}}|_{\boldsymbol{i}=\text{odd}}=-1.$$

每一个偶方格上有一个 Z_2 荷, 通过每一个奇方格都有 π 通量, 我们称这样的相为 Z_2 通量荷相. T1 弦算符和 T2 弦算符具有以下期望值

$$\langle W_1(C_1)\rangle=(-)^{N_{\text{odd}}}, \qquad \langle W_2(C_2)\rangle=(-)^{N_{\text{even}}},$$

当 $U=g=0$ 和 $J\neq 0$ 时, 模型也严格可解. 基态是一个简单自旋极化态 (见图 10.1).

从这些 $H_U+H_g+H_J$ 模型的严格可解极限, 可以设想一个如图 10.4 所示的相图. 相图含有四种不同的弦网凝聚相和一种没有弦凝聚的相, 所有相都具有相同的对称性, 只能由其不同的量子序加以区别.

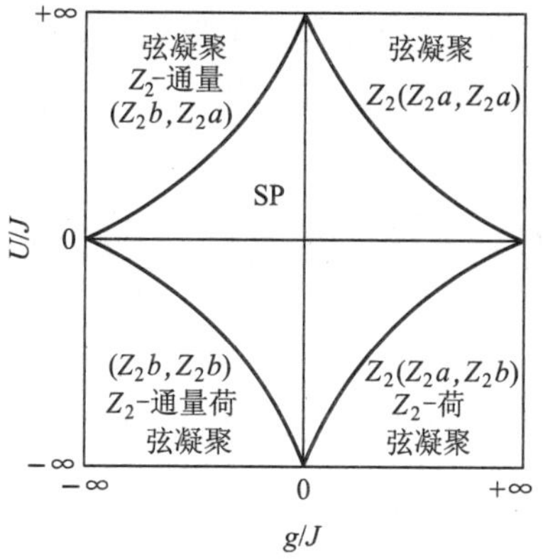

图 10.4 为 $H = H_U + H_g + H_J$ 模型设想的相图. 假设 J 为正, 四种弦网凝聚相由一对 PSG $(PSG_{\text{charge}}, PSG_{\text{vortex}})$ 标识, SP 表示的是自旋极化相.

10.4.2 *PSG*和凝聚弦的末端

要点:

- 由 PSG 描述的投影对称性就是凝聚弦末端有效理论的对称性

从不同的 $\langle W_1(C_1)\rangle$ 和 $\langle W_2(C_2)\rangle$, 我们看到前面四种相具有不同的弦网凝聚, 但是, 它们都有相同的对称性. 由此产生一个问题, 没有对称破缺的情况下, 我们怎样才能知道以上四个相其实是不同的相? 为什么从一个弦网凝聚态不可能不经过相变改变到另一个态?

下面我们将证明不同的弦网凝聚可以用不同的 PSG 描述 (就像不同的对称破缺序可以用不同的基态对称群描述一样). 在第九章, 不同的量子序是通过其不同的 PSG 引进的 [Wen (2002c,b)], 我们证明了 PSG 是量子序的普适性质, 只有相变才能改变 PSG. 因此不同的弦网凝聚态由不同的 PSG 标识这一事实表示, 这些不同的弦网凝聚态属于不同的量子相. 利用弦网凝聚和 PSG 之间的联系, 我们也可以将弦网凝聚与第九章引进的量子序联系起来. 其实, 第九章讨论的投影构造法可以看作是构建弦网凝聚态的一个方法.

为了确定 PSG 和弦网凝聚之间的联系, 我们注意到当闭弦网凝聚时, 开弦的末端就像独立的粒子. 我们考虑描述 T1 弦两个末端的两个粒子态 $|\boldsymbol{p}_1\boldsymbol{p}_2\rangle$, 注意到 T1 弦末端也就是 Z_2 荷, 只能处于偶方格上, 因此 $\boldsymbol{p}_1$ 和 $\boldsymbol{p}_2$ 只标记偶方格. 对于我们的模型 $H_U + H_g$, $|\boldsymbol{p}_1\boldsymbol{p}_2\rangle$ 是一个能量本征态, Z_2 荷不跃迁. 这里我们想在哈密顿量里增加一项

$$H_t = t\sum_{\boldsymbol{i}}(\sigma^x_{\boldsymbol{i}} + \sigma^y_{\boldsymbol{i}}) + t'\sum_{\boldsymbol{i}}\sigma^z_{\boldsymbol{i}},$$

t 项 $t\sum_{\boldsymbol{i}}(\sigma_{\boldsymbol{i}}^x+\sigma_{\boldsymbol{i}}^y)$ 使得 Z_2 荷在偶方格中跃迁, 跃迁振幅为 t 的数量级. 两个 Z_2 荷的动力学性质由下面在二粒子希尔伯特空间中的有效哈密顿量描述

$$H=H(\boldsymbol{p}_1)+H(\boldsymbol{p}_2),$$

其中 $H(\boldsymbol{p}_1)$ 描述的是第一个粒子 $\boldsymbol{p}_1$ 的跃迁, $H(\boldsymbol{p}_2)$ 描述的是第二个粒子 $\boldsymbol{p}_2$ 的跃迁. 接下来我们就可以定义弦网凝聚态的 PSG, 这个 PSG 就是跃迁哈密顿量 $H(\boldsymbol{p})$ 的对称群.

由于自旋模型 $H_U+H_g+H_t$ 的平移对称性, 我们自然可以预期 Z_2 荷的跃迁哈密顿量 $H(\boldsymbol{p})$ 也在 $\boldsymbol{x}+\boldsymbol{y}$ 和 $\boldsymbol{x}-\boldsymbol{y}$ 方向具有平移对称性

$$\begin{aligned}H(\boldsymbol{p})=&T_{xy}^\dagger H(\boldsymbol{p})T_{xy}, & T_{xy}|\boldsymbol{p}\rangle=&|\boldsymbol{p}+\boldsymbol{x}+\boldsymbol{y}\rangle,\\ H(\boldsymbol{p})=&T_{x\bar{y}}^\dagger H(\boldsymbol{p})T_{x\bar{y}}, & T_{x\bar{y}}|\boldsymbol{p}\rangle=&|\boldsymbol{p}+\boldsymbol{x}-\boldsymbol{y}\rangle.\end{aligned}\tag{10.4.1}$$

如果上式成立, 则它就意味着 $PSG=$ 平移对称群.

事实上 (10.4.1) 的要求过于苛刻, 即使当 $H(\boldsymbol{p})$ 不满足 (10.4.1) 时, 自旋模型也可以具有平移对称性. 但是, $H(\boldsymbol{p})$ 可能的对称群 (PSG) 会受到自旋模型平移对称性的强烈约束. 下面我们将解释为什么 PSG 可以不同于物理自旋模型的对称群, PSG 必须要满足什么条件才能与自旋模型的平移对称性相吻合.

我们注意到, 一根弦总有两个末端, 因此一个物理态总有偶数个 Z_2 荷. 在二粒子态上平移的作用是

$$\begin{aligned}T_{xy}^{(2)}|\boldsymbol{p}_1,\boldsymbol{p}_2\rangle=&|\boldsymbol{p}_1+\boldsymbol{x}+\boldsymbol{y},\boldsymbol{p}_2+\boldsymbol{x}+\boldsymbol{y}\rangle,\\ T_{x\bar{y}}^{(2)}|\boldsymbol{p}_1,\boldsymbol{p}_2\rangle=&|\boldsymbol{p}_1+\boldsymbol{x}-\boldsymbol{y},\boldsymbol{p}_2+\boldsymbol{x}-\boldsymbol{y}\rangle.\end{aligned}$$

$T_{xy}^{(2)}$ 和 $T_{x\bar{y}}^{(2)}$ 满足平移代数

$$T_{xy}^{(2)}T_{x\bar{y}}^{(2)}=T_{x\bar{y}}^{(2)}T_{xy}^{(2)}.\tag{10.4.2}$$

我们注意到 $T_{xy}^{(2)}$ 和 $T_{x\bar{y}}^{(2)}$ 是单粒子态平移算符的直积, 因此在某种意义上, 单粒子平移是二粒子平移的平方根, 二粒子平移代数对单粒子平移代数施加了一个很强的约束.

单粒子平移最一般的形式是 $T_{xy}G_{xy}$ 和 $T_{x\bar{y}}G_{x\bar{y}}$, 其中算符 $T_{xy,x\bar{y}}$ 和 $G_{xy,x\bar{y}}$ 的作用定义为

$$\begin{aligned}T_{xy}|\boldsymbol{p}\rangle=&|\boldsymbol{p}+\boldsymbol{x}+\boldsymbol{y}\rangle,\\ T_{x\bar{y}}|\boldsymbol{p}\rangle=&|\boldsymbol{p}+\boldsymbol{x}-\boldsymbol{y}\rangle,\\ G_{xy}|\boldsymbol{p}\rangle=&e^{\phi_{xy}(\boldsymbol{p})}|\boldsymbol{p}\rangle,\\ G_{x\bar{y}}|\boldsymbol{p}\rangle=&e^{\phi_{x\bar{y}}(\boldsymbol{p})}|\boldsymbol{p}\rangle.\end{aligned}$$

为了使直积 $T_{xy}^{(2)}=T_{xy}G_{xy}\otimes T_{xy}G_{xy}$ 和 $T_{x\bar{y}}^{(2)}=T_{x\bar{y}}G_{x\bar{y}}\otimes T_{x\bar{y}}G_{x\bar{y}}$ 重新产生平移代数 (10.4.2), 只需使 $T_{xy}G_{xy}$ 和 $T_{x\bar{y}}G_{x\bar{y}}$ 满足

$$T_{xy}G_{xy}T_{x\bar{y}}G_{x\bar{y}}=T_{x\bar{y}}G_{x\bar{y}}T_{xy}G_{xy},\tag{10.4.3}$$

或者

$$T_{xy}G_{xy}T_{x\bar{y}}G_{x\bar{y}} = -T_{x\bar{y}}G_{x\bar{y}}T_{xy}G_{xy}. \tag{10.4.4}$$

算符 $T_{xy}G_{xy}$ 和 $T_{x\bar{y}}G_{x\bar{y}}$ 产生一个群, 这个群就是 PSG. 两个不同的代数 (10.4.3) 和 (10.4.4) 产生两个不同的 PSG, 但都与作用在二粒子态上的平移群相容, 我们称由 (10.4.3) 产生的 PSG 为 Z_2a PSG, 由 (10.4.4) 产生的 PSG 为 Z_2b PSG.

这里要提醒读者 PSG 的一般定义, PSG 是一个群, 是对称群 (简称 SG) 的扩张, 即 PSG 含有一个正规子群 (称为不变规范群或 IGG) 满足

$$PSG/IGG = SG.$$

在这里, SG 是平移群 $SG = \{1, T_{xy}^{(2)}, T_{x\bar{y}}^{(2)}, \cdots\}$. 对应于 SG 中的每一个元素, $a^{(2)} \in SG$, PSG 中就有一个或几个元素, $a \in PSG$, 满足 $a \otimes a = a^{(2)}$. 我们的 PSG 中的 IGG 由单粒子态上满足 $G_0 \otimes G_0 = 1$ 的变换 G_0 组成, 因此 IGG 由

$$G_0|\boldsymbol{p}\rangle = -|\boldsymbol{p}>$$

产生. G_0, $T_{xy}G_{xy}$ 和 $T_{x\bar{y}}G_{x\bar{y}}$ 产生 Z_2a 和 Z_2b PSG.

由此可见, 平移对称性不要求单粒子跃迁哈密顿量 $H(\boldsymbol{p})$ 具有平移对称性, 只要求 $H(\boldsymbol{p})$ 在 Z_2a PSG 或 Z_2b PSG 下是不变量. 当 $H(\boldsymbol{p})$ 在 Z_2a PSG 下是不变量时, 跃迁哈密顿量就具有通常的平移对称性; 当 $H(\boldsymbol{p})$ 在 Z_2b PSG 下是不变量时, 跃迁哈密顿量具有磁平移对称性, 描述的是在每个奇方格有 π 通量的磁场中的跃迁.

10.4.3 用PSG对不同的弦网凝聚分类

要点:

- 不同的弦网凝聚具有不同的 PSG, 因为 PSG 是量子相的普适性质, 可知不同的弦网凝聚对应于不同的相

理解了弦末端的跃迁哈密顿量可能具有的 PSG 以后, 我们就可以着手计算实际的 PSG 了. 考虑模型 $H_U + H_g + H_t$ 的两个基态, 一个是 $F_{\boldsymbol{i}}|_{\boldsymbol{i}=\text{odd}} = 1$(对于 $g > 0$), 另一个是 $F_{\boldsymbol{i}}|_{\boldsymbol{i}=\text{odd}} = -1$ (对于 $g < 0$). 两个基态都在 $\boldsymbol{x}+\boldsymbol{y}$ 和 $\boldsymbol{x}-\boldsymbol{y}$ 方向有相同的平移对称性, 但是, 相应的单粒子跃迁哈密顿量 $H(\boldsymbol{p})$ 却有不同的对称性. 对于 $F_{\boldsymbol{i}}|_{\boldsymbol{i}=\text{odd}} = 1$ 态, 没有通量穿过奇方格, $H(\boldsymbol{p})$ 具有通常的平移对称性, 在 Z_2a PSG 下是不变量. 而对于 $F_{\boldsymbol{i}}|_{\boldsymbol{i}=\text{odd}} = -1$ 态, 会有 π 通量穿过奇方格, $H(\boldsymbol{p})$ 具有磁性平移对称性, 它的 PSG 是 Z_2b PSG. 因此 $F_{\boldsymbol{i}}|_{\boldsymbol{i}=\text{odd}} = 1$ 态和 $F_{\boldsymbol{i}}|_{\boldsymbol{i}=\text{odd}} = -1$ 态虽然对称性相同, 却有不同的序. 两个态中不同的量子序可以用它们不同的 PSG 标识.

我们注意到, 两个态具有不同的闭弦网凝聚. 对于 $\hat{F}_{\boldsymbol{i}}|_{\boldsymbol{i}=\text{odd}} = 1$ 态, T1 闭弦算符的平均值是 $\langle W(C)\rangle = 1$; 而对于 $\hat{F}_{\boldsymbol{i}}|_{\boldsymbol{i}=\text{odd}} = -1$ 态, T1 闭弦算符的平均值是 $\langle W(C)\rangle = (-)^{N_{\text{odd}}(C)}$, 其

中 $N_{\text{odd}}(C)$ 是 T1 闭弦 C 所包围的奇方格数. 因此我们可以说, 不同的弦网凝聚可以用它们不同的 PSG 标识.

上面我们只证明了在某些特殊的严格可解模型中, PSG 可以标识不同的弦网凝聚态, 实际上不同的 PSG 确实标识了不同的量子相. 这是因为如 9.9.1 节所示, PSG 是相的普适性质 [Wen (2002c)], 弦网凝聚态的 PSG 不被任何不改变对称性的局域微扰所改变.

以上讨论也适合 Z_2 涡漩和 T2 弦, 因此模型中的量子序由 PSG 对 $(PSG_{\text{charge}}, PSG_{\text{flux}})$ 描述, 一个用于 Z_2 荷, 一个用于 Z_2 涡漩. 利用 PSG 对 $(PSG_{\text{charge}}, PSG_{\text{flux}})$, 我们就可以区分模型 $H = H_U + H_g + H_t$ 的四种不同的弦网凝聚态 (见图 10.5).

10.4.4 T3 弦末端的PSG

要点:

- 对于具有几种不同类型弦凝聚的态, 不同凝聚弦的末端可能具有不同的投影对称性和不同的 PSG

本节我们假设在模型

$$H_U + H_g + H_t = H_t - V\sum_{\boldsymbol{i}} \hat{F}_{\boldsymbol{i}} \tag{10.4.5}$$

中 $U = g = V$, 这个新的模型具有 $\boldsymbol{i} \to \boldsymbol{i} + \boldsymbol{x}$ 和 $\boldsymbol{i} \to \boldsymbol{i} + \boldsymbol{y}$ 产生的更大的平移对称性 (见图 10.5). 注意当 $H_t = 0$ 时, 新模型与 10.2.1 节所研究的自旋哈密顿量 (10.2.6) 相同, 对于凝聚的 T1 和 T2 弦的 PSG 已在上一节研究过, 这里我们想讨论 T3 弦的 PSG. 因为 T3 弦的末端位于连接之上, 相应的单粒子跃迁哈密顿量 $H_f(\boldsymbol{l})$ 描述了连接之间的费米子跃迁, 显然, $H_f(\boldsymbol{l})$ 的对称群 (PSG) 可以与 $H(\boldsymbol{p})$ 的不同.

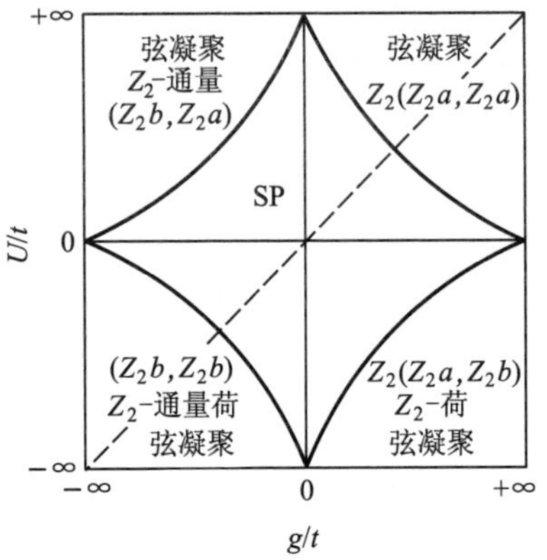

图 10.5 对于 $H = H_U + H_g + H_t$ 模型设想的相图. 假设 $t = t'$ 为正, 四个弦网凝聚相由 PSG 对 $(PSG_{\text{charge}}, PSG_{\text{flux}})$ 标识, SP 表示一个均匀自旋极化相. 所有的相都具有相同的对称性, 相变也不改变对称性.

让我们将费米子跃迁 $\boldsymbol{l} \to \boldsymbol{l}+\boldsymbol{x}$ 定义为两个跃迁 $\boldsymbol{l} \to \boldsymbol{l}+\frac{\boldsymbol{x}}{2}-\frac{\boldsymbol{y}}{2} \to \boldsymbol{l}+\boldsymbol{x}$ 的组合 (见图 10.6), 跃迁 $\boldsymbol{l} \to \boldsymbol{l}+\frac{\boldsymbol{x}}{2}-\frac{\boldsymbol{y}}{2}$ 由 $\sigma^x_{\boldsymbol{l}+\frac{\boldsymbol{x}}{2}}$ 产生, 跃迁 $\boldsymbol{l}+\frac{\boldsymbol{x}}{2}-\frac{\boldsymbol{y}}{2} \to \boldsymbol{l}+\boldsymbol{x}$ 由 $\sigma^y_{\boldsymbol{l}+\frac{\boldsymbol{x}}{2}}$ 产生, 因此跃迁 $\boldsymbol{l} \to \boldsymbol{l}+\boldsymbol{x}$ 由 $\sigma^y_{\boldsymbol{l}+\frac{\boldsymbol{x}}{2}}\sigma^x_{\boldsymbol{l}+\frac{\boldsymbol{x}}{2}}$ 产生. 类似地我们定义费米子跃迁 $\boldsymbol{l} \to \boldsymbol{l}+\boldsymbol{y}$ 为两个跃迁 $\boldsymbol{l} \to \boldsymbol{l}+\frac{\boldsymbol{x}}{2}+\frac{\boldsymbol{y}}{2} \to \boldsymbol{l}+\boldsymbol{y}$, 由 $\sigma^x_{\boldsymbol{l}+\frac{\boldsymbol{x}}{2}+\boldsymbol{y}}\sigma^y_{\boldsymbol{l}+\frac{\boldsymbol{x}}{2}}$ 产生. 在这样的定义下, 费米子围绕方格 $\boldsymbol{l} \to \boldsymbol{l}+\boldsymbol{x} \to \boldsymbol{l}+\boldsymbol{x}+\boldsymbol{y} \to \boldsymbol{l}+\boldsymbol{y} \to \boldsymbol{l}$ 的跃迁 (见图 10.6) 由 $(\sigma^y_1\sigma^x_4)(\sigma^x_4\sigma^y_4)(\sigma^x_3\sigma^y_2)(\sigma^y_1\sigma^x_1) = \sigma^y_4\sigma^x_3\sigma^y_2\sigma^x_1 = \hat{F}_1$ 或 $(\sigma^z_5)(\sigma^y_5\sigma^x_8)(\sigma^z)(\sigma^x_7\sigma^y_6) = -\sigma^x_5\sigma^y_8\sigma^x_7\sigma^y_6 = -\hat{F}_5$ 产生, 基态具有 $F_{\boldsymbol{i}} = \text{sgn}(V)$. 但是, 因为 T3 弦的末端在连接 $5 \to 6$ 之上, 就有 $\hat{F}_5 = -\hat{F}_{\boldsymbol{i}} = \text{sgn}(V)$. 此外, $\hat{F}_1 = \hat{F}_{\boldsymbol{i}} = \text{sgn}(V)$. 因此, 费米子围绕方格跃迁的总振幅由 (10.4.5) 中 V 的符号 $\text{sgn}(V)$ 给出. 当 $\text{sgn}(V) = 1$ 时, 费米子看不到通量, 而当 $\text{sgn}(V) = -1$ 时, 费米子看到每方格 π 通量. 结果是 $H_f(\boldsymbol{l})$ 的平移对称的生成元 (T_xG_x, T_yG_y) 满足磁平移代数

$$(T_yG_y)^{-1}(T_xG_x)^{-1}T_yG_yT_xG_x = \text{sgn}(V). \tag{10.4.6}$$

除了在 (T_xG_x, T_yG_y) 下是不变量, $H_f(\boldsymbol{l})$ 在 G_0

$$G_0|\boldsymbol{l}\rangle = -|\boldsymbol{l}\rangle$$

下也是不变量. (G_0, T_xG_x, T_yG_y) 生成 $H_f(\boldsymbol{l})$ 的对称群 —— 费米子 PSG.

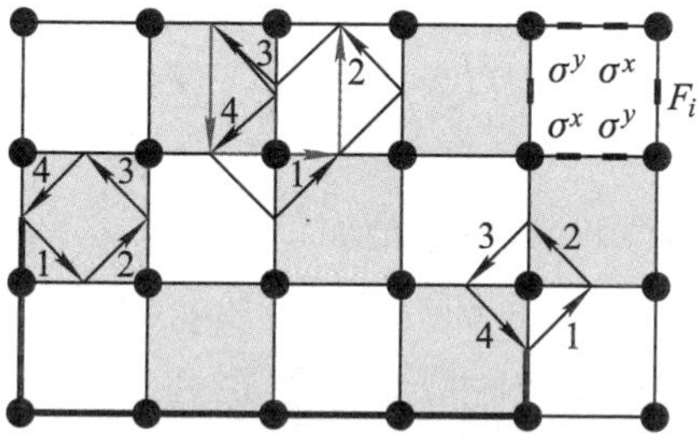

图 10.6 费米子围绕方格和围绕格点的跃迁.

当 $\text{sgn}(V) = 1$ 时, T_xG_x 和 T_yG_y 满足平移代数, 相应的费米子 PSG 是 Z2A PSG. 当 $\text{sgn}(V) = -1$ 时, T_xG_x 和 T_yG_y 满足每格 π 通量的磁平移代数, 相应的费米子 PSG 是 Z2B PSG. 由此可见基态量子序也可以使用费米子 PSG 标识, $V < 0$ 基态量子序由 Z2A PSG 标识, $V > 0$ 基态量子序由 Z2B PSG 标识.

在 10.2 节, 我们使用从玻色子方法将自旋分为两个费米子解出了自旋 1/2 模型 (10.4.5)(其中 $t = t' = 0$), 并证明对于 $V > 0$ 和 $V < 0$ 态, 费米子跃迁哈密顿量具有不同的对称性, 即在不同的 PSG 下是不变量. 不同的 PSG 意味着在 $V > 0$ 和 $V < 0$ 基态有不同的量子序, 在 10.2 节得到的对于 $V > 0$ 和 $V < 0$ 相的 PSG 与前面得到的费米子 PSG 严格一致. 这个例子证明, 在 9.4 节描述量子序引进的 PSG 对称群就是凝聚弦末端的跃迁哈密顿量, 量子序的 PSG 描述和弦网凝聚描述是密切相关的.

这里我们要指出, 9.4 节引进的 PSG 都是费米子 PSG, 它们只是许多标识量子序的不同种类 PSG 之中的一种. 一般地, 量子有序态会含有几类弦的凝聚, 每一类凝聚弦的末端都有自己的 PSG, 找出所有类型的凝聚弦及其 PSG, 我们才能更加完整地标识量子序.

10.5 演生的费米子和立方晶格上的弦网凝聚

要点:

- 3D 模型中的演生费米子不能用通量附着在玻色子上来解释, 在 3D 情形我们真正需要弦网理论来理解演生的费米子

在 2+1D, 将 π 通量和单位荷 (或将 Z_2 涡漩和 Z_2 荷) 束缚在一起就可以得到费米子, 这也是我们在自旋 1/2 模型 $H_U + H_g$ 得到费米子的办法. 因为 Z_2 涡漩和 Z_2 荷都出现在开弦的末端, 费米子也出现在弦的末端, 可见我们有两种关于在 2+1D 局域玻色模型中演生费米子的理论. 演生费米子可以看作是荷和通量的束缚态, 也可以看作是弦的末端. 但是在 3+1D, 我们不能靠附加 π 通量使玻色子变为费米子, 有人会因此怀疑费米子是否会出现在 3+1D 局域玻色模型. 本节, 我们将研究立方晶格上的一个严格可解自旋 3/2 模型, 研究这个模型中的弦网凝聚态, 证明费米子仍然可以出现在弦的末端. 实际上产生费米子的弦网理论对于任何维都是正确的.

10.5.1 立方晶格上的严格可解自旋 3/2 模型

为了构建 3D 立方晶格上的严格可解模型, 我们首先引进算符 $\gamma_{\boldsymbol{i}}^{ab}$, $a, b = x, \bar{x}, y, \bar{y}, z, \bar{z}$, 它作用在每个格点上的局域希尔伯特空间中. 在格点上, γ^{ab} 满足以下代数 (略去格点指标 $\boldsymbol{i}$)

$$\begin{aligned}
\gamma^{ab} &= -\gamma^{ba} = (\gamma^{ab})^\dagger, \\
[\gamma^{ab}, \gamma^{cd}] &= 0, \qquad \text{如果 } a, b, c, d \text{ 都不相同}, \\
\gamma^{ab}\gamma^{bc} &= i\gamma^{ac}, \qquad \text{如果 } a, b, c \text{ 都不相同}, \\
(\gamma^{ab})^2 &= 1.
\end{aligned} \tag{10.5.1}$$

为了证明这个代数自洽, 令 λ^a 是一个由 $a = x, \bar{x}, y, \bar{y}, z, \bar{z}$ 标记的马约拉纳费米子算符, 从马约拉纳费米子代数 $\{\lambda^a, \lambda^b\} = 2\delta_{ab}$, 我们可以证明

$$\gamma^{ab} = \frac{i}{2}(\lambda_{\boldsymbol{i}}^a \lambda_{\boldsymbol{i}}^b - \lambda_{\boldsymbol{i}}^b \lambda_{\boldsymbol{i}}^a).$$

满足以上代数.

以上代数具有一个四维表示, 首先注意到 $\gamma^{az} \equiv \gamma^a$, $a = x, \bar{x}, y, \bar{y}$ 满足狄拉克代数

$$\{\gamma^a, \gamma^b\} = 2\delta_{ab}, \qquad a, b = x, \bar{x}, y, \bar{y}. \tag{10.5.2}$$

因此它们可以用四个 4×4 狄拉克矩阵表示:

$$\begin{aligned}
\gamma^{xz} = \gamma^x &= \sigma^x \otimes \sigma^x, & \gamma^{\bar{x}z} = \gamma^{\bar{x}} &= \sigma^y \otimes \sigma^x, \\
\gamma^{yz} = \gamma^y &= \sigma^z \otimes \sigma^x, & \gamma^{\bar{y}z} = \gamma^{\bar{y}} &= \sigma^0 \otimes \sigma^y.
\end{aligned} \tag{10.5.3}$$

还可以定义 γ^5 为

$$\gamma^5 = \gamma^x\gamma^{\bar{x}}\gamma^y\gamma^{\bar{y}} = -\sigma^0 \otimes \sigma^z,$$

上式与 γ^a 反对易, $\{\gamma^a, \gamma^5\} = 0$. 因为 $\gamma^{z\bar{z}}$ 与 $\gamma^{az} \equiv \gamma^a$, $a = x, \bar{x}, y, \bar{y}$ 反对易, 可以认为 γ^5 就是 $\gamma^{z\bar{z}}$. 从代数 (10.5.1), 我们可以将余下的 γ^{ab} 表示为

$$\gamma^{a\bar{z}} = i\gamma^a\gamma^5, \qquad a = x, \bar{x}, y, \bar{y}.$$

用这个方法, 我们就用狄拉克矩阵 $\gamma^{x,\bar{x},y,\bar{y}}$ 表示了所有的 γ^{ab}, $a, b = x, \bar{x}, y, \bar{y}, z, \bar{z}$, 可以证明这样定义的 γ^{ab} 满足代数 (10.5.1).

因为 γ^{ab} 是四维的, 我们就可以说它们作用在自旋 3/2 态上. 利用 $\gamma_{\boldsymbol{i}}^{ab}$, 可以写出立方晶格上的严格可解自旋 3/2 模型:

$$\begin{aligned} H_{3D} =& g\sum_{\boldsymbol{i}} \left(\gamma_{\boldsymbol{i}}^{yx}\gamma_{\boldsymbol{i+x}}^{\bar{x}y}\gamma_{\boldsymbol{i+x+y}}^{\bar{y}\bar{x}}\gamma_{\boldsymbol{i+y}}^{x\bar{y}} + \gamma_{\boldsymbol{i}}^{zy}\gamma_{\boldsymbol{i+y}}^{\bar{y}z}\gamma_{\boldsymbol{i+y+z}}^{\bar{z}\bar{y}}\gamma_{\boldsymbol{i+z}}^{y\bar{z}} + \gamma_{\boldsymbol{i}}^{xz}\gamma_{\boldsymbol{i+z}}^{\bar{z}x}\gamma_{\boldsymbol{i+z+x}}^{\bar{x}\bar{z}}\gamma_{\boldsymbol{i+x}}^{z\bar{y}}\right) \\ =& -g\sum_{\boldsymbol{p}} \hat{F}_{\boldsymbol{p}}, \end{aligned} \tag{10.5.4}$$

其中 $\boldsymbol{p}$ 标记立方晶格中的方格, 并且根据方格 $\boldsymbol{p}$ 的方向, $\hat{F}_{\boldsymbol{p}}$ 等于 $-\gamma_{\boldsymbol{i}}^{yx}\gamma_{\boldsymbol{i+x}}^{\bar{x}y}\gamma_{\boldsymbol{i+x+y}}^{\bar{y}\bar{x}}\gamma_{\boldsymbol{i+y}}^{x\bar{y}}$, $-\gamma_{\boldsymbol{i}}^{zy}\gamma_{\boldsymbol{i+y}}^{\bar{y}z}\gamma_{\boldsymbol{i+y+z}}^{\bar{z}\bar{y}}\gamma_{\boldsymbol{i+z}}^{y\bar{z}}$ 或 $-\gamma_{\boldsymbol{i}}^{xz}\gamma_{\boldsymbol{i+z}}^{\bar{z}x}\gamma_{\boldsymbol{i+z+x}}^{\bar{x}\bar{z}}\gamma_{\boldsymbol{i+x}}^{z\bar{y}}$.

注意到

$$[\hat{F}_{\boldsymbol{p}}, \hat{F}_{\boldsymbol{p}'}] = 0, \qquad\qquad (\hat{F}_{\boldsymbol{p}})^2 = 1,$$

可以很容易得到 H_{3D} 的本征值. 令 $|\{F_{\boldsymbol{p}}\}, \alpha\rangle$ 为 $\hat{F}_{\boldsymbol{p}}$ 的共同本征态, $\hat{F}_{\boldsymbol{p}}|\{F_{\boldsymbol{p}}\}, \alpha\rangle = F_{\boldsymbol{p}}|\{F_{\boldsymbol{p}}\}, \alpha\rangle$, 其中 α 标记着可能的简并度. 则 $|\{F_{\boldsymbol{p}}\}, \alpha\rangle$ 也是一个能量本征态, 能量为 $-g\sum_{\boldsymbol{p}} F_{\boldsymbol{p}}$. 因为 $F_{\boldsymbol{p}} = \pm 1$, 基态能量在周期性晶格上是 $E_0 = -3|g|N_{\text{site}}$, 其中 N_{site} 是格点的数目, 激发态由改变某些 $F_{\boldsymbol{p}}$ 的符号而产生, 其能量是 E_0 加 $2|g|$ 的整数倍.

有一个细节是 $F_{\boldsymbol{p}}$ 并不完全独立, 如果 S 是单位立方体的表面, 则有算符恒等式

$$\prod_{\boldsymbol{p}\in S} \hat{F}_{\boldsymbol{p}} = 1,$$

因此对于所有立方体, 都有 $\prod_{\boldsymbol{p}\in S} F_{\boldsymbol{p}} = 1$. 如果我们把 $F_{\boldsymbol{p}}$ 看作是穿过方格 $\boldsymbol{p}$ 的 Z_2 通量, 则以上限制意味着通量守恒. 这表示模型的能谱与立方晶格上的 Z_2 规范理论相同, 基态可以认为是没有通量的态: 对于所有 $\boldsymbol{p}$, $F_{\boldsymbol{p}} = 1$. 基态以上的激发由通量环路描述. 基本激发对应于最小的通量环路, 其中对于邻近某一连接 $\langle \boldsymbol{ij} \rangle$ 的四个方格 $\boldsymbol{p}$, $F_{\boldsymbol{p}} = -1$. 我们可以将这些激发看作是位于立方晶格的连接上的准粒子 (见图 10.9), 以后我们还会看到, 这种通量环路激发具有费米统计.

习题

10.5.1

(a) 证明 (10.5.3) 中的 4×4 矩阵 γ^a 满足狄拉克代数.

(b) 写出满足代数 (10.5.1) 的 4×4 矩阵 γ^{ab} 的明显表达式.

(c) 证明 (10.5.4) 中求和各项都互相对易. (提示: 使用 γ^{ab} 的马约拉纳费米子表示.) 由此可以严格解出 H_{3D}.

10.5.2 使用马约拉纳费米子和投影构造法求解 (10.5.4)

(a) 令 $\lambda_{\boldsymbol{i}}^a$ 为一个马约拉纳费米子算符, 其中 $a = x, \bar{x}, y, \bar{y}, z, \bar{z}$, 对于每一个最近邻连接, 定义

$$\hat{U}_{\boldsymbol{ij}} = \lambda_{\boldsymbol{i}}^a \lambda_{\boldsymbol{j}}^b, \tag{10.5.5}$$

其中 ab 是一对与连接 $\boldsymbol{i} \to \boldsymbol{j}$ 相联系的指标 (见图 10.7). 证明 $\hat{U}_{\boldsymbol{ij}}$ 组成可对易算符集.

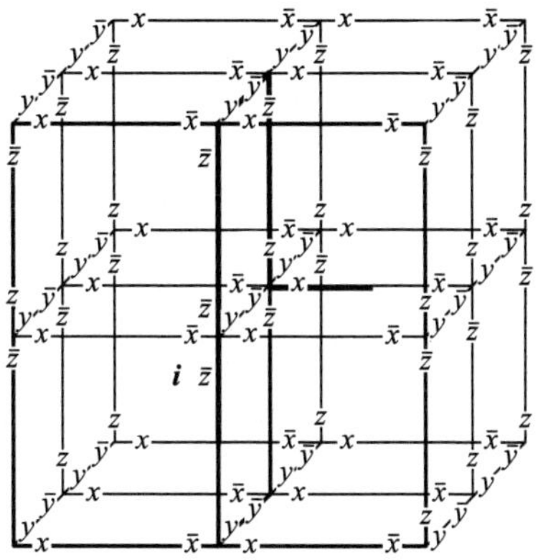

图 10.7 立方晶格中的开弦及与最近邻连接相联系的指标.

(b) 考虑下面的费米子哈密顿量

$$H = -\sum_{\boldsymbol{p}} g\hat{F}_{\boldsymbol{p}}, \qquad \hat{F}_{\boldsymbol{p}} = \hat{U}_{\boldsymbol{i}_1,\boldsymbol{i}_2}\hat{U}_{\boldsymbol{i}_2,\boldsymbol{i}_3}\hat{U}_{\boldsymbol{i}_3,\boldsymbol{i}_4}\hat{U}_{\boldsymbol{i}_4,\boldsymbol{i}_1}, \tag{10.5.6}$$

其中 $\sum_{\boldsymbol{p}}$ 对立方晶格的所有方格面求和. $\boldsymbol{i}_1$、$\boldsymbol{i}_2$、$\boldsymbol{i}_3$ 和 $\boldsymbol{i}_4$ 标记着方格 $\boldsymbol{p}$ 的四个角. 引进复费米子算符

$$2\psi_{1,\boldsymbol{i}} = \lambda_{\boldsymbol{i}}^x + i\lambda_{\boldsymbol{i}}^{\bar{x}}, \qquad 2\psi_{2,\boldsymbol{i}} = \lambda_{\boldsymbol{i}}^y + i\lambda_{\boldsymbol{i}}^{\bar{y}}, \qquad 2\psi_{3,\boldsymbol{i}} = \lambda_{\boldsymbol{i}}^z + i\lambda_{\boldsymbol{i}}^{\bar{z}},$$

并令 $N_{\boldsymbol{i}} = \sum_{a=1,2,3} \psi_{a,\boldsymbol{i}}^\dagger \psi_{a,\boldsymbol{i}}$ 为格点 $\boldsymbol{i}$ 上的费米子数算符. 证明费米子哈密顿量 (10.5.6) 化简为每个格点偶数个费米子的子空间中的自旋 3/2 哈密顿量 (10.5.4).

(c) 使用 10.2 节的方法写出具有周期性边界条件的偶 × 偶 × 偶晶格上的 (10.5.4) 的基态简并度.

10.5.2 弦算符和闭弦网凝聚

为了证明 H_{3D} 的基态具有闭弦凝聚, 我们需要找到与 H_{3D} 对易的闭弦算符, 但是我们首先要构建更加一般的开弦算符.

为了用物理算符 γ^{ab} 构建弦算符, 我们注意到每一个最近邻连接 $\boldsymbol{i} \to \boldsymbol{j}$ 都与一对指标 ab 相关, 如图 10.7 所示. 例如, 连接 $\boldsymbol{i} \to \boldsymbol{i}+\boldsymbol{x}$ 与 $x\bar{x}$ 相关, 连接 $\boldsymbol{i} \to \boldsymbol{i}-\boldsymbol{x}$ 与 $\bar{x}x$ 相关, 连接 $\boldsymbol{i} \to \boldsymbol{i}+\boldsymbol{y}$ 与 $y\bar{y}$ 相关, 等等. 开弦算符因此可以定义为

$$W(C) = -\,(-i\gamma_{\boldsymbol{i}_1}^{a_1b_1})(-i\gamma_{\boldsymbol{i}_2}^{a_2b_2})\cdots(-i\gamma_{\boldsymbol{i}_n}^{a_nb_n}), \tag{10.5.7}$$

其中 $b_m a_{m+1}$ 是一对与连接 $\boldsymbol{i}_m \to \boldsymbol{i}_{m+1}$ 有关的指标. 例如, 图 10.7 中开弦的开弦算符是

$$W(C) = -(-i\gamma_{\boldsymbol{i}}^{\bar{z}z})(-i\gamma_{\boldsymbol{i}+\boldsymbol{z}}^{\bar{z}y})(-i\gamma_{\boldsymbol{i}+\boldsymbol{z}+\boldsymbol{y}}^{\bar{y}\bar{z}})(-i\gamma_{\boldsymbol{i}+\boldsymbol{y}}^{zx}).$$

我们要强调, 开弦 C 由临近格点连接的中点连接而成 (见图 10.7), 因此开弦的末端处于连接之上.

闭弦算符仍由 (10.5.7) 给出, 但是现在 $\boldsymbol{i}_1$ 和 $\boldsymbol{i}_n$ 是最近邻, $b_n a_1$ 是一对与连接 $\boldsymbol{i}_n \to \boldsymbol{i}_1$ 有关的指标.

让我们首先讨论一些导致闭弦算符产生闭弦凝聚的特殊性质. 利用 γ^{ab} 马约拉纳表示, 我们可以证明任意两个闭弦算符都相互对易. 因为 $\hat{F}_{\boldsymbol{p}}$ 本身也是一个闭弦算符, 闭弦算符与自旋 3/2 哈密顿量对易, 因此基态也是闭弦算符的本征态, 具有闭弦凝聚 (更广义地说是闭弦网凝聚).

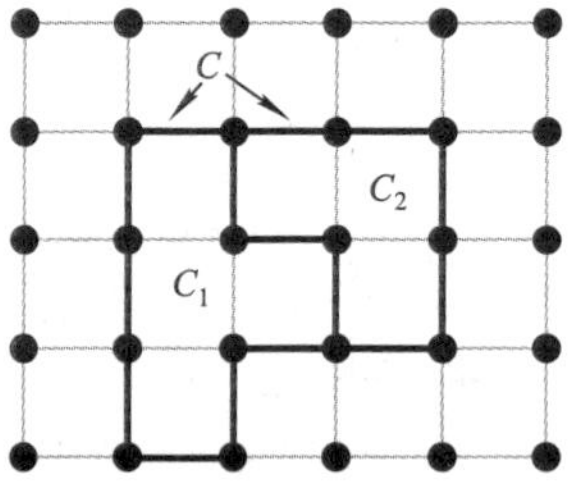

图 10.8 回路 C 可以分成两个回路 C_1 和 C_2.

如果我们将回路 C 如图 10.8 所示分成两个回路 C_1 和 C_2, 则这三个回路的闭弦算符的关系是

$$W(C) = W(C_1)W(C_2). \tag{10.5.8}$$

由这个关系, 我们可以将 $W(C)$ 表示为 $F_{\boldsymbol{p}}$ 的乘积, 并估算凝聚闭弦的振幅. 对于 $\hat{F}_{\boldsymbol{p}} = 1$ 基态,

$$\langle W(C_{\text{close}})\rangle = 1;$$

对于 $\hat{F}_{\boldsymbol{p}} = -1$ 基态,

$$\langle W(C_{\text{close}})\rangle = (-)^{N_p},$$

其中 N_p 是表面 $S_{C_{\text{close}}}$ 上的方格数, $S_{C_{\text{close}}}$ 是由立方体表面组成的面, 被闭弦 C_{close} 包围.

习题

10.5.3

(a) 使用 $\gamma^{ab}=i\lambda^a\lambda^b$ 的马拉约纳费米子表示证明, 闭弦算符 (10.5.7) 可以表示为

$$W(C_{\text{close}})=\hat{U}_{i_1i_2}\hat{U}_{i_2i_3}\cdots\hat{U}_{i_{n-1}i_n}\hat{U}_{i_ni_1},$$

其中 $\hat{U}_{ij}$ 的定义见 (10.5.5).

(b) 证明由两条闭合回路定义的闭弦算符 (10.5.7) 互易.

(c) 证明关系式 (10.5.8).

10.5.3 开弦的末端是费米子

在闭弦凝聚态中, 开弦的末端成为一类新的准粒子. 当开弦算符作用在基态时, 通过计算 $F_{\boldsymbol{p}}$ 和开弦算符之间的对易式, 可以看到开弦算符只在弦两端的附近改变 $F_{\boldsymbol{p}}$ 的符号. 因此, 弦本身不带能量, 只有弦末端带能量.

注意到弦的末端处于连接之上, 每个连接与四个方格相连, 可知开弦算符在这四个方格上改变 $F_{\boldsymbol{p}}$ 的符号 (见图 10.9). 因此, 开弦的每个末端对应于一个小 Z_2 通量环路, 耗费能量为 $4|2g|=8|g|$. 这些小 Z_2 通量环路对应于基态以上的准粒子激发.

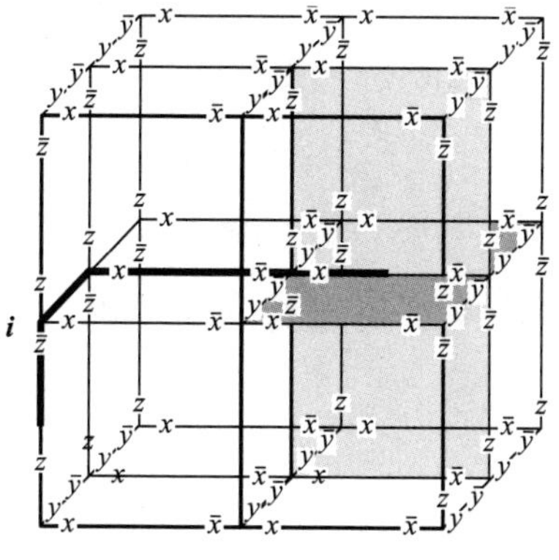

图 10.9 开弦的末端在四个阴影的方格上改变 $F_{\boldsymbol{p}}$ 的符号.

为了得到 Z_2 通量环路的统计, 我们需要使用在 Levin and Wen (2003) 引进的统计跃迁代数 (见 4.1.3 节):

$$\begin{aligned} t_{jl}t_{kj}t_{ji} &= e^{i\theta}t_{ji}t_{kj}t_{jl}, \\ [t_{ij},t_{kl}] &= 0, \qquad \text{如果 } i,j,k,l \text{ 都不相同}, \end{aligned} \tag{10.5.9}$$

其中 t_{ji} 描述了粒子从连接 i 到连接 j 的跃迁 (注意这里弦的末端位于连接之上). 可以证明如果粒子的跃迁算符满足代数 (10.5.9), 其中 $\theta=\pi$, 粒子就是费米子. 如果我们选择 (i,j,k,l) 为

图 10.10 中的连接 (2, 1, 3, 4), 跃迁算符 (t_{jl}, t_{kj}, t_{ji}) 是 $(\gamma_i^{xz}, \gamma_i^{\bar{x}x}, \gamma_i^{x\bar{z}})$, (10.5.9) 成为

$$\gamma_i^{xz}\gamma_i^{\bar{x}x}\gamma_i^{x\bar{z}} = e^{i\theta}\gamma_i^{x\bar{z}}\gamma_i^{\bar{x}x}\gamma_i^{xz},$$

从 γ^{ab} 的马约拉纳费米子表示, 可知如果 $\theta = \pi$, 上式即成立. 如果我们选择 (i, j, k, l) 为连接 (2, 1, 3, 10), (10.5.9) 成为

$$\gamma_j^{\bar{x}x}\gamma_i^{\bar{x}x}\gamma_i^{x\bar{z}} = e^{i\theta}\gamma_i^{x\bar{z}}\gamma_i^{\bar{x}x}\gamma_j^{\bar{x}x}.$$

上式对于 $\theta = \pi$ 也是正确的, (i, j, k, l) 的其他选择都只是上面这两种形式. 弦末端的跃迁满足费米子跃迁代数, 因此弦的末端 (即小 Z_2 通量环路) 是费米子. 由此可见如果玻色模型具有某种类型的闭弦凝聚, 就会从局域玻色模型演生出费米子.

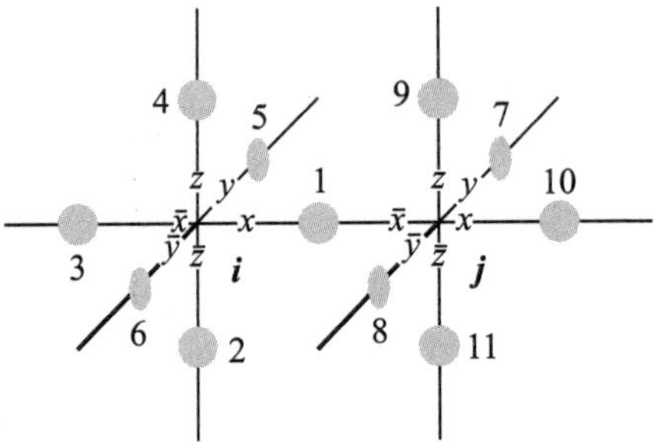

图 10.10 在连接 1 上的费米子可以跳到连接 2~11 这 10 条不同的连接上, 跃迁 1 → 4 由 γ_i^{zx} 产生, 跃迁 1 → 3 由 $\gamma_i^{\bar{x}x}$ 产生, 跃迁 1 → 7 由 $\gamma_j^{y\bar{x}}$ 产生.

10.6 量子转子模型和$U(1)$晶格规范理论

要点:

- 在高维中, 规范理论是很不平凡的. 它描述了基态中量子纠缠的涨落, 这些涨落不能由局域自由度表示
- 规范涨落是空间中闭弦网的涨落 (或时空中 2D 世界面的涨落)
- 无能隙 $U(1)$ 规范玻色子是由基态含有任意大小的闭弦网凝聚而产生的

我们已经研究了演生 Z_2 规范场的严格可解局域玻色模型, 本节, 我们将研究从量子转子模型演生的连续 $U(1)$ 规范理论 [Foerster *et al.* (1980); Senthil and Motrunich (2002)], 我们还要确定弦网凝聚和相关的量子序与 $U(1)$ 规范玻色子的关系.

本节还可以看作是用物理的方式描述量子 $U(1)$ 规范理论. 作者认为, 用规范势来描写规范理论并不自然, 因为规范势本身是非物理的. 这里我们要证明可以使用物理自由度 —— 闭弦网来表示 $U(1)$ 规范理论 [Banks *et al.* (1977); Savit (1980)].

10.6.1 四转子系统

要点:

- 四转子系统在某种极限下可以用晶格规范理论描述

让我们首先考虑在圆周 $0 \leqslant \theta < 2\pi$ 上运动、质量是 m 的粒子所描述的单转子, 其拉格朗日量是

$$L = \frac{1}{2} m \dot{\theta}^2 + K \cos\theta,$$

哈密顿量为

$$H = \frac{(S^z)^2}{2m} - K\cos\theta = \frac{(S^z)^2}{2m} - \frac{K}{2}(a + a^\dagger),$$

其中 S^z 是角动量. 如果我们选择基矢态为 $|n\rangle = (2\pi)^{-1/2} e^{in\theta}$, $n =$ 整数, 则 $S^z|n\rangle = n|n\rangle$, $a|n\rangle = |n-1\rangle$.

为了得到演生低能规范理论的最简单模型, 我们考虑由 $\theta_{\langle 12\rangle}$, $\theta_{\langle 23\rangle}$, $\theta_{\langle 34\rangle}$ 和 $\theta_{\langle 41\rangle}$ 描述的四转子模型 [见图 10.11(a)]:

$$H = \sum_i \left[U(S^z_{\langle i-1,i\rangle} - S^z_{\langle i,i+1\rangle})^2 + J(S^z_{\langle i,i+1\rangle})^2 \right], \tag{10.6.1}$$

其中我们假设了 $4+1 \sim 1$ 和 $1-1 \sim 4$. 希尔伯特空间由 $|n_{\langle 12\rangle} n_{\langle 23\rangle} n_{\langle 34\rangle} n_{\langle 41\rangle}\rangle$ 张成, 其中整数 $n_{i,i+1}$ 是 $S^z_{\langle i,i+1\rangle}$ 的本征值. 如果 $U \gg J$, 则能量为 $E = 4Jn^2$ 的 $|nnnn\rangle$ 态描述了低能激发, 其他所有激发的能量数量级为 U.

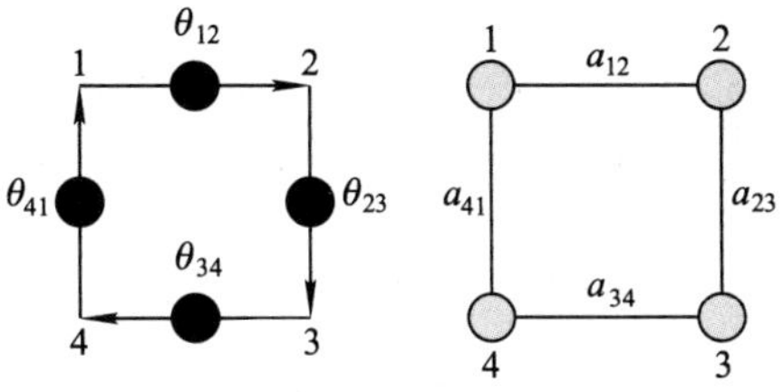

图 10.11 (a) 四转子系统; (b) 简单晶格规范理论由晶格规范场 $a_{i,i+1}$ 和 $a_0(i)$, $i = 1,2,3,4$ 描述.

为了确定与格点规范理论的联系, 我们要写出四转子模型的拉格朗日量. 如果将哈密顿量写作 $H = \frac{1}{2} P^T V P$, 其中 $P^T = (S^z_{\langle 12\rangle}, S^z_{\langle 23\rangle}, S^z_{\langle 34\rangle}, S^z_{\langle 41\rangle})$, 并且

$$V = \begin{pmatrix} 4U+2J & -2U & 0 & -2U \\ -2U & 4U+2J & -2U & 0 \\ 0 & -2U & 4U+2J & -2U \\ -2U & 0 & -2U & 4U+2J \end{pmatrix},$$

则拉格朗日量就是

$$L = \frac{1}{2}\dot{\Theta}^T M \dot{\Theta},$$

其中 $\Theta^T = (\theta_{\langle 12\rangle}, \theta_{\langle 23\rangle}, \theta_{\langle 34\rangle}, \theta_{\langle 41\rangle})$, 并且 $M = V^{-1}$.

显然, 我们在上面的拉格朗日量中看不到任何规范理论的痕迹, 为了得到规范理论, 我们需要用另一种方法推导拉格朗日量. 使用 H 的路径积分表示, 并注意到 (θ, S^z) 是正则坐标动量对, 则有

$$Z = \int D(S^z)D(\theta)e^{i\int dt\left(\sum_i S^z_{\langle i,i+1\rangle}\dot{\theta}_{\langle i,i+1\rangle} - H\right)}.$$

引进 $a_0(i)$ 场, $i = 1,2,3,4$, 分离 U 项, 上面的路径积分可以重新写为

$$Z = \int D(S^z)D(\theta)D(a_0)e^{i\int dt\left(\sum_i S^z_{\langle i,i+1\rangle}\dot{\theta}_{\langle i,i+1\rangle} - \tilde{H}(S^z,a_0)\right)},$$

其中 $\tilde{H} = \sum_i \left(J(S^z_{\langle i,i+1\rangle})^2 + a_0(i)(S^z_{\langle i-1,i\rangle} - S^z_{\langle i,i+1\rangle}) - \frac{a_0^2(i)}{4U}\right)$. 对 $S^z_{\langle i,i+1\rangle}$ 积分以后得到

$$Z = \int D(\theta)D(a_0)e^{i\int dt L(\theta,\dot{\theta},a_0)},$$

其中拉格朗日量是

$$L = \frac{1}{4J}\sum_i \left((\dot{\theta}_{\langle i,i+1\rangle} + a_0(i) - a_0(i+1))^2 + \frac{a_0^2(i)}{4U}\right).$$

在大 U 极限下, 可以舍去 $\frac{a_0^2(i)}{4U}$ 项得到

$$L = \frac{1}{4J}\sum_i (\dot{a}_{i,i+1} + a_0(i) - a_0(i+1))^2.$$

这正是在单方格上 $U(1)$ 格点规范理论的拉格朗日量, 其中

$$a_{i,i+1} = \theta_{\langle i,i+1\rangle}, \qquad a_{i+1,i} = -\theta_{\langle i,i+1\rangle}$$

是格点规范场 [见图 10.11(b)]. 可以证明上面的拉格朗日量在下面的变换下是不变量

$$a_{ij}(t) \to a_{ij}(t) + \phi_j(t) - \phi_i(t), \qquad a_0(i,t) \to a_0(i,t) + \dot{\phi}_i(t). \tag{10.6.2}$$

此式称为规范变换. 我们注意到低能波函数 $\Psi(a_{12}, a_{23}, a_{34}, a_{41})$ 是 $|nnnn\rangle$ 态的叠加, 所有低能态都是规范不变量, 即在规范变换 $a_{ij} \to a_{ij} + \phi_j - \phi_i$ 下是不变量.

连续空间 $U(1)$ 规范理论的电场是 $\boldsymbol{E} = \dot{\boldsymbol{a}} - \boldsymbol{\partial} a_0$(取 $c = e = 1$ 的单位). 在格点规范理论中, 电场成为定义在连接上的一个量

$$E_{ij} = \dot{a}_{ij} - [a_0(j) - a_0(i)].$$

由此可见格点规范拉格朗日量可以写为 $L = \frac{1}{4J}\sum_i E^2_{i,i+1}$. 与连续空间 $U(1)$ 规范理论 $\mathcal{L} \propto \boldsymbol{E}^2 - \boldsymbol{B}^2$ 相比较, 可见拉格朗日量只含有对应于 $\boldsymbol{E}^2$ 的动能, 更加一般的格点规范理论还会含有对应于 $\boldsymbol{B}^2$ 的势能项.

为了得到势能项, 我们将转子模型推广为

$$H = \sum_i \left[U(S^z_{\langle i-1,i\rangle} - S^z_{\langle i,i+1\rangle})^2 + J(S^z_{\langle i,i+1\rangle})^2 + t(e^{i\theta_{\langle i-1,i\rangle}} e^{i\theta_{\langle i,i+1\rangle}} + h.c.) \right], \tag{10.6.3}$$

注意到 $\langle nnn|e^{i\theta_{\langle i-1,i\rangle}} e^{-i\theta_{\langle i,i+1\rangle}}|nnn\rangle = 0$, 因此对于 t 的一阶项, 新的项在低能没有作用, 新项的低能效应只出现在 t 的二阶项.

如果我们对新项重复以上计算, 就得到下面的拉格朗日量

$$L = \frac{1}{4J}\sum_i \left([\dot{a}_{i,i+1} + a_0(i) - a_0(i+1)]^2 - t[e^{i(a_{i-1,i}+a_{i,i+1})} + h.c.] + \frac{a_0^2(i)}{4U} \right).$$

对于以上的拉格朗日量, 看出新项在 t 的一阶项为什么没有低能效应是有些困难的. 让我们首先关注下面形式的涨落

$$a_{i-1,i} = \phi_i - \phi_{i-1}$$

在格点规范理论中, 这种形式的涨落称为纯规范涨落. 在对 $a_0(i)$ 积分以后, 上述形式涨落的拉格朗日量为 $L = \frac{1}{2}\dot{\phi}_i m_{ij}\dot{\phi}_j - \sum_i t[e^{i(\phi_{i-1}+\phi_{i+1})} + h.c.]$, 其中 $m_{ij} = O(U^{-1})$. 由此可见, 在大 U 极限下, 以上形式的涨落是一种很快很强的涨落, 因为 ϕ_i 位于紧致空间 (即 ϕ_i 和 $\phi_i + 2\pi$ 代表相同的点), 这样的快涨落都具有数量级为 U 的大能隙, 由此可见 t 项 $te^{i(\phi_{i-1}-\phi_{i+1})}$ 平均为零, 因为 ϕ_i 的涨落很强, 对一阶的 t 没有效应. 但是, 在 t 的二阶项, 会出现一项 $t^2\prod_{i=1,3} e^{i(\theta_{\langle i-1,i\rangle}+\theta_{\langle i,i+1\rangle})} = t^2 e^{i\sum_i \theta_{\langle i-1,i\rangle}}$, 这一项与 ϕ_i 无关, 不会平均为零. 因此低能有效拉格朗日量的预期形式是

$$L = \frac{1}{4J}\sum_i \left[(\dot{a}_{i,i+1} + a_0(i) - a_0(i+1))^2 + \frac{a_0^2(i)}{4U} \right] + g\cos\Phi, \tag{10.6.4}$$

其中 $g = O(t^2/U)$ 和 $\Phi = \sum_i a_{i,i+1}$ 是 $U(1)$ 规范场穿过方格的通量.

为了定量地计算 g, 我们先要推导低能有效哈密顿量. 如果我们将 t 项看作是微扰, 将低能态看作是简并态, 则对于 t 的二阶项, 有

$$\begin{aligned}
&\langle n_1, n_1, n_1, n_1|H_{\text{eff}}|nnnn\rangle \\
=& -\frac{t^2}{2U}\langle n_1, n_1, n_1, n_1|e^{i(\theta_{\langle 34\rangle}+\theta_{\langle 41\rangle})}|n_1, n_1, n, n\rangle\langle n_1, n_1, n, n|e^{i(\theta_{\langle 12\rangle}+\theta_{\langle 23\rangle})}|nnnn\rangle \\
&+ \text{其他三项类似的项} \\
=& -\frac{2t^2}{U},
\end{aligned}$$

因此低能有效哈密顿量是

$$H = \sum_i \left[U(S^z_{\langle i-1,i\rangle} - S^z_{\langle i,i+1\rangle})^2 + J(S^z_{\langle i,i+1\rangle})^2 \right] - \frac{4t^2}{U}\cos\Phi.$$

相应的拉格朗日量是 (10.6.4), 其中

$$g = \frac{4t^2}{U}.$$

如前所述, 纯规范涨落具有一个数量级为 U 的大能隙, 令 $U \to \infty$, 可以得到在 U 之下的低能有效理论:

$$L = \frac{1}{4J}\sum_i [\dot{a}_{i,i+1} + a_0(i) - a_0(i+1)]^2 + g\cos\,\Phi, \tag{10.6.5}$$

这个模型曾经在 6.4 节研究过, 我们在那里已经证明当 $g = 0$ 时, 能级是 $E_n = 4Jn^2$, 与 (10.6.1) 在低能的能级严格一致. 因此 (10.6.1) 在低能确实是规范理论.

这里我们要问, 什么是规范理论? 四转子模型是否真是低能的规范理论? 规范理论的标准定义是具有规范势的理论. 根据这个定义, 只要我们坚持用规范势表示拉格朗日量, 四转子模型就可以是一个规范理论. 在另一方面, 四转子模型又不是规范理论, 因为其自然的拉格朗日量不含任何规范势. 由此可见, 规范理论不是一个定义明确的物理概念, 一个模型是否是规范理论不是一个明确的问题. 就好像是说如果用 (a, b, c, d) 标记四个格点, 四转子模型就是规范理论, 而如果用 $(1, 2, 3, 4)$ 标记这四个格点, 就是非规范理论. 从这个观点来看, 本节的讨论完全是形式化的, 没有物理意义.

习题

10.6.1 考虑由 (10.6.3), $i = 1, 2, 3$ 描述的三格点转子模型 (见图 10.12).

(a) 推导低能晶格规范理论的作用量, g 只需计算至 $O(1)$ 的系数.

(b) 计算低能能级, 假设 $U \gg g \gg J$.

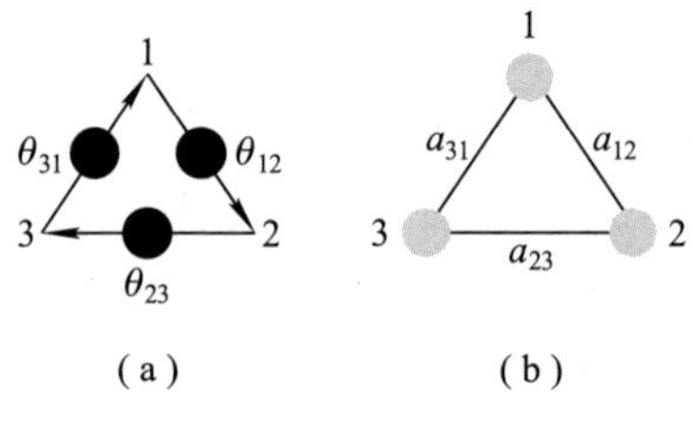

图 10.12 (a) 三转子系统; (b) 相关的晶格规范理论.

10.6.2 量子转子模型和人造光

要点:

- 量子转子模型可以用格点 $U(1)$ 规范理论来描述
- 格点规范理论的解禁闭相含有人造光

了解了数个转子的系统以后, 我们就可以研究晶格转子系统了. 作为一个例子, 考虑在每一个连接上有一个转子的正方晶格 (见图 10.13),

$$H = U\sum_{\boldsymbol{i}}\left(\sum_{\boldsymbol{\alpha}} S^z_{\boldsymbol{i}+\boldsymbol{\alpha}}\right)^2 + J\sum_{\boldsymbol{i},\boldsymbol{\alpha}}(S^z_{\boldsymbol{i}+\boldsymbol{\alpha}})^2 + \sum_{\boldsymbol{i}}\left[t_1 e^{i\left(\theta_{\boldsymbol{i}+\frac{\boldsymbol{x}}{2}}-\theta_{\boldsymbol{i}+\frac{\boldsymbol{y}}{2}}\right)}\right.$$
$$\left. + t_2 e^{i\left(\theta_{\boldsymbol{i}+\frac{\boldsymbol{y}}{2}}-\theta_{\boldsymbol{i}-\frac{\boldsymbol{x}}{2}}\right)} + t_3 e^{i\left(\theta_{\boldsymbol{i}-\frac{\boldsymbol{x}}{2}}-\theta_{\boldsymbol{i}-\frac{\boldsymbol{y}}{2}}\right)} + t_4 e^{i\left(\theta_{\boldsymbol{i}-\frac{\boldsymbol{y}}{2}}-\theta_{\boldsymbol{i}+\frac{\boldsymbol{x}}{2}}\right)} + h.c.\right] \tag{10.6.6}$$

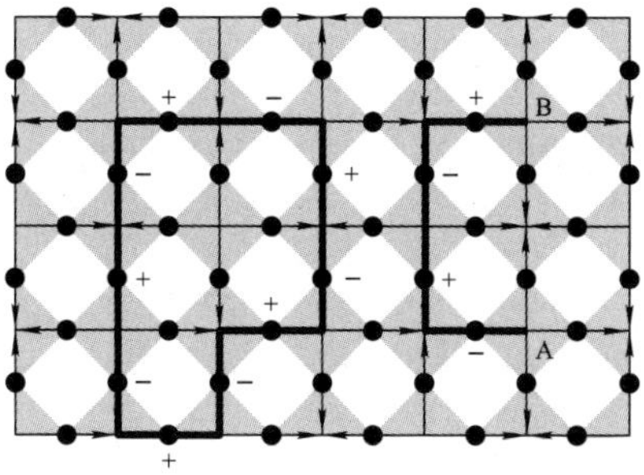

图 10.13 转子晶格、代表低能涨落的回路和荷激发对 (A,B). 在大 U 极限下, 每个阴影方格拐角的转子的角动量和为零.

这里 $\boldsymbol{i} = (i_x, i_y)$ 标记正方晶格的格点, $\boldsymbol{\alpha} = \pm\frac{\boldsymbol{x}}{2}, \pm\frac{\boldsymbol{y}}{2}$. U 项施加一个限制, 要求格点 $\boldsymbol{i}$ 相邻的四个转子的总角动量为零. 这个模型还可以推广到三维立方晶格:

$$H = U\sum_{\boldsymbol{i}}\left(\sum_{\boldsymbol{\alpha}} S^z_{\boldsymbol{i}+\boldsymbol{\alpha}}\right)^2 + J\sum_{\boldsymbol{i},\boldsymbol{\alpha}}(S^z_{\boldsymbol{i}+\boldsymbol{\alpha}})^2$$
$$+ \sum_{\boldsymbol{i},\langle\boldsymbol{\alpha}_1\boldsymbol{\alpha}_2\rangle}\left[t_{\langle\boldsymbol{\alpha}_1\boldsymbol{\alpha}_2\rangle} e^{i\left(\theta_{\boldsymbol{i}+\boldsymbol{\alpha}_1}-\theta_{\boldsymbol{i}+\boldsymbol{\alpha}_2}\right)} + h.c.\right], \tag{10.6.7}$$

这里 $\boldsymbol{i} = (i_x, i_y, i_z)$ 标记立方晶格的格点, $\boldsymbol{\alpha} = \pm\frac{\boldsymbol{x}}{2}, \pm\frac{\boldsymbol{y}}{2}, \pm\frac{\boldsymbol{z}}{2}$, 两个标记 $\boldsymbol{i}+\boldsymbol{\alpha}_1$ 和 $\boldsymbol{i}+\boldsymbol{\alpha}_2$ 标记着围绕格点 $\boldsymbol{i}$ 的两个最近邻转子.

下面, 我们将证明在 $U \gg t, J$ 和 $t^2/U \gg J$ 极限下, 以上 2D 和 3D 模型含有低能集体激发, 这种集体激发与通常由非局域性质引起的诸如自旋波和声子的集体激发极为不同. 实际上, 它不对应于任何局域序参量的涨落, 需要使用 $U(1)$ 规范理论才能描述, 我们称这样的集体激发为 $U(1)$ 规范涨落. 2D 模型的集体激发含有指数的小能隙 $\Delta \sim e^{-C\sqrt{t^2/JU}}$, 3D 模型则严格无能隙. 3D 模型的集体激发行为在各方面都与宇宙中的光相像, 因此也被称为人造光.

以上模型的特点是不含在晶格尺度上规范结构的特征, $U(1)$ 规范涨落和相关的规范结构在低能演生出来. 这些告诉我们宇宙中的光也可能以类似方式演生的可能性, 规范结构可能会在强关联量子系统中自然地演生出来. 我们将在本节研究的转子模型是含有人造光的最简单的模型, 下面为简单起见, 我们将集中讨论 2D 转子模型, 所有计算和结果可以很容易地推广到 3D 转子模型.

为了理解 2D 转子系统的动力学性质, 我们首先假设 $J=t=0$ 和 $U>0$. 这种情况下哈密顿量由进行局域投影的对易项构成, 基态高度简并, 构成一个投影空间. 基态之一是每一个转子 $S^z_{\boldsymbol{i}}=0$ 的态, 其他基态可以用第一个基态在正方晶格中画出有向回路, 然后再沿回路交错地使转子的角动量增加或减少 1 而构成 (见图 10.13). 这个过程可以反复重复, 构建出所有的简并基态. 由此可见在投影空间中的涨落由回路表示, 尽管投影空间通过局域投影得到, 它也具有某些非局域的特征. 如果 t 和 J 都非零, 则 t 项将使这些回路涨落, J 项就给这些回路一个正比于回路长度的能量. 显然当 $U\gg J,t$ 时, 系统的低能性质由回路的涨落所决定, 并似乎具有两种截然不同的相; 当 $J\gg t$ 时, 系统只有一些小回路涨落; 当 $J\ll t$ 时, 系统有很多大回路涨落, 甚至可能充满全部空间. 以后我们会看到, 这些大回路涨落实际上就是 $U(1)$ 规范涨落. 我们注意到, 回路可以相互交叉和重叠, 实际上典型的回路看起来更像闭弦网. 下面, 我们就称回路涨落为闭弦网涨落, 以强调涨落的分支结构.

简并基态在

$$U(\phi_{\boldsymbol{i}})=e^{i\sum_{\boldsymbol{i}}\left[(-)^{\boldsymbol{i}}\phi_{\boldsymbol{i}}\sum_{\boldsymbol{\alpha}}S^z_{\boldsymbol{i}+\boldsymbol{\alpha}}\right]} \tag{10.6.8}$$

产生的对称变换下是不变量, 其中 $(-)^{\boldsymbol{i}}=(-)^{i_x+i_y}$. 以上变换其实就是规范变换, 因此也可以说简并基态是规范不变量.

使用在 10.6.1 节中类似的计算, 可知晶格转子模型可以由下面的大 U 极限的低能有效拉格朗日量描述:

$$L=\frac{1}{4J}\sum_{\boldsymbol{i},\boldsymbol{\mu}=\boldsymbol{x},\boldsymbol{y}}[\dot{a}_{\boldsymbol{i},\boldsymbol{i}+\boldsymbol{\mu}}+a_0(\boldsymbol{i})-a_0(\boldsymbol{i}+\boldsymbol{\mu})]^2+g\sum_{\boldsymbol{i}}\cos\ \Phi_{\boldsymbol{i}}, \tag{10.6.9}$$

这里 $a_{\boldsymbol{i},\boldsymbol{i}+\boldsymbol{x}}=(-)^{\boldsymbol{i}}\theta_{\boldsymbol{i}+\frac{\boldsymbol{x}}{2}}$, $a_{\boldsymbol{i},\boldsymbol{i}+\boldsymbol{y}}=(-)^{\boldsymbol{i}}\theta_{\boldsymbol{i}+\frac{\boldsymbol{y}}{2}}$, 且 $a_{\boldsymbol{ij}}=-a_{\boldsymbol{ji}}$. $\Phi_{\boldsymbol{i}}$ 是穿过在 $\boldsymbol{i}$ 的方格的 $U(1)$ 通量: $\Phi_{\boldsymbol{i}}=a_{\boldsymbol{i},\boldsymbol{i}+\boldsymbol{x}}+a_{\boldsymbol{i}+\boldsymbol{x},\boldsymbol{i}+\boldsymbol{x}+\boldsymbol{y}}+a_{\boldsymbol{i}+\boldsymbol{x}+\boldsymbol{y},\boldsymbol{i}+\boldsymbol{y}}+a_{\boldsymbol{i}+\boldsymbol{y},\boldsymbol{i}}$. 推广 10.6.1 节的二级微扰计算, 可知

$$g=2(t_1t_3+t_2t_4)/U.$$

(10.6.9) 描述了 $U(1)$ 格点规范理论.

这里我们要强调, 拉格朗日量 (10.6.9) 虽然具有 $U(1)$ 规范理论的形式, 但并不一定意味着其低能激发的行为与规范玻色子相似, 因为量子涨落可能非常强, 来自拉格朗日量的直观图像可能完全是误导. 为了使激发的行为与规范玻色子相像, 我们需要选择 J 和 g, 使拉格朗日量 (10.6.9) 处于半经典极限. 为了确定何时可以达到半经典极限, 我们将晶格规范理论的作用量表示为无量纲的形式

$$S=\sqrt{\frac{g}{J}}\int d\tilde{t}\left[\frac{1}{4}\sum_{\boldsymbol{i},\boldsymbol{\mu}=\boldsymbol{x},\boldsymbol{y}}[\partial_{\tilde{t}}a_{\boldsymbol{i},\boldsymbol{i}+\boldsymbol{\mu}}+\tilde{a}_0(\boldsymbol{i})-\tilde{a}_0(\boldsymbol{i}+\boldsymbol{\mu})]^2+\sum_{\boldsymbol{i}}\cos\ \Phi_{\boldsymbol{i}}\right],$$

其中 $\tilde{t}=\sqrt{gJ}t$, $\tilde{a}_0=a_0/\sqrt{gJ}$. 可见如果 $g/J=t^2/JU\gg 1$, 就达到了半经典极限. 在这个极限下, 我们的模型以 $U(1)$ 规范玻色子 (也就是人造光), 为其仅有的低能集体激发.

由于瞬子效应, $U(1)$ 规范激发在 1+2D 打开一道能隙 (见 6.3.2 节)[Polyakov (1977)], 瞬子效应与方格上 $U(1)$ 通量 $\varPhi$ 从 0 至 2π 的改变相联系. 为了估算瞬子效应的重要性, 让我们考虑只有一个方格的模型 (即以前讨论的四转子模型). 这样的模型由 (6.4.11) 描述, 瞬子效应对应于路径 $\varPhi(t)$(含时通量), 其中 $\varPhi$ 从 $\varPhi(-\infty)=0$ 至 $\varPhi(+\infty)=2\pi$. 为了估算瞬子的作用量, 我们假设

$$\varPhi(t)=\begin{cases}0, & \text{对于 } t<0,\\ 2\pi t/T, & \text{对于 } 0<t<T,\\ 2\pi, & \text{对于 } T<t,\end{cases}$$

当 $T=\pi/2\sqrt{gJ}$ 时, 瞬子的作用量取极小, 为

$$S_c=\pi\sqrt{g/J}.$$

由时间轴之上的瞬子气密度 $\sqrt{Jg}e^{-S_c}$, 我们估计 $U(1)$ 规范玻色子的能隙是

$$\Delta_{\text{gauge}}\sim\sqrt{Jg}e^{-\pi\sqrt{g/J}}. \tag{10.6.10}$$

由此可见当 $g/J\gg 1$ 时, 能隙非常小, 低能涨落很像无能隙的光子. 当然, 真正无能隙的人造光只能存在于 3+1D 模型, 诸如 3D 转子模型 (10.6.7).

3D 转子模型在大 U 极限具有下面的低能有效拉格朗日量

$$L=\frac{1}{4J}\sum_{\boldsymbol{i},\boldsymbol{\mu}=\boldsymbol{x},\boldsymbol{y},\boldsymbol{z}}[\dot{a}_{\boldsymbol{i},\boldsymbol{i}+\boldsymbol{\mu}}+a_0(\boldsymbol{i})-a_0(\boldsymbol{i}+\boldsymbol{\mu})]^2+\sum_{\boldsymbol{p}}g_{\boldsymbol{p}}\cos\,\varPhi_{\boldsymbol{p}}, \tag{10.6.11}$$

这里 $\sum_{\boldsymbol{p}}$ 是对所有方格求和, $\varPhi_{\boldsymbol{p}}$ 是穿过方格 $\boldsymbol{p}$ 的 $U(1)$ 通量. $g_{\boldsymbol{p}}$ 可能与方格的指向有关, $g_{\boldsymbol{p}}$ 的数值可以由 (10.6.7) 中的 $t_{\langle\boldsymbol{\alpha}_1\boldsymbol{\alpha}_2\rangle}$ 调节.

10.6.3 演生的量子序

要点:

- 3D 转子格点模型含有几种具有相同对称性的不同量子相, 这些量子相带有不同的量子序
- 不同的量子序可以用其投影对称群 —— 拟设的对称群标识

我们的 3D 模型含有几种对称性相同的相, 为了简单起见, 假设 $g_{\boldsymbol{p}}$ 是一个常量 $g_{\boldsymbol{p}}=g$. 一个相 (相 A) 出现在 $J\gg g$ 极限. 在相 A, $U(1)$ 规范场具有有限能隙, 处于禁闭相, 相 A 在 $t=g=0$ 点严格可解, 从这个严格可解点可以得到相 A 的定性性质. 第二个相 (相 B) 出现在 $g>0$ 和 $g\gg J$ 极限下, 相 B 含有与其中的人造光密切相关的非平凡量子序. 在相 B, 穿过所有方格的规范通量均为零: $e^{i\varPhi_{\boldsymbol{p}}}\sim 1$. 如果 $g<0$ 且 $|g|\gg J$, 我们就得到具有新量子序的第三种相 (相 C), 在相 C, 有 π 通量穿过方格, 相 C 与相 A 和相 B 具有相同的对称性, 并含有无能隙人造光. 当我们将 g 从一个大的正数改变为一个大的负数, 3D 转子模型会从相 B 变为相 A, 然后变为相 C.

相 B 和相 C 中的量子序可以用 投影对称群 (PSG) 更加准确地标识 (见 9.4.2 节)[Wen (2002c)]. 在半经典极限下, 相 B 由拟设

$$\langle e^{ia_{i,i+x}}\rangle = \chi, \qquad \langle e^{ia_{i,i+y}}\rangle = \chi, \qquad \langle e^{ia_{i,i+z}}\rangle = \chi$$

标识, 而相 C 由拟设

$$\langle e^{ia_{i,i+x}}\rangle = \chi, \qquad \langle e^{ia_{i,i+y}}\rangle = (-)^{i_x}\chi, \qquad \langle e^{ia_{i,i+z}}\rangle = (-)^{i_x+i_y}\chi$$

标识. 可以证明对于相 C, 围绕任一方格的相位 $a_{i,j}$ 之和是 π. 一个拟设的 PSG 由所有保持该拟设不变的组合规范和对称变换构成 (见 (9.4.1))[Wen (2002c)]. 这样相 B 拟设的 PSG 和相 C 拟设的 PSG 是不同的, 拟设 B 在所有晶格对称变换下都是不变量, 而拟设 C 仅在附加适当的 $U(1)$ 规范变换的晶格对称变换下是不变量. 我们已经证明 PSG 是量子相的普适性质, 只能通过相变才会改变 [Wen (2002c)], 相 B 和相 C 的 PSG 不同表示相 B 和相 C 确实是不同的量子相, 在 $T = 0$ 只能通过相变互相转变. 我们还可以使用 PSG 描述更加复杂的量子序 (或通量构形), 甚至还可以 (在半经典极限) 使用 PSG 对我们模型中的所有量子序分类.

在实验中相 B 和相 C 中不同的量子序可以通过测量荷粒子的色散关系加以区分, 这一点将在 10.6.4 节讨论. 从 (10.6.15), 可见荷粒子的跃迁受到穿过方格的通量的影响.

10.6.4 人造光和人造荷的弦网理论

要点:

- 规范理论是改头换面的闭弦网理论
- 禁闭相 = 具有稀薄小弦的相. 库仑相 = 一个被任意大的闭弦网所充满的相
- (库仑相中的) 规范玻色子对应于弦网的涨落, 规范荷是开弦的端点

前面已经提到, 转子模型中 U 以下的低能激发由增加/减少 S^z 的闭弦网描述, 为了使这个图像更加准确, 我们要定义一下晶格上的弦网理论.

弦网理论的希尔伯特空间是模型 (10.6.6) 的希尔伯特空间的子空间, 为了构建弦网希尔伯特空间, 我们首先需要引进一个弦产生算符. 弦产生算符由 $e^{\pm i\theta_{\langle ij\rangle}}$ 算符的乘积构成

$$U(C) = \prod_{\langle ij\rangle} e^{(-)^{i} i\theta_{\langle ij\rangle}}, \tag{10.6.12}$$

其中 C 是连接正方晶格中最近邻格点的弦, $\prod_{\langle ij\rangle}$ 是对于所有构成弦的最近邻连接 $\langle ij\rangle$ 求乘积, $\theta_{\langle ij\rangle}$ 是转子在连接 $\langle ij\rangle$ 上的 θ 场.

因为弦可以交叉和重叠, 看起来更像是一张网, 我们称 C 为弦网, 称 $U(C)$ 为弦网算符. 如果 C 由多根闭弦组成, 就称它为闭弦网; 如果 C 含有至少一根开弦, 就称它为开弦网 (见图 10.14).

弦网希尔伯特空间含有一个所有 $S^z_{\boldsymbol{I}} = 0$ 的态, 根据定义, 这个态对应于没有弦的态. 如果将闭弦算符 (10.6.12) 作用在 $S^z_{\boldsymbol{I}} = 0$ 态上, 就可以得到弦网希尔伯特空间中的另一个态, 这个

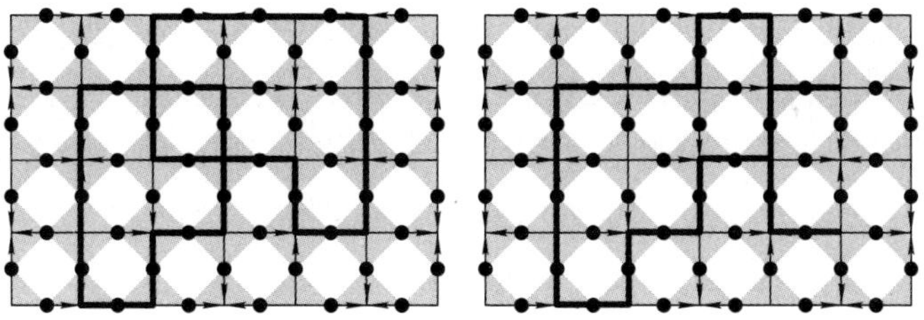

(a) (b)

图 10.14 (a) 闭弦网; (b) 开弦网.

态由沿着闭弦 C 的 $S^z_{\boldsymbol{I}} = \pm 1$ 构成, 可以看作是有一根闭弦 C 的态. 弦网希尔伯特空间中的其他态对应于多弦态, 由闭弦算符 (10.6.12) 反复作用在 $S^z_{\boldsymbol{I}} = 0$ 态上构成.

弦网理论的哈密顿量是

$$H_{\rm str} = \sum_{\langle \boldsymbol{ij}\rangle} J(S^z_{\boldsymbol{ij}})^2 - \sum_{\boldsymbol{p}} \frac{1}{2}(gW_{\boldsymbol{p}} + h.c.), \tag{10.6.13}$$

其中 $\sum_{\langle \boldsymbol{ij}\rangle}$ 是对于正方晶格中的所有最近邻连接 $\langle \boldsymbol{ij}\rangle$ 求和, $S^z_{\boldsymbol{ij}}$ 是在最近邻连接 $\langle \boldsymbol{ij}\rangle$ 上的转子的角动量算符, $\sum_{\boldsymbol{p}}$ 是对正方晶格的所有方格求和, $W_{\boldsymbol{p}}$ 是围绕方格 $\boldsymbol{p}$ 的闭弦的闭弦网算符. 可以证明, 以上哈密顿量作用在弦网希尔伯特空间之中, J 项使弦网中的弦具有有限的弦张力, g 项是弦的 "跃迁" 项, 造成了弦网涨落.

由这个构建过程, 显然弦网希尔伯特空间就是我们模型 (10.6.6) 由能量低于 U 的态构成的低能希尔伯特空间. 从有效格点规范理论 (10.6.9) 的推导过程也显然可见弦网哈密顿量 (10.6.13) 与格点规范拉格朗日量 (10.6.9) 有直接的关系. 实际上, 格点规范理论的哈密顿量就是弦网哈密顿量 (10.6.13), 弦网理论中的 $\sum_{\boldsymbol{ij}} \tilde{J}(S^z_{\boldsymbol{ij}})^2$ 项对应于规范理论中的 $\frac{1}{4\tilde{J}}\sum_{\langle \boldsymbol{ij}\rangle}[\dot{a}_{\boldsymbol{ij}} + a_0(\boldsymbol{i}) - a_0(\boldsymbol{j})]^2$ 项, 弦网理论中的 $\sum_{\boldsymbol{p}} \frac{1}{2}g(W_{\boldsymbol{p}} + h.c.)$ 项对应于规范理论中的 $g\sum_{\boldsymbol{p}}\cos(\varPhi_{\boldsymbol{p}})$ 项. 因为 $S^z \sim \dot{\theta}_{\langle \boldsymbol{ij}\rangle} = \dot{a}_{\boldsymbol{ij}}$ 对应于沿着连接的电通量, 增加/减少 S^z 的闭弦对应于电通量管的一条回路. 我们要强调, 以上关于规范理论和弦网理论之间的联系不仅适用于 2D 模型 (10.6.6), 还适合于任何维数的模型.

由此可见, $U(1)$ 规范理论 (10.6.9) 实际上就是闭弦网的动力学理论. 人们一般会期望闭弦网的动力学理论如 (10.6.13) 所示用弦网表示, 但是, 因为我们对场论更加熟悉, 我们在前几节所做的工作可以看作是在尝试用场论描述弦网理论. 运用一些数学技巧, 我们已经达到了我们的目的, 可以用规范场理论的形式写出弦网理论. 规范场理论是一种特殊的场论, 它的场不对应于物理自由度, (在全部物理希尔伯特空间不能写为局域希尔伯特空间的直积的意义上,) 物理希尔伯特空间是非局域的. 这里我们要说的是, (至少在这里讨论的) 规范理论是一个改头换面的闭弦网理论. 或者换句话说, 规范理论和闭弦网理论互相是对偶的. 实际上如果我们考虑时空晶格时使时间离散, 就会发现 $U(1)$ 格点规范理论和时空中膜的统计模型之间有严格的对应关系 [Banks *et al.* (1977); Savit (1980)].

在大 J/g 极限 (因此就是大 Δ_{gauge} 极限) 下, 转子模型和弦网模型的基态都是由每个转子 $S^z=0$ 给出. 在这个相, 闭弦网或者电通量管的涨落很小, 其能量正比于它们的长度, 表明 $U(1)$ 规范理论处于禁闭相. 在小 J/g 极限下, 闭弦网涨落很强, 空间充满了任意大小的闭弦网. 根据上一节的计算, 我们注意到小 J/g 项也可以看作是无能隙规范玻色子的库仑相, 两幅图像结合起来, 可见无能隙规范玻色子对应于大闭弦网的涨落.

知道了闭弦网和人造光的关系之后, 我们现在就转向人造荷. 为了生成一对具有对于人造 $U(1)$ 规范场相反人造荷的粒子, 我们需要画一根开弦, 并沿弦交替增加或减少转子的 S^z (见图 10.13). 开弦的端点与电通量管的端点一样, 对应于具有相反人造荷的粒子. 我们注意到, 带荷粒子与转子不同, 是位于正方晶格的格点上的. 在禁闭相中, 连接两个人造荷的弦涨落很小, 弦的能量正比于弦的长度. 由此可见人造荷之间具有线性禁闭.

在小 J/g 极限下, 大 g 造成闭弦网的强涨落, 进而导致无能隙 $U(1)$ 规范涨落. 连接两个荷的弦的强涨落也将两个荷之间的线性禁闭势改变为 $\log(r)$ 势.

为了理解具有人造荷的粒子的动力学性质并推导 $\log(r)$ 势, 我们来推导这些带荷粒子的低能有效理论. 首先假设 $J=t=0$, 一对具有相反单位人造荷的带荷粒子可以由开弦算符 (10.6.12) 作用到基态而生成. 在开弦的末端, $\left(\sum_{\boldsymbol{\alpha}} S^z_{\boldsymbol{i}+\boldsymbol{\alpha}}\right)^2=1$. 可知每一个带荷粒子都有来自 $U\sum_{\boldsymbol{i}}\left(\sum_{\boldsymbol{\alpha}} S^z_{\boldsymbol{i}+\boldsymbol{\alpha}}\right)^2$ 项的能量 U, 弦本身不带能量. 如果相同的开弦算符作用 n 次, 就会在开弦的末端生成 n 单位的相反人造荷, n 单位荷的能量是 n^2U.

带荷的规范理论包括荷和弦两部分, 让我们首先只考虑荷, 将带荷粒子看作是独立粒子. 这种情况下, 带荷粒子的全希尔伯特空间由态 $|\{n_{\boldsymbol{i}}\}\rangle$ 张成, 其中 $n_{\boldsymbol{i}}$ 是在正方晶格格点 $\boldsymbol{i}$ 上的人造荷数, $|\{n_{\boldsymbol{i}}\}\rangle$ 是能量为 $E=U\sum_{\boldsymbol{i}} n_{\boldsymbol{i}}^2$ 的能量本征态. 这样的系统可以由下面的拉格朗日量描述:

$$L=\sum_{\boldsymbol{i}} \frac{1}{4U}\dot{\varphi}_{\boldsymbol{i}}^2, \tag{10.6.14}$$

其中 $\varphi_{\boldsymbol{i}}$ 是一个角变量, 带单位荷粒子的产生算符是 $e^{i\varphi_{\boldsymbol{i}}}$.

规范涨落由弦描述, 也由 (10.6.9) 描述. 在 $U(1)$ 规范理论中, 基态在远离荷处是规范不变量. 从 (10.6.8), 可见规范不变性意味着 $\sum_{\boldsymbol{\alpha}} S^z_{\boldsymbol{i}+\boldsymbol{\alpha}}=0$, 因此在无荷处没有开弦的末端.

为了得到荷和规范场的耦合理论, 让我们加入带荷粒子都是开弦末端这一性质. 这种性质也可以重述为规范理论的物理态含有开弦, 但开弦的末端只能是荷. 我们可以使用规范不变性将荷拉格朗日量 (10.6.14) 和规范拉格朗日量 (10.6.9) 结合在一起, 写出耦合理论. 使用规范不变性, 可知结合后的拉格朗日量的形式为

$$L=\sum_{\boldsymbol{i}} \frac{[\dot{\varphi}_{\boldsymbol{i}}+a_0(\boldsymbol{i})]^2}{4U}+\sum_{\boldsymbol{i},\boldsymbol{\mu}=\boldsymbol{x},\boldsymbol{y}} \frac{[\dot{a}_{\boldsymbol{i},\boldsymbol{i}+\boldsymbol{\mu}}+a_0(\boldsymbol{i})-a_0(\boldsymbol{i}+\boldsymbol{\mu})]^2}{4J}+g\sum_{\boldsymbol{i}} \cos\,\Phi_{\boldsymbol{i}}.$$

加入规范场以后, 单荷产生算符 $e^{i\varphi_{\boldsymbol{i}}}$ 就不再有物理意义, 因为它不是规范不变量. 规范不变算符

$$e^{-i\varphi_{\boldsymbol{i}_1}}e^{ia_{\boldsymbol{i}_1\boldsymbol{i}_2}}e^{ia_{\boldsymbol{i}_2\boldsymbol{i}_3}}\cdots e^{ia_{\boldsymbol{i}_{N-1}\boldsymbol{i}_N}}e^{i\varphi_{\boldsymbol{i}_N}}$$

总产生一对相反的荷, 并且荷之间有开弦相连. 因此, 开弦的末端总在荷上, 实际上以上的规范不变算符就是开弦算符 (10.6.12). 我们还看到, 弦算符 (10.6.12) 与 Wegner-Wilson 回路算符有密切的关系 [Wegner (1971); Wilson (1974); Kogut (1979)].

t 项产生带荷粒子向正方晶格中次近邻的跃迁, 因此如果 $t \neq 0$, 带荷粒子就会有非平凡色散. 相应的拉格朗日量是

$$L=\sum_{\boldsymbol{i}} \frac{[\dot{\varphi}_{\boldsymbol{i}}+a_0(\boldsymbol{i})]^2}{4U}-\sum_{(\boldsymbol{ij}),a=1,2} t[e^{i(\varphi_{\boldsymbol{i}}-\varphi_{\boldsymbol{j}}-a_{\boldsymbol{ik}_a}-a_{\boldsymbol{k}_a\boldsymbol{j}})}+h.c.], \tag{10.6.15}$$

其中 $(\boldsymbol{ij})$ 是正方晶格中的次近邻, $\boldsymbol{k}_{1,2}$ 是格点 $\boldsymbol{i}$ 和格点 $\boldsymbol{j}$ 之间的两个格点. 以上的拉格朗日量还告诉我们带荷粒子是玻色子.

我们还注意到, 增加 $S^z_{\boldsymbol{ij}}$ 对应于位于 $\boldsymbol{i}$ 和 $\boldsymbol{j}$ 的两个人造荷, 因此每个单位人造荷带有 1/2 角动量! (注意总角动量 $\sum_{\langle \boldsymbol{ij}\rangle} S^z_{\langle \boldsymbol{ij}\rangle}$ 是一个守恒量.)

10.6.5 2D 与 3D 转子系统的物理性质

要点:

- 晶格规范理论的连续空间极限
- 人造光的速度和精细结构常数

为了理解 2D 模型中人造光的物理性质, 让我们记

$$a_{\boldsymbol{ij}} = \delta\boldsymbol{x}_{\langle \boldsymbol{ij}\rangle}\cdot \boldsymbol{a}(\boldsymbol{x}), \qquad a_0(\boldsymbol{i}) = a_0(\boldsymbol{x}),$$

并取 (10.6.9) 的连续空间极限, 其中 $\boldsymbol{a}=(a_x,a_y)$ 是 2D 矢量场 (2D 中的矢量规范势), a_0 对应于势场, $\boldsymbol{x}$ 临近格点 $\boldsymbol{i}$, $\delta\boldsymbol{x}_{\langle \boldsymbol{ij}\rangle}$ 是在正方晶格中连接 $\boldsymbol{i}$ 和 $\boldsymbol{j}$ 格点的矢量, 且 l 是正方晶格的晶格常量. 在连续空间极限下, 拉格朗日量 (10.6.9) 成为

$$L=\int d^2\boldsymbol{x}\left(\frac{1}{4J}\boldsymbol{e}^2-\frac{gl^2}{2}b^2\right), \tag{10.6.16}$$

其中 $\boldsymbol{e}=\partial_t\boldsymbol{a}-\partial_{\boldsymbol{x}}a_0$ 和 $\boldsymbol{b}=\partial_x a_y-\partial_y a_x$ 是相应的人造电场和人造磁场. 由此可见以上人造光的速度是 $c_a=\sqrt{2gJl^2/\hbar^2}$, 人造光的带宽大约是 $E_a=2c_a\hbar/l=\sqrt{8gJ}$.

从 (10.6.15), 可知 (在 $U\gg t$ 极限)2D 模型中描述带荷粒子的连续空间拉格朗日量是

$$L=\int d^2\boldsymbol{x}\sum_{I=1,2}\left[\phi_I^\dagger(i\partial_t-a_0-U)\phi_I-\frac{8tl^2}{2}|(\partial_i+ia_i)\phi_I|^2+\bar{\phi}_I^\dagger(i\partial_t+a_0-U)\bar{\phi}_I-\frac{8tl^2}{2}|(\partial_i-ia_i)\bar{\phi}_I|^2\right],$$

其中 ϕ_I 描述带正荷玻色子, $\bar{\phi}_I$ 描述带负荷玻色子, $\psi_1,\bar{\psi}_1$ 描述正方晶格偶格点上的带荷玻色子, $\psi_2,\bar{\psi}_2$ 描述正方晶格奇格点上的带荷玻色子. 每消耗能量 $2U$ 就可产生一对带荷玻色子, 玻色子的质量是 $m=(8tl^2)^{-1}$, 或写为 $mc_a^2=gJ/4t$. 我们注意到玻色子速度 $\sim 8tl$ 可能大于人造光的速度, 正负荷之间的势能是 $V(r)=\frac{2J}{\pi}\ln r$.

对于 3D 模型, 连续空间极限的拉格朗日量是

$$L=\int d^3\boldsymbol{x}\left(\frac{1}{4Jl}\boldsymbol{e}^2-\frac{gl}{2}\boldsymbol{b}^2\right),\tag{10.6.17}$$

其中 $\boldsymbol{e}$ 和 $\boldsymbol{b}$ 是在 3D 中的人造电场和人造磁场, 人造光的速度是 $c_a=\sqrt{2gJl^2/\hbar^2}$. 以上的 3D 拉格朗日量可以写成更加标准的形式

$$L=\int d^3\boldsymbol{x}\frac{1}{8\pi\alpha}\left(\frac{1}{c_a}\boldsymbol{e}^2-c_a\boldsymbol{b}^2\right),\tag{10.6.18}$$

其中 $\alpha=\frac{1}{2\pi}\sqrt{J/2g}$ 是人造精细结构常量. 带荷玻色子的质量是 $m=(8tl^2)^{-1}$, 一个人造原子 (两个正负带荷玻色子的束缚态) 的能级间隔的数量级是 $\frac{1}{4}mc_a^2\alpha^2$, 其大小的数量级是 $2/\alpha mc_a$.

习题

10.6.2 证明 (10.6.16) 和 (10.6.17).

10.7 从 $SU(N_f)$ 自旋模型演生的光和电子

要点:

- 局域玻色模型中的非平凡量子序 (即弦网凝聚) 可以导致无质量的光子和无质量的费米子
- 光子和费米子的无质量性受到标识弦凝聚的 PSG 的保护

我们在本章开篇已经强调, 理解光和电子的存在就是理解为什么这些粒子没有质量 (或者与普朗克质量相比几乎没有质量). 对于一般的相互作用系统, 很难见到无质量 (或无能隙) 激发, 如果这种激发确实存在, 必有存在的理由.

我们知道对称破缺可以产生和保护无能隙 Nambu-Goldstone 激发, 在 9.10 节, 我们提出除了对称破缺以外, 量子序以及相关的 PSG 也可以产生和保护无能隙激发, 由量子序产生和保护的无能隙激发可以是无能隙规范玻色子/无能隙费米子.

本节, 我们将研究立方晶格上的一种特殊的 $SU(N_f)$ 自旋模型 [Wen (2002a)]. 模型的基态具有非平凡量子序 (即一种弦网凝聚), 因而模型演生了无质量 $U(1)$ 规范玻色子 (人造光) 和无质量带荷费米子 (人造电子和光子). 换句话说, $SU(N_f)$ 自旋模型演生了 QED! 以这样的 $SU(N_f)$ 自旋模型为基础的世界与我们的世界十分相像: 两个世界都由具有库仑相互作用的费米子和规范玻色子 (即电子和光子) 组成. 立方晶格上更加复杂的自旋模型甚至可以导致 QED 以及带有光子、胶子、轻子和夸克的 QCD 的演生, 因此如果有一天我们发现自然界的所有基本粒子都从广义的自旋模型 (即局域玻色模型) 中演生, 也是不足为奇的.

10.7.1 立方晶格上的$SU(N_f)$自旋模型

这种模型由立方晶格每个格点上一个自旋的 $SU(N_f)$ 自旋构成, 此处 N_f 是偶数, 格点由三个整数 $\boldsymbol{i}=(i_x,i_y,i_z)$ 标记, 每个格点上的态

$$|a_1,a_2,\cdots,a_{N_f/2}\rangle,\qquad a_1,\cdots,a_{N_f/2}=1,2,\cdots,N_f$$

构成秩为 $N_f/2$ 的 $SU(N_f)$ 反对称张量表示. 每个格点上的自旋算符 $S_{\boldsymbol{i}}^{a\bar{b}}$, $a,\bar{b}=1,2,\cdots,N_f$, 构成 $SU(N_f)$ 的伴随表示

$$\begin{aligned}[S_{\boldsymbol{i}}^{a\bar{b}},S_{\boldsymbol{i}}^{c\bar{d}}]=&\delta^{\bar{b}c}S_{\boldsymbol{i}}^{a\bar{d}}-\delta^{a\bar{d}}S_{\boldsymbol{i}}^{c\bar{b}},\\ S_{\boldsymbol{i}}^{a\bar{b}}\delta_{a\bar{b}}=&0,\\ (S_{\boldsymbol{i}}^{ab})^\dagger=&S_{\boldsymbol{i}}^{ba},\end{aligned}\tag{10.7.1}$$

其中对重复的指标求和.

令

$$W_{\boldsymbol{i}}=-N_f^{-4}S_{\boldsymbol{i}+\boldsymbol{x}}^{ab}S_{\boldsymbol{i}+\boldsymbol{x}+\boldsymbol{y}}^{bc}S_{\boldsymbol{i}+\boldsymbol{y}}^{cd}S_{\boldsymbol{i}}^{da},$$

我们选择 $SU(N_f)$ 模型的哈密顿量为 [Wen (2002a)]:

$$H=g\sum_{\boldsymbol{i}}[W_{\boldsymbol{i}}+h.c].\tag{10.7.2}$$

10.7.2 $SU(N_f)$模型的基态

为了理解模型的基态, 让我们引进 $SU(N_f)$ 自旋模型的费米表示 [Affleck and Marston (1988)]. 首先引进 N_f 费米子算符 ψ_a, 构成 $SU(N_f)$ 的基础表示, 每个格点上的希尔伯特空间就由 $N_f/2$ 个费米子的态构成, 自旋算符是

$$S^{a\bar{b}}=\psi_a\psi_{\bar{b}}^\dagger-\frac{1}{2}\delta_{a\bar{b}}.$$

如果我们引进

$$\hat{\chi}_{\boldsymbol{ij}}=N_f^{-1}\psi_{a\boldsymbol{i}}^\dagger\psi_{a\boldsymbol{j}},$$

则 $W_{\boldsymbol{i}}$ 是

$$W_{\boldsymbol{i}}=\hat{\chi}_{\boldsymbol{i},\boldsymbol{i}+\boldsymbol{x}}\hat{\chi}_{\boldsymbol{i}+\boldsymbol{x},\boldsymbol{i}+\boldsymbol{x}+\boldsymbol{y}}\hat{\chi}_{\boldsymbol{i}+\boldsymbol{x}+\boldsymbol{y},\boldsymbol{i}+\boldsymbol{y}}\hat{\chi}_{\boldsymbol{i}+\boldsymbol{y},\boldsymbol{i}}+O(1/N_f),$$

使用费米表示, 可以将哈密顿量 (10.7.2) 表示为

$$H=g\sum_{\boldsymbol{p}}[\prod_{\square}\hat{\chi}_{\boldsymbol{ij}}+h.c.]+O(N_f^{-1}),\tag{10.7.3}$$

其中 $\sum_{\boldsymbol{p}}$ 是对于所有方格 $\boldsymbol{p}$ 求和, $\prod_\square$ 是方格 $\boldsymbol{p}$ 附近所有四条连接的乘积, 即 $\prod_\square\hat{\chi}_{\boldsymbol{ij}}=\hat{\chi}_{\boldsymbol{i}_1\boldsymbol{i}_2}\hat{\chi}_{\boldsymbol{i}_2\boldsymbol{i}_3}\hat{\chi}_{\boldsymbol{i}_3\boldsymbol{i}_4}\hat{\chi}_{\boldsymbol{i}_4\boldsymbol{i}_1}$, 其中 $\boldsymbol{i}_1$, $\boldsymbol{i}_2$, $\boldsymbol{i}_3$ 和 $\boldsymbol{i}_4$ 是方格 $\boldsymbol{p}$ 附近的四个格点.

我们注意到在大 N_f 极限下, $\hat{\chi}_{ij}$ 互相对易: $[\hat{\chi}_{ij}, \hat{\chi}_{i'j'}] = O(1/N_f)$. 而且, $\hat{\chi}_{ij}$ 是 N_f 项的和. 尽管每一项都有强量子涨落, 求和却只有小涨落, 因此 $\hat{\chi}_{ij}$ 的行为在大 N_f 极限就像一个 C 数, 即对于给定态可以用一个复数 χ_{ij} 替代 $\hat{\chi}_{ij}$. 这个态的能量是 $E = g\sum_{\boldsymbol{p}}[\prod_{\langle \boldsymbol{ij}\rangle}\chi_{\boldsymbol{ij}} + h.c.] + O(N_f^{-1})$, 不同的态有不同的 χ_{ij}, 因此就有不同的能量.

选择一组使能量 $E = g\sum_{\boldsymbol{p}}[\prod_{\langle \boldsymbol{ij}\rangle}\chi_{\boldsymbol{ij}} + h.c.]$ 最小的 χ_{ij}, 可以得到 $SU(N_f)$ 模型的基态. 这里我们遇到了一个困难: χ_{ij} 不是独立的, 不能任意选取它们的数值. 为了克服这个困难, 可以像在 9.1.1 节中所做的那样从平均场哈密顿量

$$H_{\text{mean}} = -\sum_{\langle \boldsymbol{ij}\rangle}\tilde{\chi}^{\dagger}_{\boldsymbol{ij}}\psi^{\dagger}_{\boldsymbol{i}}\psi_{\boldsymbol{j}} + \sum_{\boldsymbol{i}} a_0(\boldsymbol{i})\psi^{\dagger}_{\boldsymbol{i}}\psi_{\boldsymbol{i}}$$

开始[2], 我们选择 $a_0(\boldsymbol{i})$, 使得 H_{mean} 的平均场基态 $|\Psi^{\{\tilde{\chi}_{ij}\}}_{\text{mean}}\rangle$ 平均在每个格点上有 $N_f/2$ 个费米子. 将平均场态 $|\Psi^{\{\tilde{\chi}_{ij}\}}_{\text{mean}}\rangle$ 投影到每个格点严格有 $N_f/2$ 个费米子的子空间,

$$|\Psi^{\{\tilde{\chi}_{ij}\}}\rangle = \mathcal{P}|\Psi^{\{\tilde{\chi}_{ij}\}}_{\text{mean}}\rangle,$$

就得到 $SU(N_f)$ 模型的一个态. 现在我们可以选择 $\tilde{\chi}_{ij}$ 使平均能量 $\langle\Psi^{\{\tilde{\chi}_{ij}\}}|H|\Psi^{\{\tilde{\chi}_{ij}\}}\rangle$ 最小, 从而得到基态的尝试能量和试探波函数.

在大 N_f 极限下, 投影 $\mathcal{P}$ 只会对波函数 $|\Psi^{\{\tilde{\chi}_{ij}\}}_{\text{mean}}\rangle$ 有很小的改变, 因此为了得到基态能量, 我们可以进行一种更简单的计算, 即取 $\langle\Psi^{\{\tilde{\chi}_{ij}\}}_{\text{mean}}|H|\Psi^{\{\tilde{\chi}_{ij}\}}_{\text{mean}}\rangle$ 的最小值.

下面就是怎样取最小值: 首先选一组 $\tilde{\chi}_{ij}$, 再选择 $a_0(\boldsymbol{i})$ 使得 $\langle\Psi^{\{\tilde{\chi}_{ij}\}}_{\text{mean}}|\psi^{\dagger}_{\boldsymbol{i}}\psi_{\boldsymbol{i}}|\Psi^{\{\tilde{\chi}_{ij}\}}_{\text{mean}}\rangle = N_f/2$, 然后就计算 $\chi_{\boldsymbol{ij}} = N_f^{-1}\langle\Psi^{\{\tilde{\chi}_{ij}\}}_{\text{mean}}|\psi^{\dagger}_{\boldsymbol{i}}\psi_{\boldsymbol{j}}|\Psi^{\{\tilde{\chi}_{ij}\}}_{\text{mean}}\rangle$. 这个 χ_{ij} 就是前面讨论的算符 $\hat{\chi}_{ij}$ 相应的 c 数. 由此可见 $\tilde{\chi}_{ij}$ 是独立的, 其数值可以任意选取. 不独立的 χ_{ij} 是 $\tilde{\chi}_{ij}$ 的函数: $\chi_{ij}(\{\tilde{\chi}_{ij}\})$. 基态由改变 $\tilde{\chi}_{ij}$ 取 $E = g\sum_{\boldsymbol{p}}[\prod_{\langle \boldsymbol{ij}\rangle}\chi_{\boldsymbol{ij}}(\{\tilde{\chi}_{ij}\}) + h.c.]$ 的最小值得到.

由此可知基态由选择 $\tilde{\chi}_{ij}$ 为

$$\begin{aligned}
\tilde{\chi}_{\boldsymbol{i},\boldsymbol{i}+\hat{\boldsymbol{x}}} &\equiv -i,\\
\tilde{\chi}_{\boldsymbol{i},\boldsymbol{i}+\hat{\boldsymbol{y}}} &\equiv -i(-)^{i_x},\\
\tilde{\chi}_{\boldsymbol{i},\boldsymbol{i}+\hat{\boldsymbol{z}}} &\equiv -i(-)^{i_x+i_y},
\end{aligned}$$

得到, 上式产生下面一组 χ_{ij}:

$$\begin{aligned}
\bar{\chi}_{\boldsymbol{i},\boldsymbol{i}+\hat{\boldsymbol{x}}} &\equiv -i|\chi|,\\
\bar{\chi}_{\boldsymbol{i},\boldsymbol{i}+\hat{\boldsymbol{y}}} &\equiv -i(-)^{i_x}|\chi|,\\
\bar{\chi}_{\boldsymbol{i},\boldsymbol{i}+\hat{\boldsymbol{z}}} &\equiv -i(-)^{i_x+i_y}|\chi|.
\end{aligned} \tag{10.7.4}$$

拟设 $\bar{u}_{ij}$ 具有穿过每个方格的 π 通量, 因而 $\prod_{\langle \boldsymbol{ij}\rangle}\chi_{\boldsymbol{ij}} = -|\chi|^4$, 负号是以上 χ_{ij} 使 $g\sum_{\boldsymbol{p}}[\prod_{\langle \boldsymbol{ij}\rangle}\chi_{\boldsymbol{ij}} + h.c.]$ 最小的原因 (假设 $g > 0$).

[2] 9.1.1 节的讨论是对于 $N_f = 2$ 的 $SU(N_f)$ 模型.

由拟设 $\bar{\chi}_{ij}$ 描述的基态不破缺任何对称性, 但是, 基态具有非平凡量子序. 下面我们证明基态支持无质量 $U(1)$ 规范玻色子和无质量带荷费米子.

10.7.3 $SU(N_f)$模型的低能动力学性质

χ_{ij} 的涨落描述了 $SU(N_f)$ 自旋模型中的集体激发, 这种集体激发的动力学性质由立方晶格上的经典场论描述. $|\chi|$ 的涨落对应于有质量激发, 可以忽略. 集体激发的低能涨落由 $\bar{\chi}_{ij}$ 附近的相涨落描述: $\chi_{ij}=\bar{\chi}_{ij}e^{ia_{ij}}$. 如 9.1.1 节的讨论所示, 由 a_{ij} 描述的涨落是 $U(1)$ 规范涨落, $U(1)$ 规范涨落的物理波函数是变形拟设对应的平均场态的投影

$$\mathcal{P}|\Psi_{\text{mean}}^{\{\bar{\chi}_{ij}e^{ia_{ij}}\}}\rangle. \tag{10.7.5}$$

上式代入 (10.7.3) 就得到 a_{ij} 的有效哈密顿量:

$$H=-2g\sum_{\boldsymbol{p}}|\chi|^4\cos\ \Phi_{\boldsymbol{p}}, \tag{10.7.6}$$

其中

$$\Phi_{\boldsymbol{p}}=a_{\boldsymbol{i}_1\boldsymbol{i}_2}+a_{\boldsymbol{i}_2\boldsymbol{i}_3}+a_{\boldsymbol{i}_3\boldsymbol{i}_4}+a_{\boldsymbol{i}_4\boldsymbol{i}_1},$$

并且 $(\boldsymbol{i}_1,\boldsymbol{i}_2,\boldsymbol{i}_3,\boldsymbol{i}_4)$ 是方格 $\boldsymbol{p}$ 附近的四个格点. 哈密顿量 (10.7.6) 描述了 $U(1)$ 格点规范理论, 其中 a_{ij} 是格点 $U(1)$ 规范场, $\Phi_{\boldsymbol{p}}$ 是穿过方格 $\boldsymbol{p}$ 的 $U(1)$ 通量.

$U(1)$ 规范涨落 (10.7.5) 不是惟一的一类低能激发, 第二类的低能激发是具有某些粒子空穴激发的投影后的平均场态, 诸如

$$\mathcal{P}\psi_{\boldsymbol{i}_1}^{a}\psi_{\boldsymbol{i}_2}^{b\dagger}|\Psi_{\text{mean}}^{\{\bar{\chi}_{ij}\}}\rangle, \tag{10.7.7}$$

这些激发对应于带荷费米子.

为了决定费米子激发的动力学性质, 我们记

$$\hat{\chi}_{ij}=\bar{\chi}_{ij}+N_f^{-1}:\psi_{a,\boldsymbol{i}}^{\dagger}\psi_{a,\boldsymbol{j}}:, \tag{10.7.8}$$

其中 $\bar{\chi}_{ij}=\langle\hat{\chi}_{ij}\rangle$. 将 (10.7.8) 代入 (10.7.3), 我们得到

$$H_f=gN_f^{-1}\sum_{\boldsymbol{ij}}[\chi'_{\boldsymbol{ij}}:\psi_{\boldsymbol{j}}^{\dagger}\psi_{\boldsymbol{i}}:+h.c.]+\sum_{\boldsymbol{i}}a_0(\boldsymbol{i}):\psi_{\boldsymbol{i}}^{\dagger}\psi_{\boldsymbol{i}}:+O[(:\psi^{\dagger}\psi:)^2], \tag{10.7.9}$$

其中

$$\begin{aligned}\chi'_{\boldsymbol{i},\boldsymbol{i}+\hat{\boldsymbol{x}}}&\equiv 4i|\chi|^3,\\ \chi'_{\boldsymbol{i},\boldsymbol{i}+\hat{\boldsymbol{y}}}&\equiv 4i(-)^{i_x}|\chi|^3,\\ \chi'_{\boldsymbol{i},\boldsymbol{i}+\hat{\boldsymbol{z}}}&\equiv 4i(-)^{i_x+i_y}|\chi|^3.\end{aligned} \tag{10.7.10}$$

由此可见 (10.7.9) 描述了在 π 通量相的费米子跃迁, 将 (10.7.6) 和 (10.7.9) 结合在一起, 就得到费米子和规范激发的低能有效哈密顿量

$$\begin{aligned} H_{\text{eff}} =& gN_f^{-1}\sum_{\boldsymbol{ij}}[\chi'_{\boldsymbol{ij}}e^{ia_{ij}} : \psi_{\boldsymbol{j}}^\dagger\psi_{\boldsymbol{i}} : +h.c.] + \sum_{\boldsymbol{i}} a_0(\boldsymbol{i}) : \psi_{\boldsymbol{i}}^\dagger\psi_{\boldsymbol{i}} : \\ & - 2g\sum_{\boldsymbol{p}}|\chi|^4\cos\,\Phi_{\boldsymbol{p}}. \end{aligned} \tag{10.7.11}$$

在连续空间极限下, $-2g\sum_{\boldsymbol{p}}|\chi|^4\cos\,\Phi_{\boldsymbol{p}}$ 成为 $\int d^3\boldsymbol{x}(3l_0g)|\chi|^4\boldsymbol{B}^2$, 其中 l_0 是立方晶格的晶格常量, $\boldsymbol{B}$ 是 $U(1)$ 规范场的磁场强度. 与 $U(1)$ 规范场理论的标准哈密顿量 $H = g_1\boldsymbol{B}^2 + g_2\boldsymbol{E}^2$ 相比较 (其中 $\boldsymbol{E}$ 是 $U(1)$ 规范场的电场), 我们发现 $U(1)$ 哈密顿量缺失了来自电场的动能项, 动能项出现在模型 $1/N_f$ 展开的高阶项.

为了估计 $\boldsymbol{E}^2$ 项的系数, 我们注意到对于不含时规范势, $\boldsymbol{E}^2$ 的形式为 $(\partial a_0)^2$. 这样一项由 (10.7.11) 对费米子积分而产生, 所产生项的数量级是 $N_f\frac{1}{gN_f^{-1}|\chi|}(l_0\partial a_0)^2$. 第一个系数 N_f 来自费米子的每一个 N_f 族都对 $(l_0\partial a_0)^2$ 有相同贡献的性质, 第二个系数描述了来自一个费米子族的贡献, 系数的量纲是能量的倒数, 它的值可以由费米子带宽的倒数 $\frac{1}{gN_f^{-1}|\chi|}$ 估计. 因此 $U(1)$ 规范场的拉格朗日量的形式为 [Marston and Affleck (1989); Wen (2002a)]

$$\mathcal{L} = \frac{CN_f^2}{gl_0}\boldsymbol{E}^2 - (3l_0g|\chi|^4)\boldsymbol{B}^2,$$

其中 C 是一个 $O(1)$ 常量, 这个拉格朗日量描述了 $SU(N_f)$ 自旋模型中的人造光. 将上式与标准拉格朗日量 (10.6.18) 比较, 可知人造光速度的数量级是 $c_a \sim l_0g/N_f$, 且精细结构常量的数量级是 $\alpha = 1/N_f$.

在动量空间中, 费米子跃迁哈密顿量 (10.7.9) 的形式为 (注意对于基态 $a_0 = 0$)

$$H_f = {\sum_{\boldsymbol{k}}}' \Psi_{a,\boldsymbol{k}}^\dagger \Gamma(\boldsymbol{k})\Psi_{a,\boldsymbol{k}},$$

其中

$$\begin{aligned} \Psi_{a,\boldsymbol{k}}^T =& (\psi_{a,\boldsymbol{k}}, \psi_{a,\boldsymbol{k}+\boldsymbol{Q}_x}, \psi_{a,\boldsymbol{k}+\boldsymbol{Q}_y}, \psi_{a,\boldsymbol{k}+\boldsymbol{Q}_x+\boldsymbol{Q}_y}), \\ \boldsymbol{Q}_x =& (\pi,0,0), \qquad \boldsymbol{Q}_y = (0,\pi,0), \\ \Gamma(\boldsymbol{k}) =& -8|\chi|N_f^{-1}(\sin\,k_x\Gamma_1 + \sin\,k_y\Gamma_2 + \sin\,k_z\Gamma_3), \end{aligned} \tag{10.7.12}$$

以及 $\Gamma_1 = \tau^3\otimes\tau^0$, $\Gamma_2 = \tau^1\otimes\tau^3$ 和 $\Gamma_3 = \tau^1\otimes\tau^1$, 这里 $\tau^{1,2,3}$ 是泡利矩阵, τ^0 是 2×2 恒等矩阵. 动量求和 $\sum_{\boldsymbol{k}}'$ 的范围是 $k_x \in (-\pi/2, \pi/2)$, $k_y \in (-\pi/2, \pi/2)$ 和 $k_z \in (-\pi, \pi)$. 因为 $\{\Gamma_i, \Gamma_j\} = 2\delta_{ij}$, $i, j = 1, 2, 3$, 可知费米子的色散是

$$E(\boldsymbol{k}) = \pm 8g|\chi|^3N_f^{-1}\sqrt{\sin^2 k_x + \sin^2 k_y + \sin^2 k_z}.$$

由此可见, 色散在 $\boldsymbol{k}=0$ 和 $\boldsymbol{k}=(0,0,\pi)$ 有两个节点. 因此, 在连续空间极限下 (10.7.9) 将产生 $2N_f$ 个无质量四分量的狄拉克费米子 [Zee (1992); Wen (2002a)].

加入 $U(1)$ 规范涨落后, 无质量狄拉克费米子与 $U(1)$ 规范场的相互作用就像具有单位荷的费米子一样. 因此 $SU(N_f)$ 自旋模型的总有效理论是一个具有 $2N_f$ 个单位荷狄拉克费米子族的 QED, 我们称这些费米子为人造电子, 连续空间有效理论的形式为

$$\begin{aligned}\mathcal{L}=&\bar{\psi}_{I,a}D_0\gamma^0\psi_{I,a}+v_f\bar{\psi}_{I,a}D_i\gamma^i\psi_{I,a}\\&+\frac{CN_f^2}{gl_0}\boldsymbol{E}^2-(3l_0g|\chi|^4)\boldsymbol{B}^2+\cdots\end{aligned}\tag{10.7.13}$$

其中 $I=1,2$, $D_0=\partial_t+ia_0$, $D_i=\partial_i+ia_i|_{i=1,2,3}$, $v_f=8l_0g|\chi|^3/N_f^{-1}$, $\gamma_\mu|_{\mu=0,1,2,3}$ 是 4×4 狄拉克矩阵, 且 $\bar{\psi}_{I,a}=\psi^\dagger_{I,a}\gamma^0$, $\psi_{1,a}$ 和 $\psi_{2,a}$ 是构成 $SU(N_f)$ 基础表示的狄拉克费米场. 这里我们要指出, 尽管人造光的速度 c_a 和人造电子的速度 v_f 都是 l_0g/N_f 的数量级, 两个速度在模型中并不必须相同, 因此洛仑兹对称性是不保证的.

(10.7.13) 描述了 $SU(N_f)$ 模型在量子有序相 —— π 通量相的低能动力学性质, 费米子和规范玻色子是无质量的, 并且相互作用. 这里我们要提出一个重要的问题: 对高能费米子和规范涨落积分以后, 费米子和规范玻色子是否仍然无质量? 一般情况下, 无质量激发之间的相互作用将为它们产生一个质量项, 除非无质量性受到对称性或其他性质的保护. 对于 $SU(N_f)$ 模型, 基态不破缺对称性, 所以我们不能用自发破缺对称来解释无质量激发. 无质量激发受到的是标识基态中量子序 (或弦网凝聚) 的 PSG 保护 (见 9.10 节和 Wen (2002a)).

10.7.4 附录: 关于规范理论和费米统计的一些历史评论

要点:

- 规范场的两种观点:
  (a) 一种具有局域相不变性的几何结构
  (b) 一种弦网系统的集体激发
- "规范" 的含义
- 规范场和费米子场并不意味着规范玻色子和费米子是低能准粒子

第一个系统的规范理论是关于电磁性的麦克斯韦理论, 尽管人们引进了矢量势 A_μ 来表示电场和磁场, 但是 A_μ 的含义却不清楚.

规范场的概念由外尔在 1918 年引进, 他还提出矢量势 A_μ 是一个规范场. 外尔的思想受到爱因斯坦引力理论的启发, 是统一电磁力和引力的一种尝试. 在爱因斯坦的广义相对论中, 坐标不变性产生了引力, 这使外尔思考另一种几何结构的不变性可能就会产生电磁力, 他提出了标度不变性.

考虑一个取值为 f 的物理量, 在我们确定 f 的单位之前, 这个数值本身是没有意义的. 如果我们使用 ω 表示它的单位, 这个物理量实际上由 $f\omega$ 给出, 这就是标度的相对性. 现在我们假设这个物理量定义在空间的每一个点上 (因此我们考虑的是一个物理场), 如果比较在不同点 x^μ 和 $x^\mu+\mathrm{d}x^\mu$ 的物理量, 我们就不能仅

比较数值 $f(x^\mu)$ 和 $f(x^\mu+\mathrm{d}x^\mu)$, 因为在不同点的单位 ω 可能不同. 对于相邻的点 x^μ 和 $x^\mu+\mathrm{d}x^\mu$, 两个单位只相差接近 1 的一个因子, 我们可以将这个因子表示为 $1+S_\mu \mathrm{d}x^\mu$. 物理量在 x^μ 和 $x^\mu+\mathrm{d}x^\mu$ 的差不是 $f(x^\mu+\mathrm{d}x^\mu)-f(x^\mu)=\partial_\mu f\mathrm{d}x^\mu$, 而是由 $f(x^\mu+\mathrm{d}x^\mu)(1+S_\mu\mathrm{d}x^\mu)-f(x^\mu)=(\partial_\mu+S_\mu)f\mathrm{d}x^\mu$ 给出. 外尔证明了局域标度不变性要求仅 S_μ 的旋度在物理上有意义, 就像只有 A_μ 的旋度在麦克斯韦理论中有意义. 因此外尔确定 S_μ 就是矢量势 A_μ, 并将这种局域标度不变性称为 "Eich Invarianz", 翻译为中文就是 "规范不变性".

不过, 外尔的想法是不正确的, 矢量势 A_μ 不能等同于 "规范场" S_μ. 但在另一方面, 外尔又差不多是对的, 如果我们考虑我们的物理场是复波函数的振幅[3], 单位 ω 是一个复相位 $|\omega|=1$, 则在不同点的振幅差就是 $(\partial_\mu+iS_\mu)f\mathrm{d}x^\mu$, 其中在不同点的单位可相差一个因子 $(1+iS_\mu\mathrm{d}x^\mu)$. 正是这个 S_μ 可以确定为矢量势. 因此 A_μ 其实应该称为 "相位场", "规范不变性" 应该称为 "相位不变性", 只是旧名称很难变更了.

这一段历史就是赋予非物理的矢量 A_μ 某些物理的 (或几何的) 含义的一种尝试, 现在这一图像已被人们广泛接受了, 我们已将矢量势称为规范场, 将麦克斯韦理论称为规范理论. 但是, 这并不意味着我们必须要从局域相位不变性把矢量势解释为一种几何结构. 无论如何, 量子波函数的相位是非物理的.

理论物理界的许多思想家不满意规范势 A_μ 的冗余性, 不断试图使用物理量 (或规范不变量) 来阐述规范理论 [Wegner (1971); Wilson (1974); Kogut and Susskind (1975); Banks *et al.* (1977); Mandelstam (1979); Polyakov (1979); Savit (1980); Polyakov (1998)]. 这些工作揭示了规范理论和闭弦理论之间的密切关系.

我们还可以从演生规范场 (或动力学产生的规范场) 的角度来认识矢量场. 演生规范场就是局域玻色模型在低能产生的规范场, 它具有漫长而复杂的历史. 演生 $U(1)$ 规范场曾经由 1+1D CP^N 模型的量子无序相引进 [D'Adda *et al.* (1978); Witten (1979)]. 在凝聚态物理中, 用从玻色子方法在正方晶格上自旋模型的自旋液体态中发现了 $U(1)$ 规范场 [Baskaran and Anderson (1988); Affleck and Marston (1988)]. 从玻色子方法不仅得到了 $U(1)$ 规范场, 还得到了无能隙费米子场. 但是, 由于瞬子效应及 $U(1)$ 规范场在 1+1D 和 1+2D 所产生的禁闭 [Polyakov (1975)], 以上的规范场和无能隙费米子场都不能导致在低能下有良好定义的规范玻色子和无能隙费米子. 即使在瞬子效应可以忽略的大 N 极限下, 2+1D 中 $U(1)$ 规范场和无能隙狄拉克费米子之间的临界耦合仍破坏了在费米子和规范传播函数中的准粒子极点, 这一点导致了这样一种观点: $U(1)$ 规范场和无能隙费米子场只不过是 "不真实的" 由从玻色子方法生造出来的非物理后果. 因此找到演生的规范玻色子的关键不在于写出含有规范场的拉格朗日量, 而是要证明规范玻色子确实出现在物理低能谱中. 实际上, 对于任何给定的物理系统, 我们都可以设计一个描述该系统并含有任意选择的规范场的拉格朗日量. 但是, 拉格朗日量中的规范场却不一定产生以低能准粒子出现的规范玻色子, 只有在规范场的解禁闭相中, 规范玻色子才能做为低能准粒子出现. 因此, 在 D'Adda *et al.* (1978), Witten (1979), Baskaran and Anderson (1988) 和 Affleck and Marston (1988) 的最初发现之后的许多工作都是在寻找规范场的解禁闭相.

在高能物理中, Foerster *et al.* (1980) 构建了 3+1D 局域玻色模型, 显示出自然界的光也可以演生出来. 在凝聚态物理中, 我们发现如果破坏 2D 自旋 1/2 模型中的时间反演对称, 则从玻色子方法中的 $U(1)$ 规范场因为 Chern-Simons 项, 可以处于解禁闭相 [Wen *et al.* (1989); Khveshchenko and Wiegmann (1989)]. 解禁闭相对应于自旋 1/2 模型的称为手征自旋液体的态 [Kalmeyer and Laughlin (1987)]. 第二种解禁闭相出现在 $U(1)$ 规范结构破缺为 Z_2 规范结构时, 这种相含有解禁闭的 Z_2 规范理论 [Read and Sachdev (1991); Wen (1991a)], 称为 Z_2 自旋液体 (或短程 RVB 态). 手征自旋液体和 Z_2 自旋液体都具有一些奇特的性质, 准粒子激发带有自旋 1/2, 对应于**一半** 自旋翻转. 这些准粒子还可以具有分数统计或费米统计, 尽管自旋 1/2 模型是一个纯玻色模型. 这些凝聚态的例子显示了规范场和费米统计都可以出现在局域玻色模型中.

[3]复波函数的概念于 1925 年引进, 在外尔提出 "规范理论"7 年之后.

我们要指出, 自旋液体不是演生费米子的第一个例子. 演生费米子的第一个例子, 或更一般地说, 演生任意子的第一个例子是 FQH 态. 尽管 Arovas *et al.* (1984) 只讨论了任意子怎样在磁场中的费米系统演生, 相同的论点很容易推广证明费米子和任意子还会在磁场中的玻色系统演生. 1987 年, 在对于共振价键 (简称 RVB) 态的研究中, 人们又提出正方晶格上的最近邻二聚态模型也会演生费米子 (自旋子) [Kivelson *et al.* (1987); Rokhsar and Kivelson (1988); Read and Chakraborty (1989)]. 但是, 按照解禁闭的图像, Kivelson *et al.* (1987) 和 Rokhsar and Kivelson (1988) 中的结果只在二聚态模型的基态处于 Z_2 解禁闭相时才成立. 似乎正方晶格上只有最近邻二聚态的二聚态液体不是解禁闭态 [Rokhsar and Kivelson (1988); Read and Chakraborty (1989)], 因此正方晶格上的最近邻二聚态模型 [Rokhsar and Kivelson (1988)] 是否具有费米准粒子还不很清楚 [Read and Chakraborty (1989)]. 但是, 在三角晶格上, 二聚态液体确实是一个 Z_2 解禁闭态 [Moessner and Sondhi (2001)]. 因此, Kivelson *et al.* (1987) 和 Rokhsar and Kivelson (1988) 中的结果对于三角晶格二聚态模型是正确的, 费米准粒子确实会在三角晶格上的二聚态液体中演生出来.

以上所有演生费米子的模型都是 2+1D 模型, 这里新演生的费米子可以理解为在带荷粒子上绑缚通量 [Arovas *et al.* (1984)]. 最近, Levin and Wen (2003) 又指出演生费米子的关键是弦结构, 费米子一般都会做为开弦的末端出现. 由弦的图像还可以构建含有演生费米子的 3+1D 局域玻色模型 [Levin and Wen (2003)].

推广 2D 正方晶格上的玻色 $SU(N)$ 自旋模型 [Affleck and Marston (1988)], 无能隙解禁闭的 $U(1)$ 规范玻色子和无能隙费米子都会在 3D 立方晶格上的玻色 $SU(N)$ 自旋模型中出现 [Wen (2002a)]. 在 1+3D 中, 两种无能隙激发在低能的相互作用很弱, 可以区分开来. $U(1)$ 规范玻色子和无能隙费米子的行为在各方面都与光子和电子相像, 因此玻色 $SU(N)$ 自旋模型不仅含有人造光, 还含有人造电子.

在规范理论和费米统计提出后 100 余年的今天, 我们正在面对着下面的问题: 什么是规范场的起源? 这个起源是几何的还是动力学的? 什么是费米统计的起源? 是上帝所创造的还是演生出来的? 本书中我们倾向于规范玻色子和费米子动力学的和演生的起源, 规范玻色子和费米统计也许不过就是量子多体玻色子系统的集体现象, 仅此而已.

参考文献

Affleck, I., T. Kennedy, E. H. Lieb, and H. Tasaki, 1987, Phys. Rev. Lett. **59**, 799.

Affleck, I., and J. B. Marston, 1988, *Large-n limit of the Heisenberg-Hubbard model: Implications for high-Tc superconductors*, Phys. Rev. B **37**, 3774.

Affleck, I., Z. Zou, T. Hsu, and P. W. Anderson, 1988, Phys. Rev. B **38**, 745.

Anderson, P. W., 1997, *Basic Notions of Condensed Matter Physics* (Westview Press), 2nd edition.

Appelquist, T., and D. Nash, 1990, *Critical behavior in (1+2)-Dimensional QCD*, Phys. Rev. Lett. **64**, 721.

Arovas, D., J. R. Schrieffer, and F. Wilczek, 1984, *Fractional Statistics and the Quantum Hall Effect*, Phys. Rev. Lett. **53**, 722.

Arovas, D. P., and A. Auerbach, 1988, *Functional integral theories of low-dimensional quantum Heisenberg models*, Phys. Rev. B **38**, 316.

Avron, J., R. Seiler, and B. Simon, 1983, *Homotopy and Quantization in Condensed Matter Physics*, Phys. Rev. Lett. **51**, 51.

Balents, L., M. P. A. Fisher, and S. M. Girvin, 2002, *Fractionalization in an Easy-axis Kagome Antiferromagnet*, Phys. Rev. B **65**, 224412.

Balents, L., M. P. A. Fisher, and C. Nayak, 1998, Int. J. Mod. Phys. B **12**, 1033.

Banks, T., R. Myerson, and J. B. Kogut, 1977, *Phase Transitions In Abelian Lattice Gauge Theories*, Nucl. Phys. B **129**, 493.

Bardeen, J., L. N. Cooper, and J. R. Schrieffer, 1957, *Theory of Superconductivity*, Phys. Rev. **108**, 1175.

Baskaran, G., and P. W. Anderson, 1988, *Gauge theory of high-temperature superconductors and strongly correlated Fermi systems*, Phys. Rev. B **37**, 580.

Baskaran, G., Z. Zou, and P. W. Anderson, 1987, *The resonating valence bond state and high-Tc superconductivity – A mean field theory*, Solid State Comm. **63**, 973.

Bednorz, J. G., and K. A. Mueller, 1986, *Possible high Tc superconductivity in the barium-lanthanum-copper-oxygen system*, Z. Phys. B **64**, 189.

Beenakker, C. W. J., 1990, Phys. Rev. Lett. **64**, 216.

Blok, B., and X.-G. Wen, 1990a, *Effective theories of Fractional Quantum Hall Effect at Generic Filling Fractions*, Phys. Rev. B **42**, 8133.

Blok, B., and X.-G. Wen, 1990b, *Effective theories of Fractional Quantum Hall Effect: Hierarchical Construction*, Phys. Rev. B **42**, 8145.

Blok, B., and X.-G. Wen, 1992, *Many-body Systems with Non-abelian Statistics*, Nucl. Phys. B **374**, 615.

Brey, L., 1990, Phys. Rev. Lett. **65**, 903.

Buttiker, M., 1988, Phys. Rev. B **38**, 9375.

Cappelli, A., C. A. Trugenberger, and G. R. Zemba, 1993, Nucl. Phys. B **396**, 465.

Chaikin, P. M., and T. C. Lubensky, 2000, *Principles of Condensed Matter Physics* (Cambridge University Press).

Chang, A. M., L. N. Pfeiffer, and K. W. West, 1996, *Observation of Chiral Luttinger Behavior in Electron Tunneling into Fractional Quantum Hall Edges*, Phys. Rev. Lett. **77**, 2538.

Chen, W., M. P. A. Fisher, and Y.-S. Wu, 1993, *Mott transition in an anyon gas*, Phys. Rev. B **48**, 13749.

Chen, Y. H., F. Wilczek, E. Witten, and B. Halperin, 1989, J. Mod. Phys. B **3**, 1001.

Coleman, S., 1985, *Aspects of symmetry* (Pergamon, Cambridge).

Coleman, S., and E. Weinberg, 1973, *Radiative Corrections as the Origin of Spontaneous Symmetry Breaking*, Phys. Rev. D **7**, 1888.

D'Adda, A., P. D. Vecchia, and M. Lüscher, 1978, Nucl. Phys. B **146**, 63.

Dagotto, E., E. Fradkin, and A. Moreo, 1988, Phys. Rev. B **38**, 2926.

Dasgupta, C., and B. I. Halperin, 1981, *Phase Transition in a Lattice Model of Superconductivity*, Phys. Rev. Lett. **47**, 1556.

Eisenstein, J. P., T. J. Gramila, L. N. Pfeiffer, and K. W. West, 1991, *Probing a two-dimensional Fermi surface by tunneling*, Phys. Rev. B **44**, 6511.

Elitzur, S., G. Moore, A. Schwimmer, and N. Seiberg, 1989, Nucl. Phys. B **326**, 108.

Fertig, H., 1989, Phys. Rev. B **40**, 1087.

Fetter, A., C. Hanna, and R. Laughlin, 1989, Phys. Rev. B **39**, 9679.

Floreanini, R., and R. Jackiw, 1988, Phys. Rev. Lett. **59**, 1873.

Foerster, D., H. B. Nielsen, and M. Ninomiya, 1980, *Dynamical stability of local gauge symmetry – Creation of light from chaos*, Phys. Lett. B **94**, 135.

Fradkin, E., and S. Kivelson, 1990, Mod. Phys. Lett. B **4**, 225.

Fradkin, E., and S. H. Shenker, 1979, *Phase diagrams of lattice gauge theories with Higgs fields*, Phys. Rev. D **19**, 3682.

Fröhlich, J., and T. Kerler, 1991, Nucl. Phys. B **354**, 369.

Fröhlich, J., and C. King, 1989, Comm. Math. Phys. **126**, 167.

Fröhlich, J., and U. M. Studer, 1993, Rev. of Mod. Phys. **65**, 733.

Ginzburg, V. L., and L. D. Landau, 1950, *On the theory of superconductivity*, Zh. Ekaper. Teoret. Fiz. **20**, 1064.

Girvin, S. M., and A. H. MacDonald, 1987, *Off-diagonal long-range order, oblique confinement, and the fractional quantum Hall effect*, Phys. Rev. Lett. **58**, 1252.

Gliozzi, F., T. Regge, and M. A. Virasoro, 1979, *Gauge fields as phonon excitations in a condensate of dual strings*, Physics Letters B **81**, 178.

Goddard, P., and D. Olive, 1985, Workshop on Unified String Theories, eds. M. Green and D. Gross, (World Scientific, Singapore) , 214.

Goddard, P., and D. Olive, 1986, Inter. J. Mod. Phys. **1**, 303.

Goldstone, J., 1961, *Field Theories With 'Superconductor' Solutions*, Nuovo Cimento **19**, 154.

Greiter, M., X.-G. Wen, and F. Wilczek, 1991, *Pairing in the $\nu = 1/2$ FQH state*, Phys. Rev. Lett. **66**, 3205.

Haldane, F., and E. Rezayi, 1988a, Phys. Rev. Lett. **60**, E1886.

Haldane, F. D. M., 1983, Phys. Rev. Lett. **51**, 605.

Haldane, F. D. M., and E. H. Rezayi, 1985, *Periodic Laughlin-Jastrow wave functions for the fractional quantized Hall effect*, Phys. Rev. B **31**, 2529.

Haldane, F. D. M., and E. H. Rezayi, 1988b, Phys. Rev. Lett. **60**, 956.

Halperin, B. I., 1982, *Quantized Hall conductance, current-carrying edge states, and the existence of extended states in a two-dimensional disordered potential*, Phys. Rev. B **25**, 2185.

Halperin, B. I., 1983, Helv. Phys. Acta **56**, 75.

Halperin, B. I., 1984, Phys. Rev. Lett. **52**, 1583.

Halperin, B. I., T. C. Lubensky, and S. K. Ma, 1974, *First-Order Phase Transitions in Superconductors and Smectic-A Liquid Crystals*, Phys. Rev. Lett. **32**, 292.

Hooft, G., 1993, *Dimensional Reduction in Quantum Gravity*, gr-qc/9310026 .

Ioffe, L. B., M. V. Feigel'man, A. Ioselevich, D. Ivanov, M. Troyer, and G. Blatter, 2002, *Topologically protected quantum bits from Josephson junction arrays*, Nature **415**, 503.

Iso, S., D. Karabali, and B. Sakita, 1992, Phys. Lett. B **296**, 143.

Itzykson, C., and J.-M. Drouffe, 1989, *Statistical field theory* (Cambridge University Press, Cambridge).

Jain, J. K., and S. A. Kivelson, 1988a, Phys. Rev. B **37**, 4276.

Jain, J. K., and S. A. Kivelson, 1988b, Phys. Rev. Lett. **60**, 1542.

Jordan, P., and E. Wigner, 1928, Z. Phys. **47**, 631.

Kac, V. G., 1983, *Infinite dimensional Lie algebra* (Birkhauser, Boston).

Kalmeyer, V., and R. B. Laughlin, 1987, *Equivalence of the resonating-valence-bond and fractional quantum Hall states*, Phys. Rev. Lett. **59**, 2095.

Keldysh, L., 1965, Sov. Phys. JETP **20**, 1018.

Khveshchenko, D., and P. Wiegmann, 1989, Mod. Phys. Lett. **3**, 1383.

Kitaev, A. Y., 2003, *Fault-tolerant quantum computation by anyons*, Ann. Phys. (N.Y.) **303**, 2.

Kivelson, S. A., D. S. Rokhsar, and J. P. Sethna, 1987, *Topology of the resonating valence-bond state: Solitons and high-Tc superconductivity*, Phys. Rev. B **35**, 8865.

Kogut, J., and L. Susskind, 1975, *Hamiltonian formulation of Wilson's lattice gauge theories*, Phys. Rev. D **11**, 395.

Kogut, J. B., 1979, *An introduction of Lattice gauge theory and spin systems*, Rev. Mod. Phys. **51**, 659.

Kosterlitz, J. M., and D. J. Thouless, 1973, *Metastability and phase transitions in Two-Dimensional Systems*, J. Phys. C **6**, 1181.

Kotliar, G., 1988, *Resonating valence bonds and d-wave superconductivity*, Phys. Rev. B **37**, 3664.

Kotliar, G., and J. Liu, 1988, *Superexchange mechanism and d-wave superconductivity*, Phys. Rev. B **38**, 5142.

Landau, L. D., 1937, Phys. Z. Sowjetunion **11**, 26.

Landau, L. D., and E. M. Lifschitz, 1958, *Statistical Physics - Course of Theoretical Physics Vol 5* (Pergamon, London).

Laughlin, R. B., 1983, *Anomalous Quantum Hall Effect: An Incompressible Quantum Fluid with Fractionally Charged Excitations*, Phys. Rev. Lett. **50**, 1395.

Lee, P. A., and N. Nagaosa, 1992, Phys. Rev. B **45**, 5621.

Leinaas, J. M., and J. Myrheim, 1977, *On the theory of identical particles*, Il Nuovo Cimento **37B**, 1.

Levin, M., and X.-G. Wen, 2003, *Fermions, strings, and gauge fields in lattice spin models*, Phys. Rev. B **67**, 245316.

Lifshitz, I. M., 1960, Sov. Phys. JETP **11**, 1130.

MacDonald, A. H., 1990, Phys. Rev. Lett. **64**, 220.

MacDonald, A. H., P. M. Platzman, and G. S. Boebinger, 1990, Phys. Rev. Lett. **65**, 775.

MacDonald, A. H., and P. Streda, 1984, Phys. Rev. B **29**, 1616.

Majumdar, C. K., and D. K. Ghosh, 1969, J. Math. Phys. **10**, 1388.

Mandelstam, S., 1979, *Charge-monopole duality and the phases of non-Abelian gauge theories*, Phys. Rev. D **19**, 2391.

Marston, J. B., and I. Affleck, 1989, *Large-n limit of the Hubbard-Heisenberg model*, Phys. Rev. B **39**, 11538.

Milliken, F. P., C. P. Umbach, and R. A. Webb, 1995, Solid State Comm. **97**, 309.

Moessner, R., and S. L. Sondhi, 2001, *Resonating Valence Bond Phase in the Triangular Lattice Quantum Dimer Model*, Phys. Rev. Lett. **86**, 1881.

Moore, G., and N. Read, 1991, Nucl. Phys. B **360**, 362.

Motrunich, O. I., 2003, *Bosonic model with Z_3 fractionalization*, Phys. Rev. B **67**, 115108.

Motrunich, O. I., and T. Senthil, 2002, *Exotic order in simple models of bosonic systems*, Phys. Rev. Lett. **89**, 277004.

Mudry, C., and E. Fradkin, 1994, *Separation of spin and charge quantum numbers in strongly correlated systems*, Phys. Rev. B **49**, 5200.

Murphy, S. Q., J. P. Eisenstein, G. S. Boebinger, L. N. Pfeiffer, and K. W. West, 1994, Phys. Rev. Lett. **72**, 728.

Nagaosa, N., 1999a, *Quantum Field Theory in Condensed Matter Physics* (Springer, Berlin).

Nagaosa, N., 1999b, *Quantun Field Theory in Strongly Correlated Electronic Systems* (Springer, Berlin).

Nambu, Y., 1960, *Axial Vector Current Conservation In Weak Interactions*, Phys. Rev. Lett. **4**, 380.

Negele, J. W., and H. Orland, 1998, *Quantum Many-Particle Systems* (Perseus Publishing).

Niu, Q., D. J. Thouless, and Y.-S. Wu, 1985, *Quantized Hall conductance as a topological invariant*, Phys. Rev. B **31**, 3372.

Onnes, H. K., 1911, Comm. Phys. Lab. Univ. Leiden, Nos 119 **120**, 122.

Polyakov, A. M., 1975, Phys. Lett. B **59**, 82.

Polyakov, A. M., 1977, Nucl. Phys. B **120**, 429.

Polyakov, A. M., 1979, Phys. Lett. B **82**, 247.

Polyakov, A. M., 1998, *String Theory and Quark Confinement*, Nucl. Phys. B (Proc. Suppl.) **68**, 1.

Rammmer, J., and H. Smith, 1986, Rev. Mod. Phys. **58**, 323.

Rantner, W., and X.-G. Wen, 2001, *Electron spectral function and algebraic spin liquid for the normal state of underdoped high T_c superconductors*, Phys. Rev. Lett. **86**, 3871.

Rantner, W., and X.-G. Wen, 2002, *Spin correlations in the algebraic spin liquid — implications for high Tc superconductors*, Phys. Rev. B **66**, 144501.

Read, N., 1989, Phys. Rev. Lett. **62**, 86.

Read, N., 1990, *Excitation structure of the hierarchy scheme in the fractional quantum Hall effect*, Phys. Rev. Lett. **65**, 1502.

Read, N., and B. Chakraborty, 1989, *Statistics of the excitations of the resonating-valence-bond state*, Phys. Rev. B **40**, 7133.

Read, N., and D. Green, 2000, *Paired states of fermions in two dimensions with breaking of parity and time-reversal symmetries and the fractional quantum Hall effect*, Phys. Rev. B **61**, 10267.

Read, N., and S. Sachdev, 1989, *Valence-bond and spin-Peierls ground states of low-dimensional quantum antiferromagnets*, Phys. Rev. Lett. **62**, 1694.

Read, N., and S. Sachdev, 1991, *Large-N expansion for frustrated quantum antiferromagnets*, Phys. Rev. Lett. **66**, 1773.

Rokhsar, D. S., and S. A. Kivelson, 1988, *Superconductivity and the Quantum Hard-Core Dimer Gas*, Phys. Rev. Lett. **61**, 2376.

Sachdev, S., and K. Park, 2002, *Ground states of quantum antiferromagnets in two dimensions*, Annals of Physics (N.Y.) **298**, 58.

Savit, R., 1980, *Duality in field theory and statistical systems*, Rev. Mod. Phys. **52**, 453.

Schwinger, J., 1961, J. Math. Phys. **2**, 407.

Senthil, T., and M. P. A. Fisher, 2000, *Z_2 gauge theory of electron fractionalization in strongly correlated systems*, Phys. Rev. B **62**, 7850.

Senthil, T., and M. P. A. Fisher, 2001, *Fractionalization in the Cuprates: Detecting the Topological Order*, Phys. Rev. Lett. **86**, 292.

Senthil, T., J. B. Marston, and M. P. A. Fisher, 1999, *Spin quantum Hall effect in unconventional superconductors*,

Phys. Rev. B **60**, 4245.

Senthil, T., and O. Motrunich, 2002, *Microscopic models for fractionalized phases in strongly correlated systems*, Phys. Rev. B **66**, 205104.

Streda, P., J. Kucera, and A. H. MacDonald, 1987, Phys. Rev. Lett. **59**, 1973.

Susskind, L., 1995, *The World as a Hologram*, J. Math. Phys. **36**, 6377.

Tomonaga, S., 1950, Prog. Theor. Phys. (Kyoto) **5**, 544.

Trugman, S. A., 1983, *Localization, percolation, and the quantum Hall effect*, Phys. Rev. B **27**, 7539.

Tsui, D. C., H. L. Stormer, and A. C. Gossard, 1982, *Two-Dimensional Magnetotransport in the Extreme Quantum Limit*, Phys. Rev. Lett. **48**, 1559.

Wegner, F., 1971, J. Math. Phys. **12**, 2259.

Wen, X.-G., 1990, *Topological Orders in Rigid States*, Int. J. Mod. Phys. B **4**, 239.

Wen, X.-G., 1991a, *Mean Field Theory of Spin Liquid States with Finite Energy Gaps*, Phys. Rev. B **44**, 2664.

Wen, X.-G., 1991b, *Non-Abelian Statistics in the FQH states*, Phys. Rev. Lett. **66**, 802.

Wen, X.-G., 1992, *Theory of the Edge Excitations in FQH effects*, Int. J. Mod. Phys. B **6**, 1711.

Wen, X.-G., 1995, *Topological Orders and Edge Excitations in FQH States*, Advances in Physics **44**, 405.

Wen, X.-G., 2000, *Continuous topological phase transitions between clean quantum Hall states*, Phys. Rev. Lett. **84**, 3950.

Wen, X.-G., 2002a, *Origin of Gauge Bosons from Strong Quantum Correlations (Origin of Light)*, Phys. Rev. Lett. **88**, 11602.

Wen, X.-G., 2002b, *Quantum Order: a Quantum Entanglement of Many Particles*, Physics Letters A **300**, 175.

Wen, X.-G., 2002c, *Quantum Orders and Symmetric Spin Liquids (extended version at http://arXiv.org/abs/cond-mat/0107071)*, Phys. Rev. B **65**, 165113.

Wen, X.-G., 2003, *Quantum Orders in an exact soluble model*, Phys. Rev. Lett. **90**, 016803.

Wen, X.-G., and P. A. Lee, 1996, *Theory of Underdoped Cuprates*, Phys. Rev. Lett. **76**, 503.

Wen, X.-G., and Q. Niu, 1990, *Ground State Degeneracy of the FQH States in Presence of Random Potentials and on High Genus Riemann Surfaces*, Phys. Rev. B **41**, 9377.

Wen, X.-G., F. Wilczek, and A. Zee, 1989, *Chiral Spin States and Superconductivity*, Phys. Rev. B **39**, 11413.

Wen, X.-G., and Y.-S. Wu, 1993, *Transitions between the quantum Hall states and insulators induced by periodic potentials*, Phys. Rev. Lett. **70**, 1501.

Wen, X.-G., Y.-S. Wu, and Y. Hatsugai, 1994, *Chiral operator product algebra and edge excitations of a FQH droplet*, Nucl. Phys. B **422**, 476.

Wen, X.-G., and A. Zee, 1988, *Spin Waves and Topological Terms in the Mean Field Theories of Two Dimensional Ferromagnets and Antiferromagnets*, Phys. Rev. Lett. **61**, 1025.

Wen, X.-G., and A. Zee, 1991, *Topological orders, Universality Classes and the Statistical Screening in the Anyon Superfluids*, Phys. Rev. B **44**, 274.

Wen, X.-G., and A. Zee, 1992a, *A Classification and Matrix Formulation of the abelian FQH states*, Phys. Rev. B **46**, 2290.

Wen, X.-G., and A. Zee, 1992b, *Neutral Superfluid Modes and "Magnetic" monopoles in Muti-layered FQH States*, Phys. Rev. Lett. **69**, 1811.

Wen, X.-G., and A. Zee, 1992c, *Shift and Spin Vectors: New Quantum Numbers of the FQH States*, Phys. Rev. Lett. **69**, 953.

Wen, X.-G., and A. Zee, 1992d, *Shift and Spin Vectors: New Quantum Numbers of the FQH States (E)*, Phys. Rev. Lett. **69**, 3000.

Wen, X.-G., and A. Zee, 1993, *Tunneling in double-layered quantum Hall systems*, Phys. Rev. B **47**, 2265.

Wen, X.-G., and A. Zee, 2002, *Gapless Fermions and Quantum Order*, Phys. Rev. B **66**, 235110.

Wilczek, F., 1982, *Quantum mechanics of fractional-spin particles*, Phys. Rev. Lett. **49**, 957.

Willett, R., J. P. Eisenstein, H. L. Strörmer, D. C. Tsui, A. C. Gossard, and J. H. English, 1987, Phys. Rev. Lett. **59**, 1776.

Wilson, K. G., 1974, *Confinement of quarks*, Phys. Rev. D **10**, 2445.

Witten, E., 1979, Nucl. Phys. B **149**, 285.

Witten, E., 1989, *Quantum field theory and the Jones polynomial*, Comm. Math. Phys. **121**, 351.

Yang, K., K. Moon, L. Zheng, A. H. MacDonald, S. M. Girvin, D. Yoshioka, and S.-C. Zhang, 1994, Phys. Rev. Lett. **72**, 732.

Zee, A., 1992, *Emergence of spinor from flux and lattice hopping*, Emergence of spinor from flux and lattice hopping, in M. A. B. Bég Memorial Volume (World Scientific) .

Zee, A., 2003, *Quantum Field Theory in a Nutshell* (Princeton Univ Pr).

Zhang, S. C., T. H. Hansson, and S. Kivelson, 1989, Phys. Rev. Lett. **62**, 82.

索　引

郑 重 声 明